U0383544

大学数学科学丛书 38

基础实分析

徐胜芝 编著

科学出版社

北 京

内 容 简 介

本书是学习实分析课程的基础教材，讨论了实分析的基本理论和方法. 第 1 章介绍了学习实分析的基本工具: 集合运算及其规律、计数与基数运算律以及像实轴那样的完备序集中的极限理论. 在此基础上, 第 2 章讨论了测度的基本性质及其重要的扩张理论, 接着讨论了集合与映射的可测性. 第 3 章讨论了有广泛应用的积分及其基本性质, 以及积分极限定理及其在累次积分中的应用. 利用前三章建立起来的工具, 第 4 章深入讨论了一元实函数的可微性质与微积分基本定理, 讨论了卷积和 Fourier 变换这两个基本分析工具及其应用.

本书可作为高等院校数学专业本科生的学习用书, 也可供相关专业的研究生作学习参考用书.

图书在版编目(CIP)数据

基础实分析/徐胜芝编著. —北京：科学出版社, 2019.9
(大学数学科学丛书; 38)
ISBN 978-7-03-061713-2

Ⅰ. ①基…　Ⅱ. ①徐…　Ⅲ. ①实分析-高等学校-教材　Ⅳ. ①O174.1

中国版本图书馆 CIP 数据核字(2019) 第 120831 号

责任编辑: 李静科　李　萍 / 责任校对: 邹慧卿
责任印制: 赵　博 / 封面设计: 陈　敬

科 学 出 版 社 出版
北京东黄城根北街 16 号
邮政编码: 100717
http://www.sciencep.com
北京厚诚则铭印刷科技有限公司印刷
科学出版社发行　各地新华书店经销
*
2019 年 9 月第　一　版　开本: 720 × 1000　1/16
2024 年 4 月第四次印刷　印张: 18 1/2
字数: 365 000
定价: 88.00 元
(如有印装质量问题, 我社负责调换)

《大学数学科学丛书》序

按照恩格斯的说法，数学是研究现实世界中数量关系和空间形式的科学. 从恩格斯那时到现在，尽管数学的内涵已经大大拓展了，人们对现实世界中的数量关系和空间形式的认识和理解已今非昔比，数学科学已构成包括纯粹数学及应用数学内含的众多分支学科和许多新兴交叉学科的庞大的科学体系，但恩格斯的这一说法仍然是对数学的一个中肯而又相对来说易于为公众了解和接受的概括，科学地反映了数学这一学科的内涵. 正由于忽略了物质的具体形态和属性、纯粹从数量关系和空间形式的角度来研究现实世界，数学表现出高度抽象性和应用广泛性的特点，具有特殊的公共基础地位，其重要性得到普遍的认同.

整个数学的发展史是和人类物质文明和精神文明的发展史交融在一起的. 作为一种先进的文化，数学不仅在人类文明的进程中一直起着积极的推动作用，而且是人类文明的一个重要的支柱. 数学教育对于启迪心智、增进素质、提高全人类文明程度的必要性和重要性已得到空前普遍的重视. 数学教育本质是一种素质教育；学习数学，不仅要学到许多重要的数学概念、方法和结论，更要着重领会数学的精神实质和思想方法. 在大学学习高等数学的阶段，更应该自觉地去意识并努力体现这一点.

作为面向大学本科生和研究生以及有关教师的教材，教学参考书或课外读物的系列，本丛书将努力贯彻加强基础、面向前沿、突出思想、关注应用和方便阅读的原则，力求为各专业的大学本科生或研究生(包括硕士生及博士生)走近数学科学、理解数学科学以及应用数学科学提供必要的指引和有力的帮助，并欢迎其中相当一些能被广大学校选用为教材，相信并希望在各方面的支持及帮助下，本丛书将会愈出愈好.

李大潜

2003 年 12 月 27 日

前 言

目前高等院校的数学类专业都设置了实分析 (也称为实变函数) 课程, 学习并掌握实分析的基本思想方法将为学习其他数理学科, 如函数论和泛函分析、微分方程和调和分析、概率论和随机过程打好坚实基础. 各高校对这门课程的讲授程度略有差异, 但对学习实分析的基本要求是一致的.

本书介绍了实分析的基本理论, 共四章和两个附录. 熟练应用集合运算是学习实分析的前提, 因此第 1 章介绍了和测度论有关的集合算术与关系方面的内容. 有关集合算术律就像数的四则运算那样为本书所必需, 等价关系和顺序关系也在测度论中发挥重要作用. 1.4 节将上确界和下确界及上极限与下极限概念推广于完备的偏序集中, 这也为分析与解决有关问题提供了必要工具.

第 2 章从平面点集是否可求面积的讨论中引出一般测度概念与其具有的性质和扩张方法. 计数测度在测度扩张思想的发展过程中起着桥梁作用: 它提供了一些正例和反例来使测度扩张朝着合理方向推进. 本章还特别讨论了常用的 Lebesgue 测度及其性质, 用一般测度论方法能得出有关 Lebesgue 测度的一些深刻性质, 如测度与点集拓扑的联系, 而其证明过程并不复杂. 本章还介绍了可测映射与相关可测结构的关系、可测函数及其相关收敛性, 如几乎处处收敛和依测度收敛, 讨论了这两种收敛性与近似一致收敛性的关系.

第 3 章从讨论 Riemann 积分的局限性中引出了一般积分概念及其具有的性质, 以及几种等价定义方式. 这些定义方式分别见于 3.1 节与 3.5 节附录. 它们分别是: ①对值域进行区间划分的 Lebesgue 方法; ②简单函数逼近方法; ③ 曲边梯形面积方法; ④可测分解定义域方法. 3.1 节主要用方法④引入了积分概念, 此方法改进了 Riemann 和方法, 用此方法讨论积分的诸性质显得自然且简单. 关于一般测度的积分所特有的优良性质如逐项积分和累次积分等随后逐一介绍. 相关过程表明测度与积分在本质上是一样的, 积分可视为测度的自然推广, 测度的某些性质便适用于积分. 3.5 节通过积分的定义过程自然引入了广义测度概念, 讨论了不同测度之间可能具有的连续依赖关系.

以后讨论向量值函数 (尤其取值于某些无限维拓扑向量空间的函数) 的积分时, 对于定义域进行分解的方法依然可行, 但对值域进行分解便不可行了. 原因是大多数无限维向量空间上无自然的可测结构使相应可测性满足一些基本运算律, 如两个可测函数之和仍是可测函数. 这时可测性需要换成别的条件.

当然, 讲授积分可根据初学者的不同情况选用不同方法. 用方法 ② 可使初学者很快掌握积分的基本原理, 不足之处是其定义过程忽略了积分的几何意义, 此意义可晚至 3.3 节讨论, 对初学者而言并无损失.

尽管实际问题中所用积分值都是有限的, 但定义积分过程中允许积分取值正无穷或负无穷, 这使积分应用起来更灵活. 广义测度可取值正无穷或负无穷, 这样定义使积分成为广义测度的等价推广, 从而广义测度的通用性质可用于积分. 这样定义积分还使积分理论如积分极限定理与累次积分的证明得到极大简化. 2.1 节还引入了容度概念, 3.5 节附录还讨论了关于容度的积分, 这类积分适用于讨论某些领域中产生的泛函问题.

第 4 章从怎样求曲线长度出发引入了有界变差函数 (也称为囿变函数), 其几乎处处可导性质丰富了微分理论. 性质较好的绝对连续函数在 Lebesgue 积分范畴中解决了微积分基本问题: 是否可用导数的不定积分来表示原函数? 本章还介绍了卷积和 Fourier 变换及它们对变分方程和微分方程的初步应用.

感谢复旦大学数学科学学院教授陈晓漫、洪家兴、童裕孙、张荫南、郭坤宇、薛军工和姚一隽等, 他们在本书成稿过程中给予了详细的建议和修改意见. 感谢那些用此讲义学习实分析的复旦大学数学学院的学生和外系同学及旁听此课的外校学生, 他们的反馈帮助作者修改了一些错误和不足.

感谢李大潜院士, 他提议作者向科学出版社投稿出版此讲义. 感谢科学出版社的李静科同志, 她对本书提出了许多宝贵的建议并对本书的出版给予了很大帮助.

由于作者水平所限, 书中难免有不当之处. 若您对本书有什么建议, 请不吝指正. 您的宝贵建议将有助于作者和读者更好地理解实分析的理论和应用, 在此深表感激.

作　者
2018 年 9 月

目　录

第 1 章　关系与相关性

1.1　集合算术

现代数学的基础是集合论, 其奠基者 Georg Cantor 认为集合是我们感觉或者思维中确定的个别对象的汇总, 其中对象就是该集合的*元素*或*成员*. 人们常将具有某种特定性质的具体或抽象对象全体归为一个集合. 为避免悖论, 本书所用集合都是基于某个恰当公理体系发展而来的, 欲知详情者可参见文献 [7].

1.1.1　集合比较与运算

以 $x \in A$ 表示 x 是集合 A 的一个元素而 $y \notin B$ 表示 y 不是 B 的一个元素. 某些集合可随场合而改变名称, 如实数全体 $\mathbb{R}$ 可称为*实数系*、*实数域*或*实轴*.

某些集合的元素可用*枚举法*逐一列出. 如 $\{0\}$ 是个*单点集*——仅有一个元素者. *自然数集* $\mathbb{N}$ 和*整数环* $\mathbb{Z}$ 各枚举成 $\{0,1,2,\cdots\}$ 和 $\{0,\pm1,\pm2,\cdots\}$. 省略号的意义应明确于其环境, 否则会有歧义. 如无前文, 上述省略号可为 ♠A.

枚举的元素不分先后且重复者仅算一个, 如 $\{1,2\}$ 和 $\{2,1,2,1\}$ 是*相等集合*——由同样一些元素组成. 以式子 $A = B$ 表示 A 和 B 是相等集合.

集合都可用*描述法*写成 $\{f(x)|P(x)\}$ 或 $\{f(x) : P(x)\}$ 使 $P(x)$ 和 $f(x)$ 各是 x 具有的性质和产生的元素. 如*有理数域* $\mathbb{Q}:= \{b/a|a,b \in \mathbb{Z}, a \neq 0\}$, 符号:= 表示将右端记成左端, 而 =: 表示将左端记成右端. 以 $\mathtt{i}$ 代表虚数单位, 则*复数域* 或*复平面* $\mathbb{C}:= \{x + \mathtt{i}\,y|x, y \in \mathbb{R}\}$. 有时也将集合描述成 $\{x_i|i \in \alpha\}$, 其中 α 为*指标集*.

以 $\varnothing$ 记*空集*——不含任何元素者, 它可枚举成 $\{\}$, 也可描述成 $\{x|x \neq x\}$. 一般地, 枚举法表示的集合自然可用描述法表示. 两种方法还可混合使用. 如

$$\{x_1, x_2 \in \mathbb{N}|x_1^2 = 4, x_2^2 = 9\} = \{2, 3\}.$$

注记　某些 $\{f(x)|P(x)\}$ 不是集合, 例有 $\{x|x = x\}$. □

直观地, $\{0\}$ 是 $\{0,1\}$ 的一部分. 一般地, 称集合 A 是集合 B 的一个*子集* 或 B 是 A 的一个*超集*指 A 的元素都属于 B(即 $x \in A \Rightarrow x \in B$), 这记为 $A \subseteq B$ 或 $B \supseteq A$ 并读作 “A 含于 B” 或 “B 包含 A”. 以 $C \nsubseteq D$ 表示 C 非 D 的子集.

常用 P⇒Q 表示 “命题 P 为真时, 命题 Q 为真”. 而 “P*当且仅当*Q” 代表 “P 为真的充要条件是 Q 为真”. “当” 是充分性 Q⇒P, “仅当” 是必要性 P⇒Q. 定义某个概念所用条件可视为充要条件, 如整数 x 是*偶数*当且仅当它可被 2 整除.

例 1　以 $\overline{\mathbb{R}}$ 记负无穷 $-\infty$ 和全体实数 x 及正无穷 $+\infty$ 组成的广义实轴，其非空子集 A 称为广义实数集. 规定 $-\infty < x < +\infty$, 以下 $-\infty \leqslant a \leqslant b \leqslant +\infty$.

左开右闭区间 $(a,b] = \{t \in \overline{\mathbb{R}} | a < t \leqslant b\}$, 命 $\overline{\mathbb{R}}_+ = (0,+\infty]$ 且 $A_+ = A \cap \overline{\mathbb{R}}_+$.

左闭右开区间 $[a,b) = \{t \in \overline{\mathbb{R}} | a \leqslant t < b\}$, 命 $\overline{\mathbb{R}}_- = [-\infty, 0)$.

开区间 $(a,b) = \{t \in \overline{\mathbb{R}} | a < t < b\}$, 如实轴 $\mathbb{R} = (-\infty,+\infty)$.

闭区间 $[a,b] = \{t \in \overline{\mathbb{R}} | a \leqslant t \leqslant b\}$, 如广义实轴 $\overline{\mathbb{R}} = [-\infty,+\infty]$.

以上区间在 $b = a$ 时为*退化区间*: 前三者皆空, 第四者为单点集 $\{a\}$.　□

当 $A \subseteq B$ 且 $A \neq B$ 时, 称 A 是 B 的一个*真子集*, 并记为 $A \subset B$(即 A 真含于 B) 或 $B \supset A$(即 B 真包含 A). 如 $\varnothing \subset \mathbb{N} \subset \mathbb{Z} \subset \mathbb{Q} \subset \mathbb{R} \subset \mathbb{C}$ 且 $\mathbb{R} \subset \overline{\mathbb{R}}$.

用逻辑符号可简化推理过程, 如 $\forall, \exists, \wedge, \vee$ 依次表示"*任意*" "*有个*" "*并且*" "*或者*". 它们在否定命题时应依次换成 $\exists, \forall, \vee, \wedge$. 如有以下互否命题:

$$(\exists x \in X : x = 0) \wedge (\forall x \in X : x \neq 1),$$

$$(\forall x \in X : x \neq 0) \vee (\exists x \in X : x = 1).$$

集合算术律　最小性: (空集是任何集合的子集)$\varnothing \subseteq A$.

自反性: (任何集合是自身的子集) $A \subseteq A$.

反称性: 当 $A \subseteq B$ 且 $B \subseteq A$ 时, $A = B$.

传递性: 当 $A \subseteq B$ 且 $B \subseteq C$ 时, $A \subseteq C$(待续).

提示传递性　$x \in A \Rightarrow x \in B \Rightarrow x \in C$.　□

为直观地理解集合, 可用图形示意, 这是所谓的 Venn 图法. 图形在选择上有很大随意性, 一旦选好便不能随意变化. 下面各用椭圆和矩形示意集合 A 和 B.

作并集　$A \cup B = \{x | (x \in A) \vee (x \in B)\}$, 它由 A 和 B 的所有元素组成, 公共元素不必重复写. 如 $\{1,2\} \cup \{2,3\} = \{1,2,3\}$ 及 $(-\infty, 6] \cup [3, +\infty) = \mathbb{R}$.

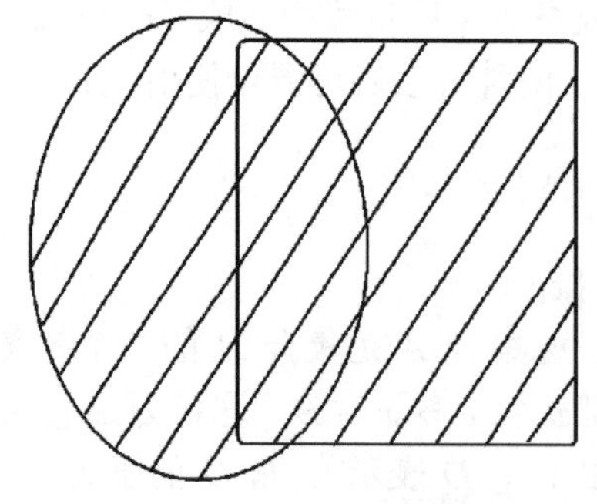

图 1　阴影部分是并集

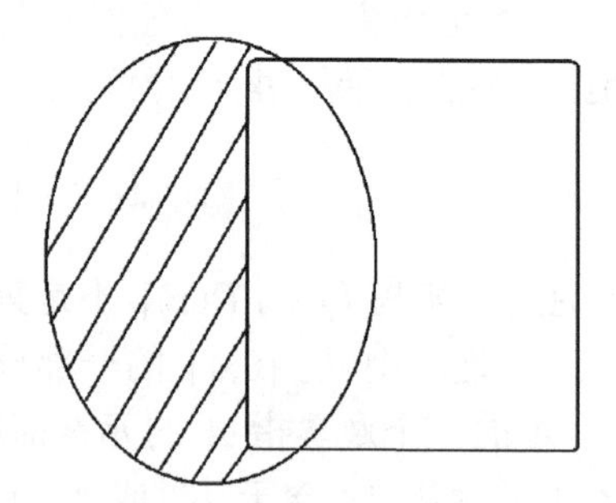

图 2　阴影部分是差集

作差集　$A \setminus B = \{x | (x \in A) \wedge (x \notin B)\}$, 它由不属于 B 的 A 中元素组成, 读成 "A 减 B". 如 $\{1,2\} \setminus \{2,4\} = \{1\}$ 且 $(-\infty, 6] \setminus [3, +\infty) = (-\infty, 3)$.

固定集合 X. 若 $A\subseteq X$, 以 $\complement A$ 或 A^c 记 A 在全集X 的补集 或余集$X\setminus A$. 补集有相对性, 如无理数集 $\mathbb{J}$ 以自身为全集时有补集 $\varnothing$, 但以实轴为全集时有补集 $\mathbb{Q}$.

作对称差 $A\triangle B=(A\setminus B)\cup(B\setminus A)$, 它由只属于 A 和 B 之一的元素组成, 不含两者的公共元素. 如 $\{1,2\}\triangle\{2,3\}=\{1,3\}$.

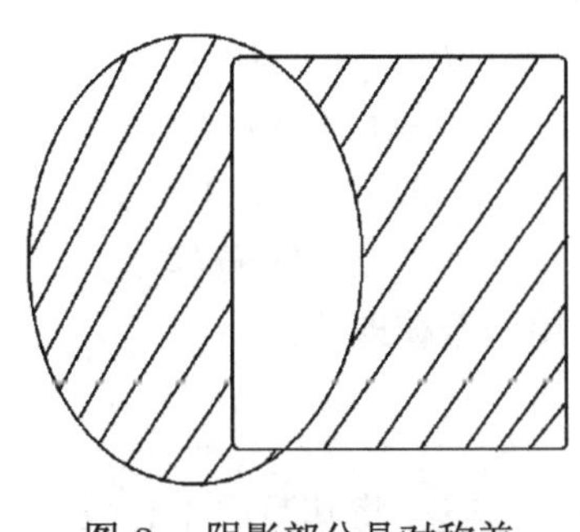

图 3 阴影部分是对称差

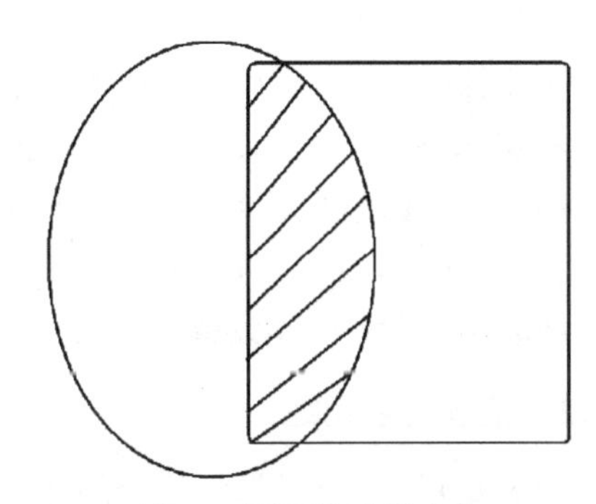

图 4 阴影部分是交集

作交集 $A\cap B=\{x|(x\in A)\wedge(x\in B)\}$, 如 $\{1,2\}\cap\{2,3\}=\{2\}$. 交集由公共元素组成. 无公共元素的集合 A 和 B 是互斥集合或不交集合, 它们之并集称为无交并且记为 $A\uplus B$ 或 $A\sqcup B$. 如 $(1,2]\uplus(2,3]=(1,3]$ 且 $\{0,1\}\uplus\{3,4\}=\{0,1,3,4\}$.

像 $\{1,2\}$ 这样不借助于省略号可枚举者应是有限的. 称空集是 0 元有限集, 递归地, 称 F 是一个 n 元有限集指某个 $a\in F$ 使 $F\setminus\{a\}$ 为 $n-1$ 元有限集. 此 n 为 F 的计数 且记为 $|F|_0$. 这些概念与 a 的取法无关: 无关性在 $n=1$ 时为真, 归纳地设无关性在 $n=k$ 时为真. 当 $n=k+1$ 且 b 属于 $F\setminus\{a\}$ 时, $(F\setminus\{a\})\setminus\{b\}$ 为 $k-1$ 元有限集且等于 $(F\setminus\{b\})\setminus\{a\}$. 故 $F\setminus\{b\}$ 是 k 元有限集.

以 2^X 记 X 的子集全体 $\{A|A\subseteq X\}$ 且称为幂集, 其中有限者全体记为 $\operatorname{fin}X$.

命题 1 (有限集的遗传性) 有限集 E 的真子集 D 是有限的且 $|D|_0<|E|_0$.

证明 当 $|E|_0=1$ 时, $D=\varnothing$; 归纳地设 $|E|_0=k$ 时结论对. 当 $|E|_0=k+1$ 时, 有个 $a\in E$ 使 D 为 $E\setminus\{a\}$ 或其真子集. 故 D 是有限的且 $|D|_0\leqslant k$. □

自然数集是一例无限集 ——非有限者, 否则得谬式 $1+\max\mathbb{N}\notin\mathbb{N}$. 结合以上命题知 $\mathbb{Z},\mathbb{Q},\mathbb{R},\mathbb{C}$ 都是无限集. 无限集 G 的计数 $|G|_0$ 都是 $+\infty$.

计数可参与广义实数的算术 (见于 1.4 节), 但不能细分无限集 (见于 1.3 节).

集合算术律 (续) 三角不等式: $A\triangle C\subseteq(A\triangle B)\cup(B\triangle C)$.

下定向性: A 和 B 有个公共子集 C(可命 $C=A\cap B$).

上定向性: A 和 B 有个公共超集 D(可命 $D=A\cup B$).

零元律: $A\cup\varnothing=A\setminus\varnothing=A$ 且 $A\cap\varnothing=A\triangle A=\varnothing$.

结合律: $(A\cup B)\cup C=A\cup(B\cup C)$(这因此可写成 $A\cup B\cup C$).

结合律: $(A\cap B)\cap C=A\cap(B\cap C)$(这因此可写成 $A\cap B\cap C$).

结合律: $(A\triangle B)\triangle C = A\triangle(B\triangle C)$(这因此可写成 $A\triangle B\triangle C$).

交换律: $A\cup B = B\cup A$ 且 $A\cap B = B\cap A$ 及 $A\triangle B = B\triangle A$.

分配律: $(A\setminus B)\cap C = (A\cap C)\setminus(B\cap C)$ 且 $(A\triangle B)\cap C = (A\cap C)\triangle(B\cap C)$.

消去律: $A = B$ 当且仅当 $A\triangle C = B\triangle C$.

单调性: $A_1\subseteq A_2$ 且 $B_2\subseteq B_1$ 时, $A_1\setminus B_1\subseteq A_2\setminus B_2$.

无交律: $A = (A\cap C)\uplus(A\setminus C)$ 且 $A\cup B = (A\triangle B)\uplus(A\cap B)$.

补集律: $(A^{c})^{c} = A$(此处全集为 X, 下同), $A\cap A^{c} = \varnothing$ 且 $A\cup A^{c} = X$.

吸收律: $A\subseteq B\Leftrightarrow A\cup B = B\Leftrightarrow A\cap B = A\Leftrightarrow A\setminus B = \varnothing\Leftrightarrow B^{c}\subseteq A^{c}$.

恒等律: $A = B\Leftrightarrow A\cup B = A\cap B\Leftrightarrow A\triangle B = \varnothing\Leftrightarrow B^{c} = A^{c}$(待续).

提示消去律 由零元律得 $A\triangle(C\triangle C) = A$, 用结合律即可. □

1.1.2 集族与多元组

像幂集那样, 成员都为集合的非空集合 $\mathcal{E}$ 称为集族, 将其写成 $\{A_i|i\in\alpha\}$ 使 α 非空. 作交集 $\bigcap\mathcal{E} = \bigcap\limits_{i\in\alpha} A_i = \{x|\forall i\in\alpha: x\in A_i\}$, 它由 $\mathcal{E}$ 中诸成员的公共元素组成. 如 $\bigcap\{(-r,r]|r\in\mathbb{R}, r>0\} = \{0\}$. 定义表明 $(x\in\bigcap\mathcal{E}\Leftrightarrow\forall A\in\mathcal{E}: x\in A)$.

作并集 $\bigcup\mathcal{E} = \bigcup\limits_{i\in\alpha} A_i = \{x|\exists i\in\alpha: x\in A_i\}$, 它由 $\mathcal{E}$ 中诸成员的所有元素组成. 如 $\bigcup\{(-r,r]|r\in\mathbb{R}, r>0\} = \mathbb{R}$. 定义表明 $(x\in\bigcup\mathcal{E}\Leftrightarrow\exists A\in\mathcal{E}: x\in A)$.

在讨论集合运算时, 注意到 $\bigcup$ 和 $\bigcap$ 各对应 $\exists$ 和 $\forall$ 会简化一些过程.

集合算术律 (续) 在全集 X 中, 约定 $\bigcup\limits_{i\in\varnothing} A_i = \varnothing$ 且 $\bigcap\limits_{i\in\varnothing} A_i = X$.

结合律: 当 $\alpha = \bigcup\limits_{j\in\beta}\alpha_j$ 时, $\bigcup\limits_{i\in\alpha} A_i = \bigcup\limits_{j\in\beta}\bigcup\limits_{i\in\alpha_j} A_i$ 且 $\bigcap\limits_{i\in\alpha} A_i = \bigcap\limits_{j\in\beta}\bigcap\limits_{i\in\alpha_j} A_i$.

幂等律: 诸 $A_i = A$ 且 α 不空时, $\bigcup\limits_{i\in\alpha} A_i = \bigcap\limits_{i\in\alpha} A_i = A$.

单调性: 诸 $A_i\subseteq B_i$ 时, $\bigcup\limits_{i\in\alpha} A_i\subseteq\bigcup\limits_{i\in\alpha} B_i$ 且 $\bigcap\limits_{i\in\alpha} A_i\subseteq\bigcap\limits_{i\in\alpha} B_i$.

分配律: $\left(\bigcup\limits_{i\in\alpha} A_i\right)\cap B = \bigcup\limits_{i\in\alpha}(A_i\cap B)$ 且 $\left(\bigcap\limits_{i\in\alpha} A_i\right)\cap B = \bigcap\limits_{i\in\alpha}(A_i\cap B)$.

分配律: $\left(\bigcup\limits_{i\in\alpha} A_i\right)\setminus B = \bigcup\limits_{i\in\alpha}(A_i\setminus B)$ 且 $\left(\bigcap\limits_{i\in\alpha} A_i\right)\setminus B = \bigcap\limits_{i\in\alpha}(A_i\setminus B)$.

分配律: $\left(\bigcup\limits_{i\in\alpha} A_i\right)\cup B = \bigcup\limits_{i\in\alpha}(A_i\cup B)$ 且 $\left(\bigcap\limits_{i\in\alpha} A_i\right)\cup B = \bigcap\limits_{i\in\alpha}(A_i\cup B)$.

De Morgan 律: $\left(\bigcup\limits_{i\in\alpha} A_i\right)^{c} = \bigcap\limits_{i\in\alpha} A_i^{c}$. 进而, $B\Big\backslash\bigcup\limits_{i\in\alpha} A_i = \bigcap\limits_{i\in\alpha}(B\setminus A_i)$.

De Morgan 律: $\left(\bigcap\limits_{i\in\alpha} A_i\right)^{c} = \bigcup\limits_{i\in\alpha} A_i^{c}$. 进而, $B\Big\backslash\bigcap\limits_{i\in\alpha} A_i = \bigcup\limits_{i\in\alpha}(B\setminus A_i)$(待续).

提示第一 De Morgan 律 元素 x 属于左端当且仅当 $(\forall i\in\alpha: x\notin A_i)$ 当且仅当 $(\forall i\in\alpha: x\in A_i^{c})$ 当且仅当 x 属于右端. 该式两端与 B 相交后得后式. □

在实轴上构造集合可用 p 进制表示, 这见于附录 2 命题 29 至命题 31.

例 2 用 3 进制, 根据附录 2 命题 30 和命题 31, 数字 1 首现于第 n 位的标准小数全体为互斥区间族 $\{[0.a_1\cdots a_{n-1}1, 0.a_1\cdots a_{n-1}2)|a_i=0,2\}$ 之并, 相应无限小数全体为互斥区间族 $\{(0.a_1\cdots a_{n-1}1, 0.a_1\cdots a_{n-1}2]|a_i=0,2\}$ 之并. □

一般地, 成员互斥的集族 $\mathcal{D}$ 之并 E 称为*无交并*且记为 $\biguplus\mathcal{D}$ 或 $\coprod\mathcal{D}$, 同时称 $\mathcal{D}$ 分解 E 或为 E 的一个*分解*. 以 $\exists!$ 表示 "有唯一", 则 $x\in E\Leftrightarrow\exists!A\in\mathcal{D}:x\in A$.

成员非空的分解称为*划分*; 成员数有限的分解称为*简单分解*.

命题 2 设 $\mathcal{F}$ 是集族 $\{E_i|i\in\beta\}$, 则其并集 E 有分解 $\{F_\alpha|\alpha\subseteq\beta\}$(称为 $\mathcal{F}$ 的*无交化*) 使 F_α 为 $\{E_i, E\backslash E_j|i\in\alpha, j\in\beta\backslash\alpha\}$ 之交集, 进而诸 E_i 有分解 $\{F_\alpha|F_\alpha\subseteq E_i\}$.

证明 首先, $F_\alpha\subseteq E$ 且诸 $x\in E$ 落于 F_{α_x} 使 $\alpha_x=\{i\in\beta|x\in E_i\}$. 其次, F_α 和 F_γ 不等时互斥. 为此设 $\alpha\setminus\gamma$ 含元素 k, 则 F_α 和 F_γ 各含于 E_k 和 $E\setminus E_k$, 后两者之交为空集. 最后, 诸 E_i 有分解 $\{F_\alpha\cap E_i|\alpha\subseteq\beta\}$, 又知 $F_\alpha\cap E_i$ 是 F_α 或空集. □

集合运算中交运算可由差运算与并运算来实现, 这见于以下结论.

命题 3 设 X 是以下集合的全集.

(1) $B\setminus A=B\setminus(B\cap A)=B\cap A^c$ 且 $A^c\triangle B^c=A\triangle B$.

(2) $(D\setminus A)\setminus B=D\setminus(A\cup B)$ 且 $B\setminus(B\setminus A)=B\cap A$.

(3) $\bigcap\limits_{i\in\alpha}A_i\subset B$ 当且仅当 $B\setminus\left(\bigcup\limits_{i\in\alpha}(B\setminus A_i)\right)=\bigcap\limits_{i\in\alpha}A_i$.

证明 (1) 第一式: 全集中元素 x 属于左端当且仅当 x 属于 B 且不属于 A(便不属于 $B\cap A$ 但属于 A^c) 当且仅当 x 属于中间项当且仅当 x 属于右端. 由此知第二式两端同为 $(B\cap A^c)\cup(A\cap B^c)$. 以下要结合集合算术律.

(2) 第一式左端等于 $(D\cap A^c)\cap B^c=D\cap(A\cup B)^c$ 等于右端. 第二式左端等于 $B\cap(B\cap A^c)^c=B\cap(B^c\cup A)=B\cap A$.

(3) 由 De Morgan 律和 (2) 知 $B\setminus\left(\bigcup\limits_{i\in\alpha}(B\setminus A_i)\right)=B\cap\left(\bigcap\limits_{i\in\alpha}A_i\right)$, 用吸收律即可. □

枚举法对元素无顺序要求, 有时需要将某些元素按某个顺序排列得到一个 n *元组* $(x_1,\cdots,x_n)$. 将它简记为 $(x_i)_{i=1}^n$, 称 x_i 是其第 i 个分量. 例有二元组 (红, 黑) 和 (黑, 红) 及三元组 (红, 黑, 蓝). 一般以 $(x_i)_{i\in\alpha}$ 表示第 i 分量为 x_i 的 α-组[1], 它异于其*值域* $\{x_i|i\in\alpha\}$. 这里 α 非空且对其元素无顺序要求, "第" 字只是形式写法.

两个 α-组 $(x_i)_{i=1}^n$ 和 $(x_i')_{i=1}^n$ 相等指其对应分量相等: 诸 $x_i=x_i'$.

作集组 $(A_i)_{i\in\alpha}$ 的 *Descartes 积* $\prod\limits_{i\in\alpha}A_i=\{(x_i)_{i\in\alpha}|\forall i\in\alpha:x_i\in A_i\}$, 这也记为 $\prod(A_i|i\in\alpha)$. 它在诸 A_i 为 A 时记为*幂指集* A^α, 其*对角线* $\{(x)_{i\in\alpha}|x\in A\}$ 写成 $\mathrm{diag}_\alpha A$. 当 $\alpha=\{1,\cdots,n\}$ 时, 相应集合记为 $A_1\times\cdots\times A_n$ 和 A^n 及 $\mathrm{diag}_n A$. 如 $[0,1]\times[2,4]$ 是例长方形, 而 $[0,1]\times[2,3]\times[4,5]$ 是例正方体.

① 规定 $(a,b)=\{a,\{a,b\}\}$ 且 $(a,b,c)=((a,b),c)$ 及 $(x_i)_{i\in\alpha}=\{(i,x_i)|i\in\alpha\}$.

实数域 $\mathbb{R}$ 和复数域 $\mathbb{C}$ 统记为 $\mathbb{E}$, 实 Euclid 空间 $\mathbb{R}^n$ 和复 Euclid 空间 $\mathbb{C}^n$ 便统记为 $\mathbb{E}^n$, 其中向量 x 有长度 $|x| := \sqrt{|x_1|^2 + \cdots + |x_n|^2}$. 命 $\mathbb{E}^{\times} = \{x \in \mathbb{E} | x \neq 0\}$.

因 (1, 0) 和 (0, 1) 不等, Descartes 积无交换律: $\{0\} \times \{1\} \neq \{1\} \times \{0\}$.

集合算术律 (续)　约定 $((x, y), z) = (x, (y, z)) = (x, y, z)$.

结合律: $(A \times B) \times C = A \times (B \times C) = A \times B \times C$.

结合律: k 和 l 是正整数时, $A^k \times A^l = A^{k+l}$ 且 $(A^k)^l = A^{kl}$.

单调性: $A_i \subseteq B_i (i \in \alpha)$ 时, $\prod(A_i | i \in \alpha) \subseteq \prod(B_i | i \in \alpha)$.

分配律: $(A \setminus C) \times B = (A \times B) \setminus (C \times B)$ 且 $B \times (A \setminus C) = (B \times A) \setminus (B \times C)$.

分配律: $\left(\bigcup\limits_{i \in \alpha} A_i\right) \times B = \bigcup\limits_{i \in \alpha} (A_i \times B)$ 且 $B \times \left(\bigcup\limits_{i \in \alpha} A_i\right) = \bigcup\limits_{i \in \alpha} (B \times A_i)$.

分配律: $\left(\bigcap\limits_{i \in \alpha} A_i\right) \times B = \bigcap\limits_{i \in \alpha} (A_i \times B)$ 且 $B \times \left(\bigcap\limits_{i \in \alpha} A_i\right) = \bigcap\limits_{i \in \alpha} (B \times A_i)$.

交积律: $\prod(A_i \cap B_i | i \in \alpha) = \prod(A_i | i \in \alpha) \cap \prod(B_i | i \in \alpha)$.

分离性: A_i 和 B_i 都非空时, $\prod\limits_{i \in \alpha} A_i = \prod\limits_{i \in \alpha} B_i$ 当且仅当诸 $A_i = B_i$.　□

约定 $(x) = (x)_{i \in \{k\}} = x$, 则 Descartes 积 $A^1 = A$. 可将空组 $(x_i)_{i \in \varnothing}$ 写成 ( ).

命题 4　有限个有限集 $E_1, \cdots, E_m$ 之并 E 是有限集且 $|E|_0 \leqslant \sum\limits_{i=1}^{m} |E_i|_0$(此谓*有限次加性*). 这是等式 (所谓*加法公式*) 当且仅当 $E_1, \cdots, E_m$ 互斥.

(1) *乘法公式*　当 $D = \prod\limits_{i=1}^{m} E_i$ 时, D 是有限集且 $|D|_0 = \prod\limits_{i=1}^{m} |E_i|_0$.

(2) *幂指公式*　有限集 A 和 B 的幂指集 B^A 是有限集且 $|B^A|_0 = |B|_0^{|A|_0}$.

(3) n 元有限集 A 共有 2^n 个子集和 $\binom{n}{k}$ 个 k 元有限子集.

证明　由归纳法可设 $m = 2$ 且 E_1 有个元素 a. 当 E_1 和 E_2 *互斥*时, $E \setminus \{a\}$ 有分解 $\{E_1 \setminus \{a\}, E_2\}$. 归纳地知 $|E|_0 = |E_1|_0 + |E_2|_0$. 在 E_1 和 E_2 有交点时, 命 $G = E_2 \setminus E_1$. 由 $E = E_1 \uplus G$ 和互斥情形知 $|E|_0 = |E_1|_0 + |G|_0$, 又根据命题 1 知 $|G|_0 < |E_2|_0$.

(1) 集族 $\{\{x\} \times E_2 | x \in E_1\}$ 分解 D 且 $\big|\{x\} \times E_2\big|_0 = |E_2|_0$, 用主结论即可.

(2) 命 $B_a = B$, 对于 $B^A = \prod(B_a | a \in A)$ 用 (1) 即可.

(3) 用归纳法: $A = A_1 \uplus \{b\}$ 时, 其子集形如 C 或 $C \uplus \{b\}$ 使 $C \subseteq A_1$.　□

称 $(x_i)_{i \in \alpha}$ 是一个*序列*指 α 是某些整数构成的集合, 它依 α 的有限性和无限性是个*有限序列*和*无限序列*. 如序列 $(3, 4, 5, 6)$ 和 $(1, 2, 1, 2, \cdots)$ 各是有限的和无限的. 无限序列的值域可能是有限集, 从某项开始的无限序列可写成 $(x_n)_{n \geqslant k}$.

以后常用*数列* ——各项为数的序列, 也常用*集列*——各项为集合的序列.

命题 5　设 $\alpha = \mathbb{N}$ 或 $\alpha = \{i \in \mathbb{N} | i < n\}$, 则 $\bigcup\limits_{i=0}^{k} E_i = \biguplus\limits_{i=0}^{k} F_i (k \in \alpha)$ 当且仅当集列 $(F_i)_{i \in \alpha}$ 是集列 $(E_i)_{i \in \alpha}$ 的*首入分解*: $F_0 = E_0$ 及 $F_k = E_k \Big\backslash \bigcup\limits_{i<k} E_i (0 < k \in \alpha)$.

证明 充分性: 欲证等式两端记为 C_k 与 D_k, 则 $D_k \subseteq C_k$. 任取 $x \in C_k$, 命 $j = \min\{i|x \in E_i\}$. 当 $i < j$ 时, x 不属于 E_i, 故 x 属于 F_j (首入 E_j). 因此 $C_k \subseteq D_k$.

必要性: 由条件知 $F_k = \bigcup\limits_{i\leqslant k} E_i \Big\backslash \bigcup\limits_{i<k} E_i$, 化简即可. □

1.1.3 截口与映射

规定子集 $A \subseteq X \times Y$ 在诸 $a \in X$ 的**截口**

$$A_a = \{y \in Y|(a, y) \in A\},$$

它是 "直线" $\{a\} \times Y$ 截出 A 的部分于纵轴 Y 的投影. 规定 A 在诸 $b \in Y$ 的**截口**

$$A^b = \{x \in X|(x, b) \in A\},$$

它是 "直线"$X \times \{b\}$ 截出 A 的部分于横轴 X 的投影, 示意如图 5.

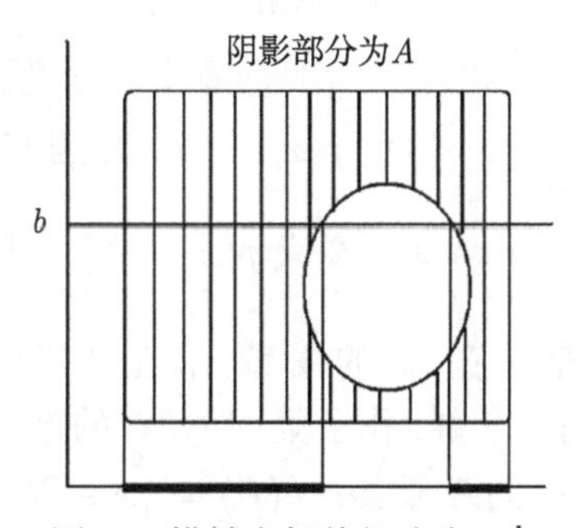

图 5 横轴上粗体部分为 A^b

例 3 **地支**E 由 "子、丑、寅、卯、辰、巳、午、未、申、酉、戌、亥" 组成, **天干**H 由 "甲、乙、丙、丁、戊、己、庚、辛、壬、癸" 组成. 将 (甲, 子) 简写为 "甲子", 设 S 由以下元素

甲子、乙丑、丙寅、丁卯、戊辰、己巳、庚午、辛未、壬申、癸酉、
甲戌、乙亥、丙子、丁丑、戊寅、己卯、庚辰、辛巳、壬午、癸未、
甲申、乙酉、丙戌、丁亥、戊子、己丑、庚寅、辛卯、壬辰、癸巳、
甲午、乙未、丙申、丁酉、戊戌、己亥、庚子、辛丑、壬寅、癸卯、
甲辰、乙巳、丙午、丁未、戊申、己酉、庚戌、辛亥、壬子、癸丑、
甲寅、乙卯、丙辰、丁巳、戊午、己未、庚申、辛酉、壬戌、癸亥

组成, 它在 "甲" 截得子、寅、辰、午、申、戌; 在 "子" 截得甲、丙、戊、庚、壬. □

天干地支S 的计数为 60 的理由: 天干和地支同时开始, 各自循环. 天干转 6 圈, 地支转 5 圈. 到最小公倍数 60 年时, 两个头再次重合, 依此循环下去.

根据例 3, S 在诸 $a \in H$ 的截口非空. 一般地, $X \times Y$ 的子集 G 使截口 G_x 都非空时, 称 G 为**多值映射**$g: x \mapsto G_x$的**图像**并且记为 $\operatorname{gr} g$.

如 $\{(n,x) \in \mathbb{Z} \times \mathbb{R} | n < x \leqslant n+1\}$ 确立一个多值映射 $n \mapsto (n, n+1]$, 又抛物线 $\{(s,t) \in \mathbb{R}^2 | s^2 = t\}$ 在诸 $s \in \mathbb{R}$ 的截口仅有一个元素 s^2.

一般地, 诸截口 G_x 只有一个元素 $f(x)$ 时, 称 G 是**单值映射**$f: X \to Y$(简称**映射**) 的图像. 因此 $\operatorname{gr} f = \{(x, f(x)) | x \in X\}$. 某些映射也称为函数或多项式等.

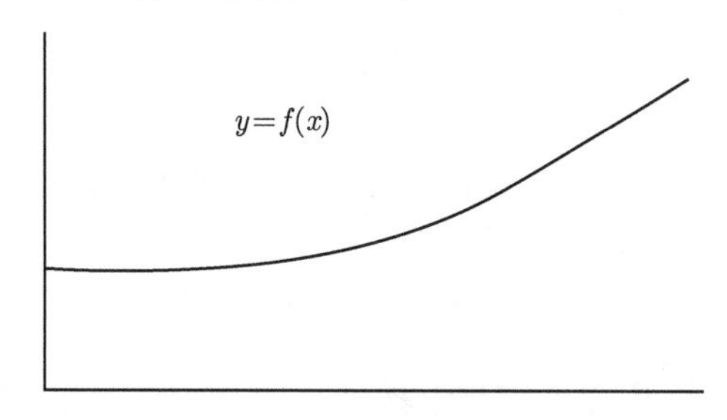

图 6　映射的图像

例 4　设有复数组 $(x_i)_{i=0}^n$ 和 $(y_i)_{i=0}^n$ 且前者中诸分量互异, 则有不超过 n 次的唯一复系数多项式 $p: x \mapsto \sum\limits_{i=0}^n a_i x^i$ 恒使 $p(x_i) = y_i$. 此因方程组的系数阵 $\left[x_i^j\right]_{0 \leqslant i,j \leqslant n}$ 的行列式非零. 易知有 Lagrange **插值公式** $p(x) = \sum\limits_{i=0}^n y_i \prod\limits_{j \neq i} \dfrac{x - x_j}{x_i - x_j}$. □

当 $y_0 = f(x_0)$ 时, y_0 是 f 在 x_0 的**值**或 x_0 在 f 下的**像**; x_0 是 y_0 在 f 下的一个**原像**或**方程**$f(x) = y_0$ 的一个**解**. 作子集 $A \subseteq X$ 的**像集**$f(A) = \{f(x) | x \in A\}$, 也记成 $f_\bullet(A)$. 作子集 $B \subseteq Y$ 的**原像集**$f^{-1}(B) = \{x \in X | f(x) \in B\}$, 也记成 $f^\bullet(B)$. 如 $\cos^{-1}\{\pm 1\} = \mathbb{Z}\pi$. 至此知 f 诱导了映射 $f_\bullet: 2^X \to 2^Y$ 和 $f^\bullet: 2^Y \to 2^X$.

像集不保持交运算, 如 $\sin\left(\{\pi\} \cap \{2\pi\}\right) = \varnothing$ 而 $\sin\{\pi\} \cap \sin\{2\pi\} = \{0\}$.

命题 6　在映射 $f: X \to Y$ 下, $f^{-1}(\varnothing) = \varnothing$ 及 $f^{-1}(Y) = X$.

(1a) $f(f^{-1}(B)) \subseteq B$ 且 $A \subseteq f^{-1}(f(A))$. 特别地, $A = \varnothing$ 当且仅当 $f(A) = \varnothing$.

(1b) $f(A) \cap B \neq \varnothing$ 当且仅当 $A \cap f^{-1}(B) \neq \varnothing$.

(2a) 像集保持并运算: $f(\bigcup\{A_i | i \in \alpha\}) = \bigcup\{f(A_i) | i \in \alpha\}$.

(2b) 像集保持单调性: $A_1 \subseteq A_2$ 时, $f(A_1) \subseteq f(A_2)$.

(2c) 像集次保交运算: $f(\bigcap\{A_i | i \in \alpha\}) \subseteq \bigcap\{f(A_i) | i \in \alpha\}$.

(2d) 像集次保差运算: $f(A_1) \setminus f(A_2) \subseteq f(A_1 \setminus A_2)$.

(3a) 原像集保持单调性: $B_1 \subseteq B_2$ 时, $f^{-1}(B_1) \subseteq f^{-1}(B_2)$.

(3b) 原像集保持并运算: $f^{-1}(\bigcup\{B_i | i \in \alpha\}) = \bigcup\{f^{-1}(B_i) | i \in \alpha\}$.

(3c) 原像集保持交运算: $f^{-1}(\bigcap\{B_i | i \in \alpha\}) = \bigcap\{f^{-1}(B_i) | i \in \alpha\}$.

(3d) 原像集保持差 (与补) 运算: $f^{-1}(B_1 \setminus B_2) = f^{-1}(B_1) \setminus f^{-1}(B_2)$.

(3e) 原像集保持对称差: $f^{-1}(B_1 \triangle B_2) = f^{-1}(B_1) \triangle f^{-1}(B_2)$.

(3f) 原像集保持互斥性: $B_1 \cap B_2 = \varnothing$ 时, $f^{-1}(B_1) \cap f^{-1}(B_2) = \varnothing$.

提示 (3d) 元素 x 在左端当且仅当 $f(x) \in B_1 \setminus B_2$(即 $f(x) \in B_1$ 且 $f(x) \notin B_2$) 当且仅当 $x \in f^{-1}(B_1)$ 且 $x \notin f^{-1}(B_2)$ 当且仅当 x 在右端. □

(单值) 映射 $f : X \to Y$ 等同于多元组 $(f(x))_{x \in X}$, 其全体便写成幂指集 Y^X. 从非空集合 X 至空集无映射 (即 $\varnothing^X$ 是空集). 将 f 的**定义域**X 和**值域** $f(X)$ 及**陪定域** Y 各记为 $\operatorname{dom} f$ 和 $\operatorname{ran} f$ 及 $\operatorname{cod} f$. 它们可随环境而变, 如不同环境中指数函数 exp 可有定义域 $\mathbb{R}$ 或 $\mathbb{C}$ 等. 固定环境后, 作 f 的**指示函数** $f^{\#} : Y \to \overline{\mathbb{R}}$ 使 $f^{\#}(y)$ 为原像集 $f^{-1}(\{y\})$ 的计数即方程 $f(x) = y$ 的解数 (它为 0 时, 方程无解). 如实轴上正弦函数 sin 的指示函数在 $y \in [-1, 1]$ 取值 $+\infty$. 考察原像知 f 可能是

单射: 诸 $y \in Y$ 至多有一个原像, 例如, 自然对数 $\log : \mathbb{R}_+ \to \mathbb{R}$.

满射: 诸 $y \in Y$ 至少有一个原像, 例如, $\sin : \mathbb{R} \to [-1, 1]$.

双射: 诸 $y \in Y$ 有唯一原像 $f^{-1}(y)$. 称 $f^{-1} : Y \to X$ 是 f 的**逆射**.

例 5 广义实轴 $\overline{\mathbb{R}}$ 至区间 $[-1, 1]$ 的映射 $h : x \mapsto x/(1+|x|)$(约定 $h(\pm\infty) = \pm 1$) 有逆射 $h^{-1} : y \mapsto y/(1-|y|)$(约定 $h^{-1}(\pm 1) = \pm\infty$). 另外, 从复平面 $\mathbb{C}$ 至单位圆盘 $D = \{z \in \mathbb{C} : |z| < 1\}$ 的映射 $z \mapsto z/(1+|z|)$(仍记为 h) 有逆射 $w \mapsto w/(1-|w|)$. □

从空集至任何集合只有图像为空的**空射**(即 $Y^{\varnothing}$ 是单点集), 它是单射.

命题 7 (像集保持有限性) 定义域有限的映射 $f : X \to Y$ 的值域是有限集. 当 f 是单射时, $|f(X)|_0 = |X|_0$; 当 f 非单射时, $|f(X)|_0 < |X|_0$.

(1) 在 $|X|_0 = |Y|_0$ 时 (下同), f 为单的当且仅当它是满的.

(2) **二择性**: 方程 $f(x) = y$ 要么对于 $y \in Y$ 总有解, 要么对于某些 y 有多个解.

证明 命 $n = |X|_0$ 且 $Z = f(X)$. 当 $n = 0$ 时, 结论为真. 归纳地设 $n = k$ 时结论为真. 当 $n = k + 1$ 时, 设 $X = A \uplus \{b\}$. 在 f 为单时, $Z = f(A) \uplus \{f(b)\}$. 于是 $|f(A)| = k$, 由加法公式知 Z 有限且 $|Z|_0 = n$. 在 f 非单时, 可设某个 $a \in A$ 使 $f(a) = f(b)$. 于是 $Z = f(A)$, 由归纳假设知 Z 有限且 $|Z|_0 \leqslant |A|_0 < n$.

(1) 必要性: 由主结论知 $|Z|_0 = |Y|_0$, 根据命题 1 知 $Z = Y$.

充分性: 诸 $y \in Y$ 依 f 有原像 $g(y)$, 它因 y 而异. 因此 $g : Y \to X$ 是一个单射, 由必要性它是满的. 因此 $g(y)$ 是 y 的唯一原像. (2) 与 (1) 等价. □

形如 $f : X \to X$ 的映射简称 X 上映射. 如 X 上有**恒等映射** $\mathrm{id}_X : x \mapsto x$, 它是个双射且其图像是对角线 $\operatorname{diag}_2 X$. 某些映射也称为运算, 如实轴上有 $t \mapsto |t|$.

运算值常伴以特殊符号或不用符号. 如 X 是域 $\mathbb{K}$ 上一个**线性空间**指 $X \times X$ 至 X 有个运算 $(x, y) \mapsto x + y$ 且 $\mathbb{K} \times X$ 至 X 有个所谓**数乘运算** $(a, x) \mapsto ax$ 满足:

结合律: $(x + y) + z = x + (y + z)$ 恒成立.

交换律: $x + y = y + x$ 恒成立. 至此称 + 是个**加法运算**.

零元律: 有个所谓**零向量**或**原点** $0 \in X$ 恒使 $x + 0 = x$[此 0 是唯一的].

负元律: 诸 x 有个所谓**负向量** $-x$ 使 $x+(-x)=0$[此 $-x$ 是唯一的].

分配律: $a(x+y)=ax+ay$ 和 $(a+b)x=ax+bx$ 恒成立.

结合律: $(ab)x=a(bx)$ 恒成立 (也将 ax 写成 xa).

幺元律: $1x=x$ 恒成立, 其中 1 是 $\mathbb{K}$ 的幺元. 至此称 $\mathbb{K}$ 是 X 的**系数域**.

命题 8 条件同上, 设 $S\subseteq X$ 且 $A\subseteq\mathbb{K}$(可带下标). 以 $S_1\pm S_2$ 记 **Minkowski 和差** $\{x_1\pm x_2|x_i\in S_i\}$. 命 $AS=\{ax|a\in A,x\in S\}$ 和 $aS=\{a\}S$ 及 $Ax=A\{x\}$.

(1) 结合律: $(S_1+S_2)+S_3=S_1+(S_2+S_3)$.

(2) 零元律: $S+0=S$. 吸收律: $\varnothing+S=\varnothing$. 幺元律: $1S=S$.

(3) 单调性: $A_i\subseteq B_i$ 且 $S_i\subseteq T_i$ 时, $A_1S_1+A_2S_2\subseteq B_1T_1+B_2T_2$.

(4) 交换律: $S_1+S_2=S_2+S_1$. 以下**平移** $x+S=\{x\}+S$.

(5) 平移保持并运算: $x+(\bigcup\{S_i|i\in\alpha\})=\bigcup\{x+S_i|i\in\alpha\}$.

(6) 平移保持交运算: $x+(\bigcap\{S_i|i\in\alpha\})=\bigcap\{x+S_i|i\in\alpha\}$.

(7) 平移保持差运算: $x+(S\setminus T)=(x+S)\setminus(x+T)$. □

域 $\mathbb{K}$ 上线性空间组 $(X_i)_{i\in\alpha}$ 的 Descartes 积 $\prod\limits_{i\in\alpha}X_i$ 依数乘 $a(x_i)_{i\in\alpha}=(ax_i)_{i\in\alpha}$ 和加法 $(x_i)_{i\in\alpha}+(x_i')_{i\in\alpha}=(x_i+x_i')_{i\in\alpha}$ 是个线性空间. **支集** $\{i\in\alpha|x_i\neq0\}$ 有限的 $(x_i)_{i\in\alpha}$ 组成**外直和** $\left(\prod\limits_{i\in\alpha}X_i\right)_0$, 它在诸 X_i 为 X 时记为 $(X^\alpha)_0$.

在线性空间 X 中, 言及**线性组合** $\sum\limits_{i\in\alpha}c_ix_i$ 时总隐含诸向量 x_i 属于 X 且**系数组** $(c_i)_{i\in\alpha}$ 的支集 $\{i\in\alpha|c_i\neq0\}$ 有限, $\sum\limits_{i\in\alpha}c_ix_i=\sum\limits_{c_i\neq0}c_ix_i$ 且 $\sum\limits_{i\in\varnothing}c_ix_i=0$. 尽管线性组合只涉及有限个向量, 上述写法仍有益. 如一元多项式形如线性组合 $\sum\limits_{k\geqslant0}a_kt^k$, 两个多项式之和 $\sum\limits_{k\geqslant0}(a_k+b_k)t^k$ 与积 $\sum\limits_{k\geqslant0}\Bigl(\sum\limits_{0\leqslant i\leqslant k}a_ib_{k-i}\Bigr)t^k$ 的写法不依赖于多项式次数.

在线性空间 X 中, 对于加法和数乘封闭的非空子集也对于线性组合封闭且称为**线性子空间**或**线性集**, 例有全空间 X 和**平凡空间** $\{0\}$. 一族线性集 $\{L_i|i\in\alpha\}$ 之交是个线性集. 以 $\operatorname{span}T$ 记包含子集 T 的线性集之交, 它是包含 T 的最小线性集, 称为 T 的**线性包**或 T **生成的子空间**, 其元素形如线性组合 $\sum\limits_{x\in T}a_xx$.

将线性集族 $\{L_i|i\in\alpha\}$ 合并生成的线性集 $\left\{\sum\limits_{i\in\alpha}x_i\middle|(x_i)_{i\in\alpha}\in\left(\prod\limits_{i\in\alpha}L_i\right)_0\right\}$ 简记为 $\sum\limits_{i\in\alpha}L_i$, 它在以下等价条件下称为 $\{L_i|i\in\alpha\}$ 的(内) **直和** 且记为 $\bigoplus\limits_{i\in\alpha}L_i$.

(1) 诸 $x\in\sum\limits_{i\in\alpha}L_i$ 有唯一分解 $\sum\limits_{i\in\alpha}x_i$ 使 $(x_i)_{i\in\alpha}\in\left(\prod\limits_{i\in\alpha}L_i\right)_0$.

(2) 诸 $L_i\cap\sum\limits_{j\in\alpha\setminus\{i\}}L_j=\{0\}$. 此时称 $(L_i)_{i\in\alpha}$ 是个**无关线性集组**.

(3) 某个 $(x_i)_{i\in\alpha}\in\left(\prod\limits_{i\in\alpha}L_i\right)_0$ 使 $\sum\limits_{i\in\alpha}x_i=0$ 时, 诸 $x_i=0$.

例 6 设 $t=(t_1,\cdots,t_n)$ 且 $t^k=t_1^{k_1}\cdots t_n^{k_n}$, 则 $\mathbb{K}[t]=\bigoplus(\mathbb{K}t^k|k\in\mathbb{N}^n)$. □

有理线性空间、实线性空间和复线性空间各以 $\mathbb{Q}$、$\mathbb{R}$ 和 $\mathbb{C}$ 为系数域.

练　习

习题 1 规定实数 x 的上整部分 $\lceil x\rceil=\min\{k\in\mathbb{Z}|x\leqslant k\}$(不小于 x 的最小整数) 和下整部分 $\lfloor x\rfloor=\max\{k\in\mathbb{Z}|k\leqslant x\}$(不大于 x 的最大整数) 及小数部分 $\langle x\rangle=x-\lfloor x\rfloor$.

(1) 求 $\lceil -2/33\rceil$ 和 $\lfloor -2/33\rfloor$ 及 $\langle -2/33\rangle$.

(2) 证明 x 是整数当且仅当 $\lfloor x\rfloor=\lceil x\rceil$ 当且仅当 $\langle x\rangle=0$.

(3) 使 $\lceil x\rceil$ 为定值 n 的 x 组成区间 $(n-1,n]$; 使 $\lfloor x\rfloor$ 为定值 n 的 x 组成区间 $[n,n+1)$.

(4) 使 $\langle x\rangle$ 为定值 r 的 x 组成 $\mathbb{Z}+r$, 即 $\{n+r|n\in\mathbb{Z}\}$.

习题 2 用枚举法将以下各行符号各写了一个集合并求其计数.

(1) $\mathcal{A},\mathcal{B},\mathcal{C},\mathcal{D},\mathcal{E},\mathcal{F},\mathcal{G},\mathcal{H},\mathcal{I},\mathcal{J},\mathcal{K},\mathcal{L},\mathcal{M},\mathcal{N},\mathcal{O},\mathcal{P},\mathcal{Q},\mathcal{R},\mathcal{S},\mathcal{T},\mathcal{U},\mathcal{V},\mathcal{W},\mathcal{X},\mathcal{Y},\mathcal{Z}$.

(2) $\mathbf{A},\mathbf{B},\mathbf{C},\mathbf{D},\mathbf{E},\mathbf{F},\mathbf{G},\mathbf{H},\mathbf{I},\mathbf{J},\mathbf{K},\mathbf{L},\mathbf{M},\mathbf{N},\mathbf{O},\mathbf{P},\mathbf{Q},\mathbf{R},\mathbf{S},\mathbf{T},\mathbf{U},\mathbf{V},\mathbf{W},\mathbf{X},\mathbf{Y},\mathbf{Z}$.

(3) $\mathfrak{A},\mathfrak{B},\mathfrak{C},\mathfrak{D},\mathfrak{E},\mathfrak{F},\mathfrak{G},\mathfrak{H},\mathfrak{I},\mathfrak{J},\mathfrak{K},\mathfrak{L},\mathfrak{M},\mathfrak{N},\mathfrak{O},\mathfrak{P},\mathfrak{Q},\mathfrak{R},\mathfrak{S},\mathfrak{T},\mathfrak{U},\mathfrak{V},\mathfrak{W},\mathfrak{X},\mathfrak{Y},\mathfrak{Z}$.

(4) $\mathbb{A},\mathbb{B},\mathbb{C},\mathbb{D},\mathbb{E},\mathbb{F},\mathbb{G},\mathbb{H},\mathbb{I},\mathbb{J},\mathbb{K},\mathbb{L},\mathbb{M},\mathbb{N},\mathbb{O},\mathbb{P},\mathbb{Q},\mathbb{R},\mathbb{S},\mathbb{T},\mathbb{U},\mathbb{V},\mathbb{W},\mathbb{X},\mathbb{Y},\mathbb{Z}$.

(5) $\alpha,\beta,\gamma,\delta,\epsilon,\varepsilon,\zeta,\eta,\theta,\vartheta,\iota,\kappa,\lambda,\mu,\nu,\xi,o,\pi,\varpi,\rho,\varrho,\sigma,\varsigma,\tau,\upsilon,\phi,\varphi,\chi,\psi,\omega$.

(6) $\mathfrak{a},\mathfrak{b},\mathfrak{c},\mathfrak{d},\mathfrak{e},\mathfrak{f},\mathfrak{g},\mathfrak{h},\mathfrak{i},\mathfrak{j},\mathfrak{k},\mathfrak{l},\mathfrak{m},\mathfrak{n},\mathfrak{o},\mathfrak{p},\mathfrak{q},\mathfrak{r},\mathfrak{s},\mathfrak{t},\mathfrak{u},\mathfrak{v},\mathfrak{w},\mathfrak{x},\mathfrak{y},\mathfrak{z}$, ß.

(7) $\sim,\equiv,\simeq,\asymp,\approx,\cong,\backsim,\backsimeq,\doteq,\bowtie,\Bumpeq,\bumpeq,\sharp,\clubsuit,\diamondsuit,\heartsuit,\spadesuit,\text{⫫},\risingdotseq,\circeq,\fallingdotseq,\lhd,\rhd$.

(8) $\unlhd,\unrhd,\models,\Vdash,\Vvdash,\smile,\lessdot,\gtrdot,\lll,\ggg,\div,\Subset,\Supset,\sqsubset,\sqsupset,\preccurlyeq,\succcurlyeq,\curlyeqprec,\curlyeqsucc,\propto,\between,\pitchfork,\shortparallel$.

习题 3 写出 $\{1,2,3\}$ 的所有划分并判断 $\{\{1,2\},\{2,3\}\}$ 是否为一个划分.

习题 4 用区间运算表达标准 3 进制小数表示中含数字 1 的 $x\in[0,1)$ 全体 A 和 3 进制小数表示中不含数字 1 的 $x\in(0,1)$ 全体 B(如 $0.1=0.022\cdots$ 和 $0.122\cdots=0.2$ 不含 1).

习题 5 以 $\bar{A}$ 记 A 的补集, 则 $\{A\cap\bar{B}\cap\bar{C},C\cap\bar{A}\cap\bar{B},B\cap\bar{C}\cap\bar{A},A\cap B\cap C\}$ 既分解 $(A\triangle B)\triangle C$ 又分解 $A\triangle B(\triangle C)$(以此得对称差的结合律). 进而 $(A\cup C\subseteq B\cup C$ 且 $A\cap C\subseteq B\cap C)$ 当且仅当 $A\subseteq B$ 当且仅当 $(A\cap C\subseteq B\cap C$ 且 $A\setminus C\subseteq B\setminus C)$.

习题 6 求例 3 中 S 在乙和癸及丑和酉的截口; 作映射使其图像恰有元素: 子鼠、丑牛、寅虎、卯兔、辰龙、巳蛇、午马、未羊、申猴、酉鸡、戌狗、亥猪.

习题 7 以下集合中哪些是单值映射的图像?

(1) $\{(x,x^2)|x\geqslant 0\}\cup\{(x,|x|)|x\leqslant 0\}$.　　(2) $\{(x,x^2)|x\geqslant 0\}\cup\{(x,x+1)|x\leqslant 0\}$.

(3) $\{(x,x)|x\in\mathbb{Q}\}\cup\{(x,0)|x\in\mathbb{J}\}$.　　(4) $\{(x,\pm x)|x\in\mathbb{Q}\}\cup\{(x,\pm x^2)|x\in\mathbb{J}\}$.

习题 8 设 $X\times X$ 至 X 的映射 $(x_1,x_2)\mapsto x_1\circledcirc x_2$ 恒使 $(x_1\circledcirc x_2)\circledcirc x_3=x_1\circledcirc(x_2\circledcirc x_3)$(此即结合律). 递归地命 $\circledcirc_{i=1}^{1}x_i=x_1$ 且 $\circledcirc_{i=1}^{n}x_i=(\circledcirc_{i=1}^{n-1}x_i)\circledcirc x_n$, 命 $x^n=\circledcirc_{i=1}^{n}x$.

(1) 证明 $\circledcirc_{i=1}^{k+l}x_i=\left(\circledcirc_{i=1}^{k-1}x_i\right)\circledcirc\left(\circledcirc_{i=k}^{k+l}x_i\right)$, $x^k\circledcirc x^l=x^{k+l}$ 且 $(x^k)^l=x^{kl}$.

(2) 设 $\circledcirc$ 还满足交换律: $x_1\circledcirc x_2=x_2\circledcirc x_1$. 将 n 元有限集 α 中各元排列成 $t_1,\cdots,t_n$, 则运算值 $\circledcirc_{i=1}^{n}x_{t_i}$ 与此排列顺序无关 (从而可记为 $\circledcirc_{k\in\alpha}x_k$).

习题 9 考察数域 $\mathbb{K}$ 上线性空间 X 中线性组合 $x=\sum\limits_{i\in\alpha}t_ix_i$. 诸 $t_i\geqslant 0$ 且 $\sum\limits_{i\in\alpha}t_i=1$ 时, 称 $(t_i)_{i\in\alpha}$ 是一个凸数组而 x 是 $(x_i)_{i\in\alpha}$ 的一个凸组合. 对于 X 的非空子集 E, 以下条件等价.

(1) E 中任何两点的凸组合都属于 E. 此时称 E 是个**凸集**.

(2) E 中任意点组 $(x_i)_{i\in\alpha}$ 的凸组合属于 E(例有全空间和单点集).

(3) $b_i(i\in\alpha)$ 是有限个非负系数时, $\sum\limits_{i\in\alpha} b_iE=\left(\sum\limits_{i\in\alpha} b_i\right)E$.

1.2　二 元 关 系

反映对象之间的联系常用集合. 如 $\{(x,y)\in\mathbb{N}\times\mathbb{N}|\exists z\in\mathbb{N}:y=x+z\}$ 反映了自然数的大小: $x\leqslant y$ 当且仅当 (x,y) 落于此集. 一般地, 由 α-组构成的集合 T 为一个**α-关系**. 当 $T\subseteq X^\alpha$ 时, 称 T 是 X 上一个 α-关系. 关系既然是集合, 通过集合运算可从已知关系得些新关系, 当然也可通过其他方式得到新关系.

二元关系 R 实为某个多值映射 g 的图像: 截口 R_x 非空的 x 组成**定义域** $\operatorname{dom} g$, 截口 R^y 不空的 y 组成**值域** $\operatorname{ran} g$. 映射与图像相互唯一确定: 从 X 至 Y 的多值映射 g_1 和 g_2 有相同图像当且仅当诸 $x\in X$ 使 $g_1(x)=g_2(x)$. 此时记 $g_1=g_2$.

1.2.1　复合与逆

对于二元关系 R 和 S, 作**逆关系** $R^{-1}=\{(y,x)|(x,y)\in R\}$ 和**复合关系**

$$R\circ S=\{(x,z)|\exists y:(x,y)\in R,(y,z)\in S\}.$$

对合律: $(R^{-1})^{-1}=R$. 当 $R^{-1}=R$ 时, 称 R 是对称的.

反变律: $(R\circ S)^{-1}=S^{-1}\circ R^{-1}$.

结合律: $(R\circ S)\circ T=R\circ(S\circ T)$.

幺元律: $R\subseteq X\times Y$ 当且仅当 $\operatorname{diag}_2 X\circ R=R\circ\operatorname{diag}_2 Y=R$.

映射 $f:X\to Y$ 与映射 $g:Y\to Z$ 的**复合** $g\circ f:X\to Z$ 将 x 映至 $g(f(x))$, 它也记为 gf 且表示为 $X\xrightarrow{f}Y\xrightarrow{g}Z$ (上方弧线 $X\xrightarrow{gf}Z$), 这是一例**交换图**——沿图中起点相同和终点相同所有定向路径得到相同结果. 此例也可写成以下第一个交换图

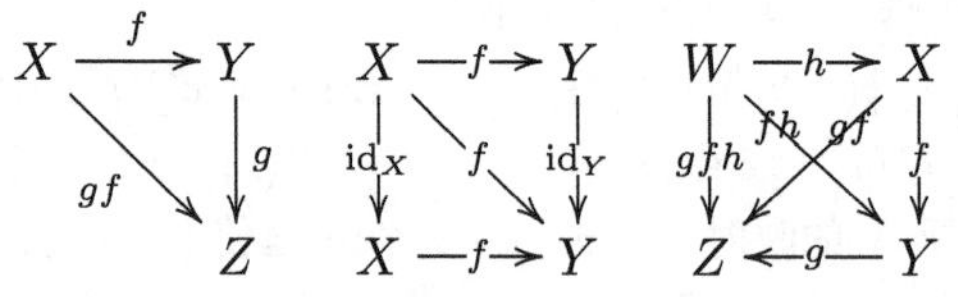

$$\begin{array}{ccc} X & \xrightarrow{f} & Y \\ & {\scriptstyle gf}\searrow & \downarrow{\scriptstyle g} \\ & & Z \end{array}\qquad \begin{array}{ccc} X & \xrightarrow{f} & Y \\ {\scriptstyle \mathrm{id}_X}\downarrow & \searrow{\scriptstyle f} & \downarrow{\scriptstyle \mathrm{id}_Y} \\ X & \xrightarrow{f} & Y \end{array}\qquad \begin{array}{ccc} W & \xrightarrow{h} & X \\ {\scriptstyle gfh}\downarrow & {\scriptstyle fh}\searrow\ \swarrow{\scriptstyle gf} & \downarrow{\scriptstyle f} \\ Z & \xleftarrow{g} & Y \end{array}$$

复合不满足交换律, 如 $\cos(\sin 0)\neq\sin(\cos 0)$. 复合具有以下性质.

幺元律: $f\,\mathrm{id}_X=\mathrm{id}_Y\,f=f$[示于以上第二交换图].

结合律: $(gf)h=g(fh)$[示于以上第三交换图, 它在 $t\in W$ 取值 $g(f(h(t)))$].

协变律: 当 $A\subseteq X$ 时, $(gf)(A)=g(f(A))$.

反变律: 当 $C\subseteq Z$ 时, $(gf)^{-1}(C)=f^{-1}g^{-1}(C)$.

右边三条渐弱: g 和 f 都是单射; gf 是个单射; f 是个单射.

右边三条渐弱: g 和 f 都是满射; gf 是个满射; g 是个满射.

与图像的关系: $\mathrm{gr}(g \circ f) = (\mathrm{gr}\, f) \circ (\mathrm{gr}\, g)$.

规定映射 $\psi : X \to X$ 的 n 次*迭代* ψ^n 使 $\psi^0 = \mathrm{id}_X$ 而 $\psi^n = \psi^{n-1} \circ \psi$. 如复数域上共轭运算 $\gamma : z \mapsto \overline{z}$ 是个*对合*——使 γ^2 为恒等映射. 在 ψ 有逆时, 规定 $\psi^{-n} = (\psi^{-1})^n$.

幂指律: $\psi^k \psi^l = \psi^{k+l}$ 且 $(\psi^k)^l = \psi^{kl}$(这在 ψ 有逆且 k 和 l 为整数时也成立).

定理 1 对于映射 $f : X \to Y$, 以下条件等价:

(1) 映射 f 是单的: $f(x_1) = f(x_2)$ 时, $x_1 = x_2$.

(2) 有个映射 $g : Y \to X$ 使 $gf = \mathrm{id}_X$(此 g 谓 f 的一个*左逆*).

(3) 使 $fh_1 = fh_2$ 的映射 $h_1, h_2 : Z \to X$ 必相等.

(4) 当 $A \subseteq X$ 时, $A = f^{-1}(f(A))$. 此时 $f(A_1) = f(A_2)$ 蕴含 $A_1 = A_2$.

(5) 当 $A_i \subseteq X$ 时 (下同), $f(A_1) \setminus f(A_2) = f(A_1 \setminus A_2)$.

(6) $f(A_1) \cap f(A_2) = f(A_1 \cap A_2)$. 此时 $f\Big(\bigcap\limits_{i\in\alpha} A_i\Big) = \bigcap\limits_{i\in\alpha} f(A_i)$.

证明 (1)⇒(2): 固定一个 $x_0 \in X$, 对于 $y \in Y \setminus f(X)$, 命 $g(y) = x_0$. 命 $g(f(x)) = x$.

(2)⇒(3): 对于等式 $g(fh_1) = g(fh_2)$ 用复合的结合律和幺元律即可.

(3)⇒(1): 命 $h_i(0) = x_i$, 得 $h_i : \{0\} \to X$ 使 $fh_1 = fh_2$. 故 $h_1 = h_2$ 而 $x_1 = x_2$.

(1)⇒(4): 若 $f(x)$ 落于 $f(A)$, 有个 $x_1 \in A$ 使 $f(x) = f(x_1)$. 由 f 的单性知 $x = x_1$, 因此 $f^{-1}f(A) \subseteq A$. 结合 1.1 节命题 6 知 $f^{-1}f(A) = A$.

(4)⇒(1): 显然, $A_1 = A_2$. 特别命 $A_i = \{x_i\}$, 得 $x_1 = x_2$.

(5)⇒(1): 按条件知 $f(\{x_1\} \setminus \{x_2\})$ 是空集, 从而 $x_1 = x_2$. 其他易证.

(6)⇒(1): $f(\{x_1\} \cap \{x_2\})$ 等于非空集 $\{f(x_1)\} \cap \{f(x_2)\}$, 故 $x_1 = x_2$. □

在单射 f 下, 可将 x 与 $f(x)$ 等同起来及将 X 与 $f(X)$ 等同起来.

定理 2 对于映射 $f : X \to Y$, 以下条件等价:

(1) f 是满的. 此时诸 $B \subseteq Y$ 形如 $f(A)$(如 $A = f^{-1}(B)$).

(2) 使 $g_1 f = g_2 f$ 的映射 $g_1, g_2 : Y \to Z$ 必相等.

(3) 有个 $g : Y \to X$ 使 $fg = \mathrm{id}_Y$(此 g 谓 f 的一个*右逆*).

证明 显然 (1)⇒(2). (2)⇒(1): 否则, 命 $Y_0 = \mathrm{ran}\, f$, 固定一个 $y_0 \in Y_0$. 作 Y 上映射 g 使 $Y_0 \ni y \mapsto y$ 且 $Y \setminus Y_0 \ni y \mapsto y_0$, 则 $g \neq \mathrm{id}_Y$ 且 $gf = \mathrm{id}_Y f$, 矛盾.

(1)⇒(3): 取诸 $y \in Y$ 的一个原像 $g(y)$ 即可. 显然, (3)⇒(1). □

下面讨论双射——既单又满者, 由以上两定理得以下主结论.

定理 3 映射 $f : X \to Y$ 是个双射当且仅当它是个*可逆映射*: 有个左逆 g_1 也有个右逆 g_2. 此时 g_1 和 g_2 同为 f 的逆射 f^{-1}, 其图像是 $\{(y, x) | (x, y) \in \mathrm{gr}\, f\}$.

(1) 双射 $f:X\to Y$ 与双射 $g:Y\to Z$ 的复合是双射且 $(gf)^{-1}=f^{-1}g^{-1}$.

(2) 恒等映射可逆且 $\mathrm{id}_X^{-1}=\mathrm{id}_X$; 双射 f 之逆射可逆且 $(f^{-1})^{-1}=f$.

(3) 设 $f_i:X_i\to Y_i$ 是可逆的, 则 $X_2^{X_1}$ 至 $Y_2^{Y_1}$ 有双射 $h\mapsto f_2hf_1^{-1}$.

证明　在充要条件下, 由 $g_1(fg_2)=(g_1f)g_2$ 和复合的幺元律知 $g_1=g_2$. 由 f^{-1} 的定义和 $f(g_2(y))=y$ 知 $f^{-1}(y)=g_2(y)$. 由复合的结合律和幺元律,

$$(gf)(f^{-1}g^{-1})=g(ff^{-1})g^{-1}=gg^{-1}=\mathrm{id}_Z\,.$$

类似知 $(f^{-1}g^{-1})(gf)=\mathrm{id}_X$. 这得 (1). 易证 (2) 和 (3).　□

下面用复合方法讨论某些映射之间的联系.

(Ⅰ) 设 $V\subseteq X\times Y$ 且 $\eta_a:y\mapsto(a,y)$ 及 $\eta^b:x\mapsto(x,b)$, 则下图交换

$$\begin{array}{ccc} V & \xleftarrow{\ \eta^b\ } & V^b \\ \uparrow{\scriptstyle \eta_a} & \searrow^{f} & \downarrow{\scriptstyle f_b} \\ V_a & \xrightarrow{\ f_a\ } & W \end{array}$$

当且仅当 f_a 是 f 在 a 的**截口** $y\mapsto f(a,y)$ 且 f^b 是 f 在 b 的**截口** $x\mapsto f(x,b)$; 它们也记为 $f(a,\cdot)$ 和 $f(\cdot,b)$. 如**赋值映射** $\mathrm{ev}:X\times Y^X\to Y$ 将 (x,f) 映至 $f(x)$, 它在诸 $f\in Y^X$ 和 $a\in X$ 各有截口 f 和**赋值映射** $\mathrm{ev}_a:f\mapsto f(a)$. **投影** $\tau:X\times Y\to Y$ 将 (x,y) 映至 y, 它在 $a\in X$ 和 $b\in Y$ 各有截口 id_Y 和**常值映射** $\mathrm{cst}_b:x\mapsto b$.

在 $V=X\times Y$ 时, $V_a=X$ 且 $V^b=Y$, 而 $G\subseteq X\times Y$ 的原像集 $\eta_a^{-1}(G)$ 和 $(\eta^b)^{-1}(G)$ 各是截口 G_a 和截口 G^b. 根据 1.1 节命题 6 便得以下**截口算术律**.

(1) 截口保持单调性: $G\subseteq H$ 时, $G_a\subseteq H_a$ 且 $G^b\subseteq H^b$.

(2) 截口保持互斥性: $G\cap H=\varnothing$ 时, $G_a\cap H_a=\varnothing$ 且 $G^b\cap H^b=\varnothing$.

(3) 截口保持并运算: $\left(\bigcup\limits_{i\in\alpha}G_i\right)_a=\bigcup\limits_{i\in\alpha}(G_i)_a$ 且 $\left(\bigcup\limits_{i\in\alpha}G_i\right)^b=\bigcup\limits_{i\in\alpha}(G_i)^b$.

(4) 截口保持交运算: $\left(\bigcap\limits_{i\in\alpha}G_i\right)_a=\bigcap\limits_{i\in\alpha}(G_i)_a$ 且 $\left(\bigcap\limits_{i\in\alpha}G_i\right)^b=\bigcap\limits_{i\in\alpha}(G_i)^b$.

(5) 截口保持差运算: $(G\setminus H)_a=G_a\setminus H_a$ 且 $(G\setminus H)^b=G^b\setminus H^b$.

(Ⅱ) 设 $Y=\prod\limits_{j\in\alpha}Y_j$, 则映射 $g:X\to Y$ 都形如 $x\mapsto(g_i(x))_{i\in\alpha}$ 使 $g_i:X\to Y_i$ 为 g 的第 i 个**分量**. 记 $g=(g_i)_{i\in\alpha}$, 它为单射当且仅当 $\{g_i|i\in\alpha\}$ **分离 X 的点**: 诸 $i\in\alpha$ 使 $g_i(x_1)=g_i(x_2)$ 时, $x_1=x_2$(这相当于 $x_1\neq x_2$ 时, 有个 i 使 $g_i(x_1)\neq g_i(x_2)$).

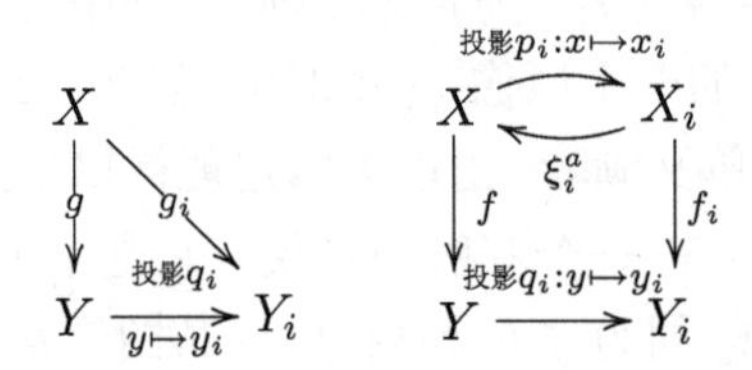

又设 $X=\prod\limits_{j\in\alpha}X_j$. 对于 $a\in X$, 设 $\xi_i^a(x_i)$ 的第 j 分量是 $a_j(j\neq i)$ 而第 i 分量是 x_i. 诸 $q_if=f_ip_i$ 当且仅当 $f:(x_j)_{j\in\alpha}\mapsto(f_j(x_j))_{j\in\alpha}$. 此时 $f_i=q_if\xi_i^a$, 记 $f=\prod\limits_{i\in\alpha}f_i$. 诸 X_i 和 Y_i 不空时, f 是单/满的当且仅当诸 f_i 是单/满的. 可逆时, $f^{-1}=\prod\limits_{i\in\alpha}f_i^{-1}$.

$\prod\limits_{i\in\alpha}E_i=\bigcap\limits_{i\in\alpha}p_i^{-1}(E_i)$. 命 $E_j'=X_j(j\neq i)$ 且 $E_i'=E_i$, 则 $p_i^{-1}(E_i)=\prod\limits_{j\in\alpha}E_j'$.

(Ⅲ) 设 $A\subseteq X$ 且 $B\subseteq Y$, 下图交换当且仅当 g 在诸 $x\in A$ 取值 $f(x)$(这相当于 $\operatorname{gr}g\subseteq\operatorname{gr}f$). 称 g 是 f 的一个**限制**, f 是 g 的一个**延拓** 或**扩张**. 如 ξ 和 id_X 互为对方的限制和扩张. 记 $g\subseteq f$ 或 $g=f|_A^B$. 若 $B=Y$, 记 $g=f|_A$.

$$\begin{array}{ccc} A & \xrightarrow[\xi:x\mapsto x]{\text{包含映射}} & X \\ \downarrow g & & \downarrow f \\ B & \xrightarrow[\eta:y\mapsto y]{\text{包含映射}} & Y \end{array}$$

(1) 扩张有自反性 ($f\subseteq f$)、反称性 ($g\subseteq f$ 且 $f\subseteq g$ 时, $g=f$) 和传递性 ($g\subseteq f$ 且 $f\subseteq h$ 时, $g\subseteq h$). 单射的限制都是单射.

(2) 某些扩张 f 可在 $X\setminus A$ 取常值 b(**零值扩张**指 $b=0$).

(3) 扩张不必唯一. 而 1.1 节例 4 表明受约束的扩张可能是唯一的.

(Ⅳ) 一族映射 $f_i:X_i\to Y_i(i\in\alpha)$ 有个公共扩张 $f:X\to Y$ 当且仅当诸对映射 f_i 和 f_j 在其公共定义域上取值相等. 此时可设 f 是 $\{f_i|i\in\alpha\}$ 的**黏接**, 这意味着 $X=\bigcup\limits_{i\in\alpha}X_i$ 且 $Y=\bigcup\limits_{i\in\alpha}Y_i$ 而诸 $x\in X_i$ 使 $f(x)=f_i(x)$. 因此 $\operatorname{gr}f=\bigcup\limits_{i\in\alpha}\operatorname{gr}f_i$, 可记 $f=\bigcup\limits_{i\in\alpha}f_i$. 黏接相当于逐段定义映射, 如广义实数的**绝对值**

$$|x|=\left\{\begin{array}{rl} x: & x\geqslant 0 \\ -x: & x\leqslant 0 \end{array}\right\}=\max\{x,-x\}.$$

规定子集 $A\subseteq X$ 的**特征函数** χ_A 为常值函数 $A\mapsto\{1\}$ 和 $A^c\mapsto\{0\}$ 的黏接, 它至多取值于 $\{0,1\}$. 如实轴上 $\mathbb{Q}$ 的特征函数 $\chi_{\mathbb{Q}}$ 就是熟知的 Dirichlet **函数**.

特征函数将集合算术转化为函数算术, 其初步理由如下.

命题 4 全集 X 上复值函数 f 是某子集 A 的特征函数当且仅当 $f^2=f$(即 f 至多取值 0 和 1). 此时 $A=f^{-1}\{1\}$. 特别地, $A=\varnothing$ 当且仅当 $f=0$; $A=X$ 当且仅当 $f=1$.

(1) $A\subseteq B$ 当且仅当 $\chi_A\leqslant\chi_B$. 特别地, $A=B$ 当且仅当 $\chi_A=\chi_B$.

(2) $\chi_{B^c}=1-\chi_B$, $\chi_{A\cap B}=\chi_A\chi_B$ 且 $\chi_{A\cup B}=\chi_A+\chi_B-\chi_A\chi_B$.

(3) $\chi_{A\setminus B}=\chi_A(1-\chi_B)$ 且 $\chi_{A\triangle B}=|\chi_A-\chi_B|$.

(4) $C \subseteq A \cup B$ 当且仅当 $\chi_C \leqslant \chi_A + \chi_B$.

(5) $\chi_B(f(x)) = \chi_{f^{-1}(B)}(x)$, 其中 $B \subseteq Y$ 而 $f: X \to Y$ 是个映射.

(6) 当 $G \subseteq X \times Y$ 时, $\chi_G(x,y) = \chi_{G_x}(y) = \chi_{G^y}(x)$.

(7) 当 $A = \bigcup_{i\in\alpha} A_i$ 时, $\chi_A(x) = \max_{i\in\alpha} \chi_{A_i}(x)$; $B = \bigcap_{i\in\alpha} B_i$ 时, $\chi_B(x) = \min_{i\in\alpha} \chi_{B_i}(x)$.

证明　易证主结论. (1) $\chi_A(x) \leqslant \chi_B(x)$ 当且仅当由 $\chi_A(x) = 1$ 可得 $\chi_B(x) = 1$.

(2) 第一式: $\chi_{B^c}(x) = 1$ 表示 x 不属于 B, 即 $1-\chi_B(x) = 1$. 第二式: $\chi_{A\cap B}(x) = 1$ 表示 x 既属于 A 又属于 B, 即 $\chi_A(x)$ 和 $\chi_B(x)$ 同为 1, 这即 $\chi_A(x)\chi_B(x) = 1$. 第三式:

$$\begin{aligned}1-(\chi_A+\chi_B-\chi_A\chi_B) &= (1-\chi_A)(1-\chi_B)\\ &= \chi_{A^c}\chi_{B^c} = \chi_{A^c\cap B^c} = \chi_{(A\cup B)^c} = 1-\chi_{(A\cup B)}.\end{aligned}$$

(3) 将 $A \setminus B = A \cap B^c$ 与 (2) 结合得第一式. 第二式:

$$\begin{aligned}(\chi_A-\chi_B)^2 &= \chi_A^2+\chi_B^2-2\chi_A\chi_B\\ &= (\chi_A-\chi_A\chi_B)+(\chi_B-\chi_A\chi_B)\\ &= \chi_{A\setminus B}+\chi_{B\setminus A} = \chi_{A\triangle B}.\end{aligned}$$

(4) 必要性: 根据 (1) 知 $\chi_C \leqslant \chi_{A\cup B}$, 右端根据 (2) 知不超过 $\chi_A + \chi_B$.

充分性: 诸 $x \in C$ 使 $\chi_C(x) = 1$, 则 $\chi_A(x) = 1$ 或 $\chi_B(x) = 1$. 因此 x 属于 A 或 B.

(5) $\chi_B(f(x)) = 1$ 表示 $f(x)$ 属于 B(即 x 属于 $f^{-1}(B)$), 这即 $\chi_{f^{-1}(B)}(x) = 1$.

(6) 用 (I) 中符号, 对于等式 $\eta_x^{-1}(G) = G_x$ 和 $(\eta^y)^{-1}(G) = G^y$ 用 (5) 即可.

(7) 显然, $\max\{\chi_{A_i}(x)|i \in \alpha\}$ 只能为 0 或 1, 它为 1 当且仅当某个 $\chi_{A_i}(x) = 1$ (即 $x \in A_i$) 当且仅当 x 属于 A 当且仅当 $\chi_A(x) = 1$. 由 (2) 结合 De Morgan 律得后半部分. □

这种用函数刻画集合的方法已发展出模糊集合论来. 现用命题 4 证明集合算术律之三角不等式, 它根据命题 4(4) 相当于 $\chi_{A\triangle C} \leqslant \chi_{A\triangle B} + \chi_{B\triangle C}$, 根据命题 4(3) 等价于 $|\chi_A - \chi_C| \leqslant |\chi_A - \chi_B| + |\chi_B - \chi_C|$. 这最后一式自然成立.

1.2.2　等价关系

可用符号如 $\heartsuit$ 将 $(x,y) \in R$ 写成 $x\heartsuit y$ 以示 x 和 y 是 R-相关的. 以 $x' \not\heartsuit y'$ 表示 x' 和 y' 不是 R-相关的, 即 $(x',y') \notin R$. 考察三角形的相似关系与实数的大小关系知, X 上二元关系 R 可能有以下性质 (下面括号内是将性质简写成关系运算).

自反性: 诸 $x \in X$ 使 $x\heartsuit x$(这相当于 $\operatorname{diag}_2 X \subseteq R$).

反称性: 当 $x\heartsuit y$ 且 $y\heartsuit x$ 时, $x = y$(这相当于 $R \cap R^{-1} \subseteq \operatorname{diag}_2 X$).

对称性: 当 $x\heartsuit y$ 时, $y\heartsuit x$(这相当于 $R^{-1} = R$).

传递性: 当 $x\heartsuit y$ 且 $y\heartsuit z$ 时, $x\heartsuit z$(这相当于 $R\circ R\subseteq R$).

例 1 在线性空间 X 中, 向量组 $(x_i)_{i\in\alpha}$ 和 $(y_j)_{j\in\beta}$ 满足 $\operatorname{span}\limits_{j\in\beta} y_j\subseteq\operatorname{span}\limits_{i\in\alpha} x_i$ 当且仅当前组至后组有个**过渡矩阵**$[a_{ij}]_{\alpha\times\beta}$ 恒使 $y_j=\sum\limits_{i\in\alpha} x_i a_{ij}$. 若 $(y_j)_{j\in\beta}$ 至 $(z_k)_{k\in\gamma}$ 也有个过渡矩阵 $[b_{jk}]_{\beta\times\gamma}$, 则 $(x_i)_{i\in\alpha}$ 至 $(z_k)_{k\in\gamma}$ 有个过渡矩阵 $\left[\sum\limits_{j\in\beta} a_{ij}b_{jk}\right]_{\alpha\times\gamma}$. 因此 "有过渡矩阵" 关系满足传递性, 它还满足自反性但不满足对称性. □

俗语 "物以类聚, 人以群分" 是将具有共同性质者归类, 这可引出如下定理.

定理 5 对于集合 X 上二元关系 R, 以下条件等价 (此时也将 R 记成 $\sim$):

(1) R 满足自反性、对称性和传递性. 此时称 R 是个**等价关系**, 截口 R_x 为 x 的**等价类**且记为 $[x]$(等价者有相同等价类; 不等价者有互斥等价类).

(2) X 有个划分 $\tilde{X}$ 使 R 有个划分 $\{D\times D|D\in\tilde{X}\}$. 此时称 $\tilde{X}$ 为 X 在 R 下的**商集**. 命 $p(x)=R_x$, 所谓**自然投影** $p:X\to\tilde{X}$ 是满的.

(3) R 是某个映射 $f:X\to Y$ 的**等值图** $\{(x_1,x_2)|f(x_1)=f(x_2)\}$. 此时 f 诱导了唯一单射 $\tilde{f}:\tilde{X}\to Y$ 恒使 $\tilde{f}(p(x))=f(x)$(故 $\operatorname{ran}\tilde{f}=\operatorname{ran}f$).

上述 x_1 和 x_2 为 f 的**等值点**, 也说 f **依等值方式诱导**了关系 R.

证明 (1)⇒(2): 有公共元素 z 的等价类 $[x]$ 与 $[y]$ 相等. 此因 $w\sim x$ 当且仅当 $w\sim z$ 当且仅当 $w\sim y$. 可见, 只能唯一地命 $\tilde{X}=\{[x]|x\in X\}$.

(2)⇒(3): 显然 x 属于某 $D\in\tilde{X}$ 当且仅当 $R_x=D$, 可命 $f=p$.

(3)⇒(1): 显然. 此时唯一地命 $\tilde{f}([x])=f(x)$, 得所求映射 $\tilde{f}$. □

三角形之间相似关系是个等价关系. 特征函数 χ_A 等值诱导了等价关系使 $x_1\backsim x_2$ 表示 x_1 和 x_2 都属于 A 或都不属于 A, 相应等价类只能是 A 和其补集中的不空者.

地图上等高线是海拔函数依等值方式诱导等价关系的等价类.

例 2 正整数 n 都诱导了整数环 $\mathbb{Z}$ 上等价关系使 $k\sim l$ 表示 $k-l$ 能被 n 整除. 相应等价类 $[k]=k+n\mathbb{Z}$, 商集 $\mathbb{Z}_n$ 是 n 元有限集 $\{[0],[1],\cdots,[n-1]\}$. □

一般映射 $f:X\to Y$ 将 Y 上二元关系 T 都拉回成 X 上二元关系

$$f^*T:=\{(x_1,x_2)|(f(x_1),f(x_2))\in T\}.$$

当 T 满足自反性/传递性/对称性时, f^*T 也满足相应性质.

集合 X 上一族等价关系之交还是等价关系. 包含 $R\subseteq X\times X$ 的所有等价关系之交 E 是包含 R 的最小等价关系 (此谓 R **生成的等价关系**), 它在 $R=\bigcup\limits_{i\in\alpha} R_i$ 时也说由关系族 $\{R_i|i\in\alpha\}$ 生成. 带有等价关系的集合可称为分块集 (块即等价类). 特别地, 集合 X 上有个最大等价关系使其中每两个元素等价, 即只有一个等价类.

集合 X 上有最小等价关系使等价者相等, 它由恒等映射依等值方式诱导.

定理 6　设 R 是线性空间 X 上一个二元关系, 则以下条件等价:

(1) R 是个等价关系且是 $X \times X$ 的一个线性子空间. 此时商集 $\tilde{X}$ 是个线性空间使加法运算 $[x]+[x_1]=[x+x_1]$ 和数乘运算 $a[x]=[ax]$.

(2) X 有唯一线性集 L 使 $R=\{(x,y)|x-y \in L\}$. 此时等价类 $[x]=x+L$, 商集记为 X/L 且称为商空间. 自然投影 $P: X \to X/L$ 是个 (保持线性运算的) 线性算子; 它是个线性同构——可逆线性算子当且仅当 L 是平凡的.

(3) X 至某线性空间 Y 的某线性算子 T 等值诱导了 R. 此时根据定理 5 所得诱导映射 $\tilde{T}: X/L \to Y$ 是个线性算子.

证明　(1)⇒(2): 命 $L=\{x \in X|(x,0) \in R\}$, 这是个线性空间. 显然 $x \sim y$ 当且仅当 $(x-y) \sim (y-y)$ 当且仅当 $x-y$ 属于 L.

(2)⇒(1): 由条件知 R 是个线性集, 它满足自反性 $(x-x=0 \in L)$ 和对称性 $(x-y \in L$ 时, $y-x \in L)$ 及传递性 $(x-y \in L$ 且 $y-z \in L$ 时, $x-z \in L)$. 此时, 商集上加法是等价类的 Minkowski 和, 从而是合理定义的. 数乘合理性是因 $x-x_1 \in L$ 导致 $ax-ax_1 \in L$. 加法的交换律与结合律见于 1.1 节命题 8. 易得零元律 $([x]+[0]=[x])$ 和幺元律 $(1[x]=[x])$. 负元律和分配律及结合律源自以下四式

$$
\begin{aligned}
[-x]+[x] &= [-x+x]=[0], \\
a([x]+[y]) &= a[x+y]=[a(x+y)] \\
&= [ax+ay]=[ax]+[ay]=a[x]+a[y], \\
(a+b)[x] &= [(a+b)x]=[ax+bx] \\
&= [ax]+[bx]=a[x]+b[x], \\
(ab)[x] &= [abx]=a[bx]=a(b[x]).
\end{aligned}
$$

可见, $[x_0]$ 代表零向量当且仅当 $x_0 \in L$. 此时 $[x_0]=L$. 于是 P 为线性空间之间线性算子且依等值方式诱导了 $\sim$. 这得 (2)⇒(3). 显然, (3)⇒(1). □

由等价类并成的集合在某些问题中有重要作用, 以下是其特征.

事实　在定理 5 中等价条件下, 固定 $A \subseteq X$, 以下条件等价.

(1) A 是等价关系 $\sim$ 的一个浸润集或饱和集——包含诸 $x \in A$ 的等价类.

(2) A 是 Y 的某子集 B 的原像集 $f^{-1}(B)$. 此时可令 $B=f(A)$.

(3) A 是些原像集 $A_i (i \in \alpha)$ 之并. 这相当于 A 是某些等价类之并.

(4) A 是 f 的一个浸润集或饱和集——包含诸 $x \in A$ 的 f-等值点.

(5) A 是些原像集 $A_i (i \in \alpha)$ 之交. 此时 $f(A)=\bigcap\{f(A_i)|i \in \alpha\}$.

(6) A 是某原像集 A_1 和 A_2 之差. 此时 $f(A)=f(A_1) \setminus f(A_2)$. □

例 3　根据 1.1 节例 4, $\mathbb{C}^{\mathbb{C}}$ 上有等价关系使 $f \backsim g$ 恒表示 $f(x_i)=g(x_i)$. 诸等价类 $[f]$ 中次数不过 n 的唯一复系数多项式 p 可视为 $[f]$ 推举的代表. □

一般地, 恒使 $h(E)\in E$ 的映射 $h:\mathcal{A}\to X$ 为集族 $\mathcal{A}$ 的一个*选择函数*.

选择公理 (Zermelo, 1904) 成员非空的集族都有个选择函数. □

成员数有限情形的选择无须用此公理, 真正用此公理的情形都涉及无限个成员. 如有无限双筷子, 每双构成一个集合. 此公理说我们可以从每双中取一根, 但具体哪根不定. 某些无限情形的选择也可避用此公理. 如从无限双运动鞋中每双各取一只时, 只取左脚那只 (相当于有特定的选择函数) 便可. 起初选择公理引起了许多争议, 它产生的分球怪论一度令人费解. 现在大多数人将它与 Zermelo-Fraenkel 集合论一起列为标准的 ZFC 集合论, 没有选择公理的实分析、拓扑学和泛函分析将不会生机勃勃. 选择公理有许多等价形式, 以下列举三个:

(1) 当 $\mathcal{A}$ 是个划分时, 某个集合 E 与诸 $D\in\mathcal{A}$ 只有一个公共元素.

(2) 集合 $X_i(i\in\alpha)$ 都非空时, Descartes 积 $\prod(X_i|i\in\alpha)$ 是非空的.

(3) 诸满射 $f:X\to Y$ 有个右逆 (即 $\{f^{-1}(\{y\})|y\in Y\}$ 的选择函数).

1.2.3 顺序关系

考察集合之间包含关系 $\subseteq$ 和广义实数之间大小关系 $\leqslant$, 可得以下概念.

定义 集合 P 上满足自反性和传递性的二元关系 $\precsim$ 称为*准序*而 $(P,\precsim)$ 是*准序集*. 也将 $x\precsim y$ 写成 $y\succsim x$, 各读为 "x 在 y 前" 和 "y 在 x 后". 满足反称性的准序 $\preceq$ 称为*偏序*而 $(P,\preceq)$ 是个*偏序集*, 以 $x\prec y$ 和 $y\succ x$ 表示 $x\preceq y$ 且 $x\neq y$. □

显然, 从集合 T 至准序集 P 的映射 f 全体 P^T 上有所谓点态准序使 $f_1\precsim f_2$ 表示诸 $t\in T$ 使 $f_1(t)\precsim f_2(t)$. 当 P 是个偏序集时, P^T 也是个偏序集.

广义实轴上所用标准序 $\leqslant$ 自然产生于数的建立过程且广义实数都可以比较大小. 一般地, 偏序集 $(P,\preceq)$ 是个*全序集*或*链*指其元素 x 和 y 都满足*三歧性*: ①$x\prec y$ 或②$x=y$ 或③$x\succ y$. 因 $\{1\}$ 和 $\{2\}$ 互不包含, $(2^{\{1,2\}},\subseteq)$ 非全序集.

在准序集 $(P,\precsim)$ 中, 子集 S 有个*上界* $b\in P$ 指诸 $x\in S$ 满足 $x\precsim b$(属于 S 的上界为 S 的*最大元*, 它唯一时记为 $\max S$); 子集 S 有个*下界* $a\in P$ 指诸 $x\in S$ 满足 $x\succeq a$(属于 S 的下界为 S 的*最小元*, 它唯一时记为 $\min S$).

在包含关系下, 幂集 2^X 有最小成员 $\varnothing$ 和最大成员 X.

例 4 从 $\mathbb{N}\times\mathbb{N}$ 至 $\mathbb{Z}_+$ 的映射 $(i,j)\mapsto 2^i(2j+1)$ 是可逆的. 此因上有界整数集都有最大数, 正整数 n 便有唯一分解 $2^i(2j+1)$ 使 $i=\max\{k\in\mathbb{N}|2^k\text{整除}n\}$. □

有上界者为*上有界集*, 有下界者为*下有界集*. 两界都有者为*有界集*.

例 5 在 $\mathbb{E}^n$ 中以 $x\precsim y$ 表示 $|x|\leqslant|y|$. 因 $|x|\geqslant|0|$, 准序集 $(\mathbb{E}^n,\precsim)$ 的子集 S 是有界的当且仅当 $\{|x|:x\in S\}$ 于实轴 $\mathbb{R}$ 有界. □

有界性是相对的. 如 $\mathbb{Z}$ 于 $\mathbb{R}$ 上下都无界, 但于 $\overline{\mathbb{R}}$ 有上界 $+\infty$ 和下界 $-\infty$.

例 6 某电脑中文件夹全体 (图 7) 上有个偏序使 $x\prec y$ 表示 x 是 y 的直接或间接子文件夹. 如 $3\prec 2\prec 1$ 且 $5\prec 4\prec 1$. 命 $S=\{3,5\}$, 它有上界 1 但无下界. 显

然 3 不是最小的, 但无文件夹比它小. □

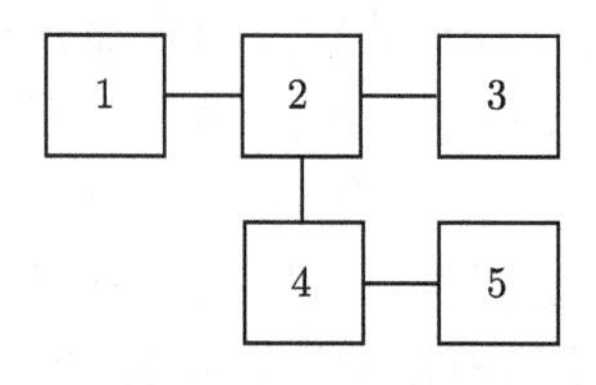

图 7　文件夹简表

一般地, 偏序集 $(P,\preceq)$ 有个**极大元** $b\in P$ 指无 $x\in P$ 使 $b\prec x$; 它有个**极小元** $a\in P$ 指无 $x\in P$ 使 $a\succ x$. 最大/小元都是极大/小元, 反之不然. 如上例中偏序集 S 的元素都是极大的也是极小的, 但非最大的也非最小的. 偏序集 P 有极大元当且仅当某 $x\in P$ 使 $\{y\in P|y\succeq x\}$ 有极大元.

全序集的极大/小元是最大/小元. 归纳地知有限全序集都有最大/小元.

公理 (Zorn 引理)　全序子集都有上 [下] 界的偏序集有个极大 [小] 元. □

依条件构造偏序集是用 Zorn 引理解决问题的首要步骤.

定理 7　设 X 和 Y 是集合, 则 X 至 Y 有个单射或 Y 至 X 有个单射.

证明　空射是单的, 单射 $h:A(\subseteq X)\to Y$ 全体 G 依扩张关系是个偏序集.

任取 G 的全序子集 E, 其中任意两元 h_1 和 h_2 能比较 (可设 h_2 扩张了 h_1). 因此 E 可黏成一个映射 $\bar{h}:\overline{A}\to Y$. 当 $\bar{h}(a_1)=\bar{h}(a_2)$ 时, 可设 a_i 属于 h_i 的定义域, 则 $h_2(a_1)=h_2(a_2)$. 故 $a_1=a_2$. 因此 $\bar{h}$ 是单射, 它属于 G 且是 E 的一个上界.

由 Zorn 引理, G 有个极大元 $f:T\to Y$. 当 $T\neq X$ 且 $f(T)\neq Y$ 时, 取 $a\in X\setminus T$ 和 $b\in Y\setminus f(T)$, 则 $\{a\}$ 至 $\{b\}$ 的单射 $a\mapsto b$ 与 f 黏成一个单射, 这与 f 的极大性矛盾. 当 $T=X$ 时, X 至 Y 有单射 f; 当 $f(T)=Y$ 时, 命 $g(f(x))=x$ 知 Y 至 X 有单射 g. □

线性空间中极大无关组与偏序有关, 先回顾些概念. 对于域 $\mathbb{K}$ 上线性空间 X 中向量组 $(x_i)_{i\in\alpha}$, 以下条件等价 (其中系数组的支集 $\{i|c_i\neq 0\}$ 是有限的).

(1) 当 $\sum\limits_{i\in\alpha}c_ix_i=0$ 时, 诸 $c_i=0$. 此时称 $(x_i)_{i\in\alpha}$ 是个 **$\mathbb{K}$-线性无关组**.

(2) 向量组 $(x_i)_{i\in\alpha}$ 能表示 [某] 向量组 $(v_j)_{j\in\beta}$ 时, 过渡矩阵是唯一的.

(3) 诸 [有限]$\beta\subseteq\alpha$ 使 $(x_i)_{i\in\beta}$ 线性无关; 约定空组 $(x_i)_{i\in\varnothing}$ 线性无关.

(4) 诸 x_i 不被 $(x_j)_{j\in\beta\setminus\{i\}}$ 线性组合. 下设 $\{\alpha_k|k\in\gamma\}$ 划分 α.

(5) 有无关线性集组 $(L_k)_{k\in\gamma}$ 使 $(x_i)_{i\in\alpha_k}$ 是 L_k 中线性无关组.

(6) 有个线性算子 $T:X\to Y$ 使 $(Tx_i)_{i\in\alpha}$ 线性无关. 此时 T 可为任意单算子.

不满足上述等价条件者称为 **$\mathbb{K}$-线性相关组**. 带上前缀 $\mathbb{K}$ 是因为这些概念与系数域有关. 如将 $\mathbb{R}$ 视为 $\mathbb{Q}$ 上线性空间时, $(1,\sqrt{2})$ 是一例有理线性无关组. 将 $\mathbb{R}$ 视为 $\mathbb{R}$ 上线性空间时, $(1,\sqrt{2})$ 是一例实线性相关组.

线性空间 X 的子集 S 是个 $\mathbb{K}$-**线性无关集**指向量组 $(x)_{x\in S}$ 线性无关; 否则, S 是个 $\mathbb{K}$-**线性相关集**(即其某个有限子集线性相关). 特别地, 空集是 $\mathbb{K}$-线性无关的. 某些线性相关组的值域是线性无关的, 例有 $\mathbb{R}$ 中序列 $(3,3)$ 的值域 $\{3\}$.

熟悉代数者可将上述概念推广至除环上的模, 以下命题也可作此推广.

命题 8 设 L 是域 $\mathbb{K}$ 上线性空间 X 的一个子集. 在 $(2^L,\subseteq)$ 中, T 是极大无关的当且仅当它是满足 $L\subseteq \operatorname{span}T$ 的极小者 (特别在 L 为线性集时, $L=\operatorname{span}T$).

(1) 在包含关系下, L 的线性无关集 S 都能扩张成 L 的极大无关集 T. 特别地, L 有极大无关集. 称线性空间中极大无关集为 **Hamel 基**.

(2) **基扩张定理**: 线性空间 X 都有 Hamel 基, 其线性集 L 的 Hamel 基 E 必能扩张成 X 的某个 Hamel 基 B 使 $\{[x]|x\in B\setminus E\}$ 为商空间 X/L 的一个 Hamel 基.

(3) 线性同构 $T:X\to Y$ 将 X 的 Hamel 基 A 映为 Y 的 Hamel 基 $T(A)$.

证明 必要性: 诸 $y\in L\setminus T$(存在时) 使 $T\cup\{y\}$ 线性相关, 有不全为零的系数 c 和 $c_x(x\in T)$ 使 $cy-\sum\limits_{x\in T}c_xx=0$. 由 T 的线性无关性知 $c\neq 0$, 因此 $y=\sum\limits_{x\in T}\dfrac{c_x}{c}x$.

当 S 是 T 真子集时, 诸 $x\in T\setminus S$ 不能被 S 线性组合. 因此 S 不生成 L.

充分性: 若 T 是线性相关的, 某 $x\in T$ 便被 $T_1:=T\setminus\{x\}$ 线性组合. 因此 $L\subseteq\operatorname{span}T_1$, 与条件矛盾. 当 $T\subset U\subseteq L$ 时, 诸 $y\in U\setminus T$ 被 T 线性组合, U 是线性相关的.

(1) 以 $\mathcal{G}$ 记 L 的含 S 的线性无关子集全体, 在包含关系下任取其链 $\mathcal{E}$.

命 $D=\bigcup\mathcal{E}$, 任取其有限子集 F. 诸 $x\in F$ 落于某个 $A_x\in\mathcal{E}$, 可设 A_z 于 $\{A_x|x\in F\}$ 最大, 则 F 含于 A_z, 从而线性无关. 这样 D 属于 $\mathcal{G}$ 且是 $\mathcal{E}$ 的一个上界.

用 Zorn 引理知 $\mathcal{G}$ 有极大成员. 命 $S=\varnothing$ 知 L 有极大无关集.

(2) 取 X/L 的一个 Hamel 基 $\{[e_i]|i\in\alpha\}$, 命 $B=E\cup\{e_i|i\in\alpha\}$ 即可. 易证 (3). □

在实轴上, 实数比整数要多些, 然而诸实数总介于某些整数之间. 一般准序集 $(P,\precsim)$ 中, 子集 S 是**共尾的**指诸 $x\in P$ 在某个 $a\in S$ 之前. 对偶地, S 是**共首的**指诸 $x\in P$ 在某个 $a\in S$ 之后. 准序集之间映射 $f:(P,\precsim)\to(Q,\precsim)$ 可能是个

共尾映射: $f(P)$ 于 Q 是共尾的. 如 $\mathbb{R}$ 至 $\mathbb{R}$ 的函数 $x\mapsto x+2\sin x$.

递增映射: $x_1\precsim x_2$ 时, $f(x_1)\precsim f(x_2)$. 显然, 递增映射的复合是递增的.

递减映射: $x_1\precsim x_2$ 时, $f(x_1)\succsim f(x_2)$. 显然, 递减映射的复合是递减的.

序同构: 它可逆且与其逆都递增. 此时 P 和 Q 是**序同构集**.

逆序同构: 它可逆且与其逆都递减. 此时 P 和 Q 是**逆序同构集**.

例 7 在 $\mathbb{Z}$ 上取偏序使 $x\preceq y$ 表示 $y-x$ 是偶自然数, 则恒等映射 $(\mathbb{Z},\preceq)\to(\mathbb{Z},\leqslant)$ 严格递增, 其逆不递增. 显然, 1.1 节例 5 中 $h:\overline{\mathbb{R}}\to[-1,1]$ 是个序同构. □

恒等映射 $(P,\precsim)\to(P,\precsim')$ 是个逆序同构当且仅当 $\precsim$ 和 $\precsim'$ 互为**逆序**: $a\precsim' b$ 表示 $a\succsim b$. 前者的上界/极大元等对应后者的下界/极小元等.

因此多数与顺序有关的通用命题只讨论递增性和极大元等.

定理 9　集合 P 上关系 $\precsim$ 是个准序 (或偏序) 当且仅当 P 至某个集族 $\mathcal{E}$ 有个映射 (或单射)f 使 $x\precsim y$ 表示 $f(x)\subseteq f(y)$. 此时, 准序集 $(P,\precsim)$ 上有个等价关系使 $x\sim y$ 表示 $x\precsim y$ 且 $x\succsim y$. 商集 $\tilde{P}$ 上有个偏序使 $[x]\preceq[y]$ 表示 $x\precsim y$.

提示　命 $f(x)=\{z\in P|z\precsim x\}$. 准序 $\precsim$ 满足自反性与传递性, $f:P\to 2^P$ 便为所求映射 (反称性蕴含单性). 反之, 结论源自包含关系是个偏序. □

可见, 包含关系在准序中是最基本的. 下面引进些概念以备应用.

定义　准序集 $(P,\precsim)$ 的子集 S 是个**遗传集**指 $x\precsim y\in S$ 蕴含 $x\in S$.

(1) 准序集 $(P,\precsim)$ 是个**下定向集**指其元素 x 和 y 都对应一个 z 使 $z\precsim x$ 且 $z\precsim y$. 对偶地, $(P,\precsim)$ 是个**上定向集**指其元素 x 和 y 都对应一个 $z\in P$ 使 $x\precsim z$ 且 $y\precsim z$.

(2) 偏序集 $(P,\leqslant)$ 的子集 S 是个**序稠密集**指只要 P 中元素 a 和 c 满足 $a<c$ 必有个 $b\in S$ 使 $a<b<c$(这蕴含 P 的序稠密性, 也称 P 是个**序自密集**). □

归纳地知上/下定向集的有限子集都有上/下界. 在 $(2^X,\subseteq)$ 中, $\operatorname{fin}X$ 是遗传的; 它还是上定向的和下定向的. 依包含关系上/下定向者为**上/下定向集族**.

练　　习

习题 1　根据下交换图写出所有可能的复合等式 (如 $f_4f_1=f_6f_3$ 是其中一个).

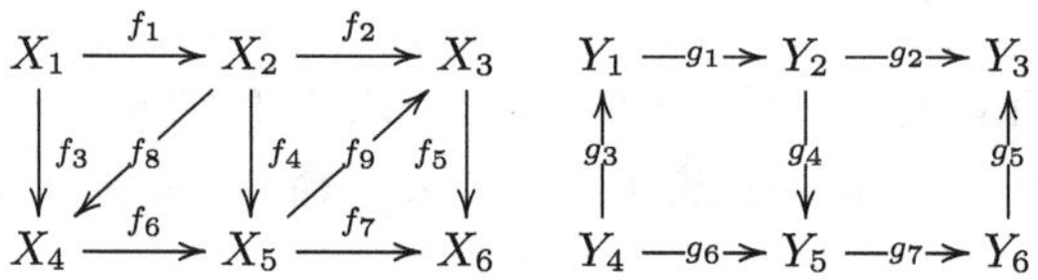

$$
\begin{array}{ccccc}
X_1 & \xrightarrow{f_1} & X_2 & \xrightarrow{f_2} & X_3 \\
\downarrow{\scriptstyle f_3} & \swarrow{\scriptstyle f_8} & \downarrow{\scriptstyle f_4} & \nearrow{\scriptstyle f_9} & \downarrow{\scriptstyle f_5} \\
X_4 & \xrightarrow{f_6} & X_5 & \xrightarrow{f_7} & X_6
\end{array}
\qquad
\begin{array}{ccccc}
Y_1 & \xrightarrow{g_1} & Y_2 & \xrightarrow{g_2} & Y_3 \\
\uparrow{\scriptstyle g_3} & & \downarrow{\scriptstyle g_4} & & \uparrow{\scriptstyle g_5} \\
Y_4 & \xrightarrow{g_6} & Y_5 & \xrightarrow{g_7} & Y_6
\end{array}
$$

习题 2　证明: ① $(\mathrm{id}_X)_\bullet=\mathrm{id}_{2^X}$; ② $(gf)_\bullet=g_\bullet f_\bullet$; ③ $f_\bullet$ 可逆当且仅当 f 可逆.

习题 3　证明: ① $(\mathrm{id}_X)^\bullet=\mathrm{id}_{2^X}$; ② $(gf)^\bullet=f^\bullet g^\bullet$; ③ $f^\bullet$ 可逆当且仅当 f 可逆.

习题 4　命 $f(x)=x^4$ 而 $g(x)=x^5$, 得映射 $f,g:\mathbb{R}\to\mathbb{R}$. 求复合 gf 与 fg.

习题 5　函数 $f_1:x(\geqslant 0)\mapsto x$ 与 $f_2:x(\leqslant 0)\mapsto\sin x$ 可黏接吗?

习题 6　形式地命 $A(m,n)=\{[a_{ij}]_{m\times n}|a_{ij}\in A\}$ 且 $A(n)=A(n,n)$. 当 A 是个环且有幺元 1 时, 某个 $x\in A(m,n)$ 可逆指有个 $y\in A(n,m)$ 使 xy 和 yx 各是 m 阶幺阵 1_m 和 n 阶幺阵 1_n. 将 n 阶可逆阵全体记为 $\mathtt{GL}_n(A)$. 称方阵 a 和 b 相似指有可逆阵 x 使 $xax^{-1}=b$.

(1) 设 n 阶方阵 p 是幂等阵 (即 $p^2=p$), 则 $p^\perp:=1_n-p$ 也是幂等的.

(2) (任意阶) 幂等阵全体 E 上有等价关系使 $p\sim q$ 表示有矩阵 u 和 v 使 $vu=p$ 且 $uv=q$. 此时可要求 $u=up=qu$ 且 $v=pv=vq$.

(3) 两个幂等阵 p 与 q 相似当且仅当 $p\sim q$ 且 $p^\perp\sim q^\perp$.

(4) 当 A 是个域时, 在初等变换下, $A(m,n)$ 中有多少等价类?

习题 7 设 X 与 Y 上有等价关系. 下图交换当且仅当 f 保持等价关系: $x_1 \sim x_2$ 时, $f(x_1) \sim f(x_2)$. 此时 $\tilde{f}:[x] \mapsto [f(x)]$ 由 f 唯一确立, 称为 f 的**诱导映射**(这可视为**广义同态基本定理**).

$$\begin{array}{ccc} X & \xrightarrow{\text{自然投影}p} & \tilde{X} \\ \Big\downarrow f & & \Big\downarrow \tilde{f} \\ Y & \xrightarrow{\text{自然投影}q} & \tilde{Y} \end{array}$$

习题 8 域 $\mathbb{K}$ 上线性空间 X 中向量组 $(e_i)_{i\in\alpha}$ 诱导了 $(\mathbb{K}^\alpha)_0$ 至 X 的线性算子 $(t_i)_{i\in\alpha} \mapsto \sum\limits_{i\in\alpha} t_i e_i$. 它是单的当且仅当 $(e_i)_{i\in\alpha}$ 是线性无关的; 它是满的当且仅当 $X = \operatorname*{span}\limits_{i\in\alpha} e_i$.

习题 9 设 X 是偏序集组 $(X_i, \leqslant)_{i\in\beta}$ 的 Descartes 积且 p_i 是第 i 个投影.

(1) 证明 X 上有**乘积序** $\leqslant$ 使 $x \leqslant y$ 恒表示 $p_i(x) \leqslant p_i(y)$. 诸 X_i 是定向集时, X 是定向集; 诸 X_i 是全序集时, 举例说明 X 可能不是全序集.

(2) 当 β 是个全序集时, X 上有所谓**字典序** $\leqslant$ 使 $x < y$ 表示有个 $k \in \beta$ 使 $p_k(x) < p_k(y)$ 且 $i < k$ 时 $p_i(x) = p_i(y)$. 诸 X_i 全序时, X 是否全序?

习题 10 用 Zorn 引理证明线性空间 X 的线性集 L 都有个**线性补** M(它是线性集使 $L \cap M = \{0\}$ 且 $X = L + M$. 此时记 $X = L \oplus M$), 它不必唯一.

1.3 基数算术

对于两个有限集, 可以通过数出它们中元素的个数的办法来确定哪个集合 “大”. 然而, 这个方法用来比较像自然数集与实轴这样较大的集合就不可行了. 那么, 怎样比较两个集合中元素 “个数” 的多少呢?

1.3.1 对等集合

某个原始部落依靠打猎维生. 这个部落的文明中还没有多少数的概念, 所以他们对猎物进行平均分配. 如果每个成员恰好一只——依数学述语是指全体猎物与该部落成员之间建立了一一对应关系, 他们认为猎物数与成员数相等.

图 8 部落实行平均分配

定义 称 X 与 Y 为**对等集合**或**等势集合**是指它们之间有个双射. □

幂集 2^X 与 $\{0,1\}^X$ 对等 (两者之间有双射 $A \mapsto \chi_A$; 这是幂集写成 2^X 的理由). 根据 1.1 节例 5 知 $[-1,1]$ 与 $\mathbb{R}$ 对等. 这种用一一对应方法说明两类对象数量相等的方法不受限于人们是否会计数和不同计数方法之间的换算问题.

根据 1.2 节中映射构造法可得以下命题中主结论及 (1) 至 (3).

命题 1　以 $X \simeq Y$ 表示 X 和 Y 对等, 则有自反性 ($X \simeq X$, 认为空集到自身的空射可逆)、对称性 ($X \simeq Y$ 时, $Y \simeq X$) 和传递性 ($X \simeq Y$ 且 $Y \simeq Z$ 时, $X \simeq Z$).

(1) 对换保持对等性: $X \times X'$ 至 $X' \times X$ 的对换 $\mathrm{rev} : (x, x') \mapsto (x', x)$ 是可逆的. 特别地, $X \times X' \simeq X' \times X$. 进而, 诸双射 $c : \alpha \to \alpha$ 使 $\prod\limits_{i\in\alpha} X_i \simeq \prod\limits_{i\in\alpha} X_{c(i)}$.

(2) Descartes 积和无交并保持对等性: $\prod\limits_{i\in\alpha} X_i \simeq \prod\limits_{i\in\alpha} Y_i$ 在诸 $X_i \simeq Y_i$ 时成立. 进而当 $\{X_i|i \in \alpha\}$ 和 $\{Y_i|i \in \alpha\}$ 各是互斥集族时, $\biguplus\limits_{i\in\alpha} X_i \simeq \biguplus\limits_{i\in\alpha} Y_i$.

(3) 幂指集保持对等性: $X_1 \simeq X_2$ 且 $Y_1 \simeq Y_2$ 时, $Y_1^{X_1} \simeq Y_2^{X_2}$.

(4) 集合 X 对等于集合 Y 的某个子集当且仅当有个单射 $f : X \to Y$ 当且仅当有个满射 $g : Y \to X$. 此时 X 的子集 E 都与像集 $f(E)$ 对等.

证明　将 (4) 中条件依次记为 (a), (b) 和 (c).

(a)⇒(b): 从 X 至某 $B \subseteq Y$ 的双射 f_0 扩张成 X 至 Y 的单射 $f : x \mapsto f_0(x)$.

(b)⇒(a): 从 E 至 $f(E)$ 有双射 $x \mapsto f(x)$. 特别地, $X \simeq f(X)$.

(b)⇒(c): 可设 g 是 f 的一个左逆.

(c)⇒(b): 可设 f 是 g 的一个右逆. □

归纳地知 n 元有限集恰是与 $\{i \in \mathbb{N}|i < n\}$ 对等者, 两个有限集对等当且仅当它们有相同计数. 根据 1.1 节命题 1 知**有限集不与自身的真子集对等**.

从自然数集 $\mathbb{N}$ 至整数环 $\mathbb{Z}$ 有个双射使 $2n \mapsto n$ 且 $2n+1 \mapsto -n-1$. 一般地, 与自然数集对等者被 Cantor 称为**可列集**, 其例还有偶数集 $2\mathbb{Z}$ 和正整数集 $\mathbb{Z}_+$. 可列集与其某个真子集对等 (如 $\mathbb{Z} \simeq \mathbb{N}$), **可列集便都是无限的**.

有限集和可列集统称**可数集**, 以 $\mathrm{ctm}\, X$ 记 X 的**可数子集全体**.

命题 2　可列集的子集 A 与像集 B 都是可数集.

(1) 可列集 A 与非空可数集 B 的 Descartes 积 $A \times B$ 是可列的.

(2) 可数个可数集的并是可数集; 可列集与可数集的并是可列集.

(3) 有理数域 $\mathbb{Q}$ 和非退化区间 T 中有理数全体都是可列集.

(4) 一些互斥非退化区间组成的集族 $\mathcal{J}$ 是可数的.

证明　可设 A 是 $\mathbb{N}$ 的无限子集, 作单射 $f : \mathbb{N} \to A$ 使 $f(0) = \min A$ 及递归地 $f(n) = \min\{i \in A|i > f(n-1)\}$. 诸 $k \in A$ 有原像 $\min\{l|k \leqslant f(l)\}$, 故 f 还是满的.

可设 $B = g(\mathbb{N})$, 则 B 至 $\mathbb{N}$ 有单射 $g : x \mapsto \min g^{-1}\{x\}$, 而 $g(B)$ 便是可数的.

(1) 可设 $A = \mathbb{N}$ 且 $0 \in B \subseteq \mathbb{N}$, 则 $\mathbb{N} \times \{0\} \subseteq A \times B \subseteq \mathbb{N} \times \mathbb{N}$. 显然 $\mathbb{N} \times \{0\}$ 是可列的, 根据 1.2 节例 4 知 $\mathbb{N} \times \mathbb{N}$ 可列. 用主结论即可.

(2) 可数集序列 $(A_n)_{n\geqslant 1}$ 与其首入分解有相同并集 A, 可设 $A_n \subseteq \{n\} \times \mathbb{Z}$. 因此 $A \subseteq \mathbb{Z} \times \mathbb{Z}$, 于是 A 是可数集且在某个 A_n 可列时是可列集.

(3) 使 $q \geqslant 1$ 的互素整数对 (p,q) 全体 A 是可列的. 此因 $\mathbb{Z}\times\{1\}\subseteq A\subseteq\mathbb{Z}\times\mathbb{Z}_+$. 从 A 至 $\mathbb{Q}$ 有双射 $(p,q)\mapsto p/q$, 故 $\mathbb{Q}$ 是可列的. 现以 $T=[0,1]$ 为例, $T\cap\mathbb{Q}$ 分别包含可列集 $\{2^{-n}|n\in\mathbb{N}\}$ 和含于可列集 $\mathbb{Q}$. 因此 $T\cap\mathbb{Q}$ 是可列的.

(4) 取一个双射 $g:\mathbb{N}\to\mathbb{Q}$, 则 $\mathscr{J}$ 至 $\mathbb{N}$ 有个单射 $I\mapsto\min g^{-1}(I\cap\mathbb{Q})$. □

结合 Euclid 定理, 素数集 $\mathbb{P}$ 是可列的. 全体素数由小至大可写成序列 $(p_k)_{k\geqslant 0}$.

例 1 整系数一元多项式环 $\mathbb{Z}[t]$ 是可列的. 事实上, 由算术基本定理知 $\mathbb{Z}[t]$ 至 $\mathbb{Q}_+$ 有双射 $\sum\limits_{k\geqslant 0}a_kt^k\mapsto\prod\limits_{k\geqslant 0}p_k^{a_k}$; 又根据命题 2(3) 知正负有理数集 $\mathbb{Q}_\pm$ 可列. □

将素数排列方式稍微变化后知整系数多元多项式环 $\mathbb{Z}[t_1,\cdots,t_n]$ 是可列的.

例 2 (Cantor) 整系数一元多项式的实根 (简称代数数) 全体 $\mathbb{A}$ 是可列的. 事实上, 有理数 p/q(其中 p 和 q 都是整数) 是多项式 $qx-p$ 的实根, $\mathbb{A}$ 至少可列. 用指示函数, 命 $X=\{(f,n)\in\mathbb{Z}[x]\times\mathbb{Z}_+|f^{\#}(0)\geqslant n\}$, 根据命题 2 它是可数的且至 $\mathbb{A}$ 有满射 ψ 使 $\psi(f,n)$ 表示 f 的由小至大排列的第 n 个实根. 根据命题 2 知 $\mathbb{A}$ 至多可列. □

Hilbert 在 1942 年的一次演讲中提到某旅馆共有可列个客房且已客满. 或许有人会认为此旅馆无法再接纳新客人 (客房数有限者便如此), 但事实并非如此. 若只有一个新客人, 可将 1 号房客安置到 2 号客房、2 号房客安置到 3 号客房, 以此类推就空出了 1 号客房留给新客人. 重复这一过程可使任意有限个客人入住此旅馆. 若有可列个新客人, 则将 1 号房客安置到 2 号客房、2 号房客安置到 4 号客房、n 号房客安置到 $2n$ 号客房, 于是空出了奇数号客房给新客人.

以上所谓**Hilbert 旅馆悖论**是反直观的, 原因在于客房数有限的旅馆中奇数号客房数小于总客房数. 然而 Hilbert 旅馆中奇数号客房数等于总客房数.

某种程度上, 可列集是 "极小" 无限集, 这基于以下结论.

定理 3 对于集合 A, 以下条件等价:

(1) A 是个无限集. 此时包含 A 的集合都是无限的.

(2) A 包含一个可列集 C. 此时诸可数集 B 使 $A\cup B$ 与 A 对等.

(3) A 与某个非空可数集 B 之无交并 D 与 A 对等.

(4) A 是个**Dedekind 无限集**——对等于自身的某个真子集.

证明 (1)⇒(2): 固定选择函数 $c:2^A\setminus\{\varnothing\}\to A$. 因 A 无限, 可递归地作单射 $f:\mathbb{N}\to A$ 使 $f(0)=c(A)$ 及 $f(n)=c(A\setminus\{f(i)|i<n\})$. 命 $C=f(\mathbb{N})$ 即可.

(2)⇒(3): 命 $E=A\cup B$. 记 $A_0=A\setminus C$ 及 $B_1=B\setminus A$, 则 $E=A_0\uplus(C\cup B_1)$ 及 $A=A_0\uplus C$. 根据命题 2, $C\cup B_1\simeq C$. 于是 E 与 A 对等, 而 D 为 E 的特例.

(3)⇒(4): 取双射 $f:D\to A$, 则 A 与其真子集 $f(A)$ 对等.

(4)⇒(2): 取单射 $g:A\to A$ 使 $A\setminus g(A)$ 含元素 a, 由 $g^n(a)\in g^n(A)\setminus g^{n+1}(A)$ 可知 $\{g^n(a)|n\in\mathbb{N}\}$ 是 A 的可列子集.

(2)⇒(1): 用可列集的无限性并且反用有限集的遗传性即可. □

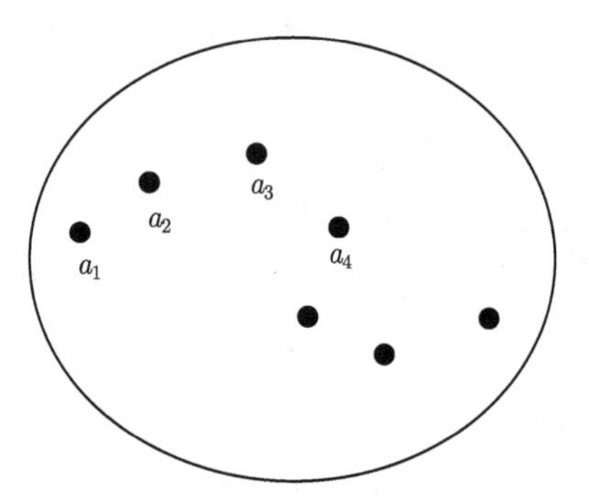

图 9　无限集中的点列

因此, **无限集与有限集的本质区别在于它们能否与自身的一个真子集对等**. 使无限集难以理解的最初原因在于 Zeno 的几个悖论, 其一是二分法悖论: 运动不存在——运动的物体在到达终点前必须先抵达其行程的中点, 而在它到达中点之前必须穿过一半的一半, 如此继续, 直至无穷; 其二是 Achilles 追龟说: 跑得快的人永远追不上跑得慢的人——追赶者必须首先跑到被追赶者的出发点, 所以慢者总要超前某段距离. 这两个悖论的本质是相同的, 它们提出的内在问题是: 运动者怎样在有限的时间占据无限个位置呢? 数学史家 Cajori 说: "Zeno 悖论的历史大体上就是连续性、无限大和无限小这些概念的历史." 许多人像 Aristotle 和 Gauss 一样不承认无限集的客观存在性, 尽管他们也不同程度地用过像整数环这样的无限集. Cauchy 认为部分与整体对等使无限集看起来难以接受, 然而 Bolzano 认为必须接受这个事实, 他还首先提出了用一一对应实现对等的思想. 这为 Cantor 所维护并发展, 他提出的无限集理论完全解决了像 Zeno 悖论这样一些自相矛盾的问题.

与实轴对等者称为**连续统**. Cantor 在 1873 年与 Dedekind 的一次通信中问: 实数是否只有可列个? 前者于几个星期后创立了**对角线法**对此作了否定回答. 为此, 任取区间 (0, 1] 中可列个数并用十进制无限小数排列如下:

$$
\begin{gathered}
0.a_{11}a_{12}\cdots a_{1n}\cdots,\\
0.a_{21}a_{22}\cdots a_{2n}\cdots,\\
\cdots\cdots\\
0.a_{n1}a_{n2}\cdots a_{nn}\cdots,\\
\cdots\cdots
\end{gathered}
$$

须知 $0.5 = 0.499\cdots$ 等. 取 $x \in (0,1]$ 使其十进制无限小数 $0.b_1b_2\cdots$ 表示中诸 b_n 为异于 a_{nn} 与 0 的最小数, 这样 x 不在以上序列中. 从而 (0, 1] 不可数.

1.3.2　基数与其比较

以 $|X|$ 或 card X 表示集合 X 的元素个数并简称**基数**或**势**, Cantor 将它记为

$\overline{\overline{X}}$ 以示重要性, 其意义见于附录 2(Russell 规定 $|X|$ 为与 X 对等者全体, 后者不是集合). 有限集的基数就是其计数, 也称为*有限基数*. 无限集的基数简称*无限基数*, 它与无限集的计数有巨大不同. 连续统的基数记为希伯来文第一个字母 "阿列夫" $\aleph$ 或德文小写字母 $\mathfrak{c}$(音 tsě), 以 $\aleph_0$ 记可列集的基数. 显然, $\aleph_0$ 是最小无限基数.

如何比较两个基数的大小? 先看实行平均分配的部落是怎样做的. 若某次分配后还剩几只猎物即部落成员只与部分猎物对等, 他们认为猎物数比成员数多并且将剩下的猎物保留至下次再分配; 若某次分配后某成员没有分到猎物即全体猎物只与该部落部分成员对等, 他们认为猎物数比成员数少, 还需要再去打猎.

图 10　某成员没有分到食物

只有对等者才有相同基数. 以 $|X| \leqslant |Y|$ 表示 X 对等于 Y 的某个子集, 则有自反性 ($|X| \leqslant |X|$) 与传递性 ($|X| \leqslant |Y|$ 且 $|Y| \leqslant |Z|$ 时, $|X| \leqslant |Z|$).

反称性 (即 $|X| \leqslant |Y|$ 和 $|Y| \leqslant |X|$ 蕴含 $|X| = |Y|$) 则是以下命题.

定理 4 (Cantor-Bernstein, Cantor-Schröder-Bernstein)　设 X 对等于 Y 的某个子集且 Y 也等于 X 的某个子集, 则 X 与 Y 对等.

证明　取单射 $f: X \to Y$ 和 $g: Y \to X$, 命 $C = X \setminus g(Y)$ 且 $A = \bigcup_{n \geqslant 0} (gf)^n(C)$. 命 $B = Y \setminus f(A)$, 则 $Y = f(A) \uplus B$. 而 $X = A \uplus g(B)$ 源自 g 的单性和下式

$$\begin{aligned} X \setminus g(B) &= (X \setminus g(Y)) \cup gf(A) \\ &= C \cup \Big(\bigcup_{n \geqslant 0} (gf)^{n+1}(C) \Big). \end{aligned}$$

显然, $A \simeq f(A)$ 且 $g(B) \simeq B$. 又知无交并保持对等性. □

以上结论由 Cantor 首次陈述于 1887 年而无证明. 它等价于 Cantor 于 1882—1883 年隐约用选择公理所得*观察性结论*: 设 A 与 C 对等并且 $A \subseteq B \subseteq C$, 则这三者对等. Dedekind 于 1889 年 7 月 11 日首次证明了它却没告诉 Cantor, 其名字便与此定理无关. Zermelo 找到了 Dedekind 的证明并于 1908 年发表了基于 Dedekind 链理论的证明. Cantor 于 1895 年证明了此结论, 但用了未经证明的基数良序性, 后者由 Hartogs 于 1915 年证明与选择公理等价. 1896 年 Schröder 称它为 Jevons 定理的推论并发表了一个有缺陷的证明概略, 其中错误由 Korselt 于 1911 年指出并被 Schröder 确认, 因此 Schröder 之名常省略. 1897 年 Cantor 讨论班的学生 Bernstein 得到证明; 几乎同时 Schröder 独立得到证明. 此年 Bernstein 访问 Dedekind 后, 后

者再次独立得到了证明 (但其两个证明都基于上述观察性结论). Borel 于 1898 年在有关函数的书中记录了 Bernstein 不用选择公理的证明.

本讲义证明定理 4 时综合了 Bernstein 的方法和 Banach 的如下方法: 命

$$\mathcal{G} = \{E|E \subseteq X : E \cap g(Y \setminus f(E)) = \varnothing\},$$

其成员称为**隔离集**(例有空集). 记 $A = \bigcup \mathcal{G}$ 而 $B = Y \setminus f(A)$, 则

$$\begin{aligned} A \cap g(B) &= \bigcup\{E \cap g(B)|E \in \mathcal{G}\} \\ &\subseteq \bigcup\{E \cap g(Y \setminus f(E))|E \in \mathcal{G}\} = \varnothing. \end{aligned}$$

因此 A 是最大隔离集. 对任何 $x \in X \setminus A$, 集合 $A \cup \{x\}$ 不是隔离集. 故

$$\begin{aligned} \varnothing &\neq (A \cup \{x\}) \cap g(Y \setminus f(A \cup \{x\})) \\ &\subseteq (A \cup \{x\}) \cap g(B) = \{x\} \cap g(B). \end{aligned}$$

故 x 属于 $g(B)$. 于是 $X = A \uplus g(B)$ 且 $Y = f(A) \uplus B$.

Bernstein 说 Cantor 曾建议将上述结论命名为对等定理.

例 3 含有非退化区间 T 的广义实数集 E 都是连续统. 为此命 $F = [-1, 1]$, 它根据 1.1 节例 5 与 $\mathbb{R}$ 对等并且 $F \subset \mathbb{R} \subset \overline{\mathbb{R}}$, 根据定理 4 知 F 和 $\overline{\mathbb{R}}$ 都与 $\mathbb{R}$ 对等. 可设 T 是实轴上区间 $[a, b]$, 则 F 至 T 有双射 $x \mapsto (a + b + (b - a)x)/2$. 区间 T 便与 $\overline{\mathbb{R}}$ 对等, 从而也与 E 对等. 后者便与 $\mathbb{R}$ 对等. □

现将 1.2 节定理 7 写成以下等价结论, 它也等价于选择公理 (见于附录 2).

公理 (基数的三歧性, Zermelo) 任何集合 X 和 Y 都满足以下三者之一.

(1) $|X| = |Y|$: X 对等于 Y 的某个子集且 Y 对等于 X 的某个子集.

(2) $|X| < |Y|$: X 对等于 Y 的某个子集但 Y 不对等于 X 的诸子集.

(3) $|X| > |Y|$: X 不对等于 Y 的诸子集但 Y 对等于 X 的某个子集. □

可见无此逻辑情形: X 不对等于 Y 的诸子集且 Y 不对等于 X 的诸子集. 似乎基数大小关系是个全序而对等是个等价关系, 但基数全体和集合全体都非集合.

基数和广义实数在有限情形合于自然数, 在无限情形则分道扬镳.

定理 5 (Cantor) 集合 X 的基数都小于幂集 2^X 的基数, 后者写成 $2^{|X|}$.

证明 从 X 至 2^X 有单射 $x \mapsto \{x\}$(可为空射), 无满射 f. 否则, $\{x \in X|x \notin f(x)\}$ 形如 $f(a)$, 故 a 属于 $f(a)$ 当且仅当 a 不属于 $f(a)$, 矛盾. 另: 若有单射 $g : 2^X \to X$(隐含 X 不空), 命 $E = \{g(A)|g(A) \notin A\}$, 则 $g(E)$ 属于 E 当且仅当 $g(E)$ 不属于 E, 矛盾. □

可见, 无限集的幂集是无限的且无最大基数. 又知空集的基数是最小的.

例 4 (Cantor) 可列集的幂集都是连续统. 事实上, 用 3 进制知 $2^{\mathbb{N}}$ 至 $\mathbb{R}$ 有单射 $E \mapsto \sum\limits_{n\geqslant 0} \dfrac{\chi_E(n)}{3^n}$. 从 $\mathbb{R}$ 至 $2^{\mathbb{Q}}$ 有单射 $x \mapsto \{r \in \mathbb{Q} | r < x\}$: 当 $x < y$ 时, 有 $r \in \mathbb{Q}$ 使 $x < r < y$. 至此得不等式 $2^{\aleph_0} \leqslant \aleph \leqslant 2^{\aleph_0}$, 根据定理 4 和定理 5 知 $\aleph = 2^{\aleph_0} > \aleph_0$. □

可数基数依次排列为 $0 < 1 < \cdots < \aleph_0$, 在自然数 n 和 $n+1$ 之间无其他基数. 那么, 由 $\aleph_0 < \aleph$ 自然会想到在 $\aleph_0$ 与 $\aleph$ 之间是否有别的基数. Cantor 没能解决这个问题, 他提出了**连续统假设**: 没有大于 $\aleph_0$ 而小于 $\aleph$ 的基数. 这个让人困惑的假设在 1900 年 (巴黎) 国际数学家大会上被 Hilbert 列为著名问题中第一个. 1938 年 Gödel 说明了接受连续统假设不会导致矛盾. 1963 年 Cohen 证明连续统假设独立于集合论中其他公理, 他举出一个极为精巧的模型使集合论中其他公理成立但连续统假设不成立. 有鉴于此, 本讲义没有需要用连续统假设来证明的结论.

根据例 2 和例 4 知有*超越数*——非代数数的实数. 有多少个超越数? 此问题曾久而未决. 考虑到判断圆周率的超越性有巨大难度, 以上问题似乎很难回答.

然而, 事实恰好相反, 其简洁程度体现了 Cantor 建立的基数理论的巨大力量.

例 5 (Cantor) 无理数集 $\mathbb{J}$ 和超越数集 T 都是连续统. 事实上, $\mathbb{R} = \mathbb{A} \cup T$ 且 $\mathbb{A}$ 是可列的表明 T 是无限的. 根据定理 3 知 T 对等于 $\mathbb{R}$, 又知 $T \subset \mathbb{J} \subset \mathbb{R}$. □

超越数的多少问题是 Cantor 解决的众多问题之一, 它出自 Cantor 于 1874 年发表的文章*übereine Eigenschaft des Inbegriffes aller reellen algebraischen Zahlen*(《论实代数数全体的一个性质》). 此文标志着集合论的问世.

Cantor 提出了基数和序数概念并且将无限集合进行了分级, 其工作震古烁今并颠覆了一些哲学观念. Cantor 的超限数理论一开始被认为是反直观的. Galileo 在其不朽科学著作《关于两种新科学》中说有些正整数是平方数, 如 $9 = 3^2$; 另外一些则不是, 如 8. 这样正整数在数量上比平方数多. 然而, 平方数的平方根取遍正整数. 这样平方数不比正整数少 (这当然是一一对应思想的一个早期应用). 因此 Galileo 困惑不已地总结道: “小于、等于和大于只对有限集有效, 对无限集无效.” 许多人像 Galileo 一样认为 “所有无穷大量都一样, 不能比较大小”, 这使 Cantor 的工作很难立刻被接受, 其思想受到的强烈反对初期来自 Kronecker 和 Poincaré, 后期来自 Weyl 和 Brouwer. Kronecker 说: “我不知道支配 Cantor 理论的是什么, 哲学或神学? 但我确信那不是数学. ” 这样的粗暴攻击使 Cantor 一度精神崩溃而住进医院. 对于 Cantor 无限性思想的反对也影响了数学中构造主义学派和直觉主义学派的发展.

后来对 Cantor 的刺耳批评中也伴随着嘉奖. 有很多人接受 Cantor 的集合论并将其应用到分析、拓扑与测度论中. 1904 年 (伦敦) 皇家协会授予 Cantor 在数学工作方面的最高奖励—— Sylvester 奖. Russell 说 Cantor 的工作 “可能是这个时代所能夸耀的最伟大工作”. Hilbert 说: “没人能把我们从 Cantor 为我们创造的乐园中驱逐出去. ” 他将 Cantor 的超限算术誉为 “数学思想的最惊人产物”. 研究逻辑的哲学家 Wittgenstein 回应道: “ 若某人视之为数学乐园, 为何别人不能视之为玩笑?”

当然, Cantor 的集合论也非尽善尽美, 它产生了 Russell 理发师悖论等问题. 后来经 Zemelo, Fraenkel 和 von Neumann 等人努力所得到的公理集合论避免了这些悖论, 但仍有一些重要问题没有解决.

1.3.3　基数运算

设 a 和 b 各为集合 X 和 Y 的基数 (可带下标). 根据有限计数的运算律, Cantor 规定**基数幂** $b^a=|Y^X|$ 与**基数和** $\sum\limits_{i\in\alpha}a_i=\Big|\biguplus\limits_{i\in\alpha}(\{i\}\times X_i)\Big|$ 及**基数积** $\prod\limits_{i\in\alpha}a_i=\Big|\prod\limits_{i\in\alpha}X_i\Big|$.

上述规定的合理性源自命题 1: 可将 X 和 Y 各换成与其对等者.

命题 6 (基数算术律)　(1) 交换律: $a+b=b+a$ 且 $ab=ba$.

(2) 零元律: $0+a=a$ 且 $0a=0$ 及 $b^0=1$ 且 $0^c=0(c>0)$ 及 $\sum\limits_{i\in\varnothing}a_i=0$.

(3) 幺元律: $1a=a$ 且 $1^a=1$ 及 $a^1=a$ 及 $\prod\limits_{i\in\varnothing}a_i=1$ 且 $\prod\limits_{i\in\alpha}1=1$.

(4a) 单调性: 诸 $a_i\leqslant b_i$ 时, $\sum\limits_{i\in\alpha}a_i\leqslant\sum\limits_{i\in\alpha}b_i$ 且 $\prod\limits_{i\in\alpha}a_i\leqslant\prod\limits_{i\in\alpha}b_i$.

(4b) 单调性: 当 $1\leqslant a_1\leqslant a_2$ 且 $b_1\leqslant b_2$ 时, $b_1^{a_1}\leqslant b_2^{a_2}$.

(5a) 结合律: $(a+b)+c=a+(b+c),(ab)c=a(bc)$ 且 $(c^b)^a=c^{ba}$.

(5b) 结合律: $\alpha=\biguplus\limits_{j\in\beta}\alpha_j$ 时, $\sum\limits_{i\in\alpha}b_i=\sum\limits_{j\in\beta}\sum\limits_{i\in\alpha_j}b_i$ 且 $\prod\limits_{i\in\alpha}b_i=\prod\limits_{j\in\beta}\prod\limits_{i\in\alpha_j}b_i$.

(6) 分解律: $|\alpha|b=\sum\limits_{i\in\alpha}b$ 且 $b^{|\alpha|}=\prod\limits_{i\in\alpha}b$. 特别地, $\sum\limits_{i\in\alpha}1=|\alpha|$.

(7) 次加性: $X=\bigcup\limits_{i\in\alpha}X_i$ 时, $a\leqslant\sum\limits_{i\in\alpha}a_i$[它在 $X_i(i\in\alpha)$ 互斥时为等式].

(8) 分配律: $a\sum\limits_{i\in\alpha}b_i=\sum\limits_{i\in\alpha}ab_i,\Big(\prod\limits_{i\in\alpha}b_i\Big)^a=\prod\limits_{i\in\alpha}b_i^a$ 且 $b^{\sum\limits_{i\in\alpha}a_i}=\prod\limits_{i\in\alpha}b^{a_i}$.

证明 (1) 源自集合并运算的交换性与对换保持对等性.

(2) 注意到 $\varnothing\uplus X=X$ 和 $\varnothing\times X=\varnothing$ 及 $Y^{\varnothing}$ 是单点集且 $\varnothing^Z$ 是空集即可.

(3) 显然, $\{1\}\times X\simeq X$ 且 $\{1\}^X$ 是单点集及 $X^{\{1\}}$ 至 X 有双射 $f\mapsto f(1)$.

(4a) 可设 $X_i\subseteq Y_i$, 则 $\biguplus\limits_{i\in\alpha}(\{i\}\times Y_i)$ 和 $\prod\limits_{i\in\alpha}Y_i$ 各包含 $\biguplus\limits_{i\in\alpha}(\{i\}\times X_i)$ 和 $\prod\limits_{i\in\alpha}X_i$.

(4b) 可设 $X_1\subseteq X_2$ 且 $Y_1\subseteq Y_2$. 可设 Y_2 有个元素 y_0, 从 $Y_1^{X_1}$ 至 $Y_2^{X_2}$ 有单射 $g\mapsto\tilde{g}$, 其中 $\tilde{g}$ 为 g 的扩张使其于 $X_2\setminus X_1$ 恒取值 y_0.

(5a) 只证第三式: 从 $(Z^Y)^X$ 至 $Z^{Y\times X}$ 有双射 ϕ 使 $\phi(f)(y,x)=f(x)(y)$.

(5b) 只证第二式: 从 $\prod\limits_{i\in\alpha}Y_i$ 至 $\prod\limits_{j\in\beta}\prod\limits_{i\in\alpha_j}Y_i$ 有双射 $(y_i)_{i\in\alpha}\mapsto\big((y_i)_{i\in\alpha_j}\big)_{j\in\beta}$.

(6) 显然, $\alpha\times Y=\biguplus\{\{i\}\times Y|i\in\alpha\}$ 且 $Y^\alpha=\prod(Y|i\in\alpha)$.

(7) 从 $\biguplus\{\{i\}\times X_i|i\in\alpha\}$ 至 X 的映射 $(i,x)\mapsto x$ 是满的 [和单的].

(8) 由分配律 $X \times \biguplus_{i \in \alpha} Y_i = \biguplus_{i \in \alpha} (X \times Y_i)$ 得第一式.

根据 1.2 节 (II) 知 $\left(\prod_{i \in \alpha} Y_i\right)^X$ 等同于 $\prod_{i \in \alpha} Y_i^X$, 这得第二式.

从 $Y^{\uplus\{X_i|i \in \alpha\}}$ 至 $\prod_{i \in \alpha} Y^{X_i}$ 有双射 $f \mapsto (f|_{X_i})_{i \in \alpha}$, 这得第三式. □

自然数作为基数的运算和作为实数的运算在结果方面是一致的.

例 6 根据命题 2 知 $2\aleph_0 = \aleph_0^2 = \aleph_0$, 结合例 4 知 $\aleph^{\aleph_0} = 2^{\aleph_0^2} = \aleph$.

(1) 当 $2 \leqslant a \leqslant \aleph$ 时, $a^{\aleph_0} = \aleph$. 此因 $a^{\aleph_0} \leqslant (2^{\aleph_0})^{\aleph_0} = 2^{\aleph_0}$.

(2) 当 $1 \leqslant a \leqslant \aleph$ 且 $1 \leqslant b \leqslant \aleph_0$ 时, $a + \aleph = a\aleph = \aleph^b = \aleph$.

(3) 当 $2 \leqslant a \leqslant 2^{\aleph}$ 时, $a^{\aleph} = 2^{\aleph}$. 此因 $a^{\aleph} \leqslant (2^{\aleph})^{\aleph} = 2^{\aleph}$. □

因此实 Euclid 空间 $\mathbb{R}^n$ 和复 Euclid 空间 $\mathbb{C}^n$(视为 $\mathbb{R}^{2n}$) 都是连续统, 它们与实轴一一对应. 这为 1874 年的 Cantor 所不信, 但被其三年后证明. Du Bois-Reymond 不赞成 Cantor 的证明, 因为 "这看起来与普通常识相矛盾". 他觉得悖论的原因就在于 Cantor 让 "推理允许空想的虚构来介入, 并且让这些虚构——它们甚至不是量的表示式的极限——充当真正的量".

实数列全体 $\mathbb{R}^{\mathbb{Z}_+}$ 的基数 $\aleph^{\aleph_0}$ 为 $\aleph$, 整数列全体 $\mathbb{Z}^{\mathbb{Z}_+}$ 的基数 $\aleph_0^{\aleph_0}$ 也为 $\aleph$. 同样复数列全体 $\mathbb{C}^{\mathbb{Z}_+}$ 也为连续统. 函数 $h : \mathbb{R} \to \mathbb{R}$ 全体 $\mathbb{R}^{\mathbb{R}}$ 的基数 $\aleph^{\aleph}$ 为 $2^{\aleph}$.

上例表明无限基数运算与有限基数运算有很大不同, 这也见于以下结论.

命题 7 设 b 是无限集 Y 的基数, 则 $b^2 = b$ 且 $b^b = 2^b$.

(1) 吸收性: 当 $0 \leqslant a \leqslant b$ 时, $a + b = b$. 当 $1 \leqslant a \leqslant b$ 时, $ab = b$.

(2) 当 $|X| = a$ 时, 单射 $f : X \to Y$ 全体 M_Y 的基数是 b^a.

(3) 命 $2_a^Y = \{E \subseteq Y : |E| = a\}$, 其基数是 b^a.

证明 以 H 记双射 g : 无限集$V(\subseteq Y) \to V \times V$ 全体, 它非空 (如设 V 可列). 它在扩张关系下的链 G 黏成一个双射 $g_0 : V_0 \to Z_0$ 使 $Z_0 \subseteq V_0 \times V_0$. 若 $g_i \in G$ 使 $g_1 \subseteq g_2$, 则 $\operatorname{dom} g_1 \times \operatorname{dom} g_2 \subseteq \operatorname{ran} g_2$. 故 $V_0 \times V_0 \subseteq Z_0$, 而 g_0 便是 G 的一个上界.

依 Zorn 引理, H 有个极大元 $h_1 : V_1 \to V_1 \times V_1$. 命 $d = |V_1|$. 当 $1 \leqslant a \leqslant d$ 时, $d \leqslant ad \leqslant d^2$. 结合 h_1 的可逆性知 $d = ad = d^2$. 由 $2^d \leqslant d^d \leqslant (2^d)^d$ 知 $d^d = 2^d$.

命 $e = |V_1^c|$. 由 $Y = V_1 \uplus V_1^c$ 知 $d \leqslant b \leqslant d + e$, 说明 $e < d$ 即可. 否则, V_1^c 有个子集 Q 使 $|Q| = d$. 命 $V_2 = V_1 \uplus Q(\subseteq Y)$ 且 $W = (V_1 \times Q) \uplus (Q \times V_1) \uplus (Q \times Q)$, 则

$$|W| = 2|V_1||Q| + |Q|^2 = 3d^2 = d.$$

从而有个可逆映射 $h_0 : Q \to W$. 又 $V_2 \times V_2 = (V_1 \times V_1) \uplus W$, 于是 h_1 和 h_0 黏成一个双射 $h_2 : V_2 \to V_2 \times V_2$, 这与 h_1 的极大性矛盾. 这顺带证明了 (1).

另证 $2b = b$. 双射 f : 无限集$T(\subseteq Y) \to \mathbb{Z}_2 \times T$ 全体 E 不空 (如设 T 可列) 且其依扩张关系的链有上界. 由 Zorn 引理, E 有个极大元 $f_1 : T_1 \to \mathbb{Z}_2 \times T_1$(使

$2|T_1| = |T_1|$). 若 T_1^c 含一个可列集 T_0, 取双射 $f_0: T_0 \to \mathbb{Z}_2 \times T_0$, 它与 f_1 黏成的双射 $f_2: T_2 \to \mathbb{Z}_2 \times T_2$ 与 f_1 的极大性矛盾. 根据定理 3 知 T_1^c 有限且 $T_1 \simeq Y$.

(2) 由 $M_Y \subseteq Y^X$ 知 $|M_Y| \leqslant b^a$. 命 $Z = X \times Y$, 则 $|Z| = b$ 且 $|M_Z| = |M_Y|$. 从 Y^X 至 M_Z 有映射 ψ 恒使 $\psi(f)(x) = (x, f(x))$, 这样 $b^a \leqslant |M_Z|$.

(3) 从 M 至 2_a^Y 有满射 $f \mapsto f(X)$. 取 Y 的一个划分 $\{Y_x|x \in X\}$ 恒使 $|Y_x| = b$, 则从 $\prod(Y_x|x \in X)$ 至 2_a^Y 有单射 $(y_x)_{x\in X} \mapsto \{y_x|x \in X\}$. □

十只鸽子住九个鸽巢时, 某个鸽巢至少有两只鸽子. 这事实可一般化如下.

鸽巢原理　设基数 $b_i(i \in \alpha)$ 之和 b 大于 α 的基数 a.

(1) 当 b 是无限基数时, [根据命题 7 知]b 是 $\{b_i|i \in \alpha\}$ 的最小上界.

(2) 当 b 是有限基数且 $a + b \geqslant 1 + \sum(c_i|i \in \alpha)$ 时, 某个 $b_k \geqslant c_k$.

(3) 当 b 是有限基数时, 某个 $b_j \geqslant \lceil b/a \rceil \geqslant 2$ 且某个 $b_k \leqslant \lfloor b/a \rfloor$. □

因此, 367 人中至少有 2 人有相同生日, 三只非黑即白的袜子中至少有 2 只同色, 计算机科学中将文件变小的算法必然会丢失某些信息.

上述原理 (3) 中某个 $b_j \geqslant 2$ 情形为 1834 年 Dirichlet 提出的**抽屉原理**.

例 7　设 $n(\geqslant 2)$ 个人互相随意握手, 必有两人握手次数相同. 事实上, 每个人可以握 0 至 $n-1$ 次. 但 0 和 $n-1$ 不同时存在. 否则, 某人不与任何人握，就不会有人与其他人都握过. 因此有 $n-1$ 个鸽巢 (握手次数) 和 n 只鸽子 (人). □

某种程度上, 鸽巢原理包括有无限集和有限集的区别特征与以下结论.

定理 8 (König)　设 $X = \bigcup\limits_{i\in\alpha} X_i$ 且 $Y = \prod\limits_{i\in\alpha} Y_i$. 设诸 $i \in \alpha$ 使 $|X_i| < |Y_i|$, 则 $|X| < |Y|$. 特别当基数 a_i 和 b_i 满足 $a_i < b_i(i \in \alpha)$ 时, $\sum\limits_{i\in\alpha} a_i < \prod\limits_{i\in\alpha} b_i$.

证明　诸映射 $g: X \to Y$ 形如 $x \mapsto (g_i(x))_{i\in\alpha}$, 总有 $|g_i(X_i)| \leqslant |X_i| < |Y_i|$. 又知 $g(X) \subseteq \bigcup\limits_{i\in\alpha}\prod\limits_{j\in\alpha} g_j(X_i)$, 后者与 Y 的非空子集 $\prod\limits_{j\in\alpha}(Y_j \setminus g_j(X_j))$ 不交. □

这在诸 $X_i = \varnothing$ 时得选择公理, 在诸 $X_i = \{i\}$ 而 $Y_i = \{0, 1\}$ 时得定理 5.

命题 9 (维数定理)　域 $\mathbb{K}$ 上线性空间 X 的任何两个 Hamel 基 C 和 D 有相同基数, 这记为 $\dim_{\mathbb{K}} X$ 且称为 X 的**维数**, 在无混淆时记为 $\dim X$.

(1) 完全不变量: 线性空间 X 和 $\hat{X}$ 是线性同构的当且仅当 $\dim X = \dim \hat{X}$.

(2) 秩–零化度定理: $A: X \to Y$ 是线性算子①时, $\dim X = \operatorname{null} A + \operatorname{rank} A$.

(3) 当 L_i 是 X 的线性集时, $\dim L_1 + \dim L_2 = \dim(L_1 + L_2) + \dim(L_1 \cap L_2)$.

(4) 当 X 是 $X_i(i \in \alpha)$ 的 [外] 直和时, $\dim X = \sum\limits_{i\in\alpha} \dim X_i$(如 $\dim(\mathbb{K}^\alpha)_0 = |\alpha|$).

(5) 当 $|\mathbb{K}| \leqslant \dim X$ 时, $|X| = \dim X$.

(6) (供参考) 当 $X = X_1 \bigotimes\limits_{\mathbb{K}} X_2$ 时, $\dim X = \dim X_1 \dim X_2$.

---

① 规定零空间 $\ker A = \{x|Ax = 0\}$ 和零化度 $\operatorname{null} A = \dim\ker A$ 及秩 $\operatorname{rank} A = \dim\operatorname{ran} A$.

证明 只证 $|C| \leqslant |D|$. 在 D 无限时, 其元素 e 都能被 C 的某有限子集 C_e 线性组合. 作 C 的子集 $F = \bigcup\{C_e|e \in D\}$, 它是线性无关的且 $X = \operatorname{span} F$, 故 $F = C$. 由基数算术律知 $|C| \leqslant \sum\limits_{e\in D} |C_e| \leqslant |D|\aleph_0$. 根据命题 7(1) 知 $|D|\aleph_0 = |D|$.

在 D 只含有限个向量 $e_1, \cdots, e_n$ 时, 对于 X 中任意向量组 $[x_j]_{j=1}^{n+1}$ 依 $[e_i]_{i=1}^{n}$ 的过渡矩阵 T 用初等变换得非零向量 c 使 $Tc = 0$, 故 $[x_j]_{j=1}^{n+1}$ 线性相关. 这样 $|C| \leqslant n$.

(1) 只证充分性: 取 $\hat{X}$ 的基 $\{f_e|e \in D\}$, 则有线性同构 $T: X \to \hat{X}$ 使 $Te = f_e$.

(2) 可设 $L = \ker A$ 且 $Y = X/L$ 而 A 是自然投影, 用 1.2 节命题 8(2) 即可.

(3) 从 $L_1 \times L_2$ 至 $L_1 + L_2$ 有满线性算子 $T: (x_1, x_2) \mapsto x_1 - x_2$ 使

$$\ker T = \{(x, x)|x \in L_1 \cap L_2\} \cong L_1 \cap L_2.$$

(4) 提示直和情形: 诸 X_i 的 Hamel 基 B_i 合成 X 的 Hamel 基 $\biguplus\{B_i|i \in \alpha\}$.

(5) 对于 Hamel 基 D 的有限子集 F, 命 $L_F = \left\{\sum\limits_{e\in F} c_e e|c_e \in \mathbb{K}^\times\right\}$, 则 L_F 对等于 $(\mathbb{K}^\times)^F$ 并且 X 有分解 $\{L_F|n \in \mathbb{N}, F \in 2_n^D\}$. 命 $a = |\mathbb{K}^\times|$ 且 $b = |D|$, 则 $1 \leqslant a \leqslant b$. 根据命题 7 得

$$|X| = \sum_{n\geqslant 0} \sum_{F\in 2_n^D} a^n = \sum_{n\geqslant 0} a^n b^n = b.$$

(6) 当 B_i 为 X_i 的基时, $\{e_1 \otimes e_2|e_i \in B_i\}$ 是 X 的基且对等于 $B_1 \times B_2$. □

称 $\dim(X/L)$ 为 L 的*余维数*. 子集 T 所含的极大无关集都是 $\operatorname{span} T$ 的 Hamel 基, 其基数记为 $\operatorname{rank} T$ 且称为 T 的*秩*. 维数有限者是*有限维空间*; 否则是*无限维空间*(可写 $\dim_{\mathbb{K}} X \geqslant \aleph_0$, 但不可写成 $\dim_{\mathbb{K}} X = +\infty$).

练　　习

习题 1 证明以下各集可列:

(1) 有理系数多项式环 $\mathbb{Q}[x]$. 系数为有理数的有理函数域 $\mathbb{Q}(x)$.

(2) $\mathbb{Z}^n$(其元素为*格点*), $\mathbb{Q}^n$(其元素为*有理点*), 其中 n 是正整数.

(3) 以有理数为端点的区间全体; 平面上顶点是有理点的三角形全体.

习题 2 在实轴上, 区间 I 都是可数个闭区间之并也是可数个开区间之交.

习题 3 证明有理数域 $\mathbb{Q}$ 与 $(0,1) \cap \mathbb{Q}$ 序同构. 下设 $(P, \leqslant)$ 是可列全序集.

(1) P 与 $[0,1] \cap \mathbb{Q}$ 序同构当且仅当 P 是序自密的且有下界和上界.

(2) P 与 $(0,1) \cap \mathbb{Q}$ 序同构当且仅当 P 是序自密的且无下界无上界.

(3) P 与 $(0,1] \cap \mathbb{Q}$ 序同构当且仅当 P 是序自密的且无下界有上界.

习题 4 以下陈述是否正确? 对于错误者, 请举反例.

(1) 如果 $A \simeq B, C \simeq D$ 且 $A \subset C, B \subset D$, 则 $C \setminus A \simeq D \setminus B$.

(2) 如果 $A \simeq B$ 且 $A \cup B \subset C$, 则 $C \setminus A \simeq C \setminus B$.

(3) 如果 $A \simeq B$ 且 $C \subseteq A \cap B$, 则 $A \setminus C \simeq B \setminus C$.

(4) 如果 $A\times B\simeq A\times C$ 或 $B^A\simeq C^A$ 或 $A^B\simeq A^C$, 则 $B\simeq C$.

(5) 可数集 X 上有个偏序 $\preceq$ 使 X 的非空子集都有最小元.

习题 5　求以下集合的基数:

(1) 10 进制有限小数全体, 10 进制无限小数全体和 10 进制无限循环小数全体.

(2) 10 进制无限小数中没有数字 7 的小数全体和有数字 7 的小数全体.

(3) 严格递增的正整数列全体与严格递减的有理数列全体.

(4) 至少有两项不同的序列 $(x_n)_{n\geqslant 1}$ 的子列全体 $\{(x_{k_n})_{n\geqslant 1}|1\leqslant k_1<k_2<\cdots\}$.

(5) 连续函数 $f:\mathbb{R}\to\mathbb{R}$ 全体和连续函数列 $(f_n:\mathbb{R}\to\mathbb{R})_{n\geqslant 1}$ 全体.

(6) 实系数多项式全体和系数为超越数的多项式全体.

(7) 连续统的有限子集全体与可列子集全体.

习题 6　基数能否作减法运算? 作除法运算? 作对数运算?

习题 7　求以下各集可能的基数 (其中 $0\leqslant r\leqslant+\infty$).

闭球　$\mathtt{D}(x,r)=\{y\in\mathbb{R}^n:|y-x|\leqslant r\}$. 命 $\mathbb{D}_n=\{y\in\mathbb{R}^n:|y|\leqslant 1\}$.

开球　$\mathtt{O}(x,r)=\{y\in\mathbb{R}^n:|y-x|<r\}$. 命 $\mathbb{B}_n=\{y\in\mathbb{R}^n:|y|<1\}$.

球面　$\mathtt{S}(x,r)=\{y\in\mathbb{R}^n:|y-x|=r\}$. 命 $\mathbb{S}_{n-1}=\{y\in\mathbb{R}^n:|y|=1\}$.

习题 8　Euclid 空间 $\mathbb{R}^n$ 共有多少个开集? 多少个闭集? 多少个紧集?

习题 9　广义实轴上四类区间各有多少个? 其中端点有理者各有多少个?

习题 10　将 $\mathbb{R}$ 自然地视为 $\mathbb{Q}$ 上线性空间, 求其维数. 以 M 记 $\mathbb{Q}$-线性函数 $f:\mathbb{R}\to\mathbb{Q}$ 依通常加法与数乘所成的 $\mathbb{Q}$ 上线性空间, 求其维数.

习题 11　从 1, 2, 3, 4, 5, 6, 7, 8 中任取 5 个数, 则其中某两个之和为 9, 某两个之差为 2.

习题 12　设 a 是无理数, 用鸽巢原理证明有整数列 $(k_n)_{n\geqslant 1}$ 使 $\lim\limits_{n\to\infty}\langle k_na\rangle=0$.

习题 13　集列 $(A_n)_{n\in\mathbb{N}}$ 之并是连续统时, 某个 A_n 是连续统.

1.4　完备序集

本节在偏序集中引进上下确界概念和上下极限概念, 后者统一了实数列和实函数及 Riemann 和的极限. 最后讨论任意指标集上级数与乘积概念.

1.4.1　上确界与下确界

偏序集 $(P,\leqslant)$ 的非空子集 S 不必有最大元也不必有最小元. 形式地命

$$\sup S=\bigvee S:=\min\{b\in P|x\in S\Rightarrow x\leqslant b\},$$

它有意义时为 S 的*上确界*——最小上界. 也将 $\sup\{x_1,x_2\}$ 写成 $x_1\vee x_2$. 命

$$\inf S=\bigwedge S:=\max\{a\in P|x\in S\Rightarrow x\geqslant a\},$$

它有意义时为 S 的*下确界*——最大下界. 也将 $\inf\{x_1,x_2\}$ 写成 $x_1\wedge x_2$.

如 $\{r\in\mathbb{Q}:|r|^2<2\}$ 于 $(\mathbb{Q},\leqslant)$ 无上确界也无下确界, 但于 $\overline{\mathbb{R}}$ 有上确界 $\sqrt{2}$ 和下确界 $-\sqrt{2}$. 又区间 $[1,2)$ 于实轴和 $[1,2)\cup\{3\}$ 这两个偏序集各有上确界 2 和 3.

可见, 上下确界是否存在和其值与子集所在的偏序集有关, 因而有相对性.

定理 1 偏序集 $(P,\leqslant)$ 的非空下有界集 A 都有下确界当且仅当 $(P,\leqslant)$ 的非空上有界集 B 都有上确界. 此时称 $(P,\leqslant)$ 是个**完备序集**, 无混淆时可记为 P.

(1) 当 B 有最大元时, $\sup B=\max B$; 当 A 有最小元时, $\inf A=\min A$.

(2) 当 $B_1\subseteq B$ 时, $\sup B_1\leqslant\sup B$. 当 $A_1\subseteq A$ 时, $\inf A\leqslant\inf A_1$.

(3) 子集 A 为单点集当且仅当 $\sup A=\inf A$ 当且仅当 $\max A=\min A$.

(4) 序同构保持极大/小元及最大/小元, 也保持上/下界和上/下确界.

(5) 当 P 还是全序集且 $b_1<\sup B$ 时, 有 $b_2\in B$ 使 $b_1<b_2$.

(6) 当 P 还是全序集且 $a_1>\inf A$ 时, 有 $a_2\in A$ 使 $a_1>a_2$.

(7) 当 $B=\bigcup\limits_{i\in\alpha}B_i$ 时, $\sup B=\sup\limits_{i\in\alpha}\sup B_i$. 当 $A=\bigcup\limits_{i\in\alpha}A_i$ 时, $\inf A=\inf\limits_{i\in\alpha}\inf A_i$.

(8) 当 E 是 P^T 的有界集时, $\sup E:t\mapsto\sup\limits_{f\in E}f(t)$ 且 $\inf E:t\mapsto\inf\limits_{f\in E}f(t)$.

证明 必要性: 将 B 的上界全体写为 S, 诸 $b\in B$ 和诸 $x\in S$ 满足 $b\leqslant x$. 由下确界的定义知 $b\leqslant\inf S$, 后者便属于 S 而为 B 的上确界. 仿此得充分性.

易证 (1)—(6). (7) 将 sup 简写成 σ, 命 $C=\{\sigma B_i|i\in\alpha\}$. 由 $\sigma B_i\leqslant\sigma B$ 知 $\sigma C\leqslant\sigma B$. 对于 $x\in B$, 有 $i\in\alpha$ 使 $x\in B_i$, 故 $x\leqslant\sigma B_i\leqslant\sigma C$. 故 $\sigma B\leqslant\sigma C$.

(8) 命 $f_0:t\mapsto\sup\{f(t)|f\in E\}$, 它是 E 的一个上界. 若 $g\in P^T$ 也是 E 的一个上界, 则诸 $f\in E$ 恒使 $g(t)\geqslant f(t)$, 故 $g(t)\geqslant f_0(t)$. 这样 f_0 是 E 的最小上界. □

由数的建立过程 (附录 2), 广义实轴和实轴依标准序都是完备序集.

命题 2 设 T 是广义实数集 (其下确界和上确界各记为 a 和 b, 可带下标).

(1) T 是个区间当且仅当使 $u\leqslant x\leqslant v$ 且 $\{u,v\}\subseteq T$ 的 x 属于 T.

(2) T 是个闭区间当且仅当它是个区间且是广义实轴中闭集.

(3) T 是个开区间当且仅当它是个区间且是实轴中开集.

(4) T 是个 [开] 区间当且仅当它是某族有交点的 [开] 区间 $\{T_i|i\in\alpha\}$ 之并.

(5) T 是个 [闭] 区间当且仅当它是某族有交点的 [闭] 区间 $\{T_i|i\in\alpha\}$ 之交.

(6) T 所含区间全体在包含关系下有极大者 (称为 T 的**构成区间**).

(7) T 的构成区间全体 $\{T_i|i\in\gamma\}$ 是个划分, 其中非退化者至多有可列个.

(8) T 的构成区间 I 的某端点 c 属于 T 时必属于 I.

(9) T 是实轴中开集当且仅当它形如 $\coprod\limits_{i\in\alpha}(a_i,b_i)$. 此时诸 (a_i,b_i) 恰是构成区间.

证明 (1) 必要性易证. 充分性: 若 $a=b$, 则 $T=[a,b]$; 否则, 当 $a<x<b$ 时, T 有两点 u 和 v 使 $u<x<v$. 从而 x 属于 T. 因此, $(a,b)\subseteq T\subseteq[a,b]$.

(2) 只证充分性: T 的端点是 T 的接触点, 从而属于 T.

(3) 只证充分性: 若 a 属于 T, 则有个含 a 的开区间 $I \subseteq T$. 这样 $\inf T \leqslant \inf I < a$, 矛盾. 从而 a 不在 T 中, 同样 b 不在 T 中. 这样 $T = (a, b)$.

(4) 命 $T_i = T$ 得必要性, 由 (1) 得充分性. 此时 $a = \inf\limits_{i\in\alpha} a_i$ 且 $b = \sup\limits_{i\in\alpha} b_i$.

(5) 命 $T_i = T$ 得必要性, 由 (1) 得充分性. 此时 $a = \sup\limits_{i\in\alpha} a_i$ 且 $b = \inf\limits_{i\in\alpha} b_i$.

(6)+(7) 任取 $x \in T$, 使 $x \in K \subseteq T$ 的所有区间 K 之并 K_x 便是极大的. 相交的极大区间 I 和 J 便与区间 $I \cup J$ 相等. 可数性源自 1.3 节命题 2(4).

(8) 区间 $\{c\} \cup I$ 落于 T 且含 I, 由 I 的极大性知 $c \in I$.

(9) 说明开集 T 的所有构成区间 I 的端点 a 不属于 T 即可. 否则, 有含 a 的开区间 $J \subseteq T$, 区间 $I \cup J$ 落于 T 且比 I 大, 矛盾. □

在实轴上, 认为空集是空区间, 以上 (9) 表明开区间是开集的构成单元. 如开区间族 $(2k\pi, 2k\pi + \pi)(k \in \mathbb{Z})$ 并成开集 $\{x \in \mathbb{R} | \sin x > 0\}$, 后者可简写成 $\{\sin > 0\}$. 一般地, 映射 $g, h : X \to Y$ 和 Y 上任意二元关系 $\heartsuit$ 确立 X 的如下子集:

$$\{g\heartsuit h\} := \{x \in X | g(x)\heartsuit h(x)\} \text{ 和 } E\{g\heartsuit h\} := E \cap \{g\heartsuit h\}.$$

$$\{g\not\heartsuit h\} := \{x \in X | g(x)\not\heartsuit h(x)\} \text{ 和 } E\{g\not\heartsuit h\} := E \cap \{g\not\heartsuit h\}.$$

请注意, $\{g\heartsuit h\}$ 不同于 $g\heartsuit h$, 后者表示诸 $x \in X$ 使 $g(x)\heartsuit h(x)$, 即 $\{g\heartsuit h\} = X$.

实轴可视为宽为 0 而长为 $+\infty$ 的矩形, 它有面积 0, 这写成 $0 \times (+\infty) = 0$. 一般地, 实数的四则运算可扩充为广义实数的四则运算使 $-(\pm\infty) = \mp\infty$ 及

(1) $-\infty < x \leqslant +\infty$ 时, $(+\infty) + x = +\infty - (-x) = +\infty$.

(2) $-\infty \leqslant x < +\infty$ 时, $(-\infty) + x = -\infty - (-x) = -\infty$.

(3) $0 < x \leqslant +\infty$ 时, $(+\infty) \times (\pm x) = (\pm x) \times (+\infty) = \pm\infty$.

(4) $0 < x \leqslant +\infty$ 时, $(-\infty) \times (\pm x) = (\pm x) \times (-\infty) = \mp\infty$.

(5) $-\infty < x < +\infty$ 时, $0 \times (\pm\infty) = x \div (\pm\infty) = 0$.

(6) 两个无穷不可除: $(\pm\infty) \div (\pm\infty)$ 和 $(\pm\infty) \div (\mp\infty)$ 都无意义.

(7) 同号无穷不可减: $(+\infty) - (+\infty)$ 和 $(-\infty) - (-\infty)$ 无意义.

(8) 异号无穷不可加: $(+\infty) + (-\infty)$ 无意义.

命题 3　设 A 和 B 是广义实数集, 命 $AB = \{xy | x \in A, y \in B\}$ 且

$$A + B = \{x + y | x \in A \text{与} y \in B \text{可加}\}.$$

(1) $\inf(A + B) = \inf A + \inf B$(要求右端可加[①] 且 $x \in A$ 与 $y \in B$ 都可加).

(2) $\sup(A + B) = \sup A + \sup B$(要求右端可加且 $x \in A$ 与 $y \in B$ 都可加).

(3) 命 $-A = \{-x | x \in A\}$, 则 $\sup(-A) = -\inf A$ 且 $\inf(-A) = -\sup A$.

---

① 此条件不可略. 如 $\inf\{+\infty\}$ 和 $\inf \mathbb{Z}$ 不可加, 但 $\inf(\{+\infty\} + \mathbb{Z}) = +\infty$.

(4) 当 $A \cup B \subseteq [0, +\infty]$ 时, $\sup(AB) = \sup A \sup B$.

只证 (2) 命 $a = \sup A$ 且 $b = \sup B$, 命 $D = A + B$ 且 $d = \sup D$. 诸 $x \in A$ 与诸 $y \in B$ 使 $x + y \leqslant a + b$, 因此 $d \leqslant a + b$. 可设 $d < +\infty$, 而 A 和 B 便不含 $+\infty$.

在 A 是单点集时, $A = \{a\}$. 若 $a = -\infty$, 则 $D = \{-\infty\}$ 而结论对; 若 a 是实数, 由 $B = -a + D$ 得 $b \leqslant -a + d$, 故 $d = a + b$. 一般地, 诸 $x \in A$ 使 $x + B \subseteq D$, 故 $x + b \leqslant d$. 这得 $b < +\infty$, 同样 $a < +\infty$. 结合等式 $D = \bigcup\{x + B | x \in A\}$ 与定理 1(7) 得 $d = \sup\{x + b | x \in A\}$, 右端写成 $\sup(A + b)$ 后得 $d = a + b$. □

广义实数 t 有**正部** $t^+ = t \vee 0$ 和**负部** $t^- = (-t) \vee 0$ 使 $t = t^+ - t^-$ 且

$$|t| = t^+ + t^- = t^+ \vee t^-.$$

广义实值函数 $f : X \to \mathbb{R}$ 也称为**带号函数**, 它也有**正部** $f^+ : x \mapsto f(x)^+$ 和**负部** $f^- : x \mapsto f(x)^-$ 及**绝对值** $|f| : x \mapsto |f(x)|$ 使 $f_+ f_- = 0, f = f^+ - f^-$ 且

$$|f| = f^+ + f^- = f^+ \vee f^-.$$

(1) 对偶性与对称性: $(-f)^{\pm} = f^{\mp}$ 且 $|-f| = |f|$.

(2) $f \geqslant 0$ 当且仅当 $|f| = f^+ = f$; $f \leqslant 0$ 当且仅当 $|f| = f^- = -f$.

(3) 当 $f_1 \leqslant f_2$ 时, $f_1 \vee 0 \leqslant f_2 \vee 0$ 且 $(-f_1) \vee 0 \geqslant (-f_2) \vee 0$. 因此 $f_1^+ \leqslant f_2^+$ 且 $f_1^- \geqslant f_2^-$.

(4) 当 g_i 是非负函数使 $f = g_0 - g_1$ 时, $f^+ \leqslant g_0$ 且 $f^- \leqslant g_1$. 事实上, 由 $f \leqslant g_0$ 结合 (3) 知 $f^+ \leqslant g_0^+ = g_0$. 类似知 $f^- \leqslant g_1$.

(5) 上述 $f^+ = g_0$ 且 $f^- = g_1$ 当且仅当 $g_0 g_1 = 0$. 只证充分性: 当 $f(x) > 0$ 时, $g_1(x) = 0$. 因此 $g_0(x) = f(x) = f^+(x)$; 当 $f(x) < 0$ 时, $g_0(x) = 0 = f^+(x)$. 类似得 $g_1(x) = f^-(x)$.

1.4.2 上极限与下极限

当 β 是个定向集时, 元素组 $(x_j)_{j \in \beta}$ 称为一个**网**; 将它写成 $(x_j)_{j \uparrow \beta}$ 或 $(x_j)_{j \downarrow \beta}$ 以示 β 上定向或下定向. 若 γ 是 β 的一个共尾集 (如 $\{k \in \beta | k \succsim i_0\}$), 称 $(x_j)_{j \uparrow \gamma}$ 是个**共尾子网**. 序列与子列分别是网和共尾子网. 一般地, 称 $(x_{k_i})_{i \uparrow \alpha}$ 是 $(x_j)_{j \uparrow \beta}$ 的一个**子网**指

$$\forall j \in \beta, \exists i_0 \in \alpha, \forall i \in \alpha : i \succsim i_0 \Rightarrow k_i \succsim j.$$

对于偏序集 $(P, \leqslant)$ 中网 $(x_j)_{j \uparrow \beta}$, 形式地命 $\overline{\lim\limits_{j \uparrow \beta}} x_j = \inf\limits_{j \in \beta} \sup\limits_{k \succsim j} x_k$, 它有意义时为**上极限**. 形式地命 $\underline{\lim\limits_{j \uparrow \beta}} x_j = \sup\limits_{j \in \beta} \inf\limits_{k \succsim j} x_k$, 它有意义时为**下极限**. 这两者有意义且相等时记为 $\lim\limits_{j \uparrow \beta} x_j$ 或 x 且称为 $(x_j)_{j \uparrow \beta}$ 的**极限**, 称 $(x_j)_{j \uparrow \beta}$ **收敛于** x 或**逼近** x.

讨论指标集下定向的网时, 极限定义中 $\uparrow$ 和 $\succsim$ 各应换成 $\downarrow$ 和 $\precsim$.

例 1 将函数 $f:[a,b]\to\mathbb{R}$ 的 Riemann 积分 (存在) 表示成网的极限.

为此在**分点组**$a=x_0<\cdots<x_k=b$ 全体 D 上取偏序使 $(x_i)_{i=0}^k\preceq(y_j)_{j=0}^l$ 表示 $\{x_0,\cdots,x_k\}\subseteq\{y_0,\cdots,y_l\}$, 认为 $(y_j)_{j=0}^m$ **细分**$(x_i)_{i=0}^k$. 将分点组 $(x_i)_{i=0}^k$ 和 $(x_i')_{i=0}^l$ 合并且依小至大排列得到分点组 $(x_i'')_{i=0}^m$, 因此 D 是上定向的.

命 $E=\{((x_i)_{i=0}^k,(s_i)_{i=1}^k)|(x_i)_{i=0}^k\in D,x_{i-1}\leqslant s_i\leqslant x_i\}$, 它也是个上定向集使 $((x_i)_{i=0}^k,(s_i)_{i=1}^k)\precsim((y_j)_{j=0}^l,(t_j)_{j=1}^l)$ 表示 $(x_i)_{i=0}^k\preceq(y_j)_{j=0}^l$.

作 Riemann 和 $R((x_i)_{i=0}^k,(s_i)_{i=1}^k)=\sum\limits_{i=1}^k f(s_i)(x_i-x_{i-1})$, 网 $(R(\xi,s))_{(\xi,s)\uparrow E}$ 于实轴的极限 (存在时) 便是 f 的 Riemann 积分. □

称 $(P,\leqslant)$ 是个**单调完备序集**指其中上有界递增网 $(a_j)_{j\uparrow\beta}$ 都有极限 a 且下有界递减网 $(b_j)_{j\uparrow\beta}$ 都有极限 b(简称 a_j **递增至** a 且 b_j **递减至**b, 记 $a_j\nearrow a$ 且 $b_j\searrow b$).

显然, 有界可数集都有上确界和下确界的偏序集中有界序列有上下极限.

命题 4 完备序集 $(P,\leqslant)$ 中从某项起有界的网 $(x_j)_{j\uparrow\beta}$ 有上极限和下极限且

$$\inf_{j\in\beta}x_j\leqslant\varliminf_{j\uparrow\beta}x_j\leqslant\varlimsup_{j\uparrow\beta}x_j\leqslant\sup_{j\in\beta}x_j. \tag{0}$$

(1) 当 $(x_{k_i})_{i\uparrow\alpha}$ 是 $(x_j)_{j\uparrow\beta}$ 的子网时, $\varliminf\limits_{j\uparrow\beta}x_j\leqslant\varliminf\limits_{i\uparrow\alpha}x_{k_i}$ 且 $\varlimsup\limits_{i\uparrow\alpha}x_{k_i}\leqslant\varlimsup\limits_{j\uparrow\beta}x_j$.

(2) 当 $\gamma=\{k\in\beta|k\succsim i_0\}$ 时, $\varliminf\limits_{j\uparrow\beta}x_j=\varliminf\limits_{k\uparrow\gamma}x_k$ 且 $\varlimsup\limits_{j\uparrow\beta}x_j=\varlimsup\limits_{k\uparrow\gamma}x_k$.

(3) 设有 k 使 $j\succsim k$ 时 $x_j\leqslant y_j$, 则 $\varliminf\limits_{j\uparrow\beta}x_j\leqslant\varliminf\limits_{j\uparrow\beta}y_j$ 且 $\varlimsup\limits_{j\uparrow\beta}x_j\leqslant\varlimsup\limits_{j\uparrow\beta}y_j$.

(4) **夹逼定理**: 设某项起 $x_j\leqslant y_j\leqslant z_j$ 且前后网都有极限 b, 则 $\lim\limits_{j\uparrow\beta}y_j=b$.

(5) 当 $x_j\nearrow x$ 且 $y_j\nearrow y$ 及 $\{x,y\}$ 上有界时, $x_j\vee y_j\nearrow x\vee y$.

(6) 在 P^T 中, 有界网 $(f_j)_{j\uparrow\beta}$ 有上极限 $t\mapsto\varlimsup\limits_{j\uparrow\beta}f_j(t)$ 和下极限 $t\mapsto\varliminf\limits_{j\uparrow\beta}f_j(t)$.

只证 (0) 中间 命 $a=\varliminf\limits_{j\uparrow\beta}x_j$ 和 $b=\varlimsup\limits_{j\uparrow\beta}x_j$ 及 $a_i=\inf\limits_{k\succsim i}x_k$ 和 $b_j=\sup\limits_{k\succsim j}x_k$, 用 $\{i,j\}$ 的上界 l 得 $a_i\leqslant a_l\leqslant b_l\leqslant b_j$. 依 i 取上确界得 $a\leqslant b_j$, 依 j 取下确界得 $a\leqslant b$. □

网 $(x_j)_{j\uparrow\beta}$ 的子网极限 (存在时) 称为网 $(x_j)_{j\uparrow\beta}$ 的一个**极限点**.

例 2 当 $t\to-\infty$ 时, $(\sin t)_{t<0}$ 有上极限 1 和下极限 -1. 又知序列 $(\sin(-2n\pi+\pi/2))_{n\geqslant0}$ 和 $(\sin(-2n\pi-\pi/2))_{n\geqslant0}$ 各有极限 1 和 -1. □

以下命题的主结论和 1.2 节定理 9 是 Dedekind 构造实数的理论基础.

命题 5 在偏序集 $(2^X,\subseteq)$ 中, $E=\sup\limits_{i\in\alpha}E_i$ 当且仅当 $E=\bigcup\limits_{i\in\alpha}E_i$ 当且仅当 $\chi_E=\sup\limits_{i\in\alpha}\chi_{E_i}$. 对偶地, $F=\inf\limits_{i\in\alpha}F_i$ 当且仅当 $\chi_F=\inf\limits_{i\in\alpha}\chi_{F_i}$ 当且仅当 $F=\bigcap\limits_{i\in\alpha}F_i$.

(1) A 是集网 $(A_j)_{j\uparrow\beta}$ 的**下限集** $\varliminf\limits_{j\uparrow\beta}A_j\Big(=\bigcup\limits_{j\in\beta}\bigcap\limits_{k\succsim j}A_k\Big)$当且仅当 $\chi_A=\varliminf\limits_{j\uparrow\beta}\chi_{A_j}$

当且仅当诸 $x \in A$ 是 $(A_j)_{j\uparrow\beta}$ 中某项起诸项的公共元素.

(2) A 是集网 $(A_j)_{j\uparrow\beta}$ 的上限集 $\overline{\lim\limits_{j\uparrow\beta}} A_j \Big(= \bigcap\limits_{j\in\beta} \bigcup\limits_{k\succsim j} A_k \Big)$ 当且仅当 $\chi_A = \overline{\lim\limits_{j\uparrow\beta}} \chi_{A_j}$ 当且仅当诸 $x \in A$ 是 $(A_j)_{j\uparrow\beta}$ 的某个 [共尾] 子网中诸项的公共元素.

(3) A 是 $(A_j)_{j\uparrow\beta}$ 的极限集 $\lim\limits_{j\uparrow\beta} A_j$ 当且仅当 $\chi_A = \lim\limits_{j\uparrow\beta} \chi_{A_j}$. 特别在 $(A_j)_{j\uparrow\beta}$ 递增或递减时, $A = \bigcup\limits_{i\in\beta} A_i$ 或 $A = \bigcap\limits_{i\in\beta} A_i$, 简称 $(A_j)_{j\uparrow\beta}$ 递增至 A 或递减至 A.

(4) 对偶律: $\underline{\lim\limits_{j\uparrow\beta}}(A \setminus A_j) = A \Big\backslash \overline{\lim\limits_{j\uparrow\beta}} A_j$ 且 $\overline{\lim\limits_{j\uparrow\beta}}(A \setminus A_j) = A \Big\backslash \underline{\lim\limits_{j\uparrow\beta}} A_j$.

(5) 当 $(B_j)_{j\uparrow\beta}$ 是集网时, $\underline{\lim\limits_{j\uparrow\beta}}(A_j \times B_j) = \Big(\underline{\lim\limits_{j\uparrow\beta}} A_j\Big) \times \Big(\underline{\lim\limits_{j\uparrow\beta}} B_j\Big)$. 特别在 $(A_j)_{j\uparrow\beta}$ 和 $(B_j)_{j\uparrow\beta}$ 都递增时, $\bigcup\limits_{j\in\beta}(A_j \times B_j) = \Big(\bigcup\limits_{j\subset\beta} A_j\Big) \times \Big(\bigcup\limits_{j\subset\beta} B_j\Big)$.

(6) A 是递增集列 $(A_n)_{n\geqslant 1}$ 的极限当且仅当 $A = A_1 \uplus \Big(\biguplus\limits_{n\geqslant 2}(A_n \setminus A_{n-1})\Big)$; 而 B 是递减集列 $(B_n)_{n\geqslant 1}$ 的极限当且仅当 $B_1 = B \uplus \Big(\biguplus\limits_{n\geqslant 1}(B_n \setminus B_{n+1})\Big)$.

证明 前半部分的第一个充要条件源自事实: 诸 $E_i \subseteq B$ 当且仅当 $\bigcup\{E_i | i \in \alpha\} \subseteq B$. 根据 1.2 命题 4 得第二个充要条件. 结合 De Morgan 律得后半部分.

(1) 三个条件依次记为 (a), (b) 和 (c). 根据主结论得 (a)⇔(b).

(c)⇒(a): 设 x 是子网 $(A_{k_i})_{i\uparrow\alpha}$ 中诸项的公共元素. 对于 $j \in \beta$, 有个 $k_i \succsim j$, 式子 $x \in A_{k_i} \subseteq \bigcup\{A_k | k \succsim j\}$ 表明 x 属于 A.

(a)⇒(c): 对于 $j \in \beta$, 有些 $k \succsim i$ 使 $x \in A_k$. 这些 k 全体 γ 便是 β 的一个共尾集使 x 为 $A_k (k \in \gamma)$ 的公共元素. 易证 (2) 至 (6). □

区间网的上限集不必是区间, 即使为区间也不必保持区间类型.

例 3 求区间列 $(A_n = [1/n, 2 - 1/n])_{n\geqslant 2}$ 的极限. 显然, 此列递增且

$$0 < x < 2 \Leftrightarrow \exists n \geqslant 1 : 1/n \leqslant x \leqslant 2 - 1/n.$$

注意到 $\exists$ 与 $\cup$ 的关系, $(A_n)_{n\geqslant 1}$ 之并是 (0, 2). 因此 $\lim\limits_{n\to\infty} A_n = (0, 2)$.

求区间列 $(B_n = (-1/n, 2 + 1/n))_{n\geqslant 1}$ 的极限. 首先, 此列递减且

$$0 \leqslant x \leqslant 2 \Leftrightarrow \forall n \geqslant 1 : -1/n < x < 2 + 1/n.$$

注意到 $\forall$ 与 $\cap$ 的关系, $(B_n)_{n\geqslant 1}$ 之交是 [0, 2]. 因此 $\lim\limits_{n\to\infty} B_n = [0, 2]$. □

命题 5 的主结论表明 2^X 依包含关系是完备序集. 因 $2^{\{0,1\}}$ 中 $\{0\}$ 和 $\{1\}$ 不能比较, 完备序集不必是全序的. 现在依定义, 广义实数的极限分以下三种情形.

(1) $\lim\limits_{j\uparrow\beta} x_j = +\infty \Leftrightarrow \forall \varepsilon > 0, \exists k, \forall i \succsim k : x_i > \varepsilon \Big($即 $\underline{\lim\limits_{j\uparrow\beta}} x_j = +\infty\Big)$.

(2) $\lim\limits_{j\uparrow\beta} x_j = -\infty \Leftrightarrow \forall \varepsilon < 0, \exists k, \forall i \succsim k : x_i < \varepsilon \Big($即 $\overline{\lim\limits_{j\uparrow\beta}} x_j = -\infty\Big)$.

(3) $\lim\limits_{j\uparrow\beta} x_j = x \in \mathbb{R} \Leftrightarrow \forall\varepsilon > 0, \exists k, \forall i \succsim k : |x_i - x| < \varepsilon$.

命题 6　广义实数网 $(x_j)_{j\uparrow\beta}$ 有极限点, 其中最大/小者为上/下极限. 特别地, 广义实数列 $(x_n)_{n\geqslant 1}$ 的上/下极限是其子列极限中最大/小者.

(1) Cauchy 收敛准则: $(x_j)_{j\uparrow\beta}$ 于 $\mathbb{R}$ 有极限当且仅当 $\lim\limits_{i,j\uparrow\beta} |x_i - x_j| = 0$, 即

$$\forall\varepsilon > 0, \exists k \in \beta, \forall i, j \succsim k : (\{x_i, x_j\} \subset \mathbb{R}) \wedge (|x_i - x_j| < \varepsilon).$$

(2) 当 T 是可数集时, 函数列 $(f_n : T \to \overline{\mathbb{R}})_{n\geqslant 1}$ 有点态收敛子列.

(3) 当 T 是准序集且其可数子集都有上界时, 递增函数 $h : T \to \overline{\mathbb{R}}$ 有最大值.

(4) 当 T 是准序集且其可数子集都有下界时, 递减函数 $g : T \to \overline{\mathbb{R}}$ 有最小值.

证明　根据 1.2 节例 7, $\overline{\mathbb{R}}$ 与 $[-1, 1]$ 序同构, 可设 $|x_i| \leqslant 1$. 以下用到命题 4 的证明中符号. 当 $r > 0$ 时, 有些 $j \succsim i$ 使 $b_i \leqslant x_j + r$. 命 $z_{i,j,r} = x_j$, 相应 (i, j, r) 的全体 γ 是个上定向集: $(i, j, r) \precsim (k, l, s)$ 表示 $i \precsim k$ 且 $r \geqslant s$. 于是, $(x_j)_{j\uparrow\beta}$ 的子网 $(z_k)_{k\uparrow\gamma}$ 有极限 b.

在序列情形, 仍设 $|x_n| \leqslant 1$. 取 $k_1 \geqslant 1$ 使 $b_1 < x_{k_1} + 1$. 归纳地取 $k_n > k_{n-1}$ 使 $b_{k_{n-1}+1} < x_{k_n} + 1/n$, 则子列 $(x_{k_n})_{n\geqslant 1}$ 逼近 b.

(1) 只证充分性: 当 $i, j \succsim k$ 时, $x_i - x_j < \varepsilon$. 关于这样的 (i, j) 取上确界得 $b_k - a_k \leqslant \varepsilon$. 可见 $b - a \leqslant \varepsilon$, 命 $\varepsilon \to 0$ 知 $b = a$.

(2) 可设 $T = \mathbb{Z}_+$. 序列 $(f_n)_{n\geqslant 1}$ 的某子列 $(f_{1,n})_{n\geqslant 1}$ 在 1 收敛, $(f_{1,n})_{n\geqslant 1}$ 的某子列 $(f_{2,n})_{n\geqslant 1}$ 在 2 收敛. 如此下去, $(f_{n,n})_{n\geqslant k}$ 为 $(f_{k,n})_{n\geqslant 1}$ 的子列, 它在 k 处收敛. 故子列 $(f_{n,n})_{n\geqslant 1}$ 逐点收敛. 此处用到对角线法: $[(n, n)]_{n\geqslant 1}$ 是方阵 $[(i, j)]_{i,j\geqslant 1}$ 的对角线.

(3) 命 $b = \sup h(T)$ 且取 T 中序列 $(t_n)_{n\geqslant 1}$ 使 $\lim\limits_{n\to\infty} h(t_n) = b$. 取 $\{t_n | n \geqslant 1\}$ 的一个上界 t_0, 由 $h(t_n) \leqslant h(t_0) \leqslant b$ 知 $h(t_0) = b$. 仿此得 (4). □

极限不定型 $0 \cdot \infty$ 无确定的值, 这表示乘法运算 $\overline{\mathbb{R}} \times \overline{\mathbb{R}} \to \overline{\mathbb{R}}$ 于两点 $(0, \pm\infty)$ 都不连续. 映射的不连续点也称为*间断点*, 其全体是此映射的*间断集*.

在全序集 $(T, \leqslant)$ 中, $a+ \leqslant b$ 和 $a \leqslant b-$ 都表示 $a < b$. 将 b 和 $b-$ 统记为 $b\bullet$, 而 a 和 $a+$ 统记为 $a*$. 当 $X \subseteq T$ 时, 命 $X|^{b\bullet} = \{x \in X | x \leqslant b\bullet\}$ 且 $X|_{a*} = \{x \in X | a* \leqslant x\}$ 及

$$X|_{a*}^{b\bullet} = \{x \in X | a* \leqslant x \leqslant b\bullet\} = X|_{a*} \cap X^{b\bullet}.$$

称 $x \in T$ 为 X 的一个*右聚点*指诸 $y > x$(存在且) 使 $X|_{x+}^{y-}$ 不空. 称 $x \in T$ 为 X 的一个*右孤立点*指它是 X 的一个极大元或有个 $y \in X$ 使 $y > x$ 且 $X|_{x}^{y-} = \{x\}$. 类似定义*左聚点*和*左孤立点*. 仿命题 2(1), 称 X 为 T 的一个*区间*指诸 $\{u, v\} \subseteq X$ 使 $T|_u^v \subseteq X$.

设 P 是个完备序集, 考察函数 $f: X \to P$. 在 X 的右聚点 x, **右上极限** $\overline{\lim\limits_{y\to x+}} f(y)$ 和**右下极限** $\underline{\lim\limits_{y\to x+}} f(y)$ 各是网 $(f(y))_{y\downarrow X|_{x+}}$ 的上极限和下极限, 它们相等时是**右极限** $f(x+)$; 在 X 的右孤立点 x, 命 $f(x+)=f(x)$. 在 X 的左聚点 x, **左上极限** $\overline{\lim\limits_{y\to x-}} f(y)$ 和**左下极限** $\underline{\lim\limits_{y\to x-}} f(y)$ 各是网 $(f(y))_{y\uparrow X|^{x-}}$ 的上极限和下极限, 它们相等时为**左极限** $f(x-)$; 在 X 的左孤立点 x, 命 $f(x-)=f(x)$. 在 X 的**聚点** x(左聚者或右聚者) 或**孤立点** x(左右都孤立者), f 有**上极限** $\overline{\lim\limits_{z\to x}} f(z)$ 和**下极限** $\underline{\lim\limits_{z\to x}} f(z)$ 及它们相等时的**极限** $\lim\limits_{z\to x} f(z)$.

复值函数 $f: X\to\mathbb{C}$ 在 x 有**左极限** $f(x-)$ 指 f 的实部与虚部在 x 有有限的左极限; 自然规定 $f(x-)=(\operatorname{re} f)(x-)+\mathrm{i}(\operatorname{im} f)(x-)$. 又 f 在 x 有**右极限** $f(x+)$ 指 f 的实部与虚部在 x 有有限的右极限; 自然规定 $f(x+)=(\operatorname{re} f)(x+)+\mathrm{i}(\operatorname{im} f)(x+)$

在以上规定下, 使 $f(x+)$ 有意义且等于 $f(x)$ 的 x 为 f 的**右连续点**; 否则为**右间断点**. 使 $f(x-)$ 有意义且等于 $f(x)$ 的 x 为 f 的**左连续点**; 否则为**左间断点**.

1.4.3 级数与乘积

考虑到多元函数的 Taylor 级数以自然数组为指标, 下面讨论任意指标集上的级数和乘积. 级数和乘积中某些项可以是无穷; 使和数有限者称为**可和级数**.

(1) 当 $0\leqslant c_i\leqslant+\infty(i\in\beta)$ 时, 规定**正项级数之和**使 $\sum\limits_{i\in\varnothing} c_i=0$ 且

$$\sum_{i\in\beta} c_i=\lim_{\alpha\uparrow\operatorname{fin}\beta}\sum_{i\in\alpha} c_i=\sup_{\alpha\in\operatorname{fin}\beta}\sum_{i\in\alpha} c_i\in[0,+\infty].$$

(2) 带号项级数 $\sum\limits_{i\in\beta} c_i$ 有形式和 $\sum\limits_{i\in\beta} c_i^+-\sum\limits_{i\in\beta} c_i^-$, 它有意义指后两和可减. 此时它是 $\left(\sum\limits_{i\in\alpha} c_i\right)_{\alpha\uparrow\operatorname{fin}\beta}$ 的极限, 它在 β 非空且某项是正/负无穷时也是正/负无穷.

(3) 复数项级数 $\sum\limits_{i\in\beta} c_i$ 有形式和 $\sum\limits_{i\in\beta}\operatorname{re} c_i+\mathrm{i}\sum\limits_{i\in\beta}\operatorname{im} c_i$, 它有意义指后两个级数可和. 为示区别, 极限 $\lim\limits_{n\to\infty}\sum\limits_{i=1}^{n} v_i$(存在且有限时) 称为级数 $\sum\limits_{n\geqslant1} v_n$ 的**Cauchy和**. 在诸项 v_n 是非负实数时, Cauchy 和与 (1) 中规定的级数 $\sum\limits_{n\geqslant1} v_n$ 之和一致, 这是因为

$$\sup_{n\geqslant1}\sum_{i=0}^{n} v_i\leqslant\sup_{\alpha\in\operatorname{fin}\mathbb{N}}\sum_{i\in\alpha} v_i\leqslant\sup_{\alpha\in\operatorname{fin}\mathbb{N}}\sum_{i=0}^{\max\alpha} v_i.$$

例 4 当 x 是非负实数且 $\beta\subseteq\mathbb{N}$ 时, $\lim\limits_{n\to\infty}\sum\limits_{i\in\beta|^n}\binom{n}{i}\frac{x^i}{n^i}=\sum\limits_{i\in\beta}\frac{x^i}{i!}$(这是有限数). 特别地, $\lim\limits_{n\to\infty}\left(1+\frac{1}{n}\right)^n=\sum\limits_{i\in\mathbb{N}}\frac{1}{i!}$, 将它记为 e 且称为**Euler数**. 事实上,

$$\binom{n}{i}\frac{x^i}{n^i}=\left(1-\frac{i-1}{n}\right)\cdots\left(1-\frac{1}{n}\right)\frac{x^i}{i!},$$

它在 i 固定且 $n\to\infty$ 时逼近 $x^i/i!$. 注意到 $\beta|^n$ 关于 n 递增, 当 $k\leqslant n$ 时,

$$\sum_{i\in\beta|^k}\binom{n}{i}\frac{x^i}{n^i}\leqslant\sum_{i\in\beta|^n}\binom{n}{i}\frac{x^i}{n^i}\leqslant\sum_{i\in\beta|^n}\frac{x^i}{i!}\leqslant\sum_{i\in\beta}\frac{x^i}{i!}.$$

上式中先命 $n\to\infty$, 再命 $k\to\infty$ 得

$$\sum_{i\in\beta}\frac{x^i}{i!}\leqslant\varliminf_{n\to\infty}\sum_{i\in\beta|^n}\binom{n}{i}\frac{x^i}{n^i}\leqslant\varlimsup_{n\to\infty}\sum_{i\in\beta|^n}\binom{n}{i}\frac{x^i}{n^i}\leqslant\sum_{i\in\beta}\frac{x^i}{i!}.$$

可见, 上极限与下极限相等. 欲证等式成立. □

一般当 $\alpha\subseteq\beta$ 时, $\sum\limits_{i\in\alpha}x_i$ 为 $\sum\limits_{i\in\beta}x_i$ 的**缺项级数**且可写成 $\sum\limits_{i\in\beta}x_i\chi_\alpha(i)$.

例 5 从 $2^{\mathbb{N}}$ 至 $[0,2]$ 有满射 $\mu:E\mapsto\sum\limits_{n\in E}\dfrac{1}{2^n}$. 事实上, $\mu(E)\leqslant\sum\limits_{n\in\mathbb{N}}\dfrac{1}{2^n}=2$. 诸 $x\in[0,2]$ 形如 $(a_0.a_1\cdots a_n\cdots)_2$. 命 $E=\{n|a_n\neq 0\}$, 则 $\mu(E)=x$. □

作形式乘积 $\prod\limits_{i\in\varnothing}c_i=1$ 且 $\prod\limits_{i\in\beta}c_i=\lim\limits_{\alpha\uparrow\operatorname{fin}\beta}\prod\limits_{i\in\alpha}c_i$, 它在 β 非空且某项 c_i 为零时是零.

命题 7 以下级数中各项都是非负广义实数, 而乘积中各项不小于 1.

(1) 单调性: 当 $\alpha\subseteq\beta$ 且诸 $b_i\leqslant c_i$ 时, $\sum\limits_{i\in\alpha}b_i\leqslant\sum\limits_{j\in\beta}c_j$.

(2) 单调收敛定理: 非负函数网 $(f_k:\alpha\to\overline{\mathbb{R}})_{k\uparrow\gamma}$ 递增至 $f:\alpha\to\overline{\mathbb{R}}$ 时,

$$\lim_{k\uparrow\gamma}\sum_{i\in\alpha}f_k(i)=\sum_{i\in\alpha}f(i).$$

(3) 结合律: $\alpha=\biguplus\limits_{j\in\beta}\alpha_j$ 时, $\sum\limits_{i\in\alpha}b_i=\sum\limits_{j\in\beta}\sum\limits_{i\in\alpha_j}b_i$ 且 $\prod\limits_{i\in\alpha}v_i=\prod\limits_{j\in\beta}\prod\limits_{i\in\alpha_j}v_i$.

(4) 累次求和: $\sum\limits_{(i,j)\in\alpha\times\beta}c_{ij}=\sum\limits_{i\in\alpha}\sum\limits_{j\in\beta}c_{ij}=\sum\limits_{j\in\beta}\sum\limits_{i\in\alpha}c_{ij}$.

(5) 累次求积: $\prod\limits_{(i,j)\in\alpha\times\beta}v_{ij}=\prod\limits_{i\in\alpha}\prod\limits_{j\in\beta}v_{ij}=\prod\limits_{j\in\beta}\prod\limits_{i\in\alpha}v_{ij}$.

(6) 乘法公式: $\sum\limits_{(i,j)\in\alpha\times\beta}b_ic_j=\Big(\sum\limits_{i\in\alpha}b_i\Big)\Big(\sum\limits_{j\in\beta}c_j\Big)$. 特别地, $\sum\limits_{i\in\alpha}ab_i=a\sum\limits_{i\in\alpha}b_i$.

(7) $\sum\limits_{i\in\alpha}(a_i+b_i)=\sum\limits_{i\in\alpha}a_i+\sum\limits_{i\in\alpha}b_i$ 且 $\prod\limits_{i\in\alpha}(u_iv_i)=\Big(\prod\limits_{i\in\alpha}u_i\Big)\Big(\prod\limits_{i\in\alpha}v_i\Big)$.

(8) 分解律: $\sum\limits_{i\in\alpha}b=|\alpha|_0b$ 且 $\prod\limits_{i\in\alpha}b=b^{|\alpha|_0}$. 特别地, $\sum\limits_{i\in\alpha}1=|\alpha|_0$ 且 $\prod\limits_{i\in\alpha}1=1$.

证明 (1) 注意到诸 $\gamma\in\operatorname{fin}\alpha$ 使 $\sum\limits_{i\in\gamma}b_i\leqslant\sum\limits_{i\in\gamma}c_i$ 即可.

(2) 欲证等式两端记为 u 和 v, 诸 $f_k(i)\leqslant f(i)$ 表明 $u\leqslant v$. 为证反向不等式, 可设 u 有限. 对于 $s>0$ 和非空 $\beta\in\operatorname{fin}\alpha$, 命 $n=|\beta|_0$ 且取 γ 的子集 $\{k_i|i\in\beta\}$ 使 $f(i)\leqslant f_{k_i}(i)+s/n$. 在 γ 中, 取有限子集 $\{k_i|i\in\beta\}$ 的一个上界 k, 则

$$\sum_{i\in\beta}f(i)\leqslant\sum_{i\in\beta}\left(f_k(i)+\frac{s}{n}\right)\leqslant u+s.$$

上式依 β 取上确界得 $v \leqslant u+s$. 命 $s \to 0+$ 得 $v \leqslant u$.

(3) 当 γ 取遍 α 的有限子集时, $\gamma \cap \alpha_j$ 取遍 α_j 的有限子集且使 $\gamma \cap \alpha_j$ 非空的 j 有有限个, 因此 $\sum\limits_{i\in\gamma} b_i = \sum\limits_{j\in\beta}\sum\limits_{i\in\gamma\cap\alpha_j} b_i$. 又 $\operatorname{fin}\alpha$ 按包含关系 $\subseteq$ 成为定向集且 $\gamma \mapsto \sum\limits_{\gamma\cap\alpha_j} b_i$ 是 $\operatorname{fin}\alpha$ 上递增函数, 根据 (2) 得 $\sup\limits_{\gamma}\sum\limits_{j\in\beta}\sum\limits_{i\in\gamma\cap\alpha_j} b_i = \sum\limits_{j\in\beta}\sup\limits_{\gamma}\sum\limits_{i\in\gamma\cap\alpha_j} b_i$.

(4) 对于 $\alpha \times \beta$ 的分解 $\{\{i\}\times\beta | i\in\alpha\}$ 和 $\{\alpha\times\{j\} | j \in \beta\}$ 用 (3) 即可. 仿此得 (5). 用 (4) 和 (5) 得 (6) 和 (7). 用定义得 (8). □

以上命题 7 和后面命题 8 中某些结论将于第 3 章中有相应的积分形式.

例 6 (Euler 乘积公式) 设 x 是正实数, 则 $\sum\limits_{n\in\mathbb{Z}_+}\dfrac{1}{n^x} = \prod\limits_{p\in\mathbb{P}}\left(1-\dfrac{1}{p^x}\right)^{-1}$.

证明 上式两端记为 a 和 b, 全体素数排列为 $p_1, p_2, \cdots$. 任取 $n \in \mathbb{Z}_+$, 则有 k 使诸整数 $i \in [1,n]$ 有唯一分解 $p_1^{c_1}\cdots p_k^{c_k}$, 其中 c_j 都是自然数. 当 $l \geqslant k$ 时,

$$\sum_{i=1}^{n}\frac{1}{i^x} \leqslant \sum_{c_1,\cdots,c_k\geqslant 0}\frac{1}{p_1^{c_1x}\cdots p_k^{c_kx}} = \prod_{j=1}^{k}\left(1-\frac{1}{p_j^x}\right)^{-1}, \tag{1}$$

$$\prod_{j=1}^{l}\left(1-\frac{1}{p_j^x}\right)^{-1} = \sum_{c_1,\cdots,c_l\geqslant 0}\prod_{j=1}^{l}\frac{1}{p_j^{c_jx}} \leqslant \sum_{m\geqslant 1}\frac{1}{m^x}. \tag{2}$$

由 (1) 知 $a \leqslant b$. 由 (2) 知 $b \leqslant a$.

注: 命 $x=1$ 知素数有可列个. □

当级数和乘积中各项是自然数时, 它们既可以代表广义实数运算还可以代表基数运算. 这需要从环境中确立运算的意义; 否则, 需要注明其意义. 例如

广义实数 $\sum\limits_{n\in\mathbb{N}} 2 = \prod\limits_{n\in\mathbb{N}} 2 = +\infty$, 但基数 $\sum\limits_{n\in\mathbb{N}} 2 = \aleph_0$ 且基数 $\prod\limits_{n\in\mathbb{N}} 2 = \aleph$.

命题 8 带号项或复数项级数 $\sum\limits_{i\in\beta} c_i$ 有和时, $\left|\sum\limits_{i\in\beta} c_i\right| \leqslant \sum\limits_{i\in\beta}|c_i|$.

(1) 带号项级数 $\sum\limits_{i\in\beta} c_i$ 是可和的当且仅当 $\sum\limits_{i\in\beta} c_i^+$ 与 $\sum\limits_{i\in\beta} c_i^-$ 都是可和的. 一般地, $\sum\limits_{i\in\beta} c_i$ 是可和的当且仅当 $\sum\limits_{i\in\beta}|c_i|$ 是可和的. 此时诸项有限且非零项数至多有可列个.

(2) **控制收敛定理**: 设函数网 $(f_k : \beta \to \mathbb{C})_{k\uparrow\gamma}$ 点态逼近 $f : \beta \to \mathbb{C}$. 若有可和级数 $\sum\limits_{i\in\beta} b_i$ 恒使 $|f_k(i)| \leqslant b_i$, 则 $\lim\limits_{k\uparrow\gamma}\sum\limits_{i\in\beta} f_k(i) = \sum\limits_{i\in\beta} f(i)$.

证明 带号情形源自 $\sum\limits_{i\in\beta}|c_i| = \sum\limits_{i\in\beta} c_i^+ + \sum\limits_{i\in\beta} c_i^-$. 在复数项情形, 命 $c = \sum\limits_{i\in\beta} c_i$. 可设 $c \neq 0$, 命 $a = |c|/c$, 则 $|a| = 1$ 且 $|c| = ac$. 于是

$$\begin{aligned}|c| &= \sum_{i\in\beta} ac_i = \sum_{i\in\beta}\operatorname{re}(ac_i) + \mathrm{i}\sum_{i\in\beta}\operatorname{im}(ac_i)\\ &= \sum_{i\in\beta}\operatorname{re}(ac_i) \leqslant \sum_{i\in\beta}|ac_i| = \sum_{i\in\beta}|c_i|.\end{aligned}$$

(1) 前半部分源自定义. 至于后半部分, 由 $|c| \leqslant |\operatorname{re} c| + |\operatorname{im} c| \leqslant 2|c|$ 得充要条件. 此时可设 $c_i \geqslant 0$, 命 $\beta_0 = \{i|c_i > 0\}$ 且 $\beta_n = \{i|c_i \geqslant 2^n\}$. 由 $\sum\limits_{i\in\beta} c_i \geqslant \sum\limits_{i\in\beta_n} 2^n$ 知 β_n 都是有限的, 由 $\beta_0 = \bigcup\limits_{n\in\mathbb{Z}} \beta_n$ 知 β_0 是可数的.

(2) 对于 $s > 0$, 取 β 的有限子集 α 使 $\sum(b_i|i \in \beta \setminus \alpha) < s$. 于是

$$\left|\sum_{i\in\beta}(f_k(i) - f(i))\right| \leqslant \sum_{i\in\alpha} |f_k(i) - f(i)| + \sum_{i\in\beta\setminus\alpha} b_i,$$

从而 $\overline{\lim\limits_{k\uparrow\gamma}}\left|\sum\limits_{i\in\beta}(f_k(i) - f(i))\right| \leqslant s$, 命 $s \to 0+$ 即可. □

除了 Cauchy 和, 本讲义讨论的级数求和方式不要求指标集上有个顺序. 即使指标集上有个顺序, 它也与级数是否有和及和 (存在时) 的值无关.

命题 7 中大部分结论对于带号项级数或复数项级数也成立.

命题 9 下设 $\{A, A_i|i \in \alpha\} \subseteq 2^X$.

(1) $A \subseteq \bigcup\limits_{i\in\alpha} A_i$ 当且仅当 $\chi_A \leqslant \sum\limits_{i\in\alpha} \chi_{A_i}$. 此时称 $\{A_i|i \in \alpha\}$ 是 A 的一个*覆盖*.

(2) A 有分解 $\{A_i|i \in \alpha\}$ 当且仅当 $\chi_A = \sum\limits_{i\in\alpha} \chi_{A_i}$.

(3) $A = \bigcap\limits_{i\in\alpha} A_i$ 当且仅当 $\chi_A = \prod\limits_{i\in\alpha} \chi_{A_i}$.

(4) $X = \prod\limits_{i\in\alpha} X_i$ 且 $E = \prod\limits_{i\in\alpha} E_i$ 及 $E_i \subseteq X_i$ 时, $\chi_E(x_i)_{i\in\alpha} = \prod\limits_{i\in\alpha} \chi_{E_i}(x_i)$.

证明 (1) 必要性: 根据命题 5 和 1.2 节命题 4 得 $\chi_A \leqslant \sup\limits_{i\in\alpha} \chi_{A_i} \leqslant \sum\limits_{i\in\alpha} \chi_{A_i}$.

充分性: $\chi_A(x) = 1$ 蕴含某个 $\chi_{A_i}(x) = 1$, 即 $x \in A$ 蕴含 x 属于某个 A_i.

(2) 必要性: 诸 $x \in A$ 使 $\chi_A(x) = 1$; 某唯一 A_j 包含 $\{x\}$, 当 γ 含 j 时, $\sum\limits_{i\in\gamma} \chi_{A_i}(x) = 1$. 诸 $x \in A^c$ 使 $\chi_A(x) = 0$ 和 $\chi_{A_i}(x) = 0$. 于是 $\sum\limits_{i\in\gamma} \chi_{A_i}(x) = 0$.

充分性: 条件表明诸 $x \in X$ 使 $\chi_{A_i}(x)(i \in \gamma)$ 中至多一个为 1, 因此 $A_i(i \in \alpha)$ 互斥且 $\sum\limits_{i\in\gamma} \chi_{A_i} = \sup\limits_{i\in\gamma} \chi_{A_i}$. 根据命题 5 知 $A = \bigcup\{A_i|i \in \alpha\}$. 易证 (3) 和 (4). □

练　　习

习题 1 区间 $A = (1, 2]$ 于实轴和 $\{0\} \cup A$ 及其自身是否有下上确界?

习题 2 对于正实数 x 和整数 $n \geqslant 2$, 在实轴中 $\sup\{z \geqslant 0|z^n \leqslant x\} = \sqrt[n]{x}$.

习题 3 映射集 $\{f : A \to B|A \subseteq X, B \subseteq Y\}$ 依扩张关系是个完备序集.

习题 4 正整数集 $\mathbb{Z}_+$ 上有偏序 $|$ 使 $a|b$ 表示 a 整除 b. 依此偏序, $\mathbb{Z}_+$ 不满足三歧性但是上下定向, 其有界集必有限且有上下确界.

习题 5 (Tarski 不动点定理) 设完备序集 $(L, \leqslant)$ 有最大元 b 和最小元 a. 设 $f : L \to L$ 是递增映射, 则有 $x \in L$ 使 $f(x) = x$(此类 x 称为 f 的*不动点*).

习题 6 以下各偏序集是否完备? 不完备时, 是否单调完备?

(1a) $(\mathfrak{B},\subseteq)$ 是某个群 G 的子群全体. (1b) 正规子群全体.

(2a) $(\mathfrak{B},\subseteq)$ 是某个实线性空间 X 的线性集全体. (2b) 凸集全体.

(3a) $(\mathfrak{B},\subseteq)$ 是某个环 A 的左理想全体. (3b) 理想全体.

(4a) $(\mathfrak{B},\subseteq)$ 是某个拓扑空间 X 的开集全体. (4b) 闭集全体.

(5a) $(\mathfrak{B},\subseteq)$ 是某个拓扑空间 X 的紧集全体. (5b) 设空间是分离的.

(6a) $(\mathfrak{B},\subseteq)$ 是某个分离空间 X 的连通紧集全体. (6b) 道路连通集全体.

(7a) $(\mathfrak{B},\subseteq)$ 是某个集合 X 上拓扑 $\mathcal{T}$ 全体. (7b) 拓扑基全体.

(8) $(\mathbb{C}(n)_{\mathrm{sa}},\leqslant)$ 是 n 阶自伴复阵 x 全体使 $x\leqslant y$ 表示 $y-x$ 半正定.

习题 7 设 $E_{2n-1}=[0,2]$ 及 $E_{2n}=[1,3]$, 求区间列 $(E_n)_{n\geqslant 1}$ 的上下限集.

习题 8 求区间列 $\left(\left(0,n^{(-1)^n}\right)\right)_{n\geqslant 1}$ 与 $\left(\left[0,1+(-1)^n\frac{1}{n}\right]\right)_{n\geqslant 1}$ 的上下限集.

习题 9 对于函数 $h:X\,(\subseteq\overline{\mathbb{R}})\to\overline{\mathbb{R}}$ 与 X 的右聚点 x, 当 $X\ni x_n\searrow x$ 时, 诸极限 $\lim\limits_{n\to\infty}h(x_n)$(存在时) 中最大者是 $\varlimsup\limits_{z\to x+}h(z)$ 且最小者是 $\varliminf\limits_{z\to x+}h(z)$.

习题 10 求可能的基数: ① 间断集恰是有理数域的函数 $f:\mathbb{R}\to\mathbb{C}$ 全体 X; ② 间断集可数的函数 $g:\overline{\mathbb{R}}\to\overline{\mathbb{R}}$ 全体 X; ③ $X\subseteq\overline{\mathbb{R}}$ 的左孤立点全体 L 和右孤立点全体 R.

习题 11 区间上连续函数 $f:I\to\overline{\mathbb{R}}$ 是严格单调的当且仅当它是个单射. 构造双射 $g:\mathbb{R}\to\overline{\mathbb{R}}$ 和 $h:[0,1]\to(0,1]$, 能否要求它们连续?

习题 12 在包含关系下, 拓扑空间 X 中诸点 x_0 的邻域系 $\mathcal{N}$ 是上定向的, 局部基 $\mathcal{L}$ 都是下定向的. 若 Y 也是拓扑空间且 $f:A(\subseteq X)\to Y$ 在 A 的聚点 x_0 有极限 y_0, 将它写成网的极限.

习题 13 在 x 为复数时证明例 4. 在 $x>0$ 时, 证明 $\lim\limits_{n\to\infty}n(x^{\frac{1}{n}}-1)=\log x$.

习题 14 设集合 X 上带号函数列 $(g_n)_{n\geqslant 1}$ 递减至 g 并且 $(h_n)_{n\geqslant 1}$ 递增至 h.

(1) 证明集列 $\left(\{g_n<h_n\}\right)_{n\geqslant 1}$ 递增至 $\{g<h\}$.

(2) 集列 $\left(\{g\leqslant 1-1/n\}\right)_{n\geqslant 1}$ 递增至 $\{g<1\}$.

习题 15 与正整数 q 互素的整数全体记为 E_q, 则 Riemann 函数 $R=\sum\limits_{q\in\mathbb{Z}_+}\dfrac{\chi_{E_q}}{q}$.

问题 `Flint Hills` 级数 $\sum\limits_{n\in\mathbb{Z}_+}\dfrac{1}{n^3\sin^2 n}$ 是否可和?

第 2 章　测度与可测性

2.1　可列加性

测度起源于人类的生产实践、社会活动和科学研究. 它由计数和长度、面积和体积、概率和质量、重量和能量等的共同特征概括而得.

2.1.1　测度起源

人类在测度论这个领域已有数千年的实践. 在测量距离、丈量土地和计算对象个数等活动中人们产生了*整体等于部分和*的思想. 灵活运用此思想的典型例子当属曹冲称象. 三国时期科学技术尚不发达, 人们无法称出大象的体重. 有人根据整体等于部分和的思想, 建议对大象进行分割测量: 将大象分成若干块, 各块重量累加即得大象重量. 然而, 只有六岁的曹冲却有良策: 将大象牵至一条船内, 划下吃水线后再将大象牵出船外. 然后命众人将船装上足够多的石头使吃水线与他划下的吃水线相同. 将这船石头分成若干堆后, 各堆重量称好后累加就得大象的体重. 这相当于把大象分成了若干块, 每块相当于一堆石头. 这个方法使大象避免了因衡器问题而死于非命.

很明显, 浮力定律在曹冲的方法中功不可没. 然而, 公元前 212 年正专注于沙地上画数学图形的浮力定律发现者阿基米德 (Archimedes) 却被一个入侵的罗马士兵杀害. 这位与牛顿 (I. Newton) 和高斯 (Gauss) 齐名的古希腊数学家生前对当时的数学和力学都作出了巨大贡献. 他用穷竭法算出许多图形的面积和物体的体积以及它们的重心. 在二维情形, 穷竭法的本质就是用简单图形的面积来逼近一般图形的面积. 虽然当时并没有极限与级数理论, 但 Archimedes 的方法蕴含了极限的思想. 当然他需要一些复杂的方法来配合穷竭法.

在孕育测度论的沃土里, 容度理论勘称催产剂. 它是为了把区间长度概念扩充到实轴上非完整区间的点集而引进的, 它出现于 Du Bois-Reymond 的 “一般函数论” 和 Harnack 的 “微积分原理”. Stolz 和 Cantor 还用矩形和立方体代替区间, 把容度概念扩充到二维和高维点集. 容度概念并非在所有方面都令人满意, 为了克服其局限性, Peano 和 Jordan 引进了内容度和外容度. 但按 Jordan 的理论, 一个有界开集不必有容度, 包含于一个有界区间的有理点集也无容度.

为说明改进容度理论的必要性, 让我们考察平面图形 E 的面积 (记为 $|E|_2$). 除了矩形, 我们暂时不知道哪些平面图形可求面积. 即使知道某个图形可求面积, 要

算出其面积也非易事. 尽管如此, 我们至少期望面积具有以下性质:

矩形的面积是其相邻接两边长的乘积. 特别地, 空图形视为各边长为零的矩形, 其面积便是零, 这可视为面积的**规范性**.

如果两个可求面积的图形 E 和 F 没有重叠的部分, 则它们合并起来的图形 $E\cup F$ 可求面积, 而且 $|E\cup F|_2=|E|_2+|F|_2$, 这可视为面积的**有限加性**.

如果可求面积图形 E 是可求面积图形 F 的一部分, 应有 $|E|_2\leqslant|F|_2$, 这可视为面积的单调性. 去了 E 后, 剩下部分 $F\setminus E$ 应有面积. 若此时 E 的面积是有限的, 则应有 $|F\setminus E|_2=|F|_2-|E|_2$, 这可视为面积的**可减性**.

以上这些直观要求只涉及面积的代数运算而不涉及极限运算. 现在将单位正方形按以下图示方法分解成可列个小矩形.

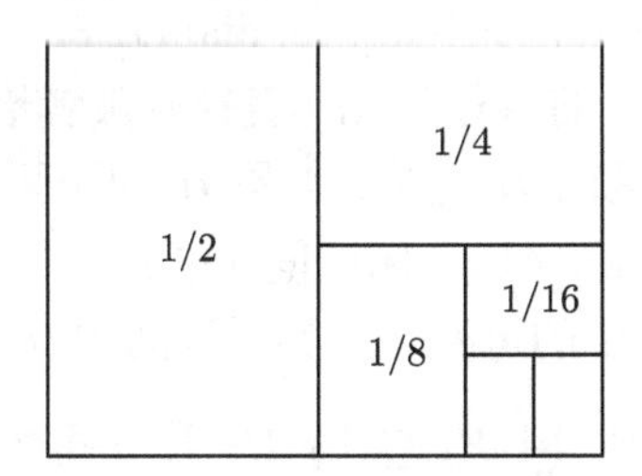

图 11 可列加性示意图

这些小矩形依次有面积 $1/2,1/2^2,\cdots,1/2^n,\cdots$, 其和是单位正方形的面积 1. 因此可期望面积有此性质: 一列互斥图形 $(E_n)_{n\geqslant1}$ 都可求面积时, 它们合并起来的图形 E 也可求面积并且 $|E|_2=|E_1|_2+|E_2|_2+\cdots$, 这可视为面积的**可列加性**.

只含一点的图形是个边长为零的正方形, 其面积是零. 可数个点 (如有理点) 组成的图形的面积因而为零. 整个平面包含所有矩形, 由单调性, 平面面积是无穷大. 由可减性, 非有理点组成的图形面积也为无穷大.

在实轴上对容度理论作出重要改进的第一步为 1898 年的 Borel 所完成. 他先规定开集的测度为其构成区间的长度和, 然后按测度的要求逐步定义一些点集的测度. 这样至少开集和闭集都有了容度. 现已定型的测度和积分是由 Borel 的一个学生、法兰西学院的教授勒贝格 (H. Lebesgue, 1875—1941) 作出的, 其工作替代了十九世纪的容度理论并改进了 Borel 的测度论. 在希腊人 Carathéodory 深入研究了外测度后, 一般测度论蓬勃发展起来.

现在, 将可列加性改成任意加性, 会得到什么结论呢? 边长为 1 的正方形 S 可分解成无限个单点图形而单点图形的面积与空图形的面积相同, 因此

$$\sum_{z\in S}|\{z\}|_2=\sum_{z\in S}|\varnothing|_2=\left|\bigcup_{z\in S}\varnothing\right|_2=0<|S|_2.$$

整体居然大于部分和! 因此不能将可列加性改成任意加性.

下面说明可列加性有根据. 在实轴上, 左右端点各为 a_i 和 b_i 的区间 T_i 的长度记为 $|T_i|_1$. 作 n 维区间 $H := \prod_{i=1}^{n} T_i$, 它有左端点 $a := (a_i)_{i=1}^n$ 和右端点 $b := (b_i)_{i=1}^n$ 及 n 维体积 $|H|_n := \prod_{i=1}^{n} |T_i|_1$. 严格而言, 非空区间 H 的维数应是诸边 $T_1, \cdots, T_n$ 中长度非零的个数. 显然, 2 维体积就是面积. 如 $[0,1)\times(1,3]$ 的面积 $(1-0)\times(3-1)=2$.

一族 n 维区间的交集还是 n 维区间. 作**闭区间**$[a,b]=[a_1,b_1]\times\cdots\times[a_n,b_n]$, **左开右闭区间**$(a,b]=(a_1,b_1]\times\cdots\times(a_n,b_n]$, **开区间**$(a,b)=(a_1,b_1)\times\cdots\times(a_n,b_n)$, **左闭右开区间**$[a,b)=[a_1,b_1)\times\cdots\times[a_n,b_n)$. 后三者可能是空的.

将 $\mathbb{E}^n$ 中分量全为 1 的向量记为 e_n, 如 $\mathsf{e}_1 = 1$ 且 $\mathsf{e}_2 = (1,1)$. 诸 $A \subseteq \mathbb{E}^n$ 的**直径** $\operatorname{diam} A := \sup\{|x-y| : x, y \in A\}$(约定 $\operatorname{diam}\varnothing = 0$) 随 A 递增. 上述诸 $a_i < b_i$ 时, 诸 $\{x,y\}\subseteq H$ 使 $|x_i - y_i| \leqslant |b_i - a_i|$, 故 $\operatorname{diam} H = |b-a|$.

显然, $\mathbb{E}^n$ 的闭球 $\mathtt{D}(x,r)$ 的直径是 $2r$. 直径有限者恰是有界集.

命题 1 体积 $|H|_n$ 随区间 H 递增: G 是 H 的子区间时, $|G|_n \leqslant |H|_n$.

(1) 内正则性: $|H|_n = \sup\{|A|_n : \text{闭区间} A \subseteq H\}$.

(2) 对于 $s>0$, 有覆盖 H 的可数个有界开区间 $B_l(l\in\gamma)$ 使 $\sum_{l\in\gamma}|B_l|_n \leqslant |H|_n + s$.

(3) 设 H_k 是 n 维区间使 $\biguplus_{k\in\alpha} H_k \subseteq \bigcup_{k\in\beta} H_k$ 且 β 可数, 则 $\sum_{k\in\alpha}|H_k|_n \leqslant \sum_{k\in\beta}|H_k|_n$.

(4) 上述 α 也可数且 $\biguplus_{k\in\alpha} H_k = \biguplus_{k\in\beta} H_k$ 时, $\sum_{k\in\alpha}|H_k|_n = \sum_{k\in\beta}|H_k|_n$.

证明 (1) 可设 H 的端点诸分量满足 $a_i < b_i$, 于是 $(a,b)\subseteq H\subseteq[a,b]$. 可设 A 的第 i 边 $[c_i,d_i]$ 含于 (a_i,b_i). 于是 $d_i - c_i$ 可逼近 $b_i - a_i$, 而 $|A|_n$ 便逼近 $|H|_n$.

(2) 在 H 有界时, 设 $r>0$ 且 $B=(a-r\,\mathsf{e}_n, b+r\,\mathsf{e}_n)$. 显然, $|B|_n = \prod_{i=1}^{n}(b_i - a_i + 2r)$, 它在 $r\to 0+$ 时逼近 $|H|_n$, 便有个 r 使 $|B|_n < |H|_n + s$. 在 H 无界时, 其诸边 T_i 有个可数划分 $\mathcal{D}_i$ 使其成员为有界区间且 $|T_i|_1 = \sum_{A_i\in\mathcal{D}_i}|A_i|_1$(如 $[0,+\infty)$ 有划分 $\{[n,n+1)|n\in\mathbb{N}\}$). 命 $\mathcal{D}=\{A_1\times\cdots\times A_n | A_i\in\mathcal{D}_i\}$, 其成员 E 是有界 n 维区间且

$$\sum_{E\in\mathcal{D}}|E|_n = \prod_{i=1}^{n}\sum_{A_i\in\mathcal{D}_i}|A_i|_1 = |H|_n.$$

又知, 有 $s_E>0$ 和含 E 的有界开区间 B_E 使 $\sum_{E\in\mathcal{D}} s_E = s$ 且 $|B_E|\leqslant|E|+s_E$.

(3) 由正项级数定义可设 α 有限且与 β 互斥, 根据 (1) 可设 $H_k(k\in\alpha)$ 是闭区间且其体积为正. 设 $s_k>0$ 使 $s=\sum_{k\in\beta}s_k$, 对 H_k 和 s_k 用 (2) 后可设 $H_k(k\in\beta)$ 都是有界开区间. 这些开区间覆盖紧集 $\biguplus\{H_k|k\in\alpha\}$, 取有限子覆盖后可设 β 有限.

取 1 维区间 $A_k,\cdots,C_k$ 使 $H_k = A_k\times\cdots\times C_k(k\in\alpha\cup\beta)$. 所有这些 1 维区间的端点依小到大排列成 $y_0,\cdots,y_m$. 记 $c_i = y_i - y_{i-1}$ 且 $z_i = (y_{i-1}+y_i)/2$. 设 A_k 有左端点 y_{p-1} 和右端点 y_q, 则 $|A_k|_1 = \sum_{i=p}^{q} c_i$. 用特征函数得 $|A_k|_1 = \sum_{i=1}^{m} c_i\chi_{A_k}(z_i)$,

同理 $|C_k|_1=\sum\limits_{j=1}^{m}c_j\chi_{C_k}(z_j)$. 将 $|A_k|_1,\cdots,|C_k|_1$ 相乘, 根据 1.4 节命题 9(4) 知

$$|H_k|_n=\sum_{1\leqslant i,\cdots,j\leqslant m}c_i\cdots c_j\chi_{H_k}(z_i,\cdots,z_j).$$

根据 1.4 节命题 9(1) 和 (2) 知 $\sum\limits_{k\in\alpha}\chi_{H_k}(z_i,\cdots,z_j)\leqslant\sum\limits_{k\in\beta}\chi_{H_k}(z_i,\cdots,z_j)$, 于是

$$\begin{aligned}\sum_{k\in\alpha}|H_k|_n&=\sum_{1\leqslant i,\cdots,j\leqslant m}c_i\cdots c_j\sum_{k\in\alpha}\chi_{H_k}(z_i,\cdots,z_j)\\&\leqslant\sum_{1\leqslant i,\cdots,j\leqslant m}c_i\cdots c_j\sum_{k\in\beta}\chi_{H_k}(z_i,\cdots,z_j)=\sum_{k\in\beta}|H_k|_n.\end{aligned}$$

(4) 在 (3) 中交换 α 和 β 知 $\sum\limits_{k\in\beta}|H_k|_n\leqslant\sum\limits_{k\in\alpha}|H_k|_n$, 结合 (3) 得等式. □

以上 (4) 中等式在 α 为单点集时体现了可列加性. 注意到前面整体大于部分和的例子, β 不能为非可数无限集. 因此 (4) 中结论不是显然的.

2.1.2 集环

平面上可求面积的所有图形之并自然为平面. 一般地, 当集族 $\mathcal{A}$ 之并集为 X 时, 称$\mathcal{A}$ 为 X *上一个集族*. 依面积的性质, 期望某些集族 $\mathcal{A}$ 有以下性质.

对于有限 [无交] 并运算封闭: 它包含自身中任何两个 [互斥] 成员 E 和 F 之并, 归纳地知它包含自身中有限个 [互斥] 成员之并.

对于有限交运算封闭: 它包含自身中任何两个成员之交 (这样的集族称为π-*类*, 它包含自身中有限个成员之交).

对于差运算封闭: $\{E\setminus F|E,F\in\mathcal{A}\}\subseteq\mathcal{A}$(此时 $\varnothing=E\setminus E\in\mathcal{A}$).

对于补运算封闭: $\{X\setminus E|E\in\mathcal{A}\}\subseteq\mathcal{A}$.

命题 2 集合 X 上集族 $\mathcal{A}$ 对于差运算和有限无交并运算封闭当且仅当它对于有限交运算和对称差运算封闭. 此时称 $\mathcal{A}$ 是个*集环*, 它还对于有限并运算封闭.

(1) 集环 $\mathcal{A}$ 中有限个成员无交化后所得成员属于 $\mathcal{A}$[见 1.1 节命题 2].

(2) 集环 $\mathcal{A}$ 中序列的首入分解也是 $\mathcal{A}$ 中序列 [见 1.1 节命题 5].

(3) 集环 $\mathcal{A}$ 有成员 X 当且仅当它对补运算封闭. 此时称 $\mathcal{A}$ 是个*集代数*.

提示 根据 1.1 节命题 3(3) 和对称差的定义得必要性.

由 $E\setminus F=E\triangle(E\cap F)$ 和 $E\cup F=(E\cap F)\triangle(E\triangle F)$ 得充分性.

(3) 必要性和充分性各源自等式 $E^{\mathrm{c}}=E\triangle X$ 和 $E\triangle E^{\mathrm{c}}=X$. □

显然, 幂集 2^X 是个集代数. 现来讨论集环与环的关系以供熟悉代数者参考, 回顾环 $\mathbb{Z}_2=\{[0],[1]\}$. 环 $\mathbb{Z}_2^X$ 以 $e:x\mapsto[1]$ 为幺元. 对于 $A\subseteq X$, 命 $\psi(A)(x)=[\chi_A(x)]$, 得双射 $\psi:2^X\to\mathbb{Z}_2^X$ 使 $\psi(X)=e$. 算得 $\psi(A_1\triangle A_2)=\psi(A_1)+\psi(A_2)$ 且 $\psi(A_1\cap A_2)=\psi(A_1)\psi(A_2)$, 故 $\mathbb{Z}_2^X$ 同构于以对称差 $\triangle$ 为加法以交 $\cap$ 为乘法的环

2^X, 后者有加法零元 $\varnothing$ 和乘法幺元 X. 诸 $E \in 2^X$ 以自身为加法负元, 乘法可逆元只有 X. 特别地, $\mathcal{R} \subseteq 2^X$ 是个子环当且仅当它是个集环.

集合 X 的有限子集全体 $\operatorname{fin} X$ 是个集环; 它为集代数当且仅当 X 是有限的.

命题 3 对于某个集合运算封闭的集族 $\mathcal{E}_i(i \in \beta)$ 之交 $\mathcal{E}$ 也对此集合运算封闭. 特别地, 一些集环之交是个集环; 而 X 上一些集代数之交是个集代数. 含集族 $\mathcal{P}$ 的所有集环之交记成 $\mathrm{R}(\mathcal{P})$, 它是包含 $\mathcal{P}$ 的最小集环且称为 *$\mathcal{P}$ 生成的集环*.

(1) $\mathrm{R}(\mathcal{P}) \subseteq \mathrm{R}(\mathcal{Q})$ 当且仅当 $\mathcal{P} \subseteq \mathrm{R}(\mathcal{Q})$. 特别地, $\mathrm{R}(\mathrm{R}(\mathcal{Q})) = \mathrm{R}(\mathcal{Q})$.

(2) 命 $\mathcal{G}_0 = \mathcal{P}$ 且 $\mathcal{G}_n = \{E \cup F, E \setminus F | \{E, F\} \subseteq \mathcal{G}_{n-1}\}$, 则 $(\mathcal{G}_n)_{n \geqslant 0}$ 递增至 $\mathrm{R}(\mathcal{P})$.

(3) 在 $\mathcal{P}$ 无限时, $\mathrm{R}(\mathcal{P})$ 与上述 $\mathcal{G}_n$ 都与 $\mathcal{P}$ 对等.

证明 以有限交运算为例: $\mathcal{E}$ 中成员 A 和 B 之交属于诸 $\mathcal{E}_i$, 故属于 $\mathcal{E}$.

(1) 必要性源自 $\mathcal{P} \subseteq \mathrm{R}(\mathcal{P})$. 充分性源自生成环的最小性.

(2) 由 $E = E \cup E$ 知 $\mathcal{G}_{n-1} \subseteq \mathcal{G}_n$. 显然 $\mathcal{G}_0 \subseteq \mathrm{R}(\mathcal{P})$, 归纳地知诸 $\mathcal{G}_n \subseteq \mathrm{R}(\mathcal{P})$. 这样 $\mathcal{T} := \bigcup\limits_{n \geqslant 0} \mathcal{G}_n \subseteq \mathrm{R}(\mathcal{P})$. 任取 $\mathcal{T}$ 的成员 E 和 F, 它们必属于某个 $\mathcal{G}_n$, 并 $E \cup F$ 和差 $E \setminus F$ 属于 $\mathcal{G}_{n+1}$. 这样 $\mathcal{T}$ 是个集环, 它便等于 $\mathrm{R}(\mathcal{P})$.

(3) 命 $b = |\mathcal{P}|$, 归纳地设 $|\mathcal{G}_n| = b$. 从 $\mathcal{G}_n \times \mathcal{G}_n$ 至 $\{E \cup F | \{E, F\} \subseteq \mathcal{G}_{n-1}\}$ 和 $\{E \setminus F | \{E, F\} \subseteq \mathcal{G}_{n-1}\}$ 各有满射 $(E, F) \mapsto E \cup F$ 和 $(E, F) \mapsto E \setminus F$, 于是

$$b \leqslant |\mathcal{G}_{n+1}| \leqslant 2|\mathcal{G}_n|^2 = b.$$

根据 (2) 知 $|\mathrm{R}(\mathcal{P})| \leqslant \aleph_0 b$, 又知 $\aleph_0 b = b$ 且 $|\mathrm{R}(\mathcal{P})| \geqslant b$. 可见, $\mathrm{R}(\mathcal{P})$ 与 $\mathcal{P}$ 对等. □

集族 $\{\{x\} | x \in X\}$ 生成集环 $\operatorname{fin} X$. 此因诸 $E \in \operatorname{fin} X$ 有个简单分解 $\{\{x\} | x \in E\}$. 一般地, *集族 $\mathcal{P}$ 能 [简单] 分解 A* 指后者的某个 [简单] 分解由 $\mathcal{P}$ 的成员构成.

能被 $\mathcal{P}$ 简单分解者都属于 $\mathrm{R}(\mathcal{P})$, 后者的成员是否都如此?

命题 4 集族 $\mathcal{P}$ 能简单分解集环 $\mathrm{R}(\mathcal{P})$ 中诸成员当且仅当 $\mathcal{P}$ 为一个*半环*——它能简单分解自身任何成员 A 和 B 之差 $A \setminus B$. 此时 $\mathrm{R}(\mathcal{P})$ 中有限个成员 $E_1, \cdots, E_k$ 总能被 $\mathcal{P}$ 中某些有限个互斥成员组成的集族 $\mathcal{G}$ 简单分解: $E_i = \biguplus\{D \in \mathcal{G} | D \subseteq E_i\}$.

(1) 作*族积* $\mathcal{P} \odot \mathcal{Q} = \{E \times F | E \in \mathcal{P}, F \in \mathcal{Q}\}$, 它在 $\mathcal{P}$ 与 $\mathcal{Q}$ 为半环时是半环.

(2) 作集族 $\mathcal{E}$ 在 A 上的*迹* $\mathcal{E} \restriction A = \{E \cap A | E \in \mathcal{E}\}$, 它在 $\mathcal{E}$ 为半环时是半环.

证明 命 $\mathcal{R} = \mathrm{R}(\mathcal{P})$. 必要性: 注意到 $A \setminus B$ 属于 $\mathcal{R}$ 即可.

充分性: 因 $B \setminus B$ 只有简单分解 $\{\varnothing\}$, 故*空集是半环的成员*. 被 $\mathcal{P}$ 简单分解的集合全体 $\mathcal{S}$ 显然*对于有限无交并运算封闭*, 它对于差运算封闭是因为

$$\left(\biguplus_{i=1}^{m} A_i\right) \Big\backslash \left(\biguplus_{i=1}^{n} B_i\right) = \biguplus_{i=1}^{m} (\cdots((A_i \setminus B_1) \setminus B_2) \cdots) \setminus B_n,$$

且由归纳法可设 $n = 1$. 这样 $\mathcal{S}$ 是含 $\mathcal{P}$ 的集环, 从而 $\mathcal{R} \subseteq \mathcal{S}$(这实为等式).

此时将 $E_1,\cdots,E_k$ 无交化后得 $\mathcal{R}$ 中互斥成员 $F_1,\cdots,F_n$ 使诸 $E_i=\biguplus\{F_j|F_j\subseteq E_i\}$. 取 $\mathcal{P}$ 对 F_i 的简单分解 $\mathcal{G}_i$, 命 $\mathcal{G}=\mathcal{G}_1\cup\cdots\cup\mathcal{G}_n$ 即可.

(1) 任取 $E_i\in\mathcal{P}$ 和 $F_i\in\mathcal{Q}$, 记 $E=E_1\cap E_2$ 且 $E_3=E_1\setminus E_2$ 及 $F_3=F_1\setminus F_2$. 取 $\mathcal{P}$ 对 E_3 和 E 的简单分解 $\{G_i|i\}$ 和 $\{A_j|j\}$, 并取 $\mathcal{Q}$ 对 F_3 的简单分解 $\{H_k|k\}$, 由

$$(E_1\times F_1)\setminus(E_2\times F_2)=(E_3\times F_1)\uplus(E\times F_3)$$

知 $\mathcal{P}\odot\mathcal{Q}$ 对上述差集有简单分解 $\{G_i\times F_1, A_j\times H_k|i,j,k\}$.

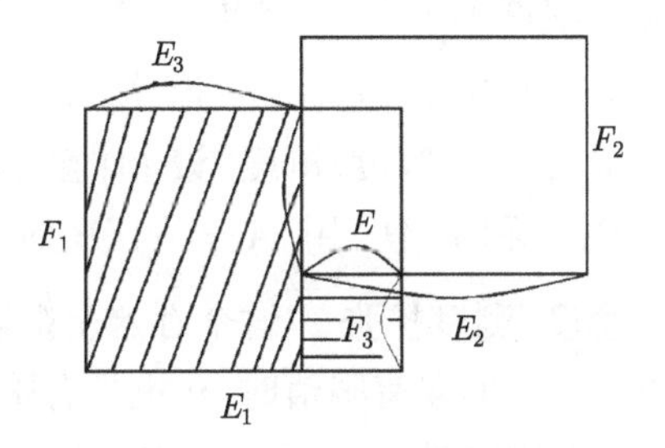

图 12　差的初等分解

(2) 注意到 $(E\cap A)\setminus(F\cap A)=(E\setminus F)\cap A$ 即可. □

一些集族 $\mathcal{P}_i(i\in\alpha)$ 也有族积 $\bigodot_{i\in\alpha}\mathcal{P}_i=\left\{\prod_{i\in\alpha}E_i|E_i\in\mathcal{P}_i\right\}$, 它不是 Descartes 积.

例 1　实轴上有限长度的左开右闭区间 $(a,b]$ 全体 $\mathcal{J}_1$ 是个半环. 此因 $(a,b]\setminus(c,d]$ 有简单分解 $\{(a,c\wedge b],(d\vee a,b]\}$, 其中左端点比右端点大者为空集.

根据命题 4, 集环 $\mathrm{R}(\mathcal{J}_1)$ 中成员形如 $(a_1,b_1]\uplus\cdots\uplus(a_k,b_k]$. 诸 $E\in\mathrm{R}(\mathcal{J}_1)$ 的所有简单分解中基数最小者由 E 的构成区间组成. 又 $\mathcal{J}_1$ 中可数个成员 $(2^{-n-1},2^{-n}]:n\geqslant 0$ 之无交并是 $(0,1]$. 因此, 半环可能包含某些成员的无交并.

左闭右开区间 $[a,b)$ 全体也是半环. 闭区间 $[a,b]$ 全体 $\mathcal{T}$ 不是半环. 此因能被 $\mathcal{T}$ 简单分解者都是紧的, 而 $[0,2]\setminus[0,1]=(1,2]$, 它不紧. □

简单分解不必唯一. 如上例中 $(0,2]$ 有简单分解 $\{(0,2]\}$ 和 $\{(0,1],(1,2]\}$.

例 2　将 n 维区间 $(a,b]$ 全体记为 $\mathcal{J}_n$, 则 $\mathcal{J}_n=\mathcal{J}_1\odot\cdots\odot\mathcal{J}_1$. 此因

$$(a,b]=(a_1,b_1]\times\cdots\times(a_n,b_n].$$

根据例 1 和命题 4 知 $\mathcal{J}_n$ 是半环, 它能简单分解集环 $\mathrm{R}(\mathcal{J}_n)$ 的诸成员. □

2.1.3　集函数

面积是例集函数——定义域是集族者, 其例还有上确界和下确界. 将面积性质一般化, 可期待集函数 $\mu:\mathcal{P}\to\overline{\mathbb{R}}$ 有以下性质:

非负性: $\mu(E)\geqslant 0$(其中 E 和以下 E_i 都来自 $\mathcal{P}$).

规范性: $\mu(\varnothing)=0$[称 A 为 μ-零集 或余零集指 $\mu(A)=0$ 或 $\mu(A^c)=0$].

有限加性: $E=\biguplus\{E_i|i\in\alpha\}$ 且 α 有限时, $\mu(E)=\sum(\mu(E_i)|i\in\alpha)$.

可列加性: $E=\biguplus\{E_i|i\in\beta\}$ 且 β 可列时, $\mu(E)=\sum(\mu(E_i)|i\in\beta)$.

任意加性: $E=\biguplus\{E_i|i\in\gamma\}$ 时, $\mu(E)=\sum(\mu(E_i)|i\in\gamma)$.

定义　半环上满足非负性、规范性与有限加性的集函数 $\mu:\mathcal{P}\to\overline{\mathbb{R}}$ 为一个容度; 半环上满足非负性、规范性与可列加性的集函数 $\mu:\mathcal{P}\to\overline{\mathbb{R}}$ 为一个测度. □

如半环 $\mathcal{P}$ 上都有 (满足任意加性的) 平凡测度 $0:E\mapsto 0$ 和计数测度 $|\cdot|_0$ 及一族Dirac 测度 $\delta_a:E\mapsto\chi_E(a)$(此处 a 属于 $\mathcal{P}$ 的并集 X). 显然 $|E|_0=\sum\limits_{a\in X}\delta_a(E)$.

测度都是容度: 可设 $\alpha\subset\beta$, 对于 $i\in\beta\setminus\alpha$, 命 $E_i=\varnothing$ 即可.

命题 5　设 μ 是半环 $\mathcal{P}$ 上一个容度/测度. 设 (4) 至 (8) 中 $\mathcal{P}$ 是个集环.

(1) $\mathcal{P}$ 的有限/可数子族 $\mathcal{G}$ 和 $\mathcal{H}$ 使 $\biguplus\limits_{A\in\mathcal{G}}A=\biguplus\limits_{B\in\mathcal{H}}B$ 时, $\sum\limits_{A\in\mathcal{G}}\mu(A)=\sum\limits_{B\in\mathcal{H}}\mu(B)$.

(2) μ 在 $\mathtt{R}(\mathcal{P})$ 有唯一容度/测度扩张 ν(这个自然扩张以后仍记成 μ).

(3) μ 是有限容度/测度——恒取有限值时, ν 也是有限容度/测度.

(4) 分割测量性(相当于有限加性): $\mu(F)=\mu(F\cap E)+\mu(F\setminus E)$.

(5) 单调性: 当 $E\subseteq F$ 时, $\mu(E)\leqslant\mu(F)$(即 μ 是个递增集函数).

(6) 可减性: 当 $E\subseteq F$ 且 E 是 μ-有限集时, $\mu(F\setminus E)=\mu(F)-\mu(E)$.

(7) 有限次加性: $E=\bigcup\limits_{i\in\alpha}E_i$ 且 α 有限时, $\mu(E)\leqslant\sum\limits_{i\in\alpha}\mu(E_i)$.

(8) 次减性: E 或 F 是 μ-有限集时, $|\mu(E)-\mu(F)|\leqslant\mu(E\triangle F)$.

证明 (1) 取 $\mathcal{P}$ 对 $A\cap B$ 的简单分解 $\mathcal{Q}_{AB}$, 则 A 有个分解 $\{C|C\in\mathcal{Q}_{AB},B\in\mathcal{H}\}$ 而 B 有个分解 $\{C|C\in\mathcal{Q}_{AB},A\in\mathcal{G}\}$. 这两个分解的成员都来自 $\mathcal{P}$ 且其数量是有限/可列的, 根据 μ 的有限/可列加性与 1.4 节命题 7(4) 知

$$\begin{aligned}\sum_{A\in\mathcal{G}}\mu(A)&=\sum_{A\in\mathcal{G}}\sum_{B\in\mathcal{H}}\sum_{C\in\mathcal{Q}_{AB}}\mu(C)\\&=\sum_{B\in\mathcal{H}}\sum_{A\in\mathcal{G}}\sum_{C\in\mathcal{Q}_{AB}}\mu(C)=\sum_{B\in\mathcal{H}}\mu(B).\end{aligned}$$

(2) 任取 $E\in\mathcal{R}$ 来自 $\mathcal{P}$ 的简单分解 $\mathcal{G}$, 命 $\nu(E)=\sum\limits_{A\in\mathcal{G}}\mu(A)$. 它根据 (1) 与 E 的简单分解的取法无关, 从而是合理定义的. 设 $E_i\in\mathcal{R}$ 使 $E=\biguplus\limits_{i\in\beta}E_i$ 且 β 有限/可列. 取 $\mathcal{P}$ 对于 E_i 的简单分解 $\mathcal{H}_i$, 则 $\biguplus\limits_{A\in\mathcal{G}}A=\biguplus\limits_{i\in\beta}\biguplus\limits_{B\in\mathcal{H}_i}B$. 根据 ν 的定义和 (1) 知

$$\nu(E)=\sum_{A\in\mathcal{G}}\mu(A)=\sum_{i\in\beta}\sum_{B\in\mathcal{H}_i}\mu(B)=\sum_{i\in\beta}\nu(E_i).$$

这表明 ν 具有有限/可列加性. 对于 $E\in\mathcal{P}$, 命 $\mathcal{G}=\{E\}$ 知 $\nu(E)=\mu(E)$.

(3) 根据 (2) 知 $\nu(E)$ 是有限个有限数之和, 从而是有限的.

(4) 对 $F=(F\cap E)\uplus(F\setminus E)$ 用有限加性即可. 由此得 (5) 和 (6).

(7) 由归纳法可设 $\alpha=\{1,2\}$, 则 $\mu(E)=\mu(E_1)+\mu(E_2\setminus E_1)$. 用单调性即可.

(8) 欲证之式两端各是 $|\mu(E\setminus F)-\mu(F\setminus E)|$ 和 $\mu(E\setminus F)+\mu(F\setminus E)$. □

半环 $\mathcal{P}$ 上计数测度是有限的当且仅当 $\mathcal{P}$ 中成员都是有限集. 任何计数测度的零集只有空集. 一般地, 半环 $\mathcal{P}$ 上容度 [测度]μ 为**完全容度** [**完全测度**]指其零集的子集都属于 $\mathcal{P}$(从而也是零集).

下面讨论容度成为测度的几个特征条件, 它们将陆续体现于后继问题.

定理 6 设 μ 是集环 $\mathcal{R}$ 上一个容度, 则以下 (1) 至 (4) 相互等价.

(1) 容度 μ 满足可列加性 (从而是个测度. 以下集合都来自 $\mathcal{R}$).

(2) **从下连续性**: $(E_n)_{n\geqslant1}$ 递增至 E 时, 有 (0) 式: $\lim\limits_{n\to\infty}\mu(E_n)=\mu(E)$.

(3) **可列次加性**. $(E_n)_{n\geqslant1}$ 并成 E 时, $\mu(E)\leqslant\sum(\mu(E_n)|n\geqslant1)$.

(4) 在无穷集从下连续和在空集处连续. 此时 μ 满足从上连续性.

(4a) **在无穷集从下连续**: $(E_n)_{n\geqslant1}$ 递增至 E 且 $\mu(E)=+\infty$ 时, (0) 成立.

(4b) **在空集从上连续**: $(E_n)_{n\geqslant1}$ 递减至空集 E 且某 $\mu(E_k)$ 有限时, (0) 成立.

(4c) **从上连续性**: $(E_n)_{n\geqslant1}$ 递减至 E 且某个 $\mu(E_k)$ 有限时, (0) 成立.

证明 (1)⇒(2): 命 $E_0=\varnothing$ 及 $A_i=E_i\setminus E_{i-1}$, 则 E 有分解 $\{A_i|i\geqslant1\}$ 而

$$\mu(E)=\lim_{n\to\infty}\sum_{i=1}^{n}\mu(A_i)=\lim_{n\to\infty}\mu\Big(\biguplus_{i\leqslant n}A_i\Big)=\lim_{n\to\infty}\mu(E_n).$$

(2)⇒(3): 命 $B_n=\bigcup\{E_i|i\leqslant n\}$, 则 $(B_n)_{n\geqslant1}$ 递增至 E 而

$$\mu(E)=\lim_{n\to\infty}\mu(B_n)\leqslant\lim_{n\to\infty}\sum_{i\leqslant n}\mu(E_i)=\sum_{n\geqslant1}\mu(E_n).$$

(3)⇒(1): 设 $\{E_n|n\geqslant1\}$ 互斥. 由可列次加性、有限加性与单调性得

$$\mu(E)\leqslant\sum_{i\geqslant1}\mu(E_i)=\lim_{n\to\infty}\mu\Big(\biguplus_{i\leqslant n}E_i\Big)\leqslant\mu(E).$$

(2)⇒(4c): 对等式 $\lim\limits_{n\to\infty}\mu(E_k\setminus E_n)=\mu(E_k\setminus E)$ 用可减性即可.

显然 (2)⇒(4a) 且 (4c)⇒(4b). (4)⇒(2): 可设 $\mu(E)$ 有限, 由 $(E\setminus E_n)_{n\geqslant1}$ 递减至空集知 $\lim\limits_{n\to\infty}\mu(E\setminus E_n)=0$. 用可减性得 $\lim\limits_{n\to\infty}(\mu(E)-\mu(E_n))=0$. □

一般地, 集环上满足规范性、单调性和有限次加性的集函数称为**外容度**. 集环上满足规范性、单调性与可列次加性的集函数 $\mu:\mathcal{A}\to\overline{\mathbb{R}}$ 称为**外测度**.

在空集从上连续性中某项的测度有限性条件不能省. 如在环 $2^{\mathbb{N}}$ 上取计数测度. 命 $E_n=\{i\in\mathbb{N}|i\geqslant n\}$, 则 $(E_n)_{n\geqslant1}$ 递减至 $\varnothing$ 且 $|E_n|_0=+\infty$.

根据从上连续性可构造一个集环与其上不满足可列加性的有限容度. 为此命

$$X=\Big\{x:\mathbb{Z}_+\to\mathbb{N}\Big|0\leqslant x_n\leqslant n^2,\sum_{n\geqslant1}\frac{\sqrt{x_n}}{n}<+\infty\Big\},$$

其上有列等价关系使 $x \sim_n z$ 表示 $x_1 = z_1, \cdots, x_n = z_n$, 相应等价类记为 $[x]_n$.

命 $c_n = \prod_{i=1}^{n}(1+i^2)$, 则共有 c_n 个第 n 级等价类 $[x]_n$. 它们生成的集环 $\mathcal{R}_n$ 随 n 递增. 此因诸 $[x]_n$ 有个划分 $\{[(x_1, \cdots, x_n, j, 0, 0, \cdots)]_{n+1} | 0 \leqslant j \leqslant (n+1)^2\}$, 其成员都是第 $n+1$ 级等价类且共有 $1+(n+1)^2$ 个. 特别命 $E_n = \{x \in X | x_1 \cdots x_n > 0\}$, 其分解 $\{[(x_1, \cdots, x_n, 0, 0, \cdots)]_n | 1 \leqslant x_i \leqslant i^2, 1 \leqslant i \leqslant n\}$ 共有 $(n!)^2$ 个第 n 级等价类.

命 $\mathcal{R} = \bigcup_{k \geqslant 1} \mathcal{R}_k$, 它是集环. 为此任取 $E \in \mathcal{R}_k$ 和 $F \in \mathcal{R}_n$, 可设 $k \leqslant n$, 则 $E \cup F$ 和 $E \setminus F$ 属于 $\mathcal{R}_n$, 从而属于 $\mathcal{R}$. 显然, $(E_n)_{n \geqslant 1}$ 是 $\mathcal{R}$ 中递减集列. 若它们有个公共交点 $x = (x_1, x_2, \cdots)$, 则恒有 $x_n \geqslant 1$ 而 $\sum_{n \geqslant 1} \frac{\sqrt{x_n}}{n}$ 不可和, 矛盾.

作 $\mathcal{R}_n$ 上唯一容度 μ_n 恒使 $\mu_n([x]_n) = 1/c_n$, 则 $\mu_n(X) = 1$ 且

$$\mu_{n+1}([x]_n) = \left(1 + (n+1)^2\right)/c_{n+1} = 1/c_n = \mu_n([x_n]),$$

故 μ_n 是 μ_{n+1} 的限制, 从而 $(\mu_n)_{n \geqslant 1}$ 可黏成 $\mathcal{R}$ 上一个有限非负函数 μ. 上述 E 与 F 互斥时, 由 $\mu_n(E \cup F) = \mu_n(E) + \mu_n(F)$ 知 μ 满足有限加性. 特别地,

$$\mu(E_n) = \prod_{i=1}^{n} \frac{i^2}{1+i^2} = \prod_{i=1}^{n}\left(1 - \frac{1}{1+i^2}\right).$$

当 $n \to \infty$ 时, 上式右端对应的无穷乘积不为零. 因此 μ 不在空集处连续.

某些数学量可能取值有限也可能取值无限, 某种意义下能被有限量逼近的无限量有益于解决问题. 对于测度而言, 能被测度有限集逼近的集合自然值得关注.

设集环 $\mathcal{R}$ 上有个外容度 μ. 某成员 $E \in \mathcal{R}$ 为 μ 的 *σ-有限集*指它能被 $\mathcal{R}$ 中可数个外容度有限成员 $E_n (n \geqslant 1)$ 覆盖. 以 $(E_1 \cup \cdots \cup E_n) \cap E$ 替换 E_n 后可设 $(E_n)_{n \geqslant 1}$ 是 $\mathcal{R}$ 中递增至 E 的外容度有限序列; 再以 $E_{n+1} \setminus E_n$ 替换 E_{n+1} 后可设 $\{E_n | n \geqslant 1\}$ 是 $\mathcal{R}$ 对 E 的外容度有限分解; 若 $\mathcal{R}$ 由半环 $\mathcal{P}$ 生成, 取 $\mathcal{P}$ 对诸 E_n 的简单分解后可设 $\{E_n | n \geqslant 1\}$ 是 $\mathcal{P}$ 对 E 的外容度有限分解. 若 $\mathcal{R}$ 中成员都是 μ 的 σ-有限集, 称 μ 为 [半环 $\mathcal{P}$ 上] 一个*σ-有限外容度*. 若 $\mathcal{R}$ 还是集代数, 称 μ 为*全 σ-有限外容度*. 有限容度自然是 σ-有限的.

计数测度的有限集是通常有限集, 其 σ-有限集便是可数集. 可见, 实轴 $\mathbb{R}$ 不是计数测度的 σ-有限集. 集环 $2^{\mathbb{N}}$ 上计数测度不是有限测度, 但它是全 σ-有限测度.

练　习

习题 1　在实轴上, 称 I 是个*二进区间*指有整数 a 和 k 使 I 有左端点 $2^k a$ 和右端点 $2^k(a+1)$. 考察左开右闭型二进区间 (下同), 有包含 I 的二进区间 J 使 $|J|_1 = 2|I|_1$.

(1) 诸 I 有个划分 $\mathcal{D}$ 使其成员为二进区间且有长度 $|I|_1/2$.

(2) 两个二进区间 I 和 J 有交点且 $|I|_1 \leqslant |J|_1$ 时, $I \subseteq J$.

习题 2 命 $\pi(\mathcal{P})=\{\bigcap\mathcal{E}|\varnothing\neq\mathcal{E}\in\operatorname{fin}\mathcal{P}\}$, 这是包含集族 $\mathcal{P}$ 的最小 π- 类 .

(1) 命 $\mathcal{U}=\{\bigcup\mathcal{F}|\varnothing\neq\mathcal{F}\in\operatorname{fin}\mathcal{P}\}$, 它是对于有限并运算封闭且包含 $\mathcal{P}$ 的最小集族.

(2) 命 $\mathcal{V}=\{\bigcup\mathcal{G}|\varnothing\neq\mathcal{G}\in\operatorname{ctm}\mathcal{P}\}$, 它是对于可数并运算封闭且包含 $\mathcal{P}$ 的最小集族.

(3) 当 $\mathcal{P}$ 是半环时, 可要求上述 $\mathcal{F}$ 中成员互斥且 $\mathcal{G}$ 中成员也互斥.

习题 3 在 $\mathbb{R}^n$ 中, 紧集全体 $\mathcal{K}$ 对于有限并与任意交运算封闭, 但非半环.

(1) 命 $\mathcal{K}_1=\{E\setminus F|E,F\in\mathcal{K}\}$, 它是半环.

(2) 找个拓扑空间 X 使其紧集全体 $\mathcal{M}$ 是个集环.

习题 4 (容斥原理) 设 μ 是集环 $\mathcal{A}$ 上一个有限容度而 $(E_i)_{i=1}^n$ 是 $\mathcal{A}$ 中序列, 则

$$\mu\Big(\bigcup_{i=1}^n E_i\Big)=\sum_{k=1}^n(-1)^{k-1}\sum_{1\leqslant i_1<\cdots<i_k\leqslant n}\mu(E_{i_1}\cap\cdots\cap E_{i_k}).$$

习题 5 作 $2^{\mathbb{N}}$ 上测度 $\rho_n:E\mapsto\dfrac{|\{i\in E|i<n\}|_0}{n}$(它反映了 E 在前 n 个自然数的分布情况) 和密度 $\rho:E\mapsto\overline{\lim_{n\to\infty}}\rho_n(E)$(它反映了 E 于 $\mathbb{N}$ 的分布情况).

(1) 求 $\rho(\mathbb{P})$ (用素数定理: $\lim_{n\to\infty}\rho_n(\mathbb{P})\log n=1$. 这由 15 岁的 Gauss 根据一张素数表猜出并终由 Hadamard 和 de la Vallée-Poussin 于 1896 年证明).

(2) 证明 ρ 是个外容度. 当 $0<t<1$ 时, 有子集 E 使 $\lim_{n\to\infty}\rho_n(E)=t$(提示: 命 l_n 为 nt 的下整部分而 $k_n=l_n-l_{n-1}$, 考察 $\{i\in\mathbb{N}|k_i=1\}$).

(3) 求 $\rho(\{k\})(k\in\mathbb{N})$ 和 $\rho(\mathbb{N})$, 并判断 ρ 是否满足可列次加性.

习题 6 设 $\mu:2^{\mathbb{N}}\to\overline{\mathbb{R}}$ 在有限集取值零而在无限集取值正无穷, 设 $\nu:2^{\mathbb{R}}\to\overline{\mathbb{R}}$ 在可数集取值零而在不可数集取值正无穷. 判断它们是否为容度或测度.

习题 7 设半环 $\mathcal{P}$ 上有族测度 $\mu_i(i\in\alpha)$, 以下所作 $\mathcal{P}$ 上集函数 μ 是否为测度?

① $\mu(E)=\sum_{i\in\alpha}\mu_i(E)$. ② $(\mu_i)_{i\uparrow\alpha}$ 是递减网时, $\mu(E)=\inf_{i\in\alpha}\mu_i(E)$.

③ $\mu(E)=\sup_{i\in\alpha}\mu_i(E)$. ④ $(\mu_i)_{i\uparrow\alpha}$ 是递增网时, $\mu(E)=\sup_{i\in\alpha}\mu_i(E)$.

习题 8 非负规范集函数 $\mu:2^X\to\overline{\mathbb{R}}$ 满足任意加性当且仅当有非负广义实数组 $(a_x)_{x\in X}$ 使 $\mu:E\mapsto\sum_{x\in X}a_x\chi_E(x)$. 此时以下 (1) 和 (2) 中设 $X=\mathbb{N}$ 且 $T=\operatorname{ran}\mu$.

(1) 设 $\sum_{n\geqslant0}a_n$ 可和且其项递减, 则 T 是区间当且仅当 $a_n\leqslant\sum_{i>n}a_i$ 恒对.

(2) 设 $\sum_{n\geqslant0}a_n=+\infty$ 且 $\lim_{n\to\infty}a_n=0$, 则 $T=[0,+\infty]$.

(3) 当 $\mathcal{P}$ 是 X 上半环时, 何时 $\mu|_{\mathcal{P}}$ 是 Dirac 测度和计数测度?

习题 9 设 $X=\bigcup\mathcal{P}$ 且 $\mathcal{Q}$ 是 $\mathcal{P}$ 的无交化, 证明 $|\mathcal{Q}|\leqslant2^{|\mathcal{P}|}$.

(1) 在 $\mathcal{P}$ 只含有限个成员时, $\mathcal{Q}$ 中非空成员数 $m<2^{|\mathcal{P}|}$.

(2) 在 (1) 下, $\mathrm{R}(\mathcal{P})$ 等于 $\{\biguplus\mathcal{E}|\mathcal{E}\subseteq\mathcal{Q}\}$, 它有 2^m 个成员且对于可数并运算封闭.

习题 10 拓扑空间 X 的局部闭集全体 $\mathcal{H}$ 是个半环, 它与开集全体 $\mathcal{O}(X)$ 和闭集全体 $\mathcal{E}(X)$ 生成相同集环.

习题 11 对于 X 上集族 $\mathcal{E}$, 命 $\mathcal{A}=\{E,E^{\mathrm{c}}|E\in\mathcal{E}\}$. 将 X 上包含 $\mathcal{E}$ 的所有集代数之交 $\alpha(\mathcal{E})$ 称为 $\mathcal{E}$ 生成的集代数——含 $\mathcal{E}$ 的最小集代数. 当 $\mathcal{E}$ 是个集环时, 证明 $\mathcal{A}$ 是个集代数. 一般地, 证明 $\alpha(\mathcal{E})=\{E,X\setminus E|E\in\mathrm{R}(\mathcal{E})\}$.

2.2 集族扩张

上一节考察的面积可作极限运算, 这对应于集列的极限运算. 因此希望测度的定义域对于集列的极限运算也封闭, 本节就考察这样的集族.

2.2.1 单调环

集簇 $\mathcal{A}$对于可列 [无交] 并运算封闭指它包含自身中任何可数个 [互斥] 成员之并; 它对于可列交运算封闭指它包含自身中任何集列之交.

集族 $\mathcal{A}$对于集列的极限运算封闭指它包含自身中任何序列之上限集和下限集. 特别地, 对于单调集列的极限运算封闭的集族称为单调类.

如 2^X 和 $\{\{x\}|x \in X\}$ 都是单调类, 后者中单调序列的诸项相等.

定理 1 集族 $\mathcal{S}$ 既是个单调类又是个集环 (简称单调环) 当且仅当它是个 σ-环(对于差运算与可列无交并运算封闭). 此时它对于集列之并交和极限运算封闭.

证明 任取 $\mathcal{S}$ 中序列 $(A_n)_{n\geqslant 1}$, 命 $C_n = \bigcup\limits_{i\leqslant n} A_i$ 和 $C = \bigcup\limits_{i\geqslant 1} A_i$ 及 $D = \bigcap\limits_{i\geqslant 1} A_i$.

序列 $(C_n)_{n\geqslant 1}$ 递增至 C, 这得必要性. 充分性: 由条件知 $\mathcal{S}$ 是个集环. 于是 $(A_n)_{n\geqslant 1}$ 的首入分解 $(B_n)_{n\geqslant 1}$ 是 $\mathcal{S}$ 中序列, 由 $C = \biguplus\limits_{n\geqslant 1} B_n$ 知 C 属于 $\mathcal{S}$. 由 $D = C \setminus \Big(\bigcup\limits_{n\geqslant 1} (C \setminus A_n) \Big)$ 知 D 属于 $\mathcal{S}$. 这样 $\mathcal{S}$ 对于 [单调] 集列的极限运算封闭. □

如 $\operatorname{ctm} X$ 和 2^X 都是 σ-环, 后者还是个σ-代数——有最大成员的 σ-环.

命题 2 一族单调类之交是单调类; 一簇 σ-环之交是 σ-环.

(1) 含 $\mathcal{P}$ 的所有 σ-环之交 $\mathtt{S}(\mathcal{P})$ 是含 $\mathcal{P}$ 的最小 σ-环且 $\mathtt{R}(\mathcal{P}) \subseteq \mathtt{S}(\mathcal{P})$.

(2) 含 $\mathcal{Q}$ 的所有单调类之交 $\mathtt{M}(\mathcal{Q})$ 是含 $\mathcal{Q}$ 的最小单调类且 $\mathtt{M}(\mathcal{Q}) \subseteq \mathtt{S}(\mathcal{Q})$.

(3) $\mathtt{S}(\mathcal{P}) \subseteq \mathtt{S}(\mathcal{Q})$ 当且仅当 $\mathcal{P} \subseteq \mathtt{S}(\mathcal{Q})$. 特别地, $\mathtt{S}(\mathtt{S}(\mathcal{P})) = \mathtt{S}(\mathtt{R}(\mathcal{P})) = \mathtt{S}(\mathcal{P})$.

(4) $\mathtt{M}(\mathcal{P}) \subseteq \mathtt{M}(\mathcal{Q})$ 当且仅当 $\mathcal{P} \subseteq \mathtt{M}(\mathcal{Q})$. 特别地, $\mathtt{M}(\mathtt{M}(\mathcal{P})) = \mathtt{M}(\mathcal{P}) \subseteq \mathtt{S}(\mathcal{P})$.

(5) 当 $\mathcal{P} = \bigcup\limits_{i\in\beta} \mathcal{P}_i$ 且 $\{\mathcal{P}_i|i \in \beta\}$ 是可数定向的[①]时, $\mathtt{S}(\mathcal{P}) = \bigcup\limits_{i\in\beta} \mathtt{S}(\mathcal{P}_i)$.

(6) 能被 $\mathcal{P}$ 中可数个成员覆盖的集合全体 $\mathtt{H}(\mathcal{P})$ 有遗传性[②]且是个 σ-环.

(7) $\mathtt{H}(\mathcal{P}) \supseteq \mathtt{S}(\mathtt{M}(\mathcal{P})) = \mathtt{S}(\mathcal{P})$. 进而, 包含 $\mathcal{P}$ 的遗传 σ-环 $\mathcal{G}$ 也包含 $\mathtt{H}(\mathcal{P})$.

(8) 当 $\mathtt{H}(\mathcal{P})$ 有最大成员 X 时, $\mathtt{S}(\mathcal{P})$ 有最大成员 X 且 $\mathtt{H}(\mathcal{P}) = 2^X$.

证明　易证主结论和 (1) 至 (4).

(5) 命 $\mathcal{T} = \bigcup\limits_{i\in\beta} \mathtt{S}(\mathcal{P}_i)$, 说明它是个 σ-环即可. 任取其中序列 $(A_n)_{n\geqslant 1}$, 可设 A_n 属于 $\mathtt{S}(\mathcal{P}_{i_n})$ 并且 $\mathcal{P}_j$ 包含 $\bigcup\limits_{n\geqslant 1} \mathcal{P}_{i_n}$. 于是 $A_1 \setminus A_2$ 和 $\bigcup\limits_{n\geqslant 1} A_n$ 属于 $\mathtt{S}(\mathcal{P}_j)$, 故属于 $\mathcal{T}$.

---

① 诸 $\alpha \in \operatorname{ctm}\beta$ 对应个 $j \in \beta$ 使 $\bigcup\{\mathcal{P}_i|i \in \alpha\} \subseteq \mathcal{P}_j$.

② 集族 $\mathcal{A}$ 具有遗传性指它包含自身所有成员 E 的所有子集 (即 $2^E \subseteq \mathcal{A}$).

(6) 命 $\mathcal{H}=\mathtt{H}(\mathcal{P})$, 则 $\mathcal{P}\subseteq\mathcal{H}$. 覆盖 E 的集族也覆盖 E 的子集, 这得遗传性. 任取 $\mathcal{H}$ 中序列 $(E_n)_{n\geqslant 1}$ 及 $\mathcal{P}$ 中覆盖 E_n 的序列 $(A_{ni})_{i\geqslant 1}$, 差 $E_1\setminus E_2$ 和并集 $\bigcup\limits_{n\geqslant 1}E_n$ 能被 $A_{ni}(n,i\geqslant 1)$ 覆盖, 故 $\mathcal{H}$ 是个 σ-环, 由此得 (7) 中那些不等式. 而 (7) 中后半是显然的.

(8) 因 X 是 $\mathcal{P}$ 中可数个成员之并, 从而属于 $\mathtt{S}(\mathcal{P})$. 由遗传性得后面等式. □

以后会说 $\mathcal{P}$ 为 $\mathtt{R}(\mathcal{P})$, $\mathtt{M}(\mathcal{P})$ 和 $\mathtt{S}(\mathcal{P})$ 的*生成系*, 当然生成方式不一样. 如 σ-环 $\{\varnothing,\{1\}\}$ 有个生成系 $\{\{1\}\}$, 单调类 $\operatorname{ctm}X$ 有个生成系 $\operatorname{fin}X$.

由等式 $\mathbb{R}^n=\biguplus\limits_{a\in\mathbb{Z}^n}(a,a+\mathsf{e}_n]$ 和遗传性得 $\mathtt{H}(\mathcal{J}_n)=2^{\mathbb{R}^n}$.

集族 $\mathcal{A}$ 生成的集环是包含 $\mathcal{A}$ 的最小集环, 这可类比于线性空间中子集 E 生成的线性集是包含 E 的最小线性集. 这种认识会有助于理解类似概念并为相关问题找出解决方法. 以下讨论中会用到拓扑空间, 不熟悉者可以 Euclid 空间为例.

拓扑空间 X 的开集全体 $\mathcal{O}(X)$ 和闭集全体 $\mathcal{E}(X)$ 生成同一个 σ-环 $\mathfrak{B}(X)$, 其成员为 X 的*Borel集*. 例有开集和闭集及*局部闭集*——某开集与某闭集之交, 还有*$\mathtt{F}_\sigma$-型集*——可数个闭集之并 (也称为*外限点集*, 如实轴上有理数集) 和 *$\mathtt{G}_\delta$-型集*——可数个开集之交 (也称为*内限点集*, 如实轴上无理数集). 特别地, X 本身是 Borel 集.

称 $(X,\mathfrak{B}(X))$ 为一个*Borel空间*且简记为 $(X,\mathfrak{B})$. Hausdorff 空间也称为*分离空间*, 其中*σ-紧集*——可数个紧集之并是 Borel 集. 一般拓扑空间 X 的紧闭集全体 $\mathcal{K}(X)$ 和 $\mathtt{G}_\delta$ 型紧闭集全体 $\mathcal{K}_1(X)$ 生成的 σ-环各记为 $\mathfrak{B}_0(X)$ 和 $\mathfrak{B}_1(X)$, 后者的成员称为*Baire集*. 自然可问: Euclid 空间中 Borel 集和 Baire 集及区间有何关系?

为回答上述问题, 称 A *紧含于*B 指有紧集 K 使 $A\subseteq K\subseteq B$.

例 1 命 $\mathcal{D}_k=\{(a/2^k,(a+\mathsf{e}_n)/2^k]|a\in\mathbb{Z}^n\}$, 其成员称为第 $k(\in\mathbb{N})$ 级区间. 命 $\mathcal{D}=\bigcup\limits_{k\in\mathbb{N}}\mathcal{D}_k$, 则 $\mathbb{R}^n$ 的开集 W 都有个划分使其成员为 $\{I\in\mathcal{D}|\bar{I}\subset W\}$ 中包含关系下的极大者, 其中 $\bar{I}$ 是与 I 有相同端点的闭区间. 特别地, $\mathbb{R}^n$ 的开集都是 σ-紧集, 而闭集都是 $\mathtt{G}_\delta$-型集.

证明 任取 $x\in W$, 有 $r>0$ 使 $\mathtt{O}(x,r)\subseteq W$. 含 x 的第 k 级区间 I_k(其对角线长 $2^{-k}\sqrt{n}$) 是唯一的且随 k 递减, 其中紧含于 W(如 $2^{-k}\sqrt{n}<r$ 时) 的下标最小者记为 J_x. 说明有交点的 J_x 和 J_y 相等即可. 设 J_y 是第 l 级的且 $k\leqslant l$, 则 J_y 唯一地落于某个第 k 级区间 J. 这样 J 与 J_x 有交点, 因此 $J=J_x$. 故 $J_y\subseteq J_x$. 由 l 的最小性知 $l=k$, 故 $J_y=J_x$. □

根据上例和可列加性, $\mathbb{R}^n$ 的开集的 n 维体积可用 n 维区间的体积来计算.

例 2 单调环 $\mathfrak{B}_1(\mathbb{R}^n)$ 和 $\mathfrak{B}(\mathbb{R}^n)$ 相等且以下集族都是其生成系: n 维区间 $(a,b]$ 全体 $\mathcal{E}_1$, n 维区间 $[a,b)$ 全体 $\mathcal{E}_2$, n 维区间 $[a,b]$ 全体 $\mathcal{E}_3$, n 维区间 (a,b) 全体 $\mathcal{E}_4$.

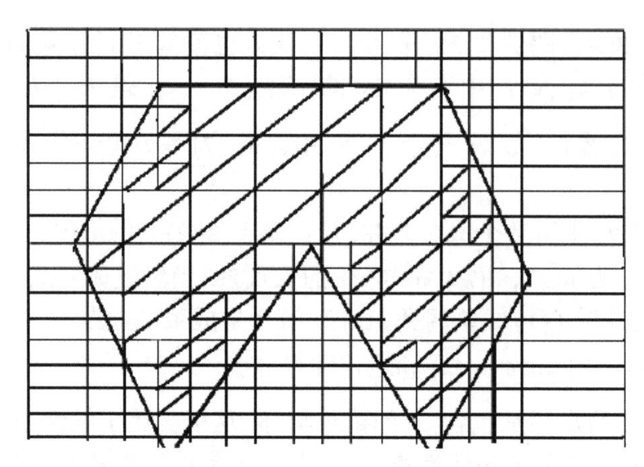

图 13　对角线示意的正方形在开集 W 内

证明　因 $\mathbb{R}^n$ 的紧集都是 G_δ-型的且闭集都是 σ-紧的, 两个单调环便相等. 根据例 1 知 $\mathfrak{B}(\mathbb{R}^n) \subseteq \mathrm{S}(\mathcal{E}_1)$, 显然 $\mathcal{E}_4 \subset \mathfrak{B}(\mathbb{R}^n)$. 而 $\mathcal{E}_1 \subseteq \mathrm{S}(\mathcal{E}_3)$ 和 $\mathcal{E}_3 \subseteq \mathrm{S}(\mathcal{E}_4)$ 各源自等式 $(a,b] = \bigcup\limits_{k\in\mathbb{Z}_+} [a+\mathrm{e}_n/k, b]$ 和 $[a,b] = \bigcap\limits_{k\in\mathbb{Z}_+} (a-\mathrm{e}_n/k, b+\mathrm{e}_n/k)$. 至此知 $\mathcal{E}_1$ 和 $\mathcal{E}_3$ 及 $\mathcal{E}_4$ 都生成 $\mathfrak{B}(\mathbb{R}^n)$. 将例 1 中区间换成左闭右开型的, $\mathcal{E}_2$ 便生成 $\mathfrak{B}(\mathbb{R}^n)$. □

以上两例表明有理端点的区间组成 $\mathfrak{B}(\mathbb{R}^n)$ 的一个生成系, 它是可数的. 一般地, 可数个子集生成的 σ-环简称为**可数生成的** σ-**环**.

自然会问: $\mathfrak{B}(\mathbb{R}^n)$ 与 $\mathfrak{B}(\mathbb{R})$ 有何关系? 为回答这个问题, 引入以下命题.

命题 3 (好集原理)　对于 σ-环之间映射 $\Phi: \mathcal{S} \to \mathcal{R}$, 以下条件渐弱.

(1) 有个单射 g 恒使 $\Phi(B) = g(B)$ 或有个映射 f 恒使 $\Phi(B) = f^{-1}(B)$.

(2) Φ 是个 σ-同态: 它保持差与可列无交并运算 (便保持可数并和交运算).

(3) 诸 σ-环 $\mathcal{F} \subseteq \mathcal{S}$ 和 σ-环 $\mathcal{E} \subseteq \mathcal{R}$ 使 $\Phi(\mathcal{F})$ 和 $\Phi^{-1}(\mathcal{E})$ 是 σ-环.

(4) 诸 $\mathcal{F} \subseteq \mathcal{S}$ 和 $\mathcal{E} \subseteq \mathcal{R}$ 使 $\mathrm{S}(\Phi(\mathcal{F})) = \Phi(\mathrm{S}(\mathcal{F}))$ 且 $\mathrm{S}(\Phi^{-1}(\mathcal{E})) \subseteq \Phi^{-1}(\mathrm{S}(\mathcal{E}))$.

(5) 若 $\mathcal{R}_0 \subseteq \mathcal{R}$ 是个 σ-环且 $\Phi(\mathcal{F}) \subseteq \mathcal{R}_0$, 则 $\Phi(\mathrm{S}(\mathcal{F})) \subseteq \mathcal{R}_0$.

证明　(1)⇒(2): 原像集和单射下的像集保持差运算和任意并交运算.

(2)⇒(3): 由 $\varnothing = B \setminus B$ 知 $\Phi(\varnothing) = \varnothing$, 将 $A \cup B$ 写成 $A \uplus (B \setminus A) \uplus \varnothing \uplus \cdots$ 知 Φ 保持有限并运算. 结合首入分解知 Φ 保持可数并运算. 又知可数交可由差和可数并表示.

可见, $\Phi(B_1) \setminus \Phi(B_2) = \Phi(B_1 \setminus B_2)$ 且 $\bigcup\limits_{n\geqslant 1} \Phi(B_n) = \Phi\Big(\bigcup\limits_{n\geqslant 1} B_n\Big)$. 若 $(B_n)_{n\geqslant 1}$ 是 $\mathcal{F}$ 中序列, 由上两式知 $\Phi(B_1) \setminus \Phi(B_2)$ 和 $\bigcup\limits_{n\geqslant 1} \Phi(B_n)$ 属于 $\Phi(\mathcal{F})$, 后者便是个 σ-环.

若 $(B_n)_{n\geqslant 1}$ 是 $\Phi^{-1}(\mathcal{E})$ 序列 (即 $\Phi(B_n)$ 都属于 $\mathcal{E}$), 命 $B = \bigcup\limits_{n\geqslant 1} B_n$ 且 $D = B_1 \setminus B_2$, 由上两式知 $\Phi(B)$ 和 $\Phi(D)$ 属于 $\mathcal{E}$. 因此 B 和 D 也属于 $\Phi^{-1}(\mathcal{E})$, 后者便是个 σ-环.

(3)⇒(4): σ-环 $\Phi(\mathrm{S}(\mathcal{F}))$ 和 $\Phi^{-1}(\mathrm{S}(\Phi(\mathcal{F})))$ 各含 $\Phi(\mathcal{F})$ 和 $\mathcal{F}$, 从而各含 $\mathrm{S}(\Phi(\mathcal{F}))$ 和 $\mathrm{S}(\mathcal{F})$. 于是 $\mathrm{S}(\Phi(\mathcal{F}))$ 和 $\Phi(\mathrm{S}(\mathcal{F}))$ 互含对方. 由 $\Phi^{-1}(\mathcal{E}) \subseteq \Phi^{-1}(\mathrm{S}(\mathcal{E}))$ 得后式.

显然 (4)⇒(5). □

熟练运用好集原理能简化一些证明过程.

命题 4 当 $A \subseteq X$ 且 $\mathcal{E} \subseteq 2^X$ 时, $\mathrm{S}(\mathcal{E}\restriction A) = \mathrm{S}(\mathcal{E})\restriction A$.

(1) 当 X 是拓扑空间而 A 是其子空间 (下同) 时, $\mathfrak{B}(A) = \mathfrak{B}(X)\restriction A$.

(2) 当 X 是拓扑空间而 A 是其闭集时, $\mathfrak{B}_0(A) = \mathfrak{B}_0(X)\restriction A$.

(3) 当 X 分离且其闭集 A 都是 σ-紧时 (如 $\mathbb{R}^n$ 中), $\mathfrak{B}(X) = \mathfrak{B}_0(X)$.

(4) 当 X 分离且其紧集 S 都是 G_δ-型时 (如 $\mathbb{R}^n$ 中), $\mathfrak{B}_0(X) = \mathfrak{B}_1(X)$.

(5) 当 X 为 $\mathbb{R}^n$ 的开集时, $\mathfrak{B}(X)$ 由紧含于 X 的左开右闭区间生成.

证明 用 σ-同态 $\Gamma : E \mapsto E \cap A$ 得 $\Gamma(\mathcal{E}) = \mathcal{E}\restriction A$, 用好集原理得主结论. (1) 和 (2) 各源自式子 $\mathcal{O}(A) = \mathcal{O}(X)\restriction A$ 和 $\mathcal{K}(A) = \mathcal{K}(X)\restriction A$. (3) 是显然的 (如 $\mathbb{R}^n$ 中紧集列 $(\{x \in A : |x| \leqslant i\})_{i\in\mathbb{N}}$ 并为 A). 依定义得 (4). 由例 1 和例 2 得 (5). □

设有 X_i 上 σ-环 $\mathcal{S}_i (i \in \alpha)$ 使 $\{i \in \alpha | X_i \notin \mathcal{S}_i\}$ 可数, 作乘积 σ-环 $\bigotimes\limits_{i\in\alpha} \mathcal{S}_i$, 它有生成系 $\left\{ \prod\limits_{i\in\alpha} E_i \middle| E_i \in \mathcal{S}_i : |\{i | E_i \neq X_i\}| \leqslant \aleph_0 \right\}$, 后者的成员称为**可测矩体**.

在 α 是有限集 $\{1, \cdots, n\}$ 时, 上述乘积 σ-环也记成 $\mathcal{S}_1 \otimes \cdots \otimes \mathcal{S}_n$.

命题 5 用 1.2 节 (II) 中符号. 诸 $\mathcal{S}_i$ 是 X_i 上 σ- 代数时, $\bigotimes\limits_{i\in\alpha} \mathcal{S}_i = \mathrm{S}\Big(\bigcup\limits_{i\in\alpha} p_i^\bullet(\mathcal{S}_i) \Big)$.

(1) 当 $\mathcal{E} \subseteq 2^X$ 且 $\mathcal{F} \subseteq 2^Y$ 时, $\mathrm{S}(\mathcal{E}) \otimes \mathrm{S}(\mathcal{F}) = \mathrm{S}(\mathcal{E} \odot \mathcal{F})$. 下设 $\mathcal{E}$ 和 $\mathcal{F}$ 是 σ-环.

(2) 当 $X_0 \subseteq X$ 且 $Y_0 \subseteq Y$ 时, $(\mathcal{E}\restriction X_0) \otimes (\mathcal{F}\restriction Y_0) = (\mathcal{E} \otimes \mathcal{F})\restriction(X_0 \times Y_0)$.

(3) 若 $\mathcal{G}$ 也为 σ-环, 则 $(\mathcal{E} \otimes \mathcal{F}) \otimes \mathcal{G} = \mathcal{E} \otimes (\mathcal{F} \otimes \mathcal{G}) = \mathcal{E} \otimes \mathcal{F} \otimes \mathcal{G}$.

(4) 诸 $A \in \mathcal{E} \otimes \mathcal{F}$ 的截口 A_x 属于 $\mathcal{F}$, 而截口 A^y 属于 $\mathcal{E}$.

(5) 设 X 和 Y 为拓扑空间 (下同), 则 $\mathfrak{B}(X) \otimes \mathfrak{B}(Y) \subseteq \mathfrak{B}(X \times Y)$.

(6) 上式在 X 或 Y 第二可数时取等式 (如 $\mathfrak{B}(\mathbb{R}^{k+l}) = \mathfrak{B}(\mathbb{R}^k) \otimes \mathfrak{B}(\mathbb{R}^l)$).

证明 命 $\mathcal{S} = \mathrm{S}\Big(\bigcup\limits_{i\in\alpha} p_i^\bullet(\mathcal{S}_i) \Big)$ 且 $\mathcal{T} = \bigotimes\limits_{i\in\alpha} \mathcal{S}_i$. 命 $\alpha_0 = \{i | E_i \neq X_i\}$, 它是可数的且 $\prod\limits_{i\in\alpha} E_i$ 等于 $\bigcap\limits_{i\in\alpha_0} p_i^{-1}(E_i)$, 后者属于 $\mathcal{S}$. 又 $p_i^{-1}(E_i)$ 等于 $\prod\limits_{j\in\alpha} E_j$ 使 $E_j = X_j (j \neq i)$, 后者属于 $\mathcal{T}$. 至此知 $\mathcal{S}$ 和 $\mathcal{T}$ 互含对方的生成系.

(1) 命 $Z = X \times Y$ 且 $\mathcal{H} = \mathcal{E} \odot \mathcal{F}$, 由 $\mathcal{H} \subseteq \mathrm{S}(\mathcal{E}) \otimes \mathrm{S}(\mathcal{F})$ 得 $\mathrm{S}(\mathcal{H}) \subseteq \mathrm{S}(\mathcal{E}) \otimes \mathrm{S}(\mathcal{F})$. 诸 $F \in \mathcal{F}$ 确立 2^X 至 2^Z 的 σ-同态 $\Gamma : E \mapsto E \times F$ 使 $\Gamma(\mathcal{E}) \subseteq \mathcal{H}$, 由好集原理得 $\Gamma(\mathrm{S}(\mathcal{E})) \subseteq \mathrm{S}(\mathcal{H})$. 可见, 诸 $E \in \mathrm{S}(\mathcal{E})$ 确立 2^Y 至 2^Z 的 σ-同态 $\Psi : F \mapsto E \times F$ 使 $\Psi(\mathcal{F}) \subseteq \mathrm{S}(\mathcal{H})$. 由好集原理得 $\Psi(\mathrm{S}(\mathcal{F})) \subseteq \mathrm{S}(\mathcal{H})$, 故 $\mathrm{S}(\mathcal{E}) \odot \mathrm{S}(\mathcal{F}) \subseteq \mathrm{S}(\mathcal{H})$. 因此 $\mathrm{S}(\mathcal{E}) \otimes \mathrm{S}(\mathcal{F}) \subseteq \mathrm{S}(\mathcal{H})$.

(2) 集族 $\{(E \cap X_0) \times (F \cap Y_0) | E \in \mathcal{E}, F \in \mathcal{F}\}$ 和 $\{(E \times F) \cap (X_0 \times Y_0) | E \in \mathcal{E}, F \in \mathcal{F}\}$ 相等, 它们各生成 $(\mathcal{E}\restriction X_0) \otimes (\mathcal{F}\restriction Y_0)$ 和 $(\mathcal{E} \otimes \mathcal{F})\restriction(X_0 \times Y_0)$.

(3) 因 σ-环 $\mathcal{E}\otimes\mathcal{F}$ 由 $\mathcal{E}\odot\mathcal{F}$ 生成, 根据 (1) 知 $(\mathcal{E}\otimes\mathcal{F})\otimes\mathcal{G}$ 有生成系 $\mathcal{E}\odot\mathcal{F}\odot\mathcal{G}$. 后者还生成 $\mathcal{E}\otimes(\mathcal{F}\otimes\mathcal{G})$ 和 $\mathcal{E}\otimes\mathcal{F}\otimes\mathcal{G}$.

(4) 显然, $A\mapsto A_x$ 保持并运算与差运算且 $(E\times F)_x$ 是 F 或空集.

(5) 注意到 $\mathcal{O}(X)\odot\mathcal{O}(Y)\subseteq\mathcal{O}(X\times Y)$ 即可.

(6) 根据 (5), 要证 $\mathcal{O}(Z)\subseteq\mathfrak{B}(X)\otimes\mathfrak{B}(Y)$. 取 X 的拓扑基 $\{B_i|i\in\mathbb{N}\}$, 则 Z 的开集 W 都形如 $\bigcup\{B_i\times V_i|i\in\mathbb{N}\}$ 使 V_i 为 Y 的开集 (某些 V_i 可为空集).

另证 Euclid 空间情形: 对等式 $\mathcal{J}_k\odot\mathcal{J}_l=\mathcal{J}_{k+l}$ 用 (1) 即可. □

下面讨论集族生成的 σ-环的过程以供参考, 初学者知道以下 (4) 即可.

命题 6　对于集族 $\mathcal{A}$, 命 $\mathcal{S}_0=\mathcal{T}_0=\mathcal{A}$. 对于序数 b(见附录 2), 超限递归地命 $\mathcal{T}_b$ 是 $\bigcup\limits_{a<b}\mathcal{T}_a$ 中单调序列的极限全体且 $\mathcal{S}_b=\left\{\bigcup\limits_{n\in\mathbb{N}}E_n, E_1\backslash E_2\middle|E_n\in\bigcup\limits_{a<b}\mathcal{S}_a\right\}$.

(1) $\mathtt{S}(\mathcal{A})=\bigcup\limits_{a<\omega_1}\mathcal{S}_a$. 故 $|\mathtt{S}(\mathcal{A})|\leqslant\aleph_1\sup\limits_{a<\omega_1}|\mathcal{S}_a|$; 当 $b\geqslant\omega_1$ 时, $\mathcal{S}_b=\mathcal{S}$.

(2) $\mathtt{M}(\mathcal{A})=\bigcup\limits_{a<\omega_1}\mathcal{T}_a$. 故 $|\mathtt{M}(\mathcal{A})|\leqslant\aleph_1\sup\limits_{a<\omega_1}|\mathcal{T}_a|$; 当 $b\geqslant\omega_1$ 时, $\mathcal{T}_b=\mathcal{T}$.

(3) $\mathcal{A}$ 有限时, $\mathcal{S}$ 有限; $\mathcal{A}$ 无限时, 诸 $|\mathcal{S}_a|\leqslant|\mathcal{A}|^{\aleph_0}$. 特别地, $|\mathcal{S}|\leqslant|\mathcal{A}|^{\aleph_0}$.

(4) $|\mathcal{A}|^{\aleph_0}=|\mathcal{A}|$ 时, $|\mathcal{S}|=|\mathcal{A}|$. 特别地, $|\mathfrak{B}(\mathbb{R}^n)|=\aleph$.

证明　(1) 命 $\mathcal{S}=\bigcup\limits_{a<\omega_1}\mathcal{S}_a$. 超限归纳地知诸 $\mathcal{S}_a\subseteq\mathtt{S}(\mathcal{A})$, 因此 $\mathcal{S}\subseteq\mathtt{S}(\mathcal{A})$. 对于 $E\in\mathcal{S}$, 记 $\gamma(E)=\min\{a|E\in\mathcal{S}_a\}$, 则 $|\gamma(E)|\leqslant\aleph_0$. 对于 $\mathcal{S}$ 中序列 $(E_n)_{n\geqslant1}$, 命 $a=\sup\{\gamma(E_n)|n\geqslant1\}$, 则 $|a|\leqslant\aleph_0$. 故 $a+1<\omega_1$. 因此, $\bigcup\limits_{n\geqslant1}E_n$ 和 $E_1\setminus E_2$ 属于 $\mathcal{S}_{a+1}$. 这样 $\mathcal{S}$ 是个 σ-环且含 $\mathcal{A}$, 因此 $\mathtt{S}(\mathcal{A})\subseteq\mathcal{S}$. 至此知 $\mathcal{S}=\mathtt{S}(\mathcal{A})$. 仿此得 (2).

(3) 在前者, 将 $\mathcal{A}$ 无交化即可. 在后者, 结论在 $a=0$ 时成立. 超限归纳地设结论在 $a<d<\omega_1$ 时成立, 则

$$|\mathcal{S}_d|\leqslant2\Big(\sum_{a<d}|\mathcal{S}_a|\Big)^{\aleph_0}\leqslant2(|d||\mathcal{A}|^{\aleph_0})^{\aleph_0}=|\mathcal{A}|^{\aleph_0}.$$

(4) 前式源自 (3). 由 $|\mathcal{J}_n|=\aleph$ 及 1.3 节例 6 得后式. □

以上命题表明上述扩张只要进行 $\aleph_1$ 次就能得到 $\mathcal{A}$ 生成的单调环与单调类.

2.2.2　集族归纳法

归纳法是证明命题的基本方法, 它以各种形式存在于不同范畴, 基于这个证明方法的过程如下. 已知某成员族 B 由成员族 A 依某种规则 R 生成, 要证 B 中对像都满足性质 P. 已知 A 中诸成员满足性质 P, 再设满足性质 P 的一些成员依规则 R 生成的成员也满足性质 P. 于是 B 中诸成员满足性质 P.

基于以下命题的单调类方法是个归纳法, 它将用于下一节讨论测度扩张的唯一性问题.

命题 7 (单调类定理) 任何集环 $\mathcal{A}$ 生成的单调类 $\mathtt{M}(\mathcal{A})$ 与 σ-环 $\mathtt{S}(\mathcal{A})$ 相等. 换言之, 包含集环 $\mathcal{A}$ 的单调类必包含 $\mathcal{A}$ 生成的 σ-环.

证明 命 $\mathcal{N}=\mathtt{M}(\mathcal{A})$ 且 $\Phi=\{(E,F)|E\cup F,E\setminus F,F\setminus E\in\mathcal{N}\}$.

截口 Φ_E 非空时为单调类, 因其中单调序列 $(F_n)_{n\geqslant 1}$ 的极限 F 使 $\mathcal{N}$ 中单调序列 $(E\cup F_n)_{n\geqslant 1}$ 和 $(E\setminus F_n)_{n\geqslant 1}$ 及 $(F_n\setminus E)_{n\geqslant 1}$ 有极限 $E\cup F$ 和 $E\setminus F$ 及 $F\setminus E$.

诸 $E\in\mathcal{A}$ 使 $\mathcal{A}\subseteq\Phi_E$, 故 $\mathcal{N}\subseteq\Phi_E$. 诸 $F\in\mathcal{N}$ 便使 $\mathcal{A}\subseteq\Phi^F$, 仿上知截口 Φ^F 为单调类. 从而 $\mathcal{N}\subseteq\Phi^F$. 至此知 $\mathcal{N}$ 是个集环, 从而是个 σ-环. 又知 $\mathcal{N}\subseteq\mathtt{S}(\mathcal{A})$. □

设 $\mathcal{A}$ 是集环, 用单调类方法证明一族命题 $Q_E(E\in\mathtt{S}(\mathcal{A}))$ 为真的步聚: 证诸 $E\in\mathcal{A}$ 使 Q_E 为真; 当 $\mathtt{S}(\mathcal{A})$ 中单调集列 $(E_n)_{n\geqslant 1}$ 恒使 Q_{E_n} 为真时, 证 $(E_n)_{n\geqslant 1}$ 的极限 E 使 Q_E 为真 (可能要分递增情形和递减情形). 最后声明 Q_E 对所有 $E\in\mathtt{S}(\mathcal{A})$ 为真. 作为比较, 用数学归纳法证明一族命题 $P_n(n\in\mathbb{N})$ 有步聚: 证 P_0 为真; 设 $n=k$ 或 $n\leqslant k$ 时 P_n 为真, 证明 P_{k+1} 为真. 最后声明 P_n 对所有 $n\in\mathbb{N}$ 成立.

下面介绍个类似于单调类的方法. 由 $B\setminus A=B\setminus(A\cap B)$ 得以下结论.

定理 8 集族 $\mathcal{A}$ 是个 σ-环当且仅当它既是个 π-类又是个λ-类, 后者意味着

(1) $\mathcal{A}$ 中成员 E 和 F 满足 $E\subseteq F$ 时, $F\setminus E$ 属于 $\mathcal{A}$.

(2) $\mathcal{A}$ 中互斥成员 E 和 F 之并 $E\cup F$ 属于 $\mathcal{A}$.

(3) $\mathcal{A}$ 中递增序列 $(E_n)_{n\geqslant 1}$ 之极限都属于 $\mathcal{A}$. □

包含集族 $\mathcal{E}$ 的所有 λ-类之交 $\mathcal{L}$ 为 $\mathcal{E}$ 生成的 λ-类.

命题 9 (λ-类定理, Dynkin $\pi-\lambda$ 定理) 由 π-类 $\mathcal{A}$ 生成的 σ-环 $\mathcal{S}$ 与生成的 λ-类 $\mathcal{L}$ 相等. 换言之, 包含 π-类 $\mathcal{A}$ 的 λ-类必包含 $\mathcal{A}$ 生成的 σ-环.

证明 由 $\mathcal{L}\subseteq\mathcal{S}$ 知只需证 $\mathcal{L}$ 是 π-类. 命 $\Psi=\{(E,F)|E,F\in\mathcal{L}:E\cap F\in\mathcal{L}\}$.

截口 Ψ^F 不空 (它含 F). 为证它是 λ-类, 任取其中序列 $(E_n)_{n\geqslant 1}$. 当 $(E_n)_{n\geqslant 1}$ 递增时, 其极限记为 E. 因为 $(E_n\cap F)$ 递增至 $E\cap F$, 所以 $E\cap F$ 属于 $\mathcal{L}$, 这样 E 在 Ψ^F 中. 而 $E_2\setminus E_1$ 在 Ψ^F 中的原因在于 $E_1\cap F\subseteq E_2\cap F$ 且

$$(E_2\setminus E_1)\cap F=(E_2\cap F)\setminus(E_1\cap F)\in\mathcal{L};$$

当 Ψ^F 中成员 E 和 E' 互斥时, $E\cup E'$ 在 Ψ^F 中. 理由在于 $E\cap F$ 与 $E'\cap F$ 互斥且

$$(E\cup E')\cap F=(E\cap F)\cup(E'\cap F)\in\mathcal{L}.$$

诸 $F\in\mathcal{A}$ 使 $\mathcal{A}\subseteq\Psi^F$, 因此 $\mathcal{L}\subseteq\Psi^F$. 这表明诸 $E\in\mathcal{L}$ 使 $\mathcal{A}$ 含于截口 Ψ_E. 仿上可知 Ψ_E 也是 λ-类, 从而 $\mathcal{L}\subseteq\Psi_E$. 由 $E\in\mathcal{L}$ 的任意性知 $\mathcal{L}$ 是 π-类. □

归纳法也可用来讨论初等函数. 设 M 是定义域和陪定域落于实轴的某些函数 $f:X\to Y$ 全体. 称 M 是个初等类指它满足以下条件: ① M 包含常值函数、指数函数 exp 和正弦函数 sin; ② M 对于限制运算封闭; ③ M 对于复合运算封闭;

④ M 对于求逆运算封闭; ⑤ M 对于四则运算封闭. 需要说明, 作以上运算后定义域可缩小: $\operatorname{dom}(f_1\circ f)=f^{-1}(\operatorname{dom} f_1)$. 如 $x\mapsto\sqrt{x}$ 的定义域小于 $x\mapsto x$ 的定义域. 规定 $\operatorname{dom}(f/f_1)=\operatorname{dom} f\cap\operatorname{dom} f_1\cap\{f_1\neq 0\}$, 和差 $f\pm f_1$ 与积 $f\cdot f_1$ 共有定义域 $\operatorname{dom} f\cap\operatorname{dom} f_1$, 如 $1/(x-1)+1/x$ 的定义域比 $1/x$ 和 $1/(x-1)$ 的定义域都小. 所有初等类 M 之交 E 是最小初等类, 其成员称为初等函数. 如 exp 是初等函数, 其反函数 log 便是初等函数, 而 $x\mapsto x=\log\exp x$ 与 $x\mapsto x+\pi/2$ 也是初等函数, 后者与 sin 的复合 cos 便是初等函数. 将它限制于 $[0,\pi]$ 后知 arccos 是初等函数.

归纳地知初等函数都连续, 在其定义域内部都可导且其导函数也是初等的.

练　　习

习题 1 (Borel-Cantelli 引理)　设 μ 是 σ-环上外测度使 $\sum\limits_{n\geqslant 1}\mu(E_n)$ 可和, 则

$$\mu\Big(\varlimsup_{n\to\infty}E_n\Big)=0.$$

习题 2　固定 $S\subseteq X$, 则 X 的包含 S 或与 S 互斥的子集 E 全体 $\mathcal{A}$ 对于任意并运算和任意交运算及差运算封闭.

(1) 使 E 或 E^{c} 有限的 $E\in 2^X$ 全体 $\mathcal{A}$ 是个集代数 (此谓有限-补有限代数).

(2) 使 A 或 A^{c} 可数的 $A\in 2^X$ 全体 $\mathcal{S}$ 是个 σ-代数 (此谓可数-补可数代数).

习题 3　设 X 是 $\mathbb{R}^n$ 的开集或闭集, 则其紧集全体 $\mathcal{K}$ 生成 σ-环 $\mathfrak{B}(X)$. 再证集族 $\{(-\infty,r)|r\in\mathbb{Q}\}$ 生成 σ-环 $\mathfrak{B}(\mathbb{R})$.

习题 4　对于 X 上集族 $\mathcal{E}$, 命 $\mathcal{A}=\{E,E^{\mathrm{c}}|E\in\mathcal{E}\}$. 将 X 上包含集族 $\mathcal{E}$ 的所有 σ-代数之交 $\sigma(\mathcal{E})$ 称为 $\mathcal{E}$ 生成的 σ-代数——含 $\mathcal{E}$ 的最小 σ-代数.

(1) 当 $\mathcal{E}$ 是个 σ-环时, 证明 $\mathcal{A}$ 是个 σ-代数. 一般地, $\sigma(\mathcal{E})=\{E,X\setminus E|E\in\mathtt{S}(\mathcal{E})\}$.

(2) 诸 $E\in\mathtt{S}(\mathcal{A})$ 落于 (与 E 有关的) 某可数族 $\mathcal{C}\subseteq\mathcal{A}$ 生成的 σ-环.

习题 5　当偏序集 $(P,\preceq)$ 有最小元 a 时, 称 $P\setminus\{a\}$ 的极小元为 P 的原子. 设集族 $\mathcal{A}$ 含空集且对有限交运算封闭, 则其中包含关系下不同原子互斥.

(1) 设集合 X 上 σ-环 $\mathcal{S}$ 有可数生成系 $\{A_n|n\geqslant 1\}$, 则 $\mathcal{S}$ 中原子都形如 $\bigcap\limits_{n\geqslant 1}H_n$ 使诸 H_n 形如 A_n 或补集 A_n^{c}. 而 $\mathcal{S}$ 中非空成员 B 都是一些原子之并.

(2) 当 X 是 $\mathbb{R}^n$ 的 Borel 集时, $\mathfrak{B}(X)$ 的原子都是单点集.

习题 6　从自然数列 $b=(b_n)_{n\geqslant 0}$ 全体 $\mathbb{S}$ 至集族 $\mathcal{E}$ 的映射 f 全体记为 $F(\mathcal{E})$, 命

$$M(f)=\bigcup_{a\in\mathbb{S}}\bigcap_{i\in\mathbb{N}}f(i,a)\text{且}\,\mathtt{A}(\mathcal{E})=\{M(f)|f\in F(\mathcal{E})\}.$$

(1) 证明 $\mathtt{A}(\mathcal{E})$ 对可数并与可数交运算封闭且 $\mathtt{A}(\mathtt{A}(\mathcal{E}))=\mathtt{A}(\mathcal{E})$(故 $\mathtt{A}$ 是个幂等运算).

(2) 设 f 是正则的——关于 b_0 递减, 则 $\bigcup\limits_{a\in\mathbb{S}}\bigcap\limits_{k\in\mathbb{N}}f(i+k,a)=M(f)$.

(3) 设 $\mathcal{E}$ 对有限交运算封闭, 则有个正则 $g\in F(\mathcal{E})$ 使 $M(f)=M(g)$.

习题 7　设 μ 是集环 $\mathcal{A}$ 上外容度, 则 μ-零集全体 $\mathcal{A}_0:=\{E\in\mathcal{A}|\mu(E)=0\}$ 是个集环.

(1) 证明 μ-有限集全体 $\mathcal{A}_1 := \{E \in \mathcal{A} | \mu(E) < +\infty\}$ 是个集环.

(2) 当 μ 是个容度时, 诸 $E \in \mathcal{A}_1$ 使 $\{x \in E | \{x\} \in \mathcal{A}, \mu\{x\} > 0\}$ 可数.

(3) 证明 $\mathcal{B} := \{E \in \mathcal{A} | F \in \mathcal{A} \Rightarrow \mu(F) = \mu(F \cap E) + \mu(F \setminus E)\}$ 是个集环且 $\mu|_{\mathcal{B}}$ 是个容度.

(4) 当 μ 是个外测度且 $\mathcal{A}$ 是个单调环时, $\mathcal{A}_i$ 和 $\mathcal{B}$ 是否为单调环?

习题 8 约定 $\inf \varnothing = +\infty$, 则 X 上集环 $\mathcal{A}_0$ 上外容度 μ_0 能扩张成 $\mathcal{A} := 2^X$ 上外容度

$$\mu : E \mapsto \inf\Big\{ \sum_{i=1}^{n} \mu_0(E_i) | E_i \in \mathcal{A}_0, E \subseteq \bigcup_{i=1}^{n} E_i, n \geqslant 1 \Big\}.$$

仿习题 7 所得 $\mathcal{B}$ 是个集代数. 当 $\mathcal{A}_0$ 是个 σ-环时, 其上外测度 μ_0 能扩张成 $\mathcal{A}$ 上外测度

$$\mu : E \mapsto \inf\Big\{ \sum_{i \in \mathbb{N}} \mu_0(E_i) | E_i \in \mathcal{A}_0, E \subseteq \bigcup_{i \in \mathbb{N}} E_i \Big\}$$

仿习题 7 所得 $\mathcal{B}$ 是个 σ-代数且 μ 是其上一个测度.

2.3 测度扩张

集环虽然对有限并交差运算封闭, 但在其上讨论测度时需要考虑集环是否对于集列的极限运算封闭, 这自然不利于解决问题. 既然如此, 我们为什么不直接将测度定义到 σ-环上呢? 以集环 $\mathtt{R}(\mathcal{J}_1)$ 为例, 其中成员都可被区间简单分解, 在这个集环上定义测度就简单些. 而 σ-环 $\mathtt{S}(\mathcal{J}_1)$ 中绝大多数成员很复杂, 在其上直接定义非平凡测度很困难. 因此我们希望在半环上定义的测度能自动扩张到一个 σ-环上, 找出一种自动扩张方法就成了本节的主要任务.

2.3.1 外测度法

在 $n = 2$ 时, 2.1 节只确定了矩形的面积. 现在, 确定哪些图形可求面积以及怎样求面积就成了急需解决的问题. 如果有一个公式能求所有平面图形的面积, 那将是最好的方法. 但考虑到不同类型的平面图形 (如长方形和圆) 的几何特征不一样, 要找一个可直接计算面积的万能公式是不可能的. 为解决这个问题, 考察求曲边梯形 E 的面积时所用的内面积外面积逼近法 (示于以下两图).

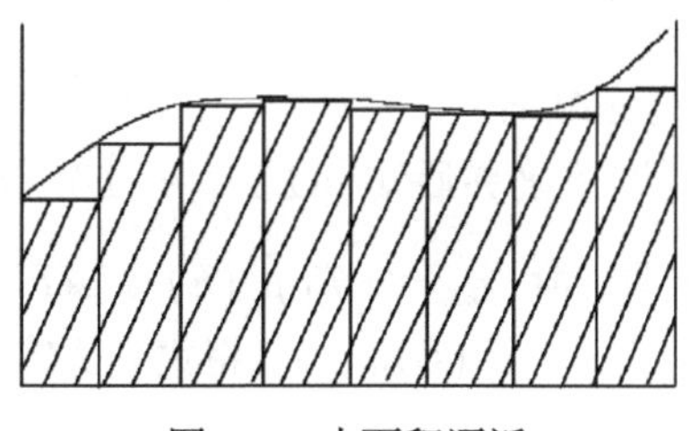

图 14 内面积逼近

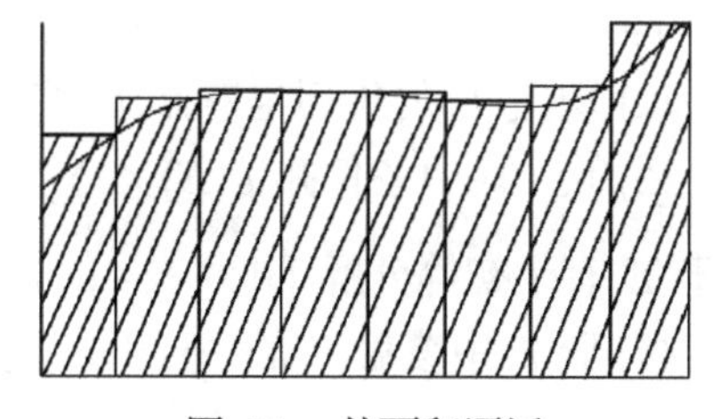

图 15 外面积逼近

如果内面积与外面积相等, 我们就说 E 可求面积并且它的面积就是它的外面积 (当然也是它的内面积). 因此求任意图形面积的方法分以下三步.

第一步: 像 2.1 节一样规定好一些简单图形的面积. 带边和不带边矩形的面积相同, 我们用左下开右上闭的矩形 $(a,b]\times(c,d]$. 这样有限个互斥矩形组成的图形暂时称为*简单图形*, 其面积就是这些构成矩形的面积和.

第二步: 确定好每个图形的外面积. 考虑到无界图形不能被一个简单图形所覆盖, 但总能被一列矩形覆盖, 任意图形 E 的外面积可定义为

$$|E|_2^*=\inf\Big\{\sum_{i\geqslant 1}|E_i|_2:(E_i)_{i\geqslant 1}\text{是矩形列且覆盖}E\Big\}.$$

暂时不规定内面积, 但请注意它不能定为图形所含简单图形面积的上确界. 如非有理点组成一个面积为无穷大的图形, 但它不包含边长非零的矩形.

我们自然希望外面积具有可列加性, 从而使每个平面图形都可求面积. 但事与愿违, 根据本节习题 1(7) 与后面 2.4 节定理 4 知面积非零的图形 E 都能分解成两个图形 E_1 和 E_2 使 $|E|_2<|E_1|_2^*+|E_2|_2^*$. 整体居然小于部分和!

第三步: 寻找全体平面图形的一个小类, 使外面积在这个小类上满足可列加性并且这个小类应包含所有简单图形.

第一步相当于在半环上确立一个测度, 下面逐步落实第二步和第三步的想法.

命题 1　对于半环 $\mathcal{P}$ 上测度 μ, 作遗传 σ-环 $\mathtt{H}(\mathcal{P})$ 上集函数

$$\mu^*:E\mapsto\inf\Big\{\sum_{i\geqslant 1}\mu(A_i)\Big|A_i\in\mathcal{P}:E\subseteq\bigcup_{i\geqslant 1}A_i\Big\}.\tag{0}$$

(1) 非负性与可列次加性: 当 $E=\bigcup\limits_{n\geqslant 1}E_n$ 时, $0\leqslant\mu^*(E)\leqslant\sum\limits_{n\geqslant 1}\mu^*(E_n)$.

(2) 单调性: 当 $D\subseteq E$ 时, $\mu^*(D)\leqslant\mu^*(E)$(故 $\mu^*(E)=0$ 蕴含 $\mu^*(D)=0$).

(3) 命 $\mathcal{R}=\mathtt{R}(\mathcal{P})$ 且 μ 于其测度扩张仍记为 μ, 则 $E\in\mathcal{R}$ 使 $\mu^*(E)=\mu(E)$.

(4) 命 $\mathcal{S}=\mathtt{S}(\mathcal{P})$, 则诸 $E\in\mathtt{H}(\mathcal{P})$ 使 $\mu^*(E)=\min\{\mu^*(F)|E\subseteq F\in\mathcal{S}\}$.

证明　(1) 当 $\varepsilon>0$ 时, $\mathcal{P}$ 中有覆盖 E_i 的序列 $(A_i^j)_{j\geqslant 1}$ 使 $\sum\limits_{j\geqslant 1}\mu(A_i^j)\leqslant\mu^*(E_i)+\dfrac{\varepsilon}{2^i}$. 因 $\{A_i^j|i,j\geqslant 1\}$ 覆盖 E, 故 $\mu^*(E)\leqslant\sum\limits_{i\geqslant 1}\sum\limits_{j\geqslant 1}\mu(A_i^j)\leqslant\varepsilon+\sum\limits_{n\geqslant 1}\mu^*(E_n)$, 可命 $\varepsilon\to 0+$.

(2) 覆盖 E 的集列也覆盖 D, 并且下确界是递减的.

(3) 由 (0) 中条件知 $\mu(E)\leqslant\sum\limits_{i\geqslant 1}\mu(A_i)$, 右端取下确界后知 $\mu(E)\leqslant\mu^*(E)$. 又 $\mathcal{P}$ 对于 E 有个初等分解 $\{A_i|1\leqslant i\leqslant n\}$. 当 $i>n$ 时, 命 $A_i=\varnothing$ 知 $\mu^*(E)\leqslant\mu(E)$.

(4) 取 $\mathcal{P}$ 中覆盖 E 的序列 $(A_n^i)_{i\geqslant 1}$ 使 $\sum\limits_{i\geqslant 1}\mu(A_n^i)\leqslant\mu^*(E)+1/n$. 将集列 $(A_n^i)_{i\geqslant 1}$ 并为 A_n, 则 $E\subseteq A_n\in\mathcal{S}$ 且 $\mu^*(A_n)\leqslant\mu^*(E)+1/n$. 将集列 $(A_n)_{n\geqslant 1}$ 交为 F, 则

$E \subseteq F \in \mathcal{S}$ 且 $\mu^*(F) \leqslant \mu^*(A_n)$. 命 $n \to \infty$ 得 $\mu^*(F) \leqslant \mu^*(E)$. 由单调性得 $\mu^*(E) \leqslant \mu^*(F)$. □

可见, μ^* 是个外测度. 它能否为测度? 先看两例.

例 1 设 $\mathcal{P} = \operatorname{fin}\mathbb{R}$ 而 μ 是其上计数测度, 则 $\mathtt{H}(\mathcal{P}) = \operatorname{ctm}\mathbb{R}$ 且 $2^{\mathbb{R}}$ 上计数测度扩张了 μ^*. 为此任取 $\mathcal{P}$ 中覆盖 E 的序列 $(B_n)_{n\geqslant 1}$, 由可列次加性得 $|E|_0 \leqslant \sum\limits_{n\geqslant 1} |B_n|_0$, 因此 $|E|_0 \leqslant \mu^*(E)$. 又 $\mathcal{F}$ 中可数个成员 $\{x\}(x \in E)$ 覆盖 E, 故 $|E|_0 \geqslant \mu^*(E)$. □

可见, μ^* 有可能成为测度, 但它不必是 μ 的最大测度扩张.

例 2 作半环 $\mathcal{P} = \{\varnothing, \{2k-1, 2k\} | k \in \mathbb{Z}\}$, 其上取计数测度 μ. 注意到 $\mathtt{H}(\mathcal{P}) = 2^{\mathbb{Z}}$ 且 $\mu^*\{1\} = \mu^*\{1,2\} = \mu^*\{2\} = 2$, 因此 μ^* 不满足有限加性, 它不是测度. □

根据 2.1 节定理 6 知不是测度的外测度就缺个分割测量性, 于是我们希望 μ^* 在包含 $\mathcal{P}$ 的某个小 σ-环 $\mathcal{S}$ 上具有分割测量性. 特别地, 诸 $E \in \mathcal{S}$ 能分割测量 $\mathcal{P}$ 中成员.

以下定理表明这样的 E 具有更好的性质且因此实现了第三步的想法.

定理 2 固定半环 $\mathcal{P}$ 上测度 μ. 某 $E \in \mathtt{H}(\mathcal{P})$ 满足以下 Carathéodory 条件

$$\mu^*(F) = \mu^*(F \cap E) + \mu^*(F \setminus E), \quad F \in \mathtt{H}(\mathcal{P})$$

当且仅当上式对于 μ-有限的 $F \in \mathcal{P}$ 成立. 此时称 E 为一个 μ^*-可测集.

(1) μ^*-可测集全体 $\mathcal{P}^*$ 是包含 $\mathtt{S}(\mathcal{P})$ 与 μ^*-零集 Z(与其子集 V) 全体的 σ-环.

(2) $\mu^*|_{\mathcal{P}^*}$ 是个完全测度. 称 $(\mathcal{P}^*, \mu^*)$ 为 $(\mathcal{P}, \mu)$ 的 Carathéodory 扩张.

证明 由 $\mathcal{P} \subseteq \mathtt{H}(\mathcal{P})$ 得必要性. 充分性: 任取 $\mathcal{P}$ 中覆盖 F 的序列 $(F_n)_{n\geqslant 1}$, 则 $(F_n \cap E)_{n\geqslant 1}$ 及 $(F_n \setminus E)_{n\geqslant 1}$ 分别覆盖 $F \cap E$ 和 $F \setminus E$. 由外测度的可列次加性得

$$\begin{aligned} \mu^*(F \cap E) &\leqslant \mu^*(F_1 \cap E) + \mu^*(F_2 \cap E) + \cdots, \\ \mu^*(F \setminus E) &\leqslant \mu^*(F_1 \setminus E) + \mu^*(F_2 \setminus E) + \cdots. \end{aligned}$$

不等式 $\mu^*(F_n \cap E) + \mu^*(F_n \setminus E) \leqslant \mu(F_n)$ 在 $\mu(F_n)$ 无限时也成立, 于是

$$\mu^*(F \cap E) + \mu^*(F \setminus E) \leqslant \mu(F_1) + \mu(F_2) + \cdots.$$

上式关于诸覆盖 $(F_n)_{n\geqslant 1}$ 取下确界得 $\mu^*(F \cap E) + \mu^*(F \setminus E) \leqslant \mu^*(F)$, 其反向不等式源自外测度的有限次加性. 因此诸 $E \in \mathcal{P}$ 满足 Carathéodory 条件. 注意到 $F \cap Z$ 是 μ^*-零集及 $F \setminus Z \subseteq F$ 知 Z 满足 Carathéodory 条件 (显然 V 也是 μ^*-零集).

任取 μ^*-可测集列 $(E_n)_{n\geqslant 1}$. 注意到 $(E_1 \setminus E_2)^{\mathsf{c}} = E_1^{\mathsf{c}} \cup E_2$, 先用 E_1 分割测量 $F \cap (E_1 \setminus E_2)^{\mathsf{c}}$, 再用 E_2 分别分割测量 $F \cap E_1$, 然后用 E_1 分割测量 F 知

$$\mu^*(F \cap (E_1 \setminus E_2)) + \mu^*(F \cap (E_1 \setminus E_2)^{\mathsf{c}})$$

$$
\begin{aligned}
&=\mu^*(F\cap E_1\cap E_2^{\mathrm{c}})+\mu^*(F\cap E_1\cap E_2)+\mu^*(F\cap E_1^{\mathrm{c}})\\
&=\mu^*(F\cap E_1)+\mu^*(F\cap E_1^{\mathrm{c}})=\mu^*(F).
\end{aligned}
$$

因此 $E_1\setminus E_2$ 是 μ^*-可测集. 为证 $(E_n)_{n\geqslant 1}$ 互斥时之并 E 为 μ^*-可测集, 前 n 项之并记为 S_n, 则 $E_n\subseteq S_{n-1}^{\mathrm{c}}$. 依次用 $E_1,\cdots,E_n$ 分割测量 $F,F\cap S_1^{\mathrm{c}},\cdots,F\cap S_{n-1}^{\mathrm{c}}$ 得

$$
\begin{aligned}
\mu^*(F)&=\mu^*(F\cap E_1)+\mu^*(F\cap S_1^{\mathrm{c}})\ (\text{用归纳法})\\
&=\mu^*(F\cap E_1)+\cdots+\mu^*(F\cap E_n)+\mu^*(F\cap S_n^{\mathrm{c}})\\
&\geqslant\mu^*(F\cap E_1)+\cdots+\mu^*(F\cap E_n)+\mu^*(F\cap E^{\mathrm{c}}),
\end{aligned}
$$

其中不等式用了单调性. 在上式中命 $n\to\infty$ 并注意到可列次加性得

$$
\begin{aligned}
\mu^*(F)&\geqslant\Big(\sum_{n\geqslant 1}\mu^*(F\cap E_n)\Big)+\mu^*(F\cap E^{\mathrm{c}})\\
&\geqslant\mu^*(F\cap E)+\mu^*(F\cap E^{\mathrm{c}}).
\end{aligned}
$$

依有限次加性知上式为等式. 这样 $\mathcal{P}^*$ 是个含 $\mathcal{P}$ 的 σ-环, 从而 $\mathtt{S}(\mathcal{P})\subseteq\mathcal{P}^*$. 上式中命 $F=E$ 得 $\mu^*(E)=\sum\limits_{n\geqslant 1}\mu^*(E_n)$[或根据命题 1 和 2.1 节定理 6 知 $\mu^*|_{\mathcal{P}^*}$ 是测度]. □

2.3.2　基本性质

不同测度 μ 对应的 $\mathcal{P}^*$ 可能不同, 将它记为 $\mathcal{P}_\mu^*$ 以示区别. 如命 $\mathcal{P}=\{\varnothing,\{1,2\}\}$, 考察其上测度 $\nu:\{1,2\}\mapsto+\infty$ 和计数测度 μ. 显然, $\mathtt{H}(\mathcal{P})=\{\{\varnothing,\{1\},\{2\},\{1,2\}\}$. 非空 $E\in\mathtt{H}(\mathcal{P})$ 使 $\nu^*(E)=+\infty$ 且 $\mu^*(E)=2$, 相应 $\mathcal{P}_\nu^*=\mathtt{H}(\mathcal{P})$ 且 $\mathcal{P}_\mu^*=\mathcal{P}$.

起初我们想找到对于所有测度都有效的扩张方法, 而 μ^* 是通过 μ 以明确方式构造出来的, 定理 2 实现了这个想法. 以下是 Carathéodory 扩张的流程示意图.

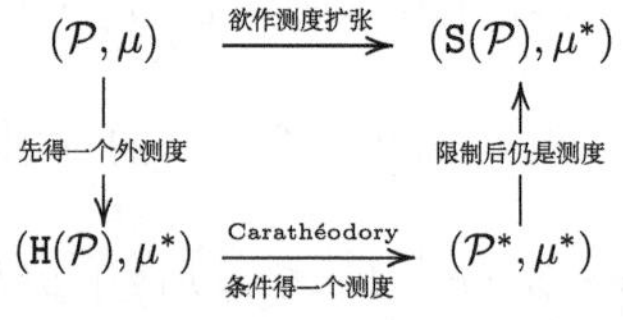

$$
\begin{array}{ccc}
(\mathcal{P},\mu) & \xrightarrow{\text{欲作测度扩张}} & (\mathtt{S}(\mathcal{P}),\mu^*)\\
\Big\downarrow{\scriptstyle\text{先得一个外测度}} & & \Big\uparrow{\scriptstyle\text{限制后仍是测度}}\\
(\mathtt{H}(\mathcal{P}),\mu^*) & \xrightarrow[\text{条件得一个测度}]{\text{Carathéodory}} & (\mathcal{P}^*,\mu^*)
\end{array}
$$

命题 3　设 μ 是半环 $\mathcal{P}$ 上一个测度. 命 $\mathcal{R}=\mathtt{R}(\mathcal{P})$ 且 $\mathcal{S}=\mathtt{S}(\mathcal{P})$.

(1) 从下连续性: $\mathtt{H}(\mathcal{P})$ 中序列 $(E_n)_{n\geqslant 1}$ 递增时, $\lim\limits_{n\to\infty}\mu^*(E_n)=\mu^*\Big(\lim\limits_{n\to\infty}E_n\Big)$.

(2) $\mathtt{H}(\mathcal{P})$ 中诸序列 $(E_n)_{n\geqslant 1}$ 使 $\mu^*\Big(\varliminf\limits_{n\to\infty}E_n\Big)\leqslant\varliminf\limits_{n\to\infty}\mu^*(E_n)$.

(3) 当 $(E_n)_{n\geqslant 1}$ 是 μ^*-可测集列且有个 k 使 $\mu^*\Big(\bigcup\limits_{i\geqslant k}E_i\Big)<+\infty$ 时,

$$
\varlimsup_{n\to\infty}\mu^*(E_n)\leqslant\mu^*\Big(\varlimsup_{n\to\infty}E_n\Big).
$$

(4) 诸 $E \in \mathcal{P}^*$ 和诸 $F \in \mathtt{H}(\mathcal{P})$ 使 $\mu^*(E \triangle F) = \mu^*(F \setminus E) + \mu^*(E \setminus F)$.

(5) 若 $\lim\limits_{i \uparrow \beta} \mu^*(E_i \triangle E) = 0$ 且 E_i 都是 μ^*-可测集, 则 E 也是 μ^*-可测集.

(6) **简单逼近**: 某 $E \in \mathcal{P}^*$ 的测度有限且 $r > 0$ 时, 有 $B \in \mathcal{R}$ 使 $\mu^*(E \triangle B) < r$.

证明 (1) 根据命题 1(4), 取 $F_n \in \mathcal{S}$ 使 $E_n \subseteq F_n$ 且 $\mu^*(F_n) = \mu^*(E_n)$. 命 $G_n = \bigcap\limits_{k \geqslant n} F_k$, 得 $\mathcal{S}$ 中递增序列 $(G_n)_{n \geqslant 1}$ 恒使 $E_n \subseteq G_n \subseteq F_n$. 由外测度的单调性与测度的从下连续性得

$$\mu^*\left(\varliminf_{n \to \infty} E_n\right) \leqslant \mu^*\left(\lim_{n \to \infty} G_n\right) = \lim_{n \to \infty} \mu^*(G_n)$$
$$\leqslant \varliminf_{n \to \infty} \mu^*(F_n) = \varliminf_{n \to \infty} \mu^*(E_n) \leqslant \mu^*\left(\varliminf_{n \to \infty} E_n\right).$$

(2) 命 $G_n = \bigcap\{E_m | m \geqslant n\}$, 则 $(G_n)_{n \geqslant 1}$ 递增至 $\varliminf\limits_{n \to \infty} E_n$. 根据 (1) 知

$$\mu^*\left(\varliminf_{n \to \infty} E_n\right) = \lim_{n \to \infty} \mu^*(G_n) \leqslant \varliminf_{n \to \infty} \mu^*(E_n).$$

(3) 记 $H_n = \bigcup\limits_{i \geqslant n} E_i$, 则 $(H_n)_{n \geqslant 1}$ 递减至 $\varlimsup\limits_{n \to \infty} E_n$ 且 $\mu^*(H_k)$ 有限. 于是

$$\varlimsup_{n \to \infty} \mu^*(E_n) \leqslant \lim_{n \to \infty} \mu^*(H_n) = \mu^*\left(\varlimsup_{n \to \infty} E_n\right).$$

(4) 注意到 $(E \triangle F) \cap E = E \setminus F$ 且 $(E \triangle F) \setminus E = F \setminus E$ 即可.

(5) 用 E_i 的分割测量性将 $\mu^*(F \cap E)$ 写成 $\mu^*(F \cap E \cap E_i) + \mu^*((F \cap (E \setminus E_i))$, 将 $\mu^*(F \setminus E)$ 写成 $\mu^*((F \cap E_i) \setminus E) + \mu^*(F \setminus (E \cup E_i))$. 于是得下式后取极限即可

$$\begin{aligned}\mu^*(F \cap E) + \mu^*(F \setminus E) \leqslant & \mu^*(F \cap E_i) + \mu^*(E \setminus E_i) \\ & + \mu^*(E_i \setminus E) + \mu^*(F \setminus E_i) \\ \leqslant & \mu^*(F) + \mu^*(E_i \triangle E).\end{aligned}$$

(6) 设 $\mathcal{P}$ 中序列 $(A_i)_{i \geqslant 1}$ 覆盖 E 使 $\sum\limits_{i \geqslant 1} \mu(A_i) < \mu^*(E) + r$. 命 $B_n = \bigcup\limits_{i \leqslant n} A_i$, 得 $\mathcal{R}$ 中递增序列 $(B_n)_{n \geqslant 1}$. 命 $B = \bigcup\limits_{i \geqslant 1} A_i$, 则 $E \subseteq B$. 由从上连续性和从下连续性得

$$\lim_{n \to \infty} (\mu^*(E \setminus B_n) + \mu^*(B_n \setminus E)) = \mu^*(E \setminus B) + \mu^*(B \setminus E) < r.$$

便有个 n 使 $\mu^*(B_n \triangle E) < r$. 由作法知 B_n 属于 $\mathcal{R}$. □

将 $\mathtt{R}(\mathcal{P})$ 中成员视为简单集, 命题 3(6) 表明 μ^*-有限可测集差不多就是简单的.

命题 4 设 μ 是半环 $\mathcal{P}$ 上一个测度且 $\mathcal{S} = \mathtt{S}(\mathcal{P})$, 则诸 $E \in \mathtt{H}(\mathcal{P})$ 满足

$$\mu^*(E) = \inf\left\{\sum_{i \geqslant 1} \mu(A_i) | A_i \in \mathcal{P} : E \subseteq \biguplus_{i \geqslant 1} A_i\right\}. \tag{0}$$

(1) E 是 μ^* 的 σ-有限集当且仅当可要求上述诸 A_i 是测度有限集.

(2) E 是 σ-有限的 μ^*-可测集时, 有 $F \in \mathcal{S}$ 使 $E \subseteq F$ 且 $\mu^*(F \setminus E) = 0$.

(3) 命 $\mathcal{N} = \{Z \in \mathtt{H}(\mathcal{P}) | \mu^*(Z) = 0\}$, 它是个遗传 σ-环并且

$$\{D_1 \setminus Z_1 | D_1 \in \mathcal{S}, Z_1 \in \mathcal{N}\} = \{D_2 \cup Z_2 | D_2 \in \mathcal{S}, Z_2 \in \mathcal{N}\}.$$

(4) 上式确立的集族记为 $\mathcal{P}'$, 它是个 σ-环. 称 $(\mathcal{P}', \mu^*)$ 为 $(\mathcal{P}, \mu)$ 的增补扩张.

(5) μ 是 σ-有限的当且仅当 $\mathtt{H}(\mathcal{P})$ 上 μ^* 是 σ-有限的. 此时 $\mathcal{P}^* = \mathcal{P}'$.

证明 将 (0) 式右端记为 b, 则 $\mu^*(E) \leqslant b$. 任取 $\mathcal{P}$ 中覆盖 E 的序列 $(B_n)_{n\geqslant 1}$, 取其首入分解 $(G_n)_{n\geqslant 1}$. 再取 $\mathcal{P}$ 对各 G_n 的简单分解 $\{A_i | k_{n-1} < i \leqslant k_n\}$ 使 $k_0 = 0$, 由 $\biguplus\limits_{n\geqslant 1} A_n = \bigcup\limits_{n\geqslant 1} B_n$ 知 $\sum\limits_{n\geqslant 1} \mu(A_n) \leqslant \sum\limits_{n\geqslant 1} \mu(B_n)$, 故 $b \leqslant \mu^*(E)$.

(1) 充分性是显然的. 必要性: 取 E 的 μ^*-有限分解 $\{E_k | k \geqslant 1\}$. 诸 E_k 能被 $\mathcal{P}$ 中可数个测度有限集覆盖, 这样 E 能被 $\mathcal{P}$ 中可数个测度有限集 $C_i (i \geqslant 1)$ 覆盖. 仿上可取 $\mathcal{P}$ 中互斥的测度有限集列 $(D_i)_{n\geqslant 1}$ 使 $\biguplus\limits_{n\geqslant 1} D_n = \bigcup\limits_{n\geqslant 1} C_n$. 将 (0) 中 A_i 与 D_j 取交集并由 $\mathcal{P}$ 简单分解后, 可设 A_i 都是测度有限集.

(2) 根据 (1) 可设 A_i 都是测度有限集. 命 $G_n = E \cap A_n$, 根据命题 1(4) 有 $F_n \in \mathcal{S}$ 使 $G_n \subseteq F_n$ 且 $\mu^*(G_n) = \mu^*(F_n)$. 命 $F = \bigcup\limits_{n\geqslant 1} F_n \in \mathcal{S}$ 及 $E_0 = F \setminus E$, 则

$$E_0 \subseteq \bigcup_{n\geqslant 1} (F_n \setminus E) \subseteq \bigcup_{n\geqslant 1} (F_n \setminus G_n).$$

由可减性知 $\mu^*(F_n \setminus G_n) = 0$, 由可列次加性知 $\mu^*(E_0) = 0$.

(3) 由 $\mathtt{H}(\mathcal{P})$ 的遗传性与 μ^* 的单调性与可列次加性得前半部分.

当 $E = D_1 \setminus Z_1$ 时, 根据命题 1(4) 取一个 $F \in \mathcal{S} \cap \mathcal{N}$ 使 $Z_1 \subseteq F$. 可设 $F \subseteq D_1$, 命 $Z_2 = F \setminus Z_1$ 及 $D_2 = D_1 \setminus F$, 则 $E = D_2 \cup Z_2$. 反之, 取一个 $F' \in \mathcal{S} \cap \mathcal{N}$ 使 $Z_2 \subseteq F'$, 命 $D_1 = D_2 \cup F'$ 且 $Z_1 = F' \setminus (D_2 \cup Z_2)$, 则 $E = D_1 \setminus Z_1$.

(4) 将 $(D_1 \setminus Z_1) \setminus (D_2 \cup Z_2)$ 写成 $(D_1 \setminus D_2) \setminus (Z_1 \cup Z_2)$, 又将 $\bigcup\limits_{n\geqslant 1} (D_n \cup Z_n)$ 写成 $\left(\bigcup\limits_{n\geqslant 1} D_n\right) \cup \left(\bigcup\limits_{n\geqslant 1} Z_n\right)$. 结合 $\mathcal{S}$ 和 $\mathcal{N}$ 是 σ-环知 $\mathcal{P}'$ 是个 σ-环.

(5) 在 (1) 中考察 $E \in \mathcal{P}$ 得充分性. 必要性: 在 (0) 中将 A_i 换成其测度有限分解 $\{A_{ij} | j \geqslant 1\}$, 结合 (1) 知 $E \in \mathtt{H}(\mathcal{P})$ 是 μ^* 的 σ-有限集. □

在 $\mathbb{R}$ 上取可数——补可数代数 $\mathcal{A}$ 与其上计数测度 μ, 则 $\mathcal{A}^* = 2^{\mathbb{R}}$ 且 μ^* 仍是计数测度. 事实上, 诸 $E \in 2^{\mathbb{R}}$ 被 $\mathbb{R}$ 覆盖. 当 E 是可数集时, $\mu^*(E) = \mu(E)$(这是 E 的计数); 当 E 是不可数无限集时, 它包含某个可列集 E_0. 由 $\mu^*(E) \geqslant \mu^*(E_0)$ 知 $\mu^*(E) = +\infty$(这是 E 的计数). 因为只有空集是 μ^*-零集, $\mathcal{A}' = \mathtt{S}(\mathcal{A}) \neq \mathcal{A}^*$.

2.3.3 唯一扩张

对于测度扩张而言, 所得 σ-环越大在实际问题中就越有用. 现以 $(\mathcal{P}^*,\mu^*)$ 为起点, 得到 $(\mathcal{P}^{**},\mu^{**})$, 这个过程可以无限地进行下去.

然而, 上述扩张只进行一次就可以了, 理由见于以下结论.

定理 5 设半环 $\mathcal{P}$ 和 $\mathcal{Q}$ 上各有个测度 μ 和外测度 γ. 若 $\mathcal{P}\subseteq\mathcal{Q}\subseteq\mathtt{H}(\mathcal{P})$ 且 $\gamma|_{\mathcal{P}}\leqslant\mu$, 则 $\mathtt{H}(\mathcal{Q})=\mathtt{H}(\mathcal{P})$ 且 $\gamma\leqslant\mu^*|_{\mathcal{Q}}$. 这为等式时, $\gamma^*=\mu^*$ 且 $\mathcal{Q}^*=\mathcal{P}^*$.

证明 由条件得 $\mathtt{H}(\mathcal{P})\subseteq\mathtt{H}(\mathcal{Q})\subseteq\mathtt{H}(\mathcal{P})$, 中间不等式变等式. 当 $E\in\mathcal{Q}$ 被 $\mathcal{P}$ 中序列 $(E_i)_{i\geqslant1}$ 覆盖时, 由单调性与可列次加性得 $\gamma(E)\leqslant\sum\limits_{i\geqslant1}\gamma(E_i)\leqslant\sum\limits_{i\geqslant1}\mu(E_i)$.

上式右端关于这种 $(E_i)_{i\geqslant1}$ 取下确界知 $\gamma(E)\leqslant\mu^*(E)$. 这总为等式时, 任取 $E\in\mathtt{H}(\mathcal{Q})$ 对于 $\varepsilon>0$, 取 $\mathcal{Q}$ 中覆盖 E 的序列 $(E_n)_{n\geqslant1}$ 使 $\sum\limits_{i\geqslant1}\gamma(E_i)\leqslant\gamma^*(E)+\varepsilon$. 取 $\mathcal{P}$ 中覆盖 E_i 的序列 $(E_i^j)_{j\geqslant1}$ 恒使 $\sum\limits_{j\geqslant1}\mu(E_i^j)\leqslant\gamma(E_i)+\dfrac{\varepsilon}{2^i}$, 因此 $\mathcal{P}$ 中可数个成员 $E_i^j(i,j\geqslant1)$ 覆盖 E. 这样

$$\mu^*(E)\leqslant\sum_{i,j\geqslant1}\mu(E_i^j)\leqslant\gamma^*(E)+2\varepsilon,$$

取 $\mathcal{P}$ 中覆盖 E 的序列 $(F_n)_{n\geqslant1}$ 使 $\sum\limits_n\mu(F_n)\leqslant\mu^*(E)+\varepsilon$. 于是 $\{F_n\}$ 是 $\mathcal{Q}$ 中覆盖 E 的序列使 $\gamma^*(E)\leqslant\sum\limits_n\gamma(F_n)\leqslant\mu^*(E)+\varepsilon$. 命 $\varepsilon\to0$ 得 $\gamma^*(E)=\mu^*(E)$. 于是由 Carathéodory 条件得 $\mathcal{Q}^*=\mathcal{P}^*$. □

因此, 外测度 μ^* 能控制 μ 的所有测度扩张. 注意到 $\mathcal{P}\subseteq\mathtt{R}(\mathcal{P})\subseteq\mathcal{P}^*$, 从集环开始讨论测度扩张不失普遍性. 以后用上述定理时, 将 $\mathcal{Q}$ 选为 $\mathtt{R}(\mathcal{P})$ 或 $\mathtt{S}(\mathcal{P})$ 可简化过程. 根据定理 2 和 2.1 节定理 6, 测度扩张离不开 Carathéodory 条件, 其他测度扩张方法如内测度与外测度相等方法 (见于本节习题 2) 也隐约用到此条件.

半环上同一测度按不同扩张方法所得 σ-环可能不同, 对扩张后的测度进行比较和运算这样的简单问题就要受到限制. 然而 $\mathtt{S}(\mathcal{P})$ 是不依赖于测度的 σ-环, 半环 $\mathcal{P}$ 上所有测度按 Carathéodory 条件的测度扩张在 $\mathtt{S}(\mathcal{P})$ 上都有意义. 于是可问: 同一测度按不同扩张方法在 $\mathtt{S}(\mathcal{P})$ 上是否得到相同测度?

回答上述问题需要基于单调类定理的推理方法.

命题 6 (Carathéodory 扩张定理) 半环 $\mathcal{P}$ 上测度 μ 在 $\mathcal{P}$ 生成的 σ-环 $\mathtt{S}(\mathcal{P})$ 上有测度扩张 μ'. 此扩张在 μ 是 σ-有限时是唯一的.

证明 根据定理 2 知 $\mathtt{S}(\mathcal{P})\subseteq\mathcal{P}^*$, 可设 μ' 为 μ^* 的限制. 在 σ-有限条件下, 可设 $\mathcal{P}$ 为集环. 设 μ 还有个测度扩张 ν. 任取 $\mathcal{P}$ 中测度有限集 H, 命

$$\mathcal{M}=\{E\in\mathtt{S}(\mathcal{P})|\nu(E\cap H)=\mu'(E\cap H)\}.$$

这是含 $\mathcal{P}$ 的单调类: 任取其中单调序列 $(E_n)_{n\geqslant 1}$, 极限 E 在 $\mathtt{S}(\mathcal{P})$ 中. 由测度的从下连续性和从上连续性对等式 $\nu(E_n\cap H)=\mu'(E_n\cap H)$ 取极限得 $\nu(E\cap H)=\mu'(E\cap H)$. 由单调类定理知 $\mathtt{S}(\mathcal{P})\subseteq\mathcal{M}$. 对于 $E\in\mathtt{S}(\mathcal{P})$, 取 $\mathcal{P}$ 中覆盖 E 的测度有限互斥序列 $(H_n)_{n\geqslant 1}$, 则 E 有分解 $\{E\cap H_n|n\geqslant 1\}$. 注意到 $\nu(E\cap H_n)=\mu'(E\cap H_n)$, 由测度的可列加性知 $\nu(E)=\mu'(E)$. □

以上过程表明单调类方法用于测度时要结合 2.1 节定理 6 并对 σ-有限测度有效. 测度只扩张至 $\mathtt{S}(\mathcal{P})$ 上后常会失去完全性, 但常用的测度多是 σ-有限的, 所失去的是一些零集, 这对于第 3 章讨论的积分没有影响.

从测度扩张的过程可得一些双射的保测性质, 具体陈述如下.

定理 7　设 $\mathcal{P}$ 和 $\mathcal{Q}$ 各是 X 上半环和 Y 上半环, 它们上各有个测度 μ 和 ν. 从 X 至 Y 有个双射 f 使 $f(\mathcal{P})=\mathcal{Q}$ 且诸 $A\in\mathcal{P}$ 使 $\nu(f(A))=\mu(A)$.

(1) $f_\bullet(\mathtt{S}(\mathcal{P}))=\mathtt{S}(\mathcal{Q})$ 且 $f_\bullet(\mathtt{H}(\mathcal{P}))=\mathtt{H}(\mathcal{Q})$, 诸 $A\in\mathtt{H}(\mathcal{P})$ 使 $\mu^*(A)=\nu^*(f(A))$.

(2) $f_\bullet(\mathcal{P}^*)=\mathcal{Q}^*$(即 $f(A)$ 是 ν^*-可测集当且仅当 A 是 μ^*-可测集).

证明　(1) 用好集原理得第一等式, 第二等式是显然的. 当 $(A_n)_{n\geqslant 1}$ 取遍 $\mathcal{P}$ 中覆盖 A 的序列时, $(f(A_n))_{n\geqslant 1}$ 取遍 $\mathcal{Q}$ 中覆盖 $f(A)$ 的序列. 由

$$\mu^*(A)=\inf_{(A_n)_{n\geqslant 1}}\sum_{n\geqslant 1}\mu^*(A_n)\quad 和\quad \nu^*(f(A))=\inf_{(A_n)_{n\geqslant 1}}\sum_{n\geqslant 1}\nu^*(f(A_n))$$

结合 $\mu(A_n)=\nu(f(A_n))$ 知 $\mu^*(A)=\nu^*(f(A))$.

(2) 任取 $A\in\mathcal{P}^*$. 当 B 取遍 $\mathtt{H}(\mathcal{P})$ 的成员时, $f(B)$ 取遍 $\mathtt{H}(\mathcal{Q})$ 的成员. 于是

$$\left.\begin{aligned}\nu^*(f(B)\cap f(A))=\nu^*(f(B\cap A))=\mu^*(B\cap A)\\ \nu^*(f(B)\setminus f(A))=\nu^*(f(B\setminus A))=\mu^*(B\setminus A)\end{aligned}\right\}\Rightarrow$$
$$\nu^*(f(B)\cap f(A))+\nu^*(f(B)\setminus f(A))=\nu^*(f(B)).$$

这样 $f(A)$ 是 ν^*-可测集. 因此 $f_\bullet(\mathcal{P}^*)\subseteq\mathcal{Q}^*$. 类似得 $f_\bullet(\mathcal{P}^*)\supseteq\mathcal{Q}^*$. □

练　习

习题 1　设 μ 是半环 $\mathcal{P}$ 上一个测度, 以下 $F\in\mathtt{H}(\mathcal{P})$ 且 $E\in\mathcal{P}^*$(可带上下标).

(1) $\mu^*(E\cup F)+\mu^*(E\cap F)=\mu^*(E)+\mu^*(F)$.

(2) $\mu^*(F_1\cup F_2)+\mu^*(F_1\cap F_2)\leqslant\mu^*(F_1)+\mu^*(F_2)$.

(3) 设 $E_n\subseteq F\subseteq E_n'$ 且 $\lim\limits_{n\to\infty}\mu^*(E_n'\setminus E_n)=0$, 则 F 是 μ^*-可测集.

(4) 设 $E_n(n\geqslant 1)$ 互斥且 $F_n\subseteq E_n$, 则 $\mu^*\Big(\bigcup\limits_{n\geqslant 1}F_n\Big)=\sum\limits_{n\geqslant 1}\mu^*(F_n)$.

(5) E 的子集 H 是 μ^*-可测集当且仅当它能分割测量 E 中诸 μ^*-可测集.

(6) 设 $E\subseteq F$ 使 $\mu^*(E)=\mu^*(F)<+\infty$(下同), 则 F 是 μ^*-可测集.

(7) 子集 $D \subseteq E$ 是 μ^*-可测集当且仅当 $\mu^*(E) = \mu^*(D) + \mu^*(E \setminus D)$.

(8) F_1 和 F_2 都是 μ^*-可测的一个充分条件是 $F_1 \cup F_2$ 是 μ^*-可测集且

$$\mu^*(F_1) + \mu^*(F_2) = \mu^*(F_1 \cup F_2) < +\infty.$$

习题 2 集环上非负规范集函数 $\tau : \mathcal{A} \to \overline{\mathbb{R}}$ 是个**内测度**指它满足有限超加性 (E 和 F 互斥时, $\tau(E) + \tau(F) \leqslant \tau(E \uplus F)$) 和从上连续性 (当 E_n 递减至 E 且某 $\tau(E_k)$ 有限时, $\tau(E_k)$ 逼近 $\tau(E)$). 现设 $\mathcal{A}$ 是 X 上集代数, 则其上有限测度 μ 诱导了 $\mathtt{H}(\mathcal{A})$ 上内测度 $\mu_* : E \mapsto \mu(X) - \mu^*(E^c)$, 而且 E 是 μ^*-可测集当且仅当 $\mu_*(E) = \mu^*(E)$.

习题 3 设 μ 是 σ-环 $\mathcal{P}$ 上一个测度, 则 μ 的 σ-有限集全体 $\mathcal{S}_\sigma$ 是个 σ-环.

习题 4 设 $(\mu_k)_{k\geqslant1}$ 是集环 $\mathcal{P}$ 上一列 σ-有限测度, 只考察它们在 $\mathtt{S}(\mathcal{P})$ 上的测度扩张.

(1) 对于 $n \geqslant 1$, 诸 $E \in \mathcal{P}$ 是 $\mathcal{P}$ 中某递增序列 $(E_k)_{k\geqslant1}$ 的极限使 $\mu_i(E_k)(i \leqslant n; k \geqslant 1)$ 都有限.

(2) 设 $(a_i)_{i\geqslant1}$ 是非负实数组, 则 $\sum\limits_{i=1}^{n} a_i\mu_i$ 都是 σ-有限测度且其测度扩张是 $\sum\limits_{i=1}^{n} a_i\mu_i^*$.

(3) 当 $\mu_1 \leqslant \mu_2$ 时, $\mu_1^* \leqslant \mu_2^*$. 当 μ_n 递增至 μ 时, μ_n^* 递增至 μ^* 吗?

习题 5 设 μ 是半环 $\mathcal{P}$ 上 σ-有限测度, 任取 $E \in \mathtt{H}(\mathcal{P})$. 用 2.1 节习题 2 中符号证明 E 是个 μ^*-可测集当且仅当诸 $\varepsilon > 0$ 对应些 $F \in \mathcal{V}$ 使 $\mu^*(E \triangle F) < \varepsilon$.

2.4 常用测度

将 2.1 节命题 1 中 $\mathcal{J}_n$ 上有限测度 $|\cdot|_n$ 作 Carathéodory 扩张所得 $\mathcal{J}_n^*$ 记为 $\mathfrak{L}_n$, 它的成员 E 为 $\mathbb{R}^n$ 的**Lebesgue可测集**, 其**Lebesgue可测度** $|E|_n^*$ 简写为 $|E|_n$ 或 $\mathfrak{m}(E)$. Lebesgue 测度是完全的和 σ-有限的, 它在一维、二维与三维情形各推广了长度、面积与体积.

2.4.1 正则性

由 $\mathfrak{B}(\mathbb{R}^n) = \mathtt{S}(\mathcal{J}_n)$ 知 Euclid 空间中 Borel 集都是 Lebesgue 可测集. 在 $\mathbb{R}^n$ 中, 区间都是 Borel 集, 其 Lebesgue 测度恰是其 n 维体积. 此因

$$\mathfrak{m}(a, b) = \lim_{k\to\infty} \mathfrak{m}(a, b - \mathsf{e}_n/k] = (b_1 - a_1)\cdots(b_n - a_n),$$
$$\mathfrak{m}[a, b] = \lim_{k\to\infty} \mathfrak{m}(a - \mathsf{e}_n/k, b] = (b_1 - a_1)\cdots(b_n - a_n).$$

区间列 $([-k\,\mathsf{e}_n, k\,\mathsf{e}_n])_{k\geqslant1}$ 递增至 $\mathbb{R}^n$, 因此 $\mathfrak{m}(\mathbb{R}^n) = +\infty$. 单点集是边长为零的闭区间, 从而是 Lebesgue 零集. 可数集 (如 $\mathbb{Q}^n$) 都是 Lebesgue 零集. 用 $\mathbb{R}^n$ 的 Borel 分解 $\{\mathbb{Q}^n, \mathbb{R}^n \setminus \mathbb{Q}^n\}$ 和测度的可减性知 $\mathfrak{m}(\mathbb{R}^n \setminus \mathbb{Q}^n) = +\infty$. 有界集含于某个闭区间, 其 Lebesgue 外测度便是有限的. 非空开集包含某个非空开区间, 其 Lebesgue 测度便非零.

实轴中所有区间都是 Borel 集且以其长度为 Lebesgue 测度 (可能无穷大). 如区间列 $((0,k])_{k\geqslant 1}$ 递增至开区间 $(0,+\infty)$, 由测度的从下连续性得

$$\mathfrak{m}(0,+\infty)=\lim_{k\to\infty}\mathfrak{m}(0,k]=+\infty.$$

例 1 用三进制, 作开集 $\mathbb{V}_n$ 使其以 $(0.b_1\cdots b_{n-1}1, 0.b_1\cdots b_{n-1}2)(b_i=0,2)$ 为构成区间. 这些区间共有 2^{n-1} 个, 每个长 3^{-n}. 因此 Lebesgue 测度 $\mathfrak{m}(\mathbb{V}_n)=\dfrac{2^{n-1}}{3^n}$. 作开集 $\mathbb{V}=\biguplus\limits_{n\geqslant 1}\mathbb{V}_n$, 由可列加性知 $\mathfrak{m}(\mathbb{V})=1$.

以 $\mathbb{I}$ 表示单位区间$[0,1]$, 它包含 $\mathbb{V}$. 作 Lebesgue 零集 $\mathbb{G}=\mathbb{I}\setminus\mathbb{V}$, 它可得于三分法: 闭区间 $\mathbb{I}$ 三等分后移去当中开区间 $(0.1,0.2)$, 所剩闭区间 $[0,0.1]$ 与 $[0.2,1]$ 各三等分后移去当中开区间 $(0.01,0.02)$ 和 $(0.21,0.22)$, 递归地第 n 次三等分后移去的开区间恰为 $\mathbb{V}_n$ 的构成区间. 如此下去便剩下集合 $\mathbb{G}$, 它得名Cantor(三分) 集, 理由在于 Cantor 提到三分构造法是某类集合构造法的特例.

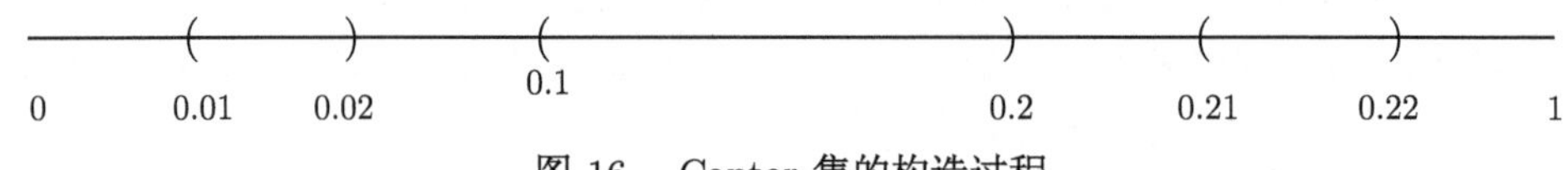

图 16 Cantor 集的构造过程

(1) Cantor 集 $\mathbb{G}$ 由诸位非 1 的三进制数 $(0.a_1a_2\cdots)_3$ 组成. 为此将 $x\in[0,1)$ 都写成标准三进制数 $(0.c_1c_2\cdots)_3$, 记 $\beta=\{i|c_i=1\}$. 形式地命 $k=\min\beta$, 则 x 属于 $\mathbb{V}$ 当且仅当 β 不空且有个 $i>k$ 使 $c_i\neq 0$. 对偶地, x 属于 $\mathbb{G}$ 当且仅当 β 为空 (此时诸 c_i 非 1) 或 β 不空时诸 $i>k$ 使 $c_i=0$(此时 x 为 $(0.c_1\cdots c_{k-1}022\cdots)_3$). 又知 $1=(0.22\cdots)_3$.

三分集是个连续统, 因它至 $2^{\mathbb{Z}_+}$ 有双射 $(0.a_1a_2\cdots)_3\mapsto\{n|a_n=2\}$. 故零集可有大基数. 测度与基数是不同量化标准, 在某标准下很大者可在其他标准下很小.

(2) 命 $\dot{a}_n=a_n/2$, 三分集上函数 $g:(0.a_1a_2\cdots)_3\mapsto(0.\dot{a}_1\dot{a}_2\cdots)_2$ 是递增的.

为此设 u 和 v 是 $\mathbb{G}$ 中两点 $(0.a_1a_2\cdots)_3$ 和 $(0.b_1b_2\cdots)_3$ 使 $u<v$, 根据附录 2 命题 30 有个 n 使 $a_n<b_n$ 且 $i<n$ 时 $a_i=b_i$. 于是 $a_n=0$ 且 $b_n=2$, 而

$$\begin{aligned}g(u)-g(v)&=\frac{0-2}{2^{n+1}}+\sum_{i>n}\frac{a_i-b_i}{2^{i+1}}\\&\leqslant\frac{-1}{2^n}+\sum_{i>n}\frac{2-0}{2^{i+1}}=0.\end{aligned}$$

现在, $g(u)=g(v)$ 当且仅当诸 $i>n$ 使 $a_i=2$ 且 $b_i=0$ 当且仅当 (u,v) 是 $\mathbb{V}$ 的一个构成区间. 在此构成区间上将 g 补充定义成常数 $g(u)$. 函数 g 于 1884 年由 Cantor 引入且由 Lebesgue 于 1904 年和 Vitali 于 1905 年研究后以 Cantor 函数之名流传开来.

Cantor 函数 g 是递增的且以区间 $\mathbb{I}$ 为值域 (它便无间断点). 此因诸 $y \in \mathbb{I}$ 写成二进制小数 $(0.q_1q_2\cdots)_2$ 后关于 g 有个原像 $(0.a_1a_2\cdots)_3$ 使诸 $a_n = 2q_n$. 又知 $0 \leqslant g \leqslant 1$.

(3) 当 $n \geqslant 1$ 时, 命 $g_n(0.a_1a_2\cdots)_3 = a_n$. 当 $|s-t| < 1/3^n$ 时, $g_n(s) = g_n(t)$. 函数 $g_n : \mathbb{G} \to \{0, 2\}$ 便是局部常值的, 从而是连续的.

根据强级数判断法, 从 $\mathbb{G}$ 到自身有列连续函数 $h_n : t \mapsto \sum\limits_{i \geqslant 1} \dfrac{g_{2^{n-1}(2i-1)}(t)}{3^i}$. 根据 1.2 节例 4 知三分集 $\mathbb{G}$ 中诸序列 $(t_n)_{n\geqslant 0}$ 对应唯一 $t \in \mathbb{G}$ 恒使 $h_n(t) = t_n$, (供参考) 从三分集 $\mathbb{G}$ 至乘积空间 $\mathbb{G}^{\mathbb{N}}$ 便有同胚 $t \mapsto (h_i(t))_{i\in\mathbb{N}}$. 又诸 $\mathbb{G}^n$ 与 $\mathbb{G}$ 同胚. □

下面讨论 Lebesgue 测度与开集和闭集等的关系.

定理 1 Lebesgue 外测度具有**外正则性**: 当 $E \subseteq \mathbb{R}^n$ 时,

$$\mathfrak{m}^*(E) = \inf\{\mathfrak{m}(B) | E \subseteq \text{开集} B \subseteq \mathbb{R}^n\}.$$

以下 (1) 至 (5) 相互等价 [(1) 是 Lebesgue 测度的**内正则性**], 而 (6) 至 (8) 相互等价.

(1) E 是个 Lebesgue 可测集. 此时 $\mathfrak{m}(E) = \sup\{\mathfrak{m}(A) | \text{紧集} A \subseteq E\}$.

(2) 当 $r > 0$ 时, 有包含 E 的开集 B 使 $\mathfrak{m}^*(B \setminus E) < r$.

(3) 有包含 E 的 $\mathtt{G}_\delta$-型集 B_0 使 $\mathfrak{m}^*(B_0 \setminus E) = 0$.

(4) 当 $r > 0$ 时, 有含于 E 的闭集 D 使 $\mathfrak{m}(E \setminus D) < r$.

(5) 有含于 E 的 σ-紧集 D_0 使 $\mathfrak{m}(E \setminus D_0) = 0$.

(6) E 是个 Lebesgue 可测集且其 Lebesgue 测度是有限的.

(7) 当 $r > 0$ 时, 有含于 E 的紧集 A 使 $\mathfrak{m}^*(E \setminus A) < r$.

(8) 当 $r > 0$ 时, 有个 $F \in \mathtt{R}(\mathcal{J}_n)$ 使 $\mathfrak{m}^*(E \triangle F) < r$.

证明 将那下确界记为 a, 由外测度的单调性得 $\mathfrak{m}^*(E) \leqslant a$. 当 $r > 0$ 时, 取覆盖 E 的 $\mathcal{J}_n$ 中序列 $(H_j)_{j\geqslant 1}$ 使 $\sum\limits_{j\geqslant 1} \mathfrak{m}(H_j) \leqslant \mathfrak{m}^*(E) + r$. 诸 H_j 含于某个开区间 G_j 使 $\mathfrak{m}(G_j) < \mathfrak{m}(H_j) + r/2^j$, 作开集 $B = \bigcup\{G_j | j \geqslant 1\}$. 它含 E 且 $\mathfrak{m}(B) \leqslant \mathfrak{m}^*(E) + 2r$, 这样 $a \leqslant \mathfrak{m}^*(E) + 2r$. 命 $r \to 0$ 得 $a \leqslant \mathfrak{m}^*(E)$, 因此 $\mathfrak{m}^*(E) = a$.

(1)⇒(2): 取 E 的 Lebesgue 测度有限分解 $\{E_k | k \geqslant 1\}$. 根据主结论得包含 E_k 的开集 B_k 使 $\mathfrak{m}(B_k) < \mathfrak{m}(E_k) + r/2^k$, 即 $\mathfrak{m}(B_k \setminus E_k) < r/2^k$. 命 $B = \bigcup\{B_k | k \geqslant 1\}$, 它是包含 E 的开集且 $B \setminus E$ 被 $\{B_k \setminus E_k | k \geqslant 1\}$ 覆盖. 因此

$$\mathfrak{m}(B \setminus E) \leqslant \sum_{k\geqslant 1} \mathfrak{m}(B_k \setminus E_k) < r.$$

(2)⇒(3): 取含 E 的开集 $B_k (k \geqslant 1)$ 使 $\mathfrak{m}^*(B_k \setminus E) < 1/k$. 所有 $B_k (k \geqslant 1)$ 之交 B_0 是含 E 的 $\mathtt{G}_\delta$-型集. 命 $E_0 = B_0 \setminus E$, 总有 $\mathfrak{m}^*(E_0) \leqslant 1/k$. 命 $k \to \infty$ 即可.

(3)⇒(1) 是显然的. 对 $\mathbb{R}^n \setminus E$ 用 (1)⇔(2)⇔(3) 得 (1)⇔(4)⇔(5). 此时作 (4) 中 D 的子集 $D_k = \{x \in D : |x| \leqslant k\}$, 则紧集列 $(D_k)_{k\geqslant 1}$ 递增至 D 而

$$\mathfrak{m}(E) - r \leqslant \mathfrak{m}(D) = \lim_{k\to\infty} \mathfrak{m}(D_k) \leqslant b,$$

其中 b 为 (1) 中上确界. 命 $r \to 0$ 得 $\mathfrak{m}(E) \leqslant b$. 显然有 $b \leqslant \mathfrak{m}(E)$.

(7)⇒(6): 因 $\mathbb{R}^n$ 的紧集是闭的, 根据 (4)⇒(1) 知 E 是 Lebesgue 可测集. 现在

$$\mathfrak{m}(E) = \mathfrak{m}(A) + \mathfrak{m}(E \setminus A) < +\infty.$$

(6)⇒(7): 根据 (1) 得紧集 $A \subseteq E$ 使 $\mathfrak{m}(E) < \mathfrak{m}(A) + r$, 用可减性即可.

(6)⇔(8): 用 2.3 节命题 3(5), (6) 即可. □

可见, *Lebesgue 测度有限者差不多是有限个区间的无交并*. 一般 Lebesgue 可测集差不多是开集和闭集, 它们本质上是 G_δ-型集和 F_σ-型集. 须知, 有限个 G_δ-型集的并集和可数个 G_δ-型集的交集都是 G_δ-型集. 有限个 F_σ-型集的交集和可数个 F_σ-型集的并集都是 F_σ-型集.

尽管定义 Riemann 积分过程中的外面积是用外接简单图形的面积来逼近的, 一般有界图形的外面积也不一定可用覆盖它的简单图形面积来逼近. 如将单位正方形 S 中有理点全体记为 Q, 则 $|Q|_2 = 0$. 简单图形 E 包含 Q 时, 由 Q 稠于 S 知 E 包含 S. 于是 $|E|_2 \geqslant 1$, 而 $\inf\{|E|_2 : E\text{是简单图形且覆盖}Q\} = 1$.

Lebesgue 测度的内外正则性将测度与拓扑紧密联系起来. 一般地, 设 $\mathfrak{B}(X)$ 上有个测度 μ. 当想用拓扑方法解决测度问题时, 常依赖以下某些性质.

(1) 诸紧 Borel 集 A 使 $\mu(A)$ 有限. 这样的 μ 称为*Borel测度*.

(2) *外正则性*: 诸 $E \subseteq X$ 满足 $\mu^*(E) = \inf\{\mu(B) | E \subseteq \text{开集}B\}$.

(3) *内正则性*: 诸 μ^*-可测集 E 满足 $\mu^*(E) = \sup\{\mu(A) | \text{紧 Borel 集}A \subseteq E\}$.

(4) *局部有限性*: 使 $\mu(B)$ 有限的开集 B 全体覆盖 X.

2.4.2 映射与测度计算

某些连续函数有益于计算测度且有益于提示测度的一些现象.

例 2 从 $[0,1]$ 至 $[0,2]$ 有同胚 $h : x \mapsto x + g(x)$ 且像集 $h(\mathbb{V})$ 和 $h(\mathbb{G})$ 的 Lebesgue 测度都是 1. 事实上, h 严格递增且连续, 由 $h(0) = 0$ 且 $h(1) = 2$ 知 h 是满的. 因此 h^{-1} 递增且无间断点. 当 (u, v) 取遍 $\mathbb{V}$ 的构成区间时, $(h(u), h(v))$ 取遍 $h(\mathbb{V})$ 的构成区间. 由 $g(v) = g(u)$ 知 $h(v) - h(u) = v - u$, 故 $|h(\mathbb{V})|_1 = 1$. 又知 $h(\mathbb{G}) = [0, 2] \setminus h(\mathbb{V})$. □

下面讨论连续映射与 Borel 集的关系, 初学者可设 X 和 Y 都是 Euclid 空间.

命题 2 设 $f : X \to Y$ 是拓扑空间之间映射, 于 (1) 至 (3) 连续.

(1) X 的 σ-紧集 A 之像 $f(A)$ 是 Y 的 σ-紧集.

(2) Y 的 F_σ-型集或 G_δ-型集 H 使 $f^{-1}(H)$ 为 X 的 F_σ-型集或 G_δ-型集.

(3) Y 的 Borel 集 B 使 $f^{-1}(B)$ 为 X 的 Borel 集.

(4) f 是单的开/闭映射时, 它将 X 的 Borel 集映成 Y 的 Borel 集.

(5) Y 还是度量空间时, f 的连续点集 C_f 是 X 的 G_δ-型集.

证明 连续映射将紧集映为紧集, 像集保持并运算; 这得 (1). 开集和闭集在连续映射下的原像集各是开集和闭集, 原像集保持并与交运算; 这得 (2). 在 (3) 中, 从 2^Y 至 2^X 有 σ-同态 $\Psi: H \mapsto f^{-1}(H)$ 使 $\Psi(\mathcal{O}(Y)) \subseteq \mathcal{O}(X)$, 用好集原理即可.

因 $\mathcal{O}(X)$ 和 $\mathcal{E}(X)$ 都是 $\mathfrak{B}(X)$ 的生成系, 单射下的像集保持差运算和并运算, 在 (4) 中对于 σ-同态 $\Phi: E \mapsto f(E)$ 用好集原理知 $\Phi(\mathfrak{B}(X)) \subseteq \mathfrak{B}(Y)$.

(5) f 在 x 连续当且仅当对于 $n \in \mathbb{Z}$ 有 X 的开集 V 使 $x \in V$ 且 $\{x', x''\} \subseteq V$ 满足 $d(f(x'), f(x'')) \leqslant 2^{-n}$. 这类 V 全体记为 $\mathcal{F}_n$, 则 $C_f = \bigcap\{\bigcup \mathcal{F}_n | n \in \mathbb{Z}\}$. $\sqcup$

在 $\mathbb{R}^n$ 上有连续函数 $f_1: x \mapsto x_1 \vee \cdots \vee x_n$ 和 $f_2: x \mapsto x_1 \wedge \cdots \wedge x_n$. 命

$$E = \{x \in \mathbb{R}^n | x_1 \vee \cdots \vee x_n \leqslant 100, x_1 \wedge \cdots \wedge x_n \geqslant 10\},$$

它是两个 Borel 集 $f_1^{-1}((-\infty, 100])$ 和 $f_2^{-1}([10, +\infty))$ 之交集, 从而是 Borel 集.

以下表明 Lebesgue 测度是均匀分布的且与拓扑结构有密切联系.

定理 3 (平移不变性) 在 $\mathbb{R}^n$ 中, 诸向量 x 和子集 F 满足 $\mathfrak{m}^*(x+F) = \mathfrak{m}^*(F)$. 子集 E 是 Lebesgue 可测 [Borel] 集当且仅当 $x+E$ 是 Lebesgue 可测 [Borel] 集.

(1) $\mathfrak{m}(E)$ 有限时, $\lim\limits_{x \to 0} \mathfrak{m}((E+x) \triangle E) = 0$.

(2) $\lim\limits_{x \to 0} \mathfrak{m}((E+x) \cap E) = \mathfrak{m}(E)$[且 $\lim\limits_{x \to 0} \mathfrak{m}(E \cup (E+x)) = \mathfrak{m}(E)$].

(3) $\mathfrak{m}(E)$ 非零时, 有个正数 r 使 $\{x \in \mathbb{R}^n : |x| < r\} \subseteq E - E$.

证明 记 $s_x F = x + F$ 且 $c(E) = \overline{\lim\limits_{x \to 0}}\, \mathfrak{m}(s_x E \triangle E)$ 及 $d(E) = \underline{\lim\limits_{x \to 0}}\, \mathfrak{m}(s_x E \cap E)$. 显然, $F = (a, b]$ 当且仅当 $s_x F = (x+a, x+b]$, 此时 $s_x F$ 与 F 有相同诸边长, 从而 $|s_x F|_n = |F|_n$. 结合 $\mathfrak{B}(\mathbb{R}^n) = \mathrm{S}(\mathcal{J}_n)$ 与 $\mathfrak{L}_n = \mathcal{J}_n^*$, 对双射 $y \mapsto x + y$ 用 2.3 节定理 7 得主结论.

(1) 事实: $c(E) = 0$ 当且仅当 $d(E) = \mathfrak{m}(E)$. 此因 $s_x E \cap E = E \setminus (s_x E \triangle E)$ 且

$$s_x E \triangle E = (s_x E \setminus (s_x E \cap E)) \cup (E \setminus (E \cap s_x E)).$$

① 在 $F = (a, b]$ 时, 记 $a_i(x) = a_i \vee (x_i + a_i)$ 而 $b_i(x) = b_i \wedge (b_i + x_i)$. 可设诸 $a_i < b_i$. 当 $|x|$ 足够小时, $F \cap s_x F = (a(x), b(x)]$. 当 $x \to 0$ 时, $a(x) \to a$ 且 $b(x) \to b$. 因此 $d(F) = \mathfrak{m}(F)$, 用上述事实得 $c(F) = 0$.

② 若 F 有来自 $\mathcal{J}_n$ 的简单分解 $\{F_1, \cdots, F_k\}$, $s_x F$ 有简单分解 $\{s_x F_1, \cdots, s_x F_k\}$ 且 $F \triangle s_x F \subseteq \bigcup\limits_{i=1}^{k} (F_i \triangle s_x F_i)$. 因此 $c(F) \leqslant \sum\limits_{i=1}^{k} c(F_i)$, 对于 F_i 用情形①得 $c(F) = 0$.

对于 $t>0$, 据 2.3 节命题 3(6) 有个 $F\in \mathrm{R}(\mathcal{J}_n)$ 使 $\mathfrak{m}(E\triangle F)<t$. 根据集合算术律, $s_xE\triangle E$ 有覆盖 $\{s_xE\triangle s_xF, s_xF\triangle F, F\triangle E\}$. 对 F 用情形②, 结合 Lebesgue 测度的有限次加性与平移不变性知 $c(E)\leqslant 2t$. 命 $t\to 0+$ 即可.

(2) 由上述过程, 可设 $\mathfrak{m}(E)$ 无限. 取递增至 E 的 Lebesgue 测度有限集列 $(E_k)_{k\geqslant 1}$. 由 $E_k\cap s_xE_k\subseteq E\cap s_xE$ 知 $d(E_k)\leqslant d(E)$, 对于 E_k 用 (1) 知 $\mathfrak{m}(E_k)\leqslant d(E)$. 命 $k\to\infty$ 且由从下连续性得 $\mathfrak{m}(E)\leqslant d(E)$, 又知 $\overline{\lim\limits_{x\to 0}}\, d_x(E)\leqslant \mathfrak{m}(E)$.

(3) 根据 (2) 有个 $r>0$ 使 $|x|<r$ 时 $\mathfrak{m}(s_xE\cap E)>0$, 于是 $s_xE\cap E$ 不空. 可取 E 中向量 y 和 z 使 $y+x=z$, 这样 $x=z-y$. 从而 $r\mathbb{B}_n\subseteq E-E$. □

可见, Cantor 集的平移都是 Lebesgue 零集. 这些零集都有 $2^{\aleph}$ 个子集, 每个都是 Lebesgue 零集. 实轴也只有 $2^{\aleph}$ 个子集, 那么, 实轴上是否有非 Lebesgue 可测集?

同样问题也可问于 Euclid 空间, 普通集合运算无法回答此问题.

定理 4　在非空 $A\subseteq\mathbb{R}^n$ 上取等价关系使 $x\sim y$ 表示 $x-y$ 为有理点. 商集的选择函数 $\tau:\tilde{A}\to A$ 的值域记为 A_τ 且称为 `Vitali` 集. 命 $B=\mathbb{Q}^n\cap(A-A)$, 则

$$A\subseteq \biguplus\{u+A_\tau|u\in B\}\subseteq B+A. \tag{0}$$

(1) A 是有界 Lebesgue 可测集且 $\mathfrak{m}(A)>0$ 时, A_τ 都非 Lebesgue 可测的.

(2) A 是 Lebesgue 零集当且仅当其子集 T 都是 Lebesgue 可测的.

(3) A 的 Vitali 集共有 d 个, 此处基数 $d=\prod(|F|:F\in\tilde{A})$.

证明　当 $u+A_\tau$ 和 $v+A_\tau$ 有交点时, 有 $\{x,y\}\subseteq A$ 使 $u+\tau([x])=v+\tau([y])$. 于是 $\tau([x])-\tau([y])$ 是有理点, 而 $x\sim y$. 一个等价类只有一个代表元, 故 $x=y$ 而 $u=v$. 因此 $u+A_\tau(u\in B)$ 互斥. 任取 $x\in A$, 记 $v=x-\tau([x])$, 它属于 B 且 $x=v+\tau([x])$. 这得 (0) 中第一包含式. 注意到 $u+A_\tau\subseteq B+A$, 这得 (0) 中第二包含式.

(1) 显然, B 和 $A+B$ 也是有界的, 后者还可测. 根据定理 3(3) 知 B 还是可列的. 若某个 A_τ 是可测的, 对于 (0) 取 Lebesgue 外测度, 根据单调性及可列加性得

$$\mathfrak{m}(A)\leqslant\sum_{v\in B}\mathfrak{m}(v+A_\tau)\leqslant\mathfrak{m}(B+A)<+\infty.$$

结合平移不变性知 $\mathfrak{m}(A_\tau)=0$, 因此 $\mathfrak{m}(A)=0$. 矛盾.

(2) 必要性: 因 Lebesgue 测度是完全的, T 是可测的且是 Lebesgue 零集.

充分性: 否则, 命 $E_b=A\cap(b,b+\mathsf{e}_n]$, 得 A 的分解 $\{E_b|b\in\mathbb{Z}^n\}$. 某个 $\mathfrak{m}(E_b)>0$. 根据 (1) 知 E_b 含非 Lebesgue 可测集 (它落于 A), 矛盾.

(3) 将 τ 等同于 $(\tau(F))_{F\in\tilde{A}}$, 其全体便是 Descartes 积 $\prod(F|F\in\tilde{A})$. □

至此可问: 是否有非 Borel 集的 Lebesgue 可测集? 在实轴上, 根据例 2 与定理 4 知 $h(\mathbb{G})$ 含非 Lebesgue 可测集 D. 作 Lebesgue 零集 $E=h^{-1}(D)$, 由 $D=h(E)$ 和命题 2 知 E 非 Borel 集. 这也表明 **Lebesgue 可测集在同胚下的像集不必为 Lebesgue 可测集**.

那么, 将 Lebesgue 可测集映为 Lebesgue 可测集的函数有何特征?

定理 5 从 $X\subseteq\mathbb{R}^n$ 到 $Y\subseteq\mathbb{R}^m$ 的某个映射 f 将含于 X 的 Lebesgue 可测集 E 都映为 Lebesgue 可测集当且仅当 f 将 X 的紧集和 Lebesgue 零集 E_0 都映为 Lebesgue 可测集. 此时 $f(E_0)$ 是个 Lebesgue 零集. 特别地, 连续映射 f 将含于 X 的 Lebesgue 可测集映为 Lebesgue 可测集当且仅当它将 Lebesgue 零集都映为 Lebesgue 零集.

只证充分性　当 $H\subseteq f(E_0)$ 时, 作 Lebesgue 零集 $D=E_0\cap f^{-1}(H)$. 由 $f(D)=H$ 知 H 是可测集. 根据定理 4 知 $f(E_0)$ 为 Lebesgue 零集. 根据定理 1 知 E 是某紧集列 $(E_k)_{k\geqslant1}$ 和某 Lebesgue 零集 E_0 之并, $f(E)$ 便是 Lebesgue 可测集列 $(f(E_k))_{k\geqslant0}$ 之并, 从而是 Lebesgue 可测集. □

定理 4 所用平移 $y\mapsto y+x$ 是同胚, 其逆是 $y\mapsto y-x$. 有时会用到 (可能不同维数) 复 Euclid 空间中子集之间映射, 其连续性相当于讨论 (可能不同维数) 实 Euclid 空间中子集之间映射的连续性. 此因 $\mathbb{R}^{2n}$ 至 $\mathbb{C}^n$ 有等同双射

$$(x_1,x_2,\cdots,x_{2n-1},x_{2n})\mapsto(x_1+\mathrm{i}\,x_{n+1},\cdots,x_n+\mathrm{i}\,x_{2n}).$$

线性运算如和差 $\mathbb{E}^n\times\mathbb{E}^n\to\mathbb{E}^n$ 与数乘 $\mathbb{E}\times\mathbb{E}^n\to\mathbb{E}^n$ 都是连续的. 诸 $x\in\mathbb{E}^n$ 确立的 $\mathbb{E}^n$ 上平移 $y\mapsto x+y$ 是个同胚. 下面再列出一些连续函数.

(1) 在 $\mathbb{R}^n$ 上, 最大值函数 $x\mapsto\max\limits_{1\leqslant i\leqslant n}x_i$ 和最小值函数 $x\mapsto\min\limits_{1\leqslant i\leqslant n}x_i$.

(2) 在 $\mathbb{E}^n$ 上, 长度函数 $x\mapsto|x|$.

(3) 线性算子 $T:\mathbb{E}^l\to\mathbb{E}^n$(本书中将 $\mathbb{E}^n$ 中诸元写为列向量).

(4) 投影 $\mathbb{E}^n\to\mathbb{E}$ 使 $x\mapsto x_i(1\leqslant i\leqslant n)$, 它实为线性算子.

命题 6 在 $\mathbb{E}^n$ 中, 点 x 到子集 G 的距离 $d(x,G)=\inf\limits_{z\in G}|x-z|$(约定 $d(x,\varnothing)=+\infty$) 依 x 连续并且 $d(x,G)\leqslant|x-y|+d(y,G)$. 在 G 非空时,

$$|d(x,G)-d(y,G)|\leqslant|x-y|.$$

(1) 命 $A_k=\{x\in\mathbb{E}^n:|x|\leqslant2^k,d(x,\mathbb{E}^n\setminus G)\geqslant2^{-k}\}$, 它是紧集.

(2) 命 $V_k=\{x\in\mathbb{E}^n:|x|<2^k,d(x,\mathbb{E}^n\setminus G)>2^{-k}\}$, 它是开集.

(3) 作开集 $B_k=V_{k+1}\setminus A_{k-1}$, 当 $1\leqslant k\leqslant l-2$ 时, B_k 与 B_l 互斥.

(4) 若 G 是开集, 则集列 $(A_k)_{k\geqslant1}$ 和 $(V_k)_{k\geqslant1}$ 都递增至 G 且 $V_k\subseteq A_k\subseteq V_{k+1}$.

(5) 设 G 是闭集, 则 $G=\{x|d(x,G)=0\}$. 下设 G_0 和 G_1 是非空互斥闭集.

(6) 函数 $f: x \mapsto d(x,G_0)/(d(x,G_0)+d(x,G_1))$ 连续且 $G_j = f^{-1}(\{j\})$.

证明 将不等式 $|x-z| \leqslant |x-y|+|y-z|$ 依 $z \in G$ 取下确界即可.

(1) 至 (3): 作 $\mathbb{E}^n$ 上连续函数 $h: x \mapsto |x|$ 和 $g: x \mapsto d(x,G^c)$, 则 V_k 为原像集 $\{h<2^k\}$ 和 $\{g>2^{-k}\}$ 之交, 后两者是开集. 又 A_k 为原像集 $\{h \leqslant 2^k\}$ 和 $\{g \geqslant 2^{-k}\}$ 之交, 后两者是闭的. 由作法知 A_k 和 V_k 有界且 $V_k \subseteq A_k \subseteq V_{k+1}$.

显然 $B_k \cap B_l \subseteq V_{k+1} \setminus V_{l-1}$, 后者在 $1 \leqslant k \leqslant l-2$ 时是空集.

(4) 对于 $x \in G$, 有个正整数 l 使 $|x| \leqslant 2^l$. 有个正整数 k 使 $\mathrm{O}(x,2^{-k}) \subseteq G$, 则 $g(x) \geqslant 2^{-k}$. 因此 x 在 A_{k+l} 中. 由作法知 $(A_k)_{k\geqslant 1}$ 和 $(V_k)_{k\geqslant 1}$ 是递增的.

(5) 和 (6): 若 x 不属于 G, 某 $r>0$ 使 $\mathrm{O}(x,r) \subseteq G^c$(诸 $y \in G$ 便使 $|x-y| \geqslant r$), 从而 $d(x,G)>0$; 若 x 属于 G, 则 $d(x,G)=0$. 诸 x 不会同时属于属于 G_0 和 G_1, 故 $d(x,G_0)+d(x,G_1)>0$ 而 f 是合理定义的连续函数. 又知 x 属于 G_0 当且仅当 $d(x,G_0)=0$ 当且仅当 $f(x)=0$; 而 x 属于 G_1 当且仅当 $d(x,G_1)=0$ 当且仅当 $f(x)=1$. □

根据命题 2 和命题 6 知 $\{x \in \mathbb{E}^n | d(x,S) \in \mathbb{Q}\}$ 是 $\mathbb{E}^n$ 的一个 Borel 集.

2.4.3 可乘性

从 Lebesgue 测度的定义与扩张过程不难知应有以下大部分结论.

定理 7 设 $n=k+l$, 则 $\mathbb{R}^k$ 的 Lebesgue 可测集 E 和 $\mathbb{R}^l$ 的 Lebesgue 可测集 F 使 $E \times F$ 为 $\mathbb{R}^n$ 的 Lebesgue 可测集且 $|E \times F|_n = |E|_k |F|_l$. 特别地, $\mathfrak{L}_k \otimes \mathfrak{L}_l \subseteq \mathfrak{L}_n$.

(1) 诸 Lebesgue 零集 $E_0 \in \mathfrak{L}_k$ 和诸 $T \subseteq \mathbb{R}^l$ 使 $E_0 \times T$ 为 Lebesgue 零集. 诸 Lebesgue 零集 $F_0 \in \mathfrak{L}_l$ 和诸 $S \subseteq \mathbb{R}^k$ 使 $S \times F_0$ 为 Lebesgue 零集.

(2) 当上述 E_0 还非空且 T 非 Lebesgue 可测时, $E_0 \times T$ 不属于 $\mathfrak{L}_k \otimes \mathfrak{L}_l$. 当上述 F_0 还非空且 S 非 Lebesgue 可测时, $S \times F_0$ 不属于 $\mathfrak{L}_k \otimes \mathfrak{L}_l$. 特别地, $\mathfrak{L}_k \otimes \mathfrak{L}_l \neq \mathfrak{L}_n$.

证明 根据 2.2 节命题 5(6) 知诸 $A \in \mathfrak{B}(\mathbb{R}^k)$ 和诸 $B \in \mathfrak{B}(\mathbb{R}^l)$ 使 $A \times B \in \mathfrak{B}(\mathbb{R}^n)$. 现在, 诸 $(a,b] \in \mathcal{J}_k$ 和 $(c,d] \in \mathcal{J}_l$ 使 $(a,b] \times (c,d]$ 属于 $\mathcal{J}_n$ 且有 n 维体积

$$(b_1-a_1)\cdots(b_k-a_k)(d_1-c_1)\cdots(d_l-c_l),$$

因此 $\mathfrak{B}(\mathbb{R}^k)$ 上测度 $A \mapsto \big|A \times (c,d]\big|_n$ 和测度 $A \mapsto |A|_k \big|(c,d]\big|_l$ 限制于 $\mathcal{J}_k$ 有限且相等. 这两者依 Carathéodory 扩张定理便相等. 命 $A_i = \{x \in A : |x| \leqslant i\}$, 这是 $\mathbb{R}^k$ 的 Borel 集使 $\mathfrak{B}(\mathbb{R}^l)$ 上测度 $B \mapsto |A_i \times B|_n$ 和测度 $B \mapsto |A_i|_k |B|_l$ 限制于 $\mathcal{J}_l$ 有限且相等, 这两者依 Carathéodory 扩张定理便相等: $|A_i \times B|_n = |A_i|_k |B|_l$. 序列 $(A_i)_{i\geqslant 1}$ 和 $(A_i \times B)_{i\geqslant 1}$ 各递增至 A 和 $A \times B$, 由测度的从下连续性取极限得(事实): $|A \times B|_n = |A|_k |B|_l$.

现证 (1) 和 (2). 取 $A_0 \in \mathfrak{B}(\mathbb{R}^k)$ 使 $E_0 \subseteq A_0$ 且 $|A_0|_k = 0$. 由单调性与 (事实)

得

$$|E_0 \times T|_n^* \leqslant |A_0 \times \mathbb{R}^l|_n = 0 \times (+\infty) = 0.$$

又知 Lebesgue 测度是完全的. 在 E_0 非空且 T 不可测时, $E_0 \times T$ 在 $x \in E_0$ 的截口 T 不属于 $\mathfrak{L}_l$. 根据 2.2 节命题 5(4) 知 $E_0 \times T$ 不属于 $\mathfrak{L}_k \otimes \mathfrak{L}_l$.

至于主结论, 根据定理 1 得 $\mathbb{R}^k$ 中 Borel 集 A 和 Lebesgue 零集 E_0 使 $E = A \cup E_0$, 也得 $\mathbb{R}^l$ 中 Borel 集 B 和 Lebesgue 零集 F_0 使 $F = B \cup F_0$. 于是, $E \times F$ 为 $\mathbb{R}^n$ 中 Borel 集 $A \times B$ 与 Lebesgue 零集 $A \times F_0, E_0 \times B, E_0 \times F_0$ 之并, 从而是 Lebesgue 可测集. 由 (事实) 知 $|E \times F|_n = |A|_k |B|_l$, 这化成 $|E|_k |F|_l$. 可见, $\mathfrak{L}_k \otimes \mathfrak{L}_l \subseteq \mathfrak{L}_n$. □

可见, 所谓Cantor尘埃 $\mathbb{G}^n$ 是 $\mathbb{R}^n$ 的 Lebesgue 零集. Lebesgue 测度是完全的, $\mathbb{G}^n$ 的子集都是 Lebesgue 可测集. 这些共有 $2^{\aleph}$ 个, 而 $\mathbb{R}^n$ 也只有 $2^{\aleph}$ 个子集. 因此共有 $2^{\aleph}$ 个 Lebesgue 可测集. 根据 2.2 节命题 6(4) 知 $\mathbb{R}^n$ 只有 $\aleph$ 个 Borel 集, 非 Borel 集的 Lebesgue 可测集便有 $2^{\aleph}$ 个.

平面上位于坐标轴上的点集 E 被 $\mathbb{R} \times \{0\}$ 和 $\{0\} \times \mathbb{R}$ 覆盖, 后两者根据定理 7 都是 Lebesgue 零集. 因此 E 的面积为 0.

计算 Lebesgue 测度时会用到矩阵. 由 $\mathbb{E}$ 中数组成的 $m \times n$ 矩阵 x 全体 $\mathbb{E}(m,n)$ 自然等同于 Euclid 空间 $\mathbb{E}^{mn}$, 诸 x 有长度 $|x| = \left(\sum\limits_{i=1}^{m} \sum\limits_{j=1}^{n} |x_{ij}|^2\right)^{\frac{1}{2}}$ 且 $|xy| \leqslant |x||y|$. 矩阵加法和乘法及转置和共轭运算都是连续的, 行列式是方阵的连续函数.

定理 8 线性算子 $T : \mathbb{E}^n \to \mathbb{E}^n$ 的表示方阵仍记为 T, 则 $\mathbb{E}^n$ 的诸子集 F 使

$$\mathfrak{m}^*(T(F)) = \begin{cases} |\det T|\, \mathfrak{m}^*(F), & \mathbb{E} = \mathbb{R}, \\ |\det T|^2\, \mathfrak{m}^*(F), & \mathbb{E} = \mathbb{C}. \end{cases}$$

(1) T 可逆时, F 是 Lebesgue 可测 [Borel] 集当且仅当像集 $T(F)$ 也是.

(2) $\mathbb{R}^n$ 的线性集 L 的维数 k 小于 n 时, L 为 Lebesgue 零集.

(3) $\mathbb{R}^n$ 中由向量组 $(b_i)_{i=0}^n$ 确立的如下平行 $2n$ 面体

$$F = b_0 + \{t_1 b_1 + \cdots + t_n b_n | 0 \leqslant t_1, \cdots, t_n \leqslant 1\}.$$

有 Lebesgue 测度 $\big|\det[b_1, \cdots, b_n]\big|$

(4) $\mathbb{R}^n$ 中由向量组 $(b_i)_{i=0}^n$ 确立的如下 $n+1$ 面体

$$H = b_0 + \left\{ t_1 b_1 + \cdots + t_n b_n \middle| 0 \leqslant t_i \leqslant 1, \sum_{i=1}^{n} t_i \leqslant 1 \right\}.$$

有 Lebesgue 测度 $\big|\det[b_1, \cdots, b_n]\big|/n!$

证明 在 $\mathbb{E}$ 为复数域时, 将 $\mathbb{C}^n$ 与 $\mathbb{R}^{2n}$ 等同后, T 等同为 $\mathbb{R}^{2n}$ 上一个实线性算子 V. 取 n 阶实方阵 T_i 与 V_{ij} 使 $T=T_1+\mathrm{i}\,T_2$ 且 $V=[V_{ij}]_{2\times 2}$, 于是

$$T\big(x+\mathrm{i}\,y\big)=(T_1x-T_2y)+\mathrm{i}(T_1y+T_2x),$$
$$\begin{bmatrix}V_{11} & V_{12}\\ V_{21} & V_{22}\end{bmatrix}\begin{bmatrix}x\\ y\end{bmatrix}=\begin{bmatrix}V_{11}x+V_{12}y\\ V_{21}x+V_{22}y\end{bmatrix}.$$

这表明 $V_{11}=T_1, V_{21}=T_2, V_{22}=T_1, V_{12}=-T_2$. 对分块阵作初等变换得

$$\begin{aligned}\det V=\det\begin{bmatrix}T_1 & -T_2\\ T_2 & T_1\end{bmatrix}&=\det\begin{bmatrix}T_1+\mathrm{i}\,T_2 & -T_2\\ T_2-\mathrm{i}\,T_1 & T_1\end{bmatrix}\\ &=\det\begin{bmatrix}T_1+\mathrm{i}\,T_2 & -T_2\\ 0 & T_1-\mathrm{i}\,T_2\end{bmatrix}=\det T\det\overline{T}.\end{aligned}$$

注意到 $T(F)=V(F)$, 问题归结为 $\mathbb{E}=\mathbb{R}$ 而 T 是实线性情形.

当 T 不可逆时, 取可逆阵 P 和 Q 使 $T=P\operatorname{diag}(I_r,0)Q$, 则 $T(\mathbb{R}^n)=P(\mathbb{R}^r\times\{0\})$. 注意到 $\mathbb{R}^r\times\{0\}$ 是 Lebesgue 零集, 问题归结为 T 可逆情形. 下设 $y=Tx$.

显然 T 是同胚, 而 $T(F)$ 是 Borel 集当且仅当 F 是 Borel 集. 因 T 是有限个初等变换之积 $T_1\cdots T_k$ 且 $\det T=\det T_1\cdots\det T_k$, 由归纳法可设 T 是初等变换, 它有以下三类.

第一类 T 交换 x 的某两个分量, 于是 $\det T=-1$. 对于区间 $(a,b]$, 记 $c_i=b_i-a_i$. 像集 $T(a,b]$ 与 $(a,b]$ 的 n 条边只在次序上有所变化. 故 $\mathfrak{m}\,T(a,b]=\mathfrak{m}(a,b]$.

第二类 T 将 x 的某分量 x_k 乘非零常数 c. 于是 $\det T=c$, 像集 $T(a,b]$ 的第 k 条边是 $(a,b]$ 的第 k 条边长的 $|c|$ 倍, 其他边不变. 故 $\mathfrak{m}\,T(a,b]=|c|\,\mathfrak{m}(a,b]$.

至于第三类, 依上述两类可设 T 将 x_2 加至 x_1. 此时 $\det T=1$. 进而, $y=Tx$ 当且仅当 $y_1=x_1+x_2$ 而其他 $y_j=x_j$. 当 $j>1$ 时, 约定 $a_j<y_j\leqslant b_j$, 则

$$T((a,b])=\{y|a_1+y_2<y_1\leqslant b_1+y_2\}.$$

在 $c_2\geqslant c_1$ 时, $[a_2,b_2]$ 有分点组 $(t_i)_{i=0}^k$ 恒使 $t_i-t_{i-1}<c_1$. 因 $(a,b]$ 被分解成有限个区间 $\{x|t_{i-1}<x_2\leqslant t_i\}(i\leqslant k$, 其他 x_j 在 $(a_j,b_j]$ 中), 问题归结为 $c_2<c_1$ 情形.

作 $T(a,b]$ 的分解 $\{G,H\}$ 和 H 的平移 K 使

$$G=\{y|a_1+y_2<y_1\leqslant b_1+a_2\}\quad(\text{示于图 17 的无影部分}),$$
$$H=\{y|b_1+a_2<y_1\leqslant b_1+y_2\}\quad(\text{示于图 17 的阴影部分}),$$
$$K=\{y|a_1+a_2<y_1\leqslant a_1+y_2\}\quad(\text{示于图 18 的阴影部分}).$$

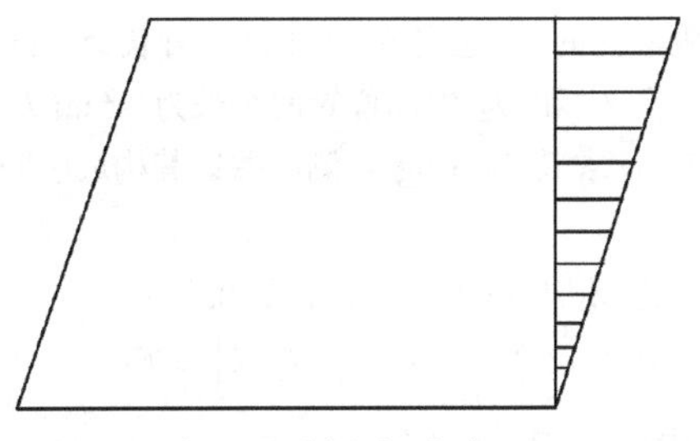

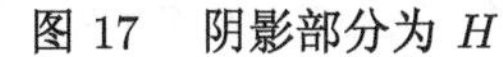
图 17 阴影部分为 H

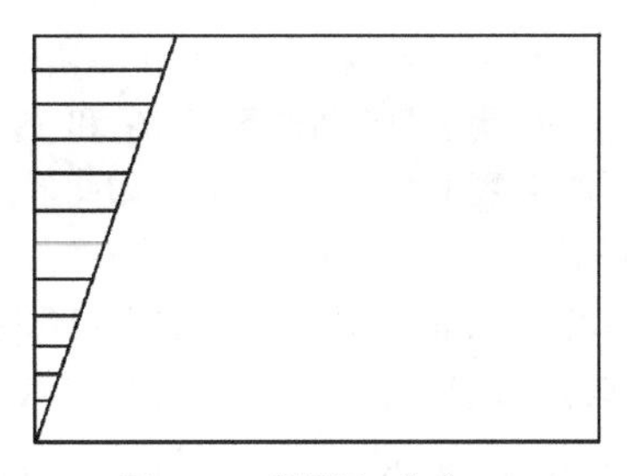

图 18 阴影部分为 K

现说明 G 和 H 是 Borel 集. 事实上, 设 x_j 属于 $(a_j, b_j](j > 1)$, 则

$$\begin{aligned}G &= \{y|a_1 < y_1 - y_2\} \cap \{y|y_1 \leqslant b_1 + a_2\}\\ &\quad - (T\{x|x_1 > a_1\}) \cap \{y|y_1 \leqslant b_1 + a_2\}\end{aligned}$$

且 $H = (T(a,b]) \setminus G$, 又知同胚将 Borel 集映为 Borel 集.

因 $(a,b]$ 的平移 $\{y|a_1 + a_2 < y_1 \leqslant b_1 + a_2\}$ 有 Borel 分解 $\{G, K\}$, 用有限加性得 $\mathfrak{m}(a,b] = \mathfrak{m}(G) + \mathfrak{m}(K)$. 又知 $\mathfrak{m}(T(a,b]) = \mathfrak{m}(G) + \mathfrak{m}(H)$, 由 Lebesgue 测度的平移不变性知 $\mathfrak{m}(H) = \mathfrak{m}(K)$. 这个过程示于以上两图: 先将图 17 中阴影部分 H 平移至左端变成图 18 得到 $(a,b]$ 的平移.

至此知诸初等变换 T 使 $\mathfrak{B}(\mathbb{R}^n)$ 上测度 $E \mapsto \mathfrak{m}T(E)$ 和 $E \mapsto |\det T|\,\mathfrak{m}(E)$ 限制在 $\mathcal{J}_n$ 上有限且相等, 这两者依 Carathéodory 扩张定理便相等. 以 $\mathfrak{B}(\mathbb{R}^n)$ 替换 2.3 节定理 7 中 $\mathcal{P}$ 和 $\mathcal{Q}$, 以 T 替换 f, 由 $\mathfrak{B}(\mathbb{R}^n)^* = \mathfrak{L}_n$ 得主结论. 由此得 (1).

(2) 因 $\mathbb{R}^n = \mathbb{R}^k \times \mathbb{R}^{n-k}$, 有正交阵 T 使 $L = T(\mathbb{R}^k \times \{0\})$. 因 $\{0\}$ 是 $\mathbb{R}^{n-k}$ 的单点集 (从而是 Lebesgue 零集), 根据定理 7 知 $\mathbb{R}^k \times \{0\}$ 是 $\mathbb{R}^n$ 的 Lebesgue 零集, 故

$$\mathfrak{m}(x + L) = \mathfrak{m}(L) = |\det T|\,\mathfrak{m}(\mathbb{R}^k \times \{0\}) = 0.$$

(3) 命 $T = [b_1, \cdots, b_n]$, 注意到 $F = b_0 + T(\mathbb{I}^n)$ 且 $|\mathbb{I}^n|_n = 1$ 即可. □

可见, Lebesgue(外) 测度在正交变换下保持不变.

例 3 命 $E = \{(x,y)|1 < x + y \leqslant 3, -1 \leqslant x - y < 2\}$, 这是平面 Borel 集且 $\mathfrak{m}(E) = 3$. 为此命 $T(x,y) = (x+y, x-y)$ 且 $F = (1,3] \times [-1,2)$, 得线性算子 T 和 Borel 集 F 使 $E = T^{-1}(F)$ 且 $\det T = -2$. 显然, $\mathfrak{m}(F) = 6$. □

练 习

习题 1 设 $x \in S(\subseteq [0,1))$ 有此特征: 在 x 的十进制标准表示中, 数字 3 出现时, 其第一次晚于数字 2 的第一次. 证明 S 是 Borel 集并求其 Lebesgue 测度.

习题 2 证明 1.1 节练习 4 中各集是 Borel 集并求其 Lebesgue 测度. 下设 $0 < r < 1$.

(1) 移去位于 $\mathbb{I}$ 中间且长为 r 的开区间, 在剩下两个闭区间 F_1 和 F_2 中间移去长为 $r\,\mathfrak{m}(F_i)$ 的开区间, 各剩下两个闭区间. 如此下去剩下一个 Cantor 型集 G_r, 求其 Lebesgue 测度.

(2) 设 $s = r/(1+2r)$ 且 J 是实轴中长度有限的区间, 移去位于 J 中间位置长为 $s\,\mathfrak{m}(J)$ 的开区间, 剩下两个等长区间 J_1 和 J_2. 移去各位于 J_1 和 J_2 中间位置两个长为 $s^2\,\mathfrak{m}(J)$ 的开区间, 各剩下两个等长区间. 如此下去剩个集 $J(r)$, 求其 Lebesgue 测度并证其构成区间都是退化的.

(3) 作 $\mathbb{R}$ 的 Borel 集 E 使非退化区间 T 都满足 $\mathfrak{m}(T\cap E)\,\mathfrak{m}(T\setminus E)>0$.

习题 3 证明 $\mathbb{G}+\mathbb{G}=[0,2]$ 且 $\mathbb{G}-\mathbb{G}=[-1,1]$ 及 $\left\{\sum\limits_{n\in\beta}2/3^{n+1}\Big|\beta\subseteq\mathbb{N}\right\}=\mathbb{G}$.

习题 4 设诸 $a_r>0$ 使 $\sum\limits_{r\in\mathbb{Q}}a_r$ 可和, 作实轴中开集 $B=\bigcup\limits_{r\in\mathbb{Q}}(r-a_r,r+a_r)$. 证明 B 是无界的, 但其 Lebesgue 测度是有限的. 当 E 是实轴中闭集时, $\mathfrak{m}(B\triangle E)>0$.

习题 5 是否有真含于 $\mathbb{I}^n$ 的闭集 F 使 $\mathfrak{m}(F)=1$?

(1) $\mathbb{I}^n$ 中 Lebesgue 测度为 1 的集列 $E_k(k\geqslant 1)$ 之交为 E, 求其 Lebesgue 测度.

(2) $\mathbb{I}^n$ 中交为 Lebesgue 零集的 Lebesgue 可测集列 $(E_i)_{i=1}^k$ 满足 $\sum\limits_{i=1}^k\mathfrak{m}(E_i)\leqslant k-1$.

(3) $\mathbb{I}^n$ 中 Lebesgue 可测集和非 Lebesgue 可测集各有 $2^{\aleph}$ 个.

(4) $\mathbb{I}^n$ 中有递减至空集的集列 $(E_k)_{k\geqslant 1}$ 使 $\inf\limits_{k\geqslant 1}\mathfrak{m}^*(E_k)>0$.

习题 6 当 r 是实数且 $E\subseteq\mathbb{R}^n$ 时, $\mathfrak{m}^*(rE)=|r^n|\,\mathfrak{m}^*(E)$.

习题 7 求平面上点集 $E:=\{(x,y)|x-y\in\mathbb{Q}\}$ 的 Lebesgue 测度.

习题 8 将平面闭三角形 M 分成四个全等三角形, 移去中间一个开三角形. 剩者各移去中间的开三角形. 如此下去, 剩下 `Sierpinski 三角形` E, 求其面积.

习题 9 作 $\mathbb{R}^n$ 的 Borel 集 F 使边长非零的区间 H 满足 $\mathfrak{m}(H\cap F)\,\mathfrak{m}(H\setminus F)>0$.

习题 10 在闭方体 $\mathbb{I}^n$ 中移去中间边长为 1/3 的开方体, 剩下 3^n-1 个等大闭方体. 移去它们中间边长为 $1/3^2$ 的开方体, 剩下 $(3^n-1)^2$ 个等大闭方体. 如此下去, 剩下集 E_n. 求其 Lebesgue 测度并用三进制数刻画其点. 称 E_2 为 `Sierpinski 地毯` 而 E_3 为 `Menger 海绵`.

习题 11 子集 $E\subseteq\mathbb{R}^n$ 是 Lebesgue 零集当且仅当 n 维区间 I 都使 $|E\cap I|_n^*\leqslant|I|_n/2$. 此时对于 $x\in\mathbb{R}^n$ 和 $r>0$, 有 $z\in\mathbb{R}^n\setminus E$ 使 $|z-x|<r$.

习题 12 (Brunn-Minkowski 不等式) 设 A 和 B 是 $\mathbb{R}^n$ 的 Lebesgue 可测集使 $A+B$ 也 Lebesgue 可测, 则 $|A|_n^{\frac{1}{n}}+|B|_n^{\frac{1}{n}}\leqslant|A+B|_n^{\frac{1}{n}}$.

习题 13 作 $\mathfrak{B}(\mathbb{R})$ 上测度 $\mu:E\mapsto|E\cap\mathbb{Q}|_0$, 它是全 σ-有限的. 它是否满足正则性?

2.5 可 测 映 射

集合与映射在不同的范畴中被赋予不同的名称. 两个集合具有同一类结构时, 与这类结构相容的映射就成了人们考察的重点对象.

2.5.1 可测性

当 $\mathcal{S}$ 是 X 上一个 σ-代数时, 称 $(X,\mathcal{S})$ 是个可测空间 而 $\mathcal{S}$ 中成员为 X 的可测集. 两个可测集之差是可测集; 可测集列之并与交、上限集与下限集是可测集. 将

$\mathcal{S}$ 视为 X 上可测结构, 不同 σ-代数对应不同可测结构. 在无混淆时, $(X,\mathcal{S})$ 可记为 X.

若将可测集与开集相类比, 那么与连续函数想类比的是什么呢?

定义 从可测空间 $(X,\mathcal{R})$ 至可测空间 $(Y,\mathcal{S})$ 的映射 f 是个**可测映射**指 Y 的可测集依 f 的原像集都是 X 的可测集 (即 $F\in\mathcal{S}\Rightarrow f^{-1}(F)\in\mathcal{R}$. 这根据好集原理只需要 $\mathcal{S}$ 的某个生成系 $\mathcal{Q}$ 中诸成员 F 之原像集 $f^{-1}(F)$ 为 X 的可测集).

(1) 当 $(Y,\mathcal{S})$ 还是 $(\overline{\mathbb{R}},\mathfrak{B})$ 或 $(\mathbb{E}^n,\mathfrak{B})$ 时, 称 f 是个**可测函数**.

(2) 当 X 和 Y 还都是 Borel 空间时, 称 f 是个 **Borel 映射**(例有连续映射).

(3) 当 f 可逆且其逆也可测时, 称 f 为一个可测同构. □

当 $A\subseteq X$ 时, 根据 2.2 节命题 4 知 $(A,\mathcal{S}\restriction A)$ 是个可测空间, 这称为 $(X,\mathcal{S})$ 的**子空间**. 包含映射 $\xi:A\to X$ 的可测性源自等式 $\xi^{-1}(F)=F\cap A$.

当 A 还是 X 的可测集时, 称 $(A,\mathcal{S}\restriction A)$ 为 $(X,\mathcal{S})$ 的**可测子空间**.

命题 1 (只与值域有关性) 映射 $f:X\to Y$ 是可测的当且仅当 X 至 $f(X)$ 的映射 $f_1:x\longmapsto f(x)$ 是可测的, 其中 $f(X)$ 为 Y 的子空间.

提示 记 $Z=f(X)$, 注意到 $f_1^{-1}(F\cap Z)=f^{-1}(F)$ 即可. □

常值映射 $\mathrm{cst}_b:X\to Y$ 是可测的. 此因 $f_1:X\to\{b\}$ 满足 $f_1^{-1}(\{b\})=X$.

例 1 将 $x\in[0,+\infty)$ 写成 3 进制标准数 $\cdots a_{-1}a_0.a_1a_2\cdots$, 命 $s_n(x)=a_n$, 则 s_n 是个 Borel 函数. 事实上, s_n 的值 j 只取于 $\{0,1,2\}$. 命 $k=j+1$, 则 $s_n^{-1}(\{j\})$ 为可列个互斥区间 $[\cdots a_{n-1}j,\cdots,a_{n-1}k)(a_i=0,1,2;i<n)$ 之并 (做加法时, 逢 3 进 1). □

有时以 $f:(X,\mathcal{R})\to(Y,\mathcal{S})$ 表示映射可测性依赖于特定的可测结构.

命题 2 (限制保持可测性) 可测映射 $f:(X,\mathcal{R})\to(Y,\mathcal{S})$ 的限制 $g:(A,\mathcal{R}\restriction A)\to(B,\mathcal{S}\restriction B)$ 都是可测的且诸 $F\subseteq Y$ 使 $A\cap f^{-1}(F)=g^{-1}(F\cap B)$.

证明 元素 x 属于 $g^{-1}(F\cap B)$ 当且仅当 x 属于 A 且 $f(x)$ 属于 F. □

诸映射 $f:(X,2^X)\to(Y,\mathcal{S})$ 和 $f:(X,\mathcal{R})\to(Y,\{\varnothing,Y\})$ 都是可测的.

命题 3 (复合保持可测性) 可测映射 $f:(X,\mathcal{R})\to(Y,\mathcal{S})$ 与 $g:(Y,\mathcal{S})\to(Z,\mathcal{T})$ 的复合 $gf:(X,\mathcal{R})\to(Z,\mathcal{T})$ 是个可测映射.

(1) 当 g 是可测函数时, gf 是可测函数.

(2) 两个 Borel 映射的复合是 Borel 映射.

提示 用等式 $(gf)^{-1}(F)=f^{-1}(g^{-1}(F))$ 及 g 和 f 的可测性即可. □

恒等映射 $\mathrm{id}:(X,\mathcal{R})\to(X,\mathcal{R})$ 是个可测同构; 可测同构之逆都是可测同构; 可测同构的复合是可测同构. 同一可测空间上可测同构全体便是个群.

在可测同构 $f:X\to Y$ 下, 可将可测空间 X 和 Y 等同起来.

命题 4 (可数黏接保持可测性) 设 $(X_i,\mathcal{R}_i)$ 是可测空间 $(X,\mathcal{R})$ 的可测子空间, 并且 $(Y_i,\mathcal{S}_i)$ 是可测空间 $(Y,\mathcal{S})$ 的子空间. 可数个可测映射 $f_i:X_i\to Y_i(i\in\beta)$ 黏

成的映射 $f: X \to Y$ 是可测映射.

证明 当 $F \subseteq Y$ 时, $f(x) \in F$ 当且仅当有个 i 使 $f(x) = f_i(x) \in Y_i \cap F$. 这得 $f^{-1}(F) = \bigcup\{f_i^{-1}(F \cap Y_i)|i \in \beta\}$. 当 F 是 Y 的可测集时, $f_i^{-1}(F \cap Y_i)$ 是 X_i 的可测集, 也是 X 的可测集. 因此 $f^{-1}(F)$ 是 X 的可测集. □

恒等映射 $\mathrm{id}: (\mathbb{R}^n, \mathfrak{L}_n) \to (\mathbb{R}^n, \mathfrak{B})$ 只是可测映射而非可测同构.

命题 5 (余导可测结构) 可测空间 $(X_i, \mathcal{R}_i)$ 至集合 X 的映射 $p_i (i \in \beta)$ 生成个可测空间 $(X, \mathcal{R})$ 使 $\mathcal{R} = \{E \subseteq X | p_i^{-1}(E) \in \mathcal{R}_i, i \in \beta\}$, 这也记为 $\bigwedge\limits_{i\in\beta} (p_i)_\bullet(\mathcal{R}_i)$.

(1) $\mathcal{R}$ 为 X 上使诸 p_i 可测的最大可测结构. 从 X 至可测空间 Y 的映射 f 在诸复合 fp_i 可测时是可测的.

(2) $X = \biguplus\limits_{i\in\beta} X_i$ 且 p_i 都为包含映射时, 称 $(X, \mathcal{R})$ 为 $(X_i, \mathcal{R}_i)(i \in \beta)$ 的*无交并可测空间*. 可记 $\mathcal{R} = \bigoplus\limits_{i\in\beta} \mathcal{R}_i$. 如 $(\mathbb{R}, \mathfrak{B})$ 是 $((n-1, n], \mathfrak{B})(n \in \mathbb{Z})$ 的无交并空间.

(3) 取商保持可测性: 可测空间 $(X, \mathcal{R})$ 和可测空间 $(Y, \mathcal{T})$ 上有等价关系且可测映射 $f: (X, \mathcal{R}) \to (Y, \mathcal{T})$ 保持等价关系时, *商空间之间*诱导映射 $\tilde{f}: (\tilde{X}, \tilde{\mathcal{R}}) \to (\tilde{Y}, \tilde{\mathcal{T}})$(符号见于 1.2 节习题 7) 是可测的, 其中 $\tilde{\mathcal{R}} = p_\bullet(\mathcal{R})$.

证明 (1) 前半部分依 $\mathcal{R}$ 的定义是显然成立的. 至于后半部分, 任取 Y 的可测集 H, 则

$$p_i^{-1}(f^{-1}(H)) = (fp_i)^{-1}(H),$$

后者属于 $\mathcal{R}_i$. 按 $\mathcal{R}$ 的定义知 $f^{-1}(H)$ 属于 $\mathcal{R}$.

(3) 任取 $\tilde{Y}$ 的可测集 F, 由 $\tilde{f}p = qf$ 知 $p^{-1}\tilde{f}^{-1}(F) = f^{-1}q^{-1}(F)$. 再由商可测空间的定义知 $\tilde{f}^{-1}(F)$ 是 $\tilde{X}$ 的可测集. □

以下命题讨论两个可测空间的乘积可测空间与截口的可测性.

命题 6 (截口保持可测性) 以 $(Z, \mathcal{T})$ 记乘积可测空间 $(X \times Y, \mathcal{R} \otimes \mathcal{S})$(对于 $E \in \mathcal{R}$ 和 $F \in \mathcal{S}$, 称 $E \times F$ 为 Z 的*可测矩形*), 则 $\mathcal{T}$ 是 Z 上使投影 $p: Z \to X$ 和 $q: Z \to Y$ 可测的最小 σ-代数, 而 Z 的可测集 G 的截口 G_a 和 G^b 分别是 Y 和 X 的可测集.

(1) 在 1.2 节 (I)(下同) 中, $\eta_a: V_a \to V$ 和 $\eta^b: V_b \to V$ 都是可测的.

(2) 可测映射 $f: V \to W$ 的截口 $f_a: V_a \to W$ 和 $f^b: V^b \to W$ 可测.

(3) 命 $\mathrm{rev}(x, y) = (y, x)$, 则对换 $\mathrm{rev}: X \times Y \to Y \times X$ 是可测同构.

(4) 对角线 $\mathrm{diag}_2 Y$ 是个可测集当且仅当诸可测空间 X 至 Y 的可测映射 f 的图像都是可测集.

证明 主结论源自 2.2 节命题 5 的主结论和 (4).

(1) 根据命题 2 可设 $V = Z$, 注意到 $\eta_a^{-1}(G) = G_a$ 和 $(\eta^b)^{-1}(G) = G^b$ 即可.

(2) 对于等式 $f_a = f \circ \eta_a$ 和 $f^b = f \circ \eta^b$ 用命题 3 即可.

(3) 由 $\mathrm{rev}(E\times F)=F\times E$ 得 $\mathrm{rev}(\mathcal{R}\odot\mathcal{S})=\mathcal{S}\odot\mathcal{R}$, 用好集原理即可.

(4) 必要性: 命 $h(x,y)=(f(x),y)$, 得映射 $h:X\times Y\to Y\times Y$ 使

$$h^{-1}(F_1\times F_2)=f^{-1}(F_1)\times F_2.$$

由好集原理知 h 是可测映射. 注意到 $\mathrm{gr}\, f=h^{-1}(\mathrm{diag}_2\, Y)$ 即可.

充分性: $\mathrm{diag}_2\, Y$ 是 Y 上恒等映射的图像. □

有可测空间 $(Y,\mathcal{S})$ 使 $Y\times Y$ 的对角线不可测, 例有 $(\{1,2\},\{\varnothing,\{1,2\}\})$.

命题 7 (诱导可测结构) 集合 Y 至可测空间 $(Y_i,\mathcal{T}_i)$ 的映射 $q_i(i\in\beta)$ 生成个可测空间 $(Y,\mathcal{T})$ 使 $\mathcal{T}$ 有生成系 $\{q_i^{-1}(H_i)|H_i\in\mathcal{T}_i,i\in\beta\}$, 这也记为 $\bigvee\limits_{i\in\beta}q_i^{\bullet}(\mathcal{T}_i)$ (这表示 $\mathcal{T}$ 为 Y 上使诸映射 $q_i(i\in\beta)$ 都可测的最小 σ-代数).

(1) 可测空间 X 至 Y 的映射 f 在诸复合 q_if 可测时是可测的.

(2) 当 $Y=\prod\limits_{i\in\alpha}Y_i$ 且诸 q_i 是投影时, $\mathcal{T}=\bigotimes\limits_{i\in\alpha}\mathcal{T}_i$. 称 $(Y,\mathcal{T})$ 为乘积可测空间.

(3) 置换 $(k_i)_{i\in\alpha}$ 确立 $\prod\limits_{i\in\alpha}Y_i$ 至 $\prod\limits_{i\in\alpha}Y_{k_i}$ 的可测同构 $(y_i)_{i\in\alpha}\mapsto(y_{k_i})_{i\in\alpha}$.

(4) 在 1.2 节 (II) 中, g 是可测的当且仅当其分量 g_i 都是可测的.

(5) 在 1.2 节 (II) 中, ξ_i^a 是可测的, 诸 f_i 是可测的当且仅当 f 是可测的.

证明 (1) 注意到 $f^{-1}(q_i^{-1}(H_i))=(q_if)^{-1}(H_i)$, 用好集原理即可.

(2) 根据 2.2 节命题 5, $\mathcal{T}$ 的生成系也生成 $\bigotimes\limits_{i\in\alpha}\mathcal{T}_i$. 由此得 (3).

(4) 充要条件源自 $q_ig=g_i$ 和 (1).

(5) 因 $q_j\xi_i^a(x_i)=a_j(j\neq i)$ 且 $q_i\xi_i^a(x_i)=x_i$, 故 $q_j\xi_i^a(j\in\beta)$ 总可测. 根据 (1) 知 ξ_i^a 可测. 由 $f_i=q_if\xi_i^a$ 得充分性. 由 $q_if=f_ip_i$ 和 (1) 得必要性. □

命题 5 和命题 7 可视为构造可测结构的对偶方法. 上述乘积可测空间 $(Y,\mathcal{T})$ 也记为 $\prod\limits_{i\in\alpha}(Y_i,\mathcal{T}_i)$, 以上 (4) 和 (5) 表明积与投影保持可测性.

2.5.2 带号函数

广义实轴有 Borel 集 B 当且仅当实轴有 Borel 集 $B\setminus\{\pm\infty\}$, 以后偶尔会用到广义实轴中Lebesgue 可测集E, 这表示实轴有 Lebesgue 可测集 $E\setminus\{\pm\infty\}$. 因此

$$\mathfrak{B}(\overline{\mathbb{R}})=\{A,A\cup\{+\infty\},A\cup\{-\infty\},A\cup\{\pm\infty\}|A\in\mathfrak{B}(\mathbb{R})\},$$

$$\mathfrak{L}(\overline{\mathbb{R}})=\{D,D\cup\{+\infty\},D\cup\{-\infty\},D\cup\{\pm\infty\}|D\in\mathfrak{L}(\mathbb{R})\}.$$

讨论带号函数 $f,h:X\to\overline{\mathbb{R}}$ 之间的关系常用如下集合

$(f;h]=\{(x,y)\in X\times\overline{\mathbb{R}}\,|f(x)<y\leqslant h(x)\}$, 它在 $b\in\overline{\mathbb{R}}$ 有截口 $\{f<b\leqslant h\}$.

$(f;h)=\{(x,y)\in X\times\overline{\mathbb{R}}\,|f(x)<y<h(x)\}$, 它在 $b\in\overline{\mathbb{R}}$ 有截口 $\{f<b<h\}$.

$[f;h)=\{(x,y)\in X\times\overline{\mathbb{R}}\,|f(x)\leqslant y<h(x)\}$, 它在 $b\in\overline{\mathbb{R}}$ 有截口 $\{f\leqslant b<h\}$.

$[f;h]=\{(x,y)\in X\times\overline{\mathbb{R}}\,|\,f(x)\leqslant y\leqslant h(x)\}$, 它在 $b\in\overline{\mathbb{R}}$ 有截口 $\{f\leqslant b\leqslant h\}$.

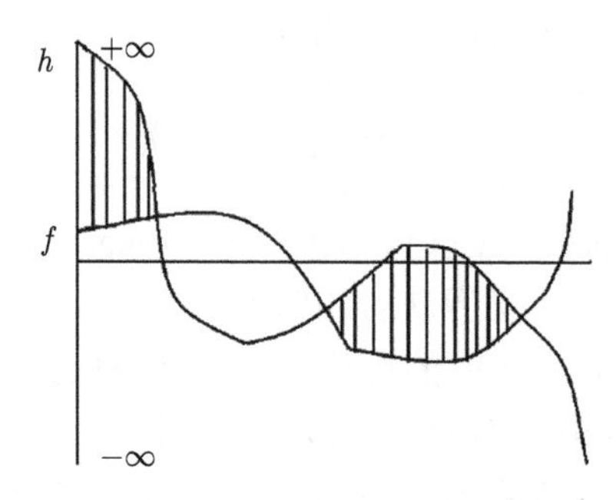

图 19　阴影部分为 $[f:h]$

定理 8　广义实轴上 $\mathbb{Q}$ 是序稠密集; 而 $\mathbb{R}$ 的序稠密集 D 都满足

$$(f;+\infty]=\bigcup_{r\in D}(\{f<r\}\times(r,+\infty]).\tag{0}$$

又 σ-环 $\mathfrak{B}(\overline{\mathbb{R}})$ 有些生成系: ① $\{(a,+\infty],\{-\infty\}|a\in D\}$; ② $\{[a,+\infty],\{-\infty\}|a\in D\}$; ③ $\{[-\infty,b),\{+\infty\}|b\in D\}$; ④ $\{[-\infty,b],\{+\infty\}|b\in D\}$.

证明　由附录 2 命题 14 得 $\mathbb{Q}$ 的序稠密性. 而 (0) 源自以下事实

$$f(x)<y\Leftrightarrow(\exists r\in D:f(x)<r<y).$$

现以④为例. 诸实数是 D 中某递减序列的极限, 可设 $D=\mathbb{R}$. 当 $a\leqslant b$ 时, $(a,b]=[-\infty,b]\setminus[-\infty,a]$. 因此 $\mathfrak{B}(\mathbb{R})\subseteq \mathrm{S}④$. 单点集 $\{-\infty\}$ 为区间列 $[-\infty,n](n\in\mathbb{Z})$ 之交, 它便属于 $\mathrm{S}④$. 因此 $\mathfrak{B}(\overline{\mathbb{R}})\subseteq\mathrm{S}④$. 显然, $\mathfrak{B}(\overline{\mathbb{R}})\supseteq\mathrm{S}④$. □

带号函数的可测性可用某个特定集的可测性来判断, 这见以下 (3a) 和 (3b).

定理 9　对于可测空间 X 和其上带号函数 f, 以下条件相互等价.

(1) f 是个可测函数. 此时其正部 f^+ 和负部 f^- 及绝对值 $|f|$ 都是可测函数.

(2a) 诸 $b\in\mathbb{Q}$ 使 X 有可测集 $\{f<b\}$(其补 $\{f\geqslant b\}$ 可测). 此时可要求 $b\in\overline{\mathbb{R}}$.

(2b) 诸 $b\in\mathbb{Q}$ 使 X 有可测集 $\{f>b\}$(其补 $\{f\leqslant b\}$ 可测). 此时可要求 $b\in\overline{\mathbb{R}}$.

(3a) 乘积空间 $X\times\overline{\mathbb{R}}$ 有可测集 $(f;+\infty]$(其补 $[-\infty;f]$ 可测).

(3b) 乘积空间 $X\times\overline{\mathbb{R}}$ 有可测集 $[-\infty;f)$(其补 $[f;+\infty]$ 可测).

(4a) 乘积空间 $X\times\mathbb{R}$ 有可测集 $(f;+\infty)$(其补 $(-\infty;f]$ 可测).

(4b) 乘积空间 $X\times\mathbb{R}$ 有可测集 $(-\infty;f)$(其补 $[f;+\infty)$ 可测).

证明　(1)⇒(2a): $\{f<b\}=f^{-1}[-\infty,b)$, 这是 Borel 集的原像集.

(2a)⇒(3a): $(f;+\infty]$ 为可数个可测集 $\{f<r\}\times(r,+\infty](r\in\mathbb{Q})$ 之并.

(3a)⇒(4a): 结论源自等式 $(f;+\infty)=(f;+\infty]\cap(X\times\mathbb{R})$.

(4a)⇒(2a): 可测集 $(f;+\infty)$ 在 b 处的截口 $\{f<b\}$ 是可测集.

(2a)⇒(1): 原像集 $f^{-1}\{+\infty\}$ 为可测集列 $\{f \geqslant n\}(n \in \mathbb{Z})$ 之交, 而 $f^{-1}[-\infty, b)$ 是可测集 $\{f < b\}$. 由好集原理得 f 的可测性. 类似可得 (1)⇔(2b)⇔(3b)⇔(4b).

最后, 注意到 $f^{\pm}$ 和 $|f|$ 各是连续函数 $t \mapsto t^{\pm}$ 和 $t \mapsto |t|$ 与 f 的复合即可. □

命题 10 设 $f_i : X \to \overline{\mathbb{R}}(i \in \beta)$ 都是可测函数, β 是可数的且必要时上定向.

(1) X 有分解 $\{\{f_i < f_j\}, \{f_i > f_j\}, \{f_i = f_j\}\}$, 其成员都是可测集.

(2) $X \times \overline{\mathbb{R}}$ 有可测集 $[f_i; f_j)$ 和 $[f_i; f_j]$ 及 $(f_i; f_j]$ 和 $(f_i; f_j)$.

(3) 函数 $f_i + f_j$ 和 $f_i - f_j$ 和 f_i/f_j 的定义域是可测集 (可为空集).

(4) 当 f 是 $\sup\limits_{i\in\beta} f_i$ 或 $\inf\limits_{i\in\beta} f_i$ 或 $\overline{\lim\limits_{i\uparrow\beta}} f_i$ 或 $\underline{\lim\limits_{i\uparrow\beta}} f_i$ 时, f 是可测函数.

(5) 当 f 是 $f_i + f_j$ 或 $f_i - f_j$ 或 $f_i f_j$ 或 f_i/f_j 时, f 是可测函数.

证明 (1) 因 $f_i(x) < f_j(x)$ 当且仅当有个 $r \in \mathbb{Q}$ 使 $f_i(x) < r < f_j(x)$, 故

$$\{f_i < f_j\} = \bigcup\{\{f_i < r\} \cap \{r < f_j\} | r \in \mathbb{Q}\}.$$

而 $\{f_i < f_j\}$ 与 $\{f_i > f_j\}$ 之并 $\{f_i \neq f_j\}$ 可测, 其补集 $\{f_i = f_j\}$ 便可测.

(2) 可测集 $[f_i; +\infty)$ 与 $[-\infty; f_j)$ 交成 $[f_i; f_j)$. 类似得其他集的可测性.

(3) 子集 $\{f_i = +\infty\} \cap \{f_j = -\infty\}$ 与子集 $\{f_i = -\infty\} \cap \{f_j = +\infty\}$ 之并集是 $f_i(x) + f_j(x)$ 无意义的 x 全体, 其补集是 $f_i + f_j$ 的定义域. 又 $f_i(x)/f_j(x)$ 无意义的 x 全体是 $\{f_j = 0\}$ 与 $\{|f_i| = +\infty\} \cap \{|f_j| = +\infty\}$ 之并集, 其补集是 f_i/f_j 的定义域.

(4) 在上确界情形, $f(x) > b$ 当且仅当有个 $i \in \beta$ 使 $f_i(x) > b$. 因此可数个可测集 $\{f_i > b\}(i \in \beta)$ 合并成 $\{f > b\}$. 在下确界情形, $\{f_i < b\}(i \in \beta)$ 合并成 $\{f < b\}$.

在上极限情形, 作可测函数 $g_i = \sup\{f_k | k \succsim i\}$, 则 $f = \inf\{g_i | i \in \beta\}$.

在下极限情形, 作可测函数 $g_i = \inf\{f_k | k \succsim i\}$, 则 $f = \sup\{g_i | i \in \beta\}$.

(5) 任取实数 b. 在和情形, 可数个可测集 $\{f_i < r\} \cap \{f_j < b - r\}(r \in \mathbb{Q})$ 合并成 $\{f < b\}$. 在差情形, $\overline{\mathbb{R}}$ 上有 Borel 函数 $\phi : t \mapsto -t$ 使 $f = f_i + (\phi \circ f_j)$.

在积情形, f^+ 和 f^- 各是 $f_i^+ f_j^+ + f_i^- f_j^-$ 和 $f_i^+ f_j^- + f_i^- f_j^+$. 由和差情形, 可设 f_i 和 f_j 都非负. 当 $b \leqslant 0$ 时, $\{f < b\} = \varnothing$; 当 $b > 0$ 时, $\{f < b\}$ 为以下可数个集

$$\{f_i = 0\}, \{f_j = 0\}, \{f_i < r\} \cap \{f_j < b/r\}(r \in \mathbb{Q}_+)$$

之并. 在商情形, $\overline{\mathbb{R}} \backslash \{0\}$ 上有 Borel 函数 $\psi : t \mapsto 1/t$ 使 $f = f_i(\psi \circ f_j)$. □

以上定理表明可测空间 $(X, \mathcal{S})$ 上带号可测函数全体 $L(X, \mathcal{S}, \overline{\mathbb{R}})$ 和实值可测函数全体 $L(X, \mathcal{S}, \mathbb{R})$ 是**可数完备序集**(上/下有界的可数子集有上/下确界的偏序集). 它们简记成 $L(X, \overline{\mathbb{R}})$ 和 $L(X, \mathbb{R})$, 不必完备, 如实轴上有非 Borel 集 E 且

$$\chi_E = \sup\{\chi_F | F \in \operatorname{fin} E\}.$$

命题 11　设 $X(\subseteq \overline{\mathbb{R}})$ 有下确界 a 和上确界 b. 递增函数 $f: X \to \overline{\mathbb{R}}$ 都能扩张成一个递增函数 $g: [a,b] \to \overline{\mathbb{R}}$ 使 $g(x) = \sup\{f(y)|X \ni y \leqslant x\}$(约定 $g(a) = \inf f(X)$).

(1) x 是 X 的左聚点时, $f(x-) = \sup\{f(z)|X \ni z < x\}$; 而 f 的左间断点 $x \in X$ 全体 L 是可数的且当 $X \ni z < x$ 时, $(f(x-), f(x)) \subseteq [f(z), f(x)]$.

(2) x 是 X 的右聚点时, $f(x+) = \inf\{f(z)|X \ni z > x\}$; 而 f 的右间断点 $x \in X$ 全体 R 是可数的且当 $X \ni z > x$ 时, $(f(x), f(x+)) \subseteq [f(x), f(z)]$.

(3) f 是 Borel 函数, 其间断点都是第一类的且至多有可列个. 特别当 $f(X)$ 为区间时, f 无间断点从而是连续的.

(4) X 是 $\overline{\mathbb{R}}$ 的 Borel 集时, f 将其 Borel 集 E 映为 Borel 集.

证明　易见 g 是递增的. 任取 $x \in X$. 当 $x = a$ 时, $g(x) = f(x)$; 当 $a < x \leqslant b$ 时, 命 $y = x$ 知 $g(x) = f(x)$. 因此 f 是 g 的限制.

(1) 当 $x_1 < x_2$ 时, $f(x_1) \leqslant f(x_2-)$. 因此 $(f(x-), f(x))(x \in L)$ 是一族互斥的非退化区间, 根据 1.3 节命题 2(4) 知 L 可数. 仿此得 (2).

(3) 由 (1) 和 (2) 得间断点性质. 这样 f 在间断集和其补上都是 Borel 函数, 又知可数黏接保持可测性.

(4) 注意到 $f = g|_X$ 及 $f(E) = g(E)$, 可设 $X = [a,b]$. 当 $f(z) < c$ 且 $a \leqslant x < z$ 时, $f(x) < c$. 故 $\{f < c\}$ 是区间 (这表明 f 是 Borel 函数). 命

$$
\begin{aligned}
Y &= \bigcup\{(f(x-), f(x)) \cup (f(x), f(x+))|x \in X\}, \\
Z &= \bigcup\{[f(x-), f(x)) \cup (f(x), f(x+)]|x \in X\}.
\end{aligned}
$$

它们至多有可列个构成区间, 从而是 Borel 集且相差个可数集.

记 $T = [f(a), f(b)] \setminus f(X)$. 任取 $c \in T$, 命 $x_0 = \sup\{f < c\}$ 及 $x_1 = \inf\{f > c\}$, 则 $x_0 = x_1$. 否则, 设 $x_0 < x < x_1$, 则 $c \leqslant f(x) \leqslant c$, 矛盾. 由 $f(x_0-) \leqslant c \leqslant f(x_0+)$ 及 $c \neq f(x_0)$ 知 c 在 Z 中, 因此 $T \subseteq Z$. 显然 $Y \subseteq T$, 可见 T 与 Z 相差个可数集, 从而 T 是个 Borel 集. 故 $f(X)$ 是个 Borel 集.

诸 $y \in \overline{\mathbb{R}}$ 使 $f^{-1}(\{y\})$ 是区间, 其中非退化者至多有可列个, 它们之并 A 便是 Borel 集. 像集 $f(A)$ 和 $f(E \cap A)$ 都可数, 从而是 Borel 集.

作 Borel 集 $B = X \setminus A$, 则 $f(X)$ 有分解 $\{f(A), f(B)\}$, 而 $f(B)$ 便是 Borel 集. 又知 f 的限制 $f_1: B \to f(B)$ 可逆, 其逆 $h: f(B) \to B$ 递增. 像集 $f(E \cap B)$ 等于 $h^{-1}(E \cap B)$, 从而是 Borel 集 [因此 h 是 Borel 同构].

最后, 注意到 $f(E)$ 有分解 $\{f(E \cap A), f(E \cap B)\}$ 即可. □

下整函数 $\lfloor \cdot \rfloor: \mathbb{R} \to \mathbb{R}$ 和上整函数 $\lceil \cdot \rceil: \mathbb{R} \to \mathbb{R}$ 都是递增的, 从而是 Borel 函数. 于是小数函数 $\langle \cdot \rangle: \mathbb{R} \to \mathbb{R}$ 是 Borel 函数. 这些函数的间断集是可列的.

2.5.3 复值函数

从 $\mathbb{C}^n\setminus\{0\}$ 至 $\mathbb{C}^n$ 的函数 $\operatorname{sgn}: z\mapsto z/|z|$ 连续因而是 Borel 函数. 补充定义 $\operatorname{sgn}0=0$ 后所得符号函数 $\operatorname{sgn}:\mathbb{C}^n\to\mathbb{C}^n$ 便是 Borel 函数.

实部 $\operatorname{re}:\mathbb{C}^n\to\mathbb{R}^n$ 与虚部 $\operatorname{im}:\mathbb{C}^n\to\mathbb{R}^n$ 都连续, 它们便是 Borel 函数.

命题 12 以下条件等价, 其中函数都定义在可测空间 $(X,\mathcal{S})$ 上且取复值.

(1) f 是个可测函数. 此时符号 $\operatorname{sgn}f$ 与绝对值 $|f|$ 是可测的.

(2) f 的实部 $\operatorname{re}f$ 与虚部 $\operatorname{im}f$ 都是可测函数. 此时共轭 $\overline{f}$ 是可测的.

(3) f 与 Borel 函数 ψ 的复合 ψf 都是可测函数.

(4) f 是某些可测函数 f_1 和 f_2 之和 $f_1\pm f_2$ 或积 f_1f_2 或商 f_1/f_2.

(5) f 是某列可测函数 $(f_n)_{n\geqslant1}$ 的点态极限 $\left(\text{或 Cauchy 和}\sum\limits_{n\geqslant1}f_n\right)$.

证明 将 $\mathbb{C}$ 与 $\mathbb{R}\times\mathbb{R}$ 等同起来使 f 与 $(\operatorname{re}f,\operatorname{im}f)$ 相同, 由积与投影保持可测性知 (1)⇔(2). 由命题 3 得 (1)⇒(3). 在 (3) 中命 ψ 是 $\mathbb{C}$ 上恒等映射得 (1).

(4)⇒(1): 命 $\phi(u_1,u_2)=u_1+u_2$, 得连续函数 $\phi:\mathbb{C}\times\mathbb{C}\to\mathbb{C}$ 使 $f_1+f_2=\phi\circ(f_1,f_2)$. 命 $\psi(u,b)=u/b$, 得连续函数 $\psi:\mathbb{C}\times\mathbb{C}\setminus\{0\}\to\mathbb{C}$ 使 $f_1/f_2=\psi\circ(f_1,f_2)$. 此时 f 与 Borel 函数 sgn 和 $|\cdot|$ 复合后可测.

(5)⇒(1): 因 $(\operatorname{re}f_n)_{n\geqslant1}$ 和 $(\operatorname{im}f_n)_{n\geqslant1}$ 各逼近 $\operatorname{re}f$ 和 $\operatorname{im}f$, 用命题 10 即可. □

函数网的收敛性不必保持可测性. 为此在实轴上取一个非 Borel 集 E, Borel 函数网 $(\chi_S)_{S\uparrow\operatorname{fin}E}$ 点态逼近非 Borel 函数 χ_E.

至此知代数运算保持可测性和连续性. 函数列的点态收敛性保持可测性, 连续函数都是 Borel 函数. 以 $L(X,\mathcal{S})$ 记可测空间 $(X,\mathcal{S})$ 上复值可测函数全体.

可导函数是连续的, 其导函数不必连续, 但还可测, 这见下例.

例 2 实轴开区间上可导函数 $f:(a,b)\to\mathbb{C}$ 的导函数 $f':(a,b)\to\mathbb{C}$ 是 Borel 函数. 为此将 f 扩张成 $(a,+\infty)$ 上 Borel 函数使 $x\geqslant b$ 时 $f(x)=0$, 则 (a,b) 上 Borel 函数列 $x\mapsto n(f(x+1/n)-f(x)):n\geqslant1$ 点态逼近 f'. □

归纳地知 n 阶可导者的 n 阶导数是 Borel 函数. 将开集 $M\subseteq\mathbb{R}^n$ 上 k 阶连续可导复值函数全体记为 $C^k(M)$. 将 M 上无限阶可导者简称*光滑函数*, 其全体记为 $C^\infty(M)$.

为以后定义积分, 下面推广分点组概念并讨论其性质.

命题 13 可测空间 X 的子集 E 的分解 $\mathcal{D}$ 为*可测分解*指 $\mathcal{D}$ 是可数的且其成员都是可测集. 可测集 E 都有个最小 [可测] 分解 $\{E\}$ 和最大分解 $\{\{x\}|x\in E\}$.

设 $\mathcal{P}$ 和 $\mathcal{P}'$ 是 E 的 [可测] 分解使诸 $D\in\mathcal{P}$ 有分解 $\{D'\in\mathcal{P}'|D'\subseteq D\}$, 称 $\mathcal{P}'$ 是 $\mathcal{P}$ 的*[可测]细分*并记为 $\mathcal{P}\lessdot\mathcal{P}'$ 或 $\mathcal{P}'\gtrdot\mathcal{P}$.

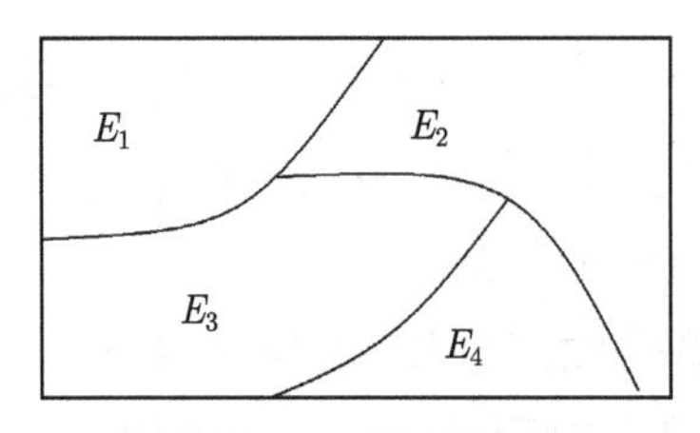

图 20　可测分解

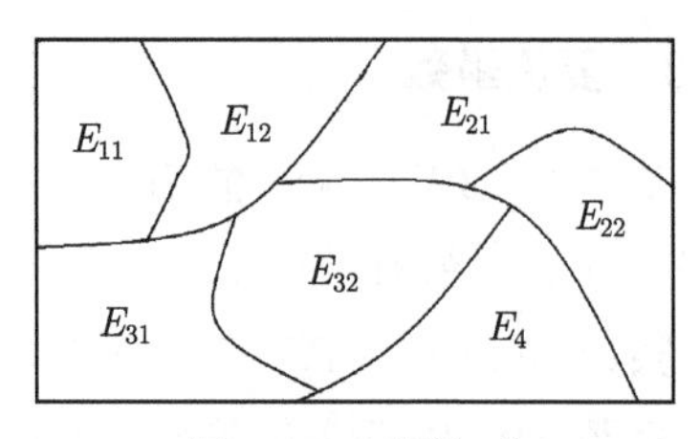

图 21　可测细分

自反性: $\mathcal{P} \lessdot \mathcal{P}$(此处 $\mathcal{P}$ 等都是 E 的 [可测] 分解).

反称性: $\mathcal{P}_1 \lessdot \mathcal{P}_2$ 且 $\mathcal{P}_2 \lessdot \mathcal{P}_1$ 时, $\mathcal{P}_1 = \mathcal{P}_2$.

传递性: $\mathcal{P}_1 \lessdot \mathcal{P}_2$ 且 $\mathcal{P}_2 \lessdot \mathcal{P}_3$ 时, $\mathcal{P}_1 \lessdot \mathcal{P}_3$.

上定向性: $\mathcal{P}_1$ 和 $\mathcal{P}_2$ 有个细分 $\mathcal{P}_1 \vee \mathcal{P}_2$ 使

$$\mathcal{P}_1 \vee \mathcal{P}_2 = \begin{cases} \{D_1 \cap D_2 | D_1 \in \mathcal{P}_1, D_2 \in \mathcal{P}_2\} \setminus \{\varnothing\}, & \varnothing \notin \mathcal{P}_1 \cup \mathcal{P}_2, \\ \{D_1 \cap D_2 | D_1 \in \mathcal{P}_1, D_2 \in \mathcal{P}_2\}, & \varnothing \in \mathcal{P}_1 \cup \mathcal{P}_2. \end{cases}$$

提示反称性　任取 $A \in \mathcal{P}_1$, 有 $B \in \mathcal{P}_2$ 使 $B \subseteq A$. 同样有 $A_1 \in \mathcal{P}_1$ 使 $A_1 \subseteq B$. 在 A 为空时, B 为空. 在 A 非空时, 可要求 B 和 A_1 都非空. 这样 $A_1 = A$, 故 $A = B$. 这样 $\mathcal{P}_1 \subseteq \mathcal{P}_2$. 类似有 $\mathcal{P}_2 \subseteq \mathcal{P}_1$. □

可见, [可测] 集的 [可测] 分解全体依细分关系既上定向又下定向. 请注意可测分解与划分的区别: 前者至多有可列个成员且某成员可为空集, 后者不限成员个数但所有成员非空. 一个非空集合的划分全体也依细分关系是上下定向集.

Borel 空间 $(\mathbb{R}, \mathfrak{B})$ 中 $\{1,2,3\}$ 有可测分解 $\{\{1,2\},\{3\}\}$ 及细分 $\{\{1\},\{2\},\{3\}\}$. 请注意, $\{\{x\}|x \in \mathbb{R}\}$ 不是可测分解, 因其成员超过可列个.

任何映射 $f: X \to Y$ 都给出 X 的一个分解 $\{f^{-1}(\{b\})|b \in \operatorname{ran} f\}$. 当 Y 上有加法运算且有零元时, f 形如 $\sum\limits_{b \in \operatorname{ran} f} b\chi_{\{f=b\}}$.

定理 14　可测空间 X 的子集 E 是可测集当且仅当其特征函数 χ_E 是可测函数 (特别地, Borel 空间中子集 E 是 Borel 集当且仅当 χ_E 是 Borel 函数).

(1) $f: X \to \mathbb{C}$ 是个值域可数的可测函数 (简称**可数值函数**)当且仅当有某个可测集的可测分解 $(E_i)_{i\in\beta}$ 和数组 $(b_i)_{i\in\beta}$ 使 $f = \sum\limits_{i\in\beta} b_i \chi_{E_i}$.

(2) $f: X \to \mathbb{C}$ 是个值域有限的可测函数 (简称**简单函数**) 当且仅当有数组 $(b_i)_{i\in\alpha}$ 和 [互斥] 可测集组 $(D_i)_{i\in\alpha}$ 使 α 有限且 $f = \sum\limits_{i\in\alpha} b_i \chi_{D_i}$.

(3) 简单/可数值函数的线性组合 $\sum\limits_{i=1}^{n} c_i f_i$ 与点态积 $f_1 f_2$ 都是简单/可数值函数. 简单/可数值函数 $f: X \to Y$ 与 Y 上任何函数 g 的复合 gf 是简单/可数值函数.

证明　充要条件源自 $(\chi_E)^{-1}(F)$ 的四种可能性: $\varnothing, E, X \setminus E$ 和 X.

(1) 只证充分性: 级数 $\sum\limits_{i\in\beta} b_i\chi_{E_i}(x)$ 中至多一项非零, 可设 $b_i(i\in\beta)$ 互异且 $E=X$. 显然, $f(X)=\{b_i|i\in\beta\}$ 且 $f^{-1}(B)$ 有可测分解 $\{E_i|b_i\in B\}$.

(2) 是 (1) 的特例, 在证明充分性时需要无交化.

(3) 显然, $\sum\limits_{i=1}^{n} c_i f_i$ 与 f_1f_2 及 gf 都可测且只取有限/可数个值. □

Dirichlet 函数是 Borel 集 $\mathbb{Q}$ 的特征函数, 因而是 Borel 函数.

例 3 例 1 中 s_n 是 Borel 简单函数 $\chi_{\{s_n=1\}}+2\chi_{\{s_n=2\}}$. 又将 $x\in(0,+\infty)$ 写成 3 进制无限数 $\cdots a_0.a_1\cdots$, 命 $b_n(x)=a_n$, 则 b_n 为 Borel 简单函数 $\chi_{\{b_n=1\}}+2\chi_{\{b_n=2\}}$. □

Riemann 函数是可数值 Borel 函数. 此因 $\mathbb{Q}$ 可数且 $R|_{\mathbb{J}}$ 为常值的.

下面利用分解和细分概念来讨论有关集函数的结论

定理 15 集环上规范的有限次加非负函数 $\sigma:\mathcal{R}\to\overline{\mathbb{R}}$ 诱导出全变差容度

$$\begin{aligned}\tau:E\mapsto&\sup\left\{\sum_{D\in\mathcal{T}}\sigma(D):\text{有限}\mathcal{T}\subseteq\mathcal{R},\biguplus\mathcal{T}\subseteq E\right\}\\=&\sup\left\{\sum_{D\in\mathcal{T}}\sigma(D):\text{可数}\mathcal{T}\subseteq\mathcal{R},\biguplus\mathcal{T}\subseteq E\right\}.\end{aligned}$$

(1) $\tau(E)=0$ 当且仅当 $\mathcal{R}\ni D\subseteq E$ 使 $\sigma(D)=0$.

(2) $\mathcal{R}$ 上容度 ν 满足 $\tau\leqslant\nu$ 当且仅当诸 $D\in\mathcal{R}$ 使 $\sigma(D)\leqslant\nu(D)$.

(3) σ 还满足可列次加性且 $\mathcal{R}$ 是 σ-环时, τ 是个测度 (此谓 σ 的全变差测度).

证明 所用集合都来自 $\mathcal{R}$. 设 E 有简单分解 $\{E_i|i\in\beta\}$, 当 $\mathcal{T}$ 取遍 E 的简单分解时, $\mathcal{T}\restriction E_i$ 取遍 E_i 的简单分解. 由 σ 的有限次加性与 τ 的定义知

$$\sum_{D\in\mathcal{T}}\sigma(D)\leqslant\sum_{D\in\mathcal{T}}\sum_{i\in\beta}\sigma(D\cap E_i)=\sum_{i\in\beta}\sum_{D\in\mathcal{T}}\sigma(D\cap E_i)\leqslant\tau(E).$$

因 E 的简单分解 $\mathcal{T}$ 全体是上定向的且 $\mathcal{T}\mapsto\sum\limits_{D\in\mathcal{T}}\sigma(D\cap E_i)$ 是递增的, 由级数形式的单调收敛定理上式关于 $\mathcal{T}$ 取上确界知 $\tau(E)\leqslant\sum\limits_{i\in\beta}\tau(E_i)\leqslant\tau(E)$.

(1) 易证.

(2) 必要性源自 $\sigma(D)\leqslant\tau(D)$. 充分性源自下式

$$\sum_{D\in\mathcal{T}}\sigma(D)\leqslant\sum_{D\in\mathcal{T}}\nu(D)=\nu\Bigg(\biguplus_{D\in\mathcal{T}}D\Bigg)\leqslant\nu(E).$$

(3) 在证明主结论时, 将简单分解换为成员数目至多可列的分解即可. □

收敛性可用集合算术来讨论, 这见于以下命题中 (3) 至 (7).

命题 16 所论函数都定义在集合 X 上且取复值, 作一致模 $\|f\|=\sup|f|(X)$.

(1) 函数网 $(f_i)_{i\uparrow\beta}$ 一致逼近 f 当且仅当 $\lim\limits_{i\uparrow\beta}\|f_i-f\|=0$.

(2) 函数网 $(f_i)_{i\uparrow\beta}$ 一致收敛当且仅当 $\lim\limits_{i,j\uparrow\beta}\|f_i-f_j\|=0$.

(3) 在子集 A 上, $(f_i)_{i\uparrow\beta}$ 一致逼近 f 当且仅当有 β 中序列 $(k_n)_{n\geqslant 1}$ 使

$$A\subseteq\big\{|f_i-f|<2^{-n}\big\}(n\geqslant 1;i\succsim k_n).$$

(4) 在子集 A 上, $(f_i)_{i\uparrow\beta}$ 一致收敛当且仅当有 β 中序列 $(k_n)_{n\geqslant 1}$ 使

$$A\subseteq\big\{|f_i-f_j|<2^{-n}\big\}(n\geqslant 1;i,j\succsim k_n).$$

(5) 当 A 只有一个点 x 时, (3) 讨论了极限 $\lim\limits_{i\uparrow\beta}f_i(x)=f(x)$.

(6) 使 $(f_i(x))_{i\uparrow\beta}$ 收敛于 $f(x)$ 的 x 全体是 $\bigcap\limits_{n\in\mathbb{N}}\bigcup\limits_{j\in\beta}\bigcap\limits_{i\succsim j}\big\{|f_i-f|<2^{-n}\big\}$.

(7) 使 $(f_i(x))_{i\uparrow\beta}$ 收敛的 x 全体是 $\bigcap\limits_{n\in\mathbb{N}}\bigcup\limits_{k\in\beta}\bigcap\limits_{i,j\succsim k}\big\{|f_i-f_j|<2^{-n}\big\}$.

提示　以 (4) 为例. 函数网 $(f_i)_{i\uparrow\beta}$ 于子集 A 一致逼近 f 当且仅当

$$\forall n\in\mathbb{N},\ \exists k\in\beta,\ \forall i\succsim k,\ x\in A\Rightarrow|f_i(x)-f(x)|<2^{-n}.$$

注意到到集合算术 $\subseteq,\cap,\cup$ 与逻辑符号 $\Rightarrow,\forall,\exists$ 的对应关系即可. □

例 4　设 $g:A\times Y\to\mathbb{C}$ 是个连续函数且 A 是个紧空间, 则 $\lim\limits_{y\to y_0}g(x,y)=g(x,y_0)$ 关于 $x\in A$ 是一致的. 事实上, 由连续性的定义得 A 的开覆盖 $\{U_i|i\in\beta\}$ 和 y_0 的邻域族 $\{V_i|i\in\beta\}$ 恒使 $\sup\{|g(z_1)-g(z_2)|:z_j\in U_i\times V_i\}\leqslant\varepsilon$. 可设 β 有限, 则 y_0 有邻域 $V=\bigcap\limits_{i\in\beta}V_i$ 使 $\sup\{|g(x,y)-g(x,y_0)|:x\in A,y\in V\}\leqslant\varepsilon$. □

下例提供了一个有趣现象, 它展示的原理将讨论于下一节.

例 5　区间 $[0,1)$ 上函数列 $(g_n:x\mapsto x^n)_{n\geqslant 1}$ 点态逼近函数 $g:x\mapsto 0$, 但不一致收敛. 当 $0<r<1$ 时, $(g_n)_{n\geqslant 1}$ 在 $[0,r)$ 上一致逼近 g. 此因诸 $x\in[0,r)$ 使 $x^n\leqslant r^n$. □

练　　习

习题 1　常值映射 $\mathrm{cst}_b:X\to Y$ 将可测集映为可测集当且仅当 $\{b\}$ 是 Y 的可测集.

习题 2　从 X 至可测空间 Y 的映射全体 Y^X 上乘积可测结构为诸赋值映射 $\mathrm{ev}_a:Y^X\to Y(a\in X)$ 可测的最小可测结构.

习题 3　可测空间 $(X,\mathcal{S})$ 的子空间 $(A,\mathcal{S}\restriction A)$ 是由包含映射 $\xi:A\to X$ 诱导的.

习题 4　设可测空间 $(X,\mathcal{S})$ 中 $\mathcal{S}$ 是可数生成的 σ-环, 则有 Cantor 集 $\mathbb{G}$ 的子集 Y 和满的可测映射 $f:(X,\mathcal{S})\to(Y,\mathfrak{B})$ 使 X 的可测集的像是 Borel 集且 $\{f^{-1}(y)|y\in Y\}$ 为 X 的原子全体.

习题 5　作单位圆周$\mathbb{T}=\{z\in\mathbb{C}:|z|=1\}$, 它在 $a<b$ 时有开弧 $\{\exp(\mathrm{i}\,t)|a<t<b\}$.

(1) 将 $\mathbb{T}$ 视为 $\mathbb{C}$ 的子空间, 它是紧空间且开弧是其开集.

(2) 单位圆周 $\mathbb{T}$ 上任何开集都是可数个互斥开弧的并集.

(3) 从 $(0, 2\pi]$ 至 $\mathbb{T}$ 的映射 $\psi : t \mapsto \exp(\mathrm{i}\, t)$ 是 Borel 同构.

习题 6 设 Y 是第二可数的分离空间, 则可测映射 $f : (X, \mathcal{M}) \to (Y, \mathfrak{B})$ 的图像 $\mathrm{gr}\, f$ 是乘积可测空间 $(X \times Y, \mathcal{M} \otimes \mathfrak{B})$ 的可测集.

习题 7 函数 $f : X \to \overline{\mathbb{R}}$ 可测当且仅当函数 f^2 可测并且 $\{f > 0\}$ 是可测集.

习题 8 可加的广义实数对 (x, y) 全体 X 是乘积空间 $\overline{\mathbb{R}} \times \overline{\mathbb{R}}$ 的 Borel 集, 加法 $f : X \to \overline{\mathbb{R}}$ 是连续函数. 证明乘法 $g : \overline{\mathbb{R}} \times \overline{\mathbb{R}} \to \overline{\mathbb{R}}$ 是 Borel 函数但不连续.

习题 9 设 $f_i (i \in \alpha)$ 是拓扑空间 X 上一些带号函数. 当 f_i 都连续时, $\sup\limits_{i \in \alpha} f_i$ 和 $\inf\limits_{i \in \alpha} f_i$ 是 Borel 函数. 这结论在诸 f_i 仅为 Borel 函数时成立吗?

习题 10 如果 $g, f : X \to \mathbb{C}$ 是可测函数, 试证明, $\exp \circ f$ 与 $\sqrt{|f|^2 + |g|^2}$ 是可测函数. 如果 $p > 0$, 则 $|f|^p$ 也是可测函数.

习题 11 设 $f : \mathbb{C} \to \mathbb{C}$ 是 Borel 函数. 记 $\mathbb{C}^\times = \mathbb{C} \setminus \{0\}$, 试证明

(1) 函数 $(x, y) \mapsto f(x + y)$ 是 $\mathbb{C}^2$ 上 Borel 函数.

(2) 函数 $(x, y) \mapsto f(xy)$ 是 $\mathbb{C}^2$ 上 Borel 函数.

(3) 函数 $(x, y) \mapsto f(x/y)$ 是 $\mathbb{C} \times \mathbb{C}^\times$ 上 Borel 函数.

(4) 函数 $(x, y) \mapsto f(|x|^2 + |y|^2)$ 是 $\mathbb{C} \times \mathbb{C}$ 上 Borel 函数.

(5) 函数 $(x, y) \mapsto f(x \vee y)$ 是 $\mathbb{R} \times \mathbb{R}$ 上 Borel 函数.

(6) 函数 $(x, y) \mapsto f(x \wedge y)$ 是 $\mathbb{R} \times \mathbb{R}$ 上 Borel 函数.

习题 12 两个可测空间是可测同构的当且仅当它们各与对方的某个可测子空间是可测同构的. 以下陈述是否正确? 正确者为Cantor-Bernstein 型定理.

(1) 两个三角形相似当且仅当它们各相似于对方的一个子三角形.

(2) 两个群同构当且仅当它们各同构于对方的一个子群.

(3) 两个线性空间同构当且仅当它们各同构于对方的一个线性集.

(4) 两个偏序集同构当且仅当它们各同构于对方的一个子集.

(5) 两个拓扑空间同胚当且仅当它们各同胚于对方的一个子空间.

习题 13 证明 $\mathbb{R}^n$ 和 $\overline{\mathbb{R}}^n$ 都与 Cantor 三分集 Borel 同构.

习题 14 使 X 上函数族 $f_i (i \in \alpha)$ 为可测函数的 X 上最小 σ-代数称为 $f_i (i \in \alpha)$ 生成的 σ-代数, 这记为 $\sigma\{f_i | i \in \alpha\}$. 求实轴上以下各函数族生成的 σ-代数.

(1) 符号函数 $\operatorname{sgn} x$ 和下整函数 $\lfloor x \rfloor$ 及取小数函数 $\langle x \rangle$.

(2) 正弦函数 $\sin x$ 和指数函数 $\exp x$.

(3) 周期为 2π 的函数全体.

(4) 周期为 2π 的连续函数全体.

2.6 函数序列

本节讨论简单函数的作用与测度空间上函数列的诸种收敛性. 请注意, 除非对值域有特别要求, 本节某些结论在函数取值于某些向量空间的 Borel 集时也成立.

这种推广为某些证明带来便利.

2.6.1　与测度无关的收敛性

可测函数类比于连续函数时, 与多项式相类比的函数是什么?

定理 1(简单逼近)　对于可测空间 X 上广义实值或复值可测函数 f, 有点态逼近 f 的简单函数列 $(f_n)_{n\geqslant 1}$ 使 $(|f_n|)_{n\geqslant 1}$ 递增至 $|f|$.

(1) 若 $f\geqslant 0$, 则有正数列 $(c_n)_{n\geqslant 1}$ 与可测集列 $(X_n)_{n\geqslant 1}$ 使 $f=\sum\limits_{n\geqslant 1}c_n\chi_{X_n}$.

(2) 若 $\sup|f|(X)$ 有限, 可要求上述收敛是一致的而级数一致可和.

证明　在非负值情形, 作可测集 $E_{nk}=\{k-1\leqslant 2^n(f\wedge 2^n)<k\}$ 和可测函数

$$f_n:x\mapsto\sum_{k\geqslant 1}\frac{k-1}{2^n}\chi_{E_{nk}}(x)=\frac{\lfloor 2^n(f(x)\wedge 2^n)\rfloor}{2^n}.$$

由 $0\leqslant 2^n(f\wedge 2^n)\leqslant 4^n$ 知 f_n 只取有限个值, 因此 f_n 是简单函数.

由 $2\lfloor 2^n(y\wedge 2^n)\rfloor\leqslant 2^{n+1}(y\wedge 2^{n+1})$ 知 $2\lfloor 2^n(y\wedge 2^n)\rfloor\leqslant\lfloor 2^{n+1}(y\wedge 2^{n+1})\rfloor$. 因此, $f_n(x)\leqslant f_{n+1}(x)$. 若 $f(x)=+\infty$, 则 $f_n(x)=2^n$; 若 $f(x)<+\infty$, 则 $2^n>f(x)$ 时

$$\lfloor 2^nf(x)\rfloor\leqslant 2^nf(x)<\lfloor 2^nf(x)\rfloor+1,$$

故 $0\leqslant f(x)-f_n(x)<1/2^n$. 总之, $(f_n)_{n\geqslant 1}$ 递增至 f.

显然, $f=f_0+\sum\limits_{n\geqslant 1}(f_n-f_{n-1})$ 且 f_n-f_{n-1} 都是非负简单函数, 这得 (1).

在带号情形, 各取递增至正部 f^+ 和负部 f^- 的非负简单函数列 $(g_n)_{n\geqslant 1}$ 和 $(h_n)_{n\geqslant 1}$. 由 $g_nh_n\leqslant f^+f^-$ 知 $g_nh_n=0$, 命 $f_n=g_n-h_n$, 则 $|f_n|=g_n+h_n$. 故 $(f_n)_{n\geqslant 1}$ 满足要求.

在复值情形, 有简单函数列 $(f_n)_{n\geqslant 1}$ 使 $(\mathrm{re}\,f_n)_{n\geqslant 1}$ 和 $(\mathrm{im}\,f_n)_{n\geqslant 1}$ 各逼近 $\mathrm{re}\,f$ 与 $\mathrm{im}\,f$ 且 $(|\mathrm{re}\,f_n|)_{n\geqslant 1}$ 与 $(|\mathrm{im}\,f_n|)_{n\geqslant 1}$ 都递增. 由 $|f_n|^2=(\mathrm{re}\,f_n)^2+(\mathrm{im}\,f_n)^2$ 知 $(|f_n|)_{n\geqslant 1}$ 递增.

(2) 在证明非负情形时, 诸 $n>\sup f(X)$ 使 $0\leqslant f-f_n<1/2^n$.

在带号情形, 可要求 $(g_n)_{n\geqslant 1}$ 和 $(h_n)_{n\geqslant 1}$ 各一致逼近 f^+ 和 f^-.

在复值情形, 可要求 $(\mathrm{re}\,f_n)_{n\geqslant 1}$ 和 $(\mathrm{im}\,f_n)_{n\geqslant 1}$ 各一致逼近 $\mathrm{re}\,f$ 和 $\mathrm{im}\,f$. □

以上结论体现了简单函数全体在点态收敛拓扑下于可测函数空间的稠密性, 这可对比于闭区间上多项式全体于连续函数空间依一致收敛拓扑的稠密性.

现在讨论Lebesgue 可测函数 $f:X\to Y$, 这表示 X 是 $\mathbb{R}^n$ 的 Lebesgue 可测集而 Y 是广义实轴或复数域且其 Borel 集 B 的原像集 $f^{-1}(B)$ 都是 Lebesgue 可测集.

命 $\mathfrak{L}(X)=\{A\in\mathfrak{L}_n|A\subseteq X\}$, 将 $(X,\mathfrak{L}(X))$ 记为 $(X,\mathfrak{L})$ 且称为Lebesgue 可测空间. 如 $E\subseteq X$ 的特征函数 χ_E 是个 Lebesgue 可测函数当且仅当 E 是个 Lebesgue

可测集. Lebesgue 可测集 X 的 (相对于 X 的)Borel 集是 Lebesgue 可测集, X 上 Borel 函数便是 Lebesgue 可测函数. 因有非 Lebesgue 可测集 E, 便有非 Lebesgue 可测函数 χ_E; 因有非 Borel 集的 Lebesgue 可测集 F, 便有非 Borel 可测的 Lebesgue 可测函数 χ_F.

考察 Dirichlet 函数 $\chi_{\mathbb{Q}}$, 它是 Lebesgue 可测函数, 但无连续点. 它于有理数集和无理数集的限制都是常值的, 常值函数都是连续的. 取 $a_r > 0$ 使 $\sum\limits_{r\in\mathbb{Q}} 2a_r < \delta$ 并作开集 $V = \bigcup\limits_{r\in\mathbb{Q}} (r - a_r, r + a_r)$, 则 $|V|_1 < \delta$. Dirichlet 函数于闭集 $\mathbb{R} \setminus V$ 的限制是连续的.

这个例子的最后结论不是偶然的, 它有以下理论依据.

定理 2 (Лузин, 1913) 设 f 是 Lebesgue 可测集 X 上带号或复值 Lebesgue 可测函数. 当 $\delta > 0$ 时, 有含于 X 的闭集 E 使 $\mathfrak{m}(X \setminus E) < \delta$ 且限制 $f|_E$ 是连续的.

证明 在 f 简单时, 它形如 $c_1\chi_{X_1} + \cdots + c_k\chi_{X_k}$ 使 $\{X_1, \cdots, X_k\}$ 可测分解 X. 根据 2.4 节定理 1, 有含于 X_i 的闭集 A_i 使 $\mathfrak{m}(X_i \setminus A_i) < \delta/k$. 作闭集 $E = A_1 \uplus \cdots \uplus A_k$, 则 $\mathfrak{m}(X \setminus E) < \delta$. 任取 $x \in E$, 可设 $x \in A_i \subset B$, 其中开集 B 是闭集 $\bigcup\{A_j | j \neq i\}$ 的补集. 设 $r > 0$ 使 $\mathrm{O}(x, r) \subseteq B$. 任取 $z \in E$ 使 $|z - x| < r$, 则 z 属于 A_i 而 $f(z) = f(x)$. 这样 $f|_E$ 连续 (又它在诸闭集 A_i 上取常值而连续, 还可用拓扑学的黏接引理).

一般地, 用 1.1 节例 5 中符号知 $f|_E$ 是连续的当且仅当 $(h \circ f)|_E$ 是连续的. 因此可设 $\sup |f|(X) < +\infty$. 取一致逼近 f 的简单函数列 $(f_k)_{k\geqslant 1}$ 和含于 X 的闭集列 $(E_k)_{k\geqslant 1}$ 使得 $\mathfrak{m}(X \setminus E_k) < \delta/2^k$ 且 $f_k|_{E_k}$ 连续. 作闭集 $E = E_1 \cap E_2 \cap \cdots$, 则 $\mathfrak{m}(X \setminus E) < \delta$ 且诸 $f_k|_E$ 是连续的. 一致收敛保持连续性, 故 $f|_E$ 是连续的. □

需要注意, 这个定理没说 $x \in E$ 是 f 的连续点而只说 x 是限制 $f|_E$ 的连续点

$$\forall \varepsilon > 0,\ \exists \delta > 0,\ \forall z \in E : |z - x| < \delta \Rightarrow |f(z) - f(x)| < \varepsilon.$$

例 1 函数 $f : \mathbb{R} \to \mathbb{C}$ 是连续的一个充分条件是它为 Lebesgue 可测的且可加的

$$f(x + y) = f(x) + f(y), \quad \{x, y\} \subseteq \mathbb{R}.$$

为此, 由Лузин定理取一个闭集 $E \subseteq [-1, 1]$ 使 $\mathfrak{m}(E) > 1$ 且 f 限制在 E 上连续 (从而一致连续). 根据 2.4 节定理 3 得 $r > 0$ 使 $(-r, r) \subseteq E - E$.

对于 $\varepsilon > 0$, 设 $0 < \delta < r$ 使 $y, z \in E$ 且 $|y - z| < \delta$ 时, $|f(y) - f(z)| < \varepsilon$. 设 $|x_1 - x_2| < \delta$, 取 $y, z \in E$ 使 $x_1 - x_2 = y - z$. 因此 $|f(x_1) - f(x_2)| < \varepsilon$.

(1) 现证 $f(x) = xf(1)$. 由 $f(0) = 2f(0)$ 知 $f(0) = 0$. 由 $f(-x + x) = 0$ 知 $f(-x) = -f(x)$. 当 k 为整数时, $f(kx) = kf(x)$. 当 $k \neq 0$ 时, 以 x/k 替换 x 得

$f(x/k) = f(x)/k$. 当 l 是整数时, 以 l 替换 x 得 $f(l/k) = lf(1)/k$. 任何实数 x 可被一列有理数 $(x_n)_{n\geqslant 1}$ 逼近, 对 $f(x_n) = x_n f(1)$ 取极限即可.

(2) 构造些非 Lebesgue 可测函数. 将 $\mathbb{R}$ 看成有理数域上线性空间, 它根据 1.2 节命题 8 有个基 B. 每个 $x \in \mathbb{R}$ 形如 $\sum\limits_{b\in B} f_b(x)b$ 使系数 $f_b(x)$ 都是有理数且系数非零的项数有限. 非常数函数 $f_b : \mathbb{R} \to \mathbb{R}$ 的值域不是区间, 它不连续.

算得 $f_b(x+y) = f_b(x) + f_b(y)$. 因此, f_b 非 Lebesgue 可测函数. □

基于拓扑学的 Tietze 扩张定理, 可重写Лузин定理的结论: 有 X 上连续函数 g 使 $\mathfrak{m}\{f \neq g\} < \delta$ 且 $\sup|g|(X) \leqslant \sup|f|(X)$. 下面陈述一般Лузин定理: 设 X 是 σ-紧的局部紧空间而 μ 是 X 上正则 Borel 测度, f 是 X 上 Borel 函数而 $\delta > 0$, 则有 X 的闭集 E 使 $\mu(X \setminus E) < \delta$ 且 $f|_E$ 是连续函数. 这里 f 可以取值于某些向量空间.

Лузин定理将函数的可测性与连续性联系起来了, 因而是个深刻结论.

命题 3 (因子分解定理) 设有可测空间之间映射 $h_i : (X, \mathcal{S}) \to (X_i, \mathcal{S}_i)$ 使

$$\mathcal{S} = \mathtt{S}(\{h_i^{-1}(E_i) | E_i \in \mathcal{S}_i, i \in \gamma\}).$$

对于可数集 $\beta \subseteq \gamma$, 作可测空间 $(X_\beta, \mathcal{S}_\beta) = \prod\limits_{i\in\beta}(X_i, \mathcal{S}_i)$ 和 X 至 X_β 的可测映射 $h_\beta : x \mapsto (h_i(x))_{i\in\beta}$. 命 Z 是 $\overline{\mathbb{R}}$ 或 $\mathbb{C}$, 设 $A_j (j \in \alpha)$ 是可数个可数集, 则可数个可测函数 $f_j : X \to Z^{A_j} (j \in \alpha)$ 都形如复合函数 $g_j h_\beta$ 使 β 是个可数集而诸 $g_j : X_\beta \to Z^{A_j}$ 是可测函数.

证明 作 σ-环 $[\beta] = \mathtt{S}(\{h_i^{-1}(E) | E \in \mathcal{S}_i, i \in \beta\})$, 它们是可数定向的. 根据 2.2 节命题 2(5) 知 $\mathcal{S} = \bigcup\{[\beta] | \beta \in \operatorname{ctm}\gamma\}$. 设 $p_i : X_\beta \to X_i$ 是向第 i 个分量的投影, 则 $h_i = p_i h_\beta$. 于是 $h_i^{-1}(F_i) = h_\beta^{-1} p_i^{-1}(F_i)$, 从而 $[\beta] = \{h_\beta^{-1}(E) | E \in \mathcal{S}_\beta\}$.

事实: 当 $f_j = g_j h_{\beta_j}$ 时, 命 $\beta = \bigcup\limits_{j\in\alpha} \beta_j$ 且 $q_j : X_\beta \to X_{\beta_j}$ 是自然投影, 则 $f_j = (g_j q_j) h_\beta$. 若 $A = \biguplus\limits_{j\in\alpha} A_j$ 且 $f = (f_j)_{j\in\alpha}$, 则 $f = g h_\beta$ 当且仅当诸 $f_j = g_j h_\beta$.

根据以上事实, 说明可测函数 $f : X \to Z^A$ 形如 $g h_\beta$ 即可. 因 $f = (f_a)_{a\in A}$, 可设 A 是单点集. 当 f 是实值简单函数 $\sum\limits_{k=1}^{n} c_k \chi_{E_k}$ 时, 诸 E_k 落于某个 $[\beta_k]$. 命 $\beta = \bigcup\limits_{k=1}^{n} \beta_k$, 则诸 E_k 属于 $[\beta]$, 它便形如 $h_\beta^{-1}(B_k)$ 使 B_k 属于 $\mathcal{S}_\beta$. 命 $g = \sum\limits_{k=1}^{n} c_k \chi_{B_k}$ 即可.

在 f 带号时, 它被某实值简单函数列 $(f_n)_{n\geqslant 1}$ 点态逼近. 由以上情形, 诸 f_n 形如 $g_n h_{\beta_n}$. 由上述事实, 可设 $\beta_n (n \geqslant 1)$ 等于 β. 命 $g = \varlimsup\limits_{n\to\infty} g_n$, 则

$$g(h_\beta(x)) = \varlimsup_{n\to\infty} g_n(h_\beta(x)) = \lim_{n\to\infty} (g_n h_\beta)(x) = f(x).$$

若 f 还是有限值的, 命 $B=\{|g|<+\infty\}$, 将 g 换为 $g\chi_B$ 即可.

在复值情形, $\operatorname{re} f=g_1h_{\beta_1}$ 且 $\operatorname{im} f=g_2h_{\beta_2}$. 可设 $\beta_1=\beta_2$ 及 $g=g_1+\mathrm{i}\,g_2$. □

2.6.2 与测度有关的收敛性

当 $\mathcal{S}$ 是 X 上一个 σ-代数而 μ 是其上一个测度时, 称 $(X,\mathcal{S},\mu)$ 或 (X,μ) 是个**测度空间**, 诸 $E\subseteq X$ 有外测度 $\mu^*(E)=\min\{\mu^*(H)|E\subseteq H\in\mathcal{S}\}$. 所谓全 [$\sigma$-] 有限或完全测度空间乃指其中测度有相应性质, 如 Lebesgue 测度空间$(X,\mathfrak{L}(X),\mathfrak{m})$ 是全 σ-有限的完全测度空间. 在 1 维 Lebesgue 测度空间上, $\chi_{\mathbb{Q}}$ 在 Lebesgue 零集 $\mathbb{Q}$ 外为常值.

一般地, 与测度空间 (X,μ) 的点 x 有关的命题 P_x**几乎处处成立**(简称**殆成立**) 指 P_x 不成立 (简写成 $\neg P_x$) 的 x 全体是个 μ^*-零集, 这相当于有个零集 E_0 使 $\{x|\neg P_x\}\subseteq E_0$. 如 $g,h:X\to Y$ 依 Y 上二元关系 $\heartsuit$ **殆相关**指它们在一个零集外相关, 即 $\mu^*\{g\not\heartsuit h\}=0$ 并记为 $(\mu-)g\dot{\heartsuit}h$ 或 $(\mu-)g\overset{\text{ae}}{\heartsuit}h$. 这在无混淆时记成 $g\dot{\heartsuit}h$ 或 $g\overset{\text{ae}}{\heartsuit}h$.

在 $\heartsuit$ 为 $=$ 时, 得到**殆相等关系**$g\overset{\text{ae}}{=}h$. 在 $\heartsuit$ 为 (标准) 序 $\leqslant$ 时, 得到**殆 (标准) 序关系** $\overset{\text{ae}}{\leqslant}$, 它满足自反性 ($g\overset{\text{ae}}{\leqslant}g$) 和传递性 ($g\overset{\text{ae}}{\leqslant}f$ 且 $f\overset{\text{ae}}{\leqslant}h$ 时, $g\overset{\text{ae}}{\leqslant}h$) 以及弱反称性 ($g\overset{\text{ae}}{\leqslant}h$ 且 $h\overset{\text{ae}}{\leqslant}g$ 时, $g\overset{\text{ae}}{=}h$). 如依 Lebesgue 测度, $\chi_{\mathbb{Q}}\overset{\text{ae}}{\leqslant}0$ 且 $0\overset{\text{ae}}{\leqslant}\chi_{\mathbb{Q}}$ 及 $\chi_{\mathbb{Q}}\overset{\text{ae}}{=}0$.

显然, Lebesgue 测度空间 $(\mathbb{I},|\cdot|_1)$ 上函数列 $(x\mapsto x^n)_{n\geqslant1}$ 在 Lebesgue 零集 $\{1\}$ 外点态逼近 $x\mapsto 0$. 一般测度空间 (X,μ) 上函数网 $(f_i)_{i\uparrow\beta}$ **几乎处处收敛于**或**殆收敛于**函数 f 且记为 $\lim\limits_{i\uparrow\beta}f_i\overset{\text{ae}}{=}f$ 或 $\lim\limits_{i\uparrow\beta}f_i\doteq f$ 指在某个零集外 $(f_i)_{i\uparrow\beta}$ 点态逼近 f. 这在复值情形是 $\mu^*\left\{\overline{\lim\limits_{i\uparrow\beta}}|f_i-f|>0\right\}=0$; 在带号情形是

$$\mu^*\left\{\underline{\lim_{i\uparrow\beta}}f_i<f\right\}+\mu^*\left\{f<\overline{\lim_{i\uparrow\beta}}f_i\right\}=0.$$

在 Riemann 积分范畴, 点态收敛不必使极限与积分交换. 后者通常要求一致收敛性, 但此收敛性要求的条件过强. 自然希望某些收敛性能使将要建立的积分与极限可交换顺序. 为此先分析函数网 $(f_i:X\to\mathbb{C})_{i\uparrow\beta}$ 一致逼近 $f:X\to\mathbb{C}$ 的定义

$$\forall\varepsilon>0,\ \exists k\in\beta,\ \forall i\succsim k,\ (\forall x\in X:|f_i(x)-f(x)|<\varepsilon).$$

上述括号相当于 $\{|f_i-f|\geqslant\varepsilon\}=\varnothing$. 又 $(f_i)_{i\uparrow\beta}$ 还具此特征

$$\forall\varepsilon>0,\ \exists k\in\beta,\ \forall i,l\succsim k,\ (\forall x\in X:|f_i(x)-f_l(x)|<\varepsilon).$$

上述括号相当于 $\{|f_i-f_l|\geqslant\varepsilon\}=\varnothing$. 空集是诸测度的零集, 降低一致收敛的要求, 对于测度空间 (X,μ) 上复值函数网 $(f_i)_{i\uparrow\beta}$ 与复值函数 f, 得以下渐弱收敛性.

(1) **本质一致收敛**: 在某个零集 E_0 外, $(f_i)_{i\uparrow\beta}$ 一致逼近 f.

(2) **近似一致收敛**: 当 $\delta > 0$ 时, 有子集 E 使 $\mu^*(E) < \delta$ 且 $(f_i)_{i\uparrow\beta}$ 在 E 外一致逼近 f. 如 2.5 节例 5 中 $(g_n)_{n\geqslant 1}$ 近似一致逼近 g. 此时 $(f_i)_{i\uparrow\beta}$ 殆逼近 f.

(3) **依测度收敛**: 当 $\varepsilon > 0$ 时, $\lim\limits_{i\uparrow\beta}\mu^*\{|f_i - f| \geqslant \varepsilon\} = 0$, 即

$$\forall\varepsilon > 0,\ \forall\delta > 0,\ \exists k \in \beta,\ \forall i \succsim k : \mu^*\{|f_i - f| \geqslant \varepsilon\} < \delta.$$

(4) **依测度局部收敛**: 限制于诸测度有限集 E 上 $(f_i)_{i\uparrow\beta}$ 依测度逼近 f.

例 2　设 X 是个 Lebesgue 可测集, 连续函数 $f : X \times Y \to \mathbb{C}$ 在 $y \to y_0$ 时截口 f^y 依 Lebesgue 测度局部逼近 f^{y_0}. 为此设 E 是 X 的 Lebesgue 测度有限集且 $r > 0$, 取 E 的紧集 A 使 $\mathfrak{m}(E \setminus A) \leqslant r$. 命 $E_{y,s} = E \cap \{|f^y - f^{y_0}| \geqslant s\}$, 它有覆盖 $\{E \setminus A, A \cap E_{y,s}\}$. 根据 2.5 节例 4 得 $\varlimsup\limits_{y\to y_0} \mathfrak{m}(E_{y,s}) \leqslant r$, 命 $r \to 0+$ 即可. □

粗略而言, 依测度收敛性意味着 f_i 与 f 的误差不小于 ε 的地方渐近地为“空集”——外测度逼近零. 以 $\varepsilon \wedge \delta$ 替换 ε 和 δ 后, 可要求上述 (3) 中 δ 和 ε 相等.

依测度收敛性和殆收敛性互不蕴含, 这见于下例.

例 3　在实轴上, 函数列 $(f_n : x \mapsto x/n)_{n\geqslant 1}$ 点态递逼近 0, 但不依 Lebesgue 测度逼近 0. 后者因 $\{f_n \geqslant \varepsilon\} \supset [n\varepsilon, +\infty)$ 且 $\mathfrak{m}([n\varepsilon, +\infty)) = +\infty$.

现将空间 $(0,1]$ 的子集 $((i-1)/n, i/n]$ 的特征函数 f_{ni} 排成一列

$$f_{11}, f_{21}, f_{22}, \cdots, f_{n1}, f_{n2}, \cdots, f_{nn}, \cdots.$$

记 $k = n(n-1)/2 + i$ 及 $g_k = f_{ni}$, 则 $(g_k)_{k\geqslant 1}$ 依 Lebesgue 测度逼近 0. 此因当 $n^2 - n < 2k \leqslant n^2 + n$ 且 $0 < \varepsilon < 1$ 时, $\{|g_k| \geqslant \varepsilon\} = ((i-1)/n, i/n]$.

子列 $(f_{n1})_{n\geqslant 1}$ 点态逼近 0. 此因在 $n > 1/x$ 时 $f_{n1}(x) = 0$. 总有个 i_n 使 $f_{ni_n}(x) = 1$. 因此诸点 x 使 $\varliminf\limits_{k\to\infty} g_k(x) = 0$ 且 $\varlimsup\limits_{k\to\infty} g_k(x) = 1$. □

网的某些性质会遗传至子网, 如有界网的子网也有界. 又如各种收敛性、每个子列有收敛子列性、函数列的单调性、连续性、各种有界性和可微性等. 有些性质不会遗传, 如无界数列的子列未必无界.

为证 $(f_n)_{n\geqslant 1}$ 具有遗传性质 (A), 已知性质 (B) 蕴含 (A), 可取子列 $(f_{k_n})_{n\geqslant 1}$ 使 (B) 成立, 然后以 $(f_{k_n})_{n\geqslant 1}$ 替换 $(f_n)_{n\geqslant 1}$ 后, 可设 $(f_n)_{n\geqslant 1}$ 使 (B) 成立.

上述过程可简化为, 取子列后可设 $(f_n)_{n\geqslant 1}$ 使 (B) 成立.

定理 4　测度空间 (X, μ) 上复值函数列 $(f_n)_{n\geqslant 1}$ 依测度逼近复值函数 f 当且仅当诸子列 $(f'_n)_{n\geqslant 1}$ 的某个子列 $(f''_n)_{n\geqslant 1}$ 近似一致逼近 f.

证明　充分性: 命 $c_n = \mu^*\{|f_n - f| \geqslant \varepsilon\}$ 且 $c = \varlimsup\limits_{n\to\infty} c_n$, 要证 $c = 0$. 根据 1.4 节命题 6, 取子列后可设 $\lim\limits_{n\to\infty} c_n = c$. 依条件再取子列后可设 $(f_n)_{n\geqslant 1}$ 近似一致逼近 f, 从而依测度逼近 f.

必要性: 子网保持依测度收敛性, 只证 $(f_n)_{n\geqslant 1}$ 的某子列近似一致逼近 f. 设 $i \geqslant k_n$ 时 $\mu^*\{|f_i - f| \geqslant 2^{-n}\} < 2^{-n}$. 将 k_n 换为 $k_1 + \cdots + k_n$ 后, 可设 $(k_n)_{n\geqslant 1}$ 严格递增. 将集列 $\{|f_{k_n} - f| \geqslant 2^{-n}\}(n \geqslant j)$ 合并成 E_j, 由外测度的可列次加性,

$$\mu^*(E_j) \leqslant \sum_{n\geqslant j} \mu^*\{|f_{k_n} - f| \geqslant 2^{-n}\} < 2^{1-j}.$$

集列 $(E_j)_{j\geqslant 1}$ 之交集 E_0 是个零集, 此因 $\mu^*(E_0) \leqslant 2^{1-j}$ 总成立.

由 De Morgan 律知 x 属于 E_j^{c} 当且仅当诸 $n \geqslant j$ 使 $|f_{k_n}(x) - f(x)| < 2^{-n}$. 因此子列 $(f_{k_n})_{n\geqslant 1}$ 在 E_j^{c} 上一致逼近 f. 在 E_0 外, $(f_{k_n})_{n\geqslant 1}$ 便点态逼近 f. □

证明中需要取无限次子列时, 常用对角线法且每个子列都需要保留下来.

定理 5 (F. Riesz) 依测度收敛的函数列的某子列殆逼近同一函数. □

上述结论是定理 4 的推论, 它有助于理解依测度收敛的极限函数.

定理 6 (Егóров, 1911) 全有限测度空间 (X, μ) 上殆逼近可测函数 $f: X \to \mathbb{C}$ 的可测函数列 $(f_n: X \to \mathbb{C})_{n\geqslant 1}$ 近似一致收敛 [从而依测度收敛].

证明 作可测集 $E_n^k = \bigcup\{\{|f_i - f| \geqslant 2^{-n}\}|i \geqslant k\}$ 及 $F = \bigcap\{E_n^k|k \geqslant 1\}$. 根据条件和 2.5 节命题 16 及对偶律知 F 是零集. 测度有限集列 $(E_n^k)_{k\geqslant 1}$ 递减至 F, 由测度的从上连续性, 有某个 k_n 使 $\mu(E_n^{k_n}) < \delta/2^n$. 记 $E = \bigcup\{E_n^{k_n}|n \geqslant 1\}$, 则

$$X \setminus E = \bigcap_{n\geqslant 1} \bigcap_{i\geqslant k_n} \{|f_i - f| < 2^{-n}\}.$$

根据 2.5 节命题 16, $(f_i)_{i\geqslant 1}$ 在 E 外一致逼近 f. 显然 $\mu(E) < \delta$. □

以上诸收敛性概念与命题在函数取值于某些线性空间 (如 Euclid 空间) 后仍成立. 关于实分析, 英国数学家Littlewood有段精辟论述: "所需要掌握知识的程度不会像要求的那样多. 有三条原理可粗略地表述如下: 任何 (测度有限的 Lebesgue) 可测集近似于区间的有限并, 任何 (Lebesgue) 可测函数差不多就是连续的, 任何 (测度有限集上) 可测函数列的点态收敛近似于一致收敛. (实分析的) 大量结论都是这些思想的直观应用. 学生掌握了它们, 当需要应用实分析时, 就有能力处理大多数问题." 这里差不多都是指略去测度任意小的可测集.

以上三条原理参见 2.3 节命题 3(6)、Лузин定理和Егóров定理.

定理 7 全有限测度空间 (X, μ) 上可测函数列 $(f_n)_{n\geqslant 1}$ 依测度逼近可测函数 f 当且仅当 $(f_n)_{n\geqslant 1}$ 的诸子列 $(f_n')_{n\geqslant 1}$ 的某子列 $(f_n'')_{n\geqslant 1}$ 殆逼近 f. 此时诸连续函数 ψ(如 $z \mapsto |z|^p(0 < p < +\infty)$) 使复合函数列 $(\psi \circ f_n)_{n\geqslant 1}$ 依测度逼近复合函数 $\psi \circ f$.

(1) 设可测函数列 $(g_n)_{n\geqslant 1}$ 与复值可测函数列 $(h_n)_{n\geqslant 1}$ 各依测度逼近可测函数 g 与复值可测函数 h, 则点态积序列 $(g_n h_n)_{n\geqslant 1}$ 依测度逼近点态积 gh.

(2) 上述 h_n 与 h 都无零点时, $(g_n/h_n)_{n\geqslant 1}$ 依测度逼近 g/h.

证明 必要性: 子列 $(f_n')_{n\geqslant 1}$ 也依测度逼近 f, 对此用 F. Riesz 定理即可.

充分性: 由Егóров定理, $(f''_n)_{n\geqslant 1}$ 近似一致逼近 f. 用定理 4 即可. 另证: 命 c_n 和 c 同定理 4 的证明. 取子列 (f'_n) 使 $c=\lim\limits_{n\to\infty} c'_n$. 由Егóров定理, $(f''_n)_{n\geqslant 1}$ 依测度逼近 f. 于是 $c=\lim\limits_{n\to\infty} c''_n=0$. 此时, 由必要性与 ψ 的连续性知 $(\psi f_n)_{n\geqslant 1}$ 的子列 $(\psi f'_n)_{n\geqslant 1}$ 的某个子列 $(\psi f''_n)_{n\geqslant 1}$ 殆逼近 ψf; 由充分性知 $(\psi f_n)_{n\geqslant 1}$ 依测度逼近 ψf.

(1) 和 (2) 取值于 Euclid 空间中的函数列 $((g_n,h_n))_{n\geqslant 1}$ 依测度逼近 (g,h). 乘法 $\varphi:(u,v)\mapsto uv$ 是连续函数 φ 使 $g_nh_n=\varphi(g_n,h_n)$ 及 $gh=\varphi(g,h)$. 对此用主结论即可. 在 h_n 与 h 都无零点时, 以 v 代表非零复数, 则 $\psi:(u,v)\mapsto u/v$ 是连续函数使 $g_n/h_n=\psi(g_n,h_n)$ 及 $g/h=\psi(g,h)$. 对此用主结论即可 □

典型全有限测度空间是概率空间$(X,\mathcal{S},\mu)$ 使 $\mu(X)=1$. 如以 X 表示一个质地均匀的骰子掷 3 次后所得点数 (只可能是 1,2,3,4,5,6) 依次为 i,j,k 的三元组 (i,j,k) 全体, $\mathcal{S}=2^X$ 且 $\mu(E)=|E|_0/216$. 事件 $\{(i,j,k)\}$ 发生的概率为 $1/216$.

下面讨论函数算术与诸种收敛性的关系.

命题 8　设以下函数都定义在测度空间 (X,μ) 上.

(1) 复值函数的线性组合保持以上诸种收敛性: 设 $(f_i)_{i\uparrow\beta}$ 和 $(g_j)_{j\uparrow\gamma}$ 依某个收敛性各逼近 f 和 g, 则线性组合 $(af_i+bg_j)_{(i,j)\uparrow\beta\times\gamma}$ 依同一收敛性逼近 $af+bg$.

(2) 复值函数 f 与一致连续函数 ψ(如 $\psi:z\mapsto|z|,\operatorname{re}z,\operatorname{im}z$) 的复合 ψf 保持以上诸种收敛性. 函数与连续函数的复合保持点态收敛性与殆收敛性.

(3) 依测度收敛性和序列殆收敛性保持殆序: 设实值函数网 $(g_i)_{i\uparrow\beta}$ 和 $(h_i)_{i\uparrow\beta}$ 各依测逼近实值函数 g 和 h 并且诸 $g_i\overset{\text{ae}}{\leqslant}h_i$, 则 $g\overset{\text{ae}}{\leqslant}h$. 又设带号函数列 $(\tilde{g}_n)_{n\geqslant 1}$ 和 $(\tilde{h}_n)_{n\geqslant 1}$ 恒使 $\tilde{g}_n\overset{\text{ae}}{\leqslant}\tilde{h}_n$, 则 $\varliminf\limits_{n\to\infty}\tilde{g}_n\overset{\text{ae}}{\leqslant}\varliminf\limits_{n\to\infty}\tilde{h}_n$ 且 $\varlimsup\limits_{n\to\infty}\tilde{g}_n\overset{\text{ae}}{\leqslant}\varlimsup\limits_{n\to\infty}\tilde{h}_n$.

(4) 序列殆收敛的极限在殆相等意义下是唯一的: 殆逼近 h 的函数列 $(f_n)_{n\geqslant 1}$ 也殆逼近 f 当且仅当 f 与 h 殆相等. 进而当 f_n 都是可测函数时, 某个 f 是可测函数.

(5) 依测度收敛的极限在殆相等意义下是唯一的: 依测度逼近某 f 的函数网 $(f_i)_{i\uparrow\beta}$ 也依测度逼近 h 当且仅当 h 与 f 殆相等.

证明　(1) 只讨论依测度收敛性, 可设 f 和 g 为零. 命 $h_{i,j}=af_i+bg_j$. 对于 $s>0$, 命 $r=s/(2|a|+2|b|+1)$. 若 $|f_i(x)|<r$ 且 $|g_j(x)|<r$, 则 $|h_{i,j}(x)|<s$. 于是

$$\{|h_{i,j}|\geqslant s\}\subseteq\{|f_i|\geqslant r\}\cup\{|g_j|\geqslant r\}.$$

(2) 设 $|y-y'|<\eta$ 蕴含 $|\psi(y)-\psi(y')|<\varepsilon$, 则

$$\{|\psi f_i-\psi f|\geqslant\varepsilon\}\subseteq\{|f_i-f|\geqslant\eta\}.$$

(3) 当 $g(x)>h(x)$ 时, 有个正整数 n 使 $g(x)-h(x)\geqslant 2/n$. 因此 $\{g>h\}$ 有覆盖 $\{\{g-h\geqslant 2/n\}|n\geqslant 1\}$. 依外测度的可列次加性, 要证诸 $\{g-h\geqslant 2\varepsilon\}$ 是 μ^*-零

集. 它被 $\{g-g_i \geqslant \varepsilon\}$ 和 $\{h_i-h \geqslant \varepsilon\}$ 及 μ^*-零集 $\{g_i>h_i\}$ 覆盖, 于是

$$\mu^*\{g-h \geqslant 2\varepsilon\} \leqslant \mu^*\{g-g_i \geqslant \varepsilon\}+\mu^*\{h_i-h \geqslant \varepsilon\}.$$

取极限即可. 至于后半部分, 零集 $\bigcup\{\{\tilde{g}_n>\tilde{h}_n\}|n \geqslant 1\}$ 外诸点 x 使 $\tilde{g}_n(x) \leqslant \tilde{h}_n(x)$.

(4) 必要性: 设 $(f_n)_{n\geqslant 1}$ 在零集 E 外点态逼近 f 而在零集 H 外点态逼近 h, 则 f 与 h 在零集 $E\cup H$ 外相等.

充分性: 设 h 和 f 在零集 G 外相等, 则 f_n 在集 $E\cup G$ 外逼近 f.

在可测情形, 可设 f_n 都是带号的. 作可测集 $E=\left\{\underline{\lim}_{n\to\infty} f_n<\overline{\lim}_{n\to\infty} f_n\right\}$. 它是零集, 可测函数列 $(f_n\chi_{E^c})_{n\geqslant 1}$ 的点态极限 f 便是满足要求的可测函数.

(5) 只证必要性: $\{|h-f_i| \geqslant \varepsilon\}$ 和 $\{|f_i-f| \geqslant \varepsilon\}$ 覆盖 $\{|h-f| \geqslant 2\varepsilon\}$, 后者便是零集. 可数个零集 $\{|f-h| \geqslant 2^{-k}\}(k\in\mathbb{Z})$ 之并 $\{f\neq h\}$ 是零集. □

点态乘积不必保持一致收敛也不必保持依测度收敛, 这见下例.

例 4 在正半实轴上, 函数列 $(f_n: x\mapsto x+1/2n)_{n\geqslant 1}$ 一致逼近函数 $f: x\to x$. 因此, $(f_n)_{n\geqslant 1}$ 依 Lebesgue 测度逼近 f. 然而, 平方序列 $(f_n^2)_{n\geqslant 1}$ 不依 Lebesgue 测度逼近平方 f^2. 此因 $f_n(x)^2-f(x)^2 \geqslant x/n$ 蕴含 $\{f_n^2-f^2 \geqslant \varepsilon\} \supseteq (n\varepsilon,+\infty)$. □

2.6.3 阅读材料

下面讨论依测度收敛的特征, 它类似于实数列的 Cauchy 收敛准则.

定理 9 测度空间 (X,μ) 上复 [可测] 函数网 $(f_i)_{i\uparrow\beta}$ 依测度逼近某个复 [可测] 函数 f 当且仅当它是个**依测度 Cauchy 网**: $\varepsilon>0$ 时, $\lim_{i,j\uparrow\beta}\mu^*\{|f_i-f_j| \geqslant \varepsilon\}=0$, 即

$$\forall\varepsilon>0,\ \forall\delta>0,\ \exists k\in\beta,\ \forall i,j \succsim k: \mu^*\{|f_i-f_j| \geqslant \varepsilon\}<\delta.$$

此时以 $\varepsilon\wedge\delta$ 替换 ε 和 δ 后, 可要求上述 $\delta=\varepsilon$.

(1) 某序列 $(f_{k_n})_{n\geqslant 1}$ 近似一致逼近 f[若 $\beta=\mathbb{N}$, 可要求 $(k_n)_{n\geqslant 1}$ 严格递增].

(2) 诸 f_i 殆等于某个特征函数 χ_{E_i} 时, f 也殆等于某个特征函数 χ_E.

证明 充分性: 对于 $n\in\mathbb{N}$, 设 $i,j \succsim k_n$ 时, $\mu^*\{|f_i-f_j| \geqslant 2^{-n}\}<2^{-n}$. 作 [可测] 集 $E_q=\bigcup_{p\geqslant q}\{|f_{k_p}-f_{k_{p+1}}| \geqslant 2^{-p}\}$, 则 $\mu^*(E_q)<\sum_{p\geqslant q}2^{-p}=2^{1-q}$.

作 [可测] 集 $E=\bigcup_{q\geqslant 1}E_q^c$, 则 $E^c\subseteq E_q$, 这样 $\mu^*(E^c)=0$. 对于 $x\in E_q^c$,

$$\sum_{p\geqslant q}|f_{k_p}(x)-f_{k_{p+1}}(x)|<\sum_{p\geqslant q}2^{-p}=2^{1-q},$$

因此序列 $(f_{k_n})_{n\geqslant 1}$ 在 E_q^c 上一致收敛, 从而在 E 上逐点收敛. 当 $\beta=\mathbb{N}$ 时, 以 $k_1+\cdots+k_n+n$ 代替 k_n 后可设 $(k_n)_{n\geqslant 1}$ 严格递增. 这也得 (1).

命 $f(x) = \lim_{n\to\infty} \chi_E(x) f_{k_n}(x)$, 得 [可测] 函数 $f : X \to \mathbb{C}$. 对于 $x \in E_n^{\mathrm{c}}$,

$$|f_{k_n}(x) - f(x)| \leqslant \sum_{p\geqslant n} |f_{k_p}(x) - f_{k_{p+1}}(x)| < 2^{1-n}.$$

于是 $\{|f_{k_n} - f| \geqslant 2^{1-n}\} \subseteq E_n$. 可见序列 (f_{k_n}) 近似一致逼近 f[当 $\beta = \mathbb{N}$ 时, 以 $\max\{k_i + 1 | 1 \leqslant i \leqslant n\}$ 代替 k_n 即可]. 当 $2^{-n} \leqslant \varepsilon/3$ 且 $i \gtrsim k_n$ 时,

$$\{|f_i - f| \geqslant \varepsilon\} \subseteq \{|f_i - f_{k_n}| \geqslant 1/2^n\} \cup E_n.$$

于是 $\overline{\lim_{i\uparrow\beta}} \mu^*\{|f_i - f| \geqslant \varepsilon\} \leqslant 1/2^n + \mu^*(E_n)$, 命 $n \to \infty$ 即可.

必要性: 命 $g_i = f_i - f$, 则 $\{|g_i| \geqslant \varepsilon\}$ 和 $\{|g_j| \geqslant \varepsilon\}$覆盖 $\{|f_i - f_j| \geqslant 2\varepsilon\}$.

(2) 因 $f_{k_n}^2 \overset{\text{ae}}{=} f_{k_n}$, 根据 (1) 得 $f^2 \overset{\text{ae}}{=} f$. 命 $E = \{f = 1\}$, 则 $f \overset{\text{ae}}{=} \chi_E$. □

下面讨论 Lebesgue 可测函数的一些性质以备后用.

命题 10　设 X 是 $\mathbb{R}^n$ 的一个 Lebesgue 可测集. 对于 X 上复函数 f, 以下 (1) 至 (4) 等价. 对于 X 上带号函数 g, 以下 (5) 至 (8) 等价.

(1) f 是 Lebesgue 可测函数. 此时与其殆相等者 h 是 Lebesgue 可测的.

(2) f 是某列连续函数 $(f_n)_{n\geqslant 1}$ 的殆极限和依测度极限.

(3) f 是某列 Lebesgue 可测函数 $(f_n)_{n\geqslant 1}$ 的依测度极限或殆极限.

(4) f 于某个 Borel 集 E 的限制为 Borel 函数且 $\mathfrak{m}(X \setminus E) = 0$.

(5) g 是 Lebesgue 可测函数. 此时与其殆相等者是 Lebesgue 可测的.

(6) g 是某列连续带号函数 $(g_n)_{n\geqslant 1}$ 的殆极限.

(7) g 是某列 Lebesgue 可测函数 $(g_n)_{n\geqslant 1}$ 的殆极限.

(8) g 于某个 Borel 集 E 的限制为 Borel 函数且 $\mathfrak{m}(X \setminus E) = 0$.

证明　(1)⇒(2)+(4): 根据Лузин定理, $\mathbb{R}^n$ 的某闭集列 $(E_k)_{k\geqslant 1}$ 落于 X 使

$$\lim_{k\to\infty} \mathfrak{m}(X \setminus E_k) = 0$$

且 $f|_{E_k}$ 连续. 命 $A_k = E_1 \cup \cdots \cup E_k$, 取 X 上连续函数列 $(f_k)_{k\geqslant 1}$ 使 $(f \neq f_k) \subseteq X \setminus A_k$. 于是 $(f_k)_{k\geqslant 1}$ 依 Lebesgue 测度逼近 f. 命 $E = \bigcup_{k\geqslant 1} E_k$, 它是 Borel 集且 $f|_E$ 为 Borel 函数. 由 $X \setminus E \subseteq X \setminus E_k$ 知 $\mathfrak{m}(X \setminus E) = 0$, 故 $(f_k)_{k\geqslant 1}$ 殆逼近 f.

(3)⇒(1): 由 F. Riesz 定理, 取子列后可设 $(f_k)_{k\geqslant 1}$ 殆逼近 f, 作 Lebesgue 零集 $E = \left\{ \overline{\lim_{k\to\infty}} |f_k - f| > 0 \right\}$. 在 $X \setminus E$ 上, f 是 $(f_k)_{k\geqslant 1}$ 的点态极限从而是 Lebesgue 可测的. 限制 $f|_E$ 是 Lebesgue 可测的, 此因原像集 $f^{-1}(F) \cap E$ 都是 Lebesgue 零集. 此时命 $h_k = f$, 则 Lebesgue 可测函数列 $(h_k)_{k\geqslant 1}$ 殆逼近 h.

(4)⇒(1): $f|_E$ 和 $X \setminus E \to \{0\}$ 的黏接与 f 殆相等.

用 1.1 节例 5, 命 $f = hg$, 则 $g = h^{-1} f$. 对 f 用以上等价条件知 (5) 至 (8) 等价. □

显然, Riemann 函数的间断集是 $\mathbb{Q}$. 一般地, 间断集是 Lebesgue 零集的函数称为**殆连续函数**. 与 Riemann 函数殆相等的 Dirichlet 函数不是殆连续的.

当 g 是非平凡测度空间 (X,μ) 上带号函数时,

$$\min\left\{c\in\overline{\mathbb{R}}\,|g\overset{\text{ae}}{\leqslant}c\right\}=\min\{\sup g(E)|\mu^*(X\setminus E)=0\},$$

以上最小值记为 $\operatorname{esssup}g(X)$ 且称为 g 的**本质上确界**. 类似地,

$$\max\left\{c\in\overline{\mathbb{R}}\,|g\overset{\text{ae}}{\geqslant}c\right\}=\max\{\inf g(E)|\mu^*(X\setminus E)=0\},$$

以上最大值记为 $\operatorname{essinf}g(X)$ 且称为 g 的**本质下确界**. 它们满足

$$\inf g(X)\leqslant\operatorname{essinf}g(X)\leqslant\operatorname{esssup}g(X)\leqslant\sup g(X).$$

为此将 min 后集合记为 A 和 B, 命 $c_0=\inf A$ 且 $H=\{g\leqslant c_0\}$. 取 A 中递减至 c_0 的序列 $(c_n)_{n\geqslant1}$, 则 μ^*-零集列 $(\{g>c_n\})_{n\geqslant1}$ 递增至 $\{g>c_0\}$, 后者便是 μ^*-零集. 于是, $\mu^*(H^{\text{c}})=0$ 且 $c_0=\min A$. 可见, $c_0=\sup g(H)$, 它属于 B. 当 E 是零集时, 由 $g\overset{\text{ae}}{\leqslant}\sup g(E)$ 知 $c_0\leqslant\sup g(E)$. 因此 $c_0=\min B$.

如 Dirichlet 函数依 Lebesgue 测度的本质上确界和本质下确界同为 0.

命题 11 将非平凡测度空间 (X,μ) 上复值函数 f 的**本质最大模** $\operatorname{esssup}|f|(X)$ 记为 $\|f\|_\infty$(它在 μ 为计数测度时便是一致模), 它非负且

$$|f|\overset{\text{ae}}{\leqslant}\|f\|_\infty=\left\|\overline{f}\right\|_\infty\leqslant\|f\|=\left\|\overline{f}\right\|.$$

(1) 次加性: $f=f_1+f_2$ 时, $\|f\|_\infty\leqslant\|f_1\|_\infty+\|f_2\|_\infty$ 且 $\|f\|\leqslant\|f_1\|+\|f_2\|$.

(2) 次乘性: $f=f_1f_2$ 时, $\|f\|_\infty\leqslant\|f_1\|_\infty\|f_2\|_\infty$ 且 $\|f\|\leqslant\|f_1\|\|f_2\|$.

(3) 绝对齐次性: 设 a 是复数, 则 $\|af\|_\infty=|a|\|f\|_\infty$ 且 $\|af\|=|a|\|f\|$.

(4) $\mathtt{C}^*$-等式: $\left\|\overline{f}f\right\|_\infty=\|f\|_\infty^2$ 且 $\left\|\overline{f}f\right\|=\|f\|^2$.

(5) 规范性: $\|f\|_\infty=0$ 当且仅当 $f\overset{\text{ae}}{=}0$; 而 $\|f\|=0$ 当且仅当 $f=0$.

(6) 对于 X 上 [可测] 函数列 $(f_n)_{n\geqslant1}$, 以下条件等价:

(6a) $(f_n)_{n\geqslant1}$ 本质一致逼近某个 [可测] 函数 f.

(6b) $(f_n)_{n\geqslant1}$ 依本质最大模逼近某个 [可测] 函数 f 即 $\lim\limits_{n\to\infty}\|f_n-f\|_\infty=0$.

(6c) $(f_n)_{n\geqslant1}$ 依本质最大模是个Cauchy 序列, 即 $\lim\limits_{n,l\to\infty}\|f_n-f_l\|_\infty=0$.

证明 将 $\{|f_1|>\|f_1\|_\infty\}$ 和 $\{|f_2|>\|f_2\|_\infty\}$ 并成个零集 E_0, 则

$$x\in X\setminus E_0\Rightarrow|f_1(x)+f_2(x)|\leqslant\|f_1\|_\infty+\|f_2\|_\infty.$$

这得 (1). 上式中 "+" 换为乘号得 (2). 易证 (3) 至 (5).

易证 (6b)⇒(6c). (6a)⇒(6b): 当 E 是个零集时,

$$\|f_n - f\|_\infty \leqslant \sup\{|f_n(x) - f(x)| : x \in E^{\mathrm{c}}\}.$$

(6c)⇒(6a): 记 $g_{kl} = f_k - f_l$. 可数个零集之并还是零集, 可作零集

$$E = \bigcup\{\{|f_k| > \|f_k\|_\infty\}, \{|g_{kl}| > \|g_{kl}\|_\infty\} | k, l \geqslant 1\}.$$

诸 $x \in E^{\mathrm{c}}$ 使 $|g_{kl}(x)| \leqslant \|g_{kl}\|_\infty$, 序列 $(f_n)_{n\geqslant 1}$ 便在 E 外一致逼近某个函数 g, 可设 f 是其零值扩张 [当 f_n 都可测时, E 是可测集, 从而 f 于 E 和 E^{c} 的限制都可测]. □

测度空间 (X, μ) 上使本质最大模有限者为*本质有界函数*. 本质有界可测者全体 $L^\infty(X, \mu)$ 对于线性组合与点态乘积及共轭运算封闭.

以后会将 $L^\infty(X, \mu)$ 中殆相等者视为一个函数.

命题 12　测度空间 (X, μ) 上近似一致收敛为本质一致收敛当且仅当有 $r > 0$ 使 $\mu(E) < r$ 蕴含 $\mu(E) = 0$. 此时 $\mu^*(F) < r$ 蕴含 $\mu^*(F) = 0$ 且依测度收敛为本质一致收敛.

提示: 必要性　否则, 有集列 $(E_n)_{n\geqslant 1}$ 使 $\mu(E_n)$ 严格递减至 0, 这样 χ_{E_n} 依测度逼近 0. 取子列后可设 χ_{E_n} 近似一致逼近 0, 它非本质一致逼近 0. 矛盾. □

显然, 测度空间 (X, μ) 上诸复值函数 f 使 $\|f\|_\infty = \|f\|$ 当且仅当 μ-零集都是空集当且仅当 X 上殆成立的某类命题都处处成立当且仅当 X 上诸带号函数 g 的本质下确界 $\operatorname{essinf} g(X)$ 等于下确界 $\inf g(X)$(可换成 $\operatorname{esssup} g(X) = \sup g(X)$).

2.6.4　附录 (可测性的延伸)

至此讨论可测空间 $(X, \mathcal{R})$ 时, 要求 X 可测, 但以后某些应用中的空间不满足这个要求. 为解除这一限制, 称 $(X, \mathcal{S})$ 为一个*可测空间*指 X 为 σ-环 $\mathcal{S}$ 之并, 而 $\mathcal{S}$ 中成员为 X 的*可测集*. 如 $\operatorname{ctm}\mathbb{R}$ 是 $\mathbb{R}$ 上一个 σ-环, 因此 $(\mathbb{R}, \operatorname{ctm}\mathbb{R})$ 是可测空间. 但因 $\mathbb{R}$ 不可数, 它不是这个可测空间中可测集. 由 σ-环的性质知, 两个可测集之差是可测集; 可测集列之并与交、上限集与下限集是可测集. 每个 σ-环可视为一个可测结构, 不同 σ-环对应不同可测结构. 如 $(\mathbb{R}^n, \mathfrak{B}(\mathbb{R}^n))$ 和 $(\mathbb{R}^n, \mathfrak{L}_n)$ 是两个不同可测空间.

可测空间 $(Y, \mathcal{S})$ 和映射 $f: X \to Y$ 都能诱导出可测空间 $(X, f^\bullet(\mathcal{S}))$.

定义　从可测空间 $(X, \mathcal{R})$ 至可测空间 $(Y, \mathcal{S})$ 的映射 f 为一个*可测映射*指 X 的可测集 E 与 Y 的可测集 F 总使 $E \cap f^{-1}(F)$ 为 X 的可测集 (在 X 也可测时, 即 $f^{-1}(F)$ 可测) 而且 $f(E)$ 总落于 Y 的某可测集 G(这条在 Y 也可测时是多余的, 因 $f(E) \subseteq Y$). □

常值映射 $\operatorname{cst}_b: X \to Y$ 可测. 此因 $E \cap \operatorname{cst}_b^{-1}(F)$ 为 E 或 $\varnothing$ 且有含 b 的可测集 G 使 $\operatorname{cst}_b(E) \subseteq G$. 当 X 不是可测集时, cst_b 按 2.5 节中相关定义不可测.

可测空间 $(X,\mathcal{S})$ 的子集 A 对应的**子空间** $(A,\mathcal{S}\restriction A)$ 使包含映射 $\eta:A\to X$ 可测. 事实上, 当 F 是 X 的可测集时, $\eta^{-1}(F)=F\cap A$ 是 A 的可测集. 而当 E 是 A 的可测集时, 它形如 $F\cap A$. 因此 $\eta(E)\subseteq F$.

命 $\underline{\mathcal{S}}=\{A\subseteq X|E\in\mathcal{S}\Rightarrow A\cap E\in\mathcal{S}\}$, 它是个 σ-代数, 称为 $\mathcal{S}$ 的**乘子代数**. 其成员为 X 的**广义可测集**. 设 $(Y,\mathfrak{B})$ 是 Borel 空间. 当 $f:X\to Y$ 可测时, 称 f 为**可测函数**. 这相当于对于 X 的每个可测集 E, 限制 $f|_E$ 是可测函数, 也相当于 f 关于 $(X,\underline{\mathcal{S}})$ 是可测函数. 换言之, Borel 集 B 的原像集 $f^{-1}(B)$ 是广义可测集. 可测空间 X 的子集 E 的特征函数可测当且仅当 E 是广义可测集.

互斥可测空间族 $(X_i,\mathcal{S}_i)_{i\in\beta}$ 拼成可测空间 $(X,\mathcal{S})$ 和 $(X,\mathcal{T})$ 使得 $X=\biguplus\limits_{i\in\beta}X_i$ 而 $\mathcal{S}=\Big\{\biguplus\limits_{i\in\alpha}E_i|\alpha\in\operatorname{ctm}\beta,E_i\in\mathcal{S}_i\Big\}$ 且 $\mathcal{T}=\Big\{\biguplus\limits_{i\in\beta}E_i|E_i\in\mathcal{S}_i\Big\}$.

显然 $(X_i,\mathcal{S}_i)$ 既是 $(X,\mathcal{S})$ 的子空间又是 $(X,\mathcal{T})$ 的子空间.

命题 13 设上述定义中 $\mathcal{R}=\mathtt{S}(\mathcal{A})$ 且 $\mathcal{S}=\mathtt{S}(\mathcal{B})$. 诸 $E\in\mathcal{A}$ 使 $f(E)$ 属于 $\mathtt{H}(\mathcal{B})$ 且诸 $F\in\mathcal{B}$ 使 $E\cap f^{-1}(F)$ 可测时, f 是可测映射. 在 f 可逆时, 以下等价:

(1) f 与 f^{-1} 都是可测映射. 此时称 f 为**可测同构**.

(2) E 是 X 的可测集时, $f(E)$ 是 Y 的可测集; 反之亦然.

证明 命 $\mathcal{M}=\{E\in\mathcal{R}|f(E)\in\mathtt{H}(\mathcal{B})\}$, 它包含 $\mathcal{A}$. 任取 $\mathcal{M}$ 中序列 $(E_n)_{n\geqslant1}$,

$$f(E_1\setminus E_2)\subseteq f\Big(\bigcup_{n\geqslant1}E_n\Big)=\bigcup_{n\geqslant1}f(E_n)\in\mathtt{H}(\mathcal{B}).$$

从而 $\mathcal{M}$ 是 σ-环, 它便是 $\mathcal{R}$. 这表明 X 的可测集的像集落于 Y 的某个可测集.

对于 $E\in\mathcal{A}$, 命 $[E]_1=\{B\in\mathcal{S}|E\cap f^{-1}(B)\in\mathcal{R}\}$. 它是包含 $\mathcal{B}$ 的一个 σ-环, 故为 $\mathcal{S}$. 对于 $F\in\mathcal{S}$, 命 $[F]_2=\{A\in\mathcal{R}|A\cap f^{-1}(F)\in\mathcal{R}\}$. 它是包含 $\mathcal{A}$ 的 σ-环, 故为 $\mathcal{R}$.

现只需证 (1)⇒(2), 取 Y 的可测集 F 使 $f(E)\subseteq F$, 则 $f(E)=(f^{-1})^{-1}(E)\cap F$. 因此 $f(E)$ 是 Y 的可测集. 反之是显然的. □

可测空间 $(X,\mathcal{R})$ 与 $(Y,\mathcal{S})$ 对应**乘积可测空间** $(X\times Y,\mathcal{R}\otimes\mathcal{S})$, 其中可测集 G 的截口 G_a 是 Y 的可测集而截口 G^b 则是 X 的可测集. 当 E 和 F 各是 X 和 Y 的可测集时, $E\times F$ 称为 $X\times Y$ 的一个**可测矩形**. 对换 $X\times Y\to Y\times X$ 是可测同构. 映射 $\eta_a:Y\to X\times Y$ 和 $\eta^b:X\to X\times Y$ 都可测. 为此取一个含 a 的可测集 E_0. 任取 Y 的可测集 F, 则 $\eta_a(F)\subseteq E_0\times F$. 任取 $X\times Y$ 的可测集 W 和 X 的可测集 E, 则 $E\cap W_a=E\cap\eta_a^{-1}(W)$, 从而 η_a 为可测映射.

下面介绍一些映射可测性的有效判断方法.

命题 14 (1) 复合保持可测性: 设 $f:X\to Y$ 与 $g:Y\to Z$ 是可测映射, 则复合映射 $gf:X\to Z$ 是可测映射, 其中 Y 用同一个可测结构.

(2) 限制保持可测性: 设 $g:A \to B$ 是可测映射 $f:X \to Y$ 的限制, 则 g 是可测映射, 其中 A 和 B 分别作为 X 与 Y 的子空间.

(3) 可数黏接保持可测性: 设可测空间 X 是自身的可数个广义可测集 $X_i(i \in \alpha)$ 之并, 而可测空间 Y 是自身的可数个子集 $Y_i(i \in \alpha)$ 之并. 那么, 可数个可测映射 $f_i:X_i \to Y_i(i \in \alpha)$ 黏成的映射 $f:X \to Y$ 是可测的.

(4) 截口保持可测性: 设 $W \subseteq X \times Y$ 使截口 W_a 与 W^b 非空. 如果 $f:W \to Z$ 可测, 则截口 $f_a:W_a \to Z$ 与截口 $f^b:W^b \to Z$ 可测.

(5) 积和投影保持可测性: 符号同 1.2 节 (Ⅱ). 设 $(X,\mathcal{S})$ 和 $(Y,\mathcal{T})$ 及 $(Y_i,\mathcal{T}_i)$ 都是可测空间. 设有可数集 α_0 包含 $\{i|Y_i \notin \mathcal{T}_i\}$ 且 $\mathcal{T} = \bigotimes\limits_{i\in\alpha} \mathcal{T}_i$, 则诸 q_i 是可测的. 进而, g 是可测的当且仅当其分量 g_i 都是可测的.

(6) 积和投影保持可测性: 符号同 1.2 节 (Ⅱ). 设 $(X,\mathcal{S})$ 和 $(Y,\mathcal{T})$ 及 $(X,\mathcal{S}_i)$ 和 $(Y_i,\mathcal{T}_i)$ 都是可测空间. 设有可数集 α_0 包含 $\{i|X_i \notin \mathcal{S}_i\}$ 和 $\{i|Y_i \notin \mathcal{T}_i\}$ 且 $\mathcal{S} = \bigotimes\limits_{i\in\alpha} \mathcal{S}_i$ 及 $\mathcal{T} = \bigotimes\limits_{i\in\alpha} \mathcal{T}_i$, 则 ξ_i^a 是可测的. 进而, f 是可测的当且仅当诸 f_i 是可测的.

(7) (函数列的) 上确界和下确界、上极限和下极限以及极限都保持可测性.

提示 (1) 当 A 是 X 的可测集时, 可取 Y 的可测集 B 使 $f(A) \subseteq B$. 又可取 Z 的可测集 C 使 $g(B) \subseteq C$. 于是 $gf(A) \subseteq C$. 任取 Z 的可测集 F, 则

$$A \cap (gf)^{-1}(F) = A \cap f^{-1}(B \cap g^{-1}(F)).$$

(2) 当 E 是 X 的可测集而 F 是 Y 的可测集时, 取 Y 的可测集 G 使 $f(E) \subseteq G$, 则 $g(E \cap A) \subseteq G \cap B$. 又 $(E \cap A) \cap g^{-1}(F \cap B)$ 等于 $A \cap (E \cap f^{-1}(F))$, 这是 A 的可测集.

(3) 当 E 是 X 的可测集而 F 是 Y 的可测集时, $E \cap f^{-1}(F)$ 是 X 的可数个可测集 $(E \cap X_i) \cap f_i^{-1}(F \cap Y_i)(i \in \alpha)$ 之并. 取 Y 的可测集 G_i 使 $f_i(E \cap X_i) \subseteq G_i \cap Y_i$, 则 $f(E)$ 被可数个可测集 $G_i(i \in \alpha)$ 覆盖.

(4) 因为 $f_a = f \circ (\eta_a:W_a \to W)$, 根据 (1) 知 f_a 可测.

(5) 当 G 是 Y_j 的可测集且 $\prod\limits_{i\in\alpha} F_i$ 是 Y 的非空可测矩体时, $q_j\left(\prod\limits_{i\in\alpha} F_i\right) = F_j$. 命 $F_i' = F_i(i \neq j)$ 而 $F_j' = F_j \cap G$, 则 $\left(\prod\limits_{i\in\alpha} F_i\right) \cap q_j^{-1}(G) = \prod\limits_{i\in\alpha} F_i'$, 这是 Y 的可测集. 因此 q_j 是可测的.

充分性: 任取 X 的可测集 E, 则

$$E \cap g^{-1}\left(\prod_{i\in\alpha} F_i\right) = \cap\{E \cap g_i^{-1}(F_i)|i \in \alpha, F_i \neq Y_i\}.$$

这是 X 的可测集. 取 Y_i 的可测集 G_i 使 $g_i(E) \subseteq G_i$. 当 i 不属于 α_0 时, 可命 $G_i = Y_i$. 于是, $g(E)$ 落于可测矩体 $\prod\limits_{i\in\alpha} G_i$. 这样 g 是可测的.

由等式 $g_i = q_i g$ 得必要性.

(6) 仿 2.5 节命题 7 知 ξ_i^a 是可测的. 结合等式 $f_i = q_i f \xi_i^a$ 和 (1) 得必要性.

充分性: 任取 X_i 的可测集 E_i 和 Y_i 的可测集 F_i 使 $\{i|E_i \neq X_i\}$ 和 $\{i|F_i \neq Y_i\}$ 都是可数集, 取 Y_i 的可测集 G_i 使 $f_i(E_i) \subseteq G_i$. 当 i 不属于 α_0 时, 可命 $G_i = Y_i$. 因 $\left(\prod\limits_{i\in\alpha} E_i\right) \cap f^{-1}\left(\prod\limits_{i\in\alpha} F_i\right)$ 等于 $\prod\limits_{i\in\alpha}(E_i \cap f_i^{-1}(F_i))$, 从而是 X 的可测集. 又 $f(\prod\limits_{i\in\alpha} E_i) \subseteq \prod\limits_{i\in\alpha} G_i$, 因此 f 是可测的. □

带测度的可测空间 $(X, \mathcal{S}, \mu)$ 称为**测度空间**, 它诱导出测度空间 $(X, \underline{\mathcal{S}}, \underline{\mu})$ 使 $\underline{\mu}(E) = \sup\{\mu(E \cap A)|A \in \mathcal{S}\}$. 测度空间 (X, μ) 上命题**几乎处处成立**或**殆成立**是相对于测度 $\underline{\mu}$ 而言的. **依测度局部收敛**仍是用 μ 定义的. 在殆相等意义下, 可测函数列殆收敛的极限是唯一的且殆收敛的可测函数列殆逼近一个可测函数.

练　习

习题 1 写出并证明Лузин定理的逆命题.

习题 2 设 E 是数域 $\mathbb{K}$ 上线性空间 X 中凸集. 对于 E 上实值函数 g, 以下等价.

(1) g 是个**下凸函数**: x 是 E 中两点的凸组合 $t_1x_1 + t_2x_2$ 时, $g(x) \leqslant t_1 g(x_1) + t_2 g(x_2)$.

(2) x 是 E 中有限个点的凸组合 $\sum\limits_{i\in\alpha} t_i x_i$ 时, $g(x) \leqslant \sum\limits_{i\in\alpha} t_i g(x_i)$(这为**Jensen不等式**).

当 E 还是实轴上区间时, 还有以下等价条件.

(3) 当 E 中 $x_1 < x_2 < x_3$ 时, $\dfrac{g(x_2) - g(x_1)}{x_2 - x_1} \leqslant \dfrac{g(x_3) - g(x_2)}{x_3 - x_2}$.

(4) 有 E 上递增函数 c 恒使 $g(x) - g(x_0) \geqslant c(x_0)(x - x_0)$(请写出上凸者的相关结论).

习题 3 实轴中开区间 T 上实值函数 f 是下凸的当且仅当它是 Lebesgue 可测的且

$$\forall\{x_1, x_2\} \subset T:\ f\Big(\frac{x_1 + x_2}{2}\Big) \leqslant \frac{f(x_1) + f(x_2)}{2}.$$

习题 4 找个闭集 F 使 $\mathfrak{m}(\mathbb{R} \setminus F) < 0.1$ 且取整函数限制在 F 上连续.

习题 5 找个 Borel 函数 f 与 Lebesgue 可测函数 g 使复合 gf 不是 Lebesgue 可测函数.

习题 6 设有限测度空间 (X, μ) 上可测复函数列 $(f_n)_{n\geqslant 1}$ 殆逼近 0, 则有正实数列 $(r_n)_{n\geqslant 1}$ 使 $\sum\limits_{n\geqslant 1} r_n = +\infty$ 且 $\sum\limits_{n\geqslant 1} |r_n f_n(x)| \overset{\text{ae}}{<} \infty$.

习题 7 设 $f: \mathbb{I} \to \mathbb{C}$ 是 Lebesgue 可测函数, 试证明有列多项式在 $\mathbb{I}$ 上殆逼近 f(按 Lebesgue 测度, 下同) 也有列周期为 1 的三角多项式在 $\mathbb{I}$ 上殆逼近 f.

习题 8 形式地命 $q_n = p_1 + \cdots + p_n$. 找列复系数多项式 $(p_n)_{n\geqslant 1}$ 使连续函数 $f: \mathbb{R} \to \mathbb{C}$ 都可被某子列 $(q_{k_n})_{n\geqslant 1}$ 内闭一致逼近, 而 Lebesgue 可测函数 $g: \mathbb{R} \to \mathbb{C}$ 都可被某子列 $(q_{l_n})_{n\geqslant 1}$ 殆逼近.

习题 9 在测度空间 (X, μ) 上, $(\chi_{E_i})_{i\uparrow\beta}$ 依测度逼近 χ_E 当且仅当 $\lim\limits_{i\uparrow\beta} \mu^*(E_i \triangle E) = 0$.

(1) 当 μ 是计数测度时, 依测度收敛和殆收敛各是一致收敛和点态收敛.

(2) 试定义测度空间 $(\mathbb{N}, 2^{\mathbb{N}}, \mu)$ 使其上函数列的依测度收敛恰是点态收敛.

习题 10　对于全有限测度空间 (X,μ) 上可测函数列 $(f_n : X \to \mathbb{C})_{n\geqslant 1}$, 有正数列 $(\varepsilon_n)_{n\geqslant 1}$ 使 $(\varepsilon_n f_n)_{n\geqslant 1}$ 殆逼近 0. 进而, $(f_n)_{n\geqslant 1}$ 殆逼近可测函数 f 当且仅当诸 $\varepsilon > 0$ 使 $\lim\limits_{n\to\infty} \mu\Big\{ \sup\limits_{m\geqslant n} |f_m - f| \geqslant \varepsilon \Big\} = 0$.

习题 11 (Poincaré 型回归定理)　设 (X,μ) 是概率空间而其上某单射 f 是个**保测变换**——可测集 E 的像 $f(E)$ 也是可测集且 $\mu(f(E)) = \mu(E)$, 则任何非零可测集 E 中至少有一点 x 能回到 E 中: 有个正整数 n 使 $f^n(x)$ 落于 E.

习题 12 (Лузин)　设 σ-有限测度空间 (X,μ) 上复值可测函数列 $(f_n)_{n\geqslant 1}$ 殆逼近复值可测函数 f, 则 X 有可测分解 $\{X_k | k \in \mathbb{N}\}$ 使 $\mu(X_0) = 0$ 且 $(f_n)_{n\geqslant 1}$ 在诸 $X_k (k \geqslant 1)$ 上一致逼近 f.

习题 13　测度空间 (X,μ) 的正测度集 A 是个**原子**指其可测子集 S 都使 $\mu(S) = 0$ 或 $\mu(A \setminus S) = 0$.

(1) Lebesgue 测度空间 $(\mathbb{R}^n, \mathfrak{L}_n, |\cdot|_n)$ 无原子.

(2) 有限测度空间 (X,μ) 无原子时, $\operatorname{ran}\mu = [0, \mu(X)]$.

习题 14　设 $(X, \mathcal{S}, \mu)$ 是全 σ-有限测度空间. 设 $f : E \to \overline{\mathbb{R}}/\mathbb{C}$ 是个 **μ^*-可测函数**, 即 $\overline{\mathbb{R}}/\mathbb{C}$ 的 Borel 集 B 使 $f^{-1}(B)$ 是 μ^*-可测集, 则有个可测集 $A \subseteq E$ 使 $\mu(E \setminus A) = 0$ 且限制 $f|_A$ 是可测函数.

习题 15　集环 $\mathcal{A}$ 上外容度 μ 诱导 $\mathcal{A}$ 上等价关系 $\overset{\text{ae}}{=}$ 使 $F_1 \overset{\text{ae}}{=} F_2$ 表示 $\mu(F_1 \triangle F_2) = 0$. 设 α 是有限集且 $A_i \overset{\text{ae}}{=} B_i (i \in \alpha)$, 则 $A_i \setminus A_j \overset{\text{ae}}{=} B_i \setminus B_j$ 且 $\bigcup\limits_{i\in\alpha} A_i \overset{\text{ae}}{=} \bigcup\limits_{i\in\alpha} B_i$ 及 $\bigcap\limits_{i\in\alpha} A_i \overset{\text{ae}}{=} \bigcap\limits_{i\in\alpha} B_i$.

当 μ 是外测度且 $\mathcal{A}$ 是 σ- 代数时, 上述结论在 α 可列时也成立.

习题 16　设 f 是测度空间 (X,μ) 上可测映射且诸可测集 A 使 $\mu(f^{-1}(A)) = \mu(A)$. 若有可测集 A 使 $f^{-1}(A) \overset{\text{ae}}{=} A$, 则有个可测集 B 使 $f^{-1}(B) = B$ 且 $B \overset{\text{ae}}{=} A$.

第3章 积分与可积性

3.1 微量累积

本节将仿 1.4 节定义级数的顺序, 先定义非负可测函数的积分, 然后用线性方法扩大有积分的函数类. 测度和可测函数可取值无穷, 积分也可取值无穷. 这有别于建立 Riemann 积分的步骤: 先讨论有界区间上某些有界函数的积分, 再用极限方法讨论反常积分. 在此之前, 先简要回顾一下积分发展历程.

3.1.1 积分简史

上溯至古希腊时代, 数学家们就已开始了微积分的实践. Pythagoras 发现 $\sqrt{2}$ 的无理性以及 Eudoxus 发现一般无理数都突出了 "无限" 过程的必要性, 也突出了几何连续性的意义. 这是微积分的重要理论基础. Archimedes 用来求面积和体积的穷竭法是积分思想的雏形, 这一方法先由公元前 430 年左右的诡辩学者 Antiphon 提出, 后由 Eudoxus 作了改进, 而 Archimedes 运用这一方法并结合他发现的力学原理求得了某些长度、面积和体积然后给出了逻辑证明.

发现了行星运动三大定律[①]的现代天文学先驱 Kepler 在测定椭圆扇形面积和酒桶容积时仿效了 Archimedes 的思想. 虽然 Kepler 运用的是三角测量常识, 但依现代数学而言他的求解过程体现了数值积分的原理.

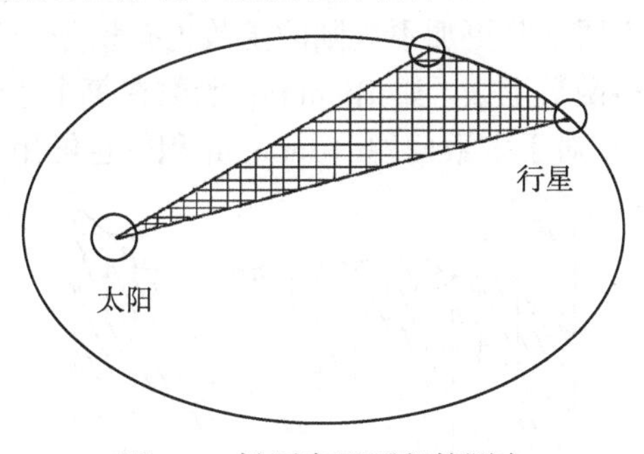

图 22 椭圆扇形面积的测定

① Kepler 行星第一定律: 行星运动的轨道是椭圆, 太阳位于其中一个焦点上. Kepler 行星第二定律: 联结行星与太阳之间的焦半径在相等的时间里扫过相等的面积. Kepler 行星第三定律: 任一行星运转一周所用时间的平方与行星离太阳的距离的立方成正比.

Newton 是将积分作为反微分来看待的. 非负连续函数 $f:\mathbb{I}\to\mathbb{R}$ 确定的图形

$$\{(t,y)|0\leqslant t\leqslant x,0\leqslant y\leqslant f(t)\}$$

有面积 $h(x)$, 则 f 有原函数 h. 如果不用积分能证明连续函数 f 有原函数, 可以直接用 Newton-Leibniz 公式定义 f 的积分. 实际上, 用 Weierstrass 有关多项式对于连续函数的逼近定理可以证明连续函数有原函数, 但 Newton 时代并没有这个结果.

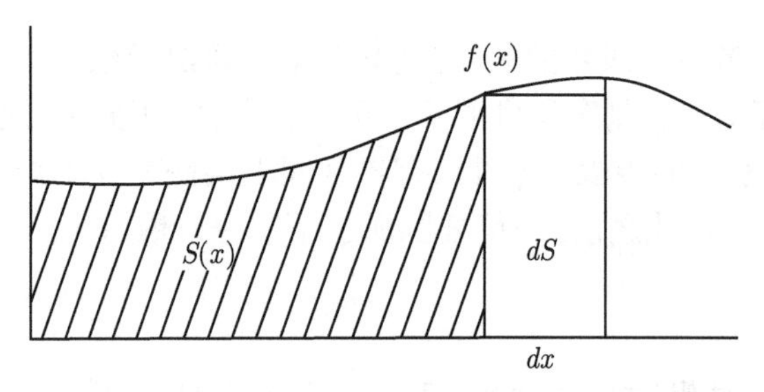

图 23 面积作为反微分

穷竭法应视为积分的萌芽, 而将积分视为和式极限在现代已成为共识. 将积分视为和式极限的第一人是 Cauchy. 虽然 Leibniz 也有过将面积视为矩形 "微元和" 的思想, 但未引起重视. 对于 $[a,b]$ 的分点组 $(x_0,\cdots,x_n)$, 命 $\Delta_i=[x_{i-1},x_i]$, 其长度记为 δ_i. 命 $\operatorname{mesh}P=\max\{x_i-x_{i-1}|1\leqslant i\leqslant n\}$. 任取 $\xi_i\in\Delta_i$, Cauchy 定义了连续函数 f 的积分是极限 $\lim\limits_{n\to\infty}\sum\limits_{i=1}^{n}f(\xi_i)\delta_i$. 然而其证明不严密, 原因在于他没有考虑到一致连续性.

Cauchy 也定义了有间断点或无界函数的积分, 但这不能满足分析发展的需要, 特别地, Fourier 分析需要某些更加不规则的函数也有积分. 于是 Riemann 把和式极限这个方法用于更多函数上去. 如 Riemann 函数在每个小区间上有可列个间断点, 但仍 Riemann 可积. 对于多数问题, Riemann 积分也够用了.

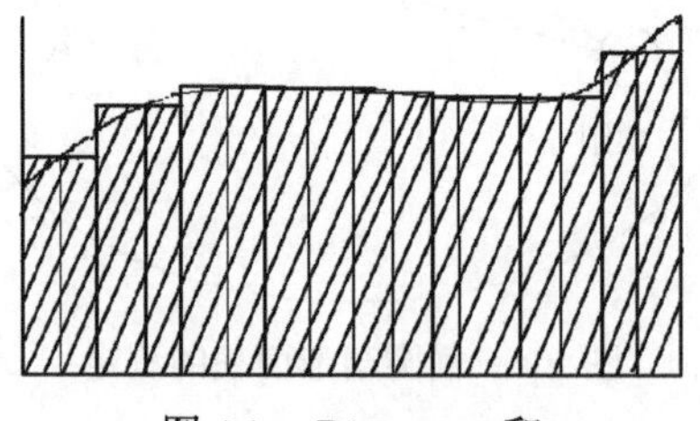

图 24 Riemann 和

函数 $f:X\to\mathbb{C}$ 的间断点可用振幅来找到. 首先 f 于子集 A 有振幅

$$\omega_f(A)=\sup\{|f(x')-f(x)|:x',x\in A\},$$

它反映了 f 在 A 上的振荡程度. 其次, 当 $X \subseteq \mathbb{R}^n$ 时, f 于点 x 有振幅

$$\omega_f(x) = \inf\{\omega_f(\mathsf{O}(x,r) \cap X) | r > 0\}.$$

它是 f 在 x 的连续性障碍: f 在 x 连续当且仅当 $\omega_f(x) = 0$.

到 1875 年, Darboux 使 Riemann 积分真正建立在严密的基础之上.

定理 (Darboux) 函数 $f : [a,b] \to \mathbb{R}$ 是 Riemann 可积的当且仅当对于 $\varepsilon > 0$ 有分点组 $(x_i)_{i=0}^n$ 使 $\sum\limits_{i=1}^n \delta_i \omega_i < \varepsilon$, 此处 $\delta_i = x_i - x_{i-1}$ 而 ω_i 是 f 在 $[x_{i-1}, x_i]$ 上的振幅. □

随着物理学的发展, 特别地, 对于热、波和电磁等的深入研究要求数学能提供一个比 Riemann 积分更为有效的积分——它既能保持 Riemann 积分的直观性, 又能克服 Riemann 积分的以下四项不足.

(1) Riemann 积分使函数项级数能逐项积分的条件过强. 通常要加上一致收敛性才能保证 Riemann 积分与级数可交换. 考察 Dirichlet 函数, 它满足 $\chi_{\mathbb{Q}} = \sum\limits_{r \in \mathbb{Q}} \chi_{\{r\}}$, 级数中诸项在 $\mathbb{I}$ 上有 Riemann 积分 0. 因 $\chi_{\mathbb{Q}}$ 不 Riemann 可积, 上述级数在 Riemann 积分意义下不可逐项积分.

(2) Riemann 积分使微积分基本定理成立的条件过强. 在 Riemann 积分范畴中, 导函数具有连续性才能使微积分基本定理成立. 但一个由 Volterra 作出的例子表明, 可导函数 f 的导函数 f' 可能有界但不必 Riemann 可积. 要对这样的函数用微积分基本定理, 就必须跳出 Riemann 积分的范畴.

(3) Riemann 积分对于能定义积分的点集要求过强. 在实轴中要求这样的点集为区间 (或有限个区间之并), 在空间上要求区域具有零边界.

(4) Riemann 可积函数全体依通常度量 $\int\limits_a^b |f(x) - g(x)| dx$ 不完备. 实轴依距离 $|x - y|$ 是完备的——Cauchy 序列必收敛. 有理数集不完备, 因此与极限有关的问题在有理数集上意义不大, 比如无法在有理数域上定义 Riemann 积分. 泛函分析中许多有意义的结果只在完备空间上才有意义, 因此 Riemann 积分的应用范围大受限制.

Riemann 可积函数不够多是以上不足的直接原因. 那么, 非 Riemann 可积函数有何特点? 由 Darboux 定理, 使函数非 Riemann 可积的原因在于: 把定义域分成小区间时, 函数在很多小区间上变化过于剧烈而导致振动振幅度过大. 如 Dirichlet 函数在任意小区间上的振幅为 1, 它不满足 Riemann 可积的条件. 若能将 Riemann 和的定义方式加以改进, 引入更多 "小区间" 使 Dirichlet 函数在每一块 "小区间" 上的振幅很小, 就有可能使 Dirichlet 函数有积分.

Lebesgue 提出了改进方案: 以函数 $f : \mathbb{I} \to [u, v)$ 为例. 取 $[u, v]$ 的分点组 $D : y_0 < \cdots < y_n$, 命 $E_i = \{y_{i-1} \leqslant f < y_i\}$, 它可类比于定义 Riemann 和时的

小区间且振幅 $\omega_f(E_i) \leqslant \operatorname{mesh} D$. 任取 $\eta_i \in [y_{i-1}, y_i]$, 用 Lebesgue 测度 $\mathfrak{m}$ 作和 $S(D,\eta) = \sum\limits_{i=1}^{n} \eta_i\, \mathfrak{m}(E_i)$; 它在 $\operatorname{mesh} D \to 0$ 时的极限就是所谓的 Lebesgue 积分.

以上办法似乎对有界函数都有效, 但若考虑到诸 E_i 可求长度, 它应是 Lebesgue 可测集. 而实轴中某些点集不能求长度. 因此对于函数至少应有如此要求: 对于任何 $a < b$, 点集 $\{a \leqslant f < b\}$ 是 Lebesgue 可测集. 因此 f 必是 Lebesgue 可测函数.

现以 f 记限制于 $\mathbb{I}$ 的 Dirichlet 函数, 命 $E_1 = \{0 \leqslant f < 1/2\} = \mathbb{J} \cap \mathbb{I}$ 及 $E_2 = \{1/2 \leqslant f < 2\} = \mathbb{Q} \cap \mathbb{I}$. 那么, f 于 E_i 的振幅都是 0, 这样 f 应是 Lebesgue 可积的.

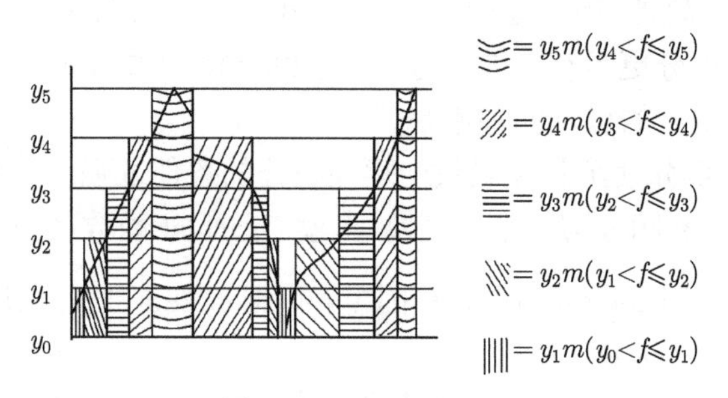

图 25　Lebesgue 和

我们也可借鉴 Riemann 和 Lebesgue 的积分思路. 取 $\mathbb{I}$ 的可测分解 $\{E_1, \cdots, E_n\}$ 并取点 $t_i \in E_i$, 作和式 $\sum\limits_{i=1}^{n} f(t_i)\, \mathfrak{m}(E_i)$. 函数可能在某个分解上振幅很小, 这种方式可能产生较多可积函数. 如 Dirichlet 函数依区间 $\mathbb{I}$ 的上述分解 $\{E_1, E_2\}$ 的所有和式都是零. 这种定义和数的方式实则包括了对定义域的区间分解和对陪定域的区间分解, 它与 Lebesgue 的方式定义了相同积分.

微积分是继 Euclid 几何后的一个最大数学创造. 它紧随函数概念的诞生而问世并为 17 世纪的四类问题提供了求解的工具. 这四类问题包括: 已知物体移动的规律, 求它在任意时刻的速度与加速度及其反问题; 求函数的极值; 求曲线的切线和长度、求平面图形或曲面的面积; 求物体的体积和重心. 某些问题的求解方法甚至为微分方程、变分法和泛函分析等学科提供了基础原理.

微积分的建立是各种概念逐渐进化的一部历史, 积分的建立方案经历了漫长的演变. 通常 Newton 和 Leibniz 被誉为微积分的缔造者, 然而历史上关于谁是微积分的创造者曾在英国科学家和欧洲大陆科学家之间引起了一场旷日持久的激烈争论. 现在人们将举世闻名的 Newton 和 Leibniz 视为对微积分作出了重大贡献的数学家, 而非仅有的创造者. 若从求长度、面积和体积的实践而言, Archimedes 应视为积分学的最早创造者. 从建立起微积分学基本定理并确定代数符号进行运算的规则而言, Newton 和 Leibniz 是这个学科的主要创造者. 当然前者的导师 Barrow

对微积分也有很大贡献.

3.1.2 积分运算

由前述分析, 测度空间 $(X,\mathcal{S},\mu)$ 上非负函数 f 在可测集 E 上的 "积分" 应是曲边梯形 $G=\{(x,y)|x\in E, 0\leqslant y\leqslant f(x)\}$ 的 "面积", 这里至 3.4 节要求 X 本身是可测集. 对于 E 的可测分解 $\mathcal{D}$, 作

下和 $L(f,\mathcal{D})=\sum(\inf f(A)\mu(A)|A\in\mathcal{D})$ (约定 $\inf f(\varnothing)\mu(\varnothing)=0$),

上和 $U(f,\mathcal{D})=\sum(\sup f(A)\mu(A)|A\in\mathcal{D})$ (约定 $\sup f(\varnothing)\mu(\varnothing)=0$).

它们视为 G 的内接矩形 "面积" 和与外接矩形 "面积" 和. 作

下积分 $L(f|E)=\sup\{L(f,\mathcal{D})|\mathcal{D}可测分解E\}$, 这可视为 G 的 "内面积",

上积分 $U(f|E)=\inf\{U(f,\mathcal{D})|\mathcal{D}可测分解E\}$, 这可视为 G 的 "外面积".

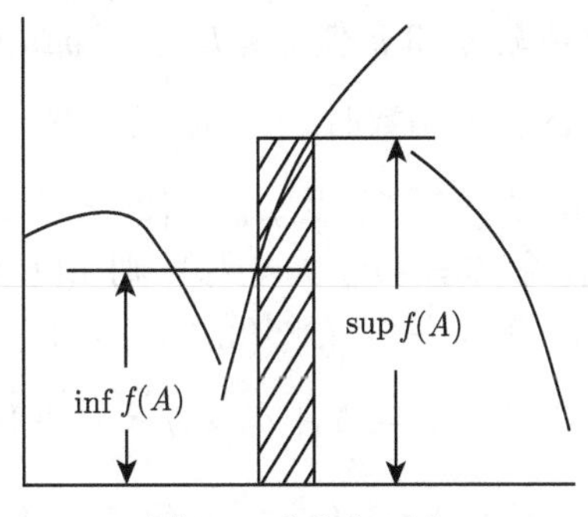

图 26 上和与下和

命题 1 当 $\mathcal{D}=\biguplus_{i\in\beta}\mathcal{D}_i$ 时, $L(f,\mathcal{D})=\sum_{i\in\beta}L(f,\mathcal{D}_i)$ 且 $U(f,\mathcal{D})=\sum_{i\in\beta}U(f,\mathcal{D}_i)$.

(1) $\mathcal{D}'$ 为 $\mathcal{D}$ 的细分时, $L(f,\mathcal{D})\leqslant L(f,\mathcal{D}')$ 且 $U(f,\mathcal{D}')\leqslant U(f,\mathcal{D})$.

(2) $\mathcal{D}$ 和 $\mathcal{D}'$ 是 E 的可测分解时, $L(f,\mathcal{D})\leqslant U(f,\mathcal{D}')$. 特别地, $L(f|E)\leqslant U(f|E)$.

(3) $\{E_i|i\in\beta\}$ 是 E 的可测分解时, $L(f|E)=\sum_{i\in\beta}L(f|E_i)$.

证明 根据 1.4 节命题 7(4), 对于正项级数累次求和得主结论.

(1) 诸 $A\in\mathcal{D}$ 有可测分解 $[A]=\{B\in\mathcal{D}'|B\subseteq A\}$, 故

$$\begin{aligned}\sum_{A\in\mathcal{D}}\inf f(A)\mu(A)&=\sum_{A\in\mathcal{D}}\sum_{B\in[A]}\inf f(A)\mu(B)\\&\leqslant\sum_{A\in\mathcal{D}}\sum_{B\in[A]}\inf f(B)\mu(B)=\sum_{B\in\mathcal{D}'}\inf f(B)\mu(B).\end{aligned}$$

(2) 根据 (1) 知 $L(f,\mathcal{D})\leqslant L(f,\mathcal{D}\vee\mathcal{D}')$ 且 $U(f,\mathcal{D}\vee\mathcal{D}')\leqslant U(f,\mathcal{D}')$.

(3) 命 $\mathcal{D}_i=\{A\in\mathcal{D}|A\subseteq E_i\}$. 当 $\mathcal{D}$ 取遍 $\{E_i|i\in\beta\}$ 的可测细分时, $\mathcal{D}_i$ 取遍 E_i 的可测分解. 根据 (1), 诸 $L(f,\mathcal{D}_i)$ 依 $\mathcal{D}$ 是递增的. 根据主结论和级数形式的单调收敛定理得 $\sup_{\mathcal{D}}L(f,\mathcal{D})=\sum_{i\in\beta}\sup_{\mathcal{D}}L(f,\mathcal{D}_i)$, 此式左端是 $L(f|E)$, 而右端是

$\sum\limits_{i\in\beta} L(f|E_i)$. □

以上 (1) 表明当可测分解变细后, 上和不增, 下和不减.

命题 2 以上 f 是非负可测函数且 $\varepsilon > 0$ 时, X 有可测分解 $\mathcal{D}$ 使 $U(f,\mathcal{D}) \leqslant L(f,\mathcal{D}) + \varepsilon$. 特别地, $L(f|X) = U(f|X)$, 这记为 $\int\limits_X f(x)\mu(dx)$ 或 $\int\limits_X fd\mu$ 并称为 f 在 X 上的**积分**.

(1) 当 $0 \leqslant a \leqslant +\infty$ 时, $\int\limits_X afd\mu = a\int\limits_X fd\mu$.

(2) 在 $\int\limits_X fd\mu$ 有限时, $\{f = +\infty\}$ 是零集而 $\{f > 0\}$ 是 σ-有限集.

(3) 在 $\int\limits_X fd\mu$ 为零时, $\{f > 0\}$ 是零集 (即 f 是殆为零的).

(4) 当 $f = f_1 + f_2$ 且 f_i 非负可测时, $\int\limits_X fd\mu = \int\limits_X f_1d\mu + \int\limits_X f_2d\mu$.

(5) 当 X 上非负可测函数 g 和 h 使 $g \leqslant h$ 时, $\int\limits_X gd\mu \leqslant \int\limits_X hd\mu$.

(6) 当 f 是可测集 E 的特征函数时, $\int\limits_X fd\mu = \mu(E)$.

证明 作可测集 $B_\pm = \{f = 2^{\pm\infty}\}$ 及 $A_n = \{2^n < f \leqslant 2^{n+1}\}(n \in \mathbb{Z})$.

在某个 $\mu(A_k)$ 无限时, 命 $\mathcal{D} = \{A_k, X \setminus A_k\}$, 则 $L(f,\mathcal{D})$ 和 $U(f,\mathcal{D})$ 同为 $+\infty$.

在所有 $\mu(A_n)$ 有限时, 命 $\delta_n = \varepsilon/(2^{|n|}(3\mu(A_n)+1))$, 则 $\sum\limits_{n\in\mathbb{Z}} \delta_n\mu(A_n) < \varepsilon$. 作 A_n 的可测分解 $\{A_{ni}|i \in \mathbb{N}\}$ 使 $A_{ni} = A_n\{i\delta_n \leqslant f < (i+1)\delta_n\}$, 则

$$\sup f(A_{ni})\mu(A_{ni}) \leqslant \inf f(A_{ni})\mu(A_{ni}) + \delta_n\mu(A_{ni}).$$

显然 $\sup f(B_\pm)\mu(B_\pm) = \inf f(B_\pm)\mu(B_\pm)$. 命 $\mathcal{D} = \{B_+, B_-, A_{ni}|n \in \mathbb{Z}, i \in \mathbb{N}\}$ 即可.

总之, $U(f|X) \leqslant L(f|X) + \varepsilon$. 命 $\varepsilon \to 0+$ 得 $U(f|X) \leqslant L(f|X)$, 它是等式.

(1) 命 $g = af$. 在 $a < +\infty$ 时, X 的可测分解 $\mathcal{D}$ 都满足 $L(g,\mathcal{D}) = aL(f,\mathcal{D})$.

在 $a = +\infty$ 时, 命 $b = \int\limits_X fd\mu$ 且 $E = \{f > 0\}$, 则 $g = a\chi_E$. 作 X 的可测分解 $\mathcal{D}_1 = \{E, X \setminus E\}$, 则 $L(g,\mathcal{D}_1) = U(g,\mathcal{D}_1) = a\mu(E)$. 为证 $ab = a\mu(E)$, 命 $\mathcal{D}_0 = \{B_-, A_n, B_+|n \in \mathbb{Z}\}$, 结论源自不等式 $L(f,\mathcal{D}_0) \leqslant b \leqslant U(f,\mathcal{D}_0)$ 以及

$$aL(f,\mathcal{D}_0) \geqslant a\Big(\sum_{n\in\mathbb{Z}} 2^n\mu(A_n) + a\mu(B_+)\Big) = a\mu(E),$$

$$aU(f,\mathcal{D}_0) \leqslant a\Big(\sum_{n\in\mathbb{Z}} 2^{n+1}\mu(A_n) + a\mu(B_+)\Big) = a\mu(E).$$

(2)+(3) 由 $(+\infty)\mu(B_+) \leqslant b$ 知 $\mu(B_+) = 0$. 由 $2^n\mu(A_n) \leqslant b$ 知 $\mu(A_n)$ 有限, 又知 $\{f > 0\}$ 有可测分解 $\{B_+, A_n|n \in \mathbb{Z}\}$. 在 $b = 0$ 时, 诸 $\mu(A_n) = 0$.

(4) 取 X 的可测分解 $\mathcal{D}_i$ 使 $U(f_i,\mathcal{D}_i) \leqslant L(f_i,\mathcal{D}_i) + \varepsilon$. 命 $\mathcal{D} = \mathcal{D}_1 \vee \mathcal{D}_2$, 根据命题 1 知 $U(f_i,\mathcal{D}) \leqslant L(f_i,\mathcal{D}) + \varepsilon$. 命 $b = \int\limits_X fd\mu$(可带下标), 可设 $A \in \mathcal{D}_i$ 不空, 由

$f(A) \subseteq f_1(A) + f_2(A)$ 得 $\sup f(A) \leqslant \sup f_1(A) + \sup f_2(A)$, 从而

$$U(f, \mathcal{D}) \leqslant U(f_1, \mathcal{D}) + U(f_2, \mathcal{D}) \Rightarrow b \leqslant b_1 + b_2 + 2\varepsilon.$$

命 $\varepsilon \to 0$ 得 $b \leqslant b_1 + b_2$. 类似地, $\inf f_1(A) + \inf f_2(A) \leqslant \inf f(A)$, 从而

$$L(f_1, \mathcal{D}) + L(f_2, \mathcal{D}) \leqslant L(f, \mathcal{D}) \Rightarrow b_1 + b_2 - 2\varepsilon \leqslant b.$$

命 $\varepsilon \to 0$ 得 $b_1 + b_2 \leqslant b$. 总之, $b = b_1 + b_2$.

(5) 当 $\mathcal{D}$ 取遍 X 的可测分解时, $L(g, \mathcal{D}) \leqslant L(h, \mathcal{D})$. 取上确界即可.

(6) 作可测分解 $\mathcal{D} = \{E, X \setminus E\}$, 则 $L(f, \mathcal{D})$ 和 $U(f, \mathcal{D})$ 同为 $\mu(E)$. □

可见, **测度空间上非负可测函数总有积分**. 符号 $\mu(dx)$ 可视为 “无穷小可测集 dx 的测度”, 而 $f(x)\mu(dx)$ 为 “无穷小曲边梯形 $\{(t, y) | t \subset dx, 0 \leqslant y \leqslant f(t)\}$ 的面积”.

一般地, 依本讲义各种规定, 有积分者称为**半可积函数**.

例 1 作测度空间 $(X, 2^X, \mu)$ 使 $X = \{n, n^{-1} | n \in \mathbb{Z}_+\}$ 且 $\mu(\{n\}) = (n+1)^{-1}$ 及 $\mu(\{n^{-1}\}) = (n^2(n+1))^{-1}$, 求 $f : x \mapsto 1/x$ 的积分. 为此作可测划分 $\mathcal{D} = \{\{x\} | x \in X\}$, 则 $L(f, \mathcal{D})$ 和 $U(f, \mathcal{D})$ 同为 $\sum\limits_{n \geqslant 2} n\mu\left\{\frac{1}{n}\right\} + \sum\limits_{n \geqslant 1} \frac{1}{n}\mu\{n\}$, 其和 $\frac{3}{2}$ 便是 $\int\limits_X f(x)\mu(dx)$. □

积分值可能是无穷; 积分有限者称为**可积函数**.

命题 3 设 f 是测度空间 (X, μ) 上带号可测函数. 当正部 f^+ 可积或负部 f^- 可积时, $\{f = +\infty\}$ 或 $\{f = -\infty\}$ 是零集; 规定 f 的**积分** $\int\limits_X f d\mu = \int\limits_X f^+ d\mu - \int\limits_X f^- d\mu$.

(1) $\int\limits_X f d\mu = -\infty$ 当且仅当 $\int\limits_X f^- d\mu = +\infty$ 且 $\int\limits_X f^+ d\mu < +\infty$.

(2) $\int\limits_X f d\mu = +\infty$ 当且仅当 $\int\limits_X f^- d\mu < +\infty$ 且 $\int\limits_X f^+ d\mu = +\infty$.

(3) f 是可积的当且仅当 $|f|$ 是可积的. 此时 f 是殆有限的且 $\{|f| > 0\}$ 是 σ-有限的.

提示 用命题 2(2) 得主结论, 由规定得 (1) 和 (2). 对于等式 $|f| = f^+ + f^-$ 用命题 2(4) 得 (3) 中前半部分, 用命题 2(2) 得 (3) 中后半部分. □

讨论复值函数的积分自然要用其实部与虚部的积分.

命题 4 测度空间 (X, μ) 上复值可测函数 f 的实部 $\operatorname{re} f$ 和虚部 $\operatorname{im} f$ 都是可积的当且仅当 $|f|$ 是可积的. 此时规定 f 的**积分** $\int\limits_X f d\mu = \int\limits_X \operatorname{re} f d\mu + \mathrm{i} \int\limits_X \operatorname{im} f d\mu$.

提示 充要条件源自不等式 $|f| \leqslant |\operatorname{re} f| + |\operatorname{im} f| \leqslant 2|f|$ 和命题 2. □

限制于可测集 E 后, 也可有**积分** $\int\limits_E f d\mu$. 如 $\int\limits_E 1 d\mu = \mu(E)$ 且 $\int\limits_\varnothing f d\mu = 0$.

命题 5 (可列加性) 设 f 于测度空间 (X, μ) 上 [半] 可积, 则它于每个可测集 E 上 [半] 可积. 进而 X 的可测分解 $\{X_i | i \in \beta\}$ 满足 $\int\limits_X f(x)\mu(dx) = \sum\limits_{i \in \beta} \int\limits_{X_i} f(x)\mu(dx)$.

(1) 从下连续性: $(E_n)_{n\geqslant 1}$ 递增至 E 时, $\lim\limits_{n\to\infty}\int\limits_{E_n} fd\mu=\int\limits_E fd\mu$.

(2) 从上连续性: $(E_n)_{n\geqslant 1}$ 递减至 E 且 $\int\limits_{E_1} fd\mu$ 有限时, 上式成立.

证明　非负情形: 结合命题 1(3) 得测度 $\nu: E\mapsto\int\limits_E fd\mu$, (1) 和 (2) 便成立.

带号情形: 设 f^- 可积. 由 $\int\limits_X f^\pm d\mu=\sum\limits_{i\in\beta}\int\limits_{X_i} f^\pm d\mu$ 知 f^- 于 X_i 都可积. 左边两式相减得欲证等式且 (1) 和 (2) 也成立. 命 $X_1=E$ 且 $X_2=E^{\rm c}$ 知 f 在 E 上半可积.

复值情形: 分离实部与虚部知结论都成立. □

命题 5 和命题 2(6) 表明可将积分视为测度的等价推广. 进一步讨论前, 引进些符号. 当 $0<p<\infty$ 时, 作测度空间 (X,μ) 上可测函数 f 的 L^p-模

$$\|f\|_p=\Big(\int\limits_X |f(x)|^p\mu(dx)\Big)^{\frac{1}{p}}\in[0,+\infty].$$

命题 6 (Чебышёв不等式)　当 $0<\varepsilon\leqslant+\infty$ 且 $p>0$ 时, $\varepsilon\mu(\{|f|\geqslant\varepsilon\})^{\frac{1}{p}}\leqslant\|f\|_p$.

提示　对于 X 的可测分解 $\{\{|f|\geqslant\varepsilon\},\{|f|<\varepsilon\}\}$ 用命题 5 和命题 2(5). □

当 $-\infty<p<0$ 时, 暂约 $1/0=+\infty$. 又知 $1/(+\infty)=0$, 所谓 L^p-模便有意义

$$\|f\|_p=\Big((+\infty)\mu(\{f=0\})+\int\limits_{\{0<|f|<+\infty\}}|f|^p d\mu\Big)^{\frac{1}{p}}.$$

显然, $\|f\|_p=0$ 当且仅当 $\mu(\{f=0\})>0$ 或 $|f|^p$ 于 $\{0<|f|<+\infty\}$ 不是可积的.

又知 $\|f\|_p=+\infty$ 当且仅当 $\mu\{|f|<+\infty\}=0$.

例 2　设 E 是测度空间 (X,μ) 中可测集. 当 $0<p<+\infty$ 时, $(\chi_E(x))^p=\chi_E(x)$. 因此 $\|\chi_E\|_p=\mu(E)^{\frac{1}{p}}$, 特别由 $|\chi_E-\chi_F|=\chi_{E\triangle F}$ 知 $\|\chi_E-\chi_F\|_p=\mu(E\triangle F)^{\frac{1}{p}}$.

当 $-\infty<p<0$ 时, $\|\chi_E\|_p=(\mu(E)+(+\infty)\mu(E^{\rm c}))^{\frac{1}{p}}$. □

零集 E 上非负函数 f 都使 $U(f|E)$ 和 $L(f|E)$ 为零, 这得以下命题.

命题 7 (零集无扰性)　测度空间中零集上可测函数的积分都是零. □

因此*加个零集或去个零集不影响积分值*. 在 X 的某个零集 E_0 外有定义的函数 f 简称*殆定函数*, 它半可积时, 规定 $\int\limits_X fd\mu=\int\limits_{X\setminus E_0} fd\mu$.

殆定函数有益于讨论一些积分性质, 尤其是 3.3 节的累次积分性质.

命题 8 (线性与共轭性)　(1) 等式 $\int\limits_X \overline{f}d\mu=\overline{\int\limits_X fd\mu}$ 在 f 可积时成立.

(2) 等式 $\int\limits_X (f_1+f_2)d\mu=\int\limits_X f_1d\mu+\int\limits_X f_2d\mu$ 在右端有意义时成立且 f_1+f_2 殆定.

(3) 设 a 是有限数, 等式 $\int\limits_X afd\mu=a\int\limits_X fd\mu$ 在右端有意义时成立.

证明 易证 (1). (2) 在复值情形, 分别讨论实部和虚部使问题简化至带号情形. 可设 f_i 的负部都可积. 去个零集后, 可设 f_i^- 都有限, 这即 $f_i > -\infty$. 命 $f = f_1 + f_2$, 则 $f^- \leqslant f_1^- + f_2^-$, 根据命题 2 知 f^- 可积. 现在

$$
\begin{aligned}
&f^+(x) - f^-(x) = f_1^+(x) - f_1^-(x) + f_2^+(x) - f_2^-(x) \\
\Rightarrow &f^+(x) + f_1^-(x) + f_2^-(x) = f^-(x) + f_1^+(x) + f_2^+(x).
\end{aligned}
$$

上式在 X 上积分, 根据命题 2(4) 得

$$
\int_X f^+ d\mu + \int_X f_1^- d\mu + \int_X f_2^- d\mu = \int_X f^- d\mu + \int_X f_1^+ d\mu + \int_X f_2^+ d\mu.
$$

以上负部的积分都有限, 可移至另一边. 去零集前, $f_1 + f_2$ 是殆定的.

(3) 在复值情形, af 以 $(\operatorname{re} a)(\operatorname{re} f) - (\operatorname{im} a)(\operatorname{im} f)$ 和 $(\operatorname{re} a)(\operatorname{im} f) + (\operatorname{im} a)(\operatorname{re} f)$ 为实部和虚部. 根据积分定义和 (2), 问题简化至 f 带号情形 (此情形允许 f 取值无穷).

可设 f^- 可积. 若 $a \geqslant 0$, 则 $(af)^\pm = af^\pm$, 根据命题 2 得 $\int_X (af)^\pm d\mu = a \int_X f^\pm d\mu$, 故 $(af)^-$ 可积; 若 $a < 0$, 则 $(af)^\pm = -af^\mp$, 根据命题 2 得 $\int_X (af)^\pm d\mu = -a \int_X f^\mp d\mu$, 故 $(af)^+$ 可积. 依定义, $\int_X af d\mu = a \int_X f d\mu$. □

每次所去零集不应超过可列个, 否则会影响积分值.

命题 9 (单调性) 设 g 和 h 是测度空间 (X, μ) 上带号可测函数使 $g \overset{\text{ae}}{\leqslant} h$.

(1) 在 g 和 h 都半可积时, $\int_X g(x)\mu(dx) \leqslant \int_X h(x)\mu(dx)$. 特别地,

$$
(\operatorname{essinf} g)\mu(X) \leqslant \int_X g d\mu \leqslant (\operatorname{esssup} g)\mu(X).
$$

(2) 在 h^+ 可积时, g^+ 是可积的; 在 g^- 可积时, h^- 是可积的.

(3) 当 g 和 h 都是可积的且其积分相等时, g 与 h 是殆相等的.

证明 去个零集后可设 $g \leqslant h$, 故 $g^+ \leqslant h^+$ 且 $g^- \geqslant h^-$. 根据命题 2(5) 得

$$
\int_X g^+ d\mu \leqslant \int_X h^+ d\mu \quad \text{且} \quad \int_X g^- d\mu \geqslant \int_X h^- d\mu.
$$

由此得 (1) 和 (2). 结合不等式 $\operatorname{essinf} g \overset{\text{ae}}{\leqslant} g \overset{\text{ae}}{\leqslant} \operatorname{esssup} g$ 得 (1) 中特别情形.

(3) 去个零集后可设 g 和 h 都有限, 作非负可测函数 $f = h - g$. 根据命题 8 知 f 的积分是 0, 根据命题 2(3) 知 $f \overset{\text{ae}}{=} 0$. 结合所去零集知 $g \overset{\text{ae}}{=} h$. □

积分的单调性常用来判断某些函数的可积性, 这将陆续体现.

命题 10 (绝对不等式) 若 f 是 (X, μ) 上半可积函数, 则 $\left| \int_X f d\mu \right| \leqslant \int_X |f| d\mu$.

证明　在带号半可积情形, 对于 $-|f| \leqslant f \leqslant |f|$ 用命题 9 得

$$-\int_X |f| d\mu \leqslant \int_X f d\mu \leqslant \int_X |f| d\mu.$$

在复值可积情形, 可设 $\int_X f d\mu \neq 0$, 命 $a = \left|\int_X f d\mu\right| \Big/ \int_X f d\mu$, 则 $|a| = 1$ 且

$$\left|\int_X f d\mu\right| = a \int_X f d\mu = \int_X a f d\mu.$$

可见 $\int_X \mathrm{im}(af) d\mu = 0$ 且 $\left|\int_X f d\mu\right| = \int_X \mathrm{re}(af) d\mu$. 对于 $\mathrm{re}(af) \leqslant |f|$ 用命题 9 即可. □

本质有界可测函数在测度有限集上是可积的, 其重要性体现于下.

命题 11 (内正则性)　设 g 是测度空间 (X, μ) 上可积函数而 $\varepsilon > 0$, 则有个测度有限集 E 使 g 在 E 上有界且 $\int_X |g - g\chi_E| d\mu = \int_{X \setminus E} |g| d\mu < \varepsilon$.

证明　命 $f = |g|$, 去了 $\{f = 0\}$ 和零集 $\{f = +\infty\}$ 后可设 $0 < f < +\infty$, 于是 X 为 σ-有限集且 $(\{f \leqslant n\})_{n \geqslant 1}$ 递增至 X. 取递增至 X 的测度有限集列 $(Y_n)_{n \geqslant 1}$, 作可测集 $E_n = Y_n\{f \leqslant n\}$, 则集列 $(E_n)_{n \geqslant 1}$ 递增至 X. 命 ν 同命题 5 的证明, 由从下连续性得 $\lim\limits_{n \to \infty} \nu(E_n) = \nu(X)$. 可取 n 使 $\nu(X \setminus E_n) < \varepsilon$. □

这表明测度有限集上有界可测函数能 "任意逼近" 可积函数.

命题 12 (绝对连续性, Vitali)　设 g 是测度空间 (X, μ) 上可积函数而 $\varepsilon > 0$, 则有 $\delta > 0$ 使 $\mu(F) < \delta$ 时, $\left|\int_F g d\mu\right| < \varepsilon$.

证明　命 E, f 和 ν 同内正则性及其证明, 而 $b = 1 + \sup f(E)$, 则

$$\nu(F) = \nu(F \cap E) + \nu(F \cap E^{\mathrm{c}}) < b\mu(F) + \nu(E^{\mathrm{c}}).$$

可见, 命 $\delta = (\varepsilon - \nu(E^{\mathrm{c}}))/b$ 可使 $\nu(F) < \varepsilon$. □

测度空间 (X, μ) 上非负函数 f 都有上和与下和, 似乎不可测的非负函数也应有积分. 假设可测性的原因在于: 设 $U(f|X)$ 和 $L(f|X)$ 有限且相等, 则 f 在一个零集外是可测函数, 即与一个可测函数殆相等.

为此对于 X 的可测分解 $\mathcal{D}$, 命 $g = \sum\limits_{E \in \mathcal{D}} \inf f(E)\chi_E$ 和 $h = \sum\limits_{E \in \mathcal{D}} \sup f(E)\chi_E$, 它们是非负可数值函数. 取一列可测分解 $(\mathcal{D}_n)_{n \geqslant 1}$ 使 $\lim\limits_{n \to \infty} L(f, \mathcal{D}_n) = \lim\limits_{n \to \infty} U(f, \mathcal{D}_n)$. 以 $\mathcal{D}_1 \vee \cdots \vee \mathcal{D}_n$ 代替 $\mathcal{D}_n$ 后可设它依次变细, 相应函数列 $(g_n)_{n \geqslant 1}$ 和 $(h_n)_{n \geqslant 1}$ 分别是递增和递减的, 其极限 f_* 和 f^* 是可测函数且 $f_* \leqslant f \leqslant f^*$. 根据命题 9 得

$$\int_X g_n d\mu \leqslant \int_X f_* d\mu \leqslant \int_X f^* d\mu \leqslant \int_X h_n d\mu.$$

由积分的可列加性得 $\int_X g_n d\mu = L(f, \mathcal{D}_n)$ 且 $\int_X h_n d\mu = U(f, \mathcal{D}_n)$. 令 $n \to \infty$ 知

$$0 \leqslant \int_X f_* d\mu = \int_X f^* d\mu < +\infty.$$

又根据命题 9 得 $\mu\{f_* < f^*\} = 0$, 这样 f_* 和 f^* 都与 f 殆相等.

上面说明了为什么可积函数总预设为 (殆定) 可测函数.

命题 13 (积分第一中值定理) 设 μ 是连通紧空间 X 上一个 Borel 测度而 f 是 X 上一个实值连续函数, 则有个 $x_0 \in X$ 使 $\int\limits_X f(x)\mu(dx) = f(x_0)\mu(X)$.

证明 可设 μ 非平凡且以 $\mu/\mu(X)$ 代替 μ 后可设 $\mu(X) = 1$, 则 f 的积分 w 及最小值 p 和最大值 q 满足 $p \leqslant w \leqslant q$. 由介值定理得个 x_0 使 $f(x_0) = w$. □

3.1.3 常用积分

若 $(X, \mathfrak{m})$ 是 Lebesgue 测度空间, 称 $\int\limits_X f(x)\,\mathfrak{m}(dx)$ 为 **Lebesgue积分**, 这在 $X \subseteq \mathbb{R}^n$ 时也记为 $\int\limits_X f(x)|dx|_n$; 在 $n = 1$ 时记为 $\int\limits_X f(x)dx$. 如 $\int\limits_{\mathbb{R}} \chi_{\mathbb{Q}}(x)dx = \mathfrak{m}(\mathbb{Q})$, 这是 0. Riemann 函数 R 满足 $0 \leqslant R \leqslant \chi_{\mathbb{Q}}$, 因此 $\int\limits_{\mathbb{R}} R(x)dx = 0$.

定理 14 (Lebesgue) 区间 $[a, b] \subset \mathbb{R}$ 上有界复值函数 f 是 Riemann 可积的当且仅当它是殆连续的. 此时其 Riemann 积分与 Lebesgue 积分相等.

证明 可设 f 是实值的, 其间断集 D 是集列 $(D_k)_{k\geqslant 0}$ 之并使诸 $x \in D_k$ 有此特征: 当 $\delta > 0$ 时, 有个 $z \in [a, b]$ 使 $|z - x| < \delta$ 且 $|f(z) - f(x)| \geqslant 2^{-k}$.

必要性: 要证诸 $\mathfrak{m}(D_k) = 0$. 用 Darboux 定理中符号, 命 $\alpha_k = \{j|\omega_j \geqslant 2^{-k}\}$, 则 D_k 有覆盖 $\{\{x_0, \cdots, x_n\}, \Delta_j | j \in \alpha_k\}$ 且诸 $j \in \alpha_k$ 使 $1 \leqslant 2^k\omega_j$. 因此

$$\mathfrak{m}^*(D_k) \leqslant \sum_{j\in\alpha_k} \delta_j \leqslant \sum_{j\in\alpha_k} 2^k\omega_j\delta_j < 2^k\varepsilon,$$

命 $\varepsilon \to 0$ 即可. 此时, f 是个有界 Lebesgue 可测函数, 其 Lebesgue 积分与 Riemann 积分各记为 L 和 R, 在 Δ_j 上的 Lebesgue 积分与 Riemann 积分各记为 L_j 和 R_j. 命 $q_j = \sup f(\Delta_j)$ 且 $p_j = \inf f(\Delta_j)$, 则 $\omega_j = q_j - p_j$ 且 $p_j\delta_j \leqslant L_j \leqslant q_j\delta_j$ 及 $p_j\delta_j \leqslant R_j \leqslant q_j\delta_j$. 因此 $|L_j - R_j| \leqslant \omega_j\delta_j$. 由 $L = \sum L_j$ 且 $R = \sum R_j$ 得 $|L - R| < \varepsilon$, 命 $\varepsilon \to 0$ 得 $L = R$.

充分性: 命 $X = [a, b]$ 且 $c = \sup|f|(X)$. 由 Lebesgue 测度的外正则性得覆盖 D 的开区间族 $\{T_i|i \in \beta\}$ 使 $\sum\limits_{i\in\beta} \mathfrak{m}(T_i) < \varepsilon$. 当 J 是区间时, 以 $\overline{J}$ 表示与 J 有相同端点的闭区间. 诸 $x \in D^{\mathrm{c}}$ 含于某个开区间 V_x 使诸 $z \in X \cap \overline{V_x}$ 满足 $|f(z) - f(x)| \leqslant \varepsilon$. 开区间族 $\{T_i, V_x | i \in \beta, x \in D^{\mathrm{c}}\}$ 覆盖紧集 X, 取其有限子覆盖 $\{H_i | i \in \gamma\}$, 诸 $X \cap H_i (i \in \gamma)$ 的端点形成 X 的分点组 $(x_j)_{j=0}^n$. 命 $\alpha = \{j | \exists i \in \beta : \Delta_j \subseteq \overline{T_i}\}$, 则 $\sum\limits_{j\in\alpha} \delta_j\omega_j \leqslant 2c\sum\limits_{i\in\beta} |T_i|$. 诸 $j \notin \alpha$ 使 Δ_j 落于某个 $\overline{V_x}$, 相应 $\omega_j \leqslant 2\varepsilon$ 而 $\sum\limits_{j\notin\alpha} \delta_j\omega_j \leqslant 2(b - a)\varepsilon$. 故 $\sum\limits_{j\leqslant n} \omega_j\delta_j < 2(c + b - a)\varepsilon$, 用 Darboux 定理. □

适当运用零集可将一些函数的 Lebesgue 积分化为 Riemann 积分.

例 3　由 $\mathbb{I}\setminus\mathbb{Q}$ 上函数 $x\mapsto\sin x$ 和 $\mathbb{I}\cap\mathbb{Q}$ 上函数 $x\mapsto\exp x$ 粘成的 f 无连续点, 因 $\mathfrak{m}(\mathbb{I}\cap\mathbb{Q})=0$, 便与 $\mathbb{I}$ 上连续函数 $x\mapsto\sin x$ 殆相等. 因此

$$\int_{\mathbb{I}} f(x)dx=\int_{\mathbb{I}}\sin xdx=1-\cos 1.$$

此例也表明与一个连续函数殆相等者可能无连续点. □

根据定理 14, 区间 $(a,b)(\subseteq\mathbb{R})$ 上函数 f 是内闭 Riemann 可积的当且仅当它是殆连续的和内闭有界的; 此处 “命题内闭成立” 指命题于 (a,b) 中诸闭区间上成立. 显然, f 的反常积分便是 f 于 $[p,q]$ 的 Riemann 积分在 $p\to a+$ 且 $q\to b-$ 时的极限.

内闭 Lebesgue 可积函数 f 也有形式反常积分 $\int_a^b f(t)dt=\lim\limits_{p\to a+,q\to b-}\int_p^q f(t)dt.$

例 4　命 $g(x)=\chi_{\mathbb{J}}(x)(\exp(\mathtt{i}\,x))/x$, 得 Borel 函数 $g:[1,+\infty)\to\mathbb{C}$ 使 $|g|$ 与连续函数 $x\mapsto 1/x$ 殆相等. 根据定理 14 和微积分基本定理知

$$\|g\|_p=\lim_{n\to\infty}\left(\int_1^n\frac{dx}{x^p}\right)^{\frac{1}{p}}=\begin{cases}+\infty, & 0<p\leqslant 1\text{或}p<0,\\ (p-1)^{\frac{-1}{p}}, & 1<p<+\infty.\end{cases}$$

这表明可用反常积分计算 Lebesgue 积分. □

显然, 绝对反常可积的 Lebesgue 可测函数是 Lebesgue 可积的.

例 5　作 $\mathbb{R}$ 上连续函数 $f:x\mapsto(\sin x)/x$(临时约定 $0/0=1$). 从数学分析知 $|f|$ 不反常 Riemann 可积, 因此 f 非 Lebesgue 可积. 然而,

$$\int_{-\infty}^{+\infty}\left|\frac{\sin x}{x}\right|^2dx=2\lim_{p\to\infty}\int_0^p(\sin x)^2d\Big(-\frac{1}{x}\Big)$$
$$=2\lim_{p\to\infty}\int_0^p\frac{\sin 2x}{x}dx=2\int_0^{+\infty}\frac{\sin x}{x}dx=\pi,$$

上面最后一个积分为反常积分. 此例在 Fourier 分析中有重要作用. □

上例表明非绝对可积函数的反常积分在计算 Lebesgue 积分时也有作用.

例 6　当 c 是正实数时, 命 $b=\int_{\mathbb{R}}\exp(-cx^2)dx$. 当 n 是自然数时, 证明

$$\int_{-\infty}^{+\infty}\frac{x^{2n}\exp(-cx^2)}{(2n)!}dx=\frac{b}{(4c)^n n!}.$$

结论在 $n=0$ 时成立; 归纳地设结论在 $n=k-1$ 时成立. 当 $n=k$ 时,

$$\int_{-\infty}^{+\infty}\frac{x^{2k}\exp(-cx^2)}{(2k)!}dx=-\int_{-\infty}^{+\infty}\frac{x^{2k-1}}{2c(2k)!}d\exp(-cx^2)$$
$$=\frac{x^{2k-1}\exp(-cx^2)}{-2c(2k)!}\bigg|_{-\infty}^{+\infty}+\frac{1}{4ck}\int_{-\infty}^{+\infty}\frac{x^{2k-2}\exp(-cx^2)}{(2k-2)!}dx,$$

以上用了分部积分. 第三项为零, 对于第四项用归纳假设即可. □

全有限测度空间 (X,μ) 上有界实值可测函数 f 的积分也得于Lebesgue对于值域的区间分解. 可设 $f(X)\subseteq[0,1)$. 将分点组 $0=y_0<\cdots<y_n=1$ 记为 D, 则 $\operatorname{mesh}D=\max\{y_1-y_0,\cdots,y_n-y_{n-1}\}$. 作可测集 $E_i=\{y_{i-1}\leqslant f<y_i\}$.

任取 $\eta_i\in[y_{i-1},y_i)$, 作Lebesgue和 $S_D^\eta=\eta_1\mu(E_1)+\cdots+\eta_n\mu(E_n)$, 则

$$\sum_{i=1}^n y_{i-1}\mu(E_i)\leqslant S_D^\eta\leqslant\sum_{i=1}^n y_i\mu(E_i).$$

前面定义的积分 $\int\limits_X fd\mu=\sum\limits_{i=1}^n\int\limits_{E_i}fd\mu$, 上式在 S_D^η 换成 $\int\limits_X fd\mu$ 后仍成立. 于是

$$-(\operatorname{mesh}D)\mu(E)<\int\limits_X fd\mu-S_D^\eta<(\operatorname{mesh}D)\mu(E).$$

可见 $\lim\limits_{\operatorname{mesh}D\to0}S_D^\eta=\int\limits_X fd\mu$. Lebesgue 这种定义积分的方式与 Riemann 的方式可用如下问题的解决方法加以区别. 设有十个硬币:$1,2,25,5,2,10,50,100,5,50$. 求其总币值. 第一种方法是按 Riemann 积分的方法, 将它们依次相加

$$1+2+25+5+2+10+50+100+5+50=250.$$

第二种方法是按 Lebesgue 积分方法, 将它们分类相加, 再求总和.

$$1+2\times2+25+5\times2+10+50\times2+100=250.$$

练　　习

习题 1 设 f 是可测空间 $(X,\mathcal{S})$ 上非负可测函数. 当 $\mathcal{S}$ 上测度网 $(\mu_i)_{i\uparrow\beta}$ 递增至测度 μ 且 g 取遍使 $0\leqslant g\leqslant f$ 的简单函数时, $\lim\limits_{i\uparrow\beta}\int\limits_X fd\mu_i$ 和 $\sup\limits_g\int\limits_X gd\mu$ 等于 $\int\limits_X fd\mu$.

习题 2 设 s 是正实数而 f 是有限测度空间 (X,μ) 上非负可测函数.

(1) 命 $t_0=\sum\limits_{n\geqslant0}\mu\{ns\leqslant f<+\infty\}$, 则 $t_0=\sum\limits_{n\geqslant1}n\mu\{ns-s\leqslant f<ns\}$.

(2) 命 $t=t_0+(+\infty)\mu\{f=+\infty\}$, 则 $st-s\mu(X)\leqslant\int\limits_X fd\mu\leqslant st$.

(3) 证明 f 是可积的当且仅当 t_0 是有限的且 f 是殆有限的.

习题 3 全 σ-有限测度空间 (X,μ) 上实值可测函数 g 和 h 满足 $g\overset{\text{ae}}{\leqslant}h$ 当且仅当使 $g(E)\cup h(E)$ 于实轴有界的测度有限集 E 都使 $\int\limits_E gd\mu\leqslant\int\limits_E hd\mu$.

习题 4 设 f 是测度空间 (X,μ) 上带号可测函数.

(1) 当 $\psi:[0,+\infty]\to[0,+\infty]$ 递增时, $\psi(s)\mu\{|f|\geqslant s\}\leqslant\int\limits_X(\psi\circ|f|)d\mu$.

(2) 诸 $n\in\mathbb{Z}_+$ 使 $\int\limits_X f^nd\mu=9$ 时, f 殆等于某个可测集 E 的特征函数.

(3) 设 μ 和 f 都有限, 则 $\lim\limits_{n\to\infty}\int\limits_X |\cos(\pi f(x))|^n\mu(dx) = \mu(f^{-1}(\mathbb{Z}))$.

习题 5 测度空间 $(X,\mathcal{S},\mu)$ 上复值可测函数 f 都是可积的当且仅当 μ 是有限的且 X 有个简单可测分解 $\mathcal{H}$ 使诸 $E\in\mathcal{S}$ 对应某 $\mathcal{A}\subseteq\mathcal{H}$ 使 $\mu^*(E\triangle(\biguplus\mathcal{A}))=0$.

习题 6 将 $x\in[0,1)$ 写成 p 进制标准小数 $0.a_1a_2\cdots$, 诸 a_n 记成 $b_n(x)$. 试证明 b_n 是是右连续的 Borel 函数并求其依 Lebesgue 测度的积分.

习题 7 设 $f:\mathbb{R}\to\mathbb{C}$ 是个 Lebesgue 可积函数且在原点可导. 若 $f(0)=0$, 则 $\mathbb{R}\setminus\{0\}$ 上函数 $g:x\mapsto f(x)/x$ 是 Lebesgue 可积的.

习题 8 在 2.4 节例 1 中作 $\mathbb{I}$ 上函数 f, 它在 $x\in\mathbb{G}$ 和 $z\in\mathbb{V}_n$ 各取值 x^2 和 $\dfrac{1}{2^n}$. 判断 f 和 Cantor 函数 g 是否 Riemann 可积? 求其积分.

习题 9 将本节 Darboux 定理和定理 14 推广至高维情形并证明.

3.2 极限定理

本节讨论什么条件下, 积分号与极限号可交换. 我们将发现, 这种交换性所需条件较之 Riemann 积分情形要弱些, 这为积分的计算与应用带来方便.

3.2.1 单调收敛性

本节陆续介绍的命题 1— 命题 6 是积分的可列加性的几种等价形式.

命题 1 (单调收敛定理) 设 (X,μ) 是测度空间而 $f_n:X\to\overline{\mathbb{R}}$ 是可测函数.

(1) 设 $(f_n)_{n\geqslant1}$ 逐点递增至 f 且某项 f_k 的积分不为 $-\infty$, 则

$$\lim_{n\to\infty}\int\limits_X f_n(x)\mu(dx)=\int\limits_X f(x)\mu(dx).$$

(2) 设 $(f_n)_{n\geqslant1}$ 逐点递减至 f 且某项 f_k 的积分不为 $+\infty$, 则上式成立.

只证 (1) 显然 $\lim\limits_{n\to\infty}\int\limits_X f_nd\mu\leqslant\int\limits_X fd\mu$. 为证 $\lim\limits_{n\to\infty}\int\limits_X f_nd\mu\geqslant\int\limits_X fd\mu$, 可设 f_1^- 可积. 去个零集后可设 f_1^- 有限, 所论函数都加上 f_1^- 后可设 $f_1\geqslant0$.

命 $A=\{f<+\infty\}$ 和 $B=\{f=+\infty\}$, 设 $0<r<1$ 且 $s=(1-r)^{-1}$. 对于 $x\in A$, 有个 n 使 $f_n(x)\geqslant rf(x)$; 可测集列 $(A\{f_n\geqslant rf\})_{n\geqslant1}$ 便递增至 A. 对于 $x\in B$, 有个 n 使 $f_n(x)\geqslant s$, 可测集列 $(B\{f_n\geqslant s\})_{n\geqslant1}$ 便递增至 B. 现在

$$\int\limits_X f_nd\mu\geqslant\int\limits_{A\{f_n\geqslant rf\}}rfd\mu+\int\limits_{B\{f_n\geqslant s\}}sd\mu.$$

结合从下连续性得 $\lim\limits_{n\to\infty}\int\limits_X f_nd\mu\geqslant r\int\limits_A fd\mu+s\int\limits_B 1d\mu$. 命 $r\to1-$ 即可. □

单调收敛定理也称为 Levi 引理, (1) 中 f_k 应视为下方控制 $(f_n)_{n\geqslant1}$ 的函数. 作区间 $(0,+\infty)$ 上函数 $g_n(x)=-x/n$. 函数列 $(g_n)_{n\geqslant1}$ 递增至 0, 但每个 g_n 的积分都是 $-\infty$. 对此序列不能用以上命题.

可见单调收敛定理中某项 f_k 的负部或正部的可积性不能省去.

例 1 求 $\lim\limits_{n\to\infty}\int_0^n\left(1+\frac{x}{n}\right)^n\exp(-2x)dx$. 这时积分区域不固定, 但

$$\int_0^n\left(1+\frac{x}{n}\right)^n\frac{dx}{\exp(2x)}=\int_0^{+\infty}\chi_{[0,n]}(x)\left(1+\frac{x}{n}\right)^n\frac{dx}{\exp(2x)}.$$

这用了特征函数化为固定区域上的积分. 上式右端被积函数列非负且点态递增至 $\exp(-x)$, 后一个函数的积分是 1. 由单调收敛定理知所求极限是 1. □

这个例子引出一公式: $\int_E fd\mu=\int_X\chi_E fd\mu$ 在积分存在时成立.

命题 2 (逐项积分定理) 设 $(f_n)_{n\geqslant1}$ 是测度空间 (X,μ) 上可测函数列, 则

$$\int_X\sum_{n\geqslant1}|f_n(x)|\mu(dx)=\sum_{n\geqslant1}\int_X|f_n(x)|\mu(dx).$$

上式有限时, $\sum\limits_{n\geqslant1}f_n$ 殆绝对可和于一个可积函数 f 且

$$\int_X f(x)\mu(dx)=\sum_{n\geqslant1}\int_X f_n(x)\mu(dx).$$

证明 作非负可测函数 $g_n=\sum\limits_{i\leqslant n}|f_i|$ 和 $g=\sum\limits_{i\geqslant1}|f_i|$, 则 $(g_n)_{n\geqslant1}$ 递增至 g. 用单调收敛定理得第一等式. 此式有限时, g 可积. 去个零集后可设 g 有限, 于是 $\sum\limits_{n\geqslant1}f_n$ 绝对可和于某个可测函数 f 使 $|f|\leqslant g$. 因此 f 可积且

$$\int_X\left|f-\sum_{i\leqslant n}f_i\right|d\mu\leqslant\int_X\sum_{i>n}|f_i|d\mu=\sum_{i>n}\int_X|f_i|d\mu.$$

上式右端是可和级数 $\sum\limits_{i\geqslant1}\int_X|f_i|d\mu$ 的余项级数, 命 $n\to\infty$ 即可. □

可见, 对非负可测函数项级数积分时不必讨论收敛问题. 如

$$\int_0^1\sum_{n\geqslant1}\frac{x^{n-1}}{n}dx=\sum_{n\geqslant1}\int_0^1\frac{x^{n-1}}{n}dx=\frac{\pi^2}{6}.$$

例 2 命 b 同 3.1 节例 6, 则诸 $z\in\mathbb{C}$ 使 $\int_{\mathbb{R}}\exp(-cs^2+zs)ds=b\exp\frac{z^2}{4c}$.

事实上, $\sum\limits_{n\geqslant0}\exp(-cs^2)\frac{|zs|^n}{n!}=\exp(-cs^2+|zs|)$, 它关于 s 于实轴可积. 因此可对等式 $\exp(-cs^2+zs)=\sum\limits_{n\geqslant0}\exp(-cs^2)\frac{(zs)^n}{n!}$ 逐项积分, 注意到 3.1 节例 6 及诸奇数 n 使 $\exp(-cs^2)\frac{(zs)^n}{n!}$ 为 s 的奇函数即可. □

根据 2.6 节定理 1, 非负可测函数 $f: X \to \overline{\mathbb{R}}$ 都形如 $\sum\limits_{n\geqslant 1} c_n\chi_{E_n}$ 使 c_n 为非负数而 E_n 为可测集, 逐项积分得 $\int\limits_X f d\mu = \sum\limits_{n\geqslant 1} c_n\mu(E_n)$. 这可视为积分的定义, 但得说明与 $(c_n)_{n\geqslant 1}$ 和 $(E_n)_{n\geqslant 1}$ 的取法无关 (见后面 3.5 节定理 10).

由上述分析, 要证某些积分结论时通常只需讨论可测集的特征函数.

例 3　可测函数关于 Dirac 测度的积分: $\int\limits_X f(x)\delta_a(dx) = f(a)$. 事实上, 由逐项积分定理和简单逼近可设 $f = \chi_E$, 要证之式变成 $\delta_a(E)$ 的定义. □

曾有人将实轴上原点处的 Dirac 测度 δ_0 误解成实轴上在原点为 $+\infty$ 而其他点为 0 的函数 g 使 Lebesgue 积分 $\int\limits_{\mathbb{R}} g(x)dx = 1$, 其理由如此: 命 $g_r = \dfrac{1}{2r}\chi_{[-r,r]}$, 则 $r \to 0+$ 时 g_r 点态逼近 g 且 $\int\limits_{\mathbb{R}} g_r(x)dx = 1$. 读者不难指出其谬所在.

例 4　设 $f = \sum\limits_{i\in\alpha} c_i\chi_{E_i}$ 使 $E_i(i\in\alpha)$ 为互斥可测集而 c_i 是复数且 α 是个可数集 (即 f 是可数值函数), 则 $|f|^p = \sum\limits_{i\in\alpha} |c_i|^p\chi_{E_i}$, 逐项积分得 $\|f\|_p = \left(\sum\limits_{i\in\alpha} |c_i|^p\mu(E_i)\right)^{\frac{1}{p}}$. □

下例表明积分推广了级数, 积分的通用性质便适用于任意指标集的级数.

例 5　设 f 是计数测度空间 $(\alpha, 2^\alpha, |\cdot|_0)$ 上非负函数, 则 $\int\limits_\alpha f(i)|di|_0 = \sum\limits_{i\in\alpha} f(i)$. 为此由逐项积分定理可设 $f = \chi_E$, 上式两端为 $|E|_0$ 和 $\sum\limits_{i\in E} 1$, 这两个数相等.

如命 $f(n) = n^{-2}$, 则函数 $f: \mathbb{Z}_+ \to \mathbb{R}$ 关于计数测度有积分 $\pi^2/6$. □

据此可将逐项积分定理写成以下富有启发的形式

$$\int\limits_X \mu(dx) \int\limits_{\mathbb{N}} f(n,x)|dn|_0 = \int\limits_{\mathbb{N}} |dn|_0 \int\limits_X f(n,x)\mu(dx).$$

计数测度的 σ-有限集恰是可数集, 这似乎表明只要讨论可列指标集上的级数和乘积就可以了; 实则不然. 首先, 1.4 节命题 9 已表明有必要讨论非可数集为指标集上的级数与乘积. 此命题还表明在同一指标集上讨论很多级数时, 每个级数的非零项的指标全体可能是可数集, 但这些可数集之并不必可数. 其次, 在一些 (带有拓扑的) 向量空间中也能讨论级数, 其中可和级数的非零项可能有不可数无限个.

本讲义介绍的大部分积分性质都有相应的级数形式.

命题 3 (Fatou 引理)　设 (X,μ) 是测度空间而 $f_n: X \to \overline{\mathbb{R}}$ 是可测函数.

(1) 如果有个负部可积函数 g 使 $f_n \overset{\text{ae}}{\geqslant} g(n\in\mathbb{N})$, 则

$$\int\limits_X \varliminf_{n\to\infty} f_n(x)\mu(dx) \leqslant \varliminf_{n\to\infty} \int\limits_X f_n(x)\mu(dx).$$

(2) 如果有个正部可积函数 g 使 $f_n \overset{\text{ae}}{\leqslant} g(n\in\mathbb{N})$, 则

$$\varlimsup_{n\to\infty} \int\limits_X f_n(x)\mu(dx) \leqslant \int\limits_X \varlimsup_{n\to\infty} f_n(x)\mu(dx).$$

证明 (1) 命 $h_n = \inf\limits_{m\geqslant n} f_m$ 与 $h = \varliminf\limits_{n\to\infty} f_n$, 则负部可积函数列 $(h_n)_{n\geqslant 1}$ 递增至 h. 由单调收敛定理得 $\int\limits_X hd\mu = \lim\limits_{n\to\infty}\int\limits_X h_n d\mu$, 注意到 $h_n \leqslant f_n$ 即可. □

Fatou 引理主要用来判断函数的可积性, 其中不等式在具体问题中既可以是等式也可以是严格不等式. 为此, 用 2.6 节例 3, 则

$$\int_0^1 g_k(t)dt = \int_0^1 f_{ni}(t)dt = \frac{1}{n}.$$

(1) 因 $\varliminf\limits_{k\to\infty} g_k = 0$, 故 $\int_0^1 \varliminf\limits_{k\to\infty} g_k(x)dx = \varliminf\limits_{k\to\infty}\int_0^1 g_k(x)dx$.

(2) 因 $\varlimsup\limits_{k\to\infty} g_k = 1$, 故 $\varlimsup\limits_{k\to\infty}\int_0^1 g_k(x)dx < \int_0^1 \varlimsup\limits_{k\to\infty} g_k(x)dx$.

3.2.2 控制收敛性

由 $\lim\limits_{n\to\infty}\|f_n - f\|_1 = 0$ 会得什么结论呢? 由Чебышёв不等式得

$$\lim_{n\to\infty}\varepsilon\mu\{|f_n - f| \geqslant \varepsilon\} \leqslant \lim_{n\to\infty}\|f_n - f\|_1 = 0.$$

命题 4 (有界收敛定理) 设全有限测度空间 (E,μ) 上可测函数列 $(f_n)_{n\geqslant 1}$ 殆逼近可测函数 f. 若有正实数 c 恒使 $|f_n| \overset{\text{ae}}{\leqslant} c$, 则 f 可积且 $\lim\limits_{n\to\infty}\|f_n - f\|_1 = 0$. 特别地,

$$\lim_{n\to\infty}\int\limits_E f_n(x)\mu(dx) = \int\limits_E f(x)\mu(dx).$$

又设全有限测度空间 (E,μ) 上可测函数网 $(f_i)_{i\uparrow\beta}$ 依测度逼近可测函数 f. 若有正实数 c 恒使 $|f_i| \overset{\text{ae}}{\leqslant} c$, 则 $|f| \overset{\text{ae}}{\leqslant} c$ 且 $\lim\limits_{i\uparrow\beta}\|f_i - f\|_1 = 0$. 特别地,

$$\lim_{i\uparrow\beta}\int\limits_E f_i(x)\mu(dx) = \int\limits_E f(x)\mu(dx).$$

证明 对于网, 命 $g_i = |f_i - f|$, 根据 2.6 节命题 8 知 $|g_i| \overset{\text{ae}}{\leqslant} 2c$. 对于 $\varepsilon > 0$, 命 $E_i = \{g_i \geqslant \varepsilon\}$, 则 $\int\limits_E g_i d\mu \leqslant \varepsilon\mu(E_i^{\text{c}}) + 2c\mu(E_i)$. 故 $\varlimsup\limits_{i\uparrow\beta}\|g_i\|_1 \leqslant \varepsilon\mu(E)$, 命 $\varepsilon\to 0+$ 即可. □

显然序列情形结合Егóров定理即可, 如 $\lim\limits_{n\to\infty}\int_0^\pi(\sin x)^n dx = \int_0^\pi 0dx = 0$.

命题 5 (Lebesgue 控制收敛定理) 设测度空间 (X,μ) 上可测函数列 $(f_n)_{n\geqslant 1}$ 殆收敛于可测函数 f. 如果 $(f_n)_{n\geqslant 1}$ 是控制可积的——有可积函数 g 恒使 $|f_n| \overset{\text{ae}}{\leqslant} g$, 则 $|f| \overset{\text{ae}}{\leqslant} g$ 且 $\lim\limits_{n\to\infty}\|f_n - f\|_1 = 0$. 特别地,

$$\lim_{n\to\infty}\int\limits_X f_n(x)\mu(dx) = \int\limits_X f(x)\mu(dx).$$

又设 (X,μ) 上可测函数网 $(f_i)_{i\uparrow\beta}$ 依测度逼近可测函数 f. 如果 $(f_i)_{i\uparrow\beta}$ 是控制可积的——有可积函数 g 恒使 $|f_i| \overset{\text{ae}}{\leqslant} g$, 则 $|f| \overset{\text{ae}}{\leqslant} g$ 且 $\lim\limits_{i\uparrow\beta}\|f_i - f\|_1 = 0$. 特别地,

$$\lim_{i\uparrow\beta}\int_X f_i(x)\mu(dx) = \int_X f(x)\mu(dx).$$

证明 根据 2.6 节命题 8 知 $|f| \overset{\text{ae}}{\leqslant} g$. 命 $g_n = |f_n - f|$ 及 $b = \varlimsup\limits_{n\to\infty}\|g_n\|_1$. (收敛性可遗传至子列) 取子列后可设 $\lim\limits_{n\to\infty}\|g_n\|_1 = b$. 因为 $0 \leqslant g_n \overset{\text{ae}}{\leqslant} 2g$, 由 Fatou 引理得

$$b = \varlimsup_{n\to\infty}\int_X g_n d\mu \leqslant \int_X \varlimsup_{n\to\infty} g_n d\mu = 0.$$

在网的情形, 根据 2.6 节命题 8 仍有 $|f| \overset{\text{ae}}{\leqslant} g$, 命 $g_i = |f_i - f|$ 及 $b = \varlimsup\limits_{i\uparrow\beta}\|g_i\|_1$. 对任何 $\varepsilon > 0$, 命 E 同 3.1 节命题 11(内正则性), 则 $\int\limits_X g_i d\mu \leqslant \int\limits_E g_i d\mu + \int\limits_{X\setminus E} 2|g|d\mu$. 在 E 上用有界收敛定理得 $b \leqslant 2\varepsilon$, 命 $\varepsilon \to 0$ 得 $b = 0$. □

仅由 $\lim\limits_{n\to\infty}\|f_n - f\|_1 = 0$ 不能说明 $(f_n)_{n\geqslant 1}$ 有控制可积函数. 为此在 $[1,+\infty)$ 上命 $f_n(x) = \chi_{(n,n+1]}(x)/n$, 则 $\lim\limits_{n\to\infty}\|f_n\|_1 = 0$. 控制所有 f_n 的可测函数 g 在 $(n,n+1]$ 上满足 $g(x) \overset{\text{ae}}{\geqslant} 1/n$, 故 $\|g\|_1 = +\infty$, 而 g 不可积.

例 6 设测度空间 (X,μ) 上非负可积函数列 $(f_n : X \to \mathbb{R})_{n\geqslant 1}$ 依测度收敛于非负可积函数 $f : X \to \mathbb{R}$ 并且 $\lim\limits_{n\to\infty}\int\limits_X f_n d\mu = \int\limits_X f d\mu$, 求 $\lim\limits_{n\to\infty}\|f_n - f\|_1$.

为此, 命 $g_n = f - f_n$, 则 $\{g_n^+ \geqslant \varepsilon\} \subseteq \{|g_n| \geqslant \varepsilon\}$. 因此 $(g_n^+)_{n\geqslant 1}$ 依测度收敛于 0. 从 $g_n^+ \leqslant f$ 和控制收敛定理得 $\lim\limits_{n\to\infty}\int\limits_X g_n^+ d\mu = 0$. 由 $g_n = g_n^+ - g_n^-$ 结合 $\lim\limits_{n\to\infty}\int\limits_X g_n d\mu = 0$ 得 $\lim\limits_{n\to\infty}\int\limits_X g_n^- d\mu = 0$. 注意到 $|g_n| = g_n^+ + g_n^-$ 得 $\lim\limits_{n\to\infty}\|g_n\|_1 = 0$. □

显然, $\int\limits_X f_n d\mu$ 是个含参变量积分——被积函数带有参数者.

命题 6 设函数 $h : X \times Y \to \mathbb{C}$ 在 $x \in X$ 的截口都是测度空间 (Y,ν) 上可积函数, 作 X 上函数 $g : x \mapsto \int\limits_Y h(x,y)\nu(dy)$. 固定个 $x_0 \in X$.

(1) 积分号下求极限: 设 X 是个序列空间 (如 $\mathbb{R}^n$ 的子集) 且 $\{h(x,\cdot)|x \in X\}$ 有个控制可积函数. 当几乎所有 y 使 $h(\cdot,y)$ 在 x_0 连续时, g 在 x_0 连续即

$$\lim_{x\to x_0}\int_Y h(x,y)\nu(dy) = \int_Y h(x_0,y)\nu(dy).$$

(2) 积分号下求导: 设 $X \subseteq \mathbb{R}$ 且 $\dfrac{h(x,\cdot) - h(x_0,\cdot)}{x - x_0}(x \in X \setminus \{x_0\})$ 有个控制可积函数. 当几乎所有 y 使 $h(\cdot,y)$ 在 x_0 可导时, g 在 x_0 可导且导数

$$g'(x_0) = \int_Y \frac{\partial h}{\partial x}(x_0,y)\nu(dy).$$

提示 (1) 当 X 中序列 $(x_k)_{k\geqslant 1}$ 逼近 x_0 时, 只需说明

$$\lim_{k\to\infty}\int_Y h(x_k,y)\nu(dy)=\int_Y h(x_0,y)\nu(dy).$$

注意到控制可积函数列 $(h(x_n,\cdot))_{n\geqslant 1}$ 殆逼近 $h(x_0,\cdot)$, 用控制收敛定理即可.

(2) 当 X 中各项异于 x 的序列 $(x_k)_{k\geqslant 1}$ 逼近 x_0 时, 只需说明

$$\lim_{k\to\infty}\frac{g(x_k)-g(x_0)}{x_k-x_0}=\int_Y \lim_{x_k\to x_0}\frac{h(x_k,y)-h(x_0,y)}{x_k-x_0}\nu(dy).$$

控制可积函数列 $\left(\dfrac{h(x_k,\cdot)-h(x_0,\cdot)}{x_k-x_0}\right)_{k\geqslant 1}$ 殆逼近 $\dfrac{\partial h}{\partial x}(x_0,y)$, 用控制收敛定理即可. □

如实轴上有连续函数 $x\mapsto\int_0^1 \sin(xy)dy$ 且其导函数是 $x\mapsto\int_0^1 y\cos(xy)dy$. 请注意, 以上命题中 Y 不必是 Euclid 空间中子集, 其 (2) 中仍然用了偏导数符号 ∂.

控制收敛定理中控制可积函数不可省. 如命 $f_n(x)=n/(n^2+x^2)$, 则实轴上函数列 $(f_n)_{n\geqslant 1}$ 点态逼近零, 但相应 Lebesgue 积分序列极限为 π.

控制可积函数可以只控制函数列中某项以后的函数, 这见下例.

例 7 求极限 $\lim\limits_{n\to\infty}\int_0^{+\infty}\dfrac{dx}{(1+x/n)^n\sqrt[n]{x}}$. 为此, 将被积函数记为 f_n, 当 $n\geqslant 2$ 时,

$$\left(1+\frac{x}{n}\right)^{-n}x^{\frac{-1}{n}}\leqslant\left\{\begin{matrix} x^{-1/2} & :x<1\\ 4x^{-2} & :x\geqslant 1\end{matrix}\right\}=:g(x).$$

因此 g 是控制 $(f_n)_{n\geqslant 2}$ 的 Lebesgue 可积函数, 由控制收敛定理,

$$\lim_{n\to\infty}\int_0^{+\infty}\frac{dx}{(1+x/n)^n\sqrt[n]{x}}=\int_0^{+\infty}\exp(-x)dx=1.$$

请注意, 此处 g 不控制 f_1, 而所求极限与序列的前面有限项无关即可. □

3.2.3 变量代换

对于一般积分, 下面讨论一个简单有用的变量代换公式.

定理 7 (积分变量代换) 测度空间之间可测映射 $\phi:(X,\mathcal{R},\mu)\to(Y,\mathcal{S},\nu)$ 恒使 $\nu(F)=\mu(\phi^{-1}(F))$ 当且仅当 Y 上诸可测函数 g 使下式在一端有意义时便成立

$$\int_Y g(y)\nu(dy)=\int_X g(\phi(x))\mu(dx).$$

此时称 ν 是 μ 的**诱导测度**, 写为 $\nu(dy)=\mu\phi^{-1}(dy)$ 或 $\nu=\phi_*(\mu)$.

提示必要性 可设 g 非负. 由简单逼近和逐项积分定理, 可设 g 为可测集 F 的特征函数, 则 $g\circ\phi$ 为 $\phi^{-1}(F)$ 的特征函数, 欲证等式化为 $\nu(F)=\mu(\phi^{-1}(F))$. □

有限测度的诱导测度是有限的, 但 σ-有限测度的诱导测度不必 σ-有限. 如 $\psi:\mathbb{R}\to\{0\}$ 使 $\psi^{-1}\{0\}=\mathbb{R}$. 可见 $\{0\}$ 非 $\psi_*(\mathfrak{m})$ 的 σ-有限集.

以上定理中 ϕ 还是可测同构时, 称 ϕ 为**保测变换**. 如 Euclid 空间 $\mathbb{R}^n$ 上的平移 $x\mapsto x+u$ 与正交变换 A 是 Lebesgue 测度的保测变换, 故

$$\int\limits_{\mathbb{R}^n} f(x+u)dx=\int\limits_{\mathbb{R}^n} f(Ax)dx=\int\limits_{\mathbb{R}^n} f(x)dx.$$

例 8　根据定理 7, 从 $[0,2\pi)$ 至单位圆周 $\mathbb{T}$ 的 Borel 同构 $\phi:t\mapsto\exp(\mathrm{i}\,t)$ 诱导了 $\mathbb{T}$ 上**弧长测度** $|\cdot|_1:E\mapsto\mathfrak{m}\,\phi^{-1}(E)$ 使下式

$$\int\limits_{\mathbb{T}} f(z)|dz|_1=\int\limits_0^{2\pi} f(\exp(\mathrm{i}\,t)dt$$

在一端有意义时便成立. 此弧长测度是有限的. 当 k 和 l 是整数时

$$\int\limits_{\mathbb{T}} z^k\overline{z^l}|dz|_1=\int\limits_0^{2\pi}\exp((k-l)\,\mathrm{i}\,t)dt=2\pi\delta_{k,l},$$

这里 $\delta_{k,l}$ 为Kronecker 符号: $\delta_{k,k}=1$, 而 $k\neq l$ 时 $\delta_{k,l}=0$.　□

以上定理中 μ 和 ν 还可以是后面 3.5 节讨论的广义测度. 进而, 当 $\mathcal{R}$ 和 $\mathcal{S}$ 是半环并且 $\{\phi^{-1}(F)|F\in\mathcal{S}\}\subseteq\mathcal{R}$ 时, $\mathcal{R}$ 上测度/容度 μ 依然可变成 $\mathcal{S}$ 上测度/容度 $\phi_*\mu$. 当 $\mathcal{T}$ 是 Z 上半环且 $\psi:Y\to Z$ 满足 $\{\psi^{-1}(G)|G\in\mathcal{T}\}\subseteq\mathcal{S}$ 时, $(\psi\phi)_*=\psi_*\phi_*$.

当 $X\subseteq\mathbb{E}^n$ 且 $Y\subseteq\mathbb{E}^m$ 时, 列向量 $x\in X$ 有分量 $x_1,\cdots,x_n$, 而列向量 $f(x)\in Y$ 有分量 $f_1(x),\cdots,f_m(x)$. 形式地命 $(\nabla_v f)(x)=\lim\limits_{r\to0}(f(x+rv)-f(x))/r$, 它有意义时与方向导数 $\partial f(x)/\partial v$ 相等, 但与方向导数 $\partial f(x)/\partial(-v)$ 相反.

称 f 在点 $x_0\in X$ **可导**指有唯一矩阵 $f'(x_0)\in\mathbb{E}(m,n)$ 使

$$\lim_{x\to x_0}\frac{|f(x)-f(x_0)-f'(x_0)(x-x_0)|}{|x-x_0|}=0.$$

称 $f'(x_0)$ 为 f 在 x_0 的**导数**(在 $\mathbb{E}=\mathbb{C}$ 时, 称 f 在 x_0 **全纯**). 此时诸 f_i 关于诸 x_j 在 x_0 有偏导数 (记为 $\partial_j f_i(x_0)$) 且 $f'(x_0)=[\partial_j f_i(x_0)]_{m\times n}$. 在内点, 导数存在时必是唯一的.

称 f 为 C^k-同胚指它可逆且 f 和 f^{-1} 都是 k 阶连续可微的.

例 9　命 $\tau=\pi/2$, 则 $\mathbb{R}^n$ 至 $\mathbb{B}_n$ 有如下光滑映射使 $\det\phi'(t)=\prod\limits_{i=1}^n(\cos t_i)^{n-i+1}$,

$$\phi:t\mapsto(\sin t_1,\cos t_1\sin t_2,\cdots,\cos t_1\cdots\cos t_{n-1}\sin t_n).$$

类似地, $\mathbb{R}^n$ 至 $\mathbb{B}_n$ 有如下光滑映射使 $\det\psi'(t)=(-1)^n\prod\limits_{i=1}^n(\sin t_i)^{n-i+1}$,

$$\psi:t\mapsto(\cos t_1,\sin t_1\cos t_2,\cdots,\sin t_1\cdots\sin t_{n-1}\cos t_n).$$

限制 $\phi:(-\tau,\tau)^n\to\mathbb{B}_n$ 和限制 $\psi:(0,\pi)^n\to\mathbb{B}_n$ 都是光滑同胚. □

上例将于下一节在计算球体和球面上函数积分时有重要作用.

引理 8 设 A 是平行 $2n$ 面体使 $\operatorname{diam}A\leqslant c$. 当 r 是正实数时,

$$\mathfrak{m}(A+r\mathbb{B}_n)\leqslant\mathfrak{m}(A)+2^{n+1}nr(c+r)^{n-1}.$$

证明 平移后, 可设 A 由取向量组 $v_1,\cdots,v_n$ 张成, 即

$$A=\{t_1v_1+\cdots+t_nv_n|t_1,\cdots,t_n\in\mathbb{I}\}.$$

设 A_i 是由 $(v_j)_{j\neq i}$ 张成的平行 $2n-2$ 面体, 则 $d(x,A)<r$ 当且仅当 x 属于 A 或有个 i 使 $d(x,A_i)<r$ 或有个 i 使 $d(x,v_i+A_i)<r$. 这表明

$$A+r\mathbb{B}_n=\cup\{A,A_i+r\mathbb{B}_n,v_i+A_i+r\mathbb{B}_n|1\leqslant i\leqslant n\}. \tag{0}$$

取正交变换 $T:\mathbb{R}^n\to\mathbb{R}^n$ 使 $T(A_i)\subseteq[-c,c]^{n-1}\times\{0\}$, 这得

$$T(A_i+r\mathbb{B}_n)=T(A_i)+r\mathbb{B}_n\subseteq(-c-r,c+r)^{n-1}\times(-r,r).$$

于是 $\mathfrak{m}(A_i+r\mathbb{B}_n)\leqslant 2^nr(c+r)^{n-1}$, 结合式 (0) 即可. □

若 $\mathbb{E}=\mathbb{R}$, 命 $(Jf)(x)=\sqrt{\det(f'(x)^{\mathrm{t}}f'(x))}$(其中 ^{t} 表示转置); 若 $\mathbb{E}=\mathbb{C}$, 命 $(Jf)(x)=\det(\overline{f'(x)}^{\mathrm{t}}f'(x))$. 形式地命 $\tau_f(E)=\int\limits_E(Jf)(x)\,\mathfrak{m}(dx)$.

在 $m=n$ 时, 两种情形各是 $(Jf)(x)=|\det f'(x)|$ 和 $(Jf)(x)=|\det f'(x)|^2$.

命题 9 设 $f:X\to Y$ 是 $\mathbb{E}^n$ 的开集之间连续可导函数 (在 $\mathbb{E}=\mathbb{C}$ 时全纯).

(1) f 将 X 的 Lebesgue 可测集 E 映为 Lebesgue 可测集且 $\mathfrak{m}(f(E))\leqslant\tau_f(E)$.

(2) 使 $f'(x)$ 非列满秩的 x 为 f 的临界点, 其全体 C 之像 $f(C)$ 是 Lebesgue 零集①.

(3) 命 $M=X\setminus C$(下同). 当 F 是 Y 的 Lebesgue 可测集时, $f^{-1}(F)\cap M$ 是 Lebesgue 可测集. 特别当 g 是 Y 上 Lebesgue 可测函数时, $g\circ f|_M$ 是 Lebesgue 可测函数.

(4) $f(X)$ 是 σ-紧集且当 g 是其上非负 Lebesgue 可测函数时,

$$\int\limits_{f(X)}g(y)\,\mathfrak{m}(dy)\leqslant\int\limits_X g(f(x))(Jf)(x)\,\mathfrak{m}(dx).$$

(5) f 是 C^1-同胚时, (1) 总为等式且下式在一端有意义时便成立,

$$\int\limits_Y g(y)dy=\int\limits_X g(f(x))(Jf)(x)\,\mathfrak{m}(dx).$$

①这可推广成微分拓扑中 Sard 定理: 从 n 维光滑流形 X 至 m 维 Riemann 光滑流形 Y 的 k-阶连续可微映射 ϕ 在 $k>(n-m)\vee 0$ 时将其临界点集 C 映为零集.

(6) f 的指示函数 $f^{\#}$ 是 Borel 函数且下式在一端有意义时便成立,

$$\int_Y g(y)f^{\#}(y)dy = \int_X g(f(x))(Jf)(x)\,\mathfrak{m}(dx).$$

(7) 在 (1) 中总成立等式当且仅当 $f|_M$ 是单射当且仅当在 (4) 总成立等式.

证明　(1) 根据 2.4 节定理 8, 可设 $\mathbb{E} = \mathbb{R}$. 作半环 $\mathcal{P} = \{(a,b] | [a,b] \subseteq X\}$, 根据 2.2 节 (例 1 和例 2 及命题 4) 知 $\mathrm{S}(\mathcal{P}) = \mathfrak{B}(X)$. 前述 τ_f 限制于 $\mathcal{P}$ 后有 Carathéodory 扩张 $(\mathcal{P}^*, \tau_f^*)$. 诸 $A \in \mathfrak{B}(X)$ 满足 $\tau_f(A) = \tau_f^*(A)$.

诸 $(a,b] \in \mathcal{P}$ 是 σ-紧的, 像集 $f((a,b])$ 也是. 将 $(a,b]$ 的诸边平分 k 份得 k^n 个小区间 $(u,v]$. 以 δ_k 和 ε_k 各记 $|b-a|/k$ 和 $[a,b]\times[a,b]$ 上连续函数

$$(x,y) \mapsto 1.1(|f'(x) - f'(y)| + |(Jf)(x) - (Jf)(y)|)$$

在 $|x-y| \leqslant \delta_k$ 时的最大值. 命 $s = \max\{|f'(x)| : x \in [a,b]\}$.

诸 $\{x,y\} \subset (u,v]$ 满足 $|x-y| \leqslant \delta_k$, 于是 $|f'(u)x - f'(u)y| \leqslant s\delta_k$. 命

$$\begin{aligned} w =& f(x) - f(u) - f'(u)x + f'(u)u \\ =& \int_0^1 (f'(u+t(x-u)) - f'(u))(x-u)dt, \end{aligned}$$

以上第二式源自 Newton-Leibniz 公式 (向量形式). 因此 $|w| < \varepsilon_k\delta_k$, 可见

$$f((u,v]) - f(u) + f'(u)u \subseteq f'(u)((u,v]) + \varepsilon_k\delta_k\mathbb{B}_n.$$

由此结合引理 8 并由 Lebesgue 测度的平移不变性及与线性变换的关系得

$$\begin{aligned} \mathfrak{m}\, f((u,v]) \leqslant& |(Jf)(u)|\,\mathfrak{m}(u,v] + 2^{n+1}n\varepsilon_k\delta_k(s\delta_k + \delta_k\varepsilon_k)^{n-1} \\ <& \int_{(u,v]} ((Jf)(x) + \varepsilon_k)\,\mathfrak{m}(dx) + 2^{n+1}n\varepsilon_k\delta_k^n(s+\varepsilon_k)^{n-1}. \end{aligned}$$

当 $(u,v]$ 取遍那 k^n 个小区间时, $f((u,v])$ 覆盖 $f((a,b])$. 于是

$$\begin{aligned} \mathfrak{m}(f(a,b]) <& \int_{(a,b]} (Jf)(x)\,\mathfrak{m}(dx) + \varepsilon_k\,\mathfrak{m}(a,b] \\ & + 2^{n+1}n\varepsilon_k|b-a|^n(s+\varepsilon_k)^{n-1}. \end{aligned}$$

因为 f' 和 Jf 在 $[a,b]$ 上一致连续, $\lim\limits_{k\to\infty}\varepsilon_k = 0$. 于是 $\mathfrak{m}\, f(a,b] \leqslant \tau_f(a,b]$.

取 $D \in \mathfrak{B}(E)$ 使 $\mathfrak{m}(E \setminus D) = 0$. 取 $F \in \mathfrak{B}(X)$ 使 $E \setminus D \subseteq F$ 且 $\mathfrak{m}(F) = 0$, 则 $\tau_f^*(E \setminus D) \leqslant \tau_f^*(F) = 0$. 因此 E 属于 $\mathcal{P}^*$ 且 $\tau_f(E) = \tau_f^*(E)$, 而 $(\mathfrak{L}(X), \tau_f) \subseteq (\mathcal{P}^*, \tau_f^*)$. 故 $E \mapsto \mathfrak{m}^*(f(E))$ 是 $\mathfrak{L}(X)$ 上外测度且诸 $A \in \mathcal{P}$ 使 $\mathfrak{m}^*(f(A)) \leqslant \tau_f(A)$. 根据 2.3

节定理 5 知诸 $E\in\mathfrak{L}(X)$ 满足 $\mathfrak{m}^*(f(E))\leqslant\tau_f(E)$. 当 E 是 Lebesgue 零集时, 由 $\tau_f(E)=0$ 得 $\mathfrak{m}^*(f(E))=0$. 根据 2.4 节定理 5 知 f 将 Lebesgue 可测集映为 Lebesgue 可测集.

(2) 因 C 为相对于 X 的闭集 $\{Jf=0\}$, 将 (1) 中 E 换为 C 即可.

(3) 由反函数定理和 Lindelöf 性质得 M 的可数开覆盖 $\{U_k|k\in\mathbb{N}\}$ 使诸限制 $f:U_k\to f(U_k)$ 有 C^1-反函数 $h_k:f(U_k)\to U_k$, 于是

$$f^{-1}(F)\cap M=\cup\{h_k(F\cap f(U_k))|k\geqslant 0\}.$$

将主结论中 $f:X\to Y$ 和 E 各换为 h_k 和 $F\cap f(U_k)$ 即可.

(4) 因 $(gf)(Jf)$ 于临界集 C 上取值 0, 从而限制于 C 是 Lebesgue 可测的. 根据 (1) 可设 C 为空集. 由逐项积分与简单逼近可设 $g=\chi_F$. 命 $E=f^{-1}(F)$, 则 $f(E)=F$ 且 $gf=\chi_E$. 所证不等式即 (1) 中不等式.

(5) 可设 $g\geqslant 0$, 对于连续可导函数 $f^{-1}:Y\to X$ 和 X 上非负 Lebesgue 可测函数 $h:x\mapsto g(f(x))|\det f'(x)|$ 用 (4) 知

$$\int\limits_X h(x)\,\mathfrak{m}(dx)\leqslant\int\limits_Y h(f^{-1}(y))|\det(f^{-1})'(y))|\,\mathfrak{m}(dy).$$

由链式法则, $f'(f^{-1}(y))(f^{-1})'(y)=I_n$. 上式结合 (4) 即可.

(6) 以上结论 (5) 用于 (3) 的证明过程即可.

(7) 三个条件依次记为 (a) 至 (c). (a)⇒(b): 否则, f 在 M 中某两点 x 和 $\hat{x}$ 同值. 由反函数定理得 x 的开邻域 U 和 $\hat{x}$ 的开邻域 $\hat{U}$ 使 $f:U\to f(U)$ 和 $f:\hat{U}\to f(\hat{U})$ 是 C^1-同胚. 收缩后, 可设 U 和 $\hat{U}$ 互斥而 $f(\hat{U})$ 和 $f(U)$ 为同一开集 V. 于是 $\mathfrak{m}(V)$ 与 $\tau_f(U)$, $\tau_f(\hat{U})$ 及 $\tau_f(U\uplus\hat{U})$ 相等, 矛盾.

(b)⇒(c): 对于 $f:M\to f(M)$ 用 (5). (c)⇒(a) 显然. □

练 习

习题 1 求极限 $\lim\limits_{n\to\infty}\int\limits_{-n}^{n}\log\left(1+\dfrac{1}{n(1+x^2)}\right)^n dx$ 和积分 $\int\limits_0^1\dfrac{\log x}{1-x}dx$.

习题 2 求 $\lim\limits_{n\to\infty}\int\limits_{1/n}^{n}\dfrac{n^2x\exp(-n^2x^2)dx}{(1+x^2)}$ 及 $\lim\limits_{n\to\infty}\int\limits_0^{+\infty}\dfrac{\cos x(\log(x+n))^2}{n\exp x}dx$.

习题 3 区间 $\mathbb{I}$ 上 Riemann 可积函数列的一致极限是 Riemann 可积函数.

习题 4 设 $f:(0,1]\to\mathbb{R}_+$ 是个可测函数且 $0<c<1$, 则 $\inf\left\{\int\limits_E f(x)dx\,\middle|\,\mathfrak{m}(E)\geqslant c\right\}>0$.

习题 5 设 f_n 是测度空间 (X,μ) 上非负可积函数列. 设 (2) 中 μ 是全 σ-有限的.

(1) 若 $\int\limits_X f_n d\mu\leqslant\dfrac{1}{n^2}$, 则 $(f_n)_{n\geqslant 1}$ 殆逼近 0.

(2) 诸可测集 E 使数列 $\left(\int\limits_E f_n d\mu\right)_{n\geqslant 1}$ 递减至 0 时, $(f_n)_{n\geqslant 1}$ 殆递减至 0.

(3) 设 $g: X \to (0,+\infty]$ 是可测函数且 $c>0$, 则 $\inf\left\{\int\limits_X gfd\mu \middle| 0 \leqslant f \leqslant f_1, \int\limits_X fd\mu \geqslant c\right\} > 0$.

习题 6 设 $\int\limits_{\mathbb{R}} f(x)dx = 10$, 则级数 $\sum\limits_{n\geqslant 1} f(n^2x)$ 殆可和, 其和是个可积函数 $g(x)$.

习题 7 设 $(\mu_n)_{n\geqslant 0}$ 是可测空间 $(X,\mathcal{S})$ 上测度序列使可测集 E 都满足

$$\mu_0(E) \leqslant \varliminf_{n\to\infty} \mu_n(E).$$

(1) 当 f 是 X 上非负可测函数时, $\int\limits_X fd\mu_0 \leqslant \varliminf\limits_{n\to\infty} \int\limits_X fd\mu_n$.

(2) 当 μ_n 递增到 μ_0 时, $\int\limits_X fd\mu_0 = \lim\limits_{n\to\infty} \int\limits_X fd\mu_n$.

(3) 命 $c = \int\limits_X fd\mu_0$, 设 c 和 t 都是正实数. 讨论 $\lim\limits_{n\to\infty} \int\limits_X n\log(1+(f/n)^t)d\mu_0$.

习题 8 下设 X 是实轴中开集而 f 是其上实值可导函数.

(1) 当 f' 内闭有界时, f 将 Lebesgue 可测集映成 Lebesgue 可测集.

(2) 若 $X=(0,1)$ 且 f' 有界, 则 $\int\limits_X f'(x)dx = f(1-)-f(0+)$.

习题 9 设测度空间(X,μ) 上实值可测函数列 $(g_n)_{n\geqslant 0}$ 和 $(f_n)_{n\geqslant 0}$ 及 $(h_n)_{n\geqslant 0}$ 各依测度逼近 g_0 和 f_0 及 h_0, 诸 g_n 和 h_n 都是可积的且 $\lim\limits_{n\to\infty}\int\limits_X g_nd\mu = \int\limits_X g_0d\mu$ 及 $\lim\limits_{n\to\infty}\int\limits_X h_nd\mu = \int\limits_X h_0d\mu$. 设 $n\geqslant 1$ 时, $g_n \overset{\text{ae}}{\leqslant} f_n \overset{\text{ae}}{\leqslant} h_n$. 那么当 $n\geqslant 0$ 时, f_n都是可积的且 $\lim\limits_{n\to\infty}\int\limits_X f_nd\mu = \int\limits_X f_0d\mu$.

习题 10 已知单调收敛定理 ⇔逐项积分定理 ⇔Fatou 引理 ⇒控制收敛定理 ⇔有界收敛定理. 请证明有界收敛定理 ⇒单调收敛定理.

习题 11 设 f 是 $\mathbb{R}^n$ 的凸开集 M 至 $\mathbb{R}^m$ 的连续可导函数且 $\{a,b\}\subset M$, 则

$$f(b)-f(a) = \int_0^1 f'(a+t(b-a))(b-a)dt.$$

习题 12 设 a 和 b 是实数. 当 $x>0$ 时, 命 $f(x)=x^a\sin x^b$.

(1) 求 a 和 b 的范围使 f 在 $(0,1]$ 上 Lebesgue 可积.

(2) 求 a 和 b 的范围使 f 在 $[1,+\infty)$ 上 Lebesgue 可积.

习题 13 实轴中区间 Y 上实值函数 g 是下凸的当且仅当诸概率空间 (X,μ) 至 Y 的可积函数 f 都使 $g\left(\int\limits_X fd\mu\right) \leqslant \int\limits_X (g\circ f)d\mu$(这称为Jensen 不等式. 请写出上凸者的有关结论).

习题 14 当 P 取遍 $[a,b]$ 的分点组 $(x_i)_{i=0}^n$ 时, 作有界函数 $f:[a,b]\to\mathbb{R}$ 的

$$\text{Darboux 上积分} \quad \overline{\int_a^b} f(t)dt = \inf_P \sum_{i=1}^n \sup f([x_{i-1},x_i])(x_i-x_{i-1}),$$

$$\text{Darboux 下积分} \quad \underline{\int_a^b} f(t)dt = \sup_P \sum_{i=1}^n \inf f([x_{i-1},x_i])(x_i-x_{i-1}).$$

设 $\omega(x)$ 是 f 在 x 的振幅, 证明 ω 是 Borel 函数且 $\int_a^b \omega(x)dx = \overline{\int_a^b} f(t)dt - \underline{\int_a^b} f(t)dt$.

习题 15 能否将单调收敛定理和 Fatou 引理中函数序列换成函数网?

3.3 累次积分

公元 5 世纪的中国南北朝数学家祖冲之和祖暅父子在计算球体的体积时指出"缘幂势既同, 则积不容异". 换言之, 三维空间中两个几何体在任意等高处有相等截面积时有相等体积. 这一原理为 17 世纪的意大利数学家 Cavalieri 重新发现. 本节先来讨论这个原理的数学基础, 再讨论 "高维" 积分的 "降维" 计算法.

3.3.1 乘积测度

长方形的面积为其相邻两边长之积, 这可一般化为以下结论.

定理 1 设 $(X,\mathcal{S})$ 是一组可测空间 $(X_i,\mathcal{S}_i)_{i=1}^n$ 的乘积空间. 当 μ_i 是 $\mathcal{S}_i$ 上一个测度时, 半环 $\mathcal{S}_1\odot\cdots\odot\mathcal{S}_n$ 上有个测度 $\mu: E_1\times\cdots\times E_n\mapsto\mu(E_1)\cdots\mu_n(E_n)$.

(1) 作 Carathéodory 扩张后所得*乘积测度空间* $(X,\mathcal{S},\mu)$ 也记为 $(X_1,\mathcal{S}_1,\mu_1)\times\cdots\times(X_n,\mathcal{S}_n,\mu_n)$. 当 $H=H_1\times\cdots\times H_n$ 且某个 H_i 是 μ_i^*-零集时, H 是 μ^*-零集.

(2) 设 $(k_1,\cdots,k_n)$ 是 $(1,\cdots,n)$ 的一个排列, 则 $(X_1,\mathcal{S}_1,\mu_1)\times\cdots\times(X_n,\mathcal{S}_n,\mu_n)$ 至 $(X_{k_1},\mathcal{S}_{k_1},\mu_{k_1})\times\cdots\times(X_{k_n},\mathcal{S}_{k_n},\mu_{k_n})$ 有保测变换 $(x_i)_{i=1}^n\mapsto(x_{k_i})_{i=1}^n$.

(3) 当 μ_i 是 σ-有限的且 F_i 是 μ_i^*-可测集时, μ 是 σ-有限的且 $F_1\times\cdots\times F_n$ 是 μ^*-可测集及 $\mu^*(F_1\times\cdots\times F_n)=\mu_1^*(F_1)\cdots\mu_n^*(F_n)$. 特别地, $\mathcal{S}_{1,\mu_1}^*\otimes\cdots\otimes\mathcal{S}_{n,\mu_n}^*\subseteq\mathcal{S}_\mu^*$.

证明 由归纳法可设 $n=2$, 只需证可列加性.设 $E_i^j\in\mathcal{S}_i$ 使 $E_1^0\times E_2^0$ 有分解 $\{E_1^j\times E_2^j|j\geqslant 1\}$. 根据 1.4 节命题 9 取特征函数得 $\chi_{E_1^0}(x_1)\chi_{E_2^0}(x_2)=\sum\limits_{j\geqslant 1}\chi_{E_1^j}(x_1)\chi_{E_2^j}(x_2)$, 此式于 X_1 逐项积分得 $\mu_1(E_1^0)\chi_{E_2^0}(x_2)=\sum\limits_{j\geqslant 1}\mu(E_1^j)\chi_{E_2^j}(x_2)$, 于 X_2 逐项积分得

$$\mu_1(E_1^0)\mu_2(E_2^0)=\sum_{j\geqslant 1}\mu_1(E_1^j)\mu_2(E_2^j).$$

(1) 可设 H_1 落于某个 μ_1-零集 E_1, 则 H 落于 μ-零集 $E_1\times X_2$. 易得 (2).

(3) 设 μ_i-有限集列 $(X_{in})_{n\geqslant 1}$ 递增至 X_i, 则 μ-有限集列 $(X_{1n}\times X_{2n})_{n\geqslant 1}$ 递增至 X. 这得 μ 的 σ-有限性.

根据 2.3 节命题 4 得 X_j 的可测集 G_j 和 μ^*-零集 H_j 使 $F_j=G_j\uplus H_j$. 根据 (1) 知 $H_1\times H_2$ 和 $H_1\times G_2$ 及 $G_1\times H_2$ 是 μ^*-零集, 它们与可测集 $G_1\times G_1$ 无交并成 $F_1\times F_2$. 后者便是 μ^*-可测集且 $\mu^*(F_1\times F_2)$ 等于 $\mu(G_1\times G_2)$, 这化成 $\mu_1^*(F_1)\mu_2^*(F_2)$. □

上述所谓*乘积测度*μ 也记为 $\mu_1\times\cdots\times\mu_n$ 或 $\mu_1\otimes\cdots\otimes\mu_n$.

例 1 作测度空间 $(\mathbb{I},\mathfrak{B}(\mathbb{I}),\mu)$ 使非空 Borel 集 E 有测度 $+\infty$. 命 $f(x)=x$, 得可测函数 $f:\mathbb{I}\to\mathbb{R}$. 在乘积测度空间 $(\mathbb{I}\times\mathbb{R},\mathfrak{B}(\mathbb{I}\times\mathbb{R}),\mu\times\mathfrak{m})$ 中, 图像 $\operatorname{gr} f$ 的测度是 $+\infty$.

为此, 设 $(E_n)_{n\geqslant 1}$ 和 $(F_n)_{n\geqslant 1}$ 是非空 Borel 集列使 $(E_n\times F_n)_{n\geqslant 1}$ 覆盖 $\operatorname{gr} f$, 则 $(F_n)_{n\geqslant 1}$ 覆盖 $\mathbb{I}$. 某个 $\mathfrak{m}(F_n)>0$, 这样 $\mu(E_n)\,\mathfrak{m}(F_n)=+\infty$.

现在, $(\operatorname{gr} f)_x=\{f(x)\}$. 因此 $\int\limits_{\mathbb{I}}\mathfrak{m}((\operatorname{gr} f)_x)\mu(dx)=0$. □

上述图像非零集的原因在于 μ 非 σ-有限的.

命题 2 以 $(Z,\mathcal{T},\psi)$ 记两个全 σ-有限测度空间 $(X,\mathcal{R},\mu)$ 和 $(Y,\mathcal{S},\nu)$ 的乘积测度空间, 则 Z 的可测集 A 使 Y 和 X 上各有非负可测函数 $y\mapsto\mu(A^y)$ 和 $x\mapsto\nu(A_x)$ 且

$$\psi(A)=\int\limits_Y\mu(A^y)\nu(dy)=\int\limits_X\nu(A_x)\mu(dx). \tag{0}$$

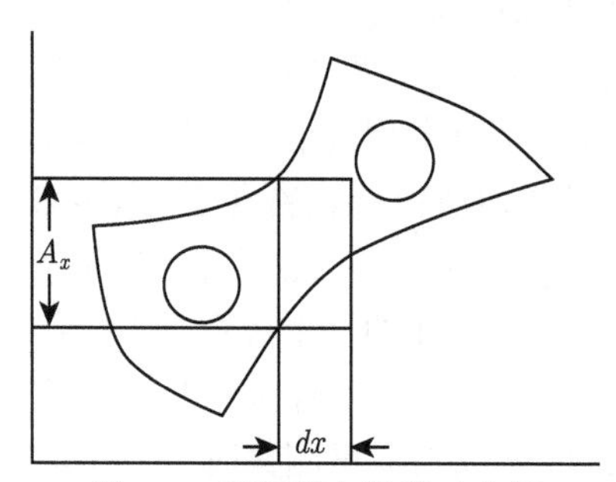

图 27　乘积测度的微元分析

(1) 当 B 是个 ψ^*-可测集时, 有个 μ-余零集 E 使截口 $B_x(x\in E)$ 都为 ν^*-可测集且 $x\mapsto\nu^*(B_x)$ 是 E 上一个可测函数; 也有个 ν-余零集 F 使截口 $B^y(y\in F)$ 都为 μ^*-可测集且 $y\mapsto\mu^*(B^y)$ 是 F 上一个可测函数. 进而,

$$\psi^*(B)=\int\limits_Y\mu^*(B^y)\nu^*(dy)=\int\limits_X\nu^*(B_x)\mu^*(dx).$$

(2) 祖暅原理或 Cavalieri 原理: 设 B 和 C 都是 ψ^*-可测集且几乎所有 $y\in Y$ 使 $\mu^*(B^y)=\mu^*(C^y)$, 则 $\psi^*(B)=\psi^*(C)$.

证明 将 (0) 式中第一个积分形式地记为 $\lambda(A)$. 设 μ-有限集列 $(X_n)_{n\geqslant 1}$ 递增至 X 并且 ν-有限集列 $(Y_n)_{n\geqslant 1}$ 递增至 Y, 记 $Z_n=X_n\times Y_n$.

若 A 是可测矩形 $E\times F$, 诸 $y\in F$ 使 $A^y=E$ 而诸 $y\notin F$ 使 $A^y=\varnothing$. 因此, $\mu(A^y)=\mu(E)\chi_F(y)$. 这是 y 的简单函数, 在 Y 上积分知 $\lambda(A)=\mu(E)\nu(F)=\psi(A)$.

若 A 可分解为可测矩形 $A_1,\cdots,A_n$, 则 A^y 有可测分解 $\{A_1^y,\cdots,A_n^y\}$. 根据以上情形得简单函数 $y\mapsto\mu(A^y)=\mu(A_1^y)+\cdots+\mu(A_n^y)$, 在 Y 上积分得 $\lambda(A)=\psi(A)$.

可见, 使 $A\cap Z_n$ 满足主结论的可测集 A 全体 $\mathcal{M}$ 包含集环 $\mathrm{R}(\mathcal{R}\odot\mathcal{S})$. 任取 $\mathcal{M}$ 中单调序列 $(A_k)_{k\geqslant 1}$, 其极限 A 在 $\mathcal{R}\otimes\mathcal{S}$ 中. 于是 X 中单调可测集列 $((A_k\cap Z_n)^y)_{k\geqslant 1}$ 的极限是 $(A\cap Z_n)^y$ 并且 $\psi(A_k\cap Z_n)=\int\limits_Y\mu((A_k\cap Z_n)^y)\nu(dy)$.

由 $\mu((A_k\cap Z_n)^y)\leqslant\mu(X_n)\chi_{Y_n}(y)$, 命 $k\to\infty$, 由测度的从上和从下连续性得 $\mu((A\cap Z_n)^y)=\lim\limits_{k\to\infty}\mu((A_k\cap Z_n)^y)$, 这根据 2.5 节命题 10 是 y 的可测函数. 由控制收敛定理得 $\psi(A\cap Z_n)=\lambda(A\cap Z_n)$.

因此 $\mathcal{M}$ 是单调类. 由单调类定理得 $\mathcal{R}\otimes\mathcal{S}\subseteq\mathcal{M}$, 这表示任何 $X\times Y$ 的可测集 A 都使 $(\mu((A\cap Z_n)^y))_{n\geqslant 1}$ 是 y 的可测函数列且

$$\psi(A\cap Z_n)=\int\limits_Y\mu((A\cap Z_n)^y)\nu(dy).$$

命 $n\to\infty$, 由测度的从下连续性知 $\mu(A^y)=\lim\limits_{n\to\infty}\mu((A\cap Z_n)^y)$, 这根据 2.5 节命题 10 是 y 的可测函数. 由单调收敛定理得 $\psi(A)=\lambda(A)$.

(1) 设 $\{A,N\}\subseteq\mathcal{T}$ 使 $A\subseteq B\subseteq A\cup N$ 且 $\psi(N)=0$. 根据主结论得个 μ-余零集 E 使截口 $N_x(x\in E)$ 为 ν-零集. 由 $A_x\subseteq B_x\subseteq A_x\cup N_x$ 知 B_x 为是 μ^*-可测集且 $\nu^*(B_x)=\nu(A_x)$. 对 A 用主结论即可. 由此可得 (2). □

为计算球的体积, 刘徽与祖冲之父子使用了*牟合方盖* ——内切于正方体的两个圆柱的公共部分. 刘徽认为 "合盖者, 方率也, 丸 (即球体) 居其中, 即圆率也". 因而求出牟合方盖的体积后就能求出球体的体积.

实轴上 Lebesgue 测度可扩张成广义实轴上Lebesgue测度(仍记为 $|\cdot|_1$ 或 $\mathfrak{m}$) 使

$$\mathfrak{m}(E)=|E|_1=|E\setminus\{\pm\infty\}|_1:E\in\mathfrak{L}(\overline{\mathbb{R}}).$$

命题 3 测度空间 (X,μ) 上可测函数 f 的*分布函数* $f_\mu:t\mapsto\mu\{|f|>t\}$ 是区间 $(0,+\infty)$ 至广义实轴的非负右连续的递减函数. 当 $0<p<+\infty$ 时,

$$\int\limits_X|f|^p d\mu=\int\limits_{t>0}f_\mu(t^{\frac{1}{p}})dt=\int\limits_{t>0}pf_\mu(t)t^{p-1}dt. \tag{0}$$

(1) 当 f 是带号函数且 $\overline{\mathbb{R}}$ 有个 Lebesgue 零集 F 使 $f^{-1}(F^c)$ 为 σ-有限集时, 图像 $\mathrm{gr}\,f$ 是乘积测度空间 $(X\times\overline{\mathbb{R}},\mu\times|\cdot|_1)$ 的零集. 下将 $X\times\overline{\mathbb{R}}^n$ 上乘积测度 $\mu\times|\cdot|_n$ 记为 ν_n.

(2) 积分的几何意义: 当 $f\geqslant 0$ 时, 命 $A=\{(x,t)\in X\times\mathbb{R}|0<t<f(x)\}$ 和 $B=\{(x,t)\in X\times\overline{\mathbb{R}}\,|0\leqslant t\leqslant f(x)\}$, 它们是 $X\times\overline{\mathbb{R}}$ 的可测集且

$$\nu_1(A)=\int\limits_X f(x)\mu(dx)=\nu_1(B).$$

(3) 将上述 A 绕 X 旋转得可测集 $\tilde{A}=\{(x,z)\in X\times\mathbb{R}^2:|z|<f(x)\}$, 将上述 B 也绕 X 旋转而得可测集 $\tilde{B}=\{(x,z)\in X\times\overline{\mathbb{R}}^2:|z|\leqslant f(x)\}$, 则

$$\nu_2(\tilde{A})=\int\limits_X\pi f(x)^2\mu(dx)=\nu_2(\tilde{B}).$$

证明　可设 $f \geqslant 0$. 去了 $\{f=0\}$ 后不影响结论, 可设 $f>0$. 当 $(t_k)_{k\geqslant 1}$ 递减至 t 时, 区间列 $((t_k,+\infty])_{k\geqslant 1}$ 递增至区间 $(t,+\infty]$. 因此 $\{f>t_k\}$ 递增至 $\{f>t\}$, 而 $\mu\{f>t_k\}$ 便递增至 $\mu\{f>t\}$. 这同时说明了 f_μ 的递减性与右连续性.

当 f_μ 在某个 t_0 取值 $+\infty$ 时, f_μ 在区间 $(0,t_0]$ 上恒为 $+\infty$, 因此 (0) 式两边同为 $+\infty$. 故可设 f_μ 总取值有限, 由 $X=\bigcup\limits_{n\in\mathbb{N}}\{f>2^{-n}\}$ 知 μ 是 σ-有限的. 命

$$H=\{(x,t)\in X\times\overline{\mathbb{R}}\,|\,f(x)^p>t>0\},$$

这是乘积测度空间 $(X\times\mathbb{R},\nu_1)$ 的可测集且在 x 和 t 各有截口 $(0,f(x)^p)$ 和 $\{f>t^{1/p}\}$. 对于 H 用命题 2 得 (0) 中第一等式, 作变量代换 $t=s^p(s>0)$ 得第二等式.

(1) 命 $E=f^{-1}(F^{\mathrm{c}})$, 这是 σ-有限集. 由 $(\mathrm{gr}\,f)_x=\{f(x)\}$ 得

$$\nu_1(\mathrm{gr}\,f|_E)=\int\limits_E|(\mathrm{gr}\,f)_x|_1\mu(dx)=0.$$

注意到 $\mathrm{gr}\,f\subseteq(E^{\mathrm{c}}\times F)\uplus\mathrm{gr}\,f|_E$ 及 $|F|_1=0$, 有 $\nu_1(\mathrm{gr}\,f)=0$.

(2)+(3) 作 $X\times\mathbb{R}^2$ 上可测函数 $g:(x,z)\mapsto|z|$ 和 $h:(x,z)\mapsto f(z)$, 则 $\tilde{A}$ 和 $\tilde{B}$ 各是可测集 $\{g<h\}$ 和 $\{g\leqslant h\}$. 有 $t_0>0$ 使 $f_\mu(t_0)=+\infty$ 时,

$$\{f>t_0\}\times(0,t_0]\subseteq A\subseteq B,$$
$$\{f>t_0\}\times t_0\mathbb{B}_2\subseteq\tilde{A}\subseteq\tilde{B},$$

要证等式诸项便为 $+\infty$. 所有 $t>0$ 使 $f_\mu(t)<+\infty$ 时, 截口 A_x 和 B_x 各是区间 $(0,f(x))$ 和 $[0,f(x)]$, 根据命题 2 知 $\nu_1(A)$ 和 $\nu_1(B)$ 同为 $\int\limits_X fd\mu$. 截口 $\tilde{A}_x$ 和 $\tilde{B}_x$ 各是圆盘 $f(x)\mathbb{B}_2$ 和 $f(x)\mathbb{D}_2$, 其半径都是 $f(x)$. 根据命题 2 知 $\nu_2(\tilde{A})$ 和 $\nu_2(\tilde{B})$ 同为 $\int\limits_X \pi f^2d\mu$. □

上述命题中 f_μ 换成递减函数 $t\mapsto\mu\{|f|\geqslant t\}$ 后相关等式仍成立.

3.3.2　重积分的计算

乘积测度空间 $(X\times Y,\mu\times\nu)$ 上函数 f 依乘积测度形式地有*重积分*

$$\iint\limits_{X\times Y}f(x,y)\mu(dx)\nu(dy)=\int\limits_{X\times Y}f(x,y)(\mu\times\nu)(dx\times dy).$$

若有个 ν-余零集 F 使 $h:y\mapsto\int\limits_X f(x,y)\mu(dx)$ 于 F 有意义且关于 ν 有积分, 命

$$\int\limits_Y d\nu\int\limits_X fd\mu=\int\limits_Y\nu(dy)\int\limits_X f(x,y)\mu(dx)=\int\limits_F h(y)\nu(dy),$$

称为 f 的一个*累次积分*. 同样可定义其另一个累次积分 (存在时)

$$\int\limits_X d\mu\int\limits_Y fd\nu=\int\limits_X\mu(dx)\int\limits_Y f(x,y)\nu(dy)=\int\limits_E g(x)\mu(dx).$$

定理 4 (Tonelli) 两个全 σ-有限测度空间 (X,μ) 和 (Y,ν) 的乘积测度空间上非负可测函数 f 都使 X 上函数 $x\mapsto\int\limits_Y f(x,y)\nu(dy)$ 和 Y 上函数 $y\mapsto\int\limits_X f(x,y)\mu(dx)$ 非负可测且

$$\int\limits_{X\times Y} fd(\mu\times\nu)=\int\limits_X d\mu\int\limits_Y fd\nu=\int\limits_Y d\nu\int\limits_X fd\mu.$$

只证第一等式 由简单逼近, $f=\sum\limits_{i\geqslant 1}c_i\chi_{A_i}$ 使 A_i 是 $X\times Y$ 的可测集而 $c_i\geqslant 0$. 于是 $f(x,y)=\sum\limits_{i\geqslant 1}c_i\chi_{A_i^y}(x)$. 在 X 上逐项积分得 $h(y)=\sum\limits_{i\geqslant 1}c_i\mu(A_i^y)$, 这根据命题 2 与 2.5 节命题 10 是 y 的可测函数. 由逐项积分定理与命题 2 得

$$\int\limits_Y hd\nu=\sum_{i\geqslant 1}c_i\int\limits_Y\mu(A_i^y)\nu(dy)=\sum_{i\geqslant 1}c_i\psi(A_i).$$

由逐项积分定理, f 的重积分正是上式右端. □

设 X 和 Y 各是 $\mathbb{R}^k$ 和 $\mathbb{R}^l$ 的 Borel 集, 它们之上各取 k 维和 l 维 Lebesgue 测度. 根据 2.2 节命题 5(6) 和 2.4 节定理 7, $X\times Y$ 上取 n 维 Lebesgue 测集后, 其上 Borel 函数的 Lebesgue 积分时可用定理 4 和后面定理 5. 如约定 $0/0=0$, 平面 $\mathbb{R}\times\mathbb{R}$ 上 Borel 函数 $f:(x,y)\mapsto 2xy/(x^2+y^2)^2$ 的截口 $f(x,\cdot)$ 和 $f(\cdot,y)$ 都是 $\mathbb{R}$ 上可积奇函数, 于是

$$\int\limits_{\mathbb{R}}dx\int\limits_{\mathbb{R}}f(x,y)dy=0=\int\limits_{\mathbb{R}}dy\int\limits_{\mathbb{R}}f(x,y)dx.$$

命 $A=(0,+\infty)$, 则 f 于 $A\times A$ 非负. 根据 Tonelli 定理,

$$\iint\limits_{A\times A}f(x,y)dxdy=\int\limits_A dx\int\limits_A\frac{2xydy}{(x^2+y^2)^2}=\int\limits_A\frac{-x}{x^2+y^2}\Big|_{y\to 0+}^{y\to+\infty}dx=+\infty.$$

因此 f 于 $A\times A$ 是不可积的. 同样 $\int\limits_{-A}dx\int\limits_A f(x,y)dy=-\infty$, 故 f 无重积分.

可见, 仅由 f 的两个累次积分有限且相等不能保证 f 有重积分.

定理 5(Fubini) 两个全 σ-有限测度空间 (X,μ) 和 (Y,ν) 的乘积测度空间上可测函数 f 有积分时, 它的两个累次积分有意义且

$$\int\limits_{X\times Y}fd(\mu\times\nu)=\int\limits_Y d\nu\int\limits_X fd\mu=\int\limits_X d\mu\int\limits_Y fd\nu.$$

进而, f 是可积的当且仅当 $|f|$ 的某个累次积分有限. 此时另一个也有限.

证明 分离实部与虚部后, 可设 f 带号且其负部可积. 由 Tonelli 定理得 Y 上非负可测函数 $h_\pm:y\mapsto\int\limits_X f^\pm(x,y)\mu(dx)$ 使 $\int\limits_Y h_\pm d\nu=\int\limits_{X\times Y}f^\pm d(\mu\times\nu)$. 由 h_- 可积得 ν-零集 $F=\{h_-=+\infty\}$, 诸 $y\in Y\setminus F$ 便使 $\int\limits_Y f(x,y)\mu(dx)$ 有意义. 用定理 4 前

的记号 h 知

$$\int_{Y\setminus F} hd\nu = \int_{Y\setminus F} h_+ d\nu - \int_{Y\setminus F} h_- d\nu = \int_{X\times Y} fd(\mu\times\nu).$$

这是 f 的一个累次积分, 类似得另一个. 对 $|f|$ 用 Tonelli 定理得充要条件. □

以上两定理表明, 重积分存在时可通过降维法而得. 据此可记

$$(\mu_1\times\cdots\times\mu_n)(dx_1\times\cdots\times dx_n) = \mu_1(dx_1)\cdots\mu_n(dx_n).$$

非零复数 z 都有极坐标 (r,θ) 使 $z = r\exp(\mathrm{i}\,\theta)$ 且 $r = |z|$ 而 θ 是实数. 非零 $x\in\mathbb{R}^n$ 也有极坐标 (r,v) 使 $r=|x|$ 且 $v = x/r$, 故 $x = rv$. 将 $(v_1, v_2, \cdots, v_{n-1}, v_n)$ 写成

$$\left(\cos t_1, \sin t_1\cos t_2, \cdots, \left(\prod_{i=1}^{n-2}\sin t_i\right)\cos t_{n-1}, \prod_{i=1}^{n-1}\sin t_i\right),$$

其中 $0\leqslant t_1\leqslant\pi, 0\leqslant t_2\leqslant\pi, 0\leqslant t_{n-2}\leqslant\pi, 0\leqslant t_{n-1}\leqslant 2\pi$.

以上用三角函数表达 v 所用的球面坐标 $(t_1,\cdots,t_{n-1})$ 可用来计算积分.

命题 6 命 $x_1 = \cos t_1, x_2 = \sin t_1\cos t_2, \cdots, x_n = \sin t_1\cdots\sin t_{n-1}\cos t_n$, 在 $\mathbb{B}_n$ 上依 Lebesgue 测度半可积者 f 都满足**球坐标公式**

$$\int_{\mathbb{B}_n} f(x)|dx|_n = \int_0^{\pi}\sin^n t_1 dt_1\int_0^{\pi}\sin^{n-1}t_2 dt_2\cdots\int_0^{\pi} f(x)\sin t_n dt_n. \tag{0}$$

作 $\mathbb{S}_{n-1}$ 上 Borel 测度 (视为 $n-1$ 维体积, 以下 $t=\sqrt{1-|u|^2}$)

$$|\cdot|_{n-1}: E\mapsto \int_{\mathbb{B}_{n-1}}\frac{\chi_E(u,t)+\chi_E(u,-t)}{t}|du|_{n-1}.$$

(1) $(\mathbb{S}_{n-1}, |\cdot|_{n-1})$ 上有积分的函数 g 满足**球面坐标公式**

$$\begin{aligned}\int_{\mathbb{S}_{n-1}} g(v)|dv|_{n-1} &= \int_{\mathbb{B}_{n-1}}\frac{g(u,t)+g(u,-t)}{t}|du|_{n-1}\\ &= \int_0^{\pi}\sin^{n-2}t_1 dt_1\int_0^{\pi}\sin^{n-3}t_2 dt_2\cdots\int_0^{\pi}\sin t_{n-2}dt_{n-2}\int_0^{2\pi} g(v)dt_{n-1}.\end{aligned}$$

(2) $(\mathbb{R}^n, |\cdot|_n)$ 上有积分的函数 h 满足以下**极坐标公式**

$$\begin{aligned}\int_{\mathbb{R}^n} h(x)|dx|_n &= \int_{r>0} r^{n-1}dr\int_{\mathbb{S}_{n-1}} h(rv)|dv|_{n-1}\\ &= \int_{r>0} r^{n-1}dr\int_0^{\pi}\sin^{n-2}t_1 dt_1\int_0^{\pi}\sin^{n-3}t_2 dt_2\cdots\int_0^{2\pi} h(rv)dt_{n-1}.\end{aligned}$$

(3) $\mathfrak{m}(\mathbb{B}_n) = 2^{\lfloor (n+1)/2\rfloor}\pi^{\lfloor \frac{n}{2}\rfloor}/n!!$ 且 $|\mathbb{S}_{n-1}|_{n-1} = n|\mathbb{B}|_n$.

(4) n 阶实正交阵 T 和 Borel 集 E 恒使 $|T(E)|_{n-1}=|E|_{n-1}$.

证明 根据 3.2 节 (例 9 和命题 9) 及 Fubini 定理得 (0) 式.

(1) 由逐项积分和简单逼近得第一等式. 在 $\mathbb{B}_{n-1}$ 上用 (0) 式得

$$\int\limits_{\mathbb{B}_{n-1}}\frac{g(u,t)\,\mathfrak{m}(du)}{t}=\int\limits_0^\pi\sin^{n-2}t_1dt_1\cdots\int\limits_0^\pi\sin t_{n-2}dt_{n-2}\int\limits_0^\pi g(u,t)dt_{n-1},$$

其中 $t=\sin t_1\cdots\sin t_{n-1}$. 将 t_{n-1} 换成 $2\pi-t_{n-1}$ 后 u 不变而 t 变号, 故

$$\int\limits_{\mathbb{B}_{n-1}}\frac{g(u,-t)\,\mathfrak{m}(du)}{t}=\int\limits_0^\pi\sin^{n-2}t_1dt_1\cdots\int\limits_0^\pi\sin t_{n-2}dt_{n-2}\int\limits_\pi^{2\pi} g(u,t)dt_{n-1}.$$

(2) 命 $V_\pm=\{x\in\mathbb{R}^n|\pm x_n>0\}$, 从 $(0,+\infty)\times\mathbb{B}_{n-1}$ 至 $V_\pm$ 有光滑同胚 $\phi_\pm:(r,u)\mapsto(ru,\pm rt)$ 使 $|\det\phi'_\pm(r,u)|=r^{n-1}/t$. 根据 3.2 节命题 9 得

$$\int\limits_{V_+}h(x)\,\mathfrak{m}(dx)=\int\limits_{r>0}\int\limits_{\mathbb{B}_{n-1}}\frac{h(ru,rt)}{t}r^{n-1}dr\,\mathfrak{m}(du),$$

$$\int\limits_{V_-}h(x)\,\mathfrak{m}(dx)=\int\limits_{r>0}\int\limits_{\mathbb{B}_{n-1}}\frac{h(ru,-rt)}{t}r^{n-1}dr\,\mathfrak{m}(du).$$

上两式相加: 左端之和为 h 于 $\mathbb{R}^n$ 的积分, 右端之和用 (1) 中公式即可.

(3) 在 (0) 中命 $f(x)=1$ 得 $|\mathbb{B}_n|_n$. 对于 $\chi_{\mathbb{B}_n}$ 用 (2) 得 $|\mathbb{S}_{n-1}|_{n-1}$.

(4) 当 $x\neq 0$ 时, 命 $f(x)=\chi_E(x/|x|)$. 根据 (2) 知

$$\int\limits_{\mathbb{B}_n}f(T^{-1}x)\,\mathfrak{m}(dx)=\int\limits_0^1 r^{n-1}dr\int\limits_{\mathbb{S}_{n-1}}\chi_E(T^{-1}v)|dv|_{n-1}$$

$$=\int\limits_0^1 r^{n-1}dr\int\limits_{\mathbb{S}_{n-1}}\chi_{T(E)}(v)|dv|_{n-1}=\frac{|T(E)|_{n-1}}{n}.$$

根据 3.2 节命题 9, 上式的值与正交阵 T 无关. 特命 T 为幺阵即可. □

特别地, $\mathbb{S}_0=\{-1,+1\}$, 其计数测度为 2. 实轴上极坐标公式化为

$$\int\limits_{\mathbb{R}}f(x)dx=\int\limits_{r>0}(f(r)+f(-r))dr.$$

例 2 (Gauss 积分) 当 $c>0$ 时, $\int\limits_{\mathbb{R}}\exp(-cx^2)dx=\sqrt{\pi/c}$. 事实上,

$$\int\limits_{\mathbb{R}}\exp(-cx^2)dx\int\limits_{\mathbb{R}}\exp(-cy^2)dy=\int\limits_{\mathbb{R}^2}\exp(-cx^2-cy^2)dxdy.$$

这源自 Tonelli 定理. 用极坐标 $(x,y)=r(\cos\theta,\sin\theta)$ 得上式右端如下

$$\int\limits_{r>0}\exp(-cr^2)rdr\int\limits_0^{2\pi}1d\theta=\frac{\pi\exp(-cr^2)}{c}\Big|_0^{+\infty}=\frac{\pi}{c}.$$

这样 3.1 节例 6 和 3.2 节例 2 中积分的值便明确了. □

3.3.3 阅读材料

在 2.4 节定理 7 我们得到了真包含 $\mathfrak{L}_k \otimes \mathfrak{L}_l \subset \mathfrak{L}_n$, 这表明完全测度空间的乘积测度空间不必完全, 也表明高维 Lebesgue 可测函数的截口不一定是低维 Lebesgue 可测函数.

然而 Lebesgue 可测函数的 Lebesgue 积分仍可用定理 4 和定理 5, 理由如下.

定理 7 设 (Z,ψ) 是全 σ-有限测度空间 (X,μ) 和 (Y,ν) 的乘积空间. 当 A 是 Z 的可测集而 A 上可测函数 f 关于 ψ 半可积时,

$$\begin{aligned}\int_A f d\psi &= \int_{\{x|\nu(A_x)>0\}} \mu(dx) \int_{A_x} f(x,y)\nu(dy)\\ &= \int_{\{y|\mu(A^y)>0\}} \nu(dy) \int_{A^y} f(x,y)\mu(dx).\end{aligned} \tag{0}$$

(1) 当 h 是 Z 上 ψ^*-可测函数时, 有 μ-余零集 E 和 ν-余零集 F 使 $h(x,\cdot)(x\in E)$ 和 $h(\cdot,y)(y\in F)$ 各是 ν^*-可测函数和 μ^*-可测函数.

(2) 当 h 于 ψ^*-可测集 B 上半可积时 (下式中上标 * 在应用中可省略),

$$\begin{aligned}\int_B h d\psi^* &= \int_{\{x|\nu^*(B_x)>0\}} \mu^*(dx) \int_{B_x} h(x,y)\nu^*(dy)\\ &= \int_{\{y|\mu^*(B^y)>0\}} \nu^*(dy) \int_{B^y} h(x,y)\mu^*(dx).\end{aligned}$$

(3) 函数 h 是可积的当且仅当 $|h|$ 的某个累次积分有限. 此时另一个也有限.

证明 根据命题 2, 作可测集 $E=\{x\in X|\nu(A_x)>0\}$. 认为 f 于 $Z\setminus A$ 取值零, 对 $f\chi_A$ 于 Z 用 Fubini 定理知

$$\int_A f d\psi = \int_X d\mu \int_Y f\chi_A d\nu = \int_E \mu(dx) \int_{A_x} f(x,y)\nu(dy).$$

(1) 可设 $h=\sum\limits_{i\geqslant 1} c_i\chi_{B_i}$ 使 $c_i\geqslant 0$ 且 B_i 为 ψ^*-可测集. 根据命题 2 得 ν-零集 F_i 使 $B_i^y(y\in Y\setminus F_i)$ 是 μ^*-可测集且 $y\mapsto \mu^*(B_i^y)$ 是 $Y\setminus F_i$ 上可测函数. 作 ν-零集且 $F=\bigcup\limits_{i\geqslant 1} F_i$, 则 $h(\cdot,y)(y\in Y\setminus F)$ 是 μ^*-可测函数.

(2) 可设上述 $B_i\subseteq B$, 则 Y 上有可测函数 $y\mapsto \int\limits_{B^y} h(x,y)\mu(dx)$. 逐项积分.

(3) 将 (2) 中 h 换成 $|h|$ 可得结论. □

以上定理实际上讨论了乘积测度空间中不规则集上的函数积分.

例 3 作平面 $\mathbb{R}\times\mathbb{R}$ 上圆盘 $D=\{(x,y)|x^2+y^2\leqslant r^2\}$, 则

$$\int_D f(x,y)\,\mathfrak{m}(dx\times dy) = \int_{-r}^{r} dx \int_{-\sqrt{r^2-x^2}}^{\sqrt{r^2-x^2}} f(x,y)dy.$$

此因 $\mathfrak{m}(D_x) > 0$ 当且仅当 $|x| < r$. 此时 $D_x = [-\sqrt{r^2 - x^2}, \sqrt{r^2 - x^2}]$. □

计数测度空间 $(X, \mathrm{ctm}\, X, |\cdot|_0)$ 与 $(Y, \mathrm{ctm}\, Y, |\cdot|_0)$ 的乘积测度空间是计数测度空间 $(X \times Y, \mathrm{ctm}(X \times Y), |\cdot|_0)$. 请读者写出以上定理的级数形式.

为将球面测度推广至 Euclid 空间中某些 Borel 集上去, 引入以下定理.

定理 8 设 $\mathbb{R}^n$ 的开集 U 和 V 各至 $\mathbb{R}^m$ 有个 C^1-映射 f 和 g 且有个 C^1-同胚 $h: U \to V$ 使 $f = gh$, 则诸 $E \in \mathfrak{B}(\mathbb{R}^m)$ 满足 $\tau_f(f^{-1}(E)) = \tau_g(g^{-1}(E))$(这便定义了 $\mathfrak{B}(\mathbb{R}^m)$ 上一个测度).

提示 $\chi_{g^{-1}(E)}(h(x)) = \chi_{f^{-1}(E)}(x)$ 且 $(Jg)(h(x))(Jh)(x) = (Jf)(x)$. □

设 M 是 $\mathbb{R}^m$ 的如此子集: 有族 C^1-单射 $(f_i : U_i \to \mathbb{R}^m)_{i\in\alpha}$ 使 U_i 都是 $\mathbb{R}^n$ 的开集、$M = \bigcup\limits_{i\in\alpha} f_i(U_i)$ 且诸 f_i 无临界点, 则 M 上有个 Borel 测度 σ 使 $E \in \mathfrak{B}(f_i(U_i))$ 满足 $\sigma(E) = \tau_{f_i}(f_i^{-1}(E))$. 当 $M = \mathbb{R}^n$ 时, σ 便是 n 维 Lebesgue 测度 $|\cdot|_n$; 当 $M = \mathbb{S}_n$ 时, σ 便是命题 6 中球面测度 $|\cdot|_n$.

因此可将 σ 记为 $|\cdot|_n$, 这也视为 M 上 Lebesgue 测度.

定理 9 一组 σ-有限测度空间 $(X_i, \mathcal{S}_i, \mu_i)_{i\in\gamma}$ 在 $\alpha := \{i | \mu_i(X_i) \neq 1\}$ 有限时产生个 σ-有限乘积测度空间 $(X, \mathcal{S}, \mu)$ 使 $X = \prod\limits_{i\in\gamma} X_i, \mathcal{S} = \bigotimes\limits_{i\in\gamma} \mathcal{S}_i$ 且 $\mu\Big(\prod\limits_{i\in\gamma} E_i\Big) = \prod\limits_{i\in\gamma} \mu_i(E_i)$, 其中 $E_i \in \mathcal{S}_i$ 使 $\{i | E_i \neq X_i\}$ 有限 (它可数时也成立).

形式地记 $(X, \mathcal{S}, \mu) = \prod\limits_{i\in\gamma} (X_i, \mathcal{S}_i, \mu_i)$ 且 $\mu\Big(\prod\limits_{i\in\gamma} dx_i\Big) = \prod\limits_{i\in\gamma} \mu_i(dx_i)$.

诸 μ_i 是个概率测度时, μ 也是个概率测度.

证明 根据命题 2 有全 σ-有限乘积测度空间 $\prod\limits_{i\in\alpha} (X_i, \mathcal{S}_i, \mu_i)$. 因有自然可测同构

$$\prod_{i\in\gamma} (X_i, \mathcal{S}_i) \cong \Big(\prod_{i\in\alpha} (X_i, \mathcal{S}_i)\Big) \times \Big(\prod_{i\in\gamma\setminus\alpha} (X_i, \mathcal{S}_i)\Big),$$

可设 $\alpha = \varnothing$, 即 μ_i 都是概率测度.

在 γ 可列时, 可设它是自然数集 $\mathbb{N}$. 作一列可测空间 $(Z_n, \mathcal{H}_n) = \prod\limits_{i>n} (X_i, \mathcal{S}_i)$ 与概率空间 $(Y_n, \mathcal{G}_n, \nu_n) = \prod\limits_{i\leqslant n} (X_i, \mathcal{S}_i, \mu_i)$. 命 $\mathcal{A} = \{E \times Z_n | n \geqslant 0, E \in \mathcal{G}_n\}$, 这是 X 上集代数, 其成员称为 X 的**可测柱**. 作集函数 $\mu : \mathcal{A} \to \mathbb{R}$ 使 $A = E \times Z_m$ 时, $\mu(A) = \nu_m(E)$. 若还有 $A = F \times Z_n$, 可设 $m > n$, 则

$$E = F \times X_{n+1} \times \cdots \times X_m \Rightarrow \nu_n(F) = \nu_m(E),$$

因此 μ 的定义合理. 若 A_i 也是可测柱使 $A = A_1 \uplus A_2$, 记 $A_i = E_i \times Z_{k_i}$, 放大 m 和 k_i 后可设 $m = k_i$. 于是 $E = E_1 \uplus E_2$, 这样 $\mu(A) = \mu(A_1) + \mu(A_2)$.

可见, μ 是 $\mathcal{A}$ 上的容度使 $\mu(X) = 1$. 同样可知 Z_n 的可测柱代数 $\mathcal{A}_n$ 上有个容度 ρ_n 使 $\rho_n(Z_n) = 1$. 易知, $\mathcal{A}$ 生成 σ-环 $\mathcal{S}$ 而 $\mathcal{A}_n$ 生成 σ-环 $\mathcal{H}_n$.

对于 X 的可测柱 A 及 $x_0 \in X_0$, 截口 A_{x_0} 是 Z_0 的可测柱. 为此设 $A = E \times Z_n$ 使 $n > 0$, 注意到 $A_{x_0} = E_{x_0} \times Z_n$ 即可. 进而根据命题 2 得

$$\Big(\prod_{i=0}^{n} \mu_i\Big)(E) = \int_{X_0} \Big(\prod_{i=1}^{n} \mu_i\Big)(E_{x_0})\mu_0(dx_0),$$

这即 $\mu(A) = \int_{X_0} \rho_0(A_{x_0})\mu_0(dx_0)$. 由 Carathéodory 扩张定理, 只需证 μ 是 $\mathcal{A}$ 上测度. 根据 2.1 节定理 6, 只证 $\mathcal{A}$ 中使 $\inf_{j\geqslant 1} \mu(A^j) \geqslant r > 0$ 的递减序列 $(A^j)_{j\geqslant 0}$ 有公共交点. 作 X_0 的可测集 $B^j = \{x_0 \in X_0 | \rho_0(A^j_{x_0}) > r/2\}$, 则

$$\mu(A^j) = \int_{B^j} \rho_0(A^j_{x_0})\mu_0(dx_0) + \int_{X_0 \setminus B^j} \rho_0(A^j_{x_0})\mu_0(dx_0).$$

诸 $x_0 \in B^j$ 使 $\rho_0(A^j_{x_0}) \leqslant 1$, 诸 $x_0 \in X_0 \setminus B^j$ 使 $\rho_0(A^j_{x_0}) \leqslant r/2$. 由上式得 $r \leqslant \mu_0(B^j) + r/2$ 即 $\mu_0(B_j) \geqslant r/2$. 这样 $\mathcal{S}_0$ 中递减序列 $(B^j)_{j\geqslant 1}$ 有个公共点 a_0, 而 $\mathcal{A}_0$ 中递减序列 $(A^j_{a_0})_{j\geqslant 1}$ 满足 $\rho_0(A^j_{a_0}) \geqslant r/2$. 同上可取 $a_1 \in X_1$ 使 $\rho_1(A^j_{(a_0,a_1)}) \geqslant r/2^2$. 如此下去可取到 $a \in X$ 使 $n, j \geqslant 0$ 时, $\rho_n(A^j_{(a_0,\cdots,a_n)}) \geqslant r/2^n$. 诸 A_j 形如 $E_n \times Z_n$(而 n 与 j 有关), $(a_0, \cdots, a_n)$ 便属于 E_n. 于是 a 为诸 A_j 之公共交点.

在 γ 不可数时, 其可数子集 β 对应概率空间 $(X_\beta, \mathcal{S}_\beta, \mu_\beta) = \prod_{i\in\beta} (X_i, \mathcal{S}_i, \mu_i)$ 和投影 $q_\beta : X \to X_\beta$ 使 $(x_i)_{i\in\gamma} \mapsto (x_i)_{i\in\beta}$. 当 $\beta = \beta_1 \uplus \beta_2$ 时, 有自然保测同构

$$(X_\beta, \mathcal{S}_\beta, \mu_\beta) \cong (X_{\beta_1}, \mathcal{S}_{\beta_1}, \mu_{\beta_1}) \times (X_{\beta_2}, \mathcal{S}_{\beta_2}, \mu_{\beta_2}).$$

命 $\mathcal{C} = \cup\{q^\bullet_\beta(\mathcal{S}_\beta) | \text{可数}\beta \subseteq \gamma\}$, 任取其中序列 $(A_n)_{n\geqslant 1}$. 取 γ 的可数子集 β_n 使 A_n 形如 $q^{-1}_{\beta_n}(B_n)$, 命 $\beta = \bigcup_{n\geqslant 1} \beta_n$, 则 $A_n = q^{-1}_\beta\Big(B_n \times \prod_{i\in\beta\setminus\beta_n} X_i\Big)$. 这样 $A_1 \setminus A_2$ 及 $\bigcup_{n\geqslant 1} A_n$ 都在 $q^\bullet_\beta(\mathcal{S}_\beta)$ 中, $\mathcal{C}$ 便是 σ-环. 它包含 $\mathcal{S}$ 的生成系 $\{q_i^{-1}(B) | i \in \gamma, B \in \mathcal{S}_i\}$, 故 $\mathcal{C} = \mathcal{S}$.

作集函数 $\mu : \mathcal{S} \to \mathbb{R}$ 使 $\mu(q^{-1}_\beta(B)) = \mu_\beta(B)$. 若 $q^{-1}_\beta(B) = q^{-1}_{\beta_1}(B_1)$, 可设 $\beta_1 \subset \beta$, 命 $\beta_0 = \beta \setminus \beta_1$, 则 $B = B_1 \times \prod_{i\in\beta_0} X_i$, 从而 $\mu_\beta(B) = \mu_{\beta_1}(B_1)$. 因此 μ 的定义合理. 显然 μ 非负, $\mu(X) = 1$ 且 $\mu\Big(\prod_{i\in\gamma} E_i\Big) = \prod_{i\in\gamma} \mu(E_i)$.

当 A 有可测分解 $\{A_n\}$ 时, 适当放大 β 和诸 β_n 后可设诸 $\beta_n = \beta$ 且 $A_n = q^{-1}_\beta(B_n)$. 这样 B 有可测分解 $\{B_n\}$, 且 $\mu_\beta(B) = \sum \mu_\beta(B_n)$ 表明 $\mu(A) = \sum \mu(A_n)$. 因此 μ 是满足要求的概率测度. □

熟悉概率者可用以上定理来构造独立 [同分布] 随机变量. 以上不可数情形的证明过程实际上蕴含以下事实: 设上定向集 α 中诸元 i 对应一个环 $\mathcal{R}_i$ 和其上一个容度 μ_i. 设 $i \precsim j$ 时, $\mathcal{R}_i \subseteq \mathcal{R}_j$ 且 μ_i 是 μ_j 的一个限制. 命 $\mathcal{R} = \cup\{\mathcal{R}_i | i \in \alpha\}$, 则

$\mathcal{R}$ 是个环且诸 μ_i 黏接成其上一个容度 μ. 如果 $\{\mathcal{R}_i|i\in\alpha\}$ 是可数定向的且 μ_i 都是 σ-环 $\mathcal{R}_i$ 上的测度, 则 μ 是 σ-环 $\mathcal{R}$ 上一个测度.

练 习

习题 1 从计数测度空间 $(\mathbb{Z},2^{\mathbb{Z}},|\cdot|_0)$ 和概率空间 $([0,1),\mathfrak{B},\mathfrak{m})$ 的乘积空间至测度空间 $(\mathbb{R},\mathfrak{B},\mathfrak{m})$ 构造个保测同构, 其中 $\mathfrak{B}$ 可换成 $\mathfrak{L}$.

习题 2 证明以下平面点集是 Borel 集并求其 Lebesgue 测度: $A=\{(x,y)\in\mathbb{I}\times\mathbb{I}: xy\in\mathbb{J}\}$, $B=\{(x,y)\in\mathbb{I}\times\mathbb{I}: xy\in\mathbb{Q}\}$, $C=\{(x,y)\in\mathbb{I}\times\mathbb{I}: |\sin x|<0.5, \cos(x+y)\notin\mathbb{Q}\}$.

习题 3 设 $0<p<q<+\infty$ 且 $g_\mu(t)\leqslant(1+t^q)^{-1}$, 则 $\|g\|_p$ 是有限的.

习题 4 求 $\int\limits_{\mathbb{R}^n}\exp(-|x|^2)\,\mathfrak{m}(dx)$. 再求 $(0,1]\times(0,1]$ 上以下函数依 Lebesgue 测度的两个累次积分; ①$f(x,y)=(x^2-y^2)/(x^2+y^2)^2$; ② $f(x,y)=(\text{Riemann})R(xy)+\chi_{\mathbb{Q}}(xy)$.

习题 5 设概率空间 $(X,\mathcal{S},\mu)$ 上可测函数 f 取值于 $[1,+\infty)$, 证明

$$\int\limits_X f(x)\mu(dx)\int\limits_X\log f(x)\mu(dx)\leqslant\int\limits_X f(x)\log f(x)\mu(dx).$$

习题 6 作 $\mathbb{N}\times\mathbb{N}$ 上函数 f 使 $f(i,i)=-2^{-i}$ 且 $f(i,i+1)=2^{-i}$, 在其余情形 $f(i,j)=0$.

(1) 求 $\int\limits_{\mathbb{N}}\mu(di)\int\limits_{\mathbb{N}}f(i,j)\mu(dj)$ 和 $\int\limits_{\mathbb{N}}\mu(dj)\int\limits_{\mathbb{N}}f(i,j)\mu(di)$, 其中 μ 是计数测度.

(2) 求 $\int\limits_{\mathbb{N}}\mu(di)\int\limits_{\mathbb{N}}|f(i,j)|\mu(dj)$ 和 $\int\limits_{\mathbb{N}}\mu(dj)\int\limits_{\mathbb{N}}|f(i,j)|\mu(di)$. 函数 f 是否可积?

习题 7 以 b_n 记 n 元有限集 A 的划分数且称为第 n 个 Bell 数, 约定 $b_0=1$.

(1) 证明 $b_{m+1}=\sum\limits_{i=0}^{m}\begin{pmatrix}m\\i\end{pmatrix}b_{m-i}$ 和 Dobinski 公式 $b_n=\sum\limits_{k\in\mathbb{N}}\dfrac{k^n}{k!e}$.

(2) 设 z 是复数而 b_n 是 Bell 数, 证明 $\exp(\exp z-1)=\sum\limits_{n\geqslant0}\dfrac{b_nz^n}{n!}$.

习题 8 设 $T\subseteq[0,+\infty)$ 且 $E=\{rv|r\in T, v\in\mathbb{S}_{n-1}\}$. 对于 $f:E\to\mathbb{C}$, 以下等价:

(1) f 是径向函数(在 $n=1$ 时是偶函数): $|x|=|x'|$ 时, $f(x)=f(x')$.

(2) f 是旋转不变的: 当 a 是正交阵且 $\det a=1$ 时, $f(ax)=f(x)$.

(3) T 上有函数 f_0 使 $f:x\mapsto f_0(|x|)$. 此时 $f_0:r\mapsto f(r,0,\cdots,0)$.

习题 9 设上题中 T 是 Borel 集且 f 是 Borel 函数, 则 $\int\limits_E\dfrac{f(x)|dx|_n}{|\mathbb{S}_{n-1}|_{n-1}}=\int\limits_T f_0(r)r^{n-1}dr$ 在两端之一有意义时成立. 当 $T=(a,b)$ 时, 计算 $\int\limits_E\dfrac{\mathfrak{m}(dx)}{|x|^p}$, 它何时有限?

习题 10 设 a 和 b 各是 n 阶实正定阵和 n 维复列向量, 以 b^{t} 表示 b 的转置, 计算推广的 Gauss 积分 $\int\limits_{\mathbb{R}^n}\exp(-x^{\mathrm{t}}ax+2b^{\mathrm{t}}x)\,\mathfrak{m}(dx)$.

习题 11 设 t_i 是实数, 设 r_i 和 s_i 是正实数且 $E=\left\{x\in(0,+\infty]^n\,\middle|\,\sum\limits_{i=1}^{n}\dfrac{x_i^{s_i}}{r_i^{s_i}}<1\right\}$.

(1) 求 $\int\limits_E\prod\limits_{i=1}^{n}x_i^{t_i}|dx|_n$ 和 $\int\limits_{\mathbb{S}_{n-1}}\prod\limits_{i=1}^{n}|x_i|^{t_i}|dx|_{n-1}$. 它们何时有限?

(2) 求 $|E|_n$, 它在 $r_i=s_i=1$ 时取何值? 证明 2.4 节定理 8(4).

习题 12 (等周不等式) 设 $\mathbb{R}^n$ 的有界开集 M 有 C^1-边界, 则 $|\partial M|_{n-1}^n\geqslant n^n|M|_n^{n-1}|\mathbb{B}_n|_n$.

3.4 平均收敛

在 2.6 节用 $\|f\|_\infty$ 刻画了本质一致收敛性. 在 3.1 节定义了 $\|f\|_p$, 使其有限者为*p-方可积函数*, 其全体 $L^p(X,\mathcal{S},\mu)$ 在无混淆时可记为 $L^p(X,\mu)$ 或 $L^p(\mu)$, 但须将其中殆相等者等同起来. 本节主要讨论依 L^p-模的收敛性, 为此需建立些不等式.

3.4.1 几个不等式

符号 $\|f\|_p$ 与测度 μ 有关, 在个别场合可写成 $\|f\|_{p,\mu}$ 以免混淆.

命题 1 以下函数都是测度空间 (X,μ) 上可测函数且 $0<p,p_i\leqslant+\infty$.

(1) 非负性和规范性: $0\leqslant\|f\|_p\leqslant+\infty$, 而 $\|f\|_p=0$ 当且仅当 $f\overset{\text{ae}}{=}0$.

(2) 绝对齐次性: 设 a 是复数, 则 $\|af\|_p=|a|\|f\|_p$.

(3) 下半连续性: 设 $0<p_0\leqslant+\infty$, 则 $\|f\|_{p_0}\leqslant\varliminf\limits_{p\to p_0}\|f\|_p$.

(4) Hölder 不等式: 当 $\dfrac{1}{p}=\sum\limits_{i=1}^{n}\dfrac{1}{p_i}$ 且 $f=\prod\limits_{i=1}^{n}f_i$ 时, $\|f\|_p\leqslant\prod\limits_{i=1}^{n}\|f_i\|_{p_i}$.

(5) 上述诸 p_i 和 $\|f_i\|_{p_i}$ 为正实数时, $\|f\|_p=\prod\limits_{i=1}^{n}\|f_i\|_{p_i}$ 当且仅当

$$|f_1|^{p_1}/\|f_1\|_{p_1}^{p_1}\overset{\text{ae}}{=}\cdots\overset{\text{ae}}{=}|f_n|^{p_n}/\|f_n\|_{p_n}^{p_n}.$$

(6) 设 $0<p_1<p<p_2\leqslant+\infty$ 且 $t=\lim\limits_{s\to p_2}p_1(s-p)/(p(s-p_1))$, 则

$$\|f\|_p\leqslant\|f\|_{p_1}^{t}\|f\|_{p_2}^{1-t}\leqslant\|f\|_{p_1}\vee\|f\|_{p_2}.$$

(7) 当 μ 有限且非平凡时, $\|f\|_p/\mu(X)^{\frac{1}{p}}$ 随 p 递增且 $\lim\limits_{p\to p_0}\|f\|_p=\|f\|_{p_0}$.

证明 (1) 和 (2) 是显然的. (3) 在 p_0 有限时, 对逼近 p_0 的任意序列 $(p_n)_{n\geqslant1}$ 用 Fatou 引理得 $\int\limits_X|f|^{p_0}d\mu\leqslant\varliminf\limits_{n\to\infty}\int\limits_X|f|^{p_n}d\mu$, 用附录 2 命题 20 即可; 在 p_0 无限时, 记 $b=\|f\|_\infty$ 且 $c=\varliminf\limits_{p\to p_0}\|f\|_p$. 可设 $b>0$ 且 c 有限. 当 $0<r<b$ 时, 命 $E=\{|f|>r\}$, 则 $0<\mu(E)<+\infty$. 在Чебышёв不等式 $r\mu(E)^{\frac{1}{p}}\leqslant\|f\|_p$ 中命 $p\to p_0$ 得 $r\leqslant c$, 命 $r\to b-$ 即可.

(4) 命 $b_i=\|f_i\|_{p_i}$ 且 $b=b_1\cdots b_n$. 某个 $b_j=0$ 时, f 殆为零而结论成立. 下设诸 b_i 非零. 某个 b_j 无限时, 结论成立. 下设诸 b_i 有限. 去个零集后可设诸 f_i 有限且 $f_i\geqslant0$. 调整顺序后, 可设 $p_i(i\leqslant k)$ 有限而 $p_i(i>k)$ 无限. 由 $f\overset{\text{ae}}{\leqslant}f_1\cdots f_kb_{k+1}\cdots b_n$, 可设 p_i 都有限. 以 f_i/b_i 和 f/b 各代替 f_i 和 f 后, 可设诸 $b_i=1$.

命 $t_i=p/p_i$, 则 $\sum\limits_{i=1}^{n}t_i=1$ 且 $f^p=\prod\limits_{i=1}^{n}f_i^{p_it_i}$. 由算术-几何加权平均不等式 (简称 AG) 知 $f^p\leqslant\sum\limits_{i=1}^{n}t_if_i^{p_i}$, 在 X 上积分得 $\|f\|_p\leqslant1$. 它为等式时, 根据 3.1 节命题

9, 有个零集 E 使诸 $x \in X \setminus E$ 满足 $f(x)^p = t_1 f_1^{p_1}(x) + \cdots + t_n f_n^{p_n}(x)$, 由 AG 为等式的条件得 $f_1(x)^{p_1} = \cdots = f_n(x)^{p_n}$. 这得 (5) 中必要性, (5) 中充分性是显然的.

(6) 对于 $|f| = |f|^t |f|^{1-t}$ 和 $\frac{1}{p} = \frac{1}{p_1/t} + \frac{1}{p_2/(1-t)}$ 用 Hölder 不等式即可.

(7) 设 $p < p_0$ 且 $1/b + p/p_0 = 1$. 对于 $|f|^p = |f|^p 1$, 用 Hölder 不等式

$$\int_X |f|^p d\mu \leqslant \left(\int_X |f|^{p_0} d\mu\right)^{\frac{p}{p_0}} \left(\int_X 1^b d\mu\right)^{\frac{1}{b}}$$

得递增性. 结合 (3) 得极限. □

命题 1(6) 可写成**对数下凸性**: $\log \|f\|_p \leqslant t \log \|f\|_{p_1} + (1-t) \log \|f\|_{p_2}$. 因此使 $\|f\|_p$ 有限的 p 全体是个 (可能空的) 区间.

使 $1/p + 1/q - 1$(即 $p + q - pq$) 的非零实数对 p 和 q 称为**共轭指数**, 例有 (2, 2) 和 (3, 3/2) 及 (−1, 1/2). 约定 1 和 $+\infty$ 互为**共轭指数**.

以下命题的主结论是命题 1(4) 的等价特例.

命题 2 设 p 和 q 互为共轭指数且 $1 \leqslant p \leqslant +\infty$, 则测度空间 (X, μ) 上可测函数 g 和 h 满足 Hölder 不等式: $\|gh\|_1 \leqslant \|g\|_p \|h\|_q$.

(1) 命 $h_0 = |g|/g$(暂约 $0/0 = 0$), 则 $\|h_0\|_\infty \leqslant 1$ 且 $\|g\|_1 = \int_X g h_0 d\mu$.

(2) 设 $1 < p < +\infty$, 则 $1 < q < +\infty$. 当 $\{g \neq 0\}$ 为 σ-有限集时, $\|g\|_p = \sup\limits_{\|h\|_q \leqslant 1} \|gh\|_1$; 在 $\|g\|_p$ 有限时, 有 h 使 $\|h\|_q \leqslant 1$ 且 $\|g\|_p = \int_X ghd\mu$.

(3) Minkowski 不等式: 当 $g = g_1 + g_2$ 时, $\|g\|_p \leqslant \|g_1\|_p + \|g_2\|_p$. 此式在诸 $\|g_i\|_p$ 非零有限且 $1 < p < +\infty$ 时取等式当且仅当 $g_1/\|g_1\|_p \overset{\text{ae}}{=} g_2/\|g_2\|_p$.

(4) 积分形式的 Minkowski 不等式: 设 (X, μ) 和 (Y, ν) 都是 σ-有限测度空间且 f 是乘积空间 $X \times Y$ 上可测函数. 当 $1 \leqslant p < +\infty$ 时,

$$\left(\int_X \left(\int_Y |f(x,y)| \nu(dy)\right)^p \mu(dx)\right)^{\frac{1}{p}} \leqslant \int_Y \left(\int_X |f(x,y)|^p \mu(dx)\right)^{\frac{1}{p}} \nu(dy).$$

证明 (2) 记 $c = \|g\|_p$ 而 b 为那上确界, 由 Hölder 不等式知 $b \leqslant c$. 下证 $b \geqslant c$. 当 $c = 0$ 时, 命 $h = 0$; 当 $0 < c < +\infty$ 时, 命 $h = |g|^p / c^{p-1} g$, 则 $|h|^q = |g|^p / c^p$ 且 $hg = |g|^p / c^{p-1}$, 故 $\|h\|_q = 1$ 且 $\int_X ghd\mu = c$ (这得后半部分); 当 $c = +\infty$ 时, 取递增至 $\{|g| > 0\}$ 的测度有限集列 $(E_n)_{n \geqslant 1}$. 命 $g_n = (|g| \wedge n) \chi_{E_n}$, 由单调收敛定理知 $c = \lim\limits_{n \to \infty} \|g_n\|_p$. 取 h_n 使 $\|h_n\|_q \leqslant 1$ 且 $\int_X g_n h_n d\mu = \|g_n\|_p$. 对于 $\|gh_n\|_1 \geqslant \|g_n h_n\|_1$ 取上确界即可.

(3) 可设 $\|g_i\|_p$ 都有限. 由 $t \mapsto t^p$ 下凸知 $|g/2|^p \leqslant (|g_1|^p + |g_2|^p)/2$, 故 $\|g\|_p$ 有限. 可设 $\|g\|_p > 0$. 由 $|g|^p \leqslant |g_1||g|^{p-1} + |g_2||g|^{p-1}$ 与主结论得

$$\int_X |g|^p d\mu \leqslant \|g_1\|_p \||g|^{p-1}\|_q + \|g_2\|_p \||g|^{p-1}\|_q.$$

由 $pq = p + q$ 得 $\||g|^{p-1}\|_q = \left(\int\limits_X |g|^p d\mu\right)^{1/q}$, 上式两边除 $\left(\int\limits_X |g|^p d\mu\right)^{1/q}$ 即可.

另证: 由 $|gh| \leqslant |g_1||h| + |g_2||h|$ 与 Hölder 不等式得 $\|gh\|_1 \leqslant (\|g_1\|_p + \|g_2\|_p)\|h\|_q$. 根据 (2) 知 $\|g\|_p \leqslant \|g_1\|_p + \|g_2\|_p$. 它为等式时, 可取 h 使 $\|h\|_q = 1$ 且 $\int\limits_X gh d\mu = \|g\|_p$. 结合以上过程得 $gh \overset{\text{ae}}{=} |g_1 h| + |g_2 h|$ 且 $\|g_i h\|_1 = \|g_i\|_p$, 于是 $g_i h \overset{\text{ae}}{\geqslant} 0$. 由 Hölder 不等式为等式的条件知 $|g_i|^p / \|g_i\|_p^p \overset{\text{ae}}{=} |h|^q$. 去个零集后可设 $g_i h \geqslant 0$ 且 $|g_i|^p/\|g_i\|_p^p = |h|^q$, 当 $h(x) = 0$ 时, $g_i(x) = 0$. 当 $h(x) \neq 0$ 时, $g_i(x) \neq 0$. 由 $g_i(x)h(x) > 0$ 知 $g_1(x)$ 和 $g_2(x)$ 同号, 可见 $g_1/\|g_1\|_p = g_2/\|g_2\|_p$ 在去个零集后成立. 必要性得证, 充分性易证.

(4) 可设 $1 < p$ 且 $f \geqslant 0$, 命 $g(x) = \int\limits_Y f(x,y)\nu(dy)$. 当 $h \geqslant 0$ 时,

$$\begin{aligned}\int\limits_X g(x)h(x)\mu(dx) &= \int\limits_Y \left(\int\limits_X f(x,y)h(x)\mu(dx)\right)\nu(dy)\\ &\leqslant \int\limits_Y \left(\int\limits_X f(x,y)^p\mu(dx)\right)^{1/p}\left(\int\limits_X h(x)^q\mu(dx)\right)^{1/q}\nu(dy).\end{aligned}$$

上式对于使 $\|h\|_q \leqslant 1$ 的 h 取上确界并且用 (2) 即可. □

下面讨论极端情形的 Hölder 不等式与 Minkowski 不等式以备偶尔之需.

命题 3 设 g 和 h 是测度空间 (X,μ) 上可测函数. 以下 (1) 至 (6) 中 $0 < p < 1$ 且 (p,q) 是共轭指数, 以下 (7) 至 (9) 中 $r \geqslant 1$.

(1) 反向 Hölder 不等式: 当 $\|h\|_q$ 有限时, $\|gh\|_1 \geqslant \|g\|_p\|h\|_q$.

(2) 当 $0 \leqslant t_i \leqslant \infty$ 时, (约定 $(+\infty)^p = +\infty$) 则 $(t_1 + t_2)^p \leqslant t_1^p + t_2^p$.

(3) Minkowski 不等式: $\|g_1 + g_2\|_p^p \leqslant \|g_1\|_p^p + \|g_2\|_p^p$.

(4) 反向 Minkowski 不等式: $\|g_1\|_p + \|g_2\|_p \leqslant \||g_1| + |g_2|\|_p$.

(5) 积分形式的反向 Minkowski 不等式: 以下 μ 和 ν 是 σ-有限测度,

$$\int\limits_X \left(\int\limits_Y |f(x,y)|^p\nu(dy)\right)^{\frac{1}{p}}\mu(dx) \leqslant \left(\int\limits_Y\left(\int\limits_X |f(x,y)|\mu(dx)\right)^p\nu(dy)\right)^{\frac{1}{p}}.$$

(6) 次减性: $|\|g_1\|_p^p - \|g_2\|_p^p| \leqslant \|g_1 - g_2\|_p^p$ 在左端有意义时成立.

(7) 次减性: $|\|g_1\|_r - \|g_2\|_r| \leqslant \|g_1 - g_2\|_r$ 在左端有意义时成立.

(8) 当 $0 \leqslant t_i \leqslant +\infty$ 时, (约定 $(+\infty)^r = +\infty$) 则 $(t_1 + t_2)^r \geqslant t_1^r + t_2^r$.

(9) 反向 Minkowski 不等式: $\|g_1\|_r^r + \|g_2\|_r^r \leqslant \||g_1| + |g_2|\|_r^r$.

证明　(1) 若 $\mu\{h = 0\} > 0$, 则 $\|h\|_q = 0$ 而结论成立. 可设 $h > 0$. 因 $1/p$ 和 $1/(1-p)$ 互为共轭指数, 根据 Hölder 不等式得

$$\begin{aligned}\int\limits_X |g|^p d\mu &\leqslant \left(\int\limits_X (|gh|^p)^{\frac{1}{p}} d\mu\right)^p \left(\int\limits_X (|h|^{-p})^{\frac{1}{1-p}} d\mu\right)^{1-p}\\ &= \left(\int\limits_X |gh| d\mu\right)^p \left(\int\limits_X |h|^q d\mu\right)^{1-p} = \|gh\|_1^p \|h\|_q^{-p}.\end{aligned}$$

(2) 可设 $0 < t_i < +\infty$, 命 $t = t_2/t_1$ 后要证 $(1+t)^p < 1+t^p$. 命 $f(t) = (1+t)^p - t^p$, 则导数 $f'(t) < 0$ 而 $f(t) < f(0+)$. 这蕴含 (3).

(4) 和 (5) 可设 $g_i \geqslant 0$. 命 $r = 1/p$ 而 s 是 r 的共轭指数, 在计数测度空间 $(\{1,2\}, |\cdot|_0)$ 上对于共轭指数 r 和 s 用命题 2(2) 与 Hölder 不等式得

$$
\begin{aligned}
&(\|g_1\|_p + \|g_2\|_p)^p = \left(\left(\int_X g_1^p d\mu\right)^r + \left(\int_X g_2^p d\mu\right)^r\right)^{\frac{1}{r}} \\
&= \sup\left\{b_1 \int_X g_1^p d\mu + b_2 \int_X g_2^p d\mu : b_i \geqslant 0, b_1^s + b_2^s = 1\right\} \\
&= \sup\left\{\int_X (b_1 g_1^p + b_2 g_2^p) d\mu : b_i \geqslant 0, b_1^s + b_2^s = 1\right\} \\
&\leqslant \int_X ((g_1^p)^r + (g_2^p)^r)^{\frac{1}{r}} d\mu = \|g_1 + g_2\|_p^p.
\end{aligned}
$$

可设 $f \geqslant 0$, 在 (X, μ) 上用命题 2(2) 与 Hölder 不等式得下式 (后取 r 次方)

$$
\begin{aligned}
&\left(\int_X \left(\int_Y f(x,y)^p \nu(dy)\right)^r \mu(dx)\right)^{\frac{1}{r}} \\
&= \sup\left\{\int_X \left(\int_Y f(x,y)^p \nu(dy)\right) g(x)\mu(dx) : \|g\|_s = 1\right\} \\
&\leqslant \sup\left\{\int_Y \left(\int_X f(x,y)^{rp} \mu(dx)\right)^{\frac{1}{r}} \|g\|_s \nu(dy) : \|g\|_s = 1\right\} \\
&= \int_Y \left(\int_X f(x,y)\mu(dx)\right)^p \nu(dy).
\end{aligned}
$$

(6) 可设 $\|g_1\|_p \leqslant \|g_2\|_p$ 且 $\|g_1\|_p$ 有限, 注意到 $\|g_2\|_p^p \leqslant \|g_2 - g_1\|_p^p + \|g_1\|_p^p$ 即可.

(7) 仿 (6) 的证明即可.

(8) 可设 $0 < t_i < +\infty$. 命 $t = t_2/t_1$, 要证 $(1+t)^r > 1+t^r$. 命 $f(t) = (1+t)^r - t^r$, 则导数 $f'(t) > 0$ 而 $f(t) > f(0+)$. 由此得 (9). □

3.4.2 平均收敛与其特征

设 g 和 h 是测度空间 (X, μ) 上复值可测函数. 在 $0 < p \leqslant 1$ 时, 命 $d_p(g,h) = \|g-h\|_p^p$; 在 $p \geqslant 1$ 时, 命 $d_p(g,h) = \|g-h\|_p$. 根据命题 1、命题 2 和命题 3 得以下性质.

非负性和对称性: $0 \leqslant d_p(g,h) = d_p(h,g) \leqslant +\infty$.

三角不等式: $d_p(g,h) \leqslant d_p(g,f) + d_p(f,h)$.

规范性: $d_p(g,h) = 0$ 当且仅当 g 和 h 殆相等.

定理 4 (Riesz-Fischer)　测度空间 (X, μ) 上复可测函数序列 $(f_n)_{n\geqslant 1}$ 依 p-方平均收敛于某个复可测函数 $f\left(\text{即} \lim\limits_{n\to\infty} \|f_n - f\|_p = 0\right)$ 当且仅当 $(f_n)_{n\geqslant 1}$ 是个 p-方

平均Cauchy 序列$\left(\text{即}\lim\limits_{i,j\to\infty}\|f_i-f_j\|_p=0\right)$. 此时若 f_n 都是 p-方可积的, 则 f 也如此.

证明　必要性: 由三角不等式知 $d_p(f_i,f_j)\leqslant d_p(f_i,f)+d_p(f,f_j)$.

充分性: 根据Чебышёв不等式 $\varepsilon\mu(\{|f_i-f_j|\geqslant\varepsilon\})^{\frac{1}{p}}\leqslant\|f_i-f_j\|_p$ 及 2.6 节定理 9 知 $(f_n)_{n\geqslant1}$ 依测度逼近某个可测函数 f, 由 F. Riesz 定理知某个子列 $(f_{k_n})_{n\geqslant1}$ 殆逼近 f. 设 $n,m\geqslant l$ 时 $\int\limits_X|f_n-f_m|^pd\mu\leqslant\varepsilon^p$. 将 m 换成 k_m, 由 Fatou 引理命 $m\to\infty$ 知 $n\geqslant l$ 时, $\int\limits_X|f_n-f|^pd\mu\leqslant\varepsilon^p$. 于是 $\lim\limits_{n\to\infty}\|f_n-f\|_p=0$.

在 $\|f_n\|_p$ 都有限时, 对 $f=(f-f_n)+f_n$ 用 Minkowski 不等式知 $\|f\|_p$ 有限. □

以上结论可视为 p-方平均收敛情形的 Cauchy 收敛准则. 现引入些记号与概念. 当 $Q\subseteq(0,+\infty]$ 时, 命 $L^Q(X,\mu)=\cap\{L^p(X,\mu)|p\in Q\}$. 由 Minkowski 不等式, $L^Q(X,\mu)$ 是个线性空间 (以后会将其中殆相等者视为同一个函数).

称 f 是个 $\mathcal{P}$-简单函数指它形如 $\sum\limits_{i\in\alpha}c_i\chi_{E_i}$ 使 $E_i(i\in\alpha)$ 为 $\mathcal{P}$ 中有限个成员.

命题 5 (简单逼近定理)　设 $Q\subseteq(0,+\infty)$ 且 $(X,\mathcal{S},\mu)$ 是个测度空间, 设 $\mathcal{P}$ 是 X 的某些测度有限集组成的半环使 $\mathcal{S}\subseteq\mathcal{P}^*_\mu$. 任取 $f\in L^Q(X,\mu)$, 则有 $\mathcal{P}$- 简单函数序列 $(f_n)_{n\geqslant1}$ 使诸 $p\in Q$ 满足 $\lim\limits_{n\to\infty}\|f_n-f\|_p=0$.

证明　在 Q 只含一点 p 时, 命 $(f_n)_{n\geqslant1}$ 同 2.6 节定理 1, 则 $|f-f_n|^p\leqslant|2f|^p$. 根据控制收敛定理得 $\lim\limits_{n\to\infty}\|f-f_n\|_p=0$. 因此可设 f 简单, 由 Minkowski 不等式可设 f 是某个测度有限集 E 的特征函数. 根据 2.3 节命题 3(6) 得 $\mathrm{R}(\mathcal{P})$ 中序列 (E_n) 使 $\lim\limits_{n\to\infty}\mu(E_n\triangle E)=0$. 又知 $\mu(E'\triangle E)=\|\chi_{E'}-\chi_E\|_p^p$.

在 Q 非单点集时, 需先写以下过程 (供参考). 取 Q 的可数子集 D 使 $Q\subseteq\cup\{[p_0,p_1]|p_i\in D\}$, 取 $c_p>0$ 使 $\sum(c_p|p\in D)$ 可和. 命 $d(g,h)=\sum\limits_{p\in D}d_p(g,h)\wedge c_p$. 根据控制收敛定理 (级数形式) 知 $\lim\limits_{n\to\infty}d(f_n,f)=0$ 当且仅当诸 $p\in D$ 使 $\lim\limits_{n\to\infty}d_p(f_n,f)=0$. 此时左式由对数下凸性知对于 $p\in Q$ 也成立. □

以 $L(X,\mu)$ 记测度空间 $(X,\mathcal{S},\mu)$ 上复值可测函数全体 (其中殆相等者视为一个). 于是 $L(X,\mu)$ 为 $L(X,\mathcal{S})$ 在殆相等关系下的商空间. 以 $\ell^p(\beta)$ 记 $L^p(\beta,|\cdot|_0)$, 它继承了 L^p 的通用性质. 如当 $1<p<+\infty$ 且 q 是 p 的共轭指数时, 有以下

Hölder 不等式　$\sum\limits_{i\in\beta}|x_iy_i|\leqslant\left(\sum\limits_{i\in\beta}|x_i|^p\right)^{\frac{1}{p}}\left(\sum\limits_{i\in\beta}|y_i|^q\right)^{\frac{1}{q}}$.

Minkowski 不等式　$\left(\sum\limits_{i\in\beta}|x_i+y_i|^p\right)^{\frac{1}{p}}\leqslant\left(\sum\limits_{i\in\beta}|x_i|^p\right)^{\frac{1}{p}}+\left(\sum\limits_{i\in\beta}|y_i|^p\right)^{\frac{1}{p}}$.

例 1　设有界 Borel 函数 $h_i:\mathbb{R}\to\mathbb{C}$ 有个正周期 t_i 且在 $[0,t_i)$ 上有 Lebesgue

积分 b_i. 设 f 是 $X(\subseteq \mathbb{R}^n)$ 上 Lebesgue 可积函数, 则

$$\lim_{x_1,\cdots,x_n\to\infty}\int_X f(y)\prod_{i=1}^n h_i(x_iy_i)|dy|_n=\int_X f(y)|dy|_n\prod_{i=1}^n\frac{b_i}{t_i}.$$

诸 $h_i\geqslant 0$ 时, 可允许 f 有积分 $\pm\infty$. 诸 $b_i=0$ 时, 上式中可要求 $|x|\to+\infty$.

证明 作零值扩张后可设 $X=\mathbb{R}^n$. 记 $c=\prod\limits_{i=1}^n\|h_i\|_\infty+\prod\limits_{i=1}^n\dfrac{|b_i|}{t_i}$ 且

$$\varphi_n(f)=\varlimsup_{x_1,\cdots,x_n\to\infty}\left|\int_{\mathbb{R}^n} f(y)\prod_{i=1}^n\left(h_i(x_iy_i)-\prod_{i=1}^n\frac{b_i}{t_i}\right)|dy|_n\right|.$$

当 g_i 是 1 维区间 $(p_i,q_i]$ 的特征函数时, 命 $k_i=\lfloor(q_ix_i-p_ix_i)/t_i\rfloor$, 则

$$\begin{aligned}&\int_{-\infty}^{+\infty}g_i(y_i)h_i(x_iy_i)dy_i=\int_{p_i}^{q_i}h_i(x_iy_i)dy_i=\frac{1}{x_i}\int_{p_ix_i}^{q_ix_i}h_i(y_i)dy_i\\=&\int_{p_ix_i}^{p_ix_i+k_it_i}\frac{h_i(y_i)}{x_i}dy_i+\int_{p_ix_i+k_it_i}^{q_ix_i}\frac{h_i(y_i)}{x_i}dy_i=\frac{k_ib_i}{x_i}+e_i.\end{aligned}$$

因为 $|e_i|\leqslant t_i\|h_i\|_\infty/|x_i|$ 且 $|(k_i/x_i)-(q_ix_i-p_ix_i)/(t_ix_i)|\leqslant 1/|x_i|$, 所以

$$\lim_{x_i\to\infty}\int_{\mathbb{R}}g_i(y_i)h_i(x_iy_i)dy_i=\frac{b_i}{t_i}\int_{\mathbb{R}}g(y_i)dy_i.$$

当 $g=g_1\cdots g_n$ 时, 由 Fubini 定理知 $\varphi_n(g)=0$. 此式在 g 为 $\mathcal{J}_n$-简单函数时也对, 结合 $\varphi_n(f)\leqslant\varphi_n(f-g)+\varphi_n(g)$ 知 $\varphi_n(f)\leqslant c\|f-g\|_1$. 此式右端根据命题 5 可任意小, 于是 $\varphi_n(f)=0$. 下设诸 $h_i\geqslant 0$ 且 $b_i>0$.

现设 h_i 都非负, f 非负且有积分 $+\infty$. 作非负 Lebesgue 可积函数列 $(f_k)_{k\geqslant 1}$ 使 $|x|\leqslant k$ 且 $f(x)\leqslant k$ 时, $f_k(x)=f(x)$; 否则, $f_k(x)=0$. 于是

$$\int_{\mathbb{R}^n}f(y)\prod_{i=1}^n h_i(x_iy_i)|dy|_n\geqslant\int_{\mathbb{R}^n}f_k(y)\prod_{i=1}^n h_i(x_iy_i)|dy|_n.$$

对上式右端用可积情形的结论, 先命 $|x|\to\infty$, 再由单调收敛定理命 $n\to\infty$ 得

$$\varliminf_{x_1,\cdots,x_n\to\infty}\int_{\mathbb{R}^n}f(y)\prod_{i=1}^n h_i(x_iy_i)|dy|_n\geqslant\prod_{i=1}^n\frac{b_i}{t_i}\int_{\mathbb{R}^n}f(y)|dy|_n=+\infty.$$

因 $\varlimsup\limits_{|x|\to\infty}\int_{\mathbb{R}^n}f(y)\prod\limits_{i=1}^n h_i(x_iy_i)|dy|_n\leqslant+\infty$, 要证等式便成立. □

以上过程表明, 当要证明某个结论对于所有可积函数成立时, 通常先证明它对所有简单函数成立. 然后用简单函数的逼近证得命题. 它还表明, 检验 $E\subseteq X$ 上 p-方可积函数的通用性质通过零值扩张可只检验 X 上 p-方可积函数的相应性质.

Lebesgue 可测集 X 上复值连续函数 f 不必可积, 但它是**局部可积函数**: 诸 $x \in X$ 有个邻域 N 使 f 于 N 可积 (从而于 X 的诸紧集 A 上可积). 类似定义**局部 p-方可积函数** f, 其全体 $L^p_{\text{oc}}(X)$ 随 p 递减. 形式地命 $\|f\|_{p,A} = \left(\int\limits_A |f(x)|^p\, \mathfrak{m}(dx)\right)^{\frac{1}{p}}$.

称 X 上函数 g 是**紧支撑**的指有 X 的紧集 K 使 $\{g \neq 0\} \subseteq K$. 以 $C_c(X)$ 记 X 上紧支撑的连续函数 f 全体, 它们都是局部 p-方可积的.

以下结论说明了 Lebesgue 可积函数差不多就是可积的连续函数.

命题 6 (连续逼近定理)　设 $Q \subseteq (0, +\infty)$ 而 X 是 $\mathbb{R}^n$ 的 Lebesgue 可测集. 对于 $f \in L^Q(X, \mathfrak{m})$, 有 $L^Q(X, \mathfrak{m})$ 中连续函数列 $(f_k)_{k\geqslant 1}$ 使诸 $p \in Q$ 满足 $\lim\limits_{k\to\infty} \|f_k - f\|_p = 0$; 可要求诸 $|f_k| \leqslant \sup|f|(X)$. 当 X 是开集时, 可要求诸 f_k 都是紧支撑的.

证明　作零值扩张后可设 $X = \mathbb{R}^n$. 仿命题 5 的证明, 可设 f 是非平凡简单函数 $\sum\limits_{i\in\alpha} c_i \chi_{E_i}$ 使 Lebesgue 可测集 $E_i (i \in \alpha)$ 非空互斥且其 Lebesgue 测度有限.

根据 2.4 节定理 1 得非空紧集 A_i 和开集 B_i 使 $A_i \subseteq E_i \subseteq B_i$ 且 $\mathfrak{m}(B_i \setminus A_i) < r$. 取互斥开集 $V_i (i \in \alpha)$ 使 $A_i \subseteq V_i$ 且 V_i 紧含于 B_i. 显然 $V_i \triangle E_i \subseteq B_i \setminus A_i$. 两闭集 A_i 和 V_i^{c} 不交, 根据 2.4 节命题 6 可作连续函数 $g_i : x \mapsto d(x, V_i^{\mathrm{c}})/(d(x, A_i) + d(x, V_i^{\mathrm{c}}))$. 现在

$$x \in B_i \setminus A_i \Rightarrow -1 \leqslant g_i(x) - \chi_{E_i}(x) \leqslant 1;$$

$$x \in A_i \Rightarrow g_i(x) = \chi_{E_i}(x) = 1;$$

$$x \in B_i^{\mathrm{c}} \Rightarrow g_i(x) = \chi_{E_i}(x) = 0.$$

因此 $|g_i - \chi_{E_i}| \leqslant \chi_{B_i \setminus A_i}$, 又知 $\|\chi_{B_i\setminus A_i}\|_p = \mathfrak{m}(B_i \setminus A_i)^{\frac{1}{p}}$. 命 $g = \sum\limits_{i\in\alpha} c_i g_i$, 则

$$\begin{aligned} p \geqslant 1 \Rightarrow & \|f - g\|_p \leqslant \sum_{i\in\alpha} |c_i| \|\chi_{E_i} - g_i\|_p \\ & \leqslant \sum_{i\in\alpha} |c_i| \|\chi_{B_i\setminus A_i}\|_p \leqslant \sum_{i\in\alpha} |c_i| r^{\frac{1}{p}}; \\ p < 1 \Rightarrow & \|f - g\|_p^p \leqslant \sum_{i\in\alpha} |c_i|^p \|\chi_{E_i} - g_i\|_p^p \\ & \leqslant \sum_{i\in\alpha} |c_i|^p \|\chi_{B_i\setminus A_i}\|_p^p \leqslant \sum_{i\in\alpha} |c_i|^p r. \end{aligned}$$

诸 x 要么只落于一个 V_i(这得 $|g(x)| = |c_i| g_i(x)$), 要么不属于 $\cup\{V_i | i \in \alpha\}$(这得 $g(x) = 0$), 从而 $g(x) \leqslant \sup|f|(X)$. 在 X 是开集时, 可要求诸 $B_i \subseteq X$, 而 g 是紧支撑的. 在 Q 无限时, 需要命题 5 证明的第二段. □

3.4.3　阅读材料

以下讨论依 p -方平均收敛的特征.

命题 7 (Vitali 收敛定理) 设 $0<p<+\infty$. 测度空间 (X,μ) 上 p-方可积函数列 $(f_n)_{n\geqslant 1}$ 依 p 阶平均逼近某个 p-方可积函数 f 当且仅当成立以下诸条件:

(1) 当 $\eta>0$ 且 E 为测度有限集时, $\lim\limits_{k,l\to\infty}\mu(E\{|f_k-f_l|\geqslant\eta\})=0$.

(2) 当 $\varepsilon>0$ 时, 有测度有限集 E 使 $n\geqslant 1$ 时, $\|f_n\chi_{(X\setminus E)}\|_p<\varepsilon$.

(3) 当 $\varepsilon>0$ 时, 有 $\delta>0$ 使 $n\geqslant 1$ 且 $\mu(A)<\delta$ 时, $\|f_n\chi_A\|_p<\varepsilon$.

这三条依次为**依测度局部收敛性、等度正则性、等度绝对连续性**.

证明 充分性: 可设 $p\geqslant 1$. 命 ε 与 E 同 (2), 而 δ 同 (3). 当 $\eta>0$ 时,

$$\{|f_n-f_l|\geqslant\eta\}=E\{|f_n-f_l|\geqslant\eta\}\cup E^{\mathrm{c}}\{|f_n-f_l|\geqslant\eta\},$$

$$\mu(E^{\mathrm{c}}\{|f_n-f_l|\geqslant\eta\})\leqslant\|f_n\chi_{E^{\mathrm{c}}}-f_l\chi_{E^{\mathrm{c}}}\|_p^p/\eta^p\leqslant(2\varepsilon/\eta)^p.$$

从而 $\varlimsup\limits_{n,l\to\infty}\mu\{|f_n-f_l|\geqslant\eta\}\leqslant(2\varepsilon)^p/\eta^p$, 命 $\varepsilon\to 0$, 根据 2.6 节定理 9 知 $(f_n)_{n\geqslant 1}$ 依测度逼近某个可测函数 $f:X\to\mathbb{C}$, 命 $h_n=|f_n-f|$ 及 $c=\varlimsup\|h_n\|_p$, 要证 $c=0$. 取子列后可设 $c=\lim\|h_n\|_p$. 由 F. Riesz 定理再取子列后可设 $(f_n)_{n\geqslant 1}$ 殆逼近 f. 由 Егóров 定理取 E 的子集 A 使 $\mu(A)<\delta$ 并且 $(f_n)_{n\geqslant 1}$ 在 $E\setminus A$ 上一致逼近 f, 根据有界收敛定理得 $\lim\limits_{n\to\infty}\|h_n\chi_{(E\setminus A)}\|_p=0$. 在 (2) 和 (3) 中用 Fatou 引理得 $\|f\chi_{E^{\mathrm{c}}}\|_p\leqslant\varepsilon$ 且 $\|f\chi_A\|_p\leqslant\varepsilon$. 由

$$\int\limits_X h_n^p d\mu=\int\limits_A h_n^p d\mu+\int\limits_{E\setminus A}h_n^p d\mu+\int\limits_{X\setminus E}h_n^p d\mu$$

得 $c\leqslant 4\varepsilon$. 命 $\varepsilon\to 0$ 得 $c=0$. 这在 $0<p<1$ 时类似可证.

必要性: 设 $n>m$ 时, $\|f_n-f\|_p<\varepsilon/2$. 取测度有限集列 $(E_i)_{i\geqslant 0}$ 使

$$\|f\chi_{E_0^{\mathrm{c}}}\|_p\vee\|f_n\chi_{E_n^{\mathrm{c}}}\|_p<\varepsilon/2:n\geqslant 1,$$

命 $E=\bigcup\limits_{i=0}^m E_i$. 当 $n\leqslant m$ 时, $\|f_n\chi_{E^{\mathrm{c}}}\|_p\leqslant\|f_n\chi_{E_n^{\mathrm{c}}}\|_p<\varepsilon$. 当 $n>m$ 时,

$$\|f_n\chi_{E^{\mathrm{c}}}\|_p\leqslant\|f_n-f\|_p+\|f\chi_{E^{\mathrm{c}}}\|_p<\varepsilon.$$

取 $\delta>0$ 使 $\mu(A)<\delta$ 且 $n\leqslant m$ 时, $\|f\chi_A\|_p\vee\|f_n\chi_A|_p<\varepsilon/2$. 于是,

$$\|f_n\chi_A\|_p\leqslant\|f_n-f\|_p+\|f\chi_A\|_p<\varepsilon:n\geqslant m.$$

这得 (2) 和 (3). 而 (1) 源自 Riesz-Fischer 定理和 Чебышёв 不等式. □

下面讨论的不等式常用于分析和微分方程.

命题 8 (Clarkson 不等式) 设 p 和 q 是对共轭指数且 $1<p\leqslant 2$(从而 $2\leqslant q<+\infty$). 设 (X,μ) 是测度空间而 $g,h:X\to\mathbb{C}$ 是可测函数, 则

(1) $(\|g+h\|_p^q+\|g-h\|_p^q)^{\frac{1}{q}} \leqslant 2^{\frac{1}{q}}(\|g\|_p^p+\|h\|_p^p)^{\frac{1}{p}}$.
(2) $(\|g+h\|_p^p+\|g-h\|_p^p)^{\frac{1}{p}} \geqslant 2^{\frac{1}{q}}(\|g\|_p^p+\|h\|_p^p)^{\frac{1}{p}}$.
(3) $(\|g+h\|_q^p+\|g-h\|_q^p)^{\frac{1}{p}} \geqslant 2^{\frac{1}{p}}(\|g\|_q^q+\|h\|_q^q)^{\frac{1}{q}}$.
(4) $(\|g+h\|_q^q+\|g-h\|_q^q)^{\frac{1}{q}} \leqslant 2^{\frac{1}{p}}(\|g\|_q^q+\|h\|_q^q)^{\frac{1}{q}}$.

证明　设 $0\leqslant t\leqslant 1$ 且 n 是自然数, 设 u 与 v 是复数, 下证

(5) $(p-2n)t^{2nq+q}+2nt^{2nq}\leqslant pt^{2n+q}$.
(6) $2(1+t^q)^{p-1}\leqslant(1+t)^p+(1-t)^p$.
(7) $(1+t)^q+(1-t)^q\leqslant 2(1+t^p)^{q-1}$.
(8) $|u+v|^q+|u-v|^q\leqslant 2(|u|^p+|v|^p)^{q-1}$.
(9) $|u+v|^q+|u-v|^q\leqslant 2^{q-1}(|u|^q+|v|^q)$.
(10) $2(|u|^q+|v|^q)^{p-1}\leqslant|u+v|^p+|u-v|^p$.
(11) $2^{p-1}(|u|^p+|v|^p)\leqslant|u+v|^p+|u-v|^p$.
(12) $(|u|^p/2+|v|^p/2)^{q-1}\leqslant(|u|^{p(q-1)}+|v|^{p(q-1)})/2$.

为此, 设 $0<t<1$. 当 $0<s<1$ 时, 命 $\psi(s)=(p-2n)s^{2n}+2ns^{2n-p}$. 导数

$$\psi'(s)=2n(2n-p)(s^{2n-p-1}-s^{2n-1})\geqslant 0,$$

因此 $\psi(s)\leqslant\psi(1-)$, 命 $s=t^{q-1}$ 得 (5). 至于 (6), 用 Maclaurin 级数得

$$\begin{aligned}
&(1+t^q)^{p-1}-((1+t)^p+(1-t)^p)/2\\
&=\sum_{n\geqslant 0}\binom{p-1}{n}t^{qn}-\sum_{n\geqslant 0}\binom{p}{n}\frac{t^n+(-t)^n}{2}\\
&=\sum_{n\geqslant 1}\left\{\binom{p-1}{2n}t^{2nq}+\binom{p-1}{2n-1}t^{(2n-1)q}-\binom{p}{2n}t^{2n}\right\}\\
&=\sum_{n\geqslant 1}\binom{p}{2n}\frac{(p-2n)t^{2nq}+2nt^{2nq-q}-pt^{2n}}{p}.
\end{aligned}$$

当 $n\geqslant 1$ 时, 注意到 $\binom{p}{2n}=\dfrac{p(p-1)(p-2)\cdots(p-2n+1)}{(2n)!}>0$ 即可.

在 (6) 中以 $(1-t)/(1+t)$ 代替 t 得 (7).

设 $0<|u|\leqslant|v|$, 则 v/u 有分解 rz 使 $|z|=1$ 且 $0\leqslant r\leqslant 1$. 于是 (8) 相当于

$$|1+rz|^q+|1-rz|^q\leqslant 2(1+r^p)^{q/p}.$$

在 $-1\leqslant x\leqslant 1$ 且 $z=x\pm\mathrm{i}\sqrt{1-x^2}$ 时, 上式左端记为 $\phi(x)$, 则

$$\phi(x)=(1+r^2+2rx)^{q/2}+(1+r^2-2rx)^{q/2}.$$

可见 ϕ 是连续的偶函数. 在 $0<x<1$ 时, 求导得

$$\phi'(x)=qr(1+r^2+2rx)^{q/2-1}-qr(1+r^2-2rx)^{q/2-1}\geqslant 0.$$

因此 ϕ 在 ± 1 取最大值 $(1+r)^q+(1-r)^q$, 结合 (7) 知 (8) 成立.

在区间 $[1,+\infty)$ 上, $t\mapsto t^{q-1}$ 是下凸的, 这得 (12). 由 $pq-p=q$ 结合 (8) 知 (9) 成立. 在 (8) 中, 以 $u+v$ 代替 u 而以 $u-v$ 代替 v 得 (10). 由 (10) 和 (12) 知 (11) 成立. 现在

$$
\begin{aligned}
& \||g+h|^q\|_{p-1}+\||g-h|^q\|_{p-1} \\
\leqslant & \||g+h|^q+|g-h|^q\|_{p-1} \quad (\text{此由反向 Minkowski 不等式}) \\
\leqslant & \|2(|g|^p+|h|^p)^{q/p}\|_{p-1} \quad (\text{此由 (8) 式}) \\
= & \|2^{p-1}(|g|^p+|h|^p)\|_1^{1/(p-1)} \\
= & 2(\|g\|_p^p+2\|h\|_p^p)^{q-1}.
\end{aligned}
$$

结合 $\||f|^q\|_{p-1}=\|f\|_p^q$ 得 (1). 至于 (3), 注意到 $\|f\|_q^p=\||f|^p\|_{q-1}$ 及

$$
\begin{aligned}
& \||g+h|^p\|_{q-1}+\||g-h|^p\|_{q-1} \\
\geqslant & \||g+h|^p+|g-h|^p\|_{q-1} \quad (\text{此由 Minkowski 不等式}) \\
\geqslant & \|2(|g|^q+|h|^q)^{p-1}\|_{q-1} \quad (\text{此由 (10) 式}) \\
= & 2\||g|_q+|h|^q\|_1^{p-1} \\
= & 2(\|g\|_q^q+\|h\|_q^q)^{p-1}
\end{aligned}
$$

即可. 在 (9) 与 (11) 中命 $u=g(x)$ 而 $v=h(x)$ 并积分得 (4) 与 (2). □

请读者思考: $p=2$ 时 Clarkson 不等式与几何中什么式子形式上一致?

命题 9 (Poincaré不等式)　设 M 是 $\mathbb{R}^n$ 的有界开集. 任取 $v\in\mathbb{S}_{n-1}$, 命

$$
c=\sup\{t\in\mathbb{R}|\exists x\in M: x+tv\in M\}.
$$

设 $1\leqslant p\leqslant+\infty$ 且 $\{f,g\}\subset C_c(M)$ 使 $g=\nabla_v f$, 则 $\|f\|_p\leqslant c\|g\|_p/p^{\frac{1}{p}}$.

证明　以上需要约定 $(+\infty)^{\frac{1}{+\infty}}=1$, 可设 f 和 g 于 M 外取值 0. 作正交变换后可设 $v=(0,\cdots,0,1)$. 诸 $x\in M$ 写成 (z,x_n), 这种 z 全体 N 是 $\mathbb{R}^{n-1}$ 的开集, 其上有函数 $a_n: z\mapsto\inf\{x_n|x\in M\}$ 和 $b_n: z\mapsto\sup\{x_n|x\in M\}$. 先设 p 与其共轭指数 q 有限, 由 Newton-Leibniz 公式与 Hölder 不等式得

$$
\begin{aligned}
& |f(x)|\leqslant\int_{a_n(z)}^{x_n}|g(z,t)|dt\leqslant\Big(\int_{a_n(z)}^{x_n}|g|^p(z,t)dt\Big)^{\frac{1}{p}}\Big(\int_{a_n(z)}^{x_n}1^q dt\Big)^{\frac{1}{q}} \\
\Rightarrow & \|f\|_p^p\leqslant\int_N dz\iint_{a_n(z)<t\leqslant x_n<b_n(z)}(x_n-a_n(z))^{\frac{p}{q}}|g|^p(z,t)dtdx_n \\
& \leqslant\int_N dz\int_{a_n(z)<t<b_n(z)}\frac{c^p|g|^p(z,t)}{p}dt=\int_M\frac{c^p|g|^p(x)}{p}\mathfrak{m}(dx).
\end{aligned}
$$

以上用到了 $b_n(z)-a_n(z)\leqslant c$. 结论在 $p=1$ 和 $p=+\infty$ 时是显然的. □

练 习

习题 1 设测度空间 (X,μ) 满足 $0<\mu(X)<+\infty$. 设 f 是 X 上本质有界可测函数且殆非零, 则 $\lim\limits_{p\to\infty}\|f\|_{p+1}^{p+1}/\|f\|_p^p=\|f\|_\infty$. 若 f 还取值于 $(0,+\infty)$, 则 $\int\limits_X fd\mu\int\limits_X\dfrac{d\mu}{f}\geqslant\mu(X)^2$.

习题 2 设 $L^2(0,1]$ 中 $\lim\limits_{n\to\infty}\|f_n-f\|_2=0$, 则 $\lim\limits_{n\to\infty}\int\limits_0^x f_n(t)dt=\int\limits_0^x f(t)dt(0<x\leqslant 1)$.

习题 3 下设 $0<p<+\infty$ 且 (X,μ) 是测度空间而 f_n 和 f 是其上 p-方可测函数.

(1) $\lim\limits_{n\to\infty}\|f_n-f\|_p=0$ 当且仅当 $\lim\limits_{n\to\infty}\|f_n\|_p=\|f\|_p$ 且 $(f_n)_{n\geqslant 1}$ 依测度逼近 f.

(2) 当 $f_n=\chi_{E_n}$ 且 $\lim\limits_{n\to\infty}\|f_n-f\|_p=0$ 时, 有个可测集 E 使 $f\overset{\text{ae}}{=}f\chi_E$.

(3) 诸正整数 n 使 $\|f_n-f\|_2\leqslant 1/n$, 则 $(f_n)_{n\geqslant 1}$ 殆逼近函数 f.

(4) 设 $\lim\limits_{n\to\infty}\|f_n-f\|_p=0$, 不用 F. Riesz 定理证明某个子列 $(f_{k_n})_{n\geqslant 1}$ 殆逼近 f.

习题 4 对于 $\{g,f\}\subseteq L^2(X,\mu)$, 作内积 $\langle g|f\rangle=\int\limits_X\overline{g}fd\mu$, 证明以下

(1) 对第一变元的共轭线性: $\langle ag+bh|f\rangle=\overline{a}\langle g|f\rangle+\overline{b}\langle h|f\rangle$;

(2) 对第二变元的线性: $\langle h|af+bg\rangle=a\langle h|f\rangle+b\langle h|g\rangle$;

(3) 正定性: $\langle f|f\rangle\geqslant$ 且 $\langle f,f\rangle=0$ 导致 f(殆) 为零;

(4) 共轭对称性: $\overline{\langle f|g\rangle}=\langle g|f\rangle$; 实值情形为对称性: $\langle f|g\rangle=\langle g|f\rangle$.

(5) 极化恒等式: $\|f\|_2=\sqrt{\langle f|f\rangle}$ 且 $\langle g|f\rangle=\sum\limits_{k=0}^{3}\dfrac{\mathrm{i}^k\|f+\mathrm{i}^k g\|_2^2}{4}$.

(6) Cauchy-Буняко́вский-Schwarz 不等式: $|\langle g|f\rangle|\leqslant\|g\|_2\|f\|_2$.

(7) 上式是等式当且仅当有个非负实数 t 使 (殆)$g=tf$ 或 (殆)$f=tg$.

(8) 平行四边形等式: $\|g+h\|_2^2+\|g-h\|_2^2=2\|g\|_2^2+2\|h\|_2^2$.

习题 5 在实轴上, 设 l 是正整数且 $a<b$. 求极限 $\lim\limits_{n\to\infty}\int\limits_a^b(\cos nx)^{2l}dx$. 是否有严格递增正整数列 $(k_n)_{n\geqslant 1}$ 使函数列 $(\cos k_nx)_{n\geqslant 1}$ 在区间 $[a,b]$ 上几乎处处收敛于 0?

习题 6 设概率空间 (X,μ) 上实值可测函数 f 使 $\sup f(X)<+\infty$, 证明

$$\lim_{p\to 0+}\|\exp f\|_p=\exp\left(\int\limits_X fd\mu\right).$$

习题 7 设 M 是 $\mathbb{R}^n$ 的带 Lipschitz 边界 ∂M 的有界连通开集且 $1\leqslant p<+\infty$, 则有正实数 c 使紧支撑的连续可导函数 $f:M\to\mathbb{C}$ 满足 Poincaré-Wirtinger 不等式:

$$\|f-\psi(f)\|_p\leqslant c\Big(\sum_{i=1}^n\|\partial_i f\|_p^p\Big)^{\frac{1}{p}},$$

其中 $\psi(f)$ 是 f 的积分平均 $\int\limits_M f(x)\dfrac{|dx|_n}{|M|_n}$. 上述不等式还对于哪些函数成立?

3.5 广义测度

积分提供了满足可列加性的集函数, 它与测度的差别在于它可以取负值或复值. 本节就考虑这样的集函数, 这分带号情形或复值情形.

3.5.1 带号情形

考察 $\mathbb{R}^3$ 中只有一个坐标卡 (D,ψ) 的 C^1-类曲面 S, 即 D 是 $\mathbb{R}^2$ 的开集而 $\psi: D\to\mathbb{R}^3$ 是有值域 S 的单的连续可微函数使 Jacobi 阵 $\psi'(v)$ 处处有秩 2. 将 S 上连续法向量场 $x\mapsto(\partial_1\psi)(\psi^{-1}(x))\times(\partial_2\psi)(\psi^{-1}(x))$ 规范化为 $\vec{w}$, 则第二类曲面积分

$$\begin{aligned}&\int_S(f_1(x)dx_2\wedge dx_3+f_2(x)dx_3\wedge dx_1+f_3(x)dx_1\wedge dx_2)\\=&\int_S(f_1(x)w_1(x)+f_2(x)w_2(x)+f_3(x)w_3(x))|dx|_2,\end{aligned}$$

其中 $w_i(x)$ 表示 $\vec{w}(x)$ 的第 i 分量. 因此, 微分形式 $dx_2\wedge dx_3$ 可理解为 $\mathfrak{B}(S)$ 上集函数 $\sigma_1: E\to\int_E w_1(x)|dx|_2$, 它满足可列加性且像 w_1 一样可取正值也可取负值.

根据以上分析, 下面引出一类重要集函数.

定义 称 $\mu:\mathcal{S}\to\overline{\mathbb{R}}$ 是个**带号测度**指 $\mathcal{S}$ 是个 σ-环且 μ 满足规范性 (即 $\mu(\varnothing)=0$) 和可列加性: $\mathcal{S}$ 中各项互斥的序列 $(E_n)_{n\geqslant1}$ 满足 $\mu\Big(\biguplus\limits_{n\geqslant1}E_n\Big)=\sum\limits_{n\geqslant1}\mu(E_n)$. □

继续讨论前, 对于 X 上集族 $\mathcal{T}$, 命 $\underline{\mathcal{T}}=\{A\subseteq X|\forall E\in\mathcal{T}:E\cap A\in\mathcal{T}\}$, 其成员为 $\mathcal{T}$ 的**乘子**. 如 X 是 $\mathcal{T}$ 的一个乘子. 当 $\mathcal{T}$ 对于某项集合运算封闭时, 由分配律知 $\underline{\mathcal{T}}$ 也对此项运算封闭. 显然, $\mathcal{T}\subseteq\underline{\mathcal{T}}$ 当且仅当 $\mathcal{T}$ 是个 π-类.

特别当 $\mathcal{T}$ 是个 $[\sigma$-$]$ 集环时, $\underline{\mathcal{T}}$ 是含 $\mathcal{T}$ 的一个 $[\sigma$-$]$ 集代数.

命题 1 设 $\mu:\mathcal{S}\to\mathbb{R}$ 是个带号测度 (本节称 $\mathcal{S}$ 中成员为 X 的可测集), 则正无穷和负无穷中至多一个为 μ 的值. 诸 $A\in\underline{\mathcal{S}}$ 确立 $\mathcal{S}$ 上带号测度 $\mu_A: E\mapsto\mu(E\cap A)$.

(1) 命 $\underline{\mathcal{S}}_\mu^-=\{A\in\underline{\mathcal{S}}|\forall E\in\mathcal{S}:\mu(A\cap E)\leqslant0\}$, 它是个 σ-环 (其成员称为 μ 的**全负集**; 其中可要求 $E\subseteq A$). 当 $\mu(E)<0$ 时, E 包含全负可测集 N 使 $\mu(N)<0$.

(2) 命 $\underline{\mathcal{S}}_\mu^+=\{A\in\underline{\mathcal{S}}|\forall E\in\mathcal{S}:\mu(A\cap E)\geqslant0\}$, 它是个 σ-环 (其成员称为 μ 的**全正集**; 其中可要求 $E\subseteq A$). 当 $\mu(F)>0$ 时, F 包含全正可测集 P 使 $\mu(P)>0$.

(3) 命 $\underline{\mathcal{S}}_\mu^0=\{A\in\underline{\mathcal{S}}|\forall E\in\mathcal{S}:\mu(A\cap E)=0\}$, 它是个 σ-环 (其成员称为 μ 的**全零集**——既是全正集又是全负集; 其中可要求 $E\subseteq A$). 记 $\mathcal{S}_\mu^0=\underline{\mathcal{S}}_\mu^0\cap\mathcal{S}$.

(4) 全正集与全负集之交是全零集[①].

证明 设 $\mu(F)=+\infty$. 任取 $E\in\mathcal{S}$, 由 $F\cup E=F\uplus(E\setminus F)$ 知 $\mu(E\setminus F)>-\infty$; 由 $F=(F\cap E)\uplus(F\setminus E)$ 知 $\mu(F\cap E)>-\infty$; 由 $E=(F\cap E)\uplus(E\setminus F)$ 知 $\mu(E)>-\infty$.

① 这三者也称为正集、负集与零集, 但这易分别误解为 $\mu(A)>0$, $\mu(A)<0$ 与 $\mu(A)=0$.

显然, $\mu_A(\varnothing)=0$. 当 $\mathcal{S}$ 中可数个成员 $E_i(i\in\beta)$ 分解 E 时, $\{E_i\cap A|i\in\beta\}$ 分解 $E\cap A$. 因此 $\mu(E\cap A)=\sum(\mu(E_i\cap A)|i\in\beta)$.

(1) 空集是全负的, $\underline{\mathcal{S}}_\mu^-$ 不空. 任取其中序列 $(A_n)_{n\geqslant1}$, 命 $A=A_1\setminus A_2$. 因 $E\cap A$ 为 A_1 的可测子集, 便有 $\mu(E\cap A)\leqslant 0$. 当 $A_n(n\geqslant1)$ 互斥时, 其并 B 使 $B\cap E$ 有分解 $\{A\cap E_n|n\geqslant1\}$, 故 $\mu(B\cap E)\leqslant0$. 可见, $\underline{\mathcal{S}}_\mu^-$ 对于差运算和可列无交并运算封闭.

至此得前半结论. 若后半结论不成立, 使 $\mu(G)<0$ 的可测子集 $G\subseteq E$ 便非 μ 的全负集, 便有 G 的可测子集 D 和正整数 p 使 $\mu(D)\geqslant 1/p$. 这些 p 的最小者记为 $q(G)$, 相应有 G 的可测子集 G' 使 $\mu(G')\geqslant 1/q(G)$. 显然 $\mu(G\setminus G')<0$.

命 $E_1=E$, 递归地命 $E_n=E_{n-1}\setminus E'_{n-1}$. 显然 $E_2=E\setminus E'_1$, 归纳地知 $E_n=E\setminus\biguplus\limits_{i<n}E'_i$. 命 $D=\biguplus\limits_{n\geqslant1}E'_n$ 且 $F=E\setminus D$, 由 $\mu(E)<+\infty$ 知

$$0<\sum_{n\geqslant1}\frac{1}{q(E_n)}\leqslant\sum_{n\geqslant1}\mu(E'_n)=\mu(D)<+\infty.$$

因此 $\lim\limits_{n\to\infty}q(E_n)=+\infty$ 且 $\mu(F)<0$. 因 $q(G)$ 随 G 递减且总有 $F\subset E_n$, 故 $q(F)\geqslant q(E_n)$. 命 $n\to\infty$ 知 $q(F)=+\infty$, 这与 $q(F)$ 是正整数矛盾.

仿上述过程得 (2). 显然有 (3) 和 (4). □

以下是有关带号测度的重要性质.

命题 2 (Hahn 分解定理)　设 $\mathcal{S}$ 是 X 上 σ-环, 其上带号测度 μ 都有全正集 A 和全负集 B 使 $X=A\uplus B$. 若 (A',B') 也如此, 则 $A\triangle A'$ 和 $B\triangle B'$ 相等且是全零集.

证明　可设 $\mu<+\infty$, 作 σ- 环 $\mathcal{S}_\mu^+=\underline{\mathcal{S}}_\mu^+\cap\mathcal{S}$, 则 μ 于其限制是个测度从而是递增的. 命 $b=\sup\{\mu(C)|C\in\mathcal{S}_\mu^+\}$, 根据命题 1.4 节命题 6(3), 有个 $A\in\mathcal{S}_\mu^+$ 使 $\mu(A)=b$, 于是 $0\leqslant b<+\infty$. 命 $B=X\setminus A$. 若 P 是 B 中可测全正集, 由 $b\leqslant\mu(A\uplus P)\leqslant b$ 知 $\mu(P)=0$. 根据命题 1(2) 知 B 中可测子集 E 都使 $\mu(E)\leqslant0$.

最后, $A\triangle A'$ 和 $B\triangle B'$ 同有分解 $\{A\cap B',B\cap A'\}$, 其成员为全零集. □

以 (H_μ^+,H_μ^-) 记 μ 的某个Hahn 分解; 它不必唯一, 却是本质唯一的.

例 1　考察 $([-1,1],\mathfrak{B})$ 上带号测度 $\varphi:E\mapsto\int\limits_E\operatorname{sgn}x\,dx$, 显然 $[-1,1]$ 是φ的零集但非全零集. 又φ有Hahn分解 $((0,1],(-1,0])$ 和 Hahn 分解 $([0,1),(-1,0))$ 等. □

这表明带号测度的零集可能很大, 以后主要用其全零集.

命题 3　设 μ 是单调环上 $\mathcal{S}$ 上带号测度, 则 $D\mapsto|\mu(D)|$ 和 $D\mapsto\mu(D)^{\pm}$ 是 $\mathcal{S}$

上可列次加的非负规范集函数. (用 2.5 节定理 15 知) $\mathcal{S}$ 上有以下测度

$$\mu^{\vee}: E \mapsto \sup\Big\{ \sum_{D\in\mathcal{T}} |\mu(D)| \Big| \text{可数}\mathcal{T}\subseteq\mathcal{S}, E=\biguplus\mathcal{T}\Big\},$$

$$\mu^{\vee\pm}: E \mapsto \sup\Big\{ \sum_{D\in\mathcal{T}} \mu(D)^{\pm} \Big| \text{可数}\mathcal{T}\subseteq\mathcal{S}, E=\biguplus\mathcal{T}\Big\}.$$

称 $\mu^{\vee}$、$\mu^{\vee+}$ 和 $\mu^{\vee-}$ 各为 μ 的**全变差测度**、**正变差测度** 和**负变差测度**①.

(1) Hahn 分解 $(H_{\mu}^{+}, H_{\mu}^{-})$ 使 $\mu^{\vee\pm}(E)=\max\{\pm\mu(F)|F\subseteq E\}=\pm\mu(E\cap H_{\mu}^{\pm})$.

(2) $\mu^{\vee+}(E)$ 是有限的当且仅当 $\mu(E)<+\infty$. 此时 E 的可测子集 D 都使 $\mu(D)<+\infty$. 特别地, $\mu^{\vee+}(E)=0$ 当且仅当 E 是 μ 的全负集.

(3) $\mu^{\vee-}(E)$ 是有限的当且仅当 $\mu(E)>-\infty$. 此时 E 的可测子集 D 都使 $\mu(D)>-\infty$. 特别地, $\mu^{\vee-}(E)=0$ 当且仅当 E 是 μ 的全正集.

(4) $\mu^{\vee}(E)$ 是有限的当且仅当 $\mu(E)$ 是个实数. 此时 E 的可测子集 D 都使 $\mu(D)$ 为实数. 特别地, $\mu^{\vee}(E)=0$ 当且仅当 E 是 μ 的全零集.

(5) **Jordan 分解**: $\mu=\mu^{\vee+}-\mu^{\vee-}$ 且 $\mu^{\vee}=\mu^{\vee+}+\mu^{\vee-}$. 它有最小性: 当 ν_0 和 ν_1 是测度使 $\mu=\nu_1-\nu_0$ 时, 某个 ν_i 是有限的且 $\mu^{\vee+}\leqslant\nu_1$ 及 $\mu^{\vee-}\leqslant\nu_0$.

(6) $\mu^{\vee+}$ 是有限测度当且仅当 $\mu<+\infty$, 而 $\mu^{\vee-}$ 是有限测度当且仅当 $\mu>-\infty$. 特别地, $\mu^{\vee}$ 是有限的当且仅当 $\mu^{\vee\pm}$ 都是有限的当且仅当 μ 是有限的.

(7) $\mu^{\vee}$ 是 σ-有限的当且仅当 $\mu^{\vee\pm}$ 都是 σ-有限的当且仅当 μ 是 σ-有限的——诸可测集可分解成可数个 μ-有限集.

(8) μ 于 $\underline{\mathcal{S}}$ 有个带号测度扩张 $\underline{\mu}$ 使 $\underline{\mu}^{\vee\pm}: A\mapsto\sup\{\mu^{\vee\pm}(E\cap A)|E\in\mathcal{S}\}$.

证明 (1) 诸 $D\in\mathcal{T}$ 使 $\mu(D)^{+}\leqslant\mu(D\cap H_{\mu}^{+})$, 故 $\mu^{\vee+}(E)\leqslant\mu(E\cap H_{\mu}^{+})$. 又

$$\mu(E\cap H_{\mu}^{+})=\mu(E\cap H_{\mu}^{+})^{+}+\mu(E\cap H_{\mu}^{-})^{+}\leqslant\mu^{\vee+}(E).$$

由 $|\mu(D)|\leqslant\mu^{\vee+}(D)+\mu^{\vee-}(D)$, 得 $\mu^{\vee}(E)\leqslant\mu^{\vee+}(E)+\mu^{\vee-}(E)$. 现在

$$\mu^{\vee+}(E)+\mu^{\vee-}(E)=|\mu(E\cap H_{\mu}^{+})|+|\mu(E\cap H_{\mu}^{-})|\leqslant\mu^{\vee}(E).$$

(2) 充分性: 由 $\mu(E)=\mu(D)+\mu(E\setminus D)$ 知 $\mu(D)<+\infty$. 特别地, $\mu_{+}(E)<+\infty$. 必要性源自 $\mu\leqslant\mu_{+}$. 仿此得 (3), 显然有 (4).

(5) 可设 $\mu^{\vee+}(E)\leqslant b<+\infty$, 根据 (1) 得 Jordan 分解. 若 ν_i 都非有限的, 命 $\nu_i(E_i)=+\infty$ 且 $E=E_1\cup E_2$. 由 $\nu_i(E)=+\infty$ 知 $\nu_0-\nu_1$ 无意义, 矛盾. 当 $F\subseteq E$ 时, $\mu(F)\leqslant\nu_1(F)$. 根据 (1) 知 $\mu^{\vee+}(E)\leqslant\nu_1(E)$, 类似得 $\mu^{\vee-}(E)\leqslant\nu_0(E)$.

由 (5) 得 (6) 和 (7). 至于 (8), 可设 $\mu\geqslant 0$. 任取 $\underline{\mathcal{S}}$ 中互斥集列 $(E_n)_{n\geqslant 1}$ 使其并为 E. 上定向族 $(\mathcal{S},\subseteq)$ 上函数 $F\mapsto\mu(E_n\cap F)$ 是递增的, 根据 1.4 节命题 7(2) 得

$$\sum_{n\geqslant 1}\sup_{F\in\mathcal{S}}\mu(E_n\cap F)=\sup_{F\in\mathcal{S}}\sum_{n\geqslant 1}\mu(E_n\cap F)=\sup_{F\in\mathcal{S}}\mu(E\cap F).$$

① 也记为 $|\mu|, \mu^{+}, \mu^{-}$, 但此三者易与 $E\mapsto|\mu(E)|, \mu(E)^{+}, \mu(E)^{-}$ 混淆.

这表明 $\underline{\mu}$ 具有可列加性且它限制在 $\mathcal{S}$ 上以后就是 μ. □

3.5.2 加权测度

设 $\mathcal{S}$ 是 X 上一个 σ-环, 其上复函数 μ 是个*复测度*指它满足可列加性: $\mathcal{S}$ 中互斥序列 $(E_n)_{n\geqslant 1}$ 都使 $\mu\Big(\biguplus\limits_{n\geqslant 1} E_n\Big) = \sum\limits_{n\geqslant 1}\mu(E_n)$. 这相当于 $\mathrm{re}\,\mu$ 和 $\mathrm{im}\,\mu$ 都是有限带号测度.

复测度 μ 全体 $\mathrm{cam}(X,\mathcal{S})$ 是个线性空间. 复测度与带号测度称为*广义测度*.

命题 4 作复测度 μ 的*全变差测度* $\mu^\vee : E \mapsto \sup\Big\{\sum\limits_{A\in\mathcal{T}}|\mu(A)| : \mathcal{T}\text{可测分解}E\Big\}$, 作 μ 的*全变差* $\|\mu\| = \sup\{\mu^\vee(E)|E\in\mathcal{S}\}$(此式也适用于带号测度).

(1) 分离性: $\mu^\vee = 0$ 当且仅当 $\mu = 0$ 当且仅当 $\|\mu\| = 0$.

(2) 齐次性: c 是复数时, $(c\mu)^\vee = |c|\mu^\vee$ 且 $\|c\mu\| = |c|\|\mu\|$.

(3) 次加性: $(\mu_1+\mu_2)^\vee \leqslant \mu_1^\vee + \mu_2^\vee$. 特别地, $\mu^\vee \leqslant (\mathrm{re}\,\mu)^\vee + (\mathrm{im}\,\mu)^\vee$.

(4) 次加性: $\|\mu_1+\mu_2\| \leqslant \|\mu_1\| + \|\mu_2\|$. 特别地, $\|\mu\| \leqslant \|\mathrm{re}\,\mu\| + \|\mathrm{im}\,\mu\|$.

(5) 次减性: $(\mu_1^\vee - \mu_2^\vee)^\vee \leqslant (\mu_1-\mu_2)^\vee$. 特别地, $|\|\mu_1\| - \|\mu_2\|| \leqslant \|\mu_1-\mu_2\|$.

(6) 有限性: $\|\mathrm{re}\,\mu\|$ 和 $\|\mathrm{im}\,\mu\|$ 是有限的. 特别地, $\|\mu\|$ 是有限的.

(7) 测度 ν 满足 $\mu^\vee \leqslant \nu$ 当且仅当 $|\mu(D)| \leqslant \nu(D)$ 恒成立.

(8) 遗传性: $\mu^\vee(E) = 0$ 当且仅当 E 的可测子集 D 满足 $\mu(D) = 0$.

(9) 完备性: $\lim\limits_{k,l\uparrow\beta}\|\mu_k - \mu_l\| = 0$ 当且仅当有复测度 μ 使 $\lim\limits_{k\uparrow\beta}\|\mu_k - \mu\| = 0$.

只证 (9) 充分性: 注意到 $\|\mu_k-\mu_l\| \leqslant \|\mu_k-\mu\| + \|\mu-\mu_l\|$ 即可.

必要性: 设 $r>0$ 且 $k,l \succsim m$ 时 $\|\mu_k-\mu_l\| \leqslant r$, 后者意味着

$$\forall E\in\mathcal{S}\Big(E = \biguplus_{i\in\gamma} E_i\Big)\forall\alpha\in\mathrm{fin}\,\gamma : \sum_{i\in\alpha}|\mu_k(E_i) - \mu_l(E_i)| \leqslant r.$$

可见, $(\mu_k(E))_{k\uparrow\gamma}$ 是 Cauchy 网, 它逼近某复数 $\mu(E)$. 在上式中命 $l\uparrow\beta$ 得

$$\forall E\in\mathcal{S}\Big(E = \biguplus_{i\in\gamma} E_i\Big)\forall\alpha\in\mathrm{fin}\,\gamma : \sum_{i\in\alpha}|\mu_k(E_i) - \mu(E_i)| \leqslant r. \tag{0}$$

因 $\mu(E_i)$ 为 $\mu(E_i)-\mu_k(E_i)$ 与 $\mu_k(E_i)$ 之和, 故 $\sum\limits_{i\in\gamma}|\mu(E_i)| \leqslant r + \|\mu_k\|$. 由

$$\mu(E) - \sum_{i\in\gamma}\mu(E_i) = \mu(E) - \mu_k(E) + \sum_{i\in\gamma}(\mu_k(E_i) - \mu(E_i))$$

知 $\Big|\mu(E) - \sum\limits_{i\in\gamma}\mu(E_i)\Big| \leqslant 2r$, 由 r 的任意性知 $\mu(E) = \sum\limits_{i\in\gamma}\mu(E_i)$. 因此 μ 是个复测度, 而 (0) 表明在 $k\succsim m$ 时 $\|\mu_k - \mu\| \leqslant r$. □

讨论与广义测度空间 $(X,\mathcal{S},\mu)$ 有关的几乎处处成立的性质都用全零集 E, 即 $\mu^\vee(E) = 0$. 设 f 是 X 上 (带号或复值) 可测函数, 形式地规定其积分如下.

在 μ 和 f 都带号时, 下式只在右端两个括号中至少一个有限时有意义

$$\int_X f d\mu = \Big(\int_X f^+ d\mu^{\vee+} + \int_X f^- d\mu^{\vee-}\Big) - \Big(\int_X f^+ d\mu^{\vee-} + \int_X f^- d\mu^{\vee+}\Big).$$

当 μ 带号且 f 是复值时, $\int_X f d\mu = \int_X (\mathrm{re}\, f) d\mu + \mathrm{i} \int_X (\mathrm{im}\, f) d\mu$(在后两项有限时).

当 μ 和 f 都是复值时, $\int_X f d\mu = \int_X f d\,\mathrm{re}\,\mu + \mathrm{i} \int_X f d\,\mathrm{im}\,\mu$(在后两项有限时).

双线性: 当线性组合 $f = \sum_{i=1}^m a_i f_i$ 和 $\mu = \sum_{j=1}^n b_j \mu_j$ 有意义时 (在非负情形, 允许系数为 $+\infty$), 等式 $\int_X f d\mu = \sum_{i,j} a_i b_j \int_X f_i d\mu_j$ 在右端有意义时成立.

绝对不等式: [当 f 依 μ 半可积时] $\Big[\Big|\int_X f d\mu\Big| \leqslant \Big] \int_X |f| d\mu^\vee \leqslant \|f\|_\infty \|\mu\|$.

绝对可积性: 可测函数 f 关于广义测度 μ 可积当且仅当 $|f|$ 关于 $\mu^\vee$ 可积. 特别地, 有界可测函数在 $\mu^\vee$ 有限集上总可积.

控制收敛定理: 设可测函数列 $(f_n)_{n\geqslant 1}$ 有个控制可积函数 g 且依测度 $\mu^\vee$ 收敛 (或关于 $\mu^\vee$ 殆收敛) 于可测函数 f, 则 f 可积且 $\lim_{n\to\infty} \int_X f_n d\mu = \int_X f d\mu$.

可列加性: 对于 X 的可测分解 $\{X_i | i \in \beta\}$, 下式在左端有意义时成立

$$\int_X f(x)\mu(dx) = \sum_{i\in\beta} \int_{X_i} f(x)\mu(dx).$$

命题 5 当 f 依 μ 半可积时, **加权测度** $\nu : E \mapsto \int_E f d\mu$ 与可测函数 g 使下式

$$\int_X g(x)\nu(dx) = \int_X g(x) f(x)\mu(dx) \tag{0}$$

在一边有意义时另一边也有意义且等式成立. 记 $\nu(dx) = f(x)\mu(dx)$ 或 $d\nu = f d\mu$.

(1) **链式法则**: 当 $d\nu = f d\mu$ 且 $d\lambda = g d\nu$ 时, $d\lambda = g f d\mu$.

(2) $\nu^\vee(dx) = |f(x)|\mu^\vee(dx)$. 特别地, $\mu^\vee(E) = 0$ 蕴含 $\nu^\vee(E) = 0$.

(3) ν 是 σ-有限的当且仅当 $\{f \neq 0\}$ 是 μ 的 σ-有限集且 $\mu^\vee\{|f| = +\infty\} = 0$.

(4) 当 μ 带号且 $h_\mu = \chi_{H_\mu^+} - \chi_{H_\mu^-}$ 时, $d\mu^{\vee\pm} = \pm\chi_{H_\mu^\pm} d\mu$ 及 $d\mu^\vee = h_\mu d\mu$.

(5) 当 μ 和 f 都带号时, $H_\nu^\pm = H_\mu^\pm\{f \geqslant 0\} \cup H_\mu^\mp\{f < 0\}$. 故

$$d\nu^{\vee+} = f^+ d\mu^{\vee+} + f^- d\mu^{\vee-}, \quad d\nu^{\vee-} = f^- d\mu^{\vee+} + f^+ d\mu^{\vee-},$$
$$d\nu^\vee = f^+ d\mu^{\vee+} + f^- d\mu^{\vee-} + f^+ d\mu^{\vee-} + f^- d\mu^{\vee+}.$$

(6) 当 f 处处有限且非零时, $d\mu = (1/f) d\nu$. 特别地, (4) 中 $d\mu = h_\mu d\mu^\vee$.

(7) 若 μ 非平凡且是 σ-有限的, 有个 $f : X \to \mathbb{C} \setminus \{0\}$ 使 $f d\mu$ 为概率测度.

证明　由逐项积分可设 $g=\chi_E$, 而 (0) 变成 $\nu(E)$ 的定义. (1) 源自下式

$$\int_X hd\lambda=\int_X hgd\nu=\int_X hgfd\mu.$$

(2) 由积分的绝对性得不等式 $\nu^\vee(E)\leqslant\int_E|f(x)|\mu^\vee(dx)$, 要证它在 $\nu(E)$ 有限时为等式. 可设 $E=X$, 从而 f 依 μ 是可积的. 命 $(f_n)_{n\geqslant 1}$ 同 2.6 节定理 1 而 $d\nu_n=f_nd\mu$, 由可减性与上述不等式得

$$|\nu^\vee(X)-\nu_n^\vee(X)|\leqslant(\nu-\nu_n)^\vee(X)\leqslant\int_X|f-f_n|d\mu^\vee.$$

可见, $\nu^\vee(X)=\lim\limits_{n\to\infty}\nu_n^\vee(X)$. 注意到 $\lim\limits_{n\to\infty}\int_X|f_n|d\mu^\vee=\int_X|f|d\mu^\vee$, 可设 f 本身是简单函数. 于是 X 有个可测划分 $\{A_i|i\in\alpha\}$ 使 $f=\sum\limits_{i\in\alpha}c_i\chi_{A_i}$, 则 $\nu(D)=\sum\limits_{i\in\alpha}c_i\mu(A_i\cap D)$. 特别当 $D\subseteq A_j$ 时, $\nu(D)=c_j\mu(D)$. 现在

$$\begin{aligned}\nu^\vee(X)&=\sup\left\{\sum_{j\in\alpha}\sum_{D\in\mathfrak{D}_j}|\nu(D)|:\mathfrak{D}_j\text{可测分解}A_j\right\}\\&=\sum_{j\in\alpha}|c_j|\sup\left\{\sum_{D\in\mathfrak{D}_j}|\mu(D)|:A_j=\coprod\mathfrak{D}_j\right\}\\&=\sum_{j\in\alpha}|c_j||\mu|(A_j)=\int_X|f(x)|\mu^\vee(dx).\end{aligned}$$

现可设 $\mu\geqslant 0$ 且 $f\geqslant 0$, 则 μ 的零集上可测函数的积分为零.

(3) 必要性: 取 X 的 ν-有限可测分解 $\mathcal{D}$. 诸 $A\in\mathcal{D}$ 使 $\int_A fd\mu$ 有限, 因此 $A\{f>0\}$ 是 μ 的 σ-有限集而 $A\{f=+\infty\}$ 是 μ 的零集. 注意到 $\{f>0\}$ 和 $\{f=+\infty\}$ 各有可测分解 $\{A\{f>0\}|A\in\mathcal{D}\}$ 和 $\{A\{f=+\infty\}|A\in\mathcal{D}\}$ 即可.

充分性: 由条件知 $\{f=+\infty\}$ 和 $\{f=0\}$ 都是 ν 零集, 去了它们后可设 f 有限且非零. 取 X 的 μ 有限可测分解 $\{E_i|i\in\beta\}$ 使 $f(E_i)$ 都有界. 于是

$$0\leqslant\nu(E_i)\leqslant\sup f(E_i)\mu(E_i)<+\infty,$$

而 $\{\{f=+\infty\},\{f=0\},E_i|i\in\beta\}$ 是 X 的 ν-有限可测分解.

(4) 源自 $\int_X\chi_{E\cap H_\mu^\pm}d\mu=\int_E\chi_{H_\mu^\pm}d\mu$.

(5) 当 $E\subseteq H_\mu^+\{f\geqslant 0\}$ 或 $E\subseteq H_\mu^-\{f<0\}$ 时, $\nu(E)\geqslant 0$. 由此得后面诸式.

(6) 注意到 $(1/f)f=1$, 用链式法则即可.

(7) 在带号情形, $fd\mu=fh_\mu d\mu^\vee$, 可设 $\mu\geqslant 0$. 取 X 的可测分解 $\{E_i|i\in\beta\}$ 恒使 $\mu(E_i)$ 有限且非零. 设 $c_i>0$ 使 $\sum\limits_{i\in\beta}c_i\mu(E_i)=1$, 命 $g=\sum\limits_{i\in\beta}c_i\chi_{E_i}$, 则 $0<g<+\infty$. 逐项积分得 $\int_X gd\mu=1$, 这样 $gd\mu$ 是概率测度. 复测度情形的证明将在证明后面定理 7 时顺带得到(待续).

3.5.3 测度比较

将 $d\mu$ 视为 μ 的 "微元" 形式, 则 $fd\mu$ 可视为某个广义测度关于 μ 的 "微分形式". 一般可问: 两个广义测度之间何时有 "可微" 关系?

带号测度的正变差测度和负变差测度割据一方. 至此可引出以下概念.

定义 设 μ 和 ν 是可测空间 $(X,\mathcal{S})$ 上两个广义测度.

(1) 称 ν 依 μ *绝对连续*指 μ 的全零集 E 都是 ν 的零集 (且是全零的: 此因 E 的可测子集 D 也满足 $\mu^\vee(D)=0$). 此时记 $\nu\ll\mu$(当且仅当 $\nu^\vee\ll\mu^\vee$ 当且仅当 $\nu^\vee\leqslant\mu$ 当且仅当 $\nu\leqslant\mu^\vee$. 在 ν 是复测度时即 $\mathrm{re}\,\nu\ll\mu$ 且 $\mathrm{im}\,\nu\ll\mu$; 在 ν 带号时即 $\nu^\pm\ll\mu$).

(2) 称 μ *集中于*某 $A\in\underline{\mathcal{S}}$ 指 $X\setminus A$ 为 μ 的全零集 (即 $\mu^\vee$ 集中于 A). 若 ν 还集中于 $X\setminus A$, 称 μ 和 ν 为*互奇测度* 并记为 $\mu\perp\nu$. 也可称 ν 相对于 μ 奇异, μ 相对于 ν 奇异. □

绝对连续性定义了广义测度全体上的一个准序关系.

命题 6 广义测度 μ 与其全变差测度 $\mu^\vee$ 是*等价测度*——相互绝对连续者.

(1) $\nu_i\ll\mu$(或 $\nu_i\perp\mu$) 且 $\nu=\nu_1+\nu_2$ 时, $\nu\ll\mu$(或 $\nu\perp\mu$).

(2) ν 带号时, $\nu^{\vee+}$ 和 $\nu^{\vee-}$ 互奇且各集中于 H_ν^+ 和 H_ν^-.

(3) ν 是平凡的当且仅当 $\nu\ll\mu$ 且 $\nu\perp\mu$.

(4) $\mu_1\perp\mu_2$ 且 $\nu_i\ll\mu_i$ 时, $\nu_1\perp\nu_2$.

(5) 设 $\{X_i|i\in\beta\}$ 是 X 相对于 $\underline{\mathcal{S}}$ 的可测分解而 $\mathcal{S}_i=\mathcal{S}\cap X_i$.

(5a) μ 与 ν 互奇当且仅当限制在诸 $\mathcal{S}_i$ 上后它们互奇.

(5b) ν 依 μ 绝对连续当且仅当限制在诸 $\mathcal{S}_i$ 上后 ν 依 μ 绝对连续.

证明 (1) 设 μ 集中于 A_i 上而 ν_i 集中于 $X\setminus A_i$ 上. 记 $A=A_1\cap A_2$, 则

$$\begin{aligned}\mu^\vee(E\setminus A)&\leqslant\mu^\vee(E\setminus A_1)+\mu^\vee(E\setminus A_2),\\ \nu^\vee(E\cap A)&\leqslant\nu_1^\vee(E\cap A)+\nu_2^\vee(E\cap A)\\ &\leqslant\nu_1^\vee(E\cap A_1)+\nu_2^\vee(E\cap A_2).\end{aligned}$$

因此 $\mu^\vee(E\setminus A)$ 和 $\nu^\vee(E\cap A)$ 都是零, 从而 μ 集中于 A 上而 ν 集中于 $X\setminus A$ 上.

(显然, $\nu^\vee(E)=0$ 当且仅当 $\nu^{\vee+}(E)=0$ 且 $\nu^{\vee-}(E)=0$).

(3) 只证充分性: 由 $\mu^\vee(E\setminus A)=0$ 得 $\nu^\vee(E\setminus A)=0$. 结合 $\nu^\vee(E\cap A)=0$ 恒得 $\nu^\vee(E)=0$.

(4) 易证.

(5a) 充分性: 取 $A_i\in\underline{\mathcal{S}}_i$ 使 μ 在 $\mathcal{S}_i$ 上的限制 μ_i 集中于 A_i 而 ν 在 $\mathcal{S}_i$ 上的限制 ν_i 集中于 $X_i\setminus A_i$. 命 $A=\cup\{A_i|i\in\beta\}(\in\underline{\mathcal{S}})$. 对于 $E\in\mathcal{S}$, 记 $E_i=E\cap X_i$. 显然

$$\nu^\vee(E\cap A)=\sum_{i\in\beta}|\nu_i|(E_i\cap A_i)=0,$$

同样 $\mu^\vee(E\setminus A)=0$. 这表明 μ 与 ν 各集中于 A 与 $X\setminus A$. 必要性是显然的. □

下面来回答本小节一开始提出的问题.

定理 7 (Radon-Nikodym)　设可测空间 $(X,\mathcal{S})$ 上广义测度 ν 依全 σ-有限的广义测度 μ 绝对连续, 则有可测函数 f 使 $d\nu=fd\mu$. 它在 $(\mu^\vee)$ 殆相等意义下是唯一的且称为 ν 依 μ 的Radon-Nikodym导数 $\left(\text{记成 } \dfrac{d\nu}{d\mu}\right)$. 当 ν 也是 σ-有限时, 可要求 f 处处有限.

证明 可设 μ 非平凡且 ν 带号. 根据命题 5 知 $d\nu=h_\nu d\nu^\vee$, 可设 $\nu\geqslant 0$.

在 μ 带号时, 根据命题 5(7) 和命题 5(1), 可设 μ 为概率测度测度. 使 $\nu(E)<+\infty$ 的 $E\in\mathcal{S}$ 全体记为 $\mathcal{R}$, 命 $s=\sup\limits_{E\in\mathcal{R}}\mu(E)$. 取 $\mathcal{R}$ 中序列 $(A_n)_{n\geqslant1}$ 使 $\lim\limits_{n\to\infty}\mu(A_n)=s$. 命 $A=\bigcup\limits_{n\geqslant1}A_n$, 则 $\mu(A)=s$. 任取 A^c 的可测子集 F. 若 $\mu(F)=0$, 则 $\nu(F)=0$; 若 $\mu(F)>0$, 由 $\mu(A\uplus F)>s$ 知 $\nu(F)=+\infty$. 命 $f|_{A^c}=+\infty$. 为求 $f|_A$, 可设 $X=A$ 而 ν 便是 σ-有限的, 可设它也是概率测度.

以 $gd\mu\leqslant d\nu$ 表示诸 $E\in\mathcal{S}$ 使 $\int\limits_E gd\mu\leqslant\nu(E)$, 如 $0d\mu\leqslant d\nu$. 如此非负可测函数 g 全体记为 H, 任取其中序列 $(g_n)_{n\geqslant1}$. 命 $h=\sup\{g_n|n\geqslant1\}$ 且 $h_n=\sup\{g_1,\cdots,g_n\}$, 取 $\{h_n=g_1\},\cdots,\{h_n=g_n\}$ 的首入分解 $E_1,\cdots,E_n$, 则 $h_n=g_1\chi_{E_1}+\cdots+g_n\chi_{E_n}$. 将 $g_i\chi_{E_i}d\mu\leqslant\chi_{E_i}d\nu(1\leqslant i\leqslant n)$ 相加得 $h_nd\mu\leqslant d\nu$, 用单调收敛定理得 $hd\mu\leqslant d\nu$.

命 $b=\sup\limits_{g\in H}\int\limits_X gd\mu$, 则 $b\leqslant1$ 且 H 中有序列 $(g_n)_{n\geqslant1}$ 使 $\lim\limits_{n\to\infty}\int\limits_X g_nd\mu=b$. 命 $f=\sup\limits_{n\geqslant1}g_n$, 则 $fd\mu\leqslant d\nu$ 且 $\int\limits_X fd\mu=b$. 故 $\{f=+\infty\}$ 是 μ-零集, 它由条件也是 ν-零集. 将 f 在此零集上重置为 0 后可设 f 有限, 还需证 $fd\mu\geqslant d\nu$. 为此任取正实数 c, 用带号测度 $(f+c)d\mu-d\nu$ 的 Hahn 分解 (P,Q) 知 $(f+c)\chi_Pd\mu\geqslant\chi_Pd\nu$ 且 $(f+c)\chi_Qd\mu\leqslant\chi_Qd\nu$. 结合 $f\chi_Pd\mu\leqslant\chi_Pd\nu$ 得 $(f+c\chi_Q)d\mu\leqslant d\nu$, 于是 $(f+c\chi_Q)$ 属于 H. 由

$$b\leqslant\int\limits_X(f+c\chi_Q)d\mu\leqslant b$$

得 $\mu(Q)=0$. 按条件得 $\nu(Q)=0$, 因此 $(f+c)d\mu\geqslant d\nu$, 命 $c\to0$ 即可.

若还有 $hd\mu=d\nu$, 当 $r<s$ 时, 记 $F=\{h<r<s<f\}$. 于是

$$\int\limits_F hd\mu\leqslant r\mu(F)\leqslant s\mu(F)\leqslant\int\limits_F fd\mu.$$

上式两端相等, 得 $\mu(F)=0$. 此 F 记为 F_r^s, 于是 $\mu\{h<f\}=0$ 源自下式

$$\{h<f\}=\cup\{F_r^s|r,s\in\mathbb{Q}:r<s\}.$$

同样可证 $\mu\{h>f\}=0$. 这样 h 与 f 依 $\mu^\vee$ 殆相等

在 μ 是复测度时, 对其实部与虚部用带号情形得可测函数 $g: X \to \mathbb{C}$ 使 $d\mu = gd\mu^\vee$. 根据命题 5(2) 知 $d\mu^\vee = |g|d\mu^\vee$, 故 g 依 $\mu^\vee$ 殆为 1. 作适当修改后可设 g 无零点, $d\mu^\vee = (1/g)d\mu$, 结论便得于带号情形和链式法则. 现在取可测函数 h 使 $hd\mu^\vee$ 是概率测度, 则 $h(1/g)d\mu$ 是概率测度. 这证明了命题 5(7) 的复测度情形. □

在两个广义测度无明显比较关系时, 有以下重要结论.

命题 8 (Lebesgue 分解定理) 设 ν 和 μ 是 σ-环 $\mathcal{S}$ 上 σ-有限广义测度, 则唯一地有对 σ-有限广义测度 ν_c 和 ν_s 使 $\nu = \nu_c + \nu_s$, $\nu_c \ll \mu$ 且 $\nu_s \perp \mu$.

证明 唯一性: 如果 ν_s' 和 ν_c' 也满足要求, 任取 $A \in \mathcal{S}$ 使 μ 和 ν 限制于 A 有限. 在 A 上, $\nu_c - \nu_c' = \nu_s' - \nu_s$, 这个差记为 φ, 它是 $\mathcal{S} \cap A$ 上有限广义测度使 $\varphi \perp \mu$ 且 $\varphi \ll \mu$. 从而 $\varphi = 0$. 因此诸 $E \in \mathcal{S}$ 使 $\nu_c(E \cap A) = \nu_c'(E \cap A)$ 且 $\nu_s(E \cap A) = \nu_s'(E \cap A)$. 于是 $\nu_c(E) = \nu_c'(E)$ 且 $\nu_s(E) = \nu_s'(E)$.

存在性: 在 $\mathcal{S}$ 为 σ-代数且 μ 和 ν 有限情形, 可设它们是测度. 记 $\rho = \mu + \nu$, 则 $\nu \ll \rho$ 且 $\mu \ll \rho$. 由定理 7 得非负可测函数 $f, g: X \to \mathbb{R}$ 使 $d\nu = fd\rho$ 且 $d\mu = gd\rho$. 命 $A = \{g > 0\}$ 和 $B = \{g = 0\}$, 则 $A \uplus B = X$. 作全有限测度 $d\nu_s = f\chi_B d\rho$ 和 $d\nu_c = f\chi_A d\rho$, 则 $d\nu_s + d\nu_c = d\nu$. 如果 $\mu(E) = 0$, 则 $\mu(E \cap A) = 0$. 由 g 在 $E \cap A$ 上是正的知 $\rho(E \cap A) = 0$. 于是

$$\nu_c(E) = \int_{E \cap B} f\chi_A d\rho = \int_{E \cap A \cap B} fd\rho = 0.$$

这得 $\nu_c \ll \mu$. 因为 $\mu(B) = 0$ 而 $\nu_s(A) = 0$, 故 $\mu \perp \nu_s$.

在一般情形, 对于 μ 和 ν 的有限集 $E \in \mathcal{S}$, 限制 $\nu|_E$ 相对于 $\mu|_E$ 有个 Lebesgue 分解 $\nu_c^E + \nu_s^E$. 由唯一性知 $\{\nu_c^E | E \in \mathcal{S}\}$ 和 $\{\nu_s^E | E \in \mathcal{S}\}$ 能黏成 $\mathcal{S}$ 广义上测度 ν_c 和 ν_s. □

命题 8 不要求 $\mathcal{S}$ 是个 σ 代数, 而定理 7 不要求 ν 是 σ-有限的.

定理 9 设 ν 和 μ 是可测空间 $(X, \mathcal{S})$ 上两个全 σ-有限广义测度, 则有 σ-有限广义测度 λ 和可测函数 $f: X \to \mathbb{C}$ 使 $d\nu = fd\mu + d\lambda$ 且 μ 和 λ 互奇. 这样的 λ 是唯一的, 这样的 f 在 $\mu^\vee$-殆相等意义下也是唯一的.

证明 用上述定理 7 和命题 8 中相关结论的证明得唯一性.

存在性: 设 μ 和 ν 是有限测度, 仿定理 7 的证明知使 $fd\mu \leqslant d\nu$ 的 f 中有个使 $\int_X fd\mu$最大的可测函数 $f: X \to [0, +\infty)$. 命 $d\lambda = d\nu - fd\mu$ 及 $s_n = 1/n$.

取 $(f + s_n)d\mu - d\nu$ 的一个 Hahn 分解 (P_n, Q_n), 这意味着 $(f + s_n)\chi_{P_n} d\mu \geqslant d\nu$ 且 $(f + s_n)\chi_{Q_n} d\mu \leqslant d\nu$. 结合 $f\chi_{P_n} d\mu \leqslant \chi_{P_n} d\nu$ 得 $(f + s\chi_{Q_n})d\mu \leqslant d\nu$, 因此 $f + s\chi_{Q_n}$ 属于 H. 仿定理 7 的证明知 $Q_n (n \geqslant 1)$ 都是 μ-零集, 它们之并 A 也是个 μ-零集.

以 B 记 $P_n (n \geqslant 1)$ 之交, 则 $(f + s_n)\chi_B d\mu \geqslant \chi_B d\nu$. 取极限得 $f\chi_B d\mu \geqslant \chi_B d\nu$, 结合 $f\chi_B d\mu \leqslant \chi_B d\nu$ 知 $\chi_B d\lambda = 0$. 这样 μ 和 λ 各集中于 B 和 A. □

现介绍 ν 依 μ 的**强绝对连续性**, 这意味着

$$\forall \varepsilon > 0, \quad \exists \delta > 0, \quad \forall E \in \mathcal{S} : \mu^{\vee}(E) < \delta \Rightarrow |\nu(E)| < \varepsilon.$$

这相当于 $\nu^{\vee}$ 依 μ 是强绝对连续, 这在 ν 带号时相当于 $\nu^{\pm}$ 依 μ 是强绝对连续的. 显然, μ 与 $\mu^{\vee}$ 是**强等价测度**——相互强绝对连续者.

3.5.4 附录 (积分的其他定义方式)

下面讨论讨论积分的几个定义方式, 以下定理是其基础.

定理 10 设 c_i 是非负广义实数而 E_i 是集环 $\mathcal{R}$ 的成员使 $\sum\limits_{i\in\alpha} c_i\chi_{E_i} \leqslant \sum\limits_{i\in\beta} c_i\chi_{E_i}$.

(1) 若 μ 是 $\mathcal{R}$ 上一个容度且 β 是有限的, 则 $\sum\limits_{i\in\alpha} c_i\mu(E_i) \leqslant \sum\limits_{i\in\beta} c_i\mu(E_i)$. 特别当 α 也有限且 $\sum\limits_{i\in\alpha} c_i\chi_{E_i} = \sum\limits_{i\in\beta} c_i\chi_{E_i}$ 时, $\sum\limits_{i\in\alpha} c_i\mu(E_i) = \sum\limits_{i\in\beta} c_i\mu(E_i)$.

(2) 若 μ 是 $\mathcal{R}$ 上一个测度且 β 是可数的, 则 $\sum\limits_{i\in\alpha} c_i\mu(E_i) \leqslant \sum\limits_{i\in\beta} c_i\mu(E_i)$. 特别当 α 也可数且 $\sum\limits_{i\in\alpha} c_i\chi_{E_i} = \sum\limits_{i\in\beta} c_i\chi_{E_i}$ 时, $\sum\limits_{i\in\alpha} c_i\mu(E_i) = \sum\limits_{i\in\beta} c_i\mu(E_i)$.

证明 (1) 由正项级数定义, 可设 α 是有限的. 将 $\{E_i | i \in \alpha \cup \beta\}$ 无交化得 $\mathcal{R}$ 中有限个非空的互斥成员 $G_k (k \in \gamma)$ 使诸 E_i 有分解 $\{G_k | G_k \subseteq E_i\}$. 取 $x_k \in G_k$, 则

$$\mu(E_i) = \sum_{G_k \subseteq E_i} \mu(G_k) = \sum_{k\in\gamma} \mu(G_k)\chi_{E_i}(x_k) \quad (i \in \alpha \cup \beta),$$

$$\sum_{k\in\gamma} \mu(G_k) \sum_{i\in\alpha} c_i\chi_{E_i}(x_k) \leqslant \sum_{k\in\gamma} \mu(G_k) \sum_{i\in\beta} c_i\chi_{E_i}(x_k).$$

又知上述不等式两端各是 $\sum\limits_{i\in\alpha} c_i\mu(E_i)$ 和 $\sum\limits_{i\in\beta} c_i\mu(E_i)$.

(2) 作测度扩张不影响条件和结论, 可设 $(X, \mathcal{R}, \mu)$ 为测度空间. 因 $+\infty = \sum\limits_{n\in\mathbb{N}} 1$, 可设诸 c_i 有限. 由正项级数定义, 可设 α 有限. 根据 (1) 可设 $\beta = \mathbb{N}$.

命 $f = \sum\limits_{i\in\alpha} c_i\chi_{E_i}$ 且 $g_n = \sum\limits_{j\leqslant n} c_j\chi_{E_j}$. 当 $0 < r < 1$ 时, 命 $X_n = \{rf \leqslant g_n\}$. 当 $f(x) = 0$ 时, $rf(x) \leqslant g_n(x)$. 当 $f(x) > 0$ 时, $rf(x) < \lim\limits_{n\to\infty} g_n(x)$, 有个 n 使 $rf(x) \leqslant g_n(x)$. 故 $(X_n)_{n\geqslant 1}$ 递增至 X, 显然 $\sum\limits_{i\in\alpha} rc_i\chi_{E_i\cap X_n} \leqslant \sum\limits_{j\leqslant n} c_j\chi_{E_j\cap X_n}$. 对左式用 (1) 知

$$\sum_{i\in\alpha} rc_i\mu(E_i \cap X_n) \leqslant \sum_{j\leqslant n} c_j\mu(E_j \cap X_n) \leqslant \sum_{j\geqslant 0} c_j\mu(E_j).$$

可测集列 $(E_i \cap X_n)_{n\geqslant 1}$ 递增至 E_i, 由测度的从下连续性在上式中命 $n \to \infty$

取极限得 $r\sum\limits_{i\in\alpha}c_i\mu(E_i)\leqslant\sum\limits_{j\geqslant 1}c_j\mu(E_j)$. 最后, 命 $r\to 1_-$ 即可. □

当 $(E_i)_{i\in\alpha}$ 互斥且 $(E_i)_{i\in\beta}$ 互斥时, 上述证明可简化. 上述结论与 2.1 节命题 1 在思想上是一致的, 它们的证明过程也既有相似之处又有差异.

基于矩形面积为其长度与宽度之积的想法, 下面建立测度之积.

定理 11 设半环 $\mathcal{P}$ 和 $\mathcal{Q}$ 上各有测度 μ 和 ν, 则半环 $\mathcal{P}\odot\mathcal{Q}$ 上有个所谓**乘积测度** $\rho: E\times F\mapsto\mu(E)\nu(F)$, 它的 Carathéodory 扩张记为 $\mu\times\nu$ 或 $\mu\otimes\nu$.

(1) 取 μ 和 ν 在 $\mathtt{S}(\mathcal{P})$ 和 $\mathtt{S}(\mathcal{Q})$ 上的 Carathéodory 扩张 μ_1 和 ν_1, 则相应的 $\rho_1:\mathtt{S}(\mathcal{P})\odot\mathtt{S}(\mathcal{Q})\to\overline{\mathbb{R}}$ 在 $\mathcal{P}\odot\mathcal{Q}$ 上的限制恰是 ρ.

(2) 测度 ρ 和 ρ_1 有相同的 Carathéodory 扩张. 特别地, $\mu_1\times\nu_1=\mu\times\nu$.

(3) 当 μ 和 ν 是 σ-有限测度时, $\mu\times\nu$ 也是 σ-有限测度.

只证主结论 各取 $\mathcal{P}$ 和 $\mathcal{Q}$ 中可数个成员 E_i 和 F_i 使 $E_0\times F_0=\biguplus\limits_{i\in\beta}(E_i\times F_i)$, 取特征函数得 $\chi_{E_0}(x)\chi_{F_0}(y)=\sum\limits_{j\in\beta}\chi_{E_i}(x)\chi_{F_i}(y)$, 用定理 10 知 $\mu(E_0)\chi_{F_0}(y)=\sum\limits_{j\in\beta}\mu(E_i)\chi_{F_i}(y)$. 再用定理 10 知 $\mu(E_0)\nu(F_0)=\sum\limits_{j\in\beta}\mu(E_i)\nu(F_i)$. □

非负可测函数的积分应能反映 "曲边梯形的面积", 我们可给积分以下定义.

定理 12 设有测度空间 $(X,\mathcal{S},\mu)$ 上非负可测函数 $f:X\to\overline{\mathbb{R}}$. 以 $|G|$ 表示乘积测度空间 $(X\times\overline{\mathbb{R}},\mu\times\mathfrak{m})$ 的可测集 G 的乘积测度, 当 $\mathcal{D}$ 取遍 X 的广义可测分解时, 以下五个数相等并称为 f 的**积分**:

(1) $\sup\limits_{\mathcal{D}}L(f,\mathcal{D})$, 其中 $L(f,\mathcal{D})=\sum\limits_{A\in\mathcal{D}}\inf f(A)\underline{\mu}(A)$.

(2) $|(f/X)|$, 其中 (f/X) 是下纵标集 $\{(x,y)\in X\times\mathbb{R}:0<y<f(x)\}$.

(3) $|[f/X]|$, 其中 $[f/X]$ 是上纵标集 $\{(x,y)\in X\times\overline{\mathbb{R}}:0\leqslant y\leqslant f(x)\}$.

(4) $\inf\limits_{\mathcal{D}}U(f,\mathcal{D})$, 其中 $U(f,\mathcal{D})=\sum\limits_{A\in\mathcal{D}}\sup f(A)\underline{\mu}(A)$ 而 $\underline{\mu}$ 见于命题 3(8).

(5) $\sum\limits_{n\geqslant 1}c_n\underline{\mu}(X_n)$, 其中 $c_n\geqslant 0$ 且 X_n 为广义可测集使 $f=\sum\limits_{n\geqslant 1}c_n\chi_{X_n}$.

证明 以 $\underline{\mathcal{S}}$ 代替 $\mathcal{S}$ 后可设 X 是可测集, 上述 5 个数就记成 (1) 至 (5). 由

$$(f/\mathcal{D})\subseteq(f/X)\subseteq[f/X]\subseteq[f/\mathcal{D}]$$

得不等式 (1) $\leqslant$ (2) $\leqslant$ (3) $\leqslant$ (4). 而 (1) $\leqslant$ (5) $\leqslant$ (4) 源自下式

$$\sum_{A\in\mathcal{D}}\inf f(A)\chi_A\leqslant f\leqslant\sum_{A\in\mathcal{D}}\sup f(A)\chi_A.$$

根据 3.1 节命题 2 得 (4) = (1). □

同样可定义 f 在广义可测集 E 上的积分 $\int\limits_E f d\mu$. 特别地, $\underline{\mu}(E)=0$ 时, $\int\limits_E f d\mu = 0$. 这注意到 $(f/E)\subseteq E\times[0,+\infty)$ 且 $\underline{\mu}(E)\,\mathfrak{m}[0,+\infty)=0$ 即可. 若 f 是广义可测集 E 的特征函数: $f=\chi_E$, 则 $\int\limits_X \chi_E d\mu=\underline{\mu}(E)$.

下面推广容度至带号情形和复情形.

命题 13 设 $\mu:\mathcal{R}\to\overline{\mathbb{R}}$ 是集环上*带号容度*——满足规范性与有限加性.

(1) 当 $\mu(E)>-\infty$ 时, 诸 $D\in\mathcal{R}\cap 2^E$ 使 $\mu(D)>-\infty$; 当 $\mu(E)<\infty$ 时, 诸 $D\in\mathcal{R}\cap 2^E$ 使 $\mu(D)<+\infty$. 进而, μ 的值域不同时含 $+\infty$ 和 $-\infty$.

(2) 以 $\mathcal{R}^{\natural}$ 记成员来自 $\mathcal{R}$ 的简单分解全体, 则 $\mathcal{R}$ 上有以下容度:

$$\mu^{\vee}:E\mapsto\sup\Big\{\sum_{A\in\mathcal{D}}|\mu(A\cap E)|:\mathcal{D}\in\mathcal{R}^{\natural}\Big\},$$

$$\mu^{\vee\pm}:E\mapsto\sup\Big\{\sum_{A\in\mathcal{D}}\mu(A\cap E)^{\pm}:\mathcal{D}\in\mathcal{R}^{\natural}\Big\}.$$

(3) 命 $b=\sup\{|\mu(A)|:A\subseteq E\}$, 则 $\mu^{\vee}(E)\leqslant 2b$. 进而,

$$\mu^{\vee}(E)=\sup\{\mu(B)-\mu(A):E=A\uplus B,\mu(A)\leqslant 0\leqslant\mu(B)\}.$$

(4) $\mu^{\vee\pm}(E)=\sup\{\pm\mu(F):F\subseteq E\}$ 且 $\mu^{\vee\pm}(E)\leqslant b$

(5) Jordan 分解: $\mu^{\vee}=\mu^{\vee+}+\mu^{\vee-}$. 当 μ 还有界时, $\mu^{+}-\mu^{-}=\mu$.

证明　(1) 由 $E=D\uplus(E\setminus D)$ 与有限加性得前半部分结论. 由命题 1 的证明第一段可得后半部分.

(2) 显然 $\mu^{\vee}$ 和 $\mu^{\vee\pm}$ 都是非负且规范的. 设 $G=E\uplus F$, 由

$$|\mu(A\cap G)|\leqslant|\mu(A\cap E)|+|\mu(A\cap F)|,$$

关于 $A\in\mathcal{D}$ 求和后关于 $\mathcal{D}$ 取上确界得 $\mu^{\vee}(G)\leqslant\mu^{\vee}(E)+\mu^{\vee}(F)$. 反向不等式源自 $\{A\cap E,A\cap F|A\in\mathcal{D}\}$ 是 G 的简单分解. 这样 $\mu^{\vee}$ 是个容度, 类似知 $\mu^{\vee\pm}$ 都是容度.

(3) 和 (4) 命 $D^E_{\pm}=E\cap(\biguplus\{A\in\mathcal{D}|\pm\mu(A\cap E)>0\})$, 则

$$\sum_{A\in\mathcal{D}}|\mu(A\cap E)|=\mu(D^E_{+})-\mu(D^E_{-}),$$

且 $\sum\limits_{A\in\mathcal{D}}\mu(A\cap E)^{\pm}=\pm\mu(D^E_{\pm})$. 这得 (3) 中等式, 由此得 (4) 中不等式.

(5) 前半部分易证. 后半部分也易证, 但需结合 (4) 知 μ^{+} 和 μ^{-} 是可减的. □

上述 $\mu^{\vee+}$ 和 $\mu^{\vee-}$ 各为 μ 的*正变差容度*和*负变差容度*. 上下命题中 $\mu^{\vee}$ 称为 μ 的*全变差容度*.

命题 14 设 $\mu:\mathcal{R}\to\mathbb{C}$ 是集环上*复容度*——满足有限加性, 则 $\mu(\varnothing)=0$. 进而 $\mathcal{R}$ 上有带号容度 $\mathrm{re}\,\mu$ 和 $\mathrm{im}\,\mu$ 及容度 $\mu^{\vee}:E\mapsto\sup\Big\{\sum\limits_{A\in\mathcal{D}}|\mu(A\cap E)|:\mathcal{D}\in\mathcal{R}^{\natural}\Big\}$.

证明 仿命题 13 的证明知 $\mu^\vee$ 是个容度. 显然, $\mu^\vee \leqslant (\mathrm{re}\,\mu)^\vee + (\mathrm{im}\,\mu)^\vee$. 根据命题 13 知 $(\mathrm{re}\,\mu)^\vee(E)$ 和 $(\mathrm{im}\,\mu)^\vee(E)$ 不超过 $\sup\{|\mu(F)| : E \supseteq F \in \mathcal{R}\}$. □

下面引入函数关于容度的积分.

命题 15 设 $(X,\mathcal{S})$ 是个可测空间而 μ 是 $\mathcal{S}$ 上有界复容度, 作其全变差 $\|\mu\| = \sup\limits_{E\in\mathcal{R}} \mu^\vee(E)$. 有界可测函数 $f : X \to \mathbb{C}$ 都有个所谓积分 $\int\limits_X f(x)\mu(dx)$ 使

(1) 当 E 是 X 的可测集时, $\int\limits_X \chi_E d\mu = \mu(E)$.

(2) 当 f 是有界可测函数的线性组合 $\sum\limits_{i=1}^n a_i f_i$ 时, $\int\limits_X f d\mu = \sum\limits_{i=1}^n a_i \int\limits_X f_i d\mu$.

(3) 当 μ 是有界复容度度的线性组合 $\sum\limits_{i=1}^n b_i\mu_i$ 时, $\int\limits_X f d\mu = \sum\limits_{i=1}^n b_i \int\limits_X f d\mu_i$.

(4) 命 $\|f\| = \sup\limits_{t\in X} |f(t)|$, 则 $\left|\int\limits_X f d\mu\right| \leqslant \|f\|\|\mu\|$.

(5) 当有界可测函数列 (f_n) 一致逼近 f 时, $\lim\limits_{n\to\infty} \int\limits_X f_n d\mu = \int\limits_X f d\mu$.

证明 当 f 是简单函数 $\sum\limits_{i=1}^n a_i\chi_{E_i}$ 时, 命 $\int\limits_X f d\mu = \sum\limits_{i=1}^n a_i\mu(E_i)$. 若 f 还可写成 $\sum\limits_{i=1}^m b_i\chi_{F_i}$, 可设 E_i 和 F_j 都非空. 取 X 的有限个互斥非空可测集 $G_k : k \leqslant l$ 使它们能简单分解每个 E_i 和 F_j. 对每个 k, 固定个 $x_k \in G_k$. 于是

$$\mu(E_i) = \sum_{G_k\subseteq E_i} \mu(G_k) = \sum_{k\leqslant l} \chi_{E_i}(x_k)\mu(G_k).$$

上式中 E_i 换为 F_j 可得 $\mu(F_j)$ 的表达式, 于是

$$\begin{aligned}\sum_{i\in\alpha} a_i\mu(E_i) &= \sum_{k\leqslant l}\sum_{i\in\alpha} a_i\chi_{E_i}(x_k)\mu(G_k)\\ &= \sum_{k\leqslant l}\sum_{j\in\beta} b_j\chi_{F_j}(x_k)\mu(G_k) = \sum_{j\leqslant n} b_j\mu(F_j).\end{aligned}$$

可见 f 的积分是合理定义的且 (1) 至 (3) 成立. 至于 (4), 可设 E_i 互斥, 则

$$\left|\int_X f d\mu\right| \leqslant \sum_i |a_i|\mu(E_i)| \leqslant \|f\|\sum_i |\mu(E_i)| \leqslant \|f\|\|\mu\|.$$

一般地, 取一致逼近 f 的简单函数列 (f_n). 由 $\lim\limits_{n,k\to\infty} \|f_n - f_k\| = 0$ 及

$$\left|\int_X f_n d\mu - \int_X f_k d\mu\right| \leqslant \|f_n - f_k\|\|\mu\|,$$

知 $\left(\int\limits_X f_n d\mu\right)$ 是 Cauchy 数列, 其极限记为 $\int\limits_X f d\mu$. 它是合理定义的, 为此取一致逼近 f 的简单函数列 (g_n), 则

$$\overline{\lim_{n\to\infty}} \left|\int_X f_n d\mu - \int_X g_n d\mu\right| \leqslant \lim_{n\to\infty} \|f_n - g_n\|\|\mu\| = 0.$$

显然 (2) 和 (3) 对于有界可测函数成立. 至于 (4), 有

$$\left|\int_X f d\mu\right| = \lim_{n\to\infty}\left|\int_X f_n d\mu\right| \leqslant \lim_{n\to\infty}|f_n|\|\mu\| = \|f\|\|\mu\|.$$

据此知 (5) 成立. 也将 (5) 称为**一致收敛定理**. □

练　　习

习题 1　证明 $(X,\mathcal{S})$ 上概率测度 μ 和 ν 都使 $\|\mu-\nu\| = 2\sup\limits_{E\in\mathcal{S}}|\mu(E)-\nu(E)|$.

习题 2　集环 $\mathcal{R}$ 上测度 μ 能扩张成 $\underline{\mathcal{R}}$ 上一个测度 $\underline{\mu}: E\mapsto \sup\{\mu(E\cap F)|F\in\mathcal{R}\}$.

习题 3　设 μ 和 ν 是可测空间 $(X,\mathcal{S})$ 上全 σ-有限带号测度且有带号函数 f 和 g 使 $fd\mu = d\nu$ 且 $gd\nu = d\mu$, 则 fg 依 $\mu^\vee$ 和 $\nu^\vee$ 都殆为 1.

习题 4　将 n 阶实方阵全体 $\mathbb{R}(n)$ 自然等同为 Euclid 空间 $\mathbb{R}^{n^2}$, 其上 Lebesgue 测度记为 λ_n. 以 x' 表示矩阵 x 的转置.

(1) 在转置 $T: x\mapsto x'$ 下, Borel 集诸 $E\subseteq\mathbb{R}(n)$ 满足 $\lambda_n(T(E)) = \lambda_n(E)$.

(2) 任取 $a\in\mathbb{R}(n)$, 求 $\lambda_n(aE)$ 和 $\lambda_n(Ea)$ 与 $\lambda_n(E)$ 之间的关系.

(3) 证明 n 阶可逆阵全体 $\mathtt{GL}_n(\mathbb{R})$ 是个开集. 对于其上连续函数 f, 记 $\nu(dx) = f(x)\lambda_n(dx)$.

(4) 找个非平凡连续函数 f 使 $\mathtt{GL}_n(\mathbb{R})$ 中诸点 a 和 Borel 集 E 满足 $\nu(aE) = \nu(E)$.

习题 5　将实 n 阶上三角阵 x 全体 M 视为 $n(n+1)/2$ 维 Euclid 空间, 其上 Lebesgue 测度记为 ρ. 以下 $E\subseteq M$ 是 Borel 集.

(1) 固定个 $a\in M$, 求 $\rho(aE)$ 和 $\rho(Ea)$ 与 $\rho(E)$ 之间的关系.

(2) 证明 M 中可逆者全体 N 是 M 的开集. 对于其上连续函数 f, 记 $\nu(dx) = f(x)\rho(dx)$.

(3) 找个非平凡连续函数 f 使诸 N 中点 a 和 Borel 集 E 满足 $\nu(aE) = \nu(E)$.

习题 6　设 $(t_i)_{i=1}^n$ 是个凸数组. 对于可测空间 $(X,\mathcal{S})$ 上全 σ-有限测度组 $(\mu_i)_{i=1}^n$, 作集函数

$$\mu: E\mapsto \inf\left\{\sum_{A\in\mathcal{D}}\mu_1(A)^{t_1}\cdots\mu_n(A)^{t_n}\middle|\mathcal{D}\text{可测分解}E\right\}.$$

(1) 证明 μ 是个 σ-有限测度, 恒使 $\mu_i\ll\lambda$ 的 σ-有限测度 λ 必使 $\dfrac{d\mu}{d\lambda} = \prod\limits_{i=1}^n\left(\dfrac{d\mu_i}{d\lambda}\right)^{t_i}$.

(2) 将 μ 写成 $\mu_1^{t_1}\cdots\mu_n^{t_n}$, 证明**算术-几何加权平均不等式**: $\prod\limits_{i=1}^n\mu_i^{t_i}\leqslant\sum\limits_{i=1}^n t_i\mu_i$.

习题 7　作可测空间 $(\mathbb{N},2^{\mathbb{N}})$ 上计数测度 μ 和测度 $\psi: E\mapsto\sum\limits_{n\geqslant 1}n\chi_E(n)$ 及 $\nu: E\mapsto +\infty\mu(E)$. 求 ψ 依 μ 的 Radon-Nikodym 导数. 说明 μ 和 ν 等价, 但 μ 依 ν 无 Radon-Nikodym 导数. 求 ν 依 μ 的 Radon-Nikodym 导数.

习题 8　设 $(X,\mathcal{S},\mu)$ 是概率空间而 $\mathcal{G}$ 是 $\mathcal{S}$ 的 σ-子代数. 当 $f:(X,\mathcal{S},\mu)\to\mathbb{R}$ 可积时, 有个可积函数 $g:(X,\mathcal{G},\mu|_{\mathcal{G}})\to\mathbb{R}$ 使 $\int_B fd\mu = \int_B gd\mu$ 对于 $B\in\mathcal{G}$ 成立. 称 g 为 f 的**条件数学期望**.

习题 9　对于 $E\in\mathfrak{L}_1$, 命 $\mu(E) = \sum\limits_{n\in\mathbb{Z}}|n|\chi_E(n)$, 则 μ 与 $\mathfrak{m}$ 互奇.

习题 10 设 $(X, \mathcal{R}, \mu)$ 是有限测度空间, 而 f_i 是 X 上非负可测函数. 作测度 $d\nu_i = f_i d\mu$. 试证明 $\nu_1 \perp \nu_2$ 当且仅当 $f_1 f_2$ 依 μ 殆为零.

习题 11 区间 $(0,1]$ 上 Borel 测度 $\mu(dx) := xdx$ 与 Lebesgue 测度 $\mathfrak{m}(dx)$ 等价.

习题 12 实轴上 Borel 测度 $\nu(dx) := x^2\,\mathfrak{m}(dx)$ 与 Lebesgue 测度 $\mathfrak{m}(dx)$ 等价而非强等价.

第4章　导数与可导性

4.1　囿变函数

囿变函数源自求曲线的长度. 为求圆的周长, 公元 3 世纪我国魏晋时期著名数学家刘徽发明了*割圆术*——用圆的内接正多边形的周长来近似圆的周长. 圆的内接正六边形的周长正好是直径的三倍——所谓的“径一周三”. 随着边数增多, 多边形的周长越来越接近圆的周长. 刘徽说:“割之弥细, 所失弥少; 割之又割, 以至于不可割, 则与圆周合体而无所失矣”. 推广割圆术所得折线法在理论上可以求一般曲线的长度.

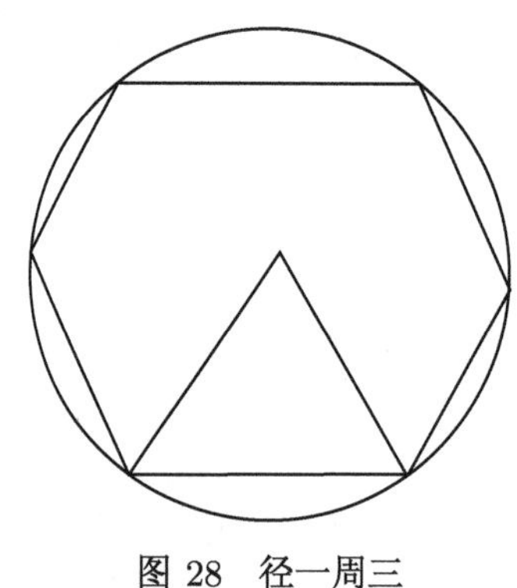

图 28　径一周三

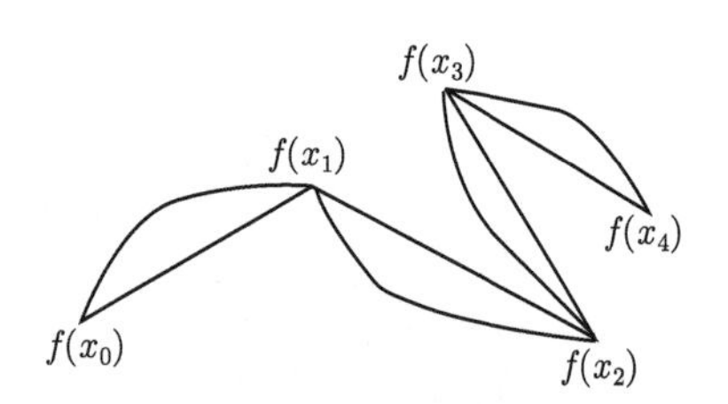

图 29　折线长度逼近曲线长度

4.1.1　全变差

当 $X \subseteq \overline{\mathbb{R}}$ 时, 函数 $f: X \to \mathbb{C}$ 确定了复平面上一条“参数曲线”. 为求其“长度”, 任取 X 的非空有限子集 P, 其元素可重复地依小至大排成 $x_0, x_1, \cdots, x_n$, 命

$$\bigvee_P f = \bigvee(f, P) := \sum_{i=1}^{n} |f(x_{i-1}) - f(x_i)| \in [0, +\infty),$$

这为点 $f(x_0), \cdots, f(x_n)$ 确定的折线长度. 约定 $\bigvee(f, \varnothing) = 0$, 作 f 的**全变差**

$$\bigvee_X f = \bigvee(f, X) := \sup\{\bigvee(f, P) | P \in \operatorname{fin} X\} \in [0, +\infty],$$

这视为“参数曲线 f 的长度”. 以上过程体现了折线长度逼近“曲线长度”的想法.

例 1　在实轴上, 区间 $(0, +\infty)$ 和 $[0, +\infty)$ 的特征函数记为 θ_1 和 θ 且统称为 `Heaviside`函数. 对于实数 r 与复数 p_r 和 q_r, 作实轴上函数 $g_r: x \mapsto p_r\theta(x - r) + q_r\theta_1(x - r)$.

(1) 函数 θ_1 和 θ 递增且仅在原点间断, 从而 g_r 在 $\mathbb{R}\setminus\{r\}$ 连续.

(2) 当 $x<r$ 时, $g_r(x)=0$; 当 $x>r$ 时, $g_r(x)=p_r+q_r$. 显然, $g_r(r)=p_r$.

(3) 根据 (2) 知 $g_r(r-)=0$ 且 $g_r(r+)=p_r+q_r$ 以及 $\bigvee(g_r,\mathbb{R})=|p_r|+|q_r|$. □

命 $a=\inf X$ 且 $b=\sup X$. 若 $a<b$, 可要求 $x_0<x_1<\cdots<x_n$; 若 $a=b$, 只能 $x_0=x_1=\cdots=x_n$ 且 $\bigvee\limits_X f=0$. 以 $a*=\min X$ 表示 a 属于 X 且 $a*=a$, 或者 a 不属于 X 且 $a*=a+$; 以 $b\bullet=\max X$ 表示 b 属于 X 且 $b\bullet=b$, 或者 b 不属于 X 且 $b\bullet=b-$. 形式地命 $f|_{s*}^{t\bullet}=f(t\bullet)-f(s*)$. 在 $x\in X$ 处, f 有形式**左跃差** $f|_{x-}^{x}$ 和**右跃差** $f|_x^{x+}$. 区间 $[a,b],(a,b],[a,b),(a,b)$ 统写成 $[a*,b\bullet]$, 相应全变差 $\bigvee\limits_a^b f,\bigvee\limits_{a+}^b f,\bigvee\limits_a^{b-} f,\bigvee\limits_{a+}^{b-} f$ 统写成 $\bigvee\limits_{a*}^{b\bullet} f$.

将 X 上函数 $f^\vee: x\mapsto\bigvee(f,X|_{a*}^x)$ 称为 f 的**全变差函数**, 它可取值无穷.

命题 1 在实轴上, 设 $a*=\min X$ 且 $b\bullet=\max X$. 当 $h(a*)$ 和 $h(b\bullet)$ 有意义时,

$$\bigvee_X h=\sup\left\{\sum_{i=1}^n|h(t_i)-h(t_{i-1})|\,\middle|\,a*=t_0\leqslant\cdots\leqslant t_n=b\bullet\right\}.\qquad(0)$$

(1) 非负性和单调性: 当 $A\subseteq X$ 时, $0\leqslant\bigvee(f,A)\leqslant\bigvee(f,X)$.

(2) 绝对齐次性: 当 c 为复数时, $\bigvee(cf,X)=|c|\bigvee(f,X)$.

(3) 次加性: $\bigvee(f+g,X)\leqslant\bigvee(f,X)+\bigvee(g,X)$.

(4) 上式在 g 固定时总为等式当且仅当 $\bigvee(g,X)=0$ 即 g 是常值的.

(5) 次减性: $|\bigvee(f,X)-\bigvee(g,X)|\leqslant\bigvee(f-g,X)$ 在左端有意义时成立.

(6) 当 g 为 $\operatorname{re}f$ 或 $\operatorname{im}f$ 或 $|f|$ 时, $\bigvee(g,X)\leqslant\bigvee(f,X)$; 而 $\bigvee(\overline{f},X)=\bigvee(f,X)$.

(7) 绝对不等式: 当 $x_1\leqslant x_2$ 时, $|f(x_2)-f(x_1)|\leqslant\bigvee(f,X|_{x_1}^{x_2})$.

(8) 当 f 是实值单调函数时, $\bigvee(f,X)=|f(b\bullet)-f(a*)|$.

(9) 下半连续性: 当 $(f_i)_{i\uparrow\beta}$ 点态逼近 f 时, $\bigvee(f,X)\leqslant\varliminf\limits_{i\uparrow\beta}\bigvee(f_i,X)$.

(10) 从下连续性: 当 $(X_i)_{i\uparrow\beta}$ 递增至 X 时, $\bigvee(f,X)=\lim\limits_{i\uparrow\beta}\bigvee(f,X_i)$.

(11) 当 $X=X_1\cup X_2$ 且 $\max X_1=\min X_2$ 时, $\bigvee(f,X)=\bigvee(f,X_1)+\bigvee(f,X_2)$.

(12) 当 $x_1\leqslant x_2$ 时, $f^\vee(x_2)=f^\vee(x_1)+\bigvee(f,X|_{x_1}^{x_2})$. 因此 $f^\vee$ 是递增的.

提示　易证 (0)—(8).

(9) 诸 $P\in\operatorname{fin}X$ 使 $\bigvee\limits_P f=\lim\limits_{i\uparrow\beta}\bigvee\limits_P f_i$, 又知 $\bigvee\limits_P f_i\leqslant\bigvee\limits_X f_i$.

(10) 诸 $P\in\operatorname{fin}X$ 落于某个 X_k. 当 $i\succsim k$ 时, $\bigvee(f,P)\leqslant\bigvee(f,X_i)$.

(11) 根据 (10) 和 1.4 节命题 3(2), 可设 X_1 和 X_2 各是有限集 $\{x_0,\cdots,x_k\}$ 和 $\{x_k,\cdots,x_n\}$, 其中元素由小至大排列. 于是 $X=\{x_0,\cdots,x_n\}$, 要证的等式成立. 由此得 (12). □

在某些条件下可构造函数使其在指定点上有指定跃差, 方法如下.

命题 2 设 $h:\mathbb{R}\to\mathbb{C}$ 是个跳跃函数: 有复数 p_r 和 $q_r(r\in D\subseteq\mathbb{R})$ 使 $a\leqslant b$ 时

$$h(b)-h(a)=\sum_{r\in D}p_r\chi_{(a,b]}(r)+\sum_{r\in D}q_r\chi_{[a,b)}(r), \tag{0}$$

则 h 在诸 $x\in\mathbb{R}\setminus D$ 连续, 而在诸 $x\in D$ 有左跃差 p_x 和右跃差 q_x. 上式可写成

$$h(b)-h(a)=\sum_{a<x\leqslant b}h\Big|_{x-}^{x}+\sum_{a\leqslant x<b}h\Big|_{x}^{x+}.$$

(1) h 的间断集 $\{r\in D:|p_r|+|q_r|>0\}$ 是可数的.

(2) h 在区间 (s,t) 连续时于此为常值的 (常值函数为跃差都平凡的跳跃函数).

(3) $\bigvee\limits_a^b h=\sum\limits_{r\in D}(|p_r|\chi_{(a,b]}(r)+|q_r|\chi_{[a,b)}(r))$, 即 $\sum\limits_{a<x\leqslant b}\Big|h\Big|_{x-}^{x}\Big|+\sum\limits_{a\leqslant x<b}\Big|h\Big|_{x}^{x+}\Big|$.

(4) h 于 $(-\infty,x]$ 有全变差 $\sum\limits_{r\in D}(|p_r|\chi_{([r,+\infty)}(x)+|q_r|\chi_{(r,+\infty)}(x))$. 它有限时,

$$h(x)=h(-\infty)+\sum_{r\in D}(p_r\chi_{[r,+\infty)}(x)+q_r\chi_{(r,+\infty)}(x)).$$

(5) h 于 $[x,+\infty)$ 有全变差 $\sum\limits_{r\in D}(|p_r|\chi_{(-\infty,r)}(x)+|q_r|\chi_{(-\infty,r]}(x))$. 它有限时,

$$h(x)=h(+\infty)-\sum_{r\in D}(p_r\chi_{(-\infty,r)}(x)+q_r\chi_{(-\infty,r]}(x)).$$

(6) h 是 Borel 函数且几乎所有 $x\in\mathbb{R}$ 使导数 $h'(x)=0$(此待证于 4.2 节).

(7) g 是区间 T 上连续函数时, $\bigvee(g+h,T)=\bigvee(g,T)+\bigvee(h,T)$.

证明 式 (0) 中两个可和级数隐含了 $\sum\limits_{a\leqslant r\leqslant b}(|p_r|+|q_r|)$ 有限性条件. 在 (0) 中以 x 和 x' 各代替 a 和 b, 当 $x'\to x+$ 时, 可设 $[x,x']\subseteq(a_1,b_1)$. 用级数形式的控制收敛定理知

$$\lim_{x'\to x+}(h(x')-h(x))=\sum_{r\in D}q_r\chi_{[x,x]}(r).$$

故 h 在 x 有右跃差 $q_x(x\in D)$ 或 $0(x\notin D)$. 类似知 h 在 x 有左跃差 $p_x(x\in D)$ 或 $0(x\notin D)$.

(1) 源自主结论. 下设诸 $r\in D$ 使 $|p_r|+|q_r|>0$, 从而 D 是可数的.

(2) 命 $T=(s,t)$. 因 D 与 T 不交, 诸 $r\in D$ 便使 $r\leqslant s$ 或 $r\geqslant t$. 当 $s<x<t$ 时, 由 (0) 知 $h(x)-h(s)=\sum\limits_{r\in D}q_r\chi_{\{s\}}(r)$, 这与 $x\in T$ 无关.

(3) 在 D 有限情形, 根据 (1) 可设 $a=t_0<\cdots<t_k=b$ 使 h 于区间 (t_{i-1},t_i) 都连续. 至多有一个 $r\in D$ 为 t_{i-1} 且至多有一个 $s\in D$ 为 t_i, 根据 (2) 知 h 于 $[t_{i-1},t_i]$ 有全变差

$$\begin{aligned}&|h(t_{i-1}+)-h(t_{i-1})|+|h(t_i)-h(t_i-)|\\=&\sum_{r\in D}|q_r|\chi_{[t_{i-1},t_i)}(r)+\sum_{s\in D}|p_s|\chi_{(t_{i-1},t_i]}(s).\end{aligned}$$

显然, $[a,b)$ 和 $(a,b]$ 各有分解 $\{[t_{i-1},t_i)|1\leqslant i\leqslant k\}$ 和 $\{(t_{i-1},t_i]|1\leqslant i\leqslant k\}$. 根据命题 1(11) 和 1.4 节命题 9(2), 上式关于 i 求和得 h 于 $[a,b]$ 的全变差等式.

一般情形下, D 的有限子集 F 都产生区间 $[a,b]$ 上一个函数

$$h_F: x\mapsto h(a)+\sum_{r\in F}(p_r\chi_{(a,x]}(r)+q_r\chi_{[a,x)}(r))$$

使得 $\bigvee_a^b h_F=\sum_{r\in F}(|q_r|\chi_{[a,b)}(r)+|p_r|\chi_{(a,b]}(r))$, 说明 $\bigvee_a^b h=\lim_{F\uparrow\operatorname{fin} D}\bigvee_a^b h_F$ 即可.

因 $(h_F)_{F\uparrow\operatorname{fin} D}$ 于区间 $[a,b]$ 点态逼近 h, 由全变差的下半连续性知

$$\bigvee_a^b h\leqslant \varliminf_{F\uparrow\operatorname{fin} D}\bigvee_a^b h_F\leqslant\sum_{r\in D}(|q_r|\chi_{[a,b)}(r)+|p_r|\chi_{(a,b]}(r)).$$

将上式中 h 和 D 各换为 $h-h_F$ 和 $D\setminus F$, 结合次减性得下式 (后取极限)

$$\left|\bigvee_a^b h-\bigvee_a^b h_F\right|\leqslant\bigvee_a^b(h-h_F)\leqslant\sum_{r\in D\setminus F}(|q_r|\chi_{[a,b)}(r)+|p_r|\chi_{(a,b]}(r)).$$

(4) 在 (3) 中命 $a\to-\infty$, 用级数形式的单调收敛定理即可. 在有限情形, 可用级数形式的控制收敛定理结合 $\chi_{(-\infty,b)}(r)=\chi_{(r,+\infty)}(b)$ 及类似等式. 仿此得 (5).

(7) 可设 $T=[a,b]$, 命 $f=g+h$. 在 D 有限时, 用 (3) 中分点组, 根据命题 1 得

$$\begin{aligned}\bigvee_a^b f&=\Big(\sum_{i<k}\bigvee_{t_i}^{t_i+}f+\sum_{i>0}\bigvee_{t_i-}^{t_i}f\Big)+\sum_{i=1}^k\bigvee_{t_{i-1}+}^{t_i-}f\\&=\Big(\sum_{i<k}\bigvee_{t_i}^{t_i+}h+\sum_{i>0}\bigvee_{t_i-}^{t_i}h\Big)+\sum_{i=1}^k\bigvee_{t_{i-1}+}^{t_i-}g.\end{aligned}$$

括号内是 h 于 $[a,b]$ 的全变差而 g 于 (t_{i-1},t_i) 和 $[t_{i-1},t_i]$ 有相同全变差.

一般地, 记 $f_F=g+h_F$, 则 $f_F^\vee=h_F^\vee+g^\vee$ 且 $\lim_{F\uparrow\operatorname{fin} D}h_F^\vee=h^\vee$. 而 $\lim_{F\uparrow\operatorname{fin} D}f_F^\vee=f^\vee$ 源自 (3) 与其证明及次减性: $|f_F^\vee-f^\vee|\leqslant(h_F-h)^\vee$. □

下整函数是跳跃的, 此因 $\lfloor b\rfloor-\lfloor a\rfloor=\sum_{k\in\mathbb{Z}}\chi_{(a,b]}(k)$.

4.1.2 囿变函数的性质

全变差有限者称为*有界变差函数*或*囿变函数*. 囿变者不必连续, 连续者也不必囿变. 如区间 $(0,1]$ 上连续函数 $h: x\mapsto x\cos(\pi/x)$ 的全变差是正无穷. 此因

$$\sup_{n\geqslant1}\sum_{i=1}^n\left|h\Big(\frac1i\Big)-h\Big(\frac1{i+1}\Big)\right|=\sup_{n\geqslant1}\sum_{i=1}^n\Big(\frac1i+\frac1{i+1}\Big)=+\infty.$$

命题 3 设 $f: X\to\mathbb{C}$ 是囿变的, $a*=\min X$ 且 $b\bullet=\max X$. 当 $x_1\leqslant x_2$ 时,

$$|f(x_2)-f(x_1)| \leqslant f^{\vee}(x_2)-f^{\vee}(x_1). \tag{0}$$

在 X 的左/右聚点 x 处, 左/右极限 $f(x\mp)$ 于复数域 $\mathbb{C}$ 存在.

(1) 在右聚点 $x \in X$ 处, $|f(x+)-f(x)| = f^{\vee}(x+)-f^{\vee}(x)$. 又 $f^{\vee}(a*)=0$.

(2) 在左聚点 $x \in X$ 处, $|f(x)-f(x-)| = f^{\vee}(x)-f^{\vee}(x-)$. 又 $f^{\vee}(b\bullet)=\bigvee\limits_X f$.

(3) 囿变函数与其全变差函数有相同且可数的左/右间断集, 是有界 Borel 函数.

(4) 约定 $f|_{a-}^{a}=0$ 且 $f|_b^{b+}=0$, 命 $c_{\pm}^x = \pm f|_x^{x\pm}$, 则 $\sum\limits_{x\in X}(|c_+^x|+|c_-^x|) \leqslant \bigvee\limits_X f$.

(5) 函数 $h: x \mapsto \sum\limits_{z\in X}(c_-^z\theta(x-z)+c_+^z\theta_1(x-z))$ 与 f 在诸点有相同单侧跃差.

(6) 囿变函数 f 形如 $g+h$ 使 g 是个连续囿变函数而 h 是个囿变跳跃函数.

(7) 当 g_1 和 h_1 也满足 (6) 时, g_1-g 和 h_1-h 于 X 的构成区间 T 是常值的.

证明　根据命题 1(7) 和 (12) 得 (0). 在左聚点 x 对 $f^{\vee}$ 用 Cauchy 收敛准则得

$$\varlimsup_{x_1,x_2\to x-}|f(x_2)-f(x_1)| \leqslant \varlimsup_{x_1,x_2\to x-}|f^{\vee}(x_2)-f^{\vee}(x_1)| = 0.$$

对 f 在 $x-$ 用 Cauchy 收敛准则知 $f(x-)$ 于 $\mathbb{C}$ 存在. 类似得右聚点情形.

(1) 对于分点组 $P: a*=t_0<t_1<\cdots<t_n=b\bullet$, 在 X 上分段作函数

$$u: x \mapsto \bigvee(f,\{t_0,\cdots,t_{i-1},x\}) \quad (t_{i-1}\leqslant x\leqslant t_i).$$

它在各分点是合理定义的, 尤其当 $t_0=a+$ 时, $f(t_0)$ 于 $\mathbb{C}$ 存在.

命 $v=f^{\vee}-u$, 它在诸区间 $[t_{i-1},t_i]$ 上是递增的. 为此设此区间中 $x_1<x_2$, 则

$$\begin{aligned} u(x_2)-u(x_1) &= |f(x_2)-f(t_{i-1})|-|f(x_1)-f(t_{i-1})| \\ &\leqslant |f(x_2)-f(x_1)| \leqslant f^{\vee}(x_2)-f^{\vee}(x_1). \end{aligned}$$

可见, v 是递增的, 由 $u=f^{\vee}-v$ 知 u 是囿变的. 在上式命 $x_1=x$ 且 $x_2\to x+$ 得

$$\begin{aligned} &u(x+)-u(x) \leqslant |f(x+)-f(x)| \leqslant f^{\vee}(x+)-f^{\vee}(x) \\ \Rightarrow &f^{\vee}(x+)-f^{\vee}(x)-|f(x+)-f(x)| \leqslant v(x+)-v(x). \end{aligned}$$

另外得到备用事实: 在 u 和 f 及 $f^{\vee}$ 的公共可导点 x, $u'(x)\leqslant|f'(x)|\leqslant(f^{\vee})'(x)$.

当 $\varepsilon>0$(下同) 时, 可设 $\bigvee(f,X)<\bigvee(f,P)+\varepsilon$. 相应有

$$v(x+)-v(x) \leqslant v(b\bullet)-v(a*) = \bigvee(f,X)-\bigvee(f,P).$$

结合前面不等式, 命 $\varepsilon\to 0$ 得第一式. 至于第二式, 它在 $a\in X$ 时源自定义. 在 $a\notin X$ 时, 可设 $\bigvee(f,X)-\bigvee(f,\{t_1,\cdots,t_n\})+\varepsilon$. 诸 $x\in X|_{a+}^{t_1}$ 便使

$$f^{\vee}(x) \leqslant \bigvee(f;X)-\bigvee(f,X|_{t_1}^{b\bullet}) < \varepsilon.$$

(2) 仿上得第一式. 现在可设 $b \notin X$ 且 $\bigvee(f,X) < \bigvee(f,\{t_0,\cdots,t_{n-1}\})+\varepsilon$. 诸 $x \in X|_{t_{n-1}}^{b-}$ 使 $\bigvee(f,X|_{a_0*}^{t_{n-1}}) \leqslant f^{\vee}(x)$, 故 $f^{\vee}(x) > \bigvee(f,X)-\varepsilon$.

(3) 根据 (1) 和 (2) 得相同性, 对 $f^{\vee}$ 用 2.5 节命题 11 得可数性.

(4) 对于 X 中递增序列 $(x_i)_{i=1}^n$, 取 X 中 y_i 和 z_i 使 $z_{i-1} < y_i \leqslant x_i \leqslant z_i$. 于是,

$$\sum_{i=1}^{n}(|f(x_i)-f(y_i)|+|f(z_i)-f(x_i)|) \leqslant \bigvee_X f.$$

在 x_1 为 X 的左孤立点时, 命 $y_1 = x_1$; 否则命 $y_1 \to x_1-$. 在 x_1 为 X 的右孤立点时, 命 $z_1 = x_1$; 否则命 $z_1 \to x_1$. 依次对于 $x_2,\cdots,x_n$ 如次操作得 $\sum\limits_{i=1}^{n}(|c_+^{x_i}|+|c_-^{x_i}|) \leqslant \bigvee\limits_X f$. 关于诸 $(x_i)_{i=1}^n$ 取上确界即可.

(5)+(6) 根据命题 2 得 h 的间断点. 命 $g = f - h$, 它在诸点跃差为零从而连续.

(7) 跳跃函数 $h - h_1$ 等于连续函数 $g_1 - g$, 它根据命题 2 在 T 上为常值. □

根据命题 1 知线性组合、实部与虚部、共轭与绝对值保持囿变性.

定理 4 当 f 是 $[a,b]$ 上囿变函数时, 有在 (a,b) 右连续的唯一函数 $g:[a,b]\to\mathbb{C}$ 使 x 为 f 的连续点或 X 的端点时, $g(x)=f(x)$. 一般地, $g^{\vee}(x) \leqslant f^{\vee}(x+)$.

证明 依要求命 $g(a)=f(a)$ 且 $g(b)=f(b)$. 当 $a<x<b$ 时, 命 $g(x)=f(x+)$. 要证 g 在 x 右连续. 对于 $\varepsilon>0$, 有个 $x_1>x$ 使 $x<z<x_1$ 时, $|f(z)-f(x+)|\leqslant\varepsilon$. 当 $x<x'<x_1$ 时, 命 $z\to x'+$ 得 $|f(x'+)-f(x+)|\leqslant\varepsilon$, 此即 $|g(x')-g(x)|\leqslant\varepsilon$.

任设 $P: a* = x_0 < \cdots < x_n = x$, 命 $y_0^r = x_0$ 且 $y_i^r = x_i + r(1\leqslant i\leqslant n)$. 于是 $\bigvee\limits_P g = \lim\limits_{r\to 0+}\sum\limits_{i=1}^{n}|f(y_{i-1}^r)-f(y_i^r)|$. 可见 $g^{\vee}(x)\leqslant f^{\vee}(x+)$. 类似可知 $g^{\vee}(b)\leqslant f^{\vee}(b)$.

在 f 的连续点和 X 的端点, g 与 f 同值. 设 g_1 也如此. 当 $a<x<b$ 且 z 作为 f 的连续点逼近 $x+$ 时, $g_1(x)=\lim f(z)=f(x+)$. 这表明 $g_1 = g$. □

囿变函数的通用性质常得于单调者的相应性质, 这源自以下结论.

命题 5 设 $a* = \min X$. 对于函数 $g: X\to\mathbb{R}$ 和 X 中序列 $P: x_0\leqslant\cdots\leqslant x_n$, 命

$$\bigvee\nolimits_{\pm}(g,P)=\sum_{i=1}^{n}(g(x_i)-g(x_{i-1}))^{\pm}$$

和 $\bigvee_{\pm}(g,X)=\sup\{\bigvee_{\pm}(g,P)|P\in\operatorname{fin}X\}$, 这称为 g 的正负变差, 则

$$\bigvee(g,X)=\bigvee\nolimits_{+}(g,X)+\bigvee\nolimits_{-}(g,X). \tag{0}$$

(1) 正负变差函数 $g^{\vee\pm}: x\mapsto\bigvee_{\pm}(g,X|^x)$ 是递增的且 $g^{\vee}=g^{\vee+}+g^{\vee-}$.

(2) Jordan 分解: g 是个囿变函数时, 它有分解 $g(a*)+g^{\vee+}-g^{\vee-}$.

(3) 递增函数 $g_{\pm}$ 使 $g_{\pm}(a*)=0$ 且 $g=g(a*)+g_+-g_-$ 时, $g^{\vee\pm}\leqslant g_{\pm}$.

(4) 函数 g 递增当且仅当 $\bigvee_{-}(g,X)=0$; 它递减当且仅当 $\bigvee_{+}(g,X)=0$.

(5) 命题 2 中 p_r 和 q_r 为实数时, $\bigvee_a^b {}_\pm h = \sum_{r\in D}(p_r^\pm\chi_{(a,b]}(r)+q_r^\pm\chi_{[a,b)}(r))$.

证明 分点组 P 全体依细分关系是上定向的且 $\bigvee(g,P)$ 是 $\bigvee_+(g,P)$ 与 $\bigvee_-(g,P)$ 之和. 后三项依 P 递增, 用 1.4 节命题 7(2) 得 (0) 式. 由此得 (1).

(2) 设 $x_0=a*$ 且 $x_n=x$, 则 $g(x)-g(a*)+\bigvee_-(g,P)=\bigvee_+(g,P)$.

(3) $g_+(x_i)-g_+(x_{i-1})$ 与 $g_-(x_i)-g_-(x_{i-1})$ 非负且有差 $g(x_i)-g(x_{i-1})$. 因此 $(g(x_i)-g(x_{i-1}))^\pm\leqslant g_\pm(x_i)-g_\pm(x_{i-1})$ 而 $\bigvee_\pm(g,P)\leqslant g_\pm(x)$.

(4) c_i 是实数时, $(c_1-c_2)^+=0$ 当且仅当 $c_1\leqslant c_2$. □

至此可知, 复值囿变函数至多可由 4 个递增函数线性组合.

命题 6 当 $X\subseteq\mathbb{R}$ 时, 递增函数的序列 $\left(g_n:X\to\overline{\mathbb{R}}\right)_{n\geqslant1}$ 有点态收敛子列.

(1) `Helly` *选择定理*: 当 $X\subseteq\mathbb{R}$ 时, 于某点有界且全变差一致有限的函数列 $(f_n:X\to\mathbb{C})_{n\geqslant1}$ 的某子列点态逼近个囿变差函数 $f:X\to\mathbb{C}$.

(2) 当 $X=[a,b]$ 且上述 f_n 都右连续时, 有个右连续囿变函数 g 使某个子列 $(f_{l_n})_{n\geqslant1}$ 在 g 的连续点处和 X 的端点处逼近 g.

证明 根据 2.5 节命题 11, 将 g_n 都作递增扩张后可设 $X=\mathbb{R}$. 根据 1.4 节命题 6, 取子列后可设 $(g_n)_{n\geqslant1}$ 于 $\mathbb{Q}$ 点态逼近某递增函数, 它于 $\mathbb{R}$ 可扩张成个递增函数 g. 因 g 的间断集 D 是可数的, 再取子列后可设 $(g_n)_{n\geqslant1}$ 还于 D 点态收敛. 显然, g 在诸 $x\in\mathbb{R}\setminus(\mathbb{Q}\cup D)$ 连续; 当 y 和 z 是有理数使 $y<x<z$ 时, $g_n(y)\leqslant g_n(x)\leqslant g_n(z)$. 命 $n\to\infty$ 得

$$g(y)\leqslant\varliminf_{n\to\infty}g_n(x)\leqslant\varlimsup_{n\to\infty}g_n(x)\leqslant g(z).$$

命 $y\to x-$ 且 $z\to x+$ 得 $\lim\limits_{n\to\infty}g_n(x)=g(x)$. 可见, $(g_n)_{n\geqslant1}$ 点态收敛.

(1) 因 $(f_n)_{n\geqslant1}$ 的实部序列和虚部序列满足定理条件, 可设 f_n 都是实值的. 又 $(f_n)_{n\geqslant1}$ 的正变差序列和负变差序列满足定理条件, 作 Jordan 分解后可设 f_n 都是递增的. 用主结论知某子列 $(f_{k_n})_{n\geqslant1}$ 有点态极限 f, 根据命题 1(9) 知 f 是囿变的.

(2) 根据定理 4, 可设 g 是 f 的右连续化. □

下面引进的结论将用于 4.2 节有关囿变函数的可微性讨论.

命题 7 对于实轴中开区间 (a,b) 上带号函数 g, 命

$$\tilde{g}(x)=g(x)\vee\varlimsup_{z\to x}g(z)\quad(a<x<b).$$

(1) 称 $x\in(a,b)$ 为 g 的一个*右控点*指有个 $z\in(x,b)$ 使 $\tilde{g}(x)<g(z)$. 这些 x 组成个开集 U, 其构成区间 (p,q) 中 x 都满足 $g(x)\leqslant\tilde{g}(q)$; 约定 $\tilde{g}(b)=\varlimsup\limits_{z\to b-}g(z)$.

(2) 称 $x\in(a,b)$ 为 g 的一个*左控点*指有个 $z\in(a,x)$ 使 $\tilde{g}(x)<g(z)$. 这些 x 组成个开集 V, 其构成区间 (p,q) 中 x 都满足 $g(x)\leqslant\tilde{g}(p)$; 约定 $\tilde{g}(a)=\varlimsup\limits_{z\to a+}g(z)$.

只证 (1) 设 $\tilde{g}(x) < c < g(z)$, 则有开区间 I 使 $x \in I \subseteq (a,b)$ 且 $\sup g(I) \leqslant c$. 诸 $y \in I$ 便使 $\tilde{g}(y) \leqslant c < g(z)$, 故 $I \subseteq U$. 因此 U 为开集; 下设它非空.

当 $p < x < q$ 时, 要证 $g(x) \leqslant \tilde{g}(q)$. 否则, 当 $q < b$ 时, $q \notin U$ 表明 $z < q$; 此在 $q = b$ 时也对. 这些 z 的上确界 z_0 满足 $z_0 \leqslant q$ 且 $\tilde{g}(x) \leqslant \tilde{g}(z_0)$. 因此 $z_0 < q$, 有 $z_1 > z_0$ 使 $g(z_1) > \tilde{g}(z_0) \geqslant \tilde{g}(x)$. 这与 z_0 的定义矛盾. □

在 g 恒取实值且其间断点都是第一类时, 以上命题便是F. Riesz 引理.

4.1.3 阅读材料

全变差理解为曲线长度, 连续的无界变差函数表明有不可求长的曲线.

例 2 以 S 记复平面上正方形 $\mathbb{I} + \mathrm{i}\mathbb{I}$, 构造一条充满 S 的曲线.

为此将单位闭区间 $\mathbb{I}$ 等分成四个第一级闭区间且从左至右编号为 $I_{11}, I_{12}, I_{13}, I_{14}$. 将 S 依以下第一图所示等分成四个第一级闭正方形并从左下角开始顺着折线依次编号为 $S_{11}, S_{12}, S_{13}, S_{14}$.

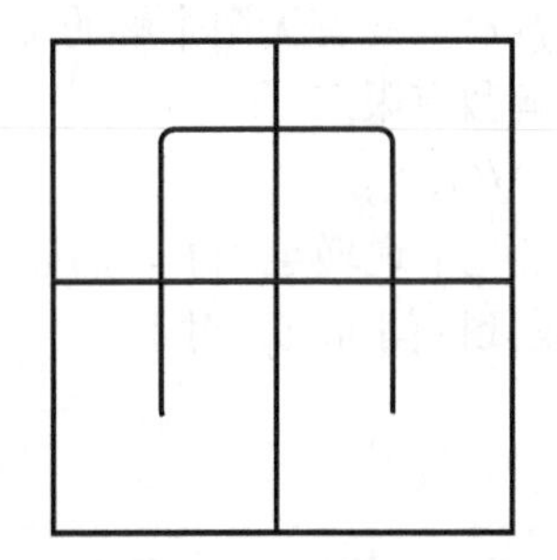
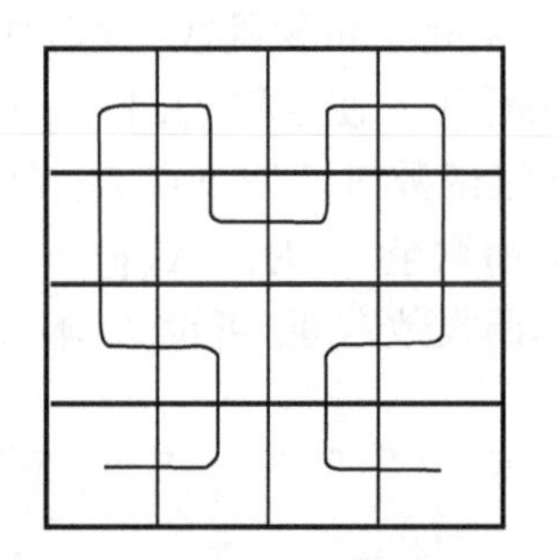
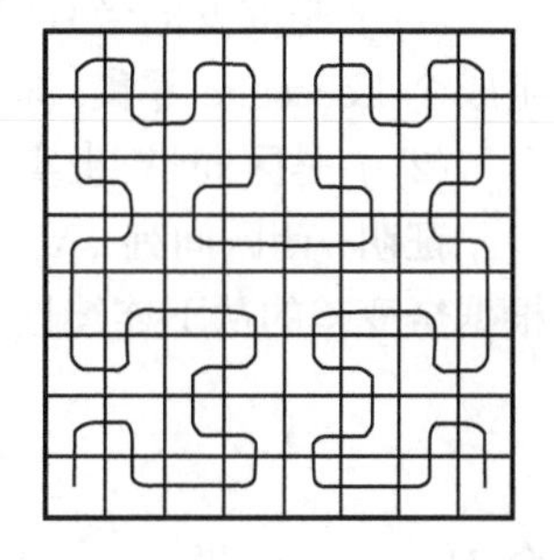

图 30 Hilbert 曲线的构造

将第一级闭区间都等分成四份, 得 16 个第二级闭区间, 从左至右编号为 $I_{2j} : 1 \leqslant j \leqslant 4^2$. 将第一级闭正方形都等分成四份, 得 16 个第二级闭正方形并依以上第二图左下角开始顺着折线依次编号为 $S_{2j} : 1 \leqslant j \leqslant 4^2$.

如此下去, 在同一级正方形中, 有相邻编码的两个正方形有一条公共边. 归纳地知 $I_{mi} \subset I_{nj}$ 当且仅当 $S_{mi} \subset S_{nj}$.

当 $0 \leqslant t \leqslant 1$ 时, 命 $i_n = \min\{j | t \in I_{nj}\}$. 于是, $(I_{ni_n})_{n \geqslant 1}$ 为递减闭区间列且有唯一公共点 t. 相应地, $(S_{ni_n})_{n \geqslant 1}$ 为递减闭正方形序列且有唯一公共交点, 这记为 $f(t)$. 这得一函数 $f : \mathbb{I} \to \mathbb{C}$, 它一致连续. 为此设 $|s - t| \leqslant 1/4^n$, 则有一个或两个相邻的第 n 级区间包含 s 和 t. 这样 $f(s)$ 与 $f(t)$ 必在一个或两个相邻的第 n 级正方形中, 从而 $|f(s) - f(t)| \leqslant \sqrt{5}/2^n$.

将 $f : \mathbb{I} \to \mathbb{C}$ 称为 Hilbert 曲线, 它充满正方形 S(因 $\mathbb{I}$ 与 S 不同胚, f 不单). 事实上, 对任何 $z \in S$ 及正整数 n, 总有一个 (编号最小的) 第 n 级正方形包含 z.

于是这个第 n 级正方形所对应的第 n 级区间的右端点 t_n 满足 $|f(t_n)-z| \leqslant \sqrt{2}/2^n$. 设 t 是 $(t_n)_{n\geqslant 1}$ 的一个子列的极限, 则 $f(t)=z$.

下求 f 的全变差. 为此设 P_n 是第 n 级区间的所有端点, 这些有 4^n+1 个. 对于其中相邻两点 s 与 t, 点 $f(s)$ 与 $f(t)$ 在两个没有公共交点的第 $n+1$ 级正方形中. 这样 $|f(s)-f(t)| \geqslant 1/2^{n+1}$. 从而 $\bigvee(f,P_n) \geqslant 4^n \times (1/2^{n+1})$. 这表明 $\bigvee(f,\mathbb{I})=+\infty$, 因此 Hilbert 曲线不可求长. □

基于 Cantor 有关单位区间与单位正方形对等的结果, Peano 于 1890 年构造了第一条充满正方形的曲线, 因此有人建议将充满空间的曲线都称为 **Peano 曲线**.

现在已能构造出雪花曲线, 它不可求长但所围的平面图形的面积有限.

定理 8 (Banach) 设 $\overline{\mathbb{N}}=\mathbb{N}\cup\{+\infty\}$ 而 X 是实轴中一个区间, 则连续函数 $f: X\to\mathbb{R}$ 的指示函数 $f^{\#}:\mathbb{R}\to\overline{\mathbb{N}}$ 是 Borel 函数且

$$\bigvee_X f=\int_{\mathbb{R}} f^{\#}(y)dy=\sum_{n\in\overline{\mathbb{N}}} n|\{f^{\#}=n\}|_1.$$

(1) f 是囿变的当且仅当 $f^{\#}$ 是个可积函数. 此时使 $f(x)=y$ 有无限个解的 y 组成个 Lebesgue 零集, 即几乎所有 y 使方程 $f(x)=y$ 的解数有限.

(2) f 是区间 X 上实值连续函数时, $\bigvee(\exp(\mathtt{i}\, f),X)=\bigvee(f,X)$.

证明 闭区间列 $(X_n)_{n\geqslant 1}$ 递增至 X 时, $(|X_n\{f=y\}|_0)_{n\geqslant 1}$ 递增至 $|\{f=y\}|_0$. 根据全变差的从下连续性和单调收敛定理, 可设 X 本身是闭区间 $[a,b]$. 对于

$$P: a=x_0<x_1<\cdots<x_n=b,$$

命 $E_1=[x_0,x_1]$ 且 $E_2=(x_1,x_2],\cdots,E_n=(x_{n-1},x_n]$, 则 f 在 E_i 的振幅 ω_i 是区间 $f(E_i)$ 的长度也是 f 在 $[x_{i-1},x_i]$ 的振幅. 作 Borel 函数 $f_P^{\#}: y\mapsto \sum\limits_{i=1}^{n}\chi_{f(E_i)}(y)$, 则

$$\begin{aligned}\bigvee(f,P) &\leqslant \sum_{i=1}^{n}\omega_i=\int_{-\infty}^{+\infty} f_P^{\#}(y)dy\\ &=\sum_{i=1}^{n}\sup_{y_i,z_i\in E_i}|f(z_i)-f(y_i)| \leqslant \bigvee_a^b f.\end{aligned}$$

因为 $\chi_{f(E_i)}(y)=1$ 当且仅当 E_i 含有方程 $f(x)=y$ 的解, $f_P^{\#}(y)$ 是含有方程 $f(x)=y$ 解的区间 E_i 的个数. 于是 $f_P^{\#}(y)\leqslant f^{\#}(y)$. 现将 $[a,b]$ 平分 2^n 份得到分点组 P_n 及 P_n 对应的函数 $f_n^{\#}$. 递增函数列 $(f_n^{\#})_{n\geqslant 1}$ 点态逼近 $f^{\#}$. 为此可设 $f^{\#}(y)>0$. 自然数 $l\leqslant f^{\#}(y)$ 时, 取方程 $f(x)=y$ 的 l 个互异解: $r_1,\cdots,r_l$. 取自然数 k 使它们落于由 P_k 确定的 l 个不同区间中. 这样当 $n\geqslant k$ 时, $f_n^{\#}(y)\geqslant l$. 于是 $\lim\limits_{n\to\infty} f_n^{\#}(y)=f^{\#}(y)$, 这样 $f^{\#}$ 是 Borel 函数. 由单调收敛定理知 $\left(\int_{\mathbb{R}} f_n^{\#}(y)dy\right)_{n\geqslant 1}$

逼近 $\int\limits_{\mathbb{R}} f^{\#}(y)dy$. 于是

$$\int_{-\infty}^{+\infty} f^{\#}(y)dy = \sup_P \int_{-\infty}^{+\infty} f_P^{\#}(y)dy = \bigvee_a^b f,$$

以上最后等式源自上面的那组不等式, 而 (1) 是主结论的推论.

(2) 根据命题 1(10), 可设 $X = [a, b]$, 命 $g = \exp(\mathtt{i} f)$. 设 $0 < r < 1$. 设 $|x| < \delta$ 时, $r|x| \leqslant |\sin x| \leqslant |x|$. 设 $|s - t| < \eta$ 时, $|f(s) - f(t)| < 2\delta$. 由

$$|g(s) - g(t)| = 2|\sin(f(s) - f(t))/2|$$

得 $r \bigvee(f, X) \leqslant \bigvee(g, X) \leqslant \bigvee(f, X)$. 命 $r \to 1+$ 即可. □

如函数 $\sin : [0, 2\pi] \to \mathbb{R}$ 使 $\int\limits_{\mathbb{R}} \sin^{\#}(y)dy = 4$. 此因

$$\sin^{\#}(y) = \{0 : |y| > 1; 1 : |y| = 1; 2 : 0 < |y| < 1; 3 : y = 0\}.$$

命题 9 在实轴上, 命 $a* = \min X$. 形式地命 $\|f\|_{\mathrm{v}} = |f(a*)| + \bigvee(f, X)$.

(1) 一致模 $\|f\| \leqslant \|f\|_{\mathrm{v}} \leqslant \|f\| + \bigvee(f, X)$. 特别地, $\lim\limits_{i\uparrow\beta} \|f_i - f\|_{\mathrm{v}} = 0$ 当且仅当 $\lim\limits_{i\uparrow\beta} \bigvee(f_i - f, X) = 0$ 且 $\lim\limits_{i\uparrow\beta} \|f_i - f\| = 0$. 此时称函数网 $(f_i)_{i\uparrow\beta}$ 依 $\|\cdot\|_{\mathrm{v}}$ 逼近函数 f.

(2) 函数网 $(f_i)_{i\uparrow\beta}$ 依 $\|\cdot\|_{\mathrm{v}}$ 逼近某个函数 f 当且仅当 $\lim\limits_{i,j\uparrow\beta} \|f_i - f_j\|_{\mathrm{v}} = 0$. 此时称 $(f_i)_i$ 依 $\|\cdot\|_{\mathrm{v}}$ 是个 Cauchy 网, 它使 $\lim\limits_{i\uparrow\beta} |\|f_i\|_{\mathrm{v}} - \|f\|_{\mathrm{v}}| = 0$. 若还有正数 r 使 $|f| \geqslant r$, 则

$$\bigvee\left(\frac{1}{f}, X\right) \leqslant \frac{\bigvee(f, X)}{r^2} \text{ 且 } \lim_{i\uparrow\beta} \left\|\frac{1}{f_i} - \frac{1}{f}\right\|_{\mathrm{v}} = 0.$$

(3) 次 Leibniz 性质: $\bigvee(gh, X) \leqslant \|g\| \bigvee(h, X) + \|h\| \bigvee(g, X)$.

(4) 次乘性: $\|gh\|_{\mathrm{v}} \leqslant \|g\|_{\mathrm{v}} \|h\|_{\mathrm{v}}$. 点态积保持依 $\|\cdot\|_{\mathrm{v}}$ 收敛性.

(5) 设 $X = \{a\} \uplus X_1$ 使 $\min X = a$ 且 $\min X_1 = a_1+$, 则

$$\bigvee(f, X) = \left(\varliminf_{x \to a_1+} \text{ 或 } \varlimsup_{x \to a_1+} |f(a) - f(x)|\right) + \bigvee(f, X_1).$$

(6) 设 $X = X_1 \uplus \{b\}$ 使 $\max X = b$ 且 $\max X_1 = b_1-$, 则

$$\bigvee(f, X) = \bigvee(f, X_1) + \left(\varliminf_{x \to b_1-} \text{ 或 } \varlimsup_{x \to b_1-} |f(x) - f(b)|\right).$$

证明 (1) 要证的不等式源自 $|f(x)| \leqslant |f(c)| + |f(x) - f(c)|$.

(2) 只证充分性: 由 $\|f_i - f_j\| \leqslant \|f_i - f_j\|_{\mathrm{v}}$ 知 (f_i) 一致逼近某个函数 f 且

$$\bigvee(f_i - f, X) \leqslant \varliminf_{j \to \infty} \bigvee(f_i - f_j, X).$$

上式源自命题 1(9), 它关于 i 取极限即可. 下有界情形源自下式

$$\left|\frac{1}{f(t)}-\frac{1}{f(s)}\right|=\frac{|f(t)-f(s)|}{|f(t)f(s)|}\leqslant\frac{|f(t)-f(s)|}{r^2}.$$

将 $(gh)|_{t_{i-1}}^{t_i}$ 写成 $g(t_i)h|_{t_{i-1}}^{t_i}$ 与 $h(t_{i-1})g|_{t_{i-1}}^{t_i}$ 之和得 (3) 和 (4) 中不等式. 由

$$\|g_ih_i-gh\|_{\mathrm{v}}\leqslant\|g_i\|_{\mathrm{v}}\|h_i-h\|_{\mathrm{v}}+\|g_i-g\|_{\mathrm{v}}\|h\|_{\mathrm{v}}$$

知点态积保持依 $\|\cdot\|_{\mathrm{v}}$ 收敛性.

(5) 当 P 取遍 X_1 的分点组时, 命 $z=\min P$ 且 $a_1<x<z$, 则

$$|f|_a^x|+\bigvee(f,P)\leqslant|f|_a^x|+|f|_x^z|+\bigvee(f,P)\leqslant\bigvee(f,X).$$

命 $Q=\{a\}\cup P$, 它取遍 X 的分点组. 因 X_1 有分点组 $\{x\}\cup P$, 故

$$\bigvee(f,Q)\leqslant|f|_a^x|+|f|_x^z|+\bigvee(f,P)\leqslant|f|_a^x|+\bigvee(f,X_1).$$

上两个不等式中先令 $x\to a_1+$, 再关于 P 取上确界即可. 仿此得 (6). □

以上还表明点态积和下有界性都保持囿变性.

练　　习

习题 1 当 $x<1$ 时, 命 $f(x)=x-1$; 命 $f(1)=10$; 当 $x>1$ 时, 命 $f(x)=x^2$. 求 $\bigvee\limits_0^2 f$.

习题 2 设 P 取遍 $[a,b]$ 的分点组 $(x_i)_{i=0}^n$, 则 $\bigvee\limits_a^b f=\sup\limits_P\sum\limits_{i=1}^n\omega_i$, 其中 $\omega_i=\omega(f,[x_{i-1},x_i])$.

习题 3 若 $g:X\to\mathbb{C}$ 是个 Lipschitz 函数即有非负实数 c 恒使

$$|g(x_1)-g(x_2)|\leqslant c|x_1-x_2|,$$

则 g 在 X 的有界子集上都是囿变的.

习题 4 构造一致逼近 0 的连续囿变函数列 $(f_n)_{n\geqslant1}$ 使 $\lim\limits_{n\to\infty}\bigvee\limits_0^{2\pi}f_n=+\infty$.

习题 5 设函数 $f:[a,b]\to\mathbb{C}$ 有连续辐角 $\theta:[a,b]\to\mathbb{R}$ 且 $\inf\{|f(t)|:a\leqslant t\leqslant b\}>0$, 则 f 是囿变的当且仅当 $|f|$ 与 θ 都是囿变的.

习题 6 求区间 $[0,2\pi]$ 上函数 $\sin t,\exp(\mathrm{i}\,t)$ 和 $\exp(\mathrm{i}\sin t)$ 的全变差.

习题 7 由方程 $y=x\sin(1/x)$ 确定的曲线在 $(0,1]$ 上是否可求长?

习题 8 函数 $f:[a,b]\to\mathbb{C}$ 是囿变的当且仅当有个递增函数 $g:[a,b]\to\mathbb{R}$ 使 $a\leqslant x_1\leqslant x_2\leqslant b$ 时, $|f(x_2)-f(x_1)|\leqslant g(x_2)-g(x_1)$.

习题 9 囿变函数 $f:(0,1]\to\mathbb{C}$ 都产生一个囿变函数 $g:x\mapsto\int\limits_0^x\dfrac{f(t)dt}{x}$.

习题 10 囿变函数 $h:\mathbb{R}\to\mathbb{C}$ 是个跳跃函数当且仅当

$$\sum_{x\in\mathbb{R}}(|h(x)-h(x-)|+|h(x+)-h(x)|)=\bigvee_{\mathbb{R}}h.$$

此时 h 的全变差函数 (及它为实值时的正负变差函数) 都是跳跃函数.

习题 11 设 $Z=\{x+\mathrm{i}\,y|x\leqslant y\}$. 对于实轴上 Lebesgue 可测集 E, 证明 Z 上函数 $f:z\mapsto\mathfrak{m}(E\cap(x,y])$ 连续且 $\{\mathfrak{m}(F)|F\in\mathfrak{L}(E)\}$ 是个区间.

习题 12 构造些连续满射 $f_n:\mathbb{I}\to\prod\limits_{k=1}^{n}\dfrac{\mathbb{I}}{k}$ 和 $f:\mathbb{I}\to$ (Hilbert方体) $\prod\limits_{k\in\mathbb{Z}_+}\dfrac{\mathbb{I}}{k}$.

习题 13 可导函数 $f:(a,b)\to\mathbb{R}$ 是严格递增的当且仅当 $f'\geqslant 0$ 且 $\{f'=0\}$ 的构成区间都退化; 二阶可导函数 $g:(a,b)\to\mathbb{R}$ 是严格下凸的当且仅当 $g''\geqslant 0$ 且 $\{g''=0\}$ 的构成区间都退化.

习题 14 设 X 是个全序集, 试定义 X 上复值函数 f 的全变差并讨论其性质. 设 $\psi:X\to Y$ 是全序集之间的 [逆] 序同构, 则 $\bigvee(g\psi,X)=\bigvee(g,Y)$ 恒真.

4.2 不定积分

微积分理论中有个基本问题: 实轴中区间上可导函数能否用其导函数的积分来表示? 本节将于 Lebesgue 积分范畴讨论此类函数的特征, 只用 Lebesgue 测度.

4.2.1 导出数

下例表明上述问题在 Riemann 积分意义下无法彻底解决.

例 1 实轴上有可导函数 f, 其导函数 f' 有界, 但于某个闭区间不是 Ricmann 可积的. 为此设 $a_r>0$ 使 $\sum\limits_{r\in\mathbb{Q}}a_r$ 可和, 作开集 $B=\bigcup\limits_{r\in\mathbb{Q}}(r-a_r,r+a_r)$, 其测度是有限的, 其构成区间 (s,t) 便都有界. 在 (s,t) 上作连续可导函数 $g:x\mapsto\dfrac{1}{(t-s)(x-s)(x-t)}$ 和 $f:x\mapsto(x-s)^2(x-t)^2\sin g(x)$, 则 $|f'(x)|\leqslant 3$. 事实上,

$$
\begin{aligned}
f'(x)=\;&2(x-s)(x-t)(2x-s-t)\sin g(x)\\
&+((s+t-2x)\cos g(x))/(t-s).
\end{aligned}
$$

又知 $|2x-s-t|$ 关于 $x\in[s,t]$ 取到最大值 $t-s$ 以及

$$
|f'(x)|\leqslant 3|2x-s-t|/(t-s).
$$

作闭集 $E=\mathbb{R}\setminus B$, 规定 f 于 $z\in E$ 取值 0, 则 $f'(z)=0$. 为此设 x 从 B 中逼近 z, 总有 B 的某个构成区间 (s_x,t_x) 包含 x. 要么 $z\leqslant s_x$, 要么 $t_x\leqslant z$, 故

$$
\frac{f(x)-f(z)}{x-z}=\frac{(x-s_x)^2(t_x-x)^2}{x-z}\sin g(x)\to 0.
$$

因 $f'(x)$ 的第一项极限为零而第二项无极限, f' 在 z 间断. 集列 $([-n,n]\cap E)_{n\geqslant 1}$ 递增至 E 且 $\mathfrak{m}(E)=+\infty$, 便有闭区间 T 使 $\mathfrak{m}(E\cap T)>0$. 对 f' 于 T 反用 3.1 节 Lebesgue 定理即可. □

为讨论上述基本问题, 需要知道何类函数 $f: X(\subseteq \mathbb{R}) \to \mathbb{R}$ 有可导点. 为此对于 X 中不同两点 x 和 y, 作**差商**$\triangle_f(x,y) = (f(y)-f(x))/(y-x)$. 在 X 的右聚点 x, 作**右上导数**$D^+f(x) = \overline{\lim\limits_{y\to x+}} \triangle_f(x,y)$ 和**右下导数**$D_+f(x) = \underline{\lim\limits_{y\to x+}} \triangle_f(x,y)$, 它们相等时为**右导数** $f'_+(x)$. 类似地, 在 X 的左聚点 x 定义**左上导数** $D^-f(x)$ 和**左下导数** $D_-f(x)$ 及它们相等时的**左导数**$f'_-(x)$. 上述几个数统称为 f 在 x 的**Dini导数**. 作**下导数** $\underline{D}f = D_+f \wedge D_-f$ 和**上导数** $\overline{D}f(x) = D^+f(x) \vee D^-f(x)$. 一般地, 称数 c 是 f 在 x 的一个**导出数**指 X 中有逼近 x 的序列 $(x_n)_{n\geqslant 1}$ 使 $c = \lim\limits_{n\to\infty} \triangle_f(x_n, x)$. 请注意, 此处不要求定义域 X 的构成区间非退化, 这扩大了导数的应用范围.

当 $f'_-(x)$ 与 $f'_+(x)$ 存在且相等时记为 $f'(x)$, 这为 f 在 x 的**导数**.

例 2 根据 2.4 节定理 1 知, 实轴中子集 A 是个 Lebesgue 零集当且仅当有含 A 的递减开集列 $(B_k)_{k\geqslant 1}$ 使级数 $\sum\limits_{k\geqslant 1} \mathfrak{m}(B_k)$ 可和. 此时连续递增项函数级数 $\sum\limits_{k\geqslant 1} \mathfrak{m}(B_k \cap (-\infty, x])$ 一致可和, 其和函数 g_A 在诸 $z \in A$ 有导数 $+\infty$.

证明 取 $r_k > 0$ 使 $(z - r_k, z + r_k) \subseteq B_k$. 当 $0 < s < r_n$ 时,

$$g_A(z+s) - g_A(z) \geqslant \sum_{i=1}^{n} |B_i \cap (z, z+s]|_1 = ns.$$

这样 $D_+g_A(z) \geqslant n$, 同样 $D_-g_A(z) \geqslant n$. 由 n 的任意性知 $g'_A(z) = +\infty$. □

众所周知, $f: X \to \mathbb{R}$ 在 x **可导**是指 $-\infty < f'(x) < +\infty$.

定理 1 设区间 X 上实值函数 f 是递增的.

(1) 当 $0 \leqslant t \leqslant +\infty$ 且 $E \subseteq \{D^+f \geqslant t\}$ 时, $|f(E)|_1^* \geqslant t|E|_1^*$.

(2) 当 $0 \leqslant s < +\infty$ 且 $E \subseteq \{D_-f \leqslant s\}$ 时, $|f(E)|_1^* \leqslant s|E|_1^*$.

证明 移去可数个点不影响外测度, 可设 E 和下述 D 不含它们各自所在区间的端点也不含 f 的间断点.

(1) 根据 Lebesgue 外测度的外正则性, 当实数 $r < t$ 且开集 V 含 $f(E)$ 时, 要证 $r|E|_1^* \leqslant |V|_1$. 当 $T_j (j \in \beta)$ 取遍 V 的构成区间时, $|V|_1 = \sum |T_j|_1$. 命 $D_j = E \cap f^{-1}(T_j)$, 则 $|E|_1^* \leqslant \sum |D_j|_1^*$. 要证 $r|D_j|_1^* \leqslant |T_j|_1$, 略去下标 j. 因 $f^{-1}(T)$ 是个区间 $[a*, b\bullet]$, 诸 $x \in D$ 使 $\tilde{f}(x) = f(x)$ 且对应个 $y \in (x, b)$ 使 $f(y) - f(x) > r(y-x)$, 对于 (a, b) 上函数 $g: z \mapsto f(z) - rz$ 用 F. Riesz 引理得 (a, b) 中覆盖 D 的互斥开区间 $(a_i, b_i)(i \in \alpha)$ 使 $g(a_i+) \leqslant \tilde{g}(b_i)$, 即

$$r(b_i - a_i) \leqslant \tilde{f}(b_i) - f(a_i+) \quad (i \in \alpha).$$

当 $b_i < b$ 时, $\tilde{f}(b_i) = f(b_i+)$; 当 $b_i = b$ 时, $f(b_i+) = f(b-)$. 结合 $|D|_1^* \leqslant \sum\limits_{i\in\alpha}(b_i - a_i)$ 知 $r|D|_1^* \leqslant f(b-) - f(a+)$. 再结合 $(f(a+), f(b-)) \subseteq T$ 即可.

(2) 仿上, 当 $s<r$ 且 X 的开集 U 含 E 时, 要证 $|f(E)|_1^*\leqslant r|U|_1$. 当 I 取遍 U 的构成区间时, 命 $D=I\cap E$, 要证 $|f(D)|_1^*\leqslant r|I|_1$. 诸 $x\in D$ 使 $f(x)=\tilde{f}(x)$ 且有 $y\in I$ 使 $y<x$ 且 $f(x)-f(y)<r(x-y)$, 对于 I 上函数 $z\mapsto f(z)-rz$ 用 F. Riesz 引理得 I 中覆盖 D 的互斥开区间 $(a_j,b_j)(j\in\beta)$ 恒使

$$f(b_j-)-f(a_j+)\leqslant r(b_j-a_j).$$

因 $\{[f(a_j+),f(b_j-)]|j\in\beta\}$ 覆盖 $f(D)$, 上式关于 $j\in\beta$ 求和即可. □

与连续性不能保证可导性形成鲜明对比的是以下深刻结论.

定理 2 (Lebesgue) 实轴中非空子集 X 上递增函数和囿变函数都殆可导.

证明 分离实部与虚部及正变差函数与负变差函数后, 可设 f 于 X 递增. 作递增扩张后可设 X 是区间, 进而可设 X 是有界开区间且 f 是有界的. 因 $D_-f\leqslant D^-f$ 且 $D_+f\leqslant D^+f$, 需证 $D^+f\overset{\text{ae}}{\leqslant}D_-f$ 且 $D^-f\overset{\text{ae}}{\leqslant}D_+f$ 及 $D^+f\overset{\text{ae}}{<}+\infty$.

命 $E=\{D^+f=+\infty\}$, 根据定理 1 得 $(+\infty)|E|_1^*\leqslant|f(E)|_1^*$. 后者有限, 故 E 为零集. 命 $E_s^t=\{D_-f<s<t<D^+f\}$, 根据定理 1 得 $t|E_s^t|_1^*\leqslant|f(E_s^t)|_1^*\leqslant s|E_s^t|_1^*$. 后者有限, 故 E_s^t 是零集. 它们依 $\mathbb{Q}_+\ni s<t\in\mathbb{Q}_+$ 之并 $\{D_-f<D^+f\}$ 便是零集. 又知递增函数 $g:x\mapsto -f(-x)$ 产生的零集 $\{D_-g<D^+g\}$ 等于 $-\{D_+f<D^-f\}$. □

例 2 表明即使对于连续囿变函数, 定理 2 中结论也不应改为处处可导.

例 3 构造个严格递增的连续函数 $f:\mathbb{I}\to\mathbb{R}$ 使其导数殆为零.

为此设 $0<s<1/2$ 且 $t=1-s$. 当 $k=1,\cdots,2^n$ 时, 称 $[(k-1)/2^n,k/2^n]$ 是第 n 级区间, 其长度都为 2^{-n}. 命 $f(0)=0$ 且 $f(1)=1$. 递归地设 f 在所有第 $n-1$ 级区间 $[a,c]$ 端点集上已递增地取值, 注意到 a 和 c 与其中点 b 都为第 n 级区间的端点, 命 $f(b)=sf(a)+tf(c)$. 算得

$$f(b)-f(a)=t(f(c)-f(a)),$$
$$f(c)-f(b)=s(f(c)-f(a)).$$

故 f 在第 n 级区间端点集上递增. 按 2.5 节命题 11 将 f 递增地扩张至 $\mathbb{I}$. 第 n 级区间 $[a_n,b_n]$ 都形如以上 $[a,b]$ 或 $[b,c]$, 记 $[a_{n-1},b_{n-1}]=[a,c]$, 则

$$f(b_n)-f(a_n)=v_n(f(b_{n-1})-f(a_{n-1})),$$

其中 v_n 为 s 或 t. 归纳地, 有诸项为 s 或 t 的数组 $(v_n,\cdots,v_1)$ 使

$$f(b_n)-f(a_n)=v_n\cdots v_1(f(1)-f(0)).$$

上式蕴含 f 严格递增且连续: 当 $2^{-k+1}<z-y<2^{-n}$ 时, y 与 z 落于一个或两个相邻的第 n 级区间, 但落于相离的第 k 级区间中. 由 $s\leqslant v_i\leqslant t$ 得

$$s^k\leqslant f(z)-f(y)\leqslant 2t^n.$$

当 f 在 x 有导数时, 取包含 x 的各级区间的递减序列 $([a_n, b_n])_{n\geqslant 1}$, 则

$$f'(x) = \lim_{n\to\infty}\Big(\frac{f(b_n) - f(a_n)}{b_n - a_n} = \prod_{i=1}^{n}(2v_i)\Big).$$

无穷乘积 $\prod(2v_n|n \geqslant 1)$ 的通项不逼近 1, 导数 $f'(x)$ 有限时必为 0. □

一般地, 导数殆为零的非常值连续囿变函数称为*奇异函数*.

命题 3 (Fubini 逐项求导定理) 设 $f_n : [a, b] \to \mathbb{R}$ 是递增函数使级数 $\sum\limits_{n\geqslant 1} f_n$ 逐点有 Cauchy 和 f, 则 $f' = \sum\limits_{n\geqslant 1} f_n'$ 在一个 Lebesgue 零集外成立.

证明 作递增函数 $g_n = \sum\limits_{i\geqslant n} f_i$, 要证 $\lim\limits_{n\to\infty} g_n' \overset{\text{ae}}{=} 0$. 式子 $g_n' \overset{\text{ae}}{=} f_n' + g_{n+1}'$ 和 $f_n' \overset{\text{ae}}{\geqslant} 0$ 表明 $(g_n')_{n\geqslant 1}$ 殆递减, 因此说明某个子列 $(g_{k_n})_{n\geqslant 1}$ 殆逼近 0 即可.

法一: 取严格递增的自然数列 $(k_n)_{n\geqslant 1}$ 使 $|g_{k_n}(a)| + |g_{k_n}(b)| < 2^{-n}$. 递增函数组成的级数 $\sum g_{k_n}$ 之和 g 是个递增函数. 取零集 E 使 $x \notin E$ 时, 所论函数都在 x 可导. 对此 x 总有 $g_{k_1}'(x) + \cdots + g_{k_n}'(x) \leqslant g'(x)$, 从而 $\lim\limits_{n\to\infty} g_{k_n}'(x) = 0$.

法二: 当 $\varepsilon > 0$ 时, 命 $E_n = \{g_n' \geqslant \varepsilon\}$. 根据定理 1 得

$$\varepsilon|E_n|_1 \leqslant |g_n([a, b])|_1 \leqslant g_n(b) - g_n(a).$$

因此 (g_n') 依测度收敛于 0, 对此用 F. Riesz 定理得到满足要求的子列. □

作为应用, 证明 4.1 节命题 2(6). 在任意区间 $[a, b]$ 上说明 h' 殆为零即可, 可设 h 是实值的且 $h(a) = 0$. 由 Jordan 分解, 可设诸 p_r 和 q_r 都非负, 于是 $h(x) = \sum\limits_{r\in D} g_r(x)(a \leqslant x \leqslant b)$(其中 g_r 见于 4.1 例 1). 由 $g_r' \overset{\text{ae}}{=} 0$ 和 Fubini 逐项求导定理知 $h' \overset{\text{ae}}{=} 0$.

微经典分析中讨论的函数一般可导甚至高阶连续可导. 鉴于有些函数在个别点上不可导, 直至 20 世纪初, 像 Ampère 等曾致力于解决连续函数是否在某个集合外可导等问题, 然而, Weierstrass 构造的无可导点的连续函数终结了这个愿望. 这使 Picard 感慨: 如果 Newton 和 Leibniz 想到过连续函数不必可导——而这却是一般情形, 那么微分学就不会被创造出来.

4.2.2 绝对连续性

设依某方式对于实轴中闭区间上某些复值函数定义了积分, 称区间 X 上复值函数 f 是局部可积函数 u 的一个*不定积分*指诸 $\{x_1, x_2\} \subseteq X$ 使

$$f(x_2) - f(x_1) = \int_{x_1}^{x_2} u(t)dt.$$

何类函数能成为不定积分? 在 Riemann 积分范畴, f 连续可导即可. 在 Lebesgue 积分范畴, 这样的 f 有何特征? 显然, 奇异函数不行.

下面逐步解决上述问题, 先考察囿变函数与其导函数的性质.

定理 4 对于函数 $f:[a,b]\to\mathbb{C}$, 以下条件渐弱 [而 (2) 与 (3) 等价]:

(1) f 是某个连续函数 $w:[a,b]\to\mathbb{C}$ 的 Lebesgue 不定积分.

(2) f 是个绝对连续函数: 若 $\varepsilon>0$, 有 $\delta>0$, 当 $[a,b]$ 中有限个互斥区间 $(a_i,b_i)(i\in\alpha)$ 满足 $\sum\limits_{i\in\alpha}(b_i-a_i)<\delta$ 时, $\left|\sum\limits_{i\in\alpha}(f(b_i)-f(a_i))\right|<\varepsilon$. 此时其实部和虚部绝对连续且

$$\sum_{i\in\alpha}|f(b_i)-f(a_i)|\leqslant\sum_{i\in\alpha}\omega(f,[a_i,b_i])<4\varepsilon.$$

(3) f 是几个绝对连续者的线性组合或点态积. 此时可要求上述 α 可数.

(4) f 是个囿变函数. 此时 $(f^\vee)'\overset{\text{ae}}{=}|f'|$ 且 $\int\limits_a^b|f'(x)|dx\leqslant\bigvee\limits_{a+}^{b-}f$.

证明 可设 f 是实值的, 回顾符号 $f|_a^b=f(b)-f(a)$. 由中值定理知 (1)⇒(2). 显然 (2)⇔(3). 此时命 $t_i=f|_{a_i}^{b_i}$, 使 $\pm t_i>0$ 的 i 全体 $\alpha_\pm$ 满足 $\sum\limits_{i\in\alpha_\pm}(b_i-a_i)<\delta$, 于是 $\sum\limits_{i\in\alpha_\pm}\pm t_i<\varepsilon$, 故 $\sum\limits_{i\in\alpha}|t_i|<2\varepsilon$. 连续函数 f 于紧集 $[a_i,b_i]$ 的振幅 ω_i 等于 $\max\{|f|_{r_i}^{s_i}|:[r_i,s_i]\subseteq[a_i,b_i]\}$. 由 $\sum\limits_{i\in\alpha}(s_i-r_i)<\delta$ 知 $\sum\limits_{i\in\alpha}\omega_i<2\varepsilon$, 由此可设 α 可数.

(2)⇒(4): 当 $[a,b]$ 的分点组 $P:t_0<\cdots<t_n$ 满足 $\operatorname{mesh}P<\delta$ 时, $[t_{i-1},t_i]$ 的分点组 P_i 都使 $\bigvee(f,P_i)<\varepsilon$, 故 $\bigvee(f,P)\leqslant n\varepsilon$ 而 f 是囿变的. 用 4.1 节命题 3 证明中符号 u 和 v 知 $u'\overset{\text{ae}}{\leqslant}|f'|\overset{\text{ae}}{\leqslant}(f^\vee)'$. 令 $\varepsilon=2^{-n}$, 相应 u_n 和 $v_n=f^\vee-u_n$ 使递增函数项级数 $\sum\limits_{n\geqslant1}v_n$ 点态收敛. 根据命题 3 知 $\lim\limits_{n\to\infty}v_n'\overset{\text{ae}}{=}0$, 即 $(f^\vee)'\overset{\text{ae}}{=}|f'|$.

当 $a<x<y<b$ 且 $r=(b-y)/k$ 时,

$$\begin{aligned}\int\limits_x^y\frac{f^\vee(t+r)-f^\vee(t)}{r}dt&=\int\limits_{x+r}^{y+r}\frac{f^\vee(t)}{r}dt-\int\limits_x^y\frac{f^\vee(t)}{r}dt\\&=\int\limits_y^{y+r}\frac{f^\vee(t)}{r}dt-\int\limits_x^{x+r}\frac{f^\vee(t)}{r}dt\leqslant f^\vee(y+r)-f^\vee(x).\end{aligned}$$

命 $k\to\infty$, 用 Fatou 引理得 $\int\limits_x^y(f^\vee)'(t)dt\leqslant\bigvee\limits_x^{y+}f$, 命 $x\to a+$ 及 $y\to b-$ 即可. □

下面在 Lebesgue 积分范畴讨论上述问题.

定理 5 对于实轴中区间 $[a,b]$ 上复值函数 f, 以下条件等价:

(1) f 是某个Lebesgue可积函数 $u:[a,b]\to\mathbb{C}$ 的不定积分.

(2) f 是囿变的且 $\bigvee\limits_a^b f=\int\limits_a^b|f'(x)|dx$. 此时 $f'\overset{\text{ae}}{=}u$.

(3) f 的全变差函数 $f^\vee$ 是绝对连续的. 此时 $|f|$ 是绝对连续的.

(4) f 是绝对连续的. 此时它是导函数的 f' 的 Lebesgue 不定积分.

证明 (1)⇒(2): 当 $P(x_i)_{i=0}^n$ 是 $[a,b]$ 的分点组时, $\left|\int\limits_{x_{i-1}}^{x_i} u(t)dt\right| \leqslant \int\limits_{x_{i-1}}^{x_i} |u(t)|dt$. 因此 $\bigvee(f,P) \leqslant \|u\|_1$, 结合定理 4(4) 得 (5): $\|f'\|_1 \leqslant f^\vee(b) \leqslant \|u\|_1$.

对于 $\varepsilon > 0$, 有连续函数 v 使 $\|u-v\|_1 < \varepsilon$. 以 g 记 v 的不定积分, 则 $g' = v$. 将 (5) 中 f 和 u 各换成 $f-g$ 和 $u-v$ 得 $\|(f-g)'\|_1 < \varepsilon$. 由下式

$$f' - u \stackrel{\text{ae}}{=} (f-g)' + (v-u)$$

知 $\|f'-u\|_1 < 2\varepsilon$. 命 $\varepsilon \to 0$ 知 $f' \stackrel{\text{ae}}{=} u$ 而 (5) 是等式.

(2)⇒(3): 在 $[a,x]$ 和 $[x,b]$ 用定理 4(4) 得 $\int\limits_a^x |f'(t)|dt \leqslant \bigvee\limits_a^x f$ 和 $\int\limits_x^b |f'(t)|dt \leqslant \bigvee\limits_x^b f$. 此两式相加得等式, 它们便各自为等式. 故 $\bigvee\limits_p^q f = \int\limits_p^q |f'(t)|dt$. 命 $E = \biguplus\limits_{i\in\alpha}(a_i,b_i)$, 则 $\sum\limits_{i\in\alpha}\bigvee\limits_{a_i}^{b_i} f = \int\limits_E |f'(t)|dt$. 对 $|f'|$ 用积分的绝对连续性即可.

(3)⇒(4) 源自不等式 $|f(b_i)-f(a_i)| \leqslant f^\vee(b_i) - f^\vee(a_i)$.

(4)⇒(1): 根据定理 4 知 f' 可积, 其不定积分 f_1 根据 (1)⇒(2)⇒(3) 是绝对连续的且 $f_1' \stackrel{\text{ae}}{=} f'$. 以 $f - f_1$ 代替 f 后, 可设 $f' \stackrel{\text{ae}}{=} 0$, 要证 f 为常值的.

可设 f 是实值的. 命 $E = \{D_-f = 0\} \setminus \{b\}$. 对于 $x \in E$, 有 $z \in (a,x)$ 使 $\triangle_f(x,z) < \varepsilon$. 根据 f 的连续性和 Riesz 引理得 (a,b) 的包含 E 的一个开集 B 使其构成区间 (s,t) 都满足 $f(t)-f(s) \leqslant \varepsilon(t-s)$. 由 $|E|_1 = b-a$ 知 B 有构成区间 $(a_1,b_1),\cdots,(a_n,b_n)$ 使 $a_1 < \cdots < a_n$ 且

$$\sum_{i=1}^{n+1}(a_i - b_{i-1}) = (b-a) - \sum_{i=1}^{n}(b_i - a_i) < \delta,$$

其中 $b_0 = a$ 而 $a_{n+1} = b$. 由此结合绝对连续性条件知 $\sum\limits_{i=1}^{n+1}(f(a_i) - f(b_{i-1})) < \varepsilon$. 上述 (s,t) 换成 (a_i,b_i) 得 $f(b_i) - f(a_i) \leqslant \varepsilon(b_i - a_i)(1 \leqslant i \leqslant n)$. 这些式子相加得

$$f(b) - f(a) < \varepsilon(b-a+1).$$

命 $\varepsilon \to 0$ 得 $f(b) \leqslant f(a)$. 以 $-f$ 代替 f 得 $f(b) \geqslant f(a)$. 这样 $f(b) = f(a)$.

当 $a \leqslant x \leqslant b$ 时, 以 $[a,x]$ 代替 $[a,b]$ 得 $f(x) = f(a)$. □

与 3.5 节中有关测度的 Lebesgue 分解相对应的函数分解有如下结论.

命题 6 (Lebesgue 分解定理) 在相差常数意义下, 囿变函数 $f:[a,b] \to \mathbb{C}$ 有唯一分解 $f_1 + f_2 + f_3$ 使 f_1 绝对连续、f_2 非常数时奇异且 f_3 跳跃.

证明 设 g 和 h 同 4.1 节命题 3(6), 命 $f_3 = h$. 根据定理 4 和定理 5, 作绝对连续函数 $f_1 : x \mapsto f(a) + \int\limits_a^x g'(t)dt$. 作连续囿变函数 $f_2 = g - f_1$, 则 $f_2(a) = 0$. 若 f_2 非 0, 则 $f_2' \stackrel{\text{ae}}{=} 0$ 表明 f_2 奇异. 因此, $f_1 + f_2 + f_3$ 为所求的一个分解.

若 $\tilde{f}_1 + \tilde{f}_2 + \tilde{f}_3$ 也为所求的分解, 则跳跃函数 $f_3 - \tilde{f}_3$ 在 $[a,b]$ 上连续, 因而在 $[a,b]$ 上是常数. 对 f 求导知 $f_1' \overset{\text{ae}}{=} \tilde{f}_1'$, 所以 f_1 与 $\tilde{f}_1$ 相差一常数. □

定理 5 可简化成Lebesgue *微积分基本定理*: 函数 $f:[a,b]\to\mathbb{C}$ 是绝对连续的当且仅当它依 Lebesgue 测度殆可导且导函数 f' 是 Lebesgue 可积的及

$$f(x) = f(a) + \int_a^x f'(t)dt : a \leqslant x \leqslant b.$$

例 4 以下确立的函数 $f:\mathbb{I}\to\mathbb{R}$ 何时囿变甚至绝对连续?

$$f(0)=0; f(x) = x^t \sin\frac{1}{x} : 0 < x \leqslant 1.$$

首先, 当 $0<a<1$ 时, f 于 $[a,1]$ 连续可导而在 $[a,1]$ 上是绝对连续的. 其次, 设 f 囿变. 由 $f(0+)$ 存在且有限知 $t>0$, 于是 f 与其全变差函数连续. 结合定理 5 知

$$\bigvee_0^1 f = \lim_{a\to 0+}\left(\bigvee_a^1 f = \int_a^1 |f'(x)|dx\right) = \int_0^1 |f'(x)|dx, \tag{0}$$

以上第三等号源自从下连续性. 因此 f 是囿变的当且仅当 f' 是可积的.

现在 $f'(x) = tx^{t-1}\sin\frac{1}{x} - x^{t-2}\cos\frac{1}{x}$ 且 $(0,1]$ 上 $tx^{t-1}\sin\frac{1}{x}$ 是可积的. 由

$$\int_0^1 \left|x^{t-2}\cos\frac{1}{x}\right|dx = \int_1^{+\infty}\frac{|\cos x|}{x^t}dx$$

知 f' 为可积的当且仅当 $t>1$. 此时根据 (0) 和定理 5, f 还是绝对连续的. □

4.2.3 阅读材料

仿 Riemann 积分, 对于区间 $[s,t]$ 上 Lebesgue 可积函数 v, 命

$$\int_t^s v(x)dx = -\int_s^t v(x)dx.$$

命题 7 (Lebesgue 微分定理) 设 $v:(a,b)\to\mathbb{C}$ 是局部可积函数并且

$$g(x_2) - g(x_1) = \int_{x_1}^{x_2} v(t)dt : \{x_1, x_2\} \subset (a,b),$$

则几乎所有 $x\in(a,b)$ 是 v 的 Lebesgue点, 即 $\lim\limits_{r\to 0}\int_x^{x+r}\left|\frac{v(s)-v(x)}{r}\right|ds = 0.$

(1) 函数 g 在 v 的 Lebesgue 点 x 处可导且有导数 $v(x)$.

(2) 使 $g'(x) = v(x)$ 的 x 不必是 v 的 Lebesgue 点.

证明 可设 v 是实值可积的. 对于有理数 t, 命 $v_t: s \mapsto |v(s)-t|$ 而 g_t 是其不定积分. 根据定理 5 可作零集 $E = \bigcup\{\{g_t' \neq v_t\}|t \in \mathbb{Q}\}$. 诸 $x \notin E$ 使

$$\left|\int_x^{x+r} \frac{|v(s)-t+t-v(x)|}{r} ds\right| \leqslant \left|\int_x^{x+r} \frac{v_t(s)+v_t(x)}{r} ds\right|$$
$$\Rightarrow \overline{\lim_{r\to 0}} \left|\int_x^{x+r} \frac{|v(s)-v(x)|}{r} ds\right| \leqslant 2 \lim_{t \to v(x)} v_t(x) = 0,$$

以上最后取极限时用到了有理数全体稠于实轴的结论.

(1) 注意到 $\left|\dfrac{g(x+r)-g(x)}{r} - v(x)\right| \leqslant \left|\displaystyle\int_x^{x+r} \frac{|v(s)-v(x)|}{r} ds\right|$ 即可.

(2) 设 $(a_n)_{n\geqslant 1}$ 是严格递减至 0 的实数列使 $a_1 = 1$ 且 $\lim\limits_{k\to\infty} a_n/a_{n+1} = 1$, 命 $b_n = (a_n + a_{n+1})/2$. 作奇函数 $v: [-1,1] \to \mathbb{R}$ 使 $a_{n+1} < x \leqslant b_n$ 时 $v(x) = 1$; 当 $b_n < x \leqslant a_n$ 时 $v(x) = -1$. 当 $a_{n+1} < x \leqslant a_n$ 时, v 在 $[0, a_{n+1}]$ 上的 Lebesgue 积分为 0, 故

$$\left|\int_0^x \frac{v(t)dt}{x}\right| \leqslant \int_{a_{n+1}}^x \frac{|v(t)|dt}{x} \leqslant \frac{a_n - a_{n+1}}{a_{n+1}}.$$

这表明 $g'(0) = v(0)$. 然而, 由 $\displaystyle\int_0^r \frac{|v(t)-v(0)|dt}{r} = 1$ 知 0 非 v 的 Lebesgue 点. □

生于 1875 年 6 月 28 日的法国人 H. Lebesgue 因在小学时显示出的非凡数学天赋得到社区资助而能在巴黎的三所学校学习. 他于 1894 年就读于巴黎高等师范学校, 于 1897 毕业后留校在图书馆工作了两年. 此间, 他专注于 Baire 有关间断点的研究并在索邦大学读研究生时学到了 Borel 有关测度论的初期工作和 Jordan 测度. 在 1899 年谋得位于 Nacy 的 Lycée 中心的一个教职并于 1902 年以论文《积分, 长度和面积》获得理学博士, 此文叙述了他关于测度与积分的思想, 开了近代分析的先河.

尽管 Lebesgue 对微积分作了许多相当深刻的工作, 还是遇到过 Hermite 等的极力反对. 因为他讨论过不可导函数与曲面, "这对许多数学家来说, 我成了没有导数的函数的人", Lebesgue 说, "只要当我加入一个数学讨论时, 总会有分析学者说:'这不会使你感兴趣的, 我们是在讨论有导数的函数' 或者, 一位几何学家就会用他的语言说:'我们是在讨论有切平面的曲面'."

显然, 局部 Lebesgue 可积函数的连续点是自身的 Lebesgue 点.

例 5 Riemann 函数 R 的 Lebesgue 点恰是无理点. 进而, R 无可导点. 为此将无理数 x 写成 2 进制数 $\cdots a_0.a_1a_2\cdots$. 命 $x_n = \cdots a_0.a_1\cdots a_n$, 它形如 $k/2^n$. 于是 $R(x_n) \geqslant 1/2^n$ 且 $x - x_n < 2^{-n}$, 从而 $|\triangle_R(x_n, x)| > 1$. 无理数 x' 不等于 x 时, $\triangle_R(x', x) = 0$. □

下面讨论 Dini 导数的基本性质及其对单调性的影响.

命题 8 设 X 是实轴中区间. 将函数 $f: X \to \mathbb{R}$ 的连续点集记为 A.

(1) 诸 $t \in \overline{\mathbb{R}}$ 使 $A\{D^{\pm}f \geqslant t\}$ 与 $A\{D_{\pm}f \leqslant t\}$ 都是 G_δ-型集.

(2) f 的左右导数都存在但不相等的点至多有可列个.

(3) f 至多有可列个间断点时, 其 Dini 导数都是 Borel 函数.

(4) f 的不可导连续点全体是 $\mathrm{G}_{\delta\sigma}$-型集 (可数个 G_δ-型集的并).

(5) f 是递增的 (下同) 当且仅当 $\underline{D}f > -\infty$ 且 $\underline{D}f \overset{\text{ae}}{\geqslant} 0$.

(6) 设 $t \geqslant 0$ 且 Borel 集 $E \subseteq \{\overline{D}f \geqslant t\}$, 则 $|f(E)|_1 \geqslant t|E|_1$.

(7) 设 $s < +\infty$ 且 Borel 集 $E \subseteq \{\underline{D}f \leqslant s\}$, 则 $|f(E)|_1 \leqslant s|E|_1$.

(8) 当 $X = [a, b]$ 时, $\int\limits_X f'(t)dt \leqslant f(b) - f(a)$. 它为等式时, f 是绝对连续的.

证明 (1) 根据 2.4 节命题 2 知 A 是 G_δ-型集. 因 $A\{D^+f \geqslant -\infty\} = A$, 可设 $t > -\infty$. 命 $A_t = A\{D^+f \geqslant t\}$ 且 $T = \{s \in \mathbb{Q} | s < t\}$, 则 x 属于 A_t 当且仅当

$$\forall s \in T,\ \forall r \in \mathbb{Q}_+,\ \exists y \in (x, x+r) : \triangle_f(y, x) > s.$$

固定 s 和 r, 上面这种 x 全体记为 $E_{s,r}$, 则 $A_t = \bigcap\{E_{s,r} | s \in T, r \in \mathbb{Q}_+\}$. 因为 $\triangle_f(y, \cdot)$ 在 x 连续, 有 $r' > 0$ 使 $|z - x| < r'$ 时上述 y 满足 $0 < y - z < r$ 且 $\triangle_f(y, z) > s$. 这些区间 $(x - r', x + r')$ 并为开集 U 使 $E_{s,r} = U \cap A$, 这是 G_δ-型集. 从而 A_t 都是 G_δ-型集. 同样可证其他结论.

(2) 命 $C = \{f'_- < f'_+\}$ 且 $B = \{f'_- > f'_+\}$, 说明 C 与 B 可数即可. 当 $x \in C$ 时, 取开区间 $(f'_-(x), f'_+(x))$ 中有理数 l_x. 取有理数 r_x 使 $r_x < z < x$ 时 $\triangle_f(z, x) < l_x$. 取有理数 s_x 使 $x < y < s_x$ 时 $l_x < \triangle_f(x, y)$. 映射 $x \mapsto (l_x, r_x, s_x)$ 是 C 到 $\mathbb{Q}^3$ 的单射. 否则, C 有不同两点 x_1 与 x_2 对应同一个有理三元组 (l, r, s)(下标已去). 无妨设 $r < x_1 < x_2 < s$, 于是 $\triangle_f(x_1, x_2) < l < \triangle_f(x_1, x_2)$, 矛盾. 可见, $|C| \leqslant \aleph_0$. 同样, $|B| \leqslant \aleph_0$.

(3) 显然, f 的 Dini 导数在连续点集与间断集上都是 Borel 函数, 注意到可数黏接保持可测性即可.

(4) 源自 (1).

(5) 必要性易. 充分性: 设 $A = \{\underline{D}f < 0\}$ 而 g_A 同例 2. 下导数非负的网 $(f + rg_A)_{r>0}$ 点态逼近 f, 可设 $\underline{D}f \geqslant 0$. 若有 $[a_1, b_1] \subseteq X$ 使 $f(a_1) > f(b_1)$, 命 $s = (f(a_1) - f(b_1))/(1 + b_1 - a_1)$ 及 $h: x \mapsto f(x) + sx$, 则 $h(b_1) < h(a_1)$ 且 $\underline{D}h \geqslant s$. 命 $c_1 = (a_1 + b_1)/2$, 当 $h(c_1) < h(a_1)$ 时, 命 $[a_2, b_2] = [a_1, c_1]$; 否则, 命 $[a_2, b_2] = [c_1, b_1]$. 于是 $h(b_2) < h(a_2)$. 如此下去得长度趋向零的区间套 $([a_n, b_n])_{n\geqslant 1}$ 使 $h(b_n) < h(a_n)$, 此套的公共点记为 x_0. 当 $h(b_n) < h(x_0)$ 时, 命 $x_n = b_n$; 否则, 命 $x_n = a_n$. 诸项异于 x_0 的数列 $(x_n)_{n\geqslant 1}$ 逼近 x_0 且 $\triangle_h(x_n, x_0) < 0$, 故 $\underline{D}h(x_0) \leqslant 0$, 矛盾.

(6) 仿定理 1 的证明可设 $E \subseteq \{\overline{D}f > t\}$, 命 $E_1 = \{x \in E | D^-f(x) > t\}$ 且 $E_2 = E \setminus E_1$. 根据 (1) 知 E_1 和 E_2 都是 Borel 集, 根据 2.5 节命题 11 知 $f(E_i)$ 是

Borel 集. 根据定理 1, 说明 $f(E_1)$ 和 $f(E_2)$ 至多有可列个交点即可. 设有 $a_i \in E_1$ 和 $b_i \in E_2$ 使 $f(a_i)$ 和 $f(b_i)$ 相等且依 i 而异. 若 $b_i < a_i$, 则 f 于 $[b_i, a_i]$ 为常值, 从而 $D^-f(a_i) = 0$, 矛盾. 因此 $a_i < b_i$. 从而 $[a_i, b_i]$ 是互斥非退化区间, 它们至多有可列个. 易得 (7).

(8) 前半部分源自定理 4, 由 $\bigvee(f, X) = f(b) - f(a)$ 知后半部分源自定理 5. □

现在有个问题: 处处可导且导函数可积的函数是否绝对连续?

定理 9 不可导集可数且导函数可积的连续函数 $f : [a, b] \to \mathbb{C}$ 是绝对连续的.

证明 可设 f 是实值的, g 和 g_n 各为 f' 和 $n \wedge f'$ 的不定积分且在 a 与 f 同值. 取个跳跃函数 h 使其仅在 f 的不可导点 x 有 (左/右) 正跃差 $2q_x$, 则 $h' \overset{\text{ae}}{=} 0$.

当 $r > 0$ 时, 命 $e = rh + f - g_n$, 则

$$e' \overset{\text{ae}}{=} rh' + f' - f' \wedge n \overset{\text{ae}}{\geqslant} 0.$$

若 f 不在 x 可导, 则 $e(x\pm) - e(x) = \pm 2rq_x$. 设 $0 < |z - x| < \delta$ 时, $|e(z) - e(x)| \geqslant rq_x$, 则 $\triangle_e(z, x) \geqslant rq_x/|z - x|$ 而 $\underline{D}e(x) = +\infty$.

若 f 在 x 可导, 则 $\triangle_e(z, x) \geqslant \triangle_f(z, x) - n$ 而 $\underline{D}e(x) \geqslant f'(x) - n$.

可见 $\underline{D}e > -\infty$, 结合命题 8(5) 知 e 递增. 命 $r \to 0+$ 知 $f - g_n$ 递增. 因此 $g_n \leqslant f$. 命 $n \to +\infty$ 知 $g \leqslant f$. 类似知 $g \geqslant f$. □

逐点可导函数不必绝对连续, 从而不是其导数的 Lebesgue 不定积分.

例 6 设实数 $a > 1$ 且 $b > 0$. 当 $0 < x \leqslant 1$ 时, 命 $f(x) = x^a \cos x^{-b}$. 命 $f(0) = 0$, 则 $f'(x) = ax^{a-1}\cos x^{-b} + bx^{a-b-1}\sin x^{-b}$ 且 $f'(0) = 0$. 因此, f' 是可积的当且仅当 $b < a$. 在 $b \geqslant a$ 时, f 非绝对连续, 它不能写成 f' 的 Lebesgue 不定积分. □

这表明在 Lebesgue 积分范围内无法彻底解决用导数表示原函数的问题.

练 习

习题 1 设 $f : (0, 1) \to \mathbb{R}$ 是个单调函数, 则 $(0, 1)$ 上函数 $g : x \mapsto f(x+)$ 是单调的、$g(x-) = f(x-)$ 且 $g(x+) = f(x+)$(两函数便有相同间断集). 进而 g 与 f 在连续点有相同各项 Dini 导数 (两函数便有相同可导点).

习题 2 求 Cantor 函数 g 在 $\mathbb{V}$ 的构成区间右端点的右导数.

习题 3 证明可导函数 $f : (a, b) \to \mathbb{R}$ 使 $\{f'(x) | a < x < b\}$ 为区间.

习题 4 函数 $f : [a, b] \to \mathbb{R}$ 是下凸函数当且仅当 $(\overline{D}f)(x_1) \leqslant (\underline{D}f)(x_2)$ 在 $x_1 < x_2$ 时成立. 进而, 连续下凸函数 $f : [a, b] \to \mathbb{R}$ 都是绝对连续函数.

习题 5 设级数 $f = \sum\limits_{k \geqslant 1} f_k$ 点态收敛且其中每一项都是 $[a, b]$ 上递增的绝对连续函数, 则 f 是绝对连续函数. 证明例 2 中 g_A 绝对连续但非 Lipschitz 函数.

习题 6 对于函数 $f:(a,b)\to\mathbb{C}$ 与分点组 $P:a=x_0<\cdots<x_n=b$ 记

$$V_f^2(P)=\sum_{i=1}^{n}\Big|\frac{f(x_i)-f(x_{i-1})}{x_i-x_{i-1}}-\frac{f(x_{i+1})-f(x_i)}{x_{i+1}-x_i}\Big|.$$

当有常数 c 恒使 $V_f^2(P)\leqslant c$ 时, f 是 Lipschitz 的, 它在每点 $x\in(a,b)$ 左可导且右可导. 进而, 左导数 f'_- 与右导数 f'_+ 都是囿变的.

习题 7 函数 $f:[a,b]\to\mathbb{R}$ 是绝对连续的当且仅当它是连续的囿变函数且将 Lebesgue 零集映成 Lebesgue 零集.

习题 8 设 (p,q) 是对共轭指数且 $q>1$. 当 $f:(a,b)\to\mathbb{C}$ 是局部绝对连续函数时, 诸 $\{x_1,x_2\}\subseteq X$ 满足 $|f(x_2)-f(x_1)|\leqslant\|f'\|_q|x_2-x_1|^{\frac{1}{p}}$.

习题 9 设 $g:[a,b]\to\mathbb{R}$ 是连续函数且严格递增. 它是绝对连续的当且仅当 $|\{g(x)|(\overline{D}g)(x)=+\infty\}|_1=0$.

习题 10 证明以下条件等价:

(1) 函数 $g:[a,b]\to\mathbb{R}$ 是 Lipschitz 函数.

(2) 对于 $s>0$, 有 $r>0$ 使满足 $\sum\limits_{i\in\text{有限}\alpha}(b_i-a_i)<r$ 的区间 $[a_i,b_i]\subseteq[a,b]$ 满足 $\sum\limits_{i\in\alpha}|(g(b_i)-g(a_i))|<s$. 此时 g 是绝对连续的且可要求 α 可数.

(3) g 是某本质有界可测函数的不定积分. 此时 g 的 Dini 导数都有界.

习题 11(Фихтенгольц) 设 $f:[a,b]\to[c,d]$ 与 $g:[c,d]\to\mathbb{C}$ 是绝对连续的, 则复合 $g\circ f$ 是绝对连续的当且仅当它是囿变的.

习题 12 设 X 是实轴中 Lebesgue 测度有限集而 f 是其上殆可导复值函数. 对于 $t>0$, 证明有个含于 X 的闭集 E 使 $|X\setminus E|_1<t$ 且

$$\lim_{r\to0}\sup\Big\{\Big|\frac{f(y)-f(x)}{y-x}-f'(x)\Big|:x\in E,y\in X,0<|y-x|<r\Big\}=0.$$

4.3 非匀测度

在 Lebesgue 之前, Stieltjes 于 1894 年在其论文《连分数的研究》中为了表示一个解析函数序列的极限而推广了 Riemann 积分. Stieltjes 认为质量在直线上的分布是点密度的推广, 区间 $[a,x]$ 上的总质量以 $g(x)$ 表示后得到一个递增函数 g. 对于区间 $[a,b]$ 的分点组 $P:x_0<x_1<\cdots<x_n$ 和 $[a,b]$ 上函数 f, 和数 $\sum\limits_{1\leqslant k\leqslant n}f(t_k)(g(x_k)-g(x_{k-1}))$ 在 $\operatorname{mesh}P\to0$ 时的极限 (存在且与诸 $t_k\in[x_{k-1},x_k]$ 的取法无关时) 称为 f 关于 g 的 **Stieltjes 积分**.

4.3.1 从单调函数到容度

下面讨论实轴中区间上有限容度及 Borel 测度与单调函数的关系.

命题 1　设实轴中区间 X 的左右端点为 a 和 b, 则 σ-环 $\mathfrak{B}(X)$ 有个生成系

$$\mathcal{P}=\{X\cap\{a\},X\cap\{b\},(u,v]|a<u\leqslant v<b\}.$$

(1) 集函数 $\psi:\mathcal{P}\to\mathbb{R}$ 是个容度当且仅当在相差常数意义下有唯一递增函数 $g:X\to\mathbb{R}$ 使 $\psi(u,v]=g(v)-g(u)$ 且在 $a\in X$ 或 $b\in X$ 时 $\psi\{a\}=g(a+)-g(a)$(约定 $g(a-)=g(a)$) 或 $\psi\{b\}=g(b)-g(b-)$(约定 $g(b+)=g(b)$). 此时记 $\mathfrak{m}_g=\psi$.

(2) ψ 还是个测度当且仅当 g 还在 (a,b) 右连续. 此时 $(\mathcal{P},\psi)$ 的 Carathéodory 扩张记为 $(\mathfrak{L}_g(X),\mathfrak{m}_g)$, 命 $(s-,t]=[s,t],(s-,t-]=[s,t),(s,t-]=(s,t)$. 当 $(s*,t\bullet]\subseteq X$ 时, $\mathfrak{m}_g(s*,t\bullet]=g(t\bullet)-g(s*)$. 特别地, 诸 $x\in X$ 使 $\mathfrak{m}_g\{x\}=g(x+)-g(x-)$. 称 $\mathfrak{m}_g$ 是个Lebesgue-Stieltjes 测度而 $\mathfrak{L}_g(X)$ 中成员为 Lebesgue-Stieltjes 可测集.

(3) 集函数 $\mu:\mathfrak{B}(X)\to\overline{\mathbb{R}}$ 是个 Borel 测度当且仅当它是某个于 X 内部右连续的递增函数 g 诱导的 Lebesgue-Stieltjes 测度 (的限制).

证明　按要求, 可设 X 含原点且不含端点. 根据 2.2 节 (例 2 和命题 4(1)) 知 $\mathfrak{B}(X)$ 有个生成系 $\{X\cap(u,v]|u<v\}$. 设数列 $(u_k)_{k\geqslant1}$ 严格递减至 a 而数列 $(v_k)_{k\geqslant1}$ 严格递增至 b 且 $u_1<v_1$, 则 $X\cap(u_k\vee u,v_k\wedge v]$ 递增至 $X\cap(u,v]$.

(1) 必要性: 依 $x\geqslant0$ 和 $x<0$ 命 $g(x)=\psi(0,x]$ 和 $g(x)=-\psi(x,0]$, 则

$$g(v)-g(u)=\left\{\begin{matrix}\psi(u,0]-\psi(\nu,0]:u<v<0\\ \psi(0,v]+\psi(u,0]:u<0\leqslant v\\ \psi(0,v]-\psi(0,u]:0\leqslant u<v\end{matrix}\right\}=\psi(u,v].$$

因此 g 为所求的一个递增函数. 若 h 也为所求, 则 $g(v)-g(u)$ 与 $h(v)-h(u)$ 同为 $\psi(u,v]$. 于是 $g(v)-h(v)=g(u)-h(u)$, 而 $g-h$ 是个常值函数.

充分性: 仿 2.1 节命题 1, 设 α 和 β 是有限集使 $\biguplus_{i\in\alpha}(u_i,v_i]\subseteq\bigcup_{i\in\beta}(u_i,v_i]$, 要证

$$\sum_{i\in\alpha}(g(v_i)-g(u_i))\leqslant\sum_{i\in\beta}(g(v_i)-g(u_i)).$$

所有 u_i 和 v_i 依小到大排成 $y_0,\cdots,y_q$. 记 $c_k=g(y_k)-g(y_{k-1})$. 诸 $(u_i,v_i]$ 形如 $(y_r,y_s]$, 故 $g(v_i)-g(u_i)$ 等于 $g(y_s)-g(y_r)$, 后者化成 $\sum\limits_{k\leqslant q}c_k\chi_{(u_i,v_i]}(y_k)$. 于是

$$\begin{aligned}\sum_{i\in\alpha}(g(v_i)-g(u_i))&=\sum_{k\leqslant q}c_k\sum_{i\in\alpha}\chi_{(u_i,v_i]}(y_k)\\&\leqslant\sum_{k\leqslant q}c_k\sum_{i\in\beta}\chi_{(u_i,v_i]}(y_k)=\sum_{i\in\beta}(g(v_i)-g(u_i)).\end{aligned}$$

(2) 充分性: 仿 2.1 节命题 1, 设 α 和 β 可数使 $\biguplus_{i\in\alpha}(u_i,v_i]\subseteq\bigcup_{i\in\beta}(u_i,v_i]$, 要证

$$\sum_{i\in\alpha}(g(v_i)-g(u_i))\leqslant\sum_{i\in\beta}(g(v_i)-g(u_i)).$$

可设 α 有限. 当 $s>0$ 时, 由 g 的右连续性得 $u_i'\in(u_i,v_i)$ 和 $v_i'\in(v_i,b)$ 使

$$\sum_{i\in\alpha}(g(u_i')-g(u_i))+\sum_{i\in\beta}(g(v_i')-g(v_i))<s.$$

紧集 $\biguplus\{[u_i',v_i]|i\in\alpha\}$ 有开覆盖 $\{(u_i,v_i')|i\in\beta\}$, 取其有限子覆盖 $\{(u_i,v_i')|i\in\gamma\}$. 于是 $\biguplus_{i\in\alpha}(u_i',v_i]\subseteq\bigcup_{i\in\gamma}(u_i,v_i']$, 由上式结合 (1) 知

$$\begin{aligned}\sum_{i\in\alpha}(g(v_i)-g(u_i))-s&\leqslant\sum_{i\in\alpha}(g(v_i)-g(u_i'))\\&\leqslant\sum_{i\in\gamma}(g(v_i')-g(u_i))\leqslant\sum_{i\in\beta}(g(v_i)-g(u_i))+s.\end{aligned}$$

在首尾两项中命 $s\to0$ 即可.

必要性: 任取 $x\in(a,b)$, 命 $x_n=x+2^{-n}$. 区间列 $((x,x+2^{-n}])_{n\geqslant1}$ 递减至空集, 取测度后知 $(g(x_n)-g(x))_{n\geqslant1}$ 便递减至 0, 即 $g(x+)-g(x)=0$.

此时, 区间列 $((u-2^{-k},u])_{k\geqslant1}$ 递减至 $\{u\}$, 由从上连续性得

$$\psi\{u\}=\lim_{k\to\infty}(g(u)-g(u-2^{-k}))=g(u)-g(u-).$$

对于严格递减至 s 的数列 $(u_k)_{k\geqslant1}$ 和严格递增至 t 的数列 $(v_k)_{k\geqslant1}$, 可设 $u_1<v_1$, 则区间序列 $((u_k,v_k])_{k\geqslant1}$ 严格递增至区间 (s,t). 由测度的从下连续性得

$$\psi(s,t)=\lim_{k\to\infty}(g(v_k)-g(u_k))=g(t-)-g(s+).$$

由 $[s,t)=\{s\}\uplus(s,t)$ 和 $[s,t]=[s,t)\uplus\{t\}$ 得其他等式.

(3) 限制 $\mu|_{\mathcal{P}}$ 是有限的, 它为某个 g 诱导. 用 Carathéodory 扩张定理即可. □

实轴上 Lebesgue 测度是一例 Lebesgue-Stieltjes 测度, 相应 $g(x)=x$.

例 1 命 $g(x)=\lfloor x\rfloor$, 则实轴中子集 E 都是 g 对应的 Lebesgue-Stieltjes 可测集且 $\mathfrak{m}_g(E)=\sum_{n\in\mathbb{Z}}\delta_n(E)$, 其中第 n 项是集中于 n 的 Dirac 测度.

事实上, $g(n)=g(n-)+1$. 故 $\mathfrak{m}_g\{n\}=1$. 当 $A\subseteq\mathbb{R}\setminus\mathbb{Z}$ 时,

$$\mathfrak{m}_g^*(A)\leqslant\sum_{n\in\mathbb{Z}}\mathfrak{m}_g(n-1,n)=\sum_{n\in\mathbb{Z}}0=0.$$

这样 A 是 Lebesgue-Stieltjes 零集, 结合 E 的分解 $\{E\cap\mathbb{Z},E\setminus\mathbb{Z}\}$ 即可. □

因此, 当言及 Lebesgue-Stieltjes 可测集及其测度时需清楚相应的函数 g.

命题 2　设区间 X 上囿变函数 g 在 X 内部右连续.

(1) 当 g 为实值时, 命 $\mathfrak{m}_g = \mathfrak{m}_{g^{\vee +}} - \mathfrak{m}_{g^{\vee -}}$, 则 $(\mathfrak{m}_g)^{\vee \pm} = \mathfrak{m}_{g^{\vee \pm}}$ 且 $(\mathfrak{m}_g)^{\vee} = \mathfrak{m}_{g^{\vee}}$. 而 $\mathfrak{B}(X)$ 上带号 Borel 测度 μ 都是某个带号 Lebesgue-Stieltjes 测度 $\mathfrak{m}_g$ 的限制.

(2) 当 g 为复值时, 命 $\mathfrak{m}_g = \mathfrak{m}_{\mathrm{re}\, g} + \mathrm{i}\, \mathfrak{m}_{\mathrm{im}\, g}$, 则 $(\mathfrak{m}_g)^{\vee} = \mathfrak{m}_{g^{\vee}}$. 而 $\mathfrak{B}(X)$ 上复测度 μ 都是某个复 Lebesgue-Stieltjes 测度 $\mathfrak{m}_g$ 的限制.

证明　先证 (2) 之前半部分, 可设 $X = [a, b]$. 当 $a = x_0 < x_1 < \cdots < x_n = b$ 时,

$$\begin{aligned}&|g(x_1) - g(x_0)| + \sum_{i>1} |g(x_i) - g(x_{i-1})|\\ \leqslant\ &\mathfrak{m}_g^{\vee}([x_0, x_1]) + \sum_{i>1} \mathfrak{m}_g^{\vee}((x_{i-1}, x_i]),\end{aligned}$$

这表明 $g^{\vee}(b) \leqslant \mathfrak{m}_g^{\vee}(X)$, 即事实$\mathfrak{m}_{g^{\vee}}(X) \leqslant \mathfrak{m}_g^{\vee}(X)$. 现在

$$\begin{aligned}|\,\mathfrak{m}_g\{a\}| &= |g(a+) - g(a)|\\ &\leqslant g^{\vee}(a+) - g^{\vee}(a) = \mathfrak{m}_{g^{\vee}}\{a\},\\ |\,\mathfrak{m}_g((u, v])| &= |g(u) - g(v)|\\ &\leqslant g^{\vee}(v) - g^{\vee}(u) \leqslant \mathfrak{m}_{g^{\vee}}((u, v]).\end{aligned}$$

由单调类方法知诸 $E \in \mathfrak{B}(X)$ 使 $|\,\mathfrak{m}_g(E)| \leqslant \mathfrak{m}_{g^{\vee}}(E)$, 从而 $(\mathfrak{m}_g)^{\vee} \leqslant \mathfrak{m}_{g^{\vee}}$. 现在

$$\mathfrak{m}_g^{\vee}(E) + \mathfrak{m}_g^{\vee}(E^{\mathrm{c}}) \leqslant \mathfrak{m}_{g^{\vee}}(E) + \mathfrak{m}_{g^{\vee}}(E^{\mathrm{c}})$$

上式两端各是 $(\mathfrak{m}_g)^{\vee}(X)$ 和 $\mathfrak{m}_{g^{\vee}}(X)$. 此两数结合上述事实知相等, 以上不等式便成为等式. 特别地, $(\mathfrak{m}_g)^{\vee}(E) = \mathfrak{m}_{g^{\vee}}(E)$.

再证 (1) 之前半. 可设 $g^{\vee \pm} = (g^{\vee} \pm g)/2$, 则 $(\mathfrak{m}_{g^{\vee}} \pm \mathfrak{m}_g)/2$ 既是 $\mathfrak{m}_{g^{\vee \pm}}$ 又是 $(\mathfrak{m}_g)^{\pm}$.

现在, (1) 之后半部分和 (2) 之后半部分源自命题 1(3).　□

将 2.4 节定理 1 的证明稍加改造便可得以下结论.

定理 3　区间 X 上 Lebesgue-Stieltjes 测度 $\mathfrak{m}_g$ 都具有外正则性

$$\mathfrak{m}_g^*(E) = \inf\{\mathfrak{m}_g(U \cap X) | E \subseteq \text{开集} U\}.$$

以下 (1) 至 (5) 相互等价, 而 (6) 至 (8) 相互等价.

(1) E 是个 Lebesgue-Stieltjes 可测集. 此时 (内正则性)

$$\mathfrak{m}_g(E) = \sup\{\mathfrak{m}_g(K) | \text{紧集} K \subseteq E\}.$$

(2) 对任意 $\varepsilon > 0$, 有包含 E 的开集 U 使 $\mathfrak{m}_g^*((U \cap X) \setminus E) < \varepsilon$.

(3) 对任意 $\varepsilon>0$, 有含于 E 的闭集 F 使得 $\mathfrak{m}_g^*(E\setminus F)<\varepsilon$.

(4) 有个包含 E 的 $\mathtt{G}_\delta$-型集 U 使 $\mathfrak{m}_g^*(U\setminus E)=0$.

(5) 有个含于 E 的 $\mathtt{F}_\sigma$-型集 H 使 $\mathfrak{m}_g^*(E\setminus H)=0$.

(6) E 是 Lebesgue-Stieltjes 可测集且其测度是有限的.

(7) 当 $r>0$ 时, 有个 $F\in\mathtt{R}(\mathcal{P})$ 使 $\mathfrak{m}_g^*(E\triangle F)<r$.

(8) 当 $r>0$ 时, 有个含于 E 的紧集 A 使 $\mathfrak{m}_g^*(E\setminus A)<r$. □

4.3.2 凑微分与分部积分

将区间 X 上带号或复 Lebesgue-Stieltjes 测度 $\mathfrak{m}_g(dx)$ 简记为 $dg(x)$, 这与微分有区别. 将 $f(x)$ 依 $dg(x)$ 的积分 (存在时) 称为**Lebesgue-Stieltjes 积分**, 于是

$$\left|\int_X fdg\right|\leqslant\int_X|f|dg^\vee\leqslant\|f\|\bigvee_X g.$$

例 2 当 $f(x)$ 依 $d\lfloor x\rfloor$ 半可积时, $\int_{\mathbb{R}}f(x)d\lfloor x\rfloor=\sum_{n\in\mathbb{Z}}f(n)$. 事实上, 根据简单逼近可设 f 是某子集 $E\subseteq\mathbb{R}$ 的特征函数. 上式右端是 $\sum_{n\in\mathbb{Z}}\chi_E(n)$. 这根据例 1 正是 $\mathfrak{m}_g(E)$. □

单点集的 Lebesgue-Stieltjes 测度不必为零, 因此端点相同的各类区间不必有相同 Lebesgue-Stieltjes 测度. 将 f 于区间 $(s,t),(s,t],[s,t),[s,t]$ 的 Lebesgue-Stieltjes 积分各记为 $\int_{s+}^{t-}fdg$, $\int_{s+}^{t+}fdg$, $\int_{s-}^{t-}fdg$, $\int_{s-}^{t+}fdg$ (当 g 在 t 连续时, 第一个与第二个相等, 而第三个与第四个相等. 当 g 在 s 连续时, 第一个与第三个相等, 而第二个与第四个相等).

它们在 $s>a$ 时简化为 $\int_s^{t-}fdg$, $\int_s^t fdg$, $\int_{s-}^{t-}fdg$, $\int_{s-}^t fdg$. 它们在 $s=a\in X$ 时简化为 $\int_{a+}^{t-}fdg$, $\int_{a+}^t fdg$, $\int_a^{t-}fdg$, $\int_a^t fdg$.

根据 Lebesgue-Stieltjes 测度的正则性, Lebesgue-Stieltjes 可积函数 f 可被连续函数逼近: 当 $\varepsilon>0$ 时, 有连续函数 f_1 使 $\int_X|f(x)-f_1(x)|dg^\vee(x)<\varepsilon$. 若 f_2 依 $dg^\vee$ 是 p -方可积的, 有连续函数 f_3 使 $\int_X|f_2(x)-f_3(x)|^p dg^\vee(x)<\varepsilon^p$.

带号 Lebesgue-Stieltjes 测度 dg 与微分的关系见以下定理.

定理 4 (凑微分) 在区间 X 上囿变、在 X 内部右连续的复值函数 g 是绝对连续的当且仅当在带号测度意义下 $dg(x)=g'(x)dx$, 即 X 上任意 Borel 函数 f 使下式一边有意义时等式便成立,

$$\int_X f(x)dg(x)=\int_X f(x)g'(x)dx.$$

提示必要性 可设 g 递增. 利用简单函数的逼近可设 f 是 Borel 集 E 的特征函数, 这样要证式子 $\mathfrak{m}_g(E)=\int\limits_E g'(x)dx$. 由 Carathéodory 扩张定理, 可设 E 是 $\{a\}$ 或 $(u,v]$. 此时要证式子两边都是 0 或 $g(v)-g(u)$. □

将以上过程用于左连续性, 可讨论在区间内部左连续的递增 (或囿变) 函数诱导的 Lebesgue-Stieltjes 测度和 Lebesgue-Stieltjes 积分. 常用的曲线积分与囿变函数有关. 设 $\gamma: T\to\mathbb{C}$ 确立了一条只有有限个自交点的可求长曲线 Γ, 这蕴含 T 是区间而 γ 是连续的囿变函数且 $\Gamma=\operatorname{ran}\gamma$. 作 Γ 上孤长测度 $|\cdot|_1: E\mapsto\mathfrak{m}_{\gamma^\vee}(\gamma^{-1}(E))$, 认为 γ 是 Γ 的定向, 则 [于 γ 绝对连续时]

曲线长度是 $\bigvee\limits_T\gamma\Big[=\int\limits_T|\gamma'(t)|dt=\int\limits_T\sqrt{|(\mathrm{re}\,\gamma)'(t)|^2+|(\mathrm{im}\,\gamma)'(t)|^2}dt\Big]$.

第一类曲线积分 $\int\limits_\Gamma f(x)|dx|_1=\int\limits_T f(\gamma(t))d\gamma^\vee(t)\Big[=\int\limits_T f(\gamma(t))|\gamma'(t)|dt\Big]$.

第二类曲线积分 $\int\limits_\gamma f(x)dx=\int\limits_T f(\gamma(t))d\gamma(t)\Big[=\int\limits_T f(\gamma(t))\gamma'(t)dt\Big]$, 这实为 f 关于 Γ 上复测度 $E\mapsto\mathfrak{m}_\gamma(\gamma^{-1}(E))$ 的积分.

下面讨论一个非常重要的积分法, 其应用是多方面的.

定理 5 (分部积分) 在左右端点各为 a 和 b 的区间 X 上任取复值囿变函数 g 和 h.

(1) 设 g 和 h 在 (a,b) 上各左连续和右连续. 当 $a<r<s<b$ 时,

$$\int\limits_{(r,s)}hdg+\int\limits_{(r,s)}gdh=(gh)\Big|_{r+}^{s-}.$$

这相当于在 (a,b) 上复测度意义下, $hdg+gdh=d(\tilde{g}h)$, 其中 $\tilde{g}: x\mapsto g(x+)$.

(2) 设 g 和 h 在 (a,b) 右连续. 作函数 $\hat{g}: x\mapsto g(x-)$ 和 $e: x\mapsto g|_{x-}^{x}h|_{x-}^{x}$ (在 $x=a$ 时各换成 $g(a+)$ 和 $-g|_a^{a+}h|_a^{a+}$). 在复测度意义下, $d(gh)=\hat{g}dh+hdg$ 且

$$g(x)dh(x)+h(x)dg(x)=d(g(x)h(x))+e(x)|dx|_0.$$

若 g 与 h 无公共间断点, 则 $gdh+hdg=d(gh)$.

(3) 设 $\mathbb{R}$ 的开集 M 上有连续可微函数 u 与 v 使 x_0 为 M 的构成区间的端点时 $\lim\limits_{x\to x_0}u(x)v(x)=0$, 则下式在一边有意义时另一边有意义且等式成立,

$$\int\limits_M v(x)u'(x)dx=-\int\limits_M u(x)v'(x)dx.$$

证明 (1) 第一式源自式子 $g(s-)=g(s)$ 和 $h(r+)=h(r)$ 及下式

$$\int\limits_{(r,s)}(h(x)-h(r))dg(x)=\int\limits_{(r,s)}dg(x)\int\limits_{(r,x]}dh(y)$$

$$=\int\limits_{(r,s)}dh(y)\int\limits_{[y,s)}dg(x)=\int\limits_{(r,s)}(g(s)-g(y))dh(y).$$

在第一式中令 $s \to s_0+$ 知测度等式成立.

(2) 可设 g 与 h 都非负递增且 a 和 b 都属于 X, 由 Carathéodory 扩张定理说明 $\hat{g}dh + hdg$ 和 $d(gh)$ 在 $\mathcal{P}$ 上相等即可. 它们在 $\{a\}$ 同取值 $(gh)|_a^{a+}$, 在 $\{b\}$ 同取值 $(gh)|_{b-}^b$. 当 $a < r < s < b$ 时, 由 Fubini 定理知

$$\int_{(r,s]} (h(x) - h(r))dg(x) = \int_{(r,s]} dg(x) \int_{(r,x]} dh(y)$$

$$= \int_{(r,s]} dh(y) \int_{[y,s]} dg(x) = \int_{(r,s]} (g(s) - g(y-))dh(y)$$

$$\Rightarrow \int_{(r,s]} hdg + \int_{(r,s]} \hat{g}dh = (gh)|_r^s = \int_{(r,s]} d(gh).$$

命 $\rho(dx) = (g(x) - \hat{g}(x))dh(x)$. 因 g 的间断集可数且积分有可列加性,

$$\int_{(r,s]} d\rho = \sum_{r<x\leqslant s} \int_{\{x\}} g|_{x-}^x dh(x) = \sum_{r<x\leqslant s} g|_{x-}^x h|_{x-}^x.$$

显然 $\rho\{a\} = g|_{a+}^a h|_a^{a+}$ 且 $\rho\{b\} = g|_{b-}^b h|_{b-}^b$. 可见 $\rho(dx) = e(x)|dx|_0$.

(3) 当 (a, b) 取遍 M 的构成区间时, $(uv)(a+)$ 和 $(uv)(b-)$ 为零. □

设 g 和 h 都是右连续函数 $\chi_{[0,+\infty)}$, 则 $\int_{\mathbb{R}}(gdh + hdg)$ 和 $\int_{\mathbb{R}} d(gh)$ 各是 2 和 1. 它们不等是因 g 和 h 有公共间断点. 此时 $e = \chi_{\{0\}}$, 相应 $\int_{\mathbb{R}} e(x)|dx|_0 = 1$. 可见,

$$\int_{\mathbb{R}}(gdh + hdg) = \int_{\mathbb{R}} d(gh) + \int_{\mathbb{R}} e(x)|dx|_0.$$

定理 6 设区间 X 上复值函数列 $(g_n)_{n\geqslant 0}$ 在 X 内部右连续且有实数 c 恒使 $\bigvee_X g_n \leqslant c$. 当 $\delta > 0$ 时, 有闭区间 $A \subseteq X$ 使 $\sup_{n\geqslant 0}\left(\bigvee_X g_n - \bigvee_A g_n\right) < \delta$[它在 X 本身是闭区间时为多余的]. 设 X 内部有个 Lebesgue 零集 D 使 $(g_n)_{n\geqslant 1}$ 在 $X \setminus D$ 上逐点逼近 g_0, 则有界连续函数 $f : X \to \mathbb{C}$ 都满足

$$\lim_{n\to\infty} \int_X f(x)dg_n(x) = \int_X f(x)dg_0(x).$$

证明 以 $g_n - g_0$ 代替 g_n 后可设 $g_0 = 0$. 命 $\rho_E(f) = \varlimsup_{n\to\infty}\left|\int_E fdg_n\right|$. 将 D 并上所有 g_n 在 X 内部的间断集后记为 N. 记 $A = [a, b]$, 适当放大 A 后可设 a 和 b 不属于 N. 设 h 为多项式, 则 $dh(x) = h'(x)dx$. 由分部积分得

$$\int_A hdg_n = (hg_n)|_a^b - \int_A g_n(x)h'(x)dx.$$

因为 $(g_nh')_{n\geqslant 1}$ 一致有界且在 Lebesgue 零集 N 外点态逼近 0, 根据有界收敛定理得 $\lim\limits_{n\to\infty} \int_X g_n(x)h'(x)dx = 0$. 结合 $\lim\limits_{n\to\infty} hg_n|_a^b = 0$ 知 $\rho_A(h) = 0$. 现在

$$\rho_A(f) \leqslant \rho_A(f - h) + \rho_A(h) \leqslant c\|(f - h)|_A\|.$$

由 Weierstrass 定理, 上式右端可任意小. 于是 $\rho_A(f)=0$. 注意到

$$\begin{aligned}\left|\int\limits_X fdg_n\right| &\leqslant \left|\int\limits_{X\setminus A} fdg_n\right|+\left|\int\limits_A fdg_n\right|\\ &\leqslant \|f\|(\mathfrak{m}^{\vee}_{g_n}(X)-\mathfrak{m}^{\vee}_{g_n}(A))+\left|\int\limits_A fdg_n\right|,\end{aligned}$$

可见 $\rho_X(f)\leqslant\|f\|\delta$. 最后, 命 $\delta\to0$ 即可. □

当 f 不连续时, 结论可能不对. 仿例 1 得 Heaviside 函数 $\theta:\mathbb{R}\to\mathbb{R}$ 对应的 $\mathfrak{L}_\theta=2^{\mathbb{R}}$ 而 $\mathfrak{m}_\theta$ 是 Dirac 测度 δ_0. 显然 $[-1,0]$ 上函数列 $(x\mapsto\theta(x+2^{-n}))_{n\geqslant1}$ 逐点逼近 θ. 它们在 $[-1,0]$ 上全变差都是 1 且在 $(-1,0)$ 右连续, 但

$$\int\limits_{-1}^{0}\chi_{[0,1)}(x)d\theta(x+2^{-n})=1\neq0=\int\limits_{-1}^{0}\chi_{[0,1)}(x)d\theta(x).$$

4.3.3 阅读材料

熟知连续性和可导性是局部的, 可积性是整体的. 下面将一些整体性质局部化, 先从囿变性开始. 称 $f:X\to\mathbb{C}$ 是个**局部囿变函数**指它在形如 $X|_{x_1}^{x_2}$ 的集上都是囿变的. 这相当于有个递增函数 $h:X\to\mathbb{R}$ 恒使 $\bigvee(f,X|_{x_1}^{x_2})=h(x_2)-h(x_1)$.

(1) 上述 h 在相差常数意义下是唯一的, 可称为 f 的不定变差函数.

(2) f 与 h 有相同右间断集, 它可数. 诸 $f(x+)$ 于 $\mathbb{C}$ 存在且

$$|f(x+)-f(x)|=h(x+)-h(x).$$

(3) f 与 h 有相同左间断集, 它可数. 诸 $f(x-)$ 于 $\mathbb{C}$ 存在且

$$|f(x)-f(x-)|=h(x)-h(x-).$$

(4) f 是 Borel 函数且有个分解 f_1+f_2 使 f_1 连续而 f_2 跳跃.

(5) f 确立唯一在 X **内部** (a,b) 右连续的函数 $f_1:X\to\mathbb{C}$ 使 x 为区间端点或 f 的连续点时 $f(x)=f_1(x)$.

(6) X 是区间时, 局部囿变函数 $f:X\to\mathbb{C}$ 都殆可导且 $h'\overset{\text{ae}}{=}|f'|$.

(7) 跳跃函数是局部囿变的.

定理 7 对于实轴中区间 X 上复值函数 f, 以下条件等价.

(1) f 是某个Lebesgue局部可积函数 $u:X\to\mathbb{C}$ 的**不定积分**, 即

$$f(x_2)-f(x_1)=\int\limits_{x_1}^{x_2}u(t)dt:\{x_1,x_2\}\subset X.$$

(2) f 是局部囿变的且 $\bigvee\limits_{x_1}^{x_2}f=\int\limits_{x_1}^{x_2}|f'(x)|dx$ 恒成立. 此时 $f'\overset{\text{ae}}{=}u$.

(3) f 是个局部绝对连续函数: 它于 X 的闭子区间上都绝对连续.

(4) f 是殆可导的且是其导函数的 f' 的 Lebesgue 不定积分①即

$$f(x_2) - f(x_1) = \int_{x_1}^{x_2} f'(t)dt : \{x_1, x_2\} \subset X.$$

(5) f 的不定变差函数 h 是局部绝对连续的. 此时 $|f|$ 也局部绝对连续.

(6) f 的实部和虚部都是局部绝对连续的.

(7) f 是某些局部绝对连续者的线性组合或点态乘积. □

在可数个点外可导且导函数局部可积者是局部绝对连续的.

在相差常数意义下, 局部囿变函数 $f : X \to \mathbb{C}$ 都有唯一 Lebesgue 分解 $f_1 + f_2 + f_3$ 使 f_1 跳跃、f_2 局部绝对连续而 f_3 非常数时奇异.

函数 $g : X \to \mathbb{R}$ 是局部囿变的当且仅当 g 有 Jordan 分解 $g^{\vee+} - g^{\vee-}$ 使 $g^{\vee+}$ 和 $g^{\vee-}$ 为递增函数且诸 $\{x_1, x_2\} \subseteq X$ 恒使

$$\bigvee(g, X|_{x_1}^{x_2}) = \bigvee(g^{\vee+}, X|_{x_1}^{x_2}) + \bigvee(g^{\vee-}, X|_{x_1}^{x_2}).$$

称局部囿变函数 $g : X \to \mathbb{R}$ 是上半囿变函数或下半囿变函数指 $\bigvee_+(g, X)$ 有限 (即 $g^{\vee+}$ 是有界的) 或 $\bigvee_-(g, X)$ 有限 (即 $g^{\vee-}$ 是有界的).

结合定理 3 可得以下结论.

定理 8 设 X 是实轴中区间. 带号测度 $\mu : \mathfrak{B}(X) \to \overline{\mathbb{R}}$ 在紧集上取有限值当且仅当有个在 X 内部右连续的半囿变函数 g 使 $\mu_\pm(dx) = dg^{\vee\pm}(x)$. 此时记

$$dg(x) = \mu(dx) = dg^{\vee+}(x) - dg^{\vee-}(x),$$
$$dg^{\vee}(x) = \mu^{\vee}(dx) = dg^{\vee+}(x) + dg^{\vee-}(x).$$

进而, 半囿变函数 g 是局部绝对连续的当且仅当 X 上 Borel 函数 f 使下式

$$\int_X f(x)dg(x) = \int_X f(x)g'(x)dx$$

在一边有意义时成立. 此时在带号测度的意义下 $dg(x) = g'(x)dx$ □

实轴上 Lebesgue 测度可推广成 Lebesgue-Stieltjes 测度, 后者对应于某类函数. 那么 n 维 Lebesgue 测度是否也有相应的推广且后者也对应于某类函数? 为导出这个可能的对应关系, 对于函数 $g_i : \mathbb{R} \to \mathbb{C}$, 先来证明下式

$$\prod_{i=1}^{n} (g_i(b_i) - g_i(a_i)) = \sum_{c_1 \in \{a_1, b_1\}} \cdots \sum_{c_n \in \{a_n, b_n\}} (-1)^{|\{i|c_i = a_i\}|_0} \prod_{i=1}^{n} g_i(c_i).$$

①称 (3)⇔(4) 是Lebesgue 微积分基本定理.

上式在 $n=1$ 时成立, 归纳地设上式在 $n=k$ 时成立. 当 $n=k+1$ 时,

$$\begin{aligned}\prod_{i=1}^{k+1}(g_i(b_i)-g_i(a_i)) &= \Big(\prod_{i=1}^{k}(g_i(b_i)-g_i(a_i))\Big)(g_n(b_n)-g_n(a_n))\\ &= \sum_{c_1\in\{a_1,b_1\}}\cdots\sum_{c_k\in\{a_k,b_k\}}(-1)^{|\{i|c_i=a_i\}|_0}\Big(\prod_{i=1}^{k}g_i(c_i)\Big)g_n(b_n)\\ &\quad-\sum_{c_1\in\{a_1,b_1\}}\cdots\sum_{c_k\in\{a_k,b_k\}}(-1)^{|\{i|c_i=a_i\}|_0}\Big(\prod_{i=1}^{k}g_i(c_i)\Big)g_n(a_n).\end{aligned}$$

化简即可. 一般地, 函数 $g:\mathbb{R}^n\to\mathbb{C}$ 都诱导个复容度 $\mathfrak{m}_g:\mathcal{J}_n\to\mathbb{C}$ 使

$$\mathfrak{m}_g((a,b])=\sum_{c_1\in\{a_1,b_1\}}\cdots\sum_{c_n\in\{a_n,b_n\}}(-1)^{|\{i|c_i=a_i\}|_0}g(c_1,\cdots,c_n).$$

称 g 是个**递增函数**或**递减函数**指它是实值的且 $\mathfrak{m}_g\geqslant 0$ 或 $\mathfrak{m}_g\leqslant 0$.

(1) 当 $n=2$ 时, $\mathfrak{m}_g((a,b])=g(b_1,b_2)-g(b_1,a_2)-g(a_1,b_2)+g(a_1,a_2)$.

(2) 当有 $f:\mathbb{R}^k\to\mathbb{C}$ 和 $h:\mathbb{R}^l\to\mathbb{C}$ 使 $g(x,y)=f(x)h(y)$ 时,

$$\mathfrak{m}_g((a,b]\times(c,d])=\mathfrak{m}_f((a,b])\,\mathfrak{m}_h((c,d]).$$

(3) 当有 $g_i:\mathbb{R}\to\mathbb{C}$ 使 $g(x_1,\cdots,x_n)=g_1(x_1)\cdots g_n(x_n)$ 时,

$$\mathfrak{m}_g((a,b])=\mathfrak{m}_{g_1}((a_1,b_1])\cdots\mathfrak{m}_g((a_n,b_n]).$$

(4) 容度 $\mathfrak{m}_g$ 满足可列加性当且仅当 g 是在诸 $x\in\mathbb{R}^n$ 右连续:

$$\lim_{z_1\to x_1+,\cdots,z_n\to x_n+}g(z)=g(x):x\in\mathbb{R}^n.$$

当 g 递增且右连续时, $(\mathcal{J}_n,\mathfrak{m}_g)$ 的 Carathéodory 扩张记为 $(\mathfrak{L}_g,\mathfrak{m}_g)$. 称 $\mathfrak{L}_g$ 中成员为**Lebesgue-Stieltjes 可测集** 而 $\mathfrak{m}_g(dx)$ 为 **Lebesgue-Stieltjes 测度**.

由 $\mathfrak{B}(\mathbb{R}^n)\subseteq\mathfrak{L}_g$ 知 Euclid 空间的 Borel 集都是 Lebesgue-Stieltjes 可测集. 特别地, 当 $g(x)=x_1\cdots x_n$ 时, $\mathfrak{m}_g(a,b]=\mathfrak{m}(a,b]$ 而 $\mathfrak{m}_g$ 是 Lebesgue 测度. 设 μ 是 $\mathfrak{B}(\mathbb{R}^n)$ 上 Borel 测度, 则有右连续的递增函数 $g:\mathbb{R}^n\to\mathbb{R}$ 使 $\mu=\mathfrak{m}_g$. 如在 x 的诸分量为正时, $g(x)=\mu(0,x]$.

自然可定义 **Lebesgue-Stieltjes积分** $\int\limits_X f(x)\,\mathfrak{m}_g(dx)$. 当 f 是个 Lebesgue 可测函数 f 使 $f(x)\,\mathfrak{m}(dx)=\mathfrak{m}_g(dx)$ 时, 称 g 是个**绝对连续函数** 而 f 为其**密度函数**.

定理 9 设 M 是 $\mathbb{R}^n$ 的开集, 规定局部可积函数 $g:M\to\mathbb{C}$ 的**全变差**

$$\bigvee(g,M)=\sup_f\Big|\int\limits_M g(x)(\partial_1 f_1+\cdots+\partial_n f_n)(x)\,\mathfrak{m}(dx)\Big|,$$

其中 $f: M \to \mathbb{C}^n$ 是有分量 $f_1, \cdots, f_n$ 的紧支撑光滑函数使

$$|f_1(x)|^2 + \cdots + |f_n(x)|^2 \leqslant 1 : x \in M.$$

上述全变差是有限的当且仅当有 M 上复值 Borel 测度 $\mu_1, \cdots, \mu_n$ 使

$$\int\limits_M g(x) \sum_{i=1}^n \partial_i f_i(x) dx = -\int\limits_M f_i(x) \mu_i(dx) : f_i \in C_c^\infty(M).$$

此时称 g 为一个*有界变差函数*或*囿变函数*. □

一般地, $g: M \to \mathbb{C}$ 为*局部囿变函数*指在 M 有紧闭包的开集 U 使限制 $g|_U$ 囿变. 囿变函数常见于 Fourier 级数理论和变分理论、几何测度论和数学物理. 单变量情形由 C. Jordan 于 1881 年引入, 多变量连续函数情形由 L. Tonelli 于 1926 年引入, 十年后 Cesari 将连续性改为可积性.

规定 $\mathbb{R}^n$ 的 Borel 集 E 依开集 M 的周长 $\mathtt{P}(E, M)$ 为全变差 $\bigvee(\chi_E, M)$, 这推广了平面区域的边长. 称 E 是个 `Caccioppoli` 集指它依每个界开集都有有限周长.

练　　习

习题 1 右连续递增函数 $g: \mathbb{R} \to \mathbb{R}$ 形如 $x \mapsto ax+b$ 当且仅当 g 诱导的 Lebesgue-Stieltjes 测度是平移不变的: $\mathfrak{m}_g(x+E) = \mathfrak{m}_g(E)$ 恒对.

习题 2 设 X 是实轴中 Borel 集, 则 $\mathfrak{B}(X)$ 上 σ-有限测度 μ 形如 $E \mapsto \sum\limits_{n \geqslant 1} \mathfrak{m}_{g_n}(E)$ 使 g_n 为 $\mathbb{R}$ 上右连续递增函数 [提示: 取 X 的测度有限可测分解 $\{X_n | n \geqslant 1\}$ 并作实轴上 Borel 测度 $\mu_n : E \mapsto \mu(E \cap X_n)$].

习题 3 设 4.1 节命题 2 中诸 q_r 为零, 则在测度意义下 $dh(x) = \sum\limits_{r \in D} p_r \delta_r(dx)$.

习题 4 区间 $[a, b]$ 上奇异函数 g 和绝对连续函数 h 诱导的 Lebesgue-Stieltjes 测度互奇.

习题 5 试写出并证明 Lebesgue-Stieltjes 测度空间上可测函数对应的Лузин定理.

习题 6 (积分第二中值定理) 设 $g, f: [a, c] \to \mathbb{R}$ 各递增和连续囿变, 则有 $b \in [a, c]$ 使

$$\int\limits_a^c g(x) df(x) = g(a)(f(b) - f(a)) + g(c)(f(c) - f(b)).$$

习题 7 证明 Cantor 函数 g 满足 $g(1-x) + g(x) = 1$, 求 $\int\limits_{\mathbb{I}} g(x) dx$ 和 $\int\limits_{\mathbb{I}} x dg(x)$.

习题 8 设 $g: [a, b] \to \mathbb{C}$ 是囿变的且在 (a, b) 是右连续的, 设 $f: [a, b] \to \mathbb{C}$ 依 dg 是可积的, 则 $h: x \mapsto \int\limits_{[a,x]} f(t) dg(t)$ 是囿变的; 它在 f 和 g 都连续时连续.

习题 9 (Lebesgue 分解) 区间 X 上 (复/带号)Borel 测度 μ 有唯一分解 $\mu_0 + \mu_1 + \mu_3$ 使 μ_0 依 Lebesgue 测度绝对连续, μ_1 依 Lebesgue 测度奇异且无单点原子, μ_2 集中于某个可数集.

习题 10 设复平面中区域 M 的边界 ∂M 由有限条可求长 Jordan 曲线组成.

(1) 使竖直直线 $x = c$ 与 ∂M 有无限个交点的 c 的全体 E 是实轴中 Lebesgue 零集.

(2) 对于 $\delta>0$, 有间距为 δ 的两组相互直交的平行线划分 M 为有限个区域 $M_1,\cdots,M_n$.

(3) 取 ∂M 的一个正定向. 设 M 上某全纯函数 f 可连续扩张至边界上, 则 $\int\limits_{\partial M} f(z)dz=0$.

习题 11 设 X 和 Y 是实轴上区间. 当 $f:X\to Y$ 是连续囿变函数且 $g:Y\to\mathbb{C}$ 是 Lipschtiz 函数时, 证明复测度等式 $d(g(f(x))=g'(f(x))df(x)$.

习题 12 对于函数 $f:[a,b]\to\mathbb{R}$, 以 $Uf(x)$ 和 $Lf(x)$ 各记在 $y,z\to x$ 时 $\triangle_f(y,z)$ 的上极限与下极限, 它们在 f 的连续点全体上是 Borel 函数. 使 $-\infty<Lf(x)=Uf(x)<+\infty$ 的 x 称为 f 的强可导点, 其全体是个 Borel 集.

习题 13 设 X 是实轴上开区间 (a,b), 作半环 $\mathcal{Q}=\{[u,v)|a<u\leqslant v<b\}$. 在 X 内部左连续的递增函数 $g:X\to\mathbb{R}$ 诱导了 $\mathcal{Q}$ 上一个测度 ψ 使 $\psi([u,v))=g(v)-g(u)$. 进而, X 上任何 Borel 测度都是某个 ψ 的唯一测度扩张.

习题 14 设 f_i 是 $\mathbb{I}$ 上右连续递增函数使 $f_i(0)=0$ 且 $f_i(1-)=1$, 讨论以下序列的上下极限

$$\left(\int_0^1 r^n f_1(r)dr\Big/\int_0^1 r^n f_2(r)dr\right)_{n\geqslant1}\quad 和\quad\left(\int_0^1 r^n df_1(r)\Big/\int_0^1 r^n df_2(r)\right)_{n\geqslant1}.$$

习题 15 设 $g:\mathbb{R}\to\mathbb{R}$ 是右连续的递增函数, 则 $\mathfrak{m}_g$ 与 Lebesgue 测度互奇当且仅当 g' 依 Lebesgue 测度殆为 0; 而 $\mathfrak{m}_g$ 依 Lebesgue 测度绝对连续当且仅当 g 是局部绝对连续的.

4.4 卷积运算

高维 Euclid 空间上局部可积函数是否也有类似 Lebesgue 微分定理? 为解决这个问题, 本节引进一个重要的分析工具, 它将某些差函数 “卷成” 好函数.

4.4.1 基本性质

形式上, 级数 $\sum\limits_{n\geqslant0}a_n$ 和 $\sum\limits_{n\geqslant0}b_n$ 有个积级数 $\sum\limits_{n\geqslant0}c_n$ 使 $c_n=\sum\limits_{i=0}^{n}a_{n-i}b_i$. 积分是级数的推广, 对于 $\mathbb{R}^n$ 上可测函数 g 和 f, 形式地作卷积

$$g*f:x\mapsto\int_{\mathbb{R}^n}g(x-y)f(y)\,\mathfrak{m}(dy).$$

例 1 命 $\phi_r=\chi_{r\mathbb{B}_n}/\mathfrak{m}(r\mathbb{B}_n)$ 且 $f^{\ominus}=\sup\{\phi_r*|f|:r>0\}$, 则

$$f^{\ominus}(x)=\sup_{r>0}\left(\int_{r\mathbb{B}_n}\frac{|f(x-y)|\,\mathfrak{m}(dy)}{\mathfrak{m}(r\mathbb{B}_n)}=\int_{r\mathbb{B}_n}\frac{|f(x+y)|\,\mathfrak{m}(dy)}{\mathfrak{m}(r\mathbb{B}_n)}\right).$$

称 $f^{\ominus}$ 为 f 的 Hardy-Littlewood极大函数. □

上述函数将在解决本节开始的问题过程中有重要作用.

例 2 当 $a>0$ 且 $t>0$ 时, 命 $v_t(x)=\dfrac{\exp(-|x|^2/(4a^2t))}{(2a\sqrt{\pi t})^n}$, 则 $v_s*v_t=v_{s+t}$. 此因

$$\begin{aligned}&\int_{\mathbb{R}^n}\exp\Big(-\frac{|x-y|^2}{4a^2s}\Big)\exp\Big(-\frac{|y|^2}{4a^2t}\Big)\frac{\mathfrak{m}(dy)}{(4a^2\pi\sqrt{st})^n}\\=&\int_{\mathbb{R}^n}\exp\Big(-\frac{s+t}{4a^2st}\Big|y-\frac{tx}{s+t}\Big|^2-\frac{|x|^2}{4a^2(s+t)}\Big)\frac{\mathfrak{m}(dy)}{(4a^2\pi\sqrt{st})^n}\\=&\frac{1}{(4a^2\pi\sqrt{st})^n}\sqrt{\frac{(4a^2\pi st)^n}{(s+t)^n}}\exp\Big(-\frac{|x|^2}{4a^2(s+t)}\Big).\end{aligned}$$

另外, v_t 都是光滑的且其混合偏导数都属于 $L^{(0,+\infty]}(\mathbb{R}^n)$. □

在 g 和 f 非负可测时, 卷积 $g*f$ 有意义. 一般情形则需要些限制.

命题 1 设 $\{p,q,r\}\subset[1,+\infty]$ 使 $1/r=1/p+1/q-1$, 则 $g\in L^p(\mathbb{R}^n)$ 和 $f\in L^q(\mathbb{R}^n)$ 的卷积是殆定的, $|g*f|\leqslant|g|*|f|$ 且 $\|g*f\|_r\leqslant\|g\|_p\|f\|_q$, 后者称为 Young 不等式. 特别当 p 和 q 是共轭指数时, $|g*f|\leqslant\|g\|_p\|f\|_q$.

证明 可设 $\{p,q,r\}\subset(1,+\infty)$, 则 $r>p$ 与 $r>q$. 命 $h=|g|^p*|f|^q$, 则

$$\begin{aligned}&\int_{\mathbb{R}^n}\mathfrak{m}(dx)\int_{\mathbb{R}^n}|g(x-y)|^p|f(y)|^q\,\mathfrak{m}(dy)\\=&\int_{\mathbb{R}^n}|f(y)|^q\,\mathfrak{m}(dy)\int_{\mathbb{R}^n}|g(x-y)|^p\,\mathfrak{m}(dx)\\=&\int_{\mathbb{R}^n}|f(y)|^q\,\mathfrak{m}(dy)\int_{\mathbb{R}^n}|g(x)|^p\,\mathfrak{m}(dx),\end{aligned}$$

以上用到了 Lebesgue 积分的平移不变性, 从而 $\|h\|_1=\|g\|_p^p\|f\|_q^q$.

命 $a=\dfrac{pr}{r-p}$ 且 $b=\dfrac{qr}{r-q}$, 则 $\dfrac{1}{a}+\dfrac{1}{b}+\dfrac{1}{r}=1$. 用 Hölder 不等式得

$$\begin{aligned}&\int_{\mathbb{R}^n}|g|(x-y)^{\frac{p}{a}}|f|(y)^{\frac{q}{b}}(|g|(x-y)^{\frac{p}{r}}|f|(y)^{\frac{q}{r}})\,\mathfrak{m}(dy)\\\leqslant&\Big(\int_{\mathbb{R}^n}|g|(x-y)^p\,\mathfrak{m}(dy)\Big)^{\frac{1}{a}}\Big(\int_{\mathbb{R}^n}|f|(y)^q\,\mathfrak{m}(dy)\Big)^{\frac{1}{b}}\\&\times\Big(\int_{\mathbb{R}^n}|g|(x-y)^p|f|(y)^q\,\mathfrak{m}(dy)\Big)^{\frac{1}{r}},\end{aligned}$$

上式可简化成 $(|g|*|f|)(x)\leqslant\|g\|_p^{\frac{p}{a}}\|f\|_q^{\frac{q}{b}}h(x)^{\frac{1}{r}}$. 于是,

$$\||g|*|f|\|_r\leqslant\|g\|_p^{\frac{p}{a}}\|f\|_q^{\frac{q}{b}}\|h\|_1^{\frac{1}{r}}=\|g\|_p\|f\|_q.$$

可见, $\{|g|*|f|=+\infty\}$ 是个 Lebesgue 零集, 此集外的点 x 使 $(|g|*|f|)(x)$ 有限, 而定义 $(g*f)(x)$ 的积分便是有限的. 注意到 $|(g*f)(x)|\leqslant(|g|*|f|)(x)$ 即可. □

在进一步讨论卷积的性质前, 先作些准备如下.

命题 2　对于 $\mathbb{R}^n$ 上可测函数 f 和 $v \in \mathbb{R}^n$, 作平移 $T_v f : x \mapsto f(v+x)$.

(1) 平移连续性: 设 $0 < p < +\infty$ 且 $f \in L^p(\mathbb{R}^n)$, 则 $\lim\limits_{v\to 0} \|T_v f - f\|_p = 0$.

(2) 设 $1 \leqslant p < +\infty$, 点态存在且 p-方可积的 $\triangledown_v f$ 是 f 的 L^p-**方向导数**, 即

$$\lim_{t\to 0} \|(T_{tv} f - f)/t - \triangledown_v f\|_p = 0.$$

(3) 设 f 点态可导且与诸 $\partial_i f$ 都 p-方可积, 则 f' 是 f 的 L^p-**导数**, 即

$$\lim_{v\to 0} \frac{\|f(\cdot + v) - f(\cdot) - f'(\cdot)v\|_p}{|v|} = 0.$$

(4) 设 f 连续, 点态存在且一致连续的 $\triangledown_v f$ 是 f 的 L^∞-**方向导数**, 即

$$\lim_{t\to 0} \|(T_{tv} f - f)/t - \triangledown_v f(\cdot)\|_\infty = 0.$$

(5) 设 f 连续, 则其 L^∞-方向导数 $\triangledown_v f$ 存在且连续时也是点态意义的.

证明　(1) 命 $\varphi(f) = \varlimsup\limits_{v\to 0} \|T_v f - f\|_p$. 当 g 为 $(a,b]$ 的特征函数时, $T_v g$ 是 $(a-v, b-v]$ 的特征函数. 这样 $|T_v g - g| = \chi_{(a,b]\triangle(a-v,b-v]}$, 根据 2.4 节定理 3 得 $\varphi(g) = 0$. 此式在 g 是相对于 $\mathcal{J}_n$ 的简单函数时也对. 现在,

$$\varphi(f)^p \leqslant \begin{cases} (\varphi(f-g) + \varphi(g))^p \leqslant 2^p \|f-g\|_p^p, & p \geqslant 1, \\ \varphi(f-g)^p + \varphi(g)^p \leqslant 2\|f-g\|_p^p, & p < 1. \end{cases}$$

由简单逼近, 上式右端可任意小. 于是 $\varphi(f) = 0$.

(2) 命 $h_t = (T_{tv} f - f)/t - \triangledown_v f$, 可设 $v = e_n$. 将 $x \in \mathbb{R}^n$ 写成 (x', x_n), 则有 $\mathbb{R}^{n-1}$ 的 Borel 集 E 使其补集为 Lebesgue 零集且诸 $x' \in E$ 使 $x_n \mapsto \partial_n f(x', x_n)$ 是 p-方可积的. 根据 4.2 节定理 9 知 $x_n \mapsto f(x', x_n)$ 是局部绝对连续的, 故

$$h_t(x) = \int_0^1 (\partial_n f(x', x_n + ste_n) - \partial_n f(x', x_n)) ds.$$

用积分形式的 Minkowski 不等式和 $\partial_n f$ 的平移连续性, 在 $t \to 0$ 时,

$$0 \leqslant \|h_t\|_p \leqslant \sup\{\|T_v \partial_n f - \partial_n f\|_p : |v| \leqslant t\} \to 0.$$

(4) 上式中 p 换成 ∞ 后用 $\partial_n f$ 的一致连续性即可.

(5) 源自定义. □

设 $(a_1, \cdots, a_n)$ 的分量都是自然数, 形式地将混合偏导数 $\partial_1^{a_1} \cdots \partial_n^{a_n} f$ 记为 $\partial^\alpha f$. 约定 $|\alpha| = a_1 + \cdots + a_n$ 和 $\alpha! = a_1! \cdots a_n!$. 类似可定义 L^p-偏导数 $\partial^\alpha f$(它存在时). 以 $\alpha \leqslant \beta$ 表示诸分量 $a_i \leqslant b_i$, 规定 $\dbinom{\beta}{\alpha} = \prod\limits_{i=1}^n \dfrac{b_i!}{a_i!(b_i - a_i)!}$.

将开集 $M\subseteq\mathbb{R}^n$ 上紧支撑滑函数全体记为 $C_c^\infty(M)$. 当 N 是 M 的开集时, 作零值扩张后可认为 $C_c(N)\subseteq C_c(M)$ 和 $C_c^\infty(N)\subseteq C_c^\infty(M)$.

形式地命 $(\mathrm{P}\,g)(x)=g(-x)$ 且 $[g|f]=\int\limits_{\mathbb{R}^n} gf d\mathfrak{m}$ 及 $[g|\mu]=\int\limits_{\mathbb{R}^n} gd\mu$, 则 $\mathrm{P}^2\,g=g$.

命题 3 在命题 1 的条件下, 设 s 是 r 的共轭指数, 则诸 $w\in L^s(\mathbb{R}^n)$ 使

$$[w|g*f]=\iint\limits_{\mathbb{R}^n\times\mathbb{R}^n} w(x+y)g(x)f(y)\,\mathfrak{m}(dx)\,\mathfrak{m}(dy)=[\mathrm{P}\,g*w|f]. \tag{0}$$

(1) 当 $p=q=1$ 时, $r=1$ 且 $[1|g*f]=[1|g][1|f]$.

(2) 交换律和分配律: $g*f=f*g$ 且 $g*(f_1+f_2)=g*f_1+g*f_2$.

(3) 结合律: $(g*f)*h=g*(f*h)$ 在一边有意义时成立.

(4) 支集律: $\{g*f\neq 0\}\subset\{g\neq 0\}+\{f\neq 0\}$(后者是 Minkowski 和).

(5) 设 g 有 L^p-方向导数 $\nabla_v g$, 则 L^r-方向导数 $\nabla_v(g*f)=(\nabla_v g)*f$.

(6) 当 p 和 q 为共轭指数 (下同) 时, $g*f$ 有整体定义且一致连续.

(7) 设 g 是光滑的且其混合偏导数都是 L^p- 的, 则 $g*f$ 是光滑的.

证明 由 Fubini 定理得以下诸等式 (首尾各是 $[w|g*f]$ 和 $[\mathrm{P}\,g*w|f]$)

$$\begin{aligned}
&\int\limits_{\mathbb{R}^n}\mathfrak{m}(dz)\int\limits_{\mathbb{R}^n} w(z)g(z-y)f(y)\,\mathfrak{m}(dy)\\
=&\int\limits_{\mathbb{R}^n} f(y)\,\mathfrak{m}(dy)\int\limits_{\mathbb{R}^n} w(z)g(z-y)\,\mathfrak{m}(dz)\\
=&\int\limits_{\mathbb{R}^n} f(y)\,\mathfrak{m}(dy)\int\limits_{\mathbb{R}^n} w(x+y)g(x)\,\mathfrak{m}(dx)\\
=&\int\limits_{\mathbb{R}^n} f(y)\,\mathfrak{m}(dy)\int\limits_{\mathbb{R}^n} w(y-x)g(-x)\,\mathfrak{m}(dx).
\end{aligned}$$

(1) 算得 $r=1$ 且 $s=+\infty$, 在 (0) 式中命 $w=1$ 且用 Fubini 定理即可.

(2) 作变量代换命 $\phi: y\mapsto x-y$, 则 $\phi'(y)=-I_n$ 而 $\det\phi'(y)=(-1)^n$. 于是

$$\int\limits_{\mathbb{R}^n} f(x-y)g(y)\,\mathfrak{m}(dy)=\int\limits_{\mathbb{R}^n} f(y)g(x-y)\,\mathfrak{m}(dy).$$

这正是交换律, 易证分配律.

(3) 用主结论和 Fubini 定理得

$$\begin{aligned}
&\int\limits_{\mathbb{R}^n}(g*f)(y)h(x-y)\,\mathfrak{m}(dy)\\
=&\iint\limits_{\mathbb{R}^n\times\mathbb{R}^n} g(y)f(z)h(x-(y+z))\,\mathfrak{m}(dz)\,\mathfrak{m}(dy)\\
=&\int\limits_{\mathbb{R}^n} g(y)(f*h)(x-y)\,\mathfrak{m}(dy).
\end{aligned}$$

(4) 当 $(g*f)(x)\neq 0$ 时, 有个 y 使 $f(y)\neq 0$ 且 $g(x-y)\neq 0$.

(5) 命 $h=g*f$(下同), 则 $T_{tv}h-h-t(\nabla_v g*f)$ 等于 $(T_{tv}g-g-t\nabla_v g)*f$. 故

$$\|T_{tv}h-h-t(\nabla_v g*f)\|_r \leqslant \|T_{tv}g-g-t\nabla_v g\|_p\|f\|_q,$$

这源自 Young 不等式. 上式除以 t 并命 $t\to 0$ 即可.

(6) 可设 p 有限. 由积分的绝对不等式知 $|h(x)|\leqslant \int_{\mathbb{R}^n}|g(x-y)f(y)|\,\mathfrak{m}(dy)$ 且

$$|h(x')-h(x)|\leqslant \int_{\mathbb{R}^n}|g(x'-y)-g(x-y)||f(y)|\,\mathfrak{m}(dy),$$

用 Hölder 不等式和 Lebesgue 积分的平移不变性得 $|h|\leqslant\|g\|_p\|f\|_q$ 且

$$|h(x')-h(x)|\leqslant\|T_{x'-x}g-g\|_p\|f\|_q.$$

根据命题 2(1) 知 $x'-x\to 0$ 时, $\|T_{x'-x}g-g\|_p\to 0$. 从而 h 一致连续.

(7) 在 (6) 中将 g 换成各阶混合偏导数 $\partial^\beta g$, 根据 (5) 和 (6) 知 $g*f$ 有各阶混合偏导数且都连续. 因此 $g*f$ 是光滑的. □

4.4.2 近似幺元

在 $L^1(\mathbb{R}^n)$ 中, 是否有 e 恒使 $e*f\overset{\text{ae}}{=}f$? 它存在时根据命题 3(1) 应有积分 1.

定理 4 设 $\int_{\mathbb{R}^n}e(x)\,\mathfrak{m}(dx)=1$ 且 $r>0$, 命 $e_r(y)=\dfrac{1}{r^n}e\Big(\dfrac{y}{r}\Big)$.

(1) 诸 $f\in L^p(\mathbb{R}^n)(1\leqslant p<+\infty)$ 使 $\lim\limits_{r\to 0+}\|e_r*f-f\|_p=0$.

(2) 某 $f\in L^\infty(\mathbb{R}^n)$ 于某点 x 连续时, $\lim\limits_{r\to 0+}(e_r*f)(x)=f(x)$.

(3) 上述 f 于 E 一致连续 (如下) 时, 上述收敛关于 $x\in E$ 是一致的

$$\forall\varepsilon>0,\ \exists\delta>0,\ \forall x\in E,\ \forall y\in\mathbb{R}^n:$$
$$|y-x|<\delta\Rightarrow|f(y)-f(x)|<\varepsilon.$$

(4) 诸 $f\in L^\infty(\mathbb{R}^n)$ 和 $g\in L^1(\mathbb{R}^n)$ 使 $\lim\limits_{r\to 0+}[g|e_r*f]=[g|f]$.

(5) 当 $1\leqslant p\leqslant+\infty$ 时, 有个 $f\in L^p(\mathbb{R}^n)$ 使 $\mathfrak{m}\{e*f\neq f\}>0$.

证明 对于 $\varepsilon>0$, 取 $s>0$ 使 $\int_{|z|>s}|e(z)|\,\mathfrak{m}(dz)<\varepsilon$. 作变量代换 $y\mapsto rz$ 得

$$(e_r*f)(x)=\int_{\mathbb{R}^n}e(z)f(x-rz)\,\mathfrak{m}(dz).$$

设 $h_r=e_r*f-f$, 注意到 $f(x)=\int_{\mathbb{R}^n}f(x)e(z)\,\mathfrak{m}(dz)$ 得

$$\begin{aligned}h_r(x)=&\int_{|z|\leqslant s}(f(x-rz)-f(x))e(z)\,\mathfrak{m}(dz)\\&+\int_{|z|>s}(f(x-rz)-f(x))e(z)\,\mathfrak{m}(dz).\end{aligned}$$

(1) 取 $\delta > 0$ 使 $|u| < \delta$ 时, $\|f(\cdot - u) - f\|_p < \varepsilon$. 当 $r < \delta/s$ 时,

$$\|h_r\|_p < \int_{|z|\leqslant s} \varepsilon|e(z)|\,\mathfrak{m}(dz) + \int_{|z|>s} 2\|f\|_p|e(z)|\,\mathfrak{m}(dz).$$

以上不等式源自 Minkowski 不等式. 这样 $\|h_r\|_p < (1 + 2\|f\|_p)\varepsilon$.

(2)+(3) 当 $r < \delta/s$ 时, $|h_r(x)| < (1 + 2\|f\|_\infty)\varepsilon$. 这源自下式

$$|h_r(x)| < \int_{|z|\leqslant s} \varepsilon|e(z)|\,\mathfrak{m}(dz) + \int_{|z|>s} 2\|f\|_\infty|e(z)|\,\mathfrak{m}(dz).$$

(4) 首先 $[g|e_r * f] = [\mathrm{P}\,e_r * g|f]$ 且 $\mathrm{P}\,e_r = (\mathrm{P}\,e)_r$. 根据 (1) 知 $((\mathrm{P}\,e)_r * g)_{r>0}$ 在 L^1 中逼近 g, 对于 $|[(\mathrm{P}\,e)_r * g - g|f]|$ 用 Hölder 不等式即可.

(5) 否则, 例 1 中 ϕ_r 殆等于 $\phi_r * e$. 命 $r \to 0+$ 知 $e \overset{\text{ae}}{=} 0$, 矛盾. □

命 $e(x) = \exp(-\pi|x|^2)$, 例 2 中 $v_t(x) = e_{2a\sqrt{\pi t}}(x)$. 根据定理 4 知 $(v_t)_{r>0}$ 是卷积的近似幺元. 因 $v_t * f$ 光滑, 认为卷积过程是将 f 磨光了.

称定理 4 中 e 是个光滑子指它是紧支撑的光滑函数, 这样 $e * f$ 总光滑.

命题 5 可测函数 $f : \mathbb{R}^n \to \mathbb{C}$ 的 Hardy-Littlewood 极大函数有以下性质.

(1) 非负 Borel 函数列 $(f_k)_{k\geqslant1}$ 殆递增至 f 时, $(f_k^{\ominus})_{k\geqslant1}$ 递增至 $f^{\ominus}$.

(2) 诸复数 c 使 $(cf)^{\ominus} = |c|f^{\ominus}$. 当 $f = f_1 + f_2$ 时, $f^{\ominus} \leqslant f_1^{\ominus} + f_2^{\ominus}$.

(3) 诸 $x \in \mathbb{R}^n$ 使 $|f^{\ominus}(x)| \leqslant \|f\|_\infty$. 诸实数 t 使 $\{f^{\ominus} > t\}$ 为开集.

(4) 弱型估计: 当 $t > 0$ 时, $f^{\ominus}$ 的分布函数满足 $t(f^{\ominus})_{\mathfrak{m}}(t) \leqslant 2^n\|f\|_1$.

(5) 强型估计: 当 $1 < p < +\infty$ 时, $\|f^{\ominus}\|_p \leqslant 2^{\frac{n}{p}} p^{1+\frac{1}{p}}\|f\|_p/(p-1)$.

称 (3) 至 (5) 中不等式为 Hardy-Littlewood 极大不等式.

证明 由定义与积分性质得 (1) 和 (2) 以及 (3) 之前半部分. 下设 $f \geqslant 0$, 则

$$(f * \phi_r)(x) > t \Leftrightarrow t\,\mathfrak{m}(\mathtt{O}(x,r)) < \int_{\mathtt{O}(x,r)} f(y)\,\mathfrak{m}(dy). \tag{0}$$

(3) 后半部分: 命 $V_r = \{f * \phi_r > t\}$ 及 $f_k = (f \wedge k)\chi_{k\mathbb{B}_n}$, 则 (f_k) 递增至 f. 由单调收敛定理, 连续函数列 $(f_k * \phi_r)_{k\geqslant1}$ 递增至 $f * \phi_r$. 于是 V_r 为开集族 $\{\{f_k * \phi_r > t\}|k \geqslant 1\}$ 之并, 而 $\{f^{\ominus} > t\}$ 为开集族 $\{V_r|r > 0\}$ 之并.

(4) 任取 $\{f^{\ominus} > t\}$ 的紧集 A, 取其覆盖 $\{V_{r_1}, \cdots, V_{r_k}\}$ 使 $r_1 \geqslant \cdots \geqslant r_k$. 根据文献 [1]§50 定理 1 和归纳法得 V_{r_i} 的紧集 A_i 使 $A = A_1 \cup \cdots \cup A_k$.

由 $C_1 := A_1$ 的紧性得其有限子集 F_1 使 $\mathtt{O}(x, r_1)(x \in F_1)$ 互斥且 C_1 落于 $\mathtt{O}(x, 2r_1)(x \in F_1)$ 之并 U_1. 类似得 $C_2 := A_2 \setminus U_1$ 的有限子集 F_2 使 $\mathtt{O}(x, r_2)(x \in F_2)$ 互斥且 C_2 落于 $\mathtt{O}(x, 2r_2)(x \in F_2)$ 之并 U_2. 递归可得 $C_k := A_k \setminus (U_1 \cup \cdots \cup U_{k-1})$ 的有限子集 F_k 使 $\mathtt{O}(x, r_k)(x \in F_k)$ 互斥且 C_k 落于 $\mathtt{O}(x, 2r_k)(x \in F_k)$ 之并 U_k. 于是 $\mathtt{O}(x, 2r_i)(x \in F_i, 1 \leqslant i \leqslant k)$ 覆盖 A.

当 $i<j$ 时, $r_i \geqslant r_j$. 由 C_j 的做法知, 诸 $x \in F_i$ 和诸 $x' \in F_j$ 满足 $|x'-x| \geqslant 2r_i$. 因此 $\mathtt{O}(x,r_i)$ 与 $\mathtt{O}(x',r_j)$ 互斥. 据此和 (0) 得

$$t\,\mathfrak{m}(A) \leqslant \sum_{1\leqslant i\leqslant k}\sum_{x\in F_i} t|\,\mathtt{O}(x,2r_i)| = 2^n \sum_{1\leqslant i\leqslant k}\sum_{x\in F_i} t\,\mathfrak{m}(\mathtt{O}(x,r_i))$$

$$\leqslant 2^n \sum_{1\leqslant i\leqslant k}\sum_{x\in F_i}\int_{\mathtt{O}(x,r_i)} f(y)\,\mathfrak{m}(dy) \leqslant 2^n\|f\|_1.$$

由 Lebesgue 测度的内正则性, 上式关于 $\{f^\ominus > t\}$ 的紧集 A 取上确界即可.

(5) 设 $0<a<1$ 且 $b=1-a$, 令 $g_t = f\chi_{\{f>at\}}$ 且 $h_t = f\chi_{\{f\leqslant at\}}$, 则 $f^\ominus \leqslant g_t^\ominus + at$. 故 $\{f^\ominus > t\} \subseteq \{g_t^\ominus > bt\}$, 得 $(f^\ominus)_\mathfrak{m}(t) \leqslant (g_t^\ominus)_\mathfrak{m}(bt)$ 及

$$\int_{\mathbb{R}^n} |f^\ominus(x)|^p\,\mathfrak{m}(dx) = \int_{t>0} pt^{p-1}(f^\ominus)_\mathfrak{m}(t)dt \quad (\text{此根据 3.3 节命题 3})$$

$$\leqslant \int_{t>0} pt^{p-1}(2^n\|g_t\|_1/(bt))dt = \int_{t>0} dt \int_{f(x)>at} \frac{2^n p f(x) t^{p-2}}{b}\,\mathfrak{m}(dx)$$

$$= \int_{f(x)>0} \mathfrak{m}(dx) \int_0^{f(x)/a} \frac{2^n p f(x) t^{p-2}}{b} dt = \frac{2^n p\|f\|_p^p}{(p-1)(a^{p-1}-a^p)}.$$

对于 a 求导知, 函数 $a \mapsto a^p - a^{p-1}$ 的最大值点是 $(p-1)/p$. □

继续讨论之前, 形式地称 x 是 f 的 **Lebesgue 点**指

$$\lim_{r\to 0}\frac{1}{\mathfrak{m}(r\mathbb{B}_n)}\int_{r\mathbb{B}_n} |f(x+y)-f(x)|\,\mathfrak{m}(dy) = 0.$$

命题 6 (Lebesgue 微分定理) 设 f 是 $\mathbb{R}^n$ 的开集 M 上依 Lebesgue 测度局部可积的函数, 则几乎所有 $x\in M$ 是 f 的 Lebesgue 点. 这样的点 x 满足

$$\lim_{r\to 0}\frac{1}{\mathfrak{m}(r\mathbb{B}_n)}\int_{r\mathbb{B}_n} f(x+y)\,\mathfrak{m}(dy) = f(x).$$

证明 可设 f 是实值的. 取 M 的可数开覆盖 $\mathcal{F}$ 使 f 于诸 $B\in\mathcal{F}$ 可积, 说明几乎所有 $x\in B$ 是 $f|_B$ 的 Lebesgue 点即可. 由此可设 f 可积, 作零值扩张后可设 $M=\mathbb{R}^n$. 诸 $t>0$ 使 $\mathfrak{m}\{f^\ominus = +\infty\} \leqslant \|f\|_1/t$, 故 $f^\ominus$ 殆有限. 以下函数

$$P_+f : x \mapsto \lim_{k\to\infty} \sup\{(\phi_r * f)(x) | 0<r<1/k\},$$

$$P_-f : x \mapsto \lim_{k\to\infty} \inf\{(\phi_r * f)(x) | 0<r<1/k\}$$

都是半连续函数列的点态极限, 从而是 Borel 函数. 显然 $P_-f \leqslant P_+f$.

由 $|P_\pm f| \leqslant f^\ominus$ 知 $P_\pm f$ 殆有限. 命 $(Pf)(x) = (P_+f)(x) - (P_-f)(x)$, 此式右端无意义时命 $(Pf)(x)=0$. 又知 $0 \leqslant Pf \leqslant 2f^\ominus$. 对于 $g\in L^1(\mathbb{R}^n)\cap C(\mathbb{R}^n)$, 记

$h = f - g$, 则 $P_\pm h = P_\pm f - g$ 且 $Pf = Ph$, 于是 $t\,\mathfrak{m}\{Pf > 2t\} \leqslant 3^n \|h\|_1$. 此式关于 g 取下确界知 $\mathfrak{m}\{Pf > 2t\} = 0$, 于是 $P_+ f$ 与 $P_- f$ 殆相等. 因 $\lim\limits_{r \to 0} \|f * \phi_r - f\|_1 = 0$, 有序列 $r_k \to 0+$ 使 $f * \phi_{r_k}$ 殆逼近 f. 于是 $P_\pm f$ 与 f 殆相等, $\{P_\pm f \neq f\}$ 便是零集.

对于 $v \in \mathbb{Q}$, 作可积函数 $f_v : x \mapsto |f(x) - v|$. 零集族 $\{P_\pm f_v \neq f_v\}(v \in \mathbb{Q})$ 之并 E 还是零集. 诸 $x \in \mathbb{R}^n \setminus E$ 使 $f(x+y) - f(x)$ 等于 $f(x+y) - v + v - f(x)$, 故

$$\int\limits_{r\mathbb{B}_n} \frac{|f(x+y) - f(x)|}{\mathfrak{m}(r\mathbb{B}_n)} \mathfrak{m}(dy) \leqslant \int\limits_{r\mathbb{B}_n} \frac{f_v(x+y) + f_v(x)}{\mathfrak{m}(r\mathbb{B}_n)} \mathfrak{m}(dy).$$

因此 $\overline{\lim\limits_{r \to 0+}} \int\limits_{r\mathbb{B}_n} \dfrac{|f(x+y) - f(x)|}{\mathfrak{m}(r\mathbb{B}_n)} \mathfrak{m}(dy) \leqslant 2 f_v(x)$, 命 v 趋向 $f(x)$ 即可. □

紧支撑光滑函数 $f : \mathbb{R}^n \to \mathbb{C}$ 的偏导数都是 L^q-偏导数, $1 \leqslant q \leqslant +\infty$.

例 3 作紧支撑光滑函数 $v : \mathbb{R}^n \to \mathbb{C}$ 使 $|x| \geqslant 1$ 时, $v(x) = 0$; 当 $|x| < 1$ 时, $v(x) = c\exp(|x|^2 - 1)^{-1}$, 其中常数 $c > 0$ 使 $\int\limits_{\mathbb{R}^n} v(x)\,\mathfrak{m}(dx) = 1$.

当 $r > 0$ 时, 有支集 $r\mathbb{D}_n$ 的函数 $v_r : x \mapsto \dfrac{1}{r^n} v\left(\dfrac{x}{r}\right)$ 是光滑的且其所有偏导数 $\partial^\alpha v_r$ 都是 L^q-偏导数, 其中 $1 \leqslant q \leqslant +\infty$. 因此当 f 是 p-方可积函数时, $f * v_r$ 是光滑函数. 因此卷积的这个近似幺元 $(v_r)_{r>0}$ 起着磨光作用. 当 f 是紧支撑函数时, $v_r * f$ 的支集在 $r \to 0+$ 时会是 f 的支集的小邻域. □

4.4.3 光滑逼近

通过适当卷积, 不光滑函数可变成光滑函数, 这暗示卷积的以下应用.

命题 7 (光滑逼近定理) 作光滑函数 $v : \mathbb{R}^n \to \mathbb{C}$ 使 $|x| \geqslant 1$ 时, $v(x) = 0$; 当 $|x| < 1$ 时, $v(x) = c\exp(|x|^2 - 1)^{-1}$, 其中常数 $c > 0$ 使 $\int\limits_{\mathbb{R}^n} v(x)\,\mathfrak{m}(dx) = 1$.

(1) 当 $A \subseteq \mathbb{R}^n$ 且 $r > 0$ 时, 命 $N_r = \{x | d(x, A) < r\}$ 且 $E_r = \{x | d(x, A) \leqslant r\}$. 作光滑函数 $g_r = v_r * \chi_{N_r}$, 它支于 E_{2r} 且于 A 取值 1.

(2) 设 M 是开集且 $V_r = \{x \in \mathbb{R}^n | d(x, \mathbb{R}^n \setminus M) > 3r, |x| < 1/r\}$, 诸 $f \in L^p_{\mathrm{loc}}(M)$ 对应的 M 上光滑函数 $f_r : x \mapsto v_r * f\chi_{V_r}$ 是紧支撑的.

(3) 当 $1 \leqslant p < +\infty$ 且上述 f 是局部 p-方可积函数时, M 的诸紧集 A 满足 $\lim\limits_{r \to 0+} \|f_r - f\|_{p,A} = 0$. 当 f 还是 p-方可积函数时, $\lim\limits_{r \to 0+} \|f_r - f\|_p = 0$.

(4) 当上述 f 是连续函数时, M 的诸紧集 A 满足 $\lim\limits_{r \to 0+} \|f_r - f\|_{+\infty,A} = 0$. 当 f 还是一致连续函数时, $\lim\limits_{r \to 0+} \|f_r - f\|_\infty = 0$.

证明 (1) 由 Young 不等式知 $|g_r| \leqslant 1$. 因 $\{v_r \neq 0\} = r\mathbb{B}_n$, 根据命题 3(4) 知

$$\{g_r \neq 0\} \subseteq N_r + r\mathbb{B}_n \subset N_{2r}.$$

任取 $x \in A$ 和 $y \in r\mathbb{B}_n$, 由 $|x-y-x| = |y|$ 知 $x-y$ 属于 N_r; 而 $g_r(x) = 1$ 源自下式

$$\int_{|y|<r} v_r(y)\chi_{N_r}(x-y)\,\mathfrak{m}(dy) = \int_{|y|<r} v_r(y)\,\mathfrak{m}(dy) = 1.$$

(2) 诸 $x \in V_r$ 和 $y \in r\mathbb{B}_n$ 满足 $d(x+y, \mathbb{R}^n \setminus M) > 2r$. 此因

$$|d(x+y, \mathbb{R}^n \setminus M) - d(x, \mathbb{R}^n \setminus M)| \leqslant |y|.$$

于是 $V_r + r\mathbb{B}_n$ 含于 M 的紧集 $\{x \in \mathbb{R}^n | d(x, \mathbb{R}^n \setminus M) \geqslant 2r, |x| \leqslant r + 1/r\}$.

(3) 当 $r \to 0+$ 时, 开集 V_r 递增至 M, 因此 A 落于某个 V_{r_0}. 可设 $r < r_1$ 时, $A + r\mathbb{D}_n \subseteq V_{r_0}$. 于是 $(f_r - f)\chi_A = (v_r * f\chi_{V_{r_0}} - f\chi_{V_{r_0}})\chi_A$, 这样

$$\|f_r - f\|_{p,A} \leqslant \|v_r * f\chi_{V_{r_0}} - f\chi_{V_{r_0}}\|_p.$$

以 $f\chi_{V_{r_0}}$ 替换定理 4(2) 中 f 即可. 在后面情形, 当 $r < s$ 时, $f_r - f$ 为 $v_r*(\chi_{V_r} - \chi_{V_s})f$ 与 $v_r * \chi_{V_s} f - \chi_{V_s} f$ 与 $(\chi_{V_s} - 1)f$ 之和, 因此

$$\|f_r - f\|_p \leqslant 2\|(1-\chi_{V_s})f\|_p + \|v_r * \chi_{V_s} f - \chi_{V_s} f\|_p.$$

因此 $\varlimsup_{r\to 0} \|f_r - f\|_p \leqslant 2\|(1-\chi_{V_s})f\|_p$. 命 $s \to 0$ 即可. 仿此得 (4). □

作集环 $\mathfrak{B}_c(M) = \{E \in \mathfrak{B}(M) | E\text{紧含于}M\}$, 它局部地为 σ-代数, 其上带号/复测度称为 M 上*局部测度*, 例有局部可积函数 f 诱导的集函数 $E \mapsto \int_E f(x)\,\mathfrak{m}(dx)$.

紧支撑光滑函数能分离局部测度, 这便是以下命题.

命题 8 (变分基本引理) Euclid 空间 $\mathbb{R}^n$ 的开集 M 上两个局部测度 μ_1 和 μ_2 相等当且仅当诸 $g \in C_c^\infty(M)$ 使 $\int_M g(y)\mu_1(dy) = \int_M g(y)\mu_2(dy)$. 特别地, M 上两个局部 Lebesgue 可积函数 f_1 与 f_2 殆相等当且仅当诸 $g \in C_c^\infty(M)$ 使

$$\int_M f_1(y)g(y)\,\mathfrak{m}(dy) = \int_M f_2(y)g(y)\,\mathfrak{m}(dy).$$

只证充分性 当 A 和 B 取遍 M 中紧集且 $A \subseteq B$ 时, $B \setminus A$ 全体是个半环且局部地生成 $\mathfrak{B}_c(M)$. 根据有限测度扩张的唯一性, 说明 $\mu_1(A) = \mu_2(A)$ 即可.

命 $\mu = \mu_2 - \mu_1$, 作开集 $U_k = \{x \in M | d(x, A) < 2^{-k}\}$ 和 M 上紧支撑连续函数

$$h_k : x \mapsto d(x, M \setminus U_k)/(d(x, A) + d(x, M \setminus U_k)).$$

设 v 同例 3, 则紧支撑光滑函数 $h_k * v_r$ 在 $r \to 0+$ 时一致逼近 h_k. 由 $\int_M (h_k * v_r) d\mu = 0$ 取极限得 $\int_M h_k d\mu = 0$. 因 $(h_k)_{k\geqslant 1}$ 递减至 A 的特征函数, $\mu(A) = 0$. □

历史上第一个有名变分问题是意大利科学家伽利略在 1630 年提出的: 一个质点在重力作用下, 从一个给定点 A 到不在它垂直下方的另一点 B. 如果不计摩擦力, 问沿着什么曲线滑下所需时间最短? 这个所谓**最速降线问题**或**捷线问题**于 1696 年被瑞士数学家 John Bernoulli 以公开信形式再次提出. 这问题最终被 Newton 和 Leibniz 及 James Bernoulli 与 Jokab Bernoulli 和 L'Hospital 各自解决.

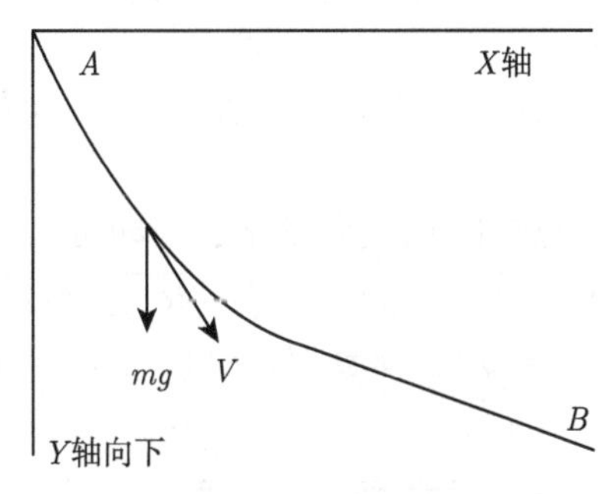

图 31 最速降线问题

现约定平面坐标系中纵轴方向朝下, A 和 B 各有坐标 $(a_1, 0)$ 和 (a_2, b_2). 以 Γ 记连接 A 和 B 的光滑曲线 $y = f(x)$ 全体. 质点沿任何一条这样的曲线从 A 滑到 B 都有个确定的时间 $T(y)$. 可问: $T : \Gamma \to \mathbb{R}$ 是否有极值 "点" 并如何求出此 "点"? 这里将光滑曲线 y 视为 "点", 而 $T(y)$ 视为 T 在 "点"y 的值. 设 g 表示重力加速度, 质量为 m 的质点下滑到 (x, y) 时速率为 v. 由能量守恒定律得 $mgy = mv^2/2$. 以 t 代表时间而 dl 代表孤长微分, 则 $dl = vdt$. 从而 $\sqrt{1 + y'(x)^2}dx = \sqrt{2gy}dt$, 所用时间 T 为

$$T(y) = \int_0^T dt = \int_{a_1}^{a_2} \sqrt{\frac{1 + y'^2}{2gy}} dx.$$

以上被积函数简记为 $F(x, y, y')$, 这可形式地视为三个变量 x, y, y' 的函数.

命题 9 设 h 是 (x, v_1, v_2) 的二阶连续可微实值函数, 而 y 是 x 的光滑函数, 则函数

$$T : y \mapsto \int_{a_1}^{a_2} h(x, y(x), y'(x))dx$$

在条件 $y(a_1) = b_1$ 和 $y(a_2) = b_2$ 下的极值点 y(存在时) 满足 Euler 方程

$$h_{v_1} = h_{xv_2} + h_{v_1v_2}y' + h_{v_2v_2}y'',$$

其中 $v_1 = y(x)$ 且 $v_2 = y'(x)$. 上式称可简写成 $h_{v_1}dx = dh_{v_2}$.

证明 任取实值 $w \in C_c^\infty(a, b)$. 实数 r 充分小时, $y + rw$ 满足限制条件, 故

$T(y) \leqslant T(y+rw)$, 而原点便是函数 $r \mapsto T(y+rw)$ 的临界点. 注意到

$$T(y+rw) = \int_{[a_1,a_2]} h(x, y+rw, y'+rw')dx,$$

上式关于变量 r 在求导后命 $r=0$, 再分部积分得

$$\begin{aligned} 0 &= \int_{[a_1,a_2]} h_{v_1}(x,y,y')wdx + \int_{[a_1,a_2]} h_{v_2}(x,y,y')w'dx. \\ &= \int_{[a_1,a_2]} h_{v_1}wdx + (h_{v_2}w)|_{x=a_1}^{x=a_2} - \int_{[a_1,a_2]} wdh_{v_2}. \end{aligned}$$

注意到 $w(a_i)=0$ 及 w 的任意性, 用变分基本引理即可. □

捷线问题中 $h:(x,v_1,v_2) \mapsto \sqrt{(1+v_2^2)/(2gv_1)}$ 不显含 x, 由 Euler 方程得 $d(y'h_{v_2}-h)=0$, 得常数 c_1 使 $y'h_{v_2}(x,y,y')-h(x,y,y')=c_1$, 即

$$\frac{y'^2}{\sqrt{2gy}\sqrt{1+y'^2}} - \frac{\sqrt{1+y'^2}}{\sqrt{2gy}} = c_1.$$

可见有常数 c 使 $y(1+y'^2)=2c$, 解此方程得所求曲线是旋轮线或摆线 $x=c(t-\sin t)$ 和 $y=c(1-\cos t)$ 的一部分, 其中 c 由 $x=a_2$ 和 $y=b_2$ 可求.

解此问题所产生的方法是泛函分析的原动力. 变分方法可视为无限维空间上微分学对极值问题的应用, 它广泛地应用于数学物理问题并成为工程技术中不可缺少的工具. 有兴趣者可参阅相关书籍.

除了变分方程, 卷积的应用很多, 下例是它对微分方程的应用.

例 4 设 $a>0$, 考察带边值条件 $\lim\limits_{t\to 0+} u(t,x)=f(x)$ 的热传导方程

$$\frac{\partial u(t,x)}{\partial t} = a^2\frac{\partial_1^2 u(t,x)}{\partial x_1^2} + \cdots + a^2\frac{\partial_n^2 u(t,x)}{\partial x_n^2}.$$

易知它在 f 有界连续时有解 $u(t,x)=(f*v_t)(x)$, 其中 v_t 见于例 2. 根据定理 4, 所谓 Gauss-Weierstrass 核 $(v_t)_{t>0}$ 是卷积的近似幺元. 现在,

$$u(t,x) = \frac{1}{(2a\sqrt{\pi t})^n}\int_{\mathbb{R}^n} f(y)\exp\Big(-\frac{(x-y)^2}{4a^2t}\Big)\,\mathfrak{m}(dy).$$

当 f 还一致连续时, 收敛 $\lim\limits_{t\to 0}(f*v_t)(x)=f(x)$ 关于 x 是一致的. □

练　习

习题 1 设 E 和 F 是 $\mathbb{R}^n$ 的 Lebesgue 可测集, 命 $f: x \mapsto \mathfrak{m}((E+x)\cap F)$, 则 f 是 Borel 函数且 $f(x)=\chi_{-E}*\chi_F$ 及 $\int_{\mathbb{R}^n} f(x)\,\mathfrak{m}(dx)=\mathfrak{m}(E)\,\mathfrak{m}(F)$.

(1) $\lim\limits_{x\to 0} f(x) = \mathfrak{m}(E\cap F)$ 且 $\lim\limits_{x\to 0}\mathfrak{m}(E\cup(F+x)) = \mathfrak{m}(E\cup F)$.

(2) 在 $\mathfrak{m}(E)$ 和 $\mathfrak{m}(F)$ 有限时, $\lim\limits_{x\to 0}\mathfrak{m}((E+x)\triangle F) = \mathfrak{m}(E\triangle F)$.

(3) 当 $\mathfrak{m}(E)\mathfrak{m}(F) > 0$ 时, $E - F$ 有内点; 反之可能 $\mathfrak{m}(E)+\mathfrak{m}(F) = 0$.

习题 2 证明有界连续函数 $f:\mathbb{R}\to\mathbb{C}$ 在上半平面有个调和扩张 $u\Big[$提示: 命 $u(x,y) = (f*P_y)(x)$, 其中 $\left(P_y : x\mapsto \dfrac{y}{\pi(x^2+y^2)}\right)_{y>0}\Big]$.

习题 3 设 $f:\mathbb{R}^n\to\mathbb{C}$ 和 $v:\mathbb{R}^n\to\mathbb{C}$ 是有界 Lebesgue 可积函数, $\int\limits_{\mathbb{R}^n} v(x)\,\mathfrak{m}(dx) = 1$ 且有 $c>0$ 使 $\overline{\lim\limits_{x\to\infty}}\,|v(x)||x|^{n+c} < +\infty$, 则 f 的 Lebesgue 点 x 满足 $\lim\limits_{r\to 0}(v_r * f)(x) = f(x)$.

习题 4 (Lebesgue 密度定理) 设 A 是 $\mathbb{R}^n$ 的 Lebesgue 可测集, 则依 Lebesgue 测度几乎所有 $x\in A$ 使 $\lim\limits_{r\to 0+}\mathfrak{m}(A\cap \mathtt{O}(x,r))/\mathfrak{m}(\mathtt{O}(x,r)) = 1$.

习题 5 设 $(X,\mathcal{S})$ 是可测空间, 而 $Q: X\times\mathcal{S}\to\mathbb{I}$ 是**转移函数**, 即诸 $x\in X$ 使 $Q(x,\cdot):\mathcal{S}\to\mathbb{I}$ 是概率测度且诸 $E\in\mathcal{S}$ 使 $Q(\cdot,E): X\to\mathbb{I}$ 是可测函数, 则 X 上非负可测函数 f 和 $\mathcal{S}$ 上有限测度 μ 各诱导 X 上非负可测函数 $Tf : x\mapsto \int\limits_X f(y)Q(x,dy)$ 和 $\mathcal{S}$ 上有限测度 $T^*\mu : E\mapsto \int\limits_X Q(x,E)\mu(dx)$ 使

$$\int\limits_X (Tf)(x)\mu(dx) = \int\limits_X f(x)(T^*\mu)(dx).$$

(1) 当 f 有界时, Tf 也有界; 当 μ 是概率测度时, $T^*\mu$ 也是概率测度.

(2) 设 Q_i 是转移函数, 则 $Q_1Q_2 : (x,E)\mapsto \int\limits_X Q_1(x,dy)Q_2(y,E)$ 也是转移函数. 当 Q_i 对应 T_i 时, Q_1Q_2 对应 T_1T_2 且 $(T_1T_2)^* = T_2^*T_1^*$.

(3) 证明 $(Q_1Q_2)Q_3 = Q_1(Q_2Q_3)$. 但 Q_1Q_2 和 Q_2Q_1 不必相等.

(4) 命 $Q^1 = Q$, 归纳地命 $Q^{n+1} = Q^nQ$, 证明 $Q^kQ^l = Q^{k+l}$.

习题 6 设 M 是复平面的一个开集, 则 $f: M\to\mathbb{C}$ 与某个全纯函数殆相等当且仅当它是局部可积的且诸 $g\in C_c^\infty(M)$ 使 $\int\limits_M f(z)(\overline{\partial}g)(z)|dz|_2 = 0$.

习题 7 设 M 是 Euclid 空间 $\mathbb{R}^n$ 的开集, 则 $f: M\to\mathbb{C}$ 与某个调和函数殆相等当且仅当它是局部可积的且诸 $g\in C_c^\infty(M)$ 使 $\int\limits_M f(x)(\triangle g)(x)|dx|_n = 0$, 其中 $\triangle g = \sum\limits_{i=1}^n \partial_i^2 g$.

4.5 傅氏变换

实轴上局部可积周期函数有 Fourier 级数, 非周期函数自然没有 Fourier 级数. 通过周期函数对非周期函数的形式逼近, 可得可积函数的 Fourier 变换. 进而, 可讨论 Euclid 空间上可积函数甚至复测度的 Fourier 变换.

4.5.1 基本性质

回顾 $\mathbb{R}^n$ 上内积 $\langle x|y\rangle = x_1y_1+\cdots+x_ny_n$. 设 t 是**非零实数**(如 $\pm\pi$ 或 $\pm 1/2$), 规定 Lebesgue 可积函数 $f:\mathbb{R}^n\to\mathbb{C}$ 的 **Fourier 变换**

$$\mathtt{F}_t f = \mathtt{F}_t[f(y)] : x\mapsto \int\limits_{\mathbb{R}^n}\exp(2t\,\mathrm{i}\langle x|y\rangle)f(y)\,\mathfrak{m}(dy).$$

例 1　当 $c>0$ 时, 作 $\mathbb{R}^n$ 上函数 $v: x \mapsto \exp(-c|x|^2)$. 在 3.2 节例 2 中命 $z=\mathrm{i}\,tx_j/c$, 由 Fubini 定理得 $(\mathtt{F}_t\,v)(x)=(\pi/c)^{n/2}\exp(-t^2|x|^2/c)$. 以下简单结论可供后用.

(1) 当 $c=\pi$ 时, 卷积有近似幺元 $(v_r)_{r>0}$ 并且 $(\mathtt{F}_{\pm\pi}\,v_r)(x)=\exp(-\pi r^2|x|^2)/r^n$.

(2) 命 $w_x(y)=\exp(-\pi|ry|^2)\exp(2\pi\,\mathrm{i}\langle x|y\rangle)$, 则 $(\mathtt{F}_{\pm\pi}\,w_x)(y)=v_r(x\pm y)$.

(3) 混合偏导数 $\partial^\alpha v$ 都是 v 的 L^q-偏导数 $(1\leqslant q\leqslant+\infty)$.

(4) 当 $1\leqslant p<+\infty$ 时, 诸 $f\in L^p(\mathbb{R}^n)$ 使 $v_r * f$ 光滑.

(5) 有常数 a 使 $\mathtt{F}_t\,v=av$ 当且仅当 $|t|=c$. □

命题 1　规定复测度 $\mu:\mathfrak{B}(\mathbb{R}^n)\to\mathbb{C}$ 的 Fourier变换

$$\mathtt{F}_t\,\mu=\mathtt{F}_t[\mu(dy)]: x\mapsto\int_{\mathbb{R}^n}\exp(2t\,\mathrm{i}\langle x|y\rangle)\mu(dy).$$

(1a) $\mathtt{F}_t\,\mu:\mathbb{R}^n\to\mathbb{C}$ 是一致连续函数且 $|\mathtt{F}_t\,\mu|\leqslant\|\mu\|$.

(1b) 诸 $f\in L^1(\mathbb{R}^n)$ 的 Fourier 变换一致连续且 $|\mathtt{F}_t\,f|\leqslant\|f\|_1$.

(2a) $\int_{\mathbb{R}^n}(\mathtt{F}_t\,\mu)(x)\nu(dx)=\int_{\mathbb{R}^n}(\mathtt{F}_t\,\nu)(y)\mu(dy)$.

(2b) $\int_{\mathbb{R}^n}(\mathtt{F}_t\,f)(x)g(x)\,\mathfrak{m}(dx)=\int_{\mathbb{R}^n}f(x)(\mathtt{F}_t\,g)(x)\,\mathfrak{m}(dx)$.

(3a) 设 μ' 和 μ'' 各是 $\mathbb{R}^k$ 和 $\mathbb{R}^{n-k}$ 上复 Borel 测度. 将 $x\in\mathbb{R}^n$ 写成 (x',x''), 则

$$(\mathtt{F}_t(\mu'\times\mu''))(x',x'')=(\mathtt{F}_t\,\mu')(x')(\mathtt{F}_t\,\mu'')(x'').$$

(3b) 当 $f(x,x')=f(x')f''(x'')$ 时, $(\mathtt{F}_t\,f)(x)=(\mathtt{F}_t\,f')(x')(\mathtt{F}_t\,f'')(x'')$.

(4a) 位移性质: 当 $\nu(E)=\mu(a+E)$ 时, $(\mathtt{F}_t\,\nu)(x)=\exp(-2t\,\mathrm{i}\langle x|a\rangle)(\mathtt{F}_t\,\mu)(x)$.

(4b) 位移性质: 当 $g(x)=f(a+x)$ 时, $(\mathtt{F}_t\,g)(x)=\exp(-2t\,\mathrm{i}\langle x|a\rangle)(\mathtt{F}_t\,f)(x)$.

(5a) 调幅性质: 当 $\nu(dx)=\exp(2t\,\mathrm{i}\langle x|a\rangle)\mu(dx)$ 时, $(\mathtt{F}_t\,\nu)(x)=(\mathtt{F}_t\,\mu)(x+a)$.

(5b) 调幅性质: 当 $g(x)=\exp(2t\,\mathrm{i}\langle x|a\rangle)f(x)$ 时, $(\mathtt{F}_t\,g)(x)=(\mathtt{F}_t\,f)(x+a)$.

(6a) 线性: $\mathtt{F}_t(c_1\mu_1+c_2\mu_2)=c_1\,\mathtt{F}_t\,\mu_1+c_2\,\mathtt{F}_t\,\mu_2$.

(6b) 线性: $\mathtt{F}_t(c_1f_1+c_2f_2)=c_1\,\mathtt{F}_t\,f_1+c_2\,\mathtt{F}_t\,f_2$.

(7a) 作对合 $\mu^\diamond: E\mapsto\overline{\mu(-E)}$, 则 $(\mu^\diamond)^\diamond=\mu$ 且 $\overline{\mathtt{F}_t\,\mu}=\mathtt{P}\,\mathtt{F}_t\,\overline{\mu}=\mathtt{F}_{-t}\,\overline{\mu}=\mathtt{F}_t\,\mu^\diamond$.

(7b) 作对合 $f^\diamond: x\mapsto\overline{f(-x)}$, 则 $(f^\diamond)^\diamond=f$ 且 $\overline{\mathtt{F}_t\,f}=\mathtt{P}\,\mathtt{F}_t\,\overline{f}=\mathtt{F}_{-t}\,\overline{f}=\mathtt{F}_t\,f^\diamond$.

(8) $(\mathtt{F}_t\,\mu)(x)=(\mathtt{F}_s\,\mu)(tx/s)$ 且 $(\mathtt{F}_t\,f)(x)=(\mathtt{F}_s\,f)(tx/s)$.

证明　(1a) 记 $v=x'-x$ 且 $\varepsilon=|(\mathtt{F}_t\,\mu)(x')-(\mathtt{F}_t\,\mu)(x)|$. 设 $r>0$ 且 $B_r=\{y:|y|<r\}$, 则

$$\begin{aligned}\varepsilon=&\left|\int_{\mathbb{R}^n}(\exp(2t\,\mathrm{i}\langle x|y\rangle)-\exp(2t\,\mathrm{i}\langle x'|y\rangle)\mu(dy)\right|\\ \leqslant&\int_{|y|\leqslant r}2|\sin t\langle v|y\rangle|\mu^\vee(dy)+\int_{|y|>r}2\mu^\vee(dy)\\ \leqslant&2tr|v|\mu^\vee(B_r)+2\mu^\vee(\mathbb{R}^n\setminus B_r),\end{aligned}$$

于是 $\overline{\lim_{v\to 0}}\,\varepsilon \leqslant 2\mu^{\vee}(\mathbb{R}^n\setminus B_r)$. 当 $r\to+\infty$ 时, $\mathbb{R}^n\setminus B_r$ 递减至空集且 $\mu^{\vee}$ 是有限测度, 于是 $\lim\limits_{v\to 0}\varepsilon=0$. 那个不等式源自积分的绝对不等式: $|(\mathrm{F}_t\,\mu)(x)|\leqslant\int_{\mathbb{R}^n}\mu^{\vee}(dx)$.

(2a) 式子两端依 μ 和 ν 各是线性的, 可设 μ 和 ν 都非负. 要证式子化成

$$\int_{\mathbb{R}^n}\nu(dx)\int_{\mathbb{R}^n}\exp(2t\,\mathrm{i}\langle x|y\rangle)\mu(dy)=\int_{\mathbb{R}^n}\mu(dy)\int_{\mathbb{R}^n}\exp(2t\,\mathrm{i}\langle x|y\rangle)\nu(dx).$$

因 $\int_{\mathbb{R}^n}\nu(dx)\int_{\mathbb{R}^n}|\exp(2t\,\mathrm{i}\langle x|y\rangle)|\mu(dy)$ 是有限的, 根据 Tonelli 定理知 $\mathbb{R}^n\times\mathbb{R}^n$ 上函数 $(x,y)\mapsto\exp(2t\,\mathrm{i}\langle x|y\rangle)$ 依乘积测度 $\nu\times\mu$ 是可积的. 用 Fubini 定理知上式成立.

(3a) 用 $\exp(2t\,\mathrm{i}\langle x|y\rangle)=\exp(2t\,\mathrm{i}(x'|y'))\exp(2t\,\mathrm{i}(x''|y''))$ 和 Fubini 定理即可.

易证 (4) 至 (8). 因此, $\mathrm{F}_s\,\mu$ 和 $\mathrm{F}_t\,\mu$ 有相同通用性质, 如相同可积性. □

显然, 在 a 的 Dirac 测度 δ_a 有 Fourier 变换 $\mathrm{F}_t\,\delta_a: x\mapsto\exp(2t\,\mathrm{i}\langle x|a\rangle)$.

命题 2 两个复 Borel 测度 $\mu,\nu:\mathfrak{B}(\mathbb{R}^n)\to\mathbb{C}$ 的如下卷积是复 Borel 测度

$$\mu*\nu: E\mapsto\int_{\mathbb{R}^n}\int_{\mathbb{R}^n}\chi_E(x+y)\mu(dx)\nu(dy)$$

且满足 Young不等式 $\|\mu*\nu\|\leqslant\|\mu\|\|\nu\|$. 当 h 是 $\mathbb{R}^n$ 上有界 Borel 函数时,

$$\int_{\mathbb{R}^n}h(z)(\mu*\nu)(dz)=\iint_{\mathbb{R}^n\times\mathbb{R}^n}h(x+y)\mu(dx)\nu(dy).\tag{0}$$

(1) 卷积定理: $\mathrm{F}_t(\mu*\nu)=(\mathrm{F}_t\,\mu)(\mathrm{F}_t\,\nu)$ 且 $\mathrm{F}_t(f*g)=(\mathrm{F}_t\,f)(\mathrm{F}_t\,g)$.

(2) $\mu*\nu=\nu*\mu$ 且 $(\mu*\nu)*\varphi=\mu*(\nu*\varphi)$ 及 $(\mu*\nu)^{\diamond}=\nu^{\diamond}*\mu^{\diamond}$.

(3) $(\delta_a*\mu)(E)=\mu(E-a)$. 特别地, $\delta_0*\mu=\mu$ 且 $\delta_a*\delta_b=\delta_{a+b}$.

(4) 记 $d\zeta_f=f\,d\mathfrak{m}$, 则 $\mathrm{F}_t\,\zeta_f=\mathrm{F}_t\,f$ 且 $(\zeta_f)^{\diamond}=\zeta_{f^{\diamond}}$.

(5) 命 $(\mu*f)(x)=\int_{\mathbb{R}^n}f(x-y)\mu(dy)$, 则 $\zeta_f*\mu=\zeta_{\mu*f}$.

(6) 卷积 $\mu*f$ 在 f 有界 [且一致连续] 时是有界的 [且是一致连续的].

(7) 命 $d\psi=(\mathrm{F}_{-t}\,\mu)d\nu$, 则 $\mu*\mathrm{F}_t\,\nu=\mathrm{F}_t\,\psi$. 特别地, $f*\mathrm{F}_t\,h=\mathrm{F}_t((\mathrm{F}_{-t}\,f)h)$.

(8) 命 e_r 同 4.4 节定理 4, 诸有界连续函数 $f:\mathbb{R}^n\to\mathbb{C}$ 使

$$\lim_{r\to 0}\int_{\mathbb{R}^n}f(x)(e_r*\mu)(x)\,\mathfrak{m}(dx)=\int_{\mathbb{R}^n}f\,d\mu.$$

证明 定义 $(\mu*\nu)(E)$ 的积分存在且有限, 这源自下式

$$\int_{\mathbb{R}^n}\mu^{\vee}(dx)\int_{\mathbb{R}^n}\chi_E(x+y)\nu^{\vee}(dy)\leqslant\|\nu\|\|\mu\|.$$

为证 $\mu*\nu$ 具有可列加性, 任取 E 的 Borel 分解 $\{E_k|k\geqslant 1\}$, 则

$$\sum_{k\in\geqslant 1}\int_{\mathbb{R}^n}\mu^{\vee}(dx)\int_{\mathbb{R}^n}\chi_{E_k}(x+y)\nu^{\vee}(dy)=\int_{\mathbb{R}^n}\mu^{\vee}(dx)\int_{\mathbb{R}^n}\chi_E(x+y)\nu^{\vee}(dy)$$

$$\Rightarrow\sum_{k\in\geqslant 1}\int_{\mathbb{R}^n}\mu(dx)\int_{\mathbb{R}^n}\chi_{E_k}(x+y)\nu(dy)=\int_{\mathbb{R}^n}\mu(dx)\int_{\mathbb{R}^n}\chi_E(x+y)\nu(dy).$$

上式也导出 Young 不等式. 用简单函数一致逼近 h 得 (0). 这蕴含 (1):

$$\begin{aligned}&\int\limits_{\mathbb{R}^n}\exp(2t\,\mathtt{i}\langle x|y\rangle)(\mu*\nu)(dy)\\=&\iint\limits_{\mathbb{R}^n\times\mathbb{R}^n}\exp(2t\,\mathtt{i}\langle x|y+z\rangle)\mu(dy)\nu(dz)\\=&\int\limits_{\mathbb{R}^n}\exp(2t\,\mathtt{i}\langle x|y\rangle)\mu(dy)\int\limits_{\mathbb{R}^n}\exp(2t\,\mathtt{i}\langle x|z\rangle)\nu(dz).\end{aligned}$$

(2) 易证.

(3) 当 E 是 Borel 集时, $(\delta_a*\mu)(E)$ 和 $\mu(E-a)$ 各是以下等式左右两端

$$\iint\limits_{\mathbb{R}^n\times\mathbb{R}^n}\chi_E(x+y)\delta_a(dx)\mu(dy)=\int\limits_{\mathbb{R}^n}\chi_E(a+y)\mu(dy).$$

上式中命 $a=0$ 知 $(\delta_0*\mu)(E)=\mu(E)$; 又上式中命 $\mu=\delta_b$ 知

$$(\delta_a*\delta_b)(E)=\delta_b(E-a)=\delta_{a+b}(E).$$

(4)+(5) 显然, $(\zeta_f)^\diamond(E)$ 和 $\zeta_{f^\diamond}(E)$ 各是 $\overline{\int\limits_{-E}f(x)\,\mathfrak{m}(dx)}$ 和 $\int\limits_{E}\overline{f(-x)}\,\mathfrak{m}(dx)$, 作变量代换知后两式相等. 由卷积定义、Fubini 定理和 Lebesgue 积分平移不变性得

$$\begin{aligned}&\iint\limits_{\mathbb{R}^n\times\mathbb{R}^n}\chi_E(x+y)f(x)\,\mathfrak{m}(dx)\mu(dy)\\=&\int\limits_{\mathbb{R}^n}\mu(dy)\int\limits_{\mathbb{R}^n}\chi_E(x+y)f(x)\,\mathfrak{m}(dx)\\=&\int\limits_{\mathbb{R}^n}\mu(dy)\int\limits_{\mathbb{R}^n}\chi_E(x)f(x-y)\,\mathfrak{m}(dx)\\=&\int\limits_{\mathbb{R}^n}\chi_E(x)\,\mathfrak{m}(dx)\int\limits_{\mathbb{R}^n}f(x-y)\mu(dy),\end{aligned}$$

这表示 $\zeta_f*\mu$ 和 $\zeta_{\mu*f}$ 在 E 取值相等.

(6) 由 $|g(x)|\leqslant\|f\|_\infty\|\mu\|$ 知 g 有界. 在 f 一致连续时,

$$\begin{aligned}|g(x_2)-g(x_1)|&\leqslant\int\limits_{\mathbb{R}^n}|f(x_2-y)-f(x_1-y)|\mu^\vee(dy)\\&\leqslant\sup\{|f(z_2)-f(z_1)|:|z_1-z_2|=|x_2-x_1|\}\|\mu\|.\end{aligned}$$

(7) 卷积 $\mu^\vee*\nu^\vee$ 是个有限测度, 由 Fubini 定理知

$$\begin{aligned}(\mu*\mathtt{F}_t\,\nu)(x)&=\int\limits_{\mathbb{R}^n}(\mathtt{F}_t\,\nu)(x-y)\mu(dy)\\&=\iint\limits_{\mathbb{R}^n\times\mathbb{R}^n}\exp(2t\,\mathtt{i}\langle x-y|z\rangle)\nu(dz)\mu(dy)\\&=\int\limits_{\mathbb{R}^n}\exp(2t\,\mathtt{i}\langle x|z\rangle)(\mathtt{F}_{-t}\,\mu)(z)\nu(dz).\end{aligned}$$

(8) 当 $r \to 0+$ 时, 根据 4.4 节定理 4 知 $\mathrm{P}\,e_r * f$ 点态逼近 f. 现在

$$|\mathrm{P}\,e_r * f| \leqslant \|\mathrm{P}\,e_r\|_1 \|f\|_\infty = \|f\|_\infty$$

且 $[f|e_r * \mu] = [\mathrm{P}\,e_r * f|\mu]$, 取子列且用控制收敛定理知 $[\mathrm{P}\,e_r * f|\mu]$ 逼近 $[f|\mu]$. □

以上 (3) 表明 Dirac 测度 δ_0 是卷积的幺元, 而 δ_a 有逆元 δ_{-a}.

4.5.2 反演和 L^2-等距性

下面介绍 Fourier 分析中一个重要结论, 它也是 3.4 节例 1 的推论.

命题 3 (Riemann-Lebesgue 引理) Lebesgue 可积函数 $h : X \to \mathbb{C}$ 都满足

$$\lim_{|x|\to\infty} \int_X \cos(\langle x|y\rangle) h(y)\, \mathfrak{m}(dy) = \lim_{|x|\to\infty} \int_X \sin(\langle x|y\rangle) h(y)\, \mathfrak{m}(dy) = 0.$$

特别地, Lebesgue 可积函数 $f : \mathbb{R}^n \to \mathbb{C}$ 满足 $\lim\limits_{|x|\to\infty} (\mathrm{F}_t\, f)(x) = 0$.

证明 可设 h 是实值的, 作零值扩张后可设 $X = \mathbb{R}^n$. 问题归结为证明

$$\psi(f) := \varlimsup_{|x|\to\infty} |\mathrm{F}_t\, f|(x) = 0.$$

在例 1 中命 $c = \pi$, 则 $(v_r)_{r>0}$ 是卷积的近似幺元且 $\psi(v_r) = 0$. 由卷积定理知

$$\mathrm{F}_t\, f = \mathrm{F}_t(f - f * v_r) + (\mathrm{F}_t\, f)(\mathrm{F}_t\, v_r).$$

由 $|\mathrm{F}_t\, f| \leqslant \|f\|_1$ 知 $\psi(f) \leqslant \|f - v_r * f\|_1$. 根据 4.4 节定理 4, 命 $r \to 0+$ 即可.

另证: 当 $(a, b]$ 是 n 维区间时, 由 Fubini 定理和微积分基本定理得

$$\left(\mathrm{F}_t\, \chi_{(a,b]}\right)(x) = \prod_{j=1}^{n} \frac{\exp(2t\,\mathrm{i}\,x_j b_j) - \exp(2t\,\mathrm{i}\,x_j a_j)}{2t\,\mathrm{i}\,x_j}.$$

某些 $x_j = 0$ 时, 上式理解为 $x_j \to 0$ 的极限. 可见 $\psi(\chi_{(a,b]}) = 0$.

因此, $\mathscr{J}_n$-简单函数 g 满足 $\psi(g) = 0$. 由 $|\mathrm{F}_t\, f| \leqslant |\mathrm{F}_t\, f - \mathrm{F}_t\, g| + |\mathrm{F}_t\, g|$ 可得 $\psi(f) \leqslant \|f - g\|_1$. 依简单逼近关于 g 取下确界即可. □

一般地, 使 $\lim\limits_{x\to\infty} g(x) = 0$ 的连续函数 $g : X \to \mathbb{C}$ 全体记为 $C_0(X)$.

命题 4 (Fourier 反演定理) Lebesgue 可积函数 $f : \mathbb{R}^n \to \mathbb{C}$ 的 Fourier 变换 $\mathrm{F}_t\, f : \mathbb{R}^n \to \mathbb{C}$ 也是 Lebesgue 可积时, f 与 $|t/\pi|^n(\mathrm{F}_{-t}\,\mathrm{F}_t\, f)$ 殆相等 (后者连续).

(1) 诸 $\nu \in \mathrm{cam}(\mathbb{R}^n, \mathfrak{B})$ 使 $\int\limits_{\mathbb{R}^n} (\mathrm{F}_\pi\, f)(\mathrm{F}_{-\pi}\, \nu) d\,\mathfrak{m} = \int\limits_{\mathbb{R}^n} f d\nu$.

(2) 若 $\mathrm{F}_t\, \nu$ 是可积的, 则有 Lebesgue 可积的连续函数 h 使 $\nu(dx) = h(x)\, \mathfrak{m}(dx)$.

(3) 当 $\mathrm{F}_t\, f = 0$ 时, f 殆为零; 当 $\mathrm{F}_t\, \nu = 0$ 时, $\nu = 0$.

证明 在例 1 中命 $c = \pi$ 并且用其中函数 w_x, 根据命题 1(2b) 知

$$\int_{\mathbb{R}^n} w_x(y)(\mathrm{F}_{-\pi}\, f)(y)\, \mathfrak{m}(dy) = \int_{\mathbb{R}^n} (\mathrm{F}_{-\pi}\, w_x)(y) f(y)\, \mathfrak{m}(dy).$$

上式左端记为 $h_r(x)$ 而右端根据例 1 是 $(v_r * f)(x)$, 则 $\lim\limits_{r\to 0+}\|h_r - f\|_1 = 0$. 由控制收敛定理, $\lim\limits_{r\to 0+} h_r(x) = (\mathtt{F}_\pi\,\mathtt{F}_{-\pi} f)(x)$. 设 $r_k \to 0+$ 使 $(h_{r_k})_{k\geqslant 1}$ 殆逼近 f, 则 $f \overset{\text{ae}}{=} \mathtt{F}_\pi\,\mathtt{F}_{-\pi} f$.

(1) 根据命题 1(2a), 式子左端是 $\int\limits_{\mathbb{R}^n}(\mathtt{F}_{-\pi}\,\mathtt{F}_\pi f)d\nu$. 对 f 反演即可.

(2) 命 $h = \mathtt{F}_\pi\,\mathtt{F}_{-\pi}\,\nu$, 由卷积定理和例 1 知 $\nu * v_r$ 的 Fourier 变换是 Lebesgue 可积的, 故 $\nu * v_r$ 能反演. 诸 $g \in C_c^\infty(\mathbb{R}^n)$ 便使

$$\begin{aligned}
&\int\limits_{\mathbb{R}^n} g(x)(\nu * v_r)(x)\,\mathfrak{m}(dx) = \int\limits_{\mathbb{R}^n} g(x)\,\mathtt{F}_\pi\,\mathtt{F}_{-\pi}(\nu * v_r)(x)\,\mathfrak{m}(dx)\\
&= \int\limits_{\mathbb{R}^n} (\mathtt{F}_\pi\, g)(x)(\mathtt{F}_{-\pi}\,\nu)(x)(\mathtt{F}_{\pm\pi}\, v_r)(x)\,\mathfrak{m}(dx) \ \ (\text{根据命题 1 和命题 2})\\
&= \int\limits_{\mathbb{R}^n} \mathtt{F}_\pi(g * v_r)(x)(\mathtt{F}_{-\pi}\,\nu)(x)\,\mathfrak{m}(dx) = \int\limits_{\mathbb{R}^n} (g * v_r)(x)h(x)\,\mathfrak{m}(dx).
\end{aligned}$$

命 $r \to 0+$ 得 $\int\limits_{\mathbb{R}^n} g(x)\nu(dx) = \int\limits_{\mathbb{R}^n} g(x)h(x)\,\mathfrak{m}(dx)$, 用变分基本引理即可. □

以下结论可用于泛函分析和偏微分方程及概率论中某些问题.

定理 5 (Plancherel)　命 $c_n = (\pi/|t|)^{n/2}$, 则诸 $\{g, f\} \subset L^{[1,2]}(\mathbb{R}^n)$ 满足

$$\|\,\mathtt{F}_t\, f\|_2 = c_n\|f\|_2 \quad 且 \quad \langle \mathtt{F}_t\, g|\,\mathtt{F}_t\, f\rangle = c_n^2\langle g|f\rangle.$$

证明　记 $L = L^{[1,2]}(\mathbb{R}^n)$, 它根据 3.4 节命题 5 知有个稠密集 $\operatorname{span}\{\chi_E|E \in \mathcal{J}_n\}$. 可设 $t = \pi$. 由 Fubini 定理, 可设 $n = 1$ 且 f 与 g 各是区间 $(a, b]$ 与 $(r, s]$ 的特征函数. 算得

$$(\mathtt{F}_\pi\, f)(x) = \int\limits_a^b \exp(2\pi\,\mathrm{i}\,xy)dy = \frac{\sin\pi(b-a)x\exp\mathrm{i}\,\pi(a+b)x}{\pi x},$$

因此 $|\,\mathtt{F}_\pi\, f|^2$ 是可积的, 由 Hölder 不等式知 $(\mathtt{F}_\pi\, f)\overline{\mathtt{F}_\pi\, g}$ 是可积的. 现在

$$\left(\overline{\mathtt{F}_\pi\, g}\,\mathtt{F}_\pi\, f\right)(x) = \frac{\sin\pi(b-a)x\sin\pi(s-r)x\exp\mathrm{i}\,\pi(a+b-r-s)x}{(\pi x)^2},$$

用三角函数的积化和差公式和倍角公式知实部 $\operatorname{re}(\mathtt{F}_\pi\, g|\,\mathtt{F}_\pi\, f)(x)$ 等于

$$\frac{[\sin\pi(b-r)x]^2 + [\sin\pi(a-s)x]^2 - [\sin\pi(b-s)x]^2 - [\sin\pi(a-r)x]^2}{2(\pi x)^2}.$$

而虚部 $\operatorname{im}\left(\overline{\mathtt{F}_\pi\, g}\,\mathtt{F}_\pi\, f\right)$ 是奇函数. 根据 3.1 节例 5 与变量代换得

$$\langle \mathtt{F}_\pi\, g|\,\mathtt{F}_\pi\, f\rangle = \frac{-|b-s| - |a-r| + |b-r| + |s-a|}{2} = \langle g|f\rangle.$$

另证: 仍设 $n \geqslant 1$ 且 $\{g, f\} \subset L$. 在例 1 中命 $c = \pi$ 得

$$\int_{\mathbb{R}^n} (\mathrm{F}_\pi v_r)(x)(\mathrm{F}_\pi f)(x)\overline{(\mathrm{F}_\pi v_r)(x)(\mathrm{F}_\pi f)(x)}\,\mathfrak{m}(dx)$$

$$= \int_{\mathbb{R}^n} \mathrm{F}_\pi(v_r * f)(x)\,\mathrm{F}_{-\pi}(\overline{v_r * f})(x)\,\mathfrak{m}(dx) \quad (\text{此由卷积定理})$$

$$= \int_{\mathbb{R}^n} (v_r * f)(x)\overline{v_r * f}(x)\,\mathfrak{m}(dx) \quad (\text{此据命题 } 4(1)).$$

当 $r \searrow 0$ 时, $|\mathrm{F}_\pi v_r| \nearrow 1$. 由单调收敛定理得 $\|\mathrm{F}_\pi f\|_2 = \|f\|_2$. □

上述另证体现了实分析理论简化证明过程的优势.

例 2 当 $a > 0$ 时, 实轴上 Lebesgue 可积函数 $h_a : x \mapsto \exp(-a|x|)$. 算得 Fourier 变换 $\mathrm{F}_\pi h_a : x \mapsto 2a/(4\pi^2 x^2 + a)$ 和 $\|h_a\|_2 = 1/\sqrt{a}$, 由 Plancherel 定理知

$$\int_{\mathbb{R}} \frac{4a^2 dx}{(4\pi^2 x^2 + a)^2} = \frac{1}{a}.$$

上式还可用变量代换而得: 当 $-\pi < 2t < \pi$ 时, 命 $2\pi x = a \tan t$. □

Fourier 变换在概率论中有重要应用, 设 $(\Omega, \mathcal{F}, P)$ 是个概率空间. 可测函数 $\xi : \Omega \to \mathbb{R}$ 也称为随机变量, 它诱导了 $\mathfrak{B}(\mathbb{R})$ 上一个概率测度 $P_\xi : B \mapsto P\xi^{-1}(B)$. 命 $F(t) = P(\xi \leqslant t)$, 所得右连续的递增函数 $F : \mathbb{R} \to \mathbb{R}$ 称为 ξ 的**分布函数**. 当 $a < b$ 时,

$$P_\xi(a, b] = P(a < \xi \leqslant b) = F(b) - F(a),$$

可见 $dF(t) = P_\xi(dt)$ 而 F 诱导的 Lebesgue-Stieltjes 测度于 $\mathfrak{B}(\mathbb{R})$ 的限制恰是 P_ξ. 于是

$$\int_{\mathbb{R}} g(t)dF(t) = \int_{\mathbb{R}} g(t)P_\xi(dt) = \int_{\Omega} g(\xi(\omega))P(d\omega).$$

概率测度 P_ξ 的如下 Fourier 变换 $\widehat{P_\xi}$ 也称为 ξ 的**特征函数**(它有界且一致连续)

$$\widehat{P_\xi} : x = \int_{\Omega} \exp(\mathrm{i}\, x\xi(\omega))P(d\omega) = \int_{\mathbb{R}} \exp(\mathrm{i}\, xy)dF(y).$$

当 F 绝对连续时, 其导数 F' 为 ξ 的**密度函数**. 此时 $\widehat{P_\xi}(x) = \int_{\mathbb{R}} \exp(\mathrm{i}\, xy)F'(y)dy$.

将 ξ_n 和 ξ 的分布函数各记为 F_n 和 F, 则随机变量序列 $(\xi_n)_{n\geqslant 1}$ **依分布收敛于** ξ 是指诸有界连续函数 $f : \mathbb{R} \to \mathbb{C}$ 使 $\lim\limits_{n\to\infty} \int_{\mathbb{R}} f dF_n = \int_{\mathbb{R}} f dF$; 这相当于

$$\lim_{n\to\infty} \int_{\Omega} f(\xi_n(\omega))P(d\omega) = \int_{\Omega} f(\xi(\omega))P(d\omega).$$

序列 $(\xi_n)_{n\geqslant 1}$ 依测度收敛于 ξ 时 (称为**依概率收敛**), 根据 2.6 节定理 7 知诸连续函数 $f : \mathbb{R} \to \mathbb{R}$ 使 $(f\xi_n)_{n\geqslant 1}$ 依概率逼近 $f\xi$. 由控制收敛定理, $(\xi_n)_{n\geqslant 1}$ 依分布逼近 ξ.

也将 $G: x \mapsto P(\xi < x)$ 称为 ξ 的分布函数. 因为 $G: \mathbb{R} \to \mathbb{R}$ 是左连续的递增函数使 $P(a \leqslant \xi < b) = G(b) - G(a)$, 以 dG 记 G 作为左连续的递增函数诱导的测度 $d\mu$, 即 $\mu[a,b) = G(b) - G(a))$. 于是

$$\int_{\mathbb{R}} h(x)dG(x) = \int_{\Omega} h(\xi(\omega))P(d\omega).$$

概率论中还会考虑随机向量 $\xi: \Omega \to \mathbb{R}^n$(即向量值可测函数). 它诱导了 $\mathfrak{B}(\mathbb{R}^n)$ 上一个概率测度 $\mu: B \mapsto P\xi^{-1}(B)$ 使下式恒成立

$$\int_{\mathbb{R}^n} g(x)\mu(dx) = \int_{\Omega} g(\xi(\omega))P(d\omega).$$

以下函数 f 称为 ξ 的特征函数 ——概率测度 μ 的 Fourier 变换,

$$f(x) = \int_{\Omega} \exp(\mathtt{i}(x|\xi(\omega)))P(d\omega) = \int_{\mathbb{R}^n} \exp(\mathtt{i}\langle x|y\rangle)\mu(dy).$$

4.5.3　速降函数

以下命题讨论了 Fourier 变换的可微性条件.

命题 6　对于 $\mu \in \mathrm{cam}(\mathbb{R}^n, \mathfrak{B})$, 命 $\hat{\mu} = \mathtt{F}_t\,\mu$. 形式地命 $\mu_\beta(dy) = y^\beta \mu(dy)$.

(1) 某个 $a \in \mathbb{S}_{n-1}$ 使 $\nu: dy \mapsto 2t\,\mathtt{i}\langle a|y\rangle\mu(dy)$ 有限时, $\nabla_a\hat{\mu} = \widehat{\nu}$.

(2) 某个 $l \in \mathbb{Z}_+$ 使 $|y|^l\mu^\vee(dy)$ 有限且 $|\beta| \leqslant l$ 时, μ_β 是有限测度.

(3) 在 (2) 下, $\hat{\mu}$ 是 l 阶连续可导的且 $\partial^\beta\hat{\mu} = \left(2t\,\mathtt{i}\right)^{|\beta|}\widehat{\mu_\beta}$.

证明　(1) 可设 $t = 1$, 命 $\varepsilon = (\hat{\mu}(x+sa) - \hat{\mu}(x))/s - \hat{\nu}(x)$, 则

$$\begin{aligned}
|\varepsilon| &\leqslant \int_{\mathbb{R}^n} |\exp(2\,\mathtt{i}\langle x|y\rangle)(\exp(2\,\mathtt{i}\,s\langle a|y\rangle) - 1 - 2\,\mathtt{i}\,s\langle a|y\rangle)|\mu^\vee(dy)/|s| \\
&= \int_{\mathbb{R}^n} \mu^\vee(dy)\left|\int_0^1(\exp(2\,\mathtt{i}\,rs\langle a|y\rangle) - 1)2\,\mathtt{i}\langle a|y\rangle dr\right|.
\end{aligned}$$

当 $q > 0$ 时, 命 $E_q = \{y: |\langle a|y\rangle| > q\}$. 由 $|\exp(2\,\mathtt{i}\,c) - 1| = 2|\sin c|$ 知

$$|\varepsilon| \leqslant \int_{|\langle a|y\rangle| \leqslant q} 2|s|q\nu^\vee(dy) + \int_{E_q} 4\nu^\vee(dy).$$

于是 $\overline{\lim\limits_{s\to 0}}\,|\varepsilon| \leqslant 4\nu^\vee(E_q)$, 命 $q \to +\infty$ 得 $\lim\limits_{s\to 0}|\varepsilon| = 0$.

(2) 命 $s = |\beta|$, 则 $|x^\beta| \leqslant |x|^s$. 于是 μ_β 的有限性源自下式

$$\int_{\mathbb{R}^n} |y^\beta|\mu^\vee(dy) \leqslant \int_{|y|\leqslant 1} \mu^\vee(dy) + \int_{|y|>1} |y|^r\mu^\vee(dy) < +\infty.$$

(3) 根据 (2) 和 (1) 知 $\hat{\mu}$ 有连续的一阶偏导数从而是一阶连续可导的. 由归纳法知 $\hat{\mu}$ 是 l 阶连续可导的, 其混合偏导数公式源自 (1) 和归纳法. □

Fourier 变换和卷积可用来讨论某些微分方程, 下例简单讨论了其思想方法.

例 3 设 $a>0$, 求常微分方程 $a^2f-f''=2ag$ 在 $g:\mathbb{R}\to\mathbb{C}$ 连续且可积时的解 f. 为此设 f 待定, 作 Fourier 变换并且用例 2 中函数 h_a 得

$$\begin{aligned}&a^2(\mathtt{F}_\pi f)(x)-(2\pi\,\mathtt{i})^2x^2(\mathtt{F}_\pi f)(x)=2a(\mathtt{F}_\pi g)(x)\\ \Rightarrow&(\mathtt{F}_\pi f)(x)=\frac{2a(\mathtt{F}_\pi g)(x)}{4\pi^2x^2+a^2}=(\mathtt{F}_\pi g)(x)(\mathtt{F}_\pi h_a)(x).\end{aligned}$$

由卷积定理知 $\mathtt{F}_\pi(f-g*h_a)=0$, 作 Fourier 反演知 $f=g*h_a$. □

回顾 Leibniz 公式: 当 $f,g:M\to\mathbb{C}$ 是 l 阶连续可导的且 $|\beta|\leqslant l$ 时,

$$\partial^\beta(fg)=\sum\Big(\binom{\beta}{\alpha}(\partial^\alpha f)(\partial^{\beta-\alpha}g)\Big|\alpha\leqslant\beta\Big).$$

命题 7 设 $f:\mathbb{R}^n\to\mathbb{C}$ 是光滑的, 诸 $\{\alpha,\beta\}\subset\mathbb{N}^n$ 使 $\lim\limits_{|x|\to\infty}x^\alpha\partial^\beta f(x)=0$ 当且仅当诸 $\{\alpha,\beta\}\subset\mathbb{N}^n$ 使 $\sigma_{\alpha,\beta}(f):=\sup\limits_{x\in\mathbb{R}^n}|x^\alpha\partial^\beta f(x)|$ 有限, 即 $\tau_{\alpha,\beta}(f):=\sup\limits_{x\in\mathbb{R}^n}|\partial^\beta(x^\alpha f(x))|$ 有限. 此时称 f 是**速降函数**; 诸 $\{\alpha,\beta,\gamma\}\subset\mathbb{N}$ 使 $x\mapsto x^\alpha\partial^\beta(x^\gamma f(x))$ 速降.

(1) 速降函数的共轭 $\bar{f}$ 和对合 $f^\diamond$ 及两个速降函数的卷积 $f*g$ 是速降的. 进而, 有与 f 无关的常数 c_{np} 使 $\|f\|_p\leqslant c_{np}(\sum\sigma_{\alpha,0}(f):|\alpha|\leqslant 2n)$.

(2) 设 $h\in C_c^\infty(\mathbb{R}^n)$ 使 $\chi_{\mathbb{D}_n}\leqslant h\leqslant\chi_{2\mathbb{D}_n}$. 命 $h_r(x)=h(x/r)$, 则

$$\lim_{r\to+\infty}\sigma_{\alpha,\beta}(fh_r-f)=0:\{\alpha,\beta\}\subset\mathbb{N}^n.$$

(3) 变换 $\mathtt{P}\,f$ 和 Fourier 变换 $\mathtt{F}_t\,f$ 都是速降函数且

$$\sigma_{\alpha,\beta}(\mathtt{F}_t\,f)|\leqslant\int\limits_{\mathbb{R}^n}(2t)^{|\beta|-|\alpha|}|\partial^\alpha(y^\beta f(y))|\,\mathfrak{m}(dy).$$

证明 必要性易证. 充分性: 有实数 c 恒使 $(1+|x|^2)|x^\alpha\partial^\beta f(x)|\leqslant c$. 这样

$$\varlimsup_{|x|\to\infty}|x^\alpha\partial^\beta f(x)|\leqslant\lim_{|x|\to\infty}c/(1+|x|^2)=0.$$

(1) 命 $h(x)=(1+|x|^2)^nf(x)$, 则有常数 c 使 $|h(x)|\leqslant c\sum\limits_{|\alpha|\leqslant 2n}\sigma_{\alpha,0}(f)$. 注意到 $|f(x)|\leqslant|h(x)|/(1+|x|^2)^n$ 即可. 至于卷积,

$$\begin{aligned}x^\alpha\partial^\beta(f*g)(x)&=\int\limits_{\mathbb{R}^n}x^\alpha(\partial^\beta f)(x-y)g(y)\,\mathfrak{m}(dy)\\&=\sum_{\gamma\leqslant\alpha}\binom{\alpha}{\gamma}\int\limits_{\mathbb{R}^n}(x-y)^\gamma(\partial^\beta f)(x-y)y^{\alpha-\gamma}g(y)\,\mathfrak{m}(dy).\end{aligned}$$

(2) 注意到 $(\partial^\gamma h_r)(x) = (\partial^\gamma h)\left(\frac{x}{r}\right)\frac{1}{r^{|\gamma|}}$,

$$\begin{aligned}&|x^\alpha\partial^\beta(fh_r - f)(x)| = |x^\alpha\partial^\beta((h_r(x)-1)f(x))|\\ =&\left|x^\alpha(h_r(x)-1)\partial^\beta f(x) + \sum_{\gamma\neq 0} x^\alpha\binom{\beta}{\gamma}\partial^\gamma\left(h\left(\frac{x}{r}\right)\right)\partial^{\beta-\gamma}f(x)\right|\\ \leqslant& \sup_{|y|>r}|y^\alpha\partial^\beta f(y)| + \sum_{\gamma\neq 0}\mathrm{const}\,\sigma_{\alpha,\beta-\gamma}(f)\frac{1}{r^{|\gamma|}}.\end{aligned}$$

此处 const 表示常数, 它随着证明过程的继续会适当作出调整而不需改变符号.

(3) 由 $\partial^\beta(\mathtt{P}\,f)(x) = (-1)^{|\beta|}(\partial^\beta f)(-x)$ 知 $\mathtt{P}\,f$ 速降. 现在

$$\begin{aligned}\partial^\alpha(x^\beta f(x)) &= \sum\left(\binom{\alpha}{\gamma}\partial^\gamma x^\beta\partial^{\alpha-\gamma}f(x) : \gamma\leqslant\alpha\right)\\ &= \sum\left(\gamma!\binom{\alpha}{\gamma}\binom{\beta}{\gamma}x^{\beta-\gamma}\partial^{\alpha-\gamma}f(x) : \gamma\leqslant\alpha, \gamma\leqslant\beta\right),\end{aligned}$$

这样 $x\mapsto\partial^\alpha(x^\beta f(x))$ 是速降函数. 根据命题 6 得

$$x^\alpha\partial^\beta(\mathtt{F}_t\,f)(x) = \int_{\mathbb{R}^n}\frac{(2t\,\mathtt{i})^{|\beta|}}{(-2t\,\mathtt{i})^{|\alpha|}}\exp(2t\,\mathtt{i}\langle x|y\rangle)\partial_y^\alpha(y^\beta f(y))\,\mathfrak{m}(dy),$$

这样 $\sigma_{\alpha,\beta}(\mathtt{F}_t\,f) \leqslant \mathrm{const}\,\|x\mapsto\partial^\alpha(x^\beta f(x))\|_1$. 于是 $\mathtt{F}_t\,f$ 速降. □

可见, 速降函数就是任意阶导数比任意阶负幂次函数下降得快的光滑函数.

例 4 设 $a>0$, 则 $f_\gamma : x\mapsto x^\gamma\exp(-a|x|^2)$ 是速降函数. 此因 f_γ 是有界的并且 $x\mapsto x^\alpha\partial^\beta f_\gamma(x)$ 是 $f_{\alpha+\kappa} : \kappa\leqslant\gamma$ 的线性组合. □

速降函数组成的所谓 Schwartz空间$\mathtt{S}(\mathbb{R}^n)$ 是完备的, 其意义如下.

命题 8 在速降函数空间中, 序列 $(f_k)_{k\geqslant1}$ 逼近某个 f, 即 $\lim\limits_{k\to\infty}\sigma_{\alpha,\beta}(f_k-f)=0$ 对于 $\{\alpha,\beta\}\subseteq\mathbb{N}^n$ 成立当且仅当 $\lim\limits_{k,l\to\infty}\sigma_{\alpha,\beta}(f_k-f_l)=0$ 对于 $\{\alpha,\beta\}\subset\mathbb{N}^n$ 成立.

(1) $\mathtt{F}_{-\pi}\mathtt{F}_\pi f = \mathtt{F}_\pi\mathtt{F}_{-\pi} f = f$, $\mathtt{F}_{\pm\pi}^2 f = \mathtt{P}\,f$ 且 $\mathtt{P}^2 f = f$.

(2) $\mathtt{S}(\mathbb{R}^n)$ 上的 Fourier 变换是同胚, 而 $C_c^\infty(\mathbb{R}^n)$ 是 $\mathtt{S}(\mathbb{R}^n)$ 的稠密集.

(3) 使 $\mathtt{F}_{-\pi}\,f$ 为紧撑光滑函数的 f 全体 E 稠于 $\mathtt{S}(\mathbb{R}^n)$.

(4) 当 $1\leqslant p<+\infty$ 时, 上述 E 稠于 $L^p(\mathbb{R}^n)$ 和 $C_0(\mathbb{R}^n)$.

提示 充分性: 按条件知 $(\partial^\beta f_k)_{k\geqslant1}$ 一致收敛于某个连续函数 g_β. 现在

$$\begin{aligned}(\partial^\beta f_k)(x) - (\partial^\beta f_k)(0) &= \int_0^1\sum_{i=1}^n(\partial_i\partial^\beta f_k)(tx)x_i dt\\ \Rightarrow g_\beta(x) - g_\beta(0) &= \int_0^1\sum_{i=1}^n g_{\beta+e_i}(tx)x_i dt,\end{aligned}$$

其中 $\boldsymbol{e}_1,\cdots,\boldsymbol{e}_n$ 是第 $\mathbb{R}^n$ 的标准基. 可见, $dg_\beta(x) = \sum\limits_{i=1}^n g_{\beta+\boldsymbol{e}_i}(x)dx_i$.

命 $f = g_0$, 则 $\partial^\beta f = g_\beta$. 按条件, $(x^\alpha \partial^\beta f_k(x))_{k\geqslant 1}$ 一致逼近 $x^\alpha \partial^\beta f(x)$.

(1) 第一组源自命题 4, 故 $\mathtt{F}_{-\pi}^2 = \mathtt{P}\,\mathtt{F}_\pi\,\mathtt{F}_{-\pi} = \mathtt{P}$[用命题 7 与光滑逼近].

(2) 用 (1) 和命题 7 即可.

(3) 根据 (2), $\mathtt{F}_{-\pi}(E)$ 稠于 $\mathtt{S}(\mathbb{R}^n)$, 再用 (2).

(4) 因 $\mathtt{S}(\mathbb{R}^n)$ 包含 $C_c^\infty(\mathbb{R}^n)$ 且后者稠于 $L^p(\mathbb{R}^n)$ 和 $C_0(\mathbb{R}^n)$. □

下例供熟悉调和函数者参考, 它有助于来分析 Fourier 变换的 L^2-理论.

例 5 设 $g(x_1, \cdots, x_n)$ 是齐 k 次调和多项式. 命 $f(x) = \exp(-\pi|x|^2)g(x)$, 则 $\mathtt{F}_{\pm\pi} f = \mathtt{i}^{\pm k} f$. 为此作 $\mathbb{C}^n$ 上函数 $h_1 : z \mapsto \exp\left(\pi \sum\limits_{j=1}^n z_j^2\right) g(z)$ 和

$$h_2 : z \mapsto \int_{\mathbb{R}^n} \exp\left(2\pi \sum_{j=1}^n z_j u_j - \pi|u|^2\right) g(u)\,\mathfrak{m}(du),$$

它们依各分量 $z_1, \cdots, z_n$ 全纯, $h_1(\mathtt{i}\,y) = \mathtt{i}^k f(y)$ 且 $h_2(\mathtt{i}\,y) = (\mathtt{F}_\pi f)(y)$. 现在

$$\begin{aligned}
&\int_{\mathbb{R}^n} \exp\left(2\pi \sum_{j=1}^n x_j u_j - \pi|u|^2\right) g(u)\,\mathfrak{m}(du) \quad (\text{作平移} u = w + x)\\
=&\int_{\mathbb{R}^n} \exp(\pi|x|^2 - \pi|w|^2) g(w + x)\,\mathfrak{m}(dw) \quad (\text{用极坐标} w = rv)\\
=&\int_{r>0} \exp(\pi|x|^2 - \pi r^2) r^{n-1} dr \int_{\mathbb{S}_{n-1}} g(rv + x) |dv|_{n-1} \quad (\text{用平均值公式})\\
=&\int_{r>0} \exp(\pi|x|^2) g(x) \exp(-\pi r^2) |\mathbb{S}_{n-1}|_{n-1} r^{n-1} dr \quad (\text{再用极坐标})\\
=&\exp\left(\pi \sum_{j=1}^n x_j^2\right) g(x) \int_{\mathbb{R}^n} \exp(-\pi|w|^2)\,\mathfrak{m}(dw),
\end{aligned}$$

即 $h_2(x) = h_1(x)$. 对 $z_1, \cdots, z_n$ 依次用恒等定理得 $h_2(z) = h_1(z)$. 命 $z = \mathtt{i}\,y$ 即可. □

练 习

习题 1 设 A 是实可逆阵且 $\nu(dy) = \mu A^{-1}(dy)$, 则 $(\mathtt{F}_t\,\nu)(x) = (\mathtt{F}_t\,\mu)(A^{\mathrm{t}} x)$. 当 $g(x) = f(Ax)$ 时, $(\mathtt{F}_t\,g)(x) = (\mathtt{F}_t\,f)((A^{-1})^{\mathrm{t}} x)/|\det A|$. 特别当 f 是可测径向函数 (诸 $\rho \in \mathtt{O}(n)$ 满足 $f\rho \overset{\text{ae}}{=} f$) 时, 其 Fourier 变换是点态径向函数.

习题 2 将命题 4 中 f 全体记为 $L^I(\mathbb{R}^n)$ 且命 $[f]_I = \|f\|_1 + \|\hat{f}\|_1$.

(1) 诸 $g \in L^1(\mathbb{R}^n)$ 使 $g * f$ 属于 $L^I(\mathbb{R}^n)$ 且 $[g * f]_I \leqslant \|g\|_1 \|f\|_I$.

(2) 若有 $f_i \in L^I(\mathbb{R}^n)$ 使 $f = f_1 * f_2$, 则 $[f]_I \leqslant [f_1]_I [f_2]_I$.

(3) 若有 $f_i \in L^I(\mathbb{R}^n)$ 使 $f = f_1 + f_2$, 则 $[f]_I \leqslant [f_1]_I + [f_2]_I$.

(4) 诸复数 c 使 cf 属于 $L^I(\mathbb{R}^n)$ 且 $[cf]_I = |c|\|f\|_I$. 下设诸 $f_k \in L^I(\mathbb{R}^n)$.

(5) 有个 $f \in L^I(\mathbb{R}^n)$ 使 $\lim\limits_{k\to\infty} [f_k - f]_I = 0$ 当且仅当 $\lim\limits_{k,l\to\infty} [f_k - f_l]_I = 0$.

习题 3 设 $a > 0$, 作函数 $g(x) = \exp(-a|x|)$. 求 g 的 Fourier 变换.

习题 4 在命题 6(2) 的条件下, 记 $\delta=|x-x_0|$, 直接证明 $\lim\limits_{\delta\to0}\Delta/\delta=0$, 其中

$$\Delta=\left|(\mathtt{F}_t\,\mu)(x)-(\mathtt{F}_t\,\mu)(x^0)-\sum_{j=1}^{n}2t\,\mathtt{i}\,\mathtt{F}_t[y_j\mu(dy)](x^0)(x_j-x_j^0)\right|.$$

习题 5 证明无 $e\in L^1(\mathbb{R}^n)$ 使诸 $f\in L^1(\mathbb{R}^n)$ 满足 $e*f=f$.

习题 6 设 $0<b<\pi$ 且 $f:[0,b]\to\mathbb{C}$ 是 Lebesgue 可积函数, 则

$$\lim_{s\to\infty}\left(\int_0^b f(t)\frac{\sin st}{2\sin(t/2)}dt-\int_0^b f(t)\frac{\sin st}{t}dt\right)=0.$$

(1) 设 $g:[0,b]\to\mathbb{C}$ 是囿变的, 则 $\lim\limits_{s\to+\infty}\int_0^b g(t)\frac{\sin st}{t}dt=\frac{\pi}{2}g(0+)$.

(2) 定义并讨论 Lebesgue 可积函数 $h:[-\pi,\pi]\to\mathbb{C}$ 的 Fourier 级数.

习题 7 设 E 是 $[0,2\pi]$ 中 Lebesgue 可测集且 $(t_n)_{n\geqslant1}$ 是实数列, 则

$$\lim_{n\to\infty}\int_E\cos^2(nx+t_n)dx=\lim_{n\to\infty}\int_E\sin^2(nx+t_n)dx=\frac{\mathfrak{m}(E)}{2}.$$

习题 8 (Cantor-Lebesgue 定理) 设三角级数 $\sum\limits_{n\geqslant0}(a_n\cos nx+b_n\sin nx)$ 在某个 Lebesgue 测度为正的集 E 上收敛, 则 $\lim\limits_{n\to\infty}(|a_n|+|b_n|)=0$.

习题 9 设 $g:\mathbb{R}\to\mathbb{C}$ 是右连续的囿变函数且 $f=\mathtt{F}_{-\pi}(dg)$, 则

$$\lim_{r\to+\infty}\int_{|x|<r}\frac{\exp(2\pi\,\mathtt{i}\,bx)-\exp(2\pi\,\mathtt{i}\,ax)}{\pi\,\mathtt{i}\,x}f(x)dx=g|_a^b+g|_{a-}^{b-}.$$

习题 10 设 $1\leqslant p,q,r\leqslant+\infty$ 使 $\frac{1}{r}=\frac{1}{p}+\frac{1}{q}-1$, 作 $a\in\ell^p(\mathbb{Z})$ 和 $b\in\ell^q(\mathbb{Z})$ 的卷积 $a*b$ 使其第 k 个分量是 $\sum\limits_{i\in\mathbb{Z}}a_ib_{k-i}$, 证明 Young 不等式 $\|a*b\|_r\leqslant\|a\|_p\|b\|_q$.

(1) 若 s 是 r 的共轭指数, 则诸 $w\in\ell^s(\mathbb{Z})$ 使 $\sum\limits_{k\in\mathbb{Z}}w_k(a*b)_k=\sum\limits_{i,j\in\mathbb{Z}}w_{i+j}a_ib_j$.

(2) 交换律: $a*b=b*a$(在一边有意义时成立).

(3) 分配律: $a*(b+c)=a*b+a*c$(在右端有意义时成立).

(4) 结合律: $(a*b)*c=a*(b*c)$(在一边有意义时成立).

(5) 用 Kronecker 符号, 命 $e_k=(\delta_{i,k})_{i\in\mathbb{Z}}$, 则 $e_0*a=a$ 且 $e_k*e_l=e_{k+l}$.

习题 11 对于 $a\in\ell^1(\mathbb{Z})$ 和 $z\in\mathbb{T}$, 命 $(\mathtt{F}\,a)(z)=\sum a_kz^k$. 称 $\mathtt{F}\,a$ 是 a 的 Fourier 变换, 它是 $\mathbb{T}$ 上连续函数且 $|\mathtt{F}\,a|\leqslant\|a\|_1$. 进而, $(\mathtt{F}\,a)(\mathtt{F}\,b)=\mathtt{F}(a*b)$.

附录 1 Perron 积 分

由 4.2 节例 6 知逐点可微者不必写成导函数的 Lebesgue 不定积分. 为彻底解决不定积分问题, 法国学者 Denjoy 在 1912 年与德国学者 Perron 在 1914 年各自引入了一类积分. 这两者被后来学者证明是等价的, 因而合称为 Denjoy-Perron 积分.

上密度和下密度

实数集 E 在点 $x \in \mathbb{R}$ 的*上密度* $\overline{d}_E(x)$ 和*下密度* $\underline{d}_E(x)$ 分别是包含 x 的区间 I 的长度 $\mathfrak{m}(I) \to 0+$ 时 $\mathfrak{m}^*(E \cap I)/\mathfrak{m}(I)$ 的上极限和下极限.

当 x 的上密度和下密度相等时记为 $d_E(x)$ 且称为 E 在 x 的*密度*.

例 1 实轴上开集 U 在诸点 $x \in U$ 有密度 1. 事实上, U 中有含 x 的构成区间 J. 当区间 I 包含 x 且 $\mathfrak{m}(I)$ 很小时, 可设 $I \subset J$, 注意到 $U \cap I = I$ 即可. □

一般地, 使 $d_E(x) = 1$ 者称为 E 的*全密点*; 使 $d_E(x) = 0$ 者称为 E 的*稀疏点*.

例 2 求 $\mathbb{I}$ 在 0 处的上密度和下密度.

(1) 当 $v \to 0+$ 时, $\mathfrak{m}(\mathbb{I} \cap [0, v])/v$ 有极限 1. 因此 $\overline{d}_{\mathbb{I}}(0) = 1$.

(2) 当 $u \to 0-$ 时, $\mathfrak{m}(\mathbb{I} \cap [u, 0])/(-u)$ 有极限 0. 因此 $\underline{d}_{\mathbb{I}}(0) = 0$. □

若 E 是 Lebesgue 可测集, $\underline{d}_E + \overline{d}_{\mathbb{R} \setminus E} = 1$. 若 E 还是零集, 诸实数是其稀疏点.

命题 1 (Lebesgue 密度定理) 实数集 E 中几乎所有点是自身的全密点.

证明 可设 $\mathfrak{m}^*(E) > 0$. 命 $E_0 = E \cap (a, b]$, 取包含 E_0 的递减开集列 $(E_n)_{n \geqslant 1}$ 使 $\mathfrak{m}(E_n) < \mathfrak{m}^*(E_0) + 2^{-n}$. 作 $[a, b]$ 上递增函数 $f_n : x \mapsto \mathfrak{m}^*(E_n \cap (a, x])$. 当 $x_1 < x_2$ 时, $(a, x_2] \cap E = ((a, x_1] \cap E) \cup ((x_1, x_2] \cap E)$. 于是

$$
\begin{aligned}
&f_0(x_2) - f_0(x_1) \leqslant \mathfrak{m}^*((x_1, x_2] \cap E_0) \\
\leqslant &\mathfrak{m}((x_1, x_2] \cap E_n] = f_n(x_2) - f_n(x_1) \\
\Rightarrow &f_n(x_1) - f_0(x_1) \leqslant f_n(x_2) - f_0(x_2).
\end{aligned}
$$

因此 $f_n - f_0$ 是递增函数且 $0 \leqslant f_n - f_0 < 2^{-n}$. 对级数 $\sum\limits_{n \geqslant 1} (f_n - f_0)$ 用 Fubini 逐项导分定理知 $\lim\limits_{n \to \infty} f_n' \overset{\text{ae}}{=} f_0'$. 诸 $z \in E_0$ 使 $f_n'(z) = 1$, 便有零集 F 使诸 $x \in E_0 \setminus F$ 满足 $f_0'(x) = 1$. 此 x 是 E_0 的全密点, 也是 E 的全密点. 注意到 $(a, b]$ 的任意性即可. □

以下是有关 Dini 导数的一个深刻结论.

定理 2 (Denjoy-Young-Saks) 对于函数 $f : (a, b) \to \mathbb{R}$, 有个 Lebesgue 零集 E 使诸点 $x \in (a, b) \setminus E$ 满足以下情形之一 [其中 (1) 即可导情形]:

(1) $D^+f(x)$ 与 $D_-f(x)$ 有限且相等, $D^-f(x)$ 与 $D_+f(x)$ 有限且相等.

(2) $D^+f(x)$ 与 $D_-f(x)$ 有限且相等, $D^-f(x)$ 和 $D_+f(x)$ 为异号无穷.

(3) $D^-f(x)$ 与 $D_+f(x)$ 有限且相等, $D^+f(x)$ 和 $D_-f(x)$ 为异号无穷.

(4) $D^+f(x)$ 与 $D^-f(x)$ 都为正无穷, $D_-f(x)$ 与 $D_+f(x)$ 都为负无穷.

证明 在 $\{D_-f>-\infty\}$ 上, D_-f 与 D^+f 殆有限且相等. 为此命

$$E_n^r=\{x\in(r,b)|r<z<x\Rightarrow\triangle_f(z,x)>n\},$$

则 $\{D_-f>-\infty\}$ 有可数覆盖 $\{E_n^r|n\in\mathbb{Z},r\in\mathbb{Q}\cap(a,b)\}$. 说明 D_-f 与 D^+f 在每个 E_n^r 上殆有限且相等即可. 以 $f(x)-nx$ 代替 $f(x)$ 后只可设 $n=0$ 且 E_0^r 非零集. 任取 E_0^r 中两点 x_1 和 x_2 使 $x_1<x_2$, 则 $\triangle_f(x_1,x_2)>0$. 这样 $f|_{E_0^r}$ 递增, 将其扩张成一个区间上递增函数后知它殆可导. 于是, E_0^r 中使 $f|_{E_0^r}$ 可导的全密点 x 全体 F_0^r 使 $\mathfrak{m}(E_0^r\setminus F_0^r)=0$. 对此种 x, 命 $f'_{0r}(x)=\lim\limits_{E_0^r\ni y\to x}\triangle_f(y,x)$. 易见 $D_-f(x)\leqslant f'_{0r}(x)$ 且 $f'_{0r}(x)\leqslant D^+f(x)$. 当 $r<z<x$ 时, 取 $y_z\in E_0^r$ 使 $z<y_z<x$ 且 $z\to x-$ 时 y_z-z 是 $z-x$ 的无穷小量. 由 $f(z)\leqslant f(y_z)$ 得

$$\frac{f(z)-f(x)}{z-x}\geqslant\frac{(y_z-x)(f(y_z)-f(x))}{(z-x)(y_z-x)}.$$

命 $z\to x-$ 得 $D_-f(x)\geqslant f'_{0r}(x)$. 类似得 $f'_{0r}(x)\geqslant D^+f(x)$. 可见

$$D_-f(x)=D^+f(x)=f'_{0r}(x)\in\mathbb{R}.$$

以 $-f$ 替 f 知 $\{D^-f<+\infty\}$ 上 D^-f 与 D_+f 殆有限且相等. 再以 $f(-\cdot)$ 替 $f(\cdot)$ 知 $\{D_+f>-\infty\}$ 上 D_+f 与 D^-f 殆有限且相等. 最后以 $-f$ 代替 f 知 $\{D^+f<+\infty\}$ 上 D^+f 与 D_-f 殆有限且相等. 又点 x 不满足 (4) 当且仅当 $D_-f(x)>-\infty$ 或 $D^-f(x)<+\infty$ 或 $D_+f(x)>-\infty$ 或 $D^+f(x)<+\infty$. □

上述结论由 Saks 于 1924 年获得, 它在 f 连续情形和可测情形各由 Denjoy 和 Young 得于 1915 年和 1917 年. 形式上, $(D^+f(x),D_-f(x))$ 和 $(D_+f(x),D^-f(x))$ 都是对角 Dini 导数, $(D^+f(x),D_+f(x))$ 和 $(D^-f(x),D_-f(x))$ 都是同侧 Dini 导数. 依 Denjoy 的述语, 在某个 Lebesgue 零集外对角 Dini 导数不为异号无穷时有限且相等, 同侧 Dini 导数有限时相等. 事实上, 若 $D^+f(x)$ 和 $D_+f(x)$ 都有限, 由前半部分知 $D_+f(x)=D^-f(x)$ 且 $D^+f(x)=D_-f(x)$. 从而 f 在 x 处的四个 Dini 导数有限且相等.

上积函数与下积函数

称连续函数 $g:[a,b](\subseteq\overline{\mathbb{R}})\to\mathbb{R}$ 是 $v:(a,b)\to\overline{\mathbb{R}}$ 的一个下积函数指 $g(a)=0$ 且 $\{\overline{D}g=+\infty\}$ 可数及 $\overline{D}g\overset{\text{ae}}{\leqslant}v$. 若还有 $\overline{D}g<+\infty$, 称 g 是 v 的一个强下积函数.

当有实数 c 恒使 $v \geqslant c$ 时, v 有个强下积函数 $g : x \mapsto a + cx$.

命题 3 设 $g : [a,b](\subseteq \overline{\mathbb{R}}) \to \mathbb{R}$ 是连续函数使 $\{\overline{D}g = +\infty\}$ 可数. 当 $\varepsilon > 0$ 时, 有个连续函数 $g_1 : [a,b] \to \mathbb{R}$ 使 $g_1(a) = g(a)$ 且诸 $x \in (a,b)$ 满足 $\overline{D}g_1(x) < +\infty$ 和 $\overline{D}g_1(x) \leqslant \overline{D}g(x)$ 及 $0 \leqslant g(x) - g_1(x) \leqslant \varepsilon$;

(1) 在 a 有限时, 可要求上述 $x = a$; 在 b 有限时, 可要求上述 $x = b$.

(2) 当 g 是 v 的下积函数时, v 有个强下积函数 h 使 $0 \leqslant g - h \leqslant \varepsilon$.

证明 与某个可逆递增映射 $[0,1] \to [a,b]$ 复合后可认为 a 和 b 有限. 可设 $\varnothing \neq \alpha \subseteq \mathbb{N}$ 使 $\{\overline{D}g = +\infty\} = \{x_i | i \in \alpha\}$. 作 $[a,b]$ 上连续递增函数

$$f_i : x \mapsto \begin{cases} \max g([x_i, x]), & x_i \leqslant x \leqslant b, \\ \min g([x, x_i]), & a \leqslant x \leqslant x_i, \end{cases}$$

以 $[a_i, b_i]$ 记区间 $\{x | -\varepsilon/2^{i+1} \leqslant f(x) - f_i(x_i) \leqslant \varepsilon/2^{i+1}\}$, 命

$$h_i : x \mapsto \begin{cases} 0, & a \leqslant x \leqslant a_i, \\ f_i(x) - f_i(a_i), & a_i \leqslant x \leqslant b_i, \\ f_i(b_i) - f_i(a_i), & b_i \leqslant x \leqslant b. \end{cases}$$

显然 h_i 是 $[a,b]$ 上连续递增函数使 $h_i(a) = 0$ 且 $h_i(b) \leqslant 2^{-i}\varepsilon$. 作连续递增函数 $h = \sum\limits_{i \in \alpha} h_i$, 则 $h(a) = 0$ 且 $h(b) \leqslant \varepsilon$. 命 $g_1 = g - h$, 由 $\triangle_h(z,x) \geqslant 0$ 知 $(\overline{D}g_1)(x) \leqslant (\overline{D}g)(x)$. 当 $a_i \leqslant x \leqslant b_i$ 且 $x \neq x_i$ 时, 由 $f_i(x_i) = g(x_i)$ 得

$$\begin{aligned} & \frac{g(x) - g(x_i)}{x - x_i} \leqslant \frac{f_i(x) - f_i(x_i)}{x - x_i} \\ \Rightarrow & \frac{(g(x) - h_i(x)) - (g(x_i) - h_i(x_i))}{x - x_i} \\ \leqslant & \frac{g(x) - g(x_i) - f_i(x) + f_i(x_i)}{x - x_i} \leqslant 0 \\ \Rightarrow & \overline{D}g_1(x_i) \leqslant \overline{D}(g - h_i)(x_i) \leqslant 0. \end{aligned}$$

当 x 不属于 $\{x_i | i \in \alpha\}$ 时, 显然 $(Dg_1)(x) < +\infty$. 这同时得 (1).

(2) 作零集 $A = \{\overline{D}g_1 > v\}$, 命 g_A 同 4.2 节例 2. 有 $s > 0$ 使 $s(g(b-) - g_A(a)) \leqslant \varepsilon$. 命 $h : x \mapsto g_1(x) - g_A(x) + g_A(a)$, 它是 v 的强下积函数使 $0 \leqslant g - h \leqslant 2\varepsilon$. □

称连续函数 $h : [a,b] \to \mathbb{R}$ 是 $v : [a,b] \to \overline{\mathbb{R}}$ 的一个上积函数指 $h(a) = 0$, $\{\underline{D}h = -\infty\}$ 为可数集且 $\underline{D}h \overset{\text{ae}}{\geqslant} v$. 进而称 h 为 v 的一个强上积函数指 $\underline{D}h > -\infty$ 且 $\underline{D}h \geqslant v$.

当有实数 c 恒使 $v \leqslant c$ 时, v 有个强上积函数 $g : x \mapsto a - cx$.

命题 4 设 I 是实轴中一个区间而 f 是其上一个实值连续函数.

(1) 设 $\{\underline{D}f < 0\}$ 不是个连续统, 则 f 是个递增函数.

(2) 设 $\{D^+f < 0\}$ 不是个连续统, 则 f 是个递增函数.

(3) 设 $\{D^-f < 0\}$ 不是个连续统, 则 f 是个递增函数.

证明 (1) 任取正实数 r, 命 $f_r(x) = f(x) + rx$. 因 $\lim\limits_{r\to 0+} f_r = f$, 说明 f_r 递增即可. 显然, $\{\underline{D}f_r \leqslant 0\}$ 等于 $\{\underline{D}f \leqslant -r\}$, 它不是连续统. 若有 $a < c$ 使 $f_r(a) > f_r(c)$, 命 $E = \{x \in [a,c] | \underline{D}f_r(x) \leqslant 0\}$. 由条件知 E 非连续统, 像集 $f_r(E)$ 也如此. 取个 $y_0 \in (f_r(c), f_r(a)) \setminus f_r(E)$. 由 f_r 的连续性, 使 $f_r(b) \geqslant y_0$ 的 $b \in [a,c]$ 中最大者 b_0 满足 $b_0 < c$ 且 $f_r(b_0) = y_0$. 当 $b_0 < b < c$ 时, $f_r(b) < y_0$. 这样 $\underline{D}f_r(b_0) \leqslant 0$. 这与 $b_0 \notin E$ 矛盾.

(2) 若有 $a < c$ 使 $f(a) > f(c)$, 命 $d = (f(a) - f(c))/2$.

当 $0 < t < d/(c-a)$ 时, 区间 I 上连续函数 $g: x \mapsto f(a) - f(x) - t(x-a)$ 满足 $g(a) = 0$ 且 $g(c) > d$. 从而有些 $b \in (a,c)$ 使 $g(b) \leqslant d$, 此种 b 的上确界记为 $h(t)$. 显然, $g(h(t)) = d$ 且诸 $x \in (h(t), c)$ 满足 $g(x) > d$. 于是

$$0 \leqslant D_+g(h(t)) = -D^+f(h(t)) - t.$$

这样 $D^+f(h(t)) \leqslant -t$, 从而 $h(t)$ 属于 $\{D^+v < 0\}$.

现说明 h 是单射. 为此设 $h(t_1) = h(t_2)$, 则 $t_1 = t_2$ 源自下两式:

$$f(a) - f(h(t_1)) - t_1(h(t_1) - a) = d,$$
$$f(a) - f(h(t_2)) - t_2(h(t_2) - a) = d.$$

这样 $\{D^+f < 0\}$ 包含 $\{f(t) | 0 < t < d/(c-a)\}$, 后者是个连续统, 矛盾.

(3) 以 $x \mapsto -f(-x)$ 代替 f. 用 (2) 即可. □

上有界函数 $f: [a,b] \to \mathbb{R}$ 有强上积函数. 如设 $f \leqslant 1$, 考虑 $g(x) = x - a$.

命题 5 设 ε 是个正实数, $h: [a,b] \to \mathbb{R}$ 是个连续函数使 $\{\underline{D}h = -\infty\}$ 可数.

(1) 有个连续函数 $h_1: [a,b] \to \mathbb{R}$ 使 $h_1(a) = h(a)$ 且诸 $x \in (a,b)$ 满足 $\underline{D}h_1(x) > -\infty$ 和 $\underline{D}h_1(x) \geqslant \underline{D}h(x)$ 及 $0 \leqslant h_1(x) - h(x) < \varepsilon$.

(2) 设 $a < c < b$, 则 v 有个上积函数 h 当且仅当它限制于 $[a,c]$ 和 $[c,b]$ 各有个上积函数 h_1 和 h_2. 此时可设后两者各为 h 和 $h - h(c)$ 的限制.

(3) 设 $a < c < b$, 则 v 有个下积函数 g 当且仅当 v 于 (a,c) 和 (c,b) 的限制各有个下积函数 g_1 和 g_2. 此时可设 g_1 和 g_2 各为 g 和 $g - g(c)$ 的限制.

(4) 有个上积函数的函数 v 有个强上积函数 h_1 使 $0 \leqslant h_1 - h < \varepsilon$.

(5) 当 v 有下积函数 g 和上积函数 h 时, $h - g$ 是递增的且 $g \leqslant h$.

(6) 与 v 殆相等者与 v 有相同上积函数和相同下积函数.

只需证 (5) 命 g_1 同命题 3, 则 $\overline{D}g_1 \leqslant v \leqslant \underline{D}h_1$. 记 $f_1 = h_1 - g_1$, 则 $\underline{D}f_1 \geqslant 0$. 因此 $\underline{D}f_1 \geqslant 0$, 根据命题 4 知 f_1 递增. 记 $f = h - g$, 则 $0 \leqslant f_1 - f < 2\varepsilon$. 命 $\varepsilon \to 0$ 知 f 是递增函数. 因此 $f(a) \leqslant f(x)$, 这表示 $g(x) \leqslant h(x)$. □

设 $v : (a,b) \to \overline{\mathbb{R}}$ 的下积函数全体 $\underline{P}v$ 和上积函数全体 $\overline{P}v$ 都非空, 作函数

$$\underline{Q}v = \sup\{g | g \in \underline{P}v\} \quad 和 \quad \overline{Q}v = \inf\{h | h \in \overline{P}v\}.$$

根据命题 5(5), $\overline{Q}v - \underline{Q}v$ 递增且 $g \leqslant \underline{Q}v \leqslant \overline{Q}v \leqslant h$. 又 $\underline{Q}v(b) = \overline{Q}v(b)$ 当且仅当有 $\underline{P}v$ 的子集 S 和 $\overline{P}v$ 的子集 T 使 $\sup\limits_{g\in S} g(b) = \inf\limits_{h\in T} h(b)$. 此时称 v 是个 Perron 可积函数,

$$\underline{Q}v = \sup S = \inf T = \overline{Q}v.$$

命题 6 上式记为 f 且称为 v 的 Perron 不定积分, 称实数 $f(b)$ 是 v 的 Perron积分且记为 (P)$\int\limits_a^b v(x)dx$ 或 $\int\limits_a^b v(x)dx$. 那么, v 于子区间 (r,s) 都是 Perron 可积的且

$$f(s) - f(r) = \int\limits_r^s v(x)dx.$$

(1) 函数 v 的 Perron 不定积分 f 是连续的且 $f - g$ 和 $h - f$ 都非负递增.

(2) 函数 v 是殆有限的 Lebesgue 可测函数且 $f' \overset{\text{ae}}{=} v$.

(3) 函数 v 是殆非负的当且仅当其 Perron 不定积分 f 是递增的.

证明 作 $[r,s]$ 上函数 $Rg : x \mapsto g(x) - g(r)$, 根据命题 3 知 Rg 取遍 v 限制于 (r,s) 的下积函数; 类似地, Rh 取遍 v 限制于 (r,s) 的上积函数. 现在,

$$\sup_g((Rg)(s) \geqslant g(s) - f(r)) = f(s) - f(r),$$

$$\inf_h((Rh)(s) \leqslant h(s) - f(r)) = f(s) - f(r).$$

(1) 由 $f - g = \inf\limits_h (h - g)$ 知 $f - g$ 非负递增, 同样 $h - f$ 非负递增. 因 $f - g \leqslant h - g$, 后者可任意小. 故 f 可被连续函数任意逼近.

(2) 取 v 的下积函数列 (g_k) 和上积函数列 (h_k) 使 $h_k(b) - g_k(b) \leqslant 2^{-k}$. 记 $f_k = h_k - g_k$, 它是连续递增函数使 $f_k(a) = 0$ 且 $f_k(b) < 2^{-k}$. 于是递增函数项级数 $\sum\limits_k f_k$ 收敛, 由 Fubini 逐项求导定理得 $\lim\limits_{k\to\infty} f_k' \overset{\text{ae}}{=} 0$. 现在

$$\overline{D}g_k \leqslant v \leqslant \underline{D}h_k \overset{\text{ae}}{\leqslant} \overline{D}g_k + f_k' \overset{\text{ae}}{<} +\infty.$$

可见 $v \overset{\text{ae}}{<} +\infty$ 且 $\lim\limits_{k\to\infty} \overline{D}g_k \overset{\text{ae}}{=} v$. 同样 $v \overset{\text{ae}}{>} -\infty$ 且 $\lim\limits_{k\to\infty} \underline{D}h_k \overset{\text{ae}}{=} v$. 递增函数项级数 $\sum\limits_k (f - g_k)$ 也收敛, 由 Fubini 定理逐项求导定理得 $\lim\limits_{k\to\infty} (f - g_k)' \overset{\text{ae}}{=} 0$. 这样由 $g_k = f + (g_k - f)$ 得 $\lim\limits_{k\to\infty} \overline{D}g_k \overset{\text{ae}}{=} \overline{D}f$. 类似可得 $\lim\limits_{k\to\infty} \underline{D}h_k \overset{\text{ae}}{=} \underline{D}f$.

综上可知 $\underline{D}f$ 和 $\overline{D}f$ 都与 v 几乎处处相等.

(3) 必要性: 0 是 v 的一个下积函数, h 都递增. 充分性源自 (2). □

上述主结论可视为 Perron 积分的微积分基本定理.

定理 7 对于函数 $v:(a,b)\to\overline{\mathbb{R}}$, 以下条件等价:

(1) v 是 Perron 可积的. 此时与其殆相等者 u 与其有相同 Perron 积分.

(2) 某个/所有 $c\in(a,b)$ 使 v 各于 (a,c) 和 (c,b) Perron 可积. 此时

$$\int_a^b v(t)dt=\int_a^c v(t)dt+\int_c^b v(t)dt.$$

(3) v 是某些 Perron 可积函数的实线性组合 $\sum\limits_{i\in\alpha}c_iv_i$. 此时

$$\int_a^b v(t)dt=\sum_{i\in\alpha}c_i\int_a^b v_i(t)dt.$$

(4) v 是 Lebesgue 可测函数且有 Perron 可积函数 u 和 w 使 $u\overset{\text{ae}}{\leqslant}v\overset{\text{ae}}{\leqslant}w$.

(5) v 在 $p\to a+$ 和 $q\to b-$ 时于 (p,q) 的 Perron 积分收敛于某个实数.

证明 (2)⇒(1): 设 g_1 和 h_1 各取遍 v 限制于 (a,c) 的下积函数与上积函数, 而 g_2 与 h_2 各取遍 v 限制于 (c,b) 的下积函数与上积函数. 命 g 和 h 各同于命题 3 和命题 5(1), 于是

$$\begin{aligned}\sup_{g_1}g_1(c)+\sup_{g_2}g_2(b)&=\sup_{g_1,g_2}g(b)\\&\leqslant\inf_{h_1,h_2}h(b)=\inf_{h_1}h_1(c)+\inf_{h_2}h_2(c).\end{aligned}$$

这样 v 于 (a,b) 是 Perron 可积的且欲证等式成立.

(3)⇒(1): 先设只有一个 $c_1\neq0$. 在 $c_1>0$ 时, $c_1\underline{P}v_1=\underline{P}v$ 且 $c_1\overline{P}v_1=\overline{P}v$; 在 $c_1<0$ 时, $c_1\underline{P}v_1=\overline{P}v$ 且 $c_1\overline{P}v_1=\underline{P}v$.

再设诸 $c_i=1$. 当 g_i 取遍 v_i 的下积函数而 h_i 取遍 v_i 的上积函数时, $\sum g_i$ 和 $\sum h_i$ 各是 v 的下积函数和上积函数. 现在,

$$\sup_{g_i(i\in\alpha)}\sum_{i\in\alpha}g_i=\sum_{i\in\alpha}\sup_{g_i}g_i=\sum_{i\in\alpha}\inf_{h_i}h_i=\inf_{h_i(i\in\alpha)}\sum_{i\in\alpha}h_i.$$

显然有 (1)⇒(2)+(3)+(4)+(5). 将 (4)⇒(1) 留至定理 8 后面证明.

(5)⇒(1): v 有上下积函数 $f:x\mapsto\lim\limits_{p\to a+,q\to x-}\int_p^x v(t)dt$. □

因此, Perron 积分意义下的反常积分还是 Perron 积分.

以下结论表明 Perron 积分解决了不定积分问题且推广了 Lebesgue 积分.

定理 8 使 $\{\overline{D}f=+\infty\}$ 和 $\{\underline{D}f=-\infty\}$ 可数的连续函数 $f:[a,b]\to\mathbb{R}$ 是殆可导的且 $f-f(a)$ 是导函数 f' 的 Perron 不定积分.

(1) Lebesgue 可测函数 v 是 Lebesgue 可积的当且仅当 $|v|$ 是 Perron 可积的. 此时 v 也是 Perron 可积的且其 Perron 积分与 Lebesgue 积分相等.

(2) 反常可积者都是 Perron 可积的且其反常积分与 Perron 积分相等.

(3) 当 v 是 Perron 可积函数时, $\left|(\mathrm{P})\int_a^b v(t)dt\right| \leqslant (\mathrm{L})\int_a^b |v(t)|dt$.

(4) 若 u 和 v 是 Perron 可积的且 $u \overset{\text{ae}}{\leqslant} v$, 则 $\int_a^b u(t)dt \leqslant \int_a^b v(t)dt$.

(5) 当 (4) 中最后一式取等号时, $u \overset{\text{ae}}{=} v$.

证明 根据定理 2 知 $f - f(a)$ 殆可导且依条件是 f' 的上积函数与下积函数.

(1) 必要性: 命 $v_0 = v$. 对于正整数 n, 规定 $v_{\pm n} = \pm(n \wedge (\pm v))$. 以 f_k 记 v_k 的 Lebesgue 不定积分使 $f_k(a) = 0$. 因为 $|v|$ 是诸 v_k 的控制可积函数, 由单调收敛定理知 $(f_{+n})_{n\geqslant 1}$ 递增至 f_0 且 $(f_{-n})_{n\geqslant 1}$ 递减至 f_0.

因为 $\overline{D}f_n \leqslant n$ 且 $\overline{D}f_n \overset{\text{ae}}{=} v_n \leqslant v$, 所以 f_n 都是 v 的下积函数. 类似地, 可知 f_{-n} 都是 v 的上积函数. 可见, f_0 也是 v 的 Perron 不定积分. 从而 v 是 Perron 可积的且其 Perron 积分与 Lebesgue 积分相等.

注意到 $|v|$ 是 Lebeguse 可积的, 它依上述过程是 Perron 可积的.

充分性: 可设 $v \geqslant 0$. 常值函数 0 是 v 的一个下积函数, v 的上积函数 h 都递增. 又 $v \overset{\text{ae}}{\leqslant} h'$ 且后者是 Lebesgue 可积的.

(2) 源自 (1) 和反常积分的定义.

(3) 可设 $|v|$ 的 Lebesgue 积分有限, 根据 (1) 知 v 的 Perron 积分便是 Lebesgue 积分.

(4) 显然 u 的下积函数也是 v 的上积函数, 用 Perron 积分的定义即可.

(5) 因 $v - u$ 的 Perron 积分也是 Lebesgue 积分, $v - u$ 殆为零. □

现证明定理 7 中 (4)⇒(1). 根据定理 7 中 (3)⇒(1) 知殆非负函数 $w - u$ 是 Perron 可积的, 它根据定理 8 便是 Lebesgue 可积的. 它又控制非负 Lebesgue 可测函数 $v - u$, 后者便是 Lebesgue 可积的. 再根据定理 8 知 $v - u$ 是 Perron 可积的, 由 $v = u + (v - u)$ 知 v 是 Perron 可积的.

最后, 重新证明 4.2 节定理 9. 可设 f 是实值的且 $f(a) = 0$, 则 f 既是 f' 的上积函数又是其下积函数. 因此 f 是 f' 的 Perron 不定积分: $f(x) = \int_a^x f'(t)dt$. 因为 f' 是 Lebesgue 可积函数, 上式也是 Lebesgue 积分. 因此 f 是 f' 的 Lebesgue 不定积分. 这样 f 绝对连续.

附录 2　从零开始

数学的发展并不总是循序渐进的. 实数域的逻辑基础直至 19 世纪后半叶才建立起来, 而此前微积分已经枝繁叶茂. 基于不牢固基础之上的数学理论必定在一些关键问题的处理上遇到逻辑困难. 由于对实数系的结构缺乏足够了解, Bolzano 证明连续函数的零点存在定理时在一个关键地方搞错了, Cauchy 也不能完全证明其收敛准则. 这些缺陷促使人们意识到数系非得严密建立起来不可.

本附录从零开始确立所有的数, 其过程遵循中国古代学者老子的思想: 道生一, 一生二, 二生三, 三生万物. 这在自然数方面合于以下Peano 公理(出自《用一种新方法陈述的算术原理》)

(1) 1 是一个自然数.

(2) 每个自然数都有一个后继 (自然数).

(3) 1 不是任何自然数的后继.

(4) 后继相同者相等.

(5) 当集合 S 含 1 且含诸 $x \in S$ 的后继时, S 含有全部自然数.

自然数与归纳法

上述公理要求自然数始于 1, 现代则要求始于 0. 问题是它们和后继是什么? 为此规定诸类 x 的*后继* $x^+ = x \cup \{x\}$. 称 I 为一个*归纳类*指 $\varnothing \in I$ 且 $x \in I$ 蕴含 $x^+ \in I$. 如 $\{x|x = x\}$ 是个归纳类 (它非集合, 在公理集合论中要求有个归纳集). 所有归纳类之交 $\mathbb{N}$ 是最小归纳类, 其元素 n 都称为*自然数*. 约定 $0 = \varnothing, 1 = 0^+, 2 = 1^+, \cdots$ 命 $n + 1 = n^+$. 下面讨论基于自然数的数学证明方法, 众多命题因它而真.

原理 1 (数学归纳法)　设一族命题 $P_n (n \in \mathbb{N})$ 满足条件: ① P_0 为真; ②只要 P_n 为真, P_{n+1} 就为真. 那么, 所有 P_n 为真.

证明　按条件, 使 P_k 为真的自然数 k 全体 I 是个归纳类. 因此 $\mathbb{N} \subseteq I$. □

当 $x \subseteq y \subseteq x^+$ 时, $y = x$ 或 $y = x^+$. 此因 $y \setminus x$ 只能为 $\varnothing$ 或 $\{x\}$.

命题 2　规定自然数集上的*标准序*使 $a \leqslant b$ 表示 $a \subseteq b$.

(1) 自然数 b 与 $b + 1$ 之间无其他自然数. 进而, $b \notin b$ 且 $b \subset \mathbb{N}$.

(2) 类 x 是自然数且 $x < b$ 当且仅当 $x \in b$. 此时 $x^+ \leqslant b$.

(3) 当 a 和 b 是自然数使 $a^+ = b^+$(即 $a + 1 = b + 1$) 时, $a = b$.

(4) 有最小自然数 0 但无最大自然数; 非空 $S \subseteq \mathbb{N}$ 都有最小数.

证明　(1) 前半部分见于定理前. 在 $b = 0$ 时, $b = \varnothing$ 而 $\mathbb{N} \neq \varnothing$, 后半部分成立;

归纳地设后半部分在 $b=n$ 时成立. 当 $b=n^+$ 时, $b\subseteq\mathbb{N}$. 若 $b\in b$, 则 $b=n$(即 $n\in n$) 或 $b\in n$(由归纳假设 $b\subset n\subseteq b$), 矛盾. 当 $b=\mathbb{N}$ 时, $b\in b$, 矛盾.

(2) 充分性: 结论在 $b=0$ 时成立; 归纳地结论在 $b=n$ 时成立. 当 $b=n^+$ 时, 要么 $x\in n$(此时由归纳假设知 x 是自然数且 $x<n\leqslant b$), 要么 $x=n$(此时 x 是自然数且 $x\leqslant b$. 如果 $x=b$, 则 $b\in b$, 矛盾).

必要性: 当 $b=0$ 时结论成立, 因它无真子集; 归纳地设 $b=n$ 时结论成立. 当 $b=n^+$ 时, $n\notin x$(否则, $n\subset x$. 这样 $x=n^+$, 矛盾). 这样要么 $x\subset n$(此时由归纳假设得 $x\in n\subset b$), 要么 $x=n$(此时 $x\in b$).

(3) 否则, 由定义知 $a\in b$ 且 $b\in a$. 根据 (2) 知 $a<b$ 且 $b<a$, 矛盾.

(4) 前者因 $\varnothing\subseteq a\subset a^+$. 为证后者, 命 $I=\{n\in\mathbb{N}|\forall k\in S:k\geqslant n\}$, 它含 0. 诸 $k\in S$ 使 k^+ 不属于 I. 因此 I 不归纳, 便有 $n\in\mathbb{N}$ 使 $n\in I$ 且 $n^+\notin I$. 说明 $n\in S$ 即可. 否则, 诸 $k\in S$ 使 $k>n$, 故 $k\geqslant n^+$, 矛盾. □

显然, $1=\{0\}$ 且 $2=\{0,1\}$ 及 $3=\{0,1,2\}$. 一般地, $n+1=\{0,1,2,\cdots,n\}$.

命题 3 (自然数加法)　字母都代表自然数. 规定 $n+0=n$ 且递归地

$$n+(k+1)=(n+k)+1.$$

(1) 零元律: $a+0=0+a=a$.

(2) 结合律: $(a+b)+c=a+(b+c)$.

(3) 交换律: $a+b=b+a$.

(4) 消去律: $a+c=b+c$ 时, $a=b$.

(5) 可减性: $a\leqslant b$ 当且仅当有唯一 d 使 $b=a+d$. 进而, $a<b$ 当且仅当 $d>0$.

(6) 消去律: $a<b$ 当且仅当 $a+c<b+c$.

证明　(1) 显然 $0+0=0$. 归纳地设 $0+k=k$, 则 $0+k^+=(0+k)^+=k^+$.

(2) 等式在 $c=0$ 时成立; 归纳地等式在 $c=k$ 时成立. 由加法定义知

$$\begin{aligned}(a+b)+k^+&=((a+b)+k)^+\\&=(a+(b+k))^+=a+(b+k^+),\end{aligned}$$

以上第二等号源自归纳假设而第三等号源自加法定义.

(3) 根据 (1) 得 $0^+=1+0$. 归纳地设 $k^+=1+k$, 则

$$(k^+)^+=(1+k)^+=1+k^+.$$

由归纳法知, 总有 $a^+=1+a$. 归纳地设 $a+k=k+a$, 则

$$\begin{aligned}a+k^+&=(a+k)^+\quad(\text{此由加法定义})\\&=(k+a)^+=k+a^+\quad(\text{此由归纳假设和结合律})\\&=k+1+a=k^++a\quad(\text{此由上面结论和结合律}).\end{aligned}$$

(4) 结论在 $c=0$ 时成立; 归纳地设结论在 $c=n$ 时成立. 当 $c=n+1$ 时, 根据 (2) 知 $(a+n)+1$ 等于 $(b+n)+1$. 根据命题 2 知 $a+n=b+n$, 根据归纳假设知 $a=b$.

(5) 充分性: 结论在 $d=0$ 时成立; 归纳地设结论在 $d=n$ 时成立. 当 $d=n^+$ 时,

$$b=(a+n)^+>a+n\geqslant a.$$

必要性: 当 $b=0$ 时, $d=0$; 归纳地设结论在 $b=n$ 时成立. 当 $b=n^+$ 时, 要么 $a\leqslant n$(此时设 $n=a+d$, 则 $b=a+d^+$), 要么 $a=n^+$(此时 $b=a+0$). 唯一性得自 (4).

后半必要性: 明显 $d\neq 0$. 后半充分性: 若 $a=b$, 由 $a+0=a+d$ 知 $d=0$, 矛盾.

(7) 源自以上诸结论. 读者也可用归纳法试证. □

于是 $1+1=2, 1+2=3, 1+3=4, \cdots$. 另外, 原理 1 有以下等价形式.

原理 4 (数学归纳法) 设命题族 $Q_n(n\in\mathbb{N})$ 满足条件: ①Q_0 为真; ②只要 $Q_i(0\leqslant i<n)$ 为真时, Q_n 就为真. 那么, 所有 Q_n 为真.

证明 命 $P_n=Q_0\wedge\cdots\wedge Q_n$, 对 $(P_n)_{n\geqslant 0}$ 用原理 1. □

命题 5 (自然数乘法) 字母代表自然数. 规定 $a\cdot 0=0$ 且递归地

$$a\cdot(b+1)=a\cdot b+a.$$

乘法 $\cdot$ 优先于加法 $+$, 可将 $a\cdot b$ 记为 $a\times b$ 或 ab. 如 $0\times 0=0$.

(1) 零元律: $a\cdot 0=0\cdot a=0$.

(2) 幺元律: $a\cdot 1=1\cdot a=a$.

(3) 分配律: $(a+b)c=ac+bc$.

(4) 结合律: $(ab)c=a(bc)$.

(5) 交换律: $ab=ba$.

(6) 单调性: $a\leqslant b$ 时, $ac\leqslant bc$.

(7) 单调性: $a<b$ 且 $c>0$ 时, $ac<bc$.

(8) 消去律: $ac=bc$ 且 $c\neq 0$ 时, $a=b$.

证明 (1) 依定义, $0\cdot 0=0$; 归纳地设 $0\cdot k=0$, 则 $0\cdot k^+=0\cdot k+0=0$.

(2) 依定义, $a\cdot 1=a\cdot 0+a=a$. 归纳地设 $1\cdot k=k$, 则

$$1\cdot k^+=1\cdot k+1=k+1=k^+.$$

(3) 在 $c=0$ 时结论成立; 归纳地设结论在 $c=k$ 时成立. 当 $c=k+1$ 时,

$$
\begin{aligned}
&(a+b)c=(a+b)k+(a+b)\\
&=(ak+bk)+(a+b)\quad(\text{此由归纳假设})\\
&=(ak+a)+(bk+b)\quad(\text{此由加法结合律和交换律})\\
&=ac+bc\quad(\text{此由乘法定义}).
\end{aligned}
$$

(4) 在 $c=0$ 时结论成立; 归纳地设 $c=k$ 时结论成立. 当 $c=k+1$ 时,

$$
\begin{aligned}
&(ab)c=(ab)k+ab=a(bk)+ab\\
&=a(bk+b)=a(bc)\quad(\text{此由乘法定义}),
\end{aligned}
$$

其中第二等号与第三等号分别源自归纳假设和分配律.

(5) 根据 (1) 和 (2), 归纳地设 $ak=ka$, 则

$$
\begin{aligned}
&a(k+1)=ak+1a\quad(\text{此由乘法定义和幺元律})\\
&=ka+1a=(k+1)a\quad(\text{此由归纳假设和分配律}).
\end{aligned}
$$

(6) 根据 (3) 和命题 3(5) 得 $bc=ac+dc$. 因此 $ac\leqslant bc$.

(7) 同 (6), 注意到 $dc>0$ 即可. 由此得 (8). □

整数与带余除法

以 m,n,k,l,p,q 代表自然数, Descartes 积 $\mathbb{N}\times\mathbb{N}$ 上有关系使 $(m,n)\sim(k,l)$ 表示 $m+l=k+n$. 它显然满足自反性与对称性, 它还满足传递性: 设 $(m,n)\sim(k,l)$ 且 $(k,l)\sim(p,q)$, 这相当于 $m+l=k+n$ 且 $k+q=p+l$. 后两式相加后由自然数加法消去律得 $m+q=p+n$, 这表示 $(m,n)\sim(p,q)$.

以 $m-n$ 代表 (m,n) 所在的等价类, 此谓一个**整数**, 显然

$$(m+k)-(n+k)=m-n.$$

命题 6 (整数加法与乘法) 规定整数全体 $\mathbb{Z}$ 上加法运算和乘法运算使

$$
\begin{aligned}
&(m-n)+(k-l)=(m+k)-(n+l),\\
&(m-n)\cdot(k-l)=(mk+nl)-(ml+nk).
\end{aligned}
$$

它们是合理定义的. 以下 x,y,z 代表整数.

(1) 交换律: $x+y=y+x$ 且 $xy=yx$.

(2) 结合律: $(x+y)+z=x+(y+z)$ 且 $(xy)z=x(yz)$.

(3) 零元律: 有唯一 $0\in\mathbb{Z}$ 恒使 $x+0=x$ 且 $x0=0$.

(4) 幺元律: 有唯一 $1 \in \mathbb{Z}$ 恒使 $x1 = 1x = x$.

(5) 负元律: x 对应唯一整数 $-x$ 使 $x + (-x) = 0$.

(6) 消去律: $x + z = y + z$ 时, $x = y$.

(7) 分配律: $x(y + z) = xy + xz$; $(x + y)z = xz + yz$.

(8) 消去律: $xz = yz$ 且 $z \neq 0$ 时, $x = y$.

(9) 幂指律: $(xy)^k = x^k y^k$ 且 $x^{k+l} = x^k x^l$, 其中 k, l 为自然数.

证明 合理性: 当 $(m, n) \sim (m_1, n_1)$ 且 $(k, l) \sim (k_1, l_1)$ 时,

$$
\begin{aligned}
&(m_1 + k_1) + (n + l) = (m_1 + n) + (k_1 + l) \\
=\ &(m + n_1) + (k + l_1) = (m + k) + (n_1 + l_1).
\end{aligned}
$$

这表明加法定义是合理的. 乘法定义的合理性源自以下过程:

$$
\begin{aligned}
&(m + n_1)k = (m_1 + n)k,\ (m_1 + n)l = (m + n_1)l, \\
&m_1(k + l_1) = m_1(k_1 + l),\ n_1(k_1 + l) = n_1(k + l_1).
\end{aligned}
$$

按自然数的运算律将上面四式相加并化简得

$$
(mk + nl) + (m_1 l_1 + n_1 k_1) = (ml + nk) + (m_1 k_1 + n_1 l_1).
$$

设 $x = m - n, y = k - l, z = p - q$, 以下过程依赖于命题 3 和命题 5.

(1) 前式两端同为 $(m + k) - (n + l)$, 后式两端同为 $(mk + nl) - (ml + nk)$.

(2) 前式两端同为 $(m + k + p) - (n + l + q)$, 后式两端同为

$$
(mkp + nlp + mlq + nkq) - (mkq + nlq + mlp + nkp).
$$

(3) 因 $(m - n) + (0 - 0) = m - n$ 且 $(m - n)(0 - 0) = 0 - 0$, 以 0 表示 $0 - 0$ 也表示 $n - n$. 读者可说明 0 的唯一性.

(4) 因 $(m - n)(1 - 0) = m - n$, 可命 $1 = 1 - 0$.

(5) 算得 $(m - n) + (n - m) = (m + n) - (n + m) = 0 - 0$.

(6) 在 $x + z = y + z$ 两边加上 $-z$ 并用零元律得 $x = y$.

(7) 前式两端同为 $(mk + mp + nl + nq) - (ml + mq + nk + np)$.

(8) 由条件得 $(mp + nq) - (mq + np) = (kp + lq) - (kq + lp)$, 即

$$
mp + nq + kq + lp = mq + np + kp + lq.
$$

因 $z \neq 0$, 可设 $p < q$, 于是有非零自然数 r 使 $q = p + r$. 代入上式化简得 $(m + l)r = (n + k)r$. 这样 $m + l = n + k$ 即 $x = y$. □

依代数述语和上述命题, 整数集 $\mathbb{Z}$ 是个整环, 简称**整数环**.

命题 7 整数环上有个标准序: $m-n \leqslant k-l$ 表示 $m+l \leqslant n+k$. 它是合理定义的且使整数环为一个全序集. 下以 x, y, z 代表任意整数.

(0) $\mathbb{N}$ 至 $\mathbb{Z}$ 的映射 $f: n \mapsto n-0$ 保持加法和乘法运算且严格递增.

(1) $\mathbb{N}$ 视为 $\mathbb{Z}$ 的子集, 则 x 或 $-x$ 是自然数; 两者都对时, $x=0$.

(2) $x<y$ 当且仅当 $x+z<y+z$ 当且仅当 $y-x$ 是正整数.

(3) $x \leqslant y$ 当且仅当 $x+z \leqslant y+z$ 当且仅当 $y-x$ 是自然数.

(4) $x \leqslant y$ 且 $z \geqslant 0$ 时, $xz \leqslant yz$; $x<y$ 且 $z>0$ 时, $xz<yz$.

(5) x 和 $x+1$ 之间没有第三个整数; 无最大整数也无最小整数.

(6) 一些整数组成的集 S 有上界时有最大数; 它有下界时有最小数.

证明 设 $m-n=m_1-n_1$ 且 $k-l=k_1-l_1$, 则

$$
\begin{aligned}
& m+l+m_1+n_1+k_1+l_1 \\
\leqslant & n+k+m_1+n_1+k_1+l_1 .
\end{aligned}
$$

注意到 $m+n_1=m_1+n$ 及 $k+l_1=k_1+l$, 得 $m_1+l_1 \leqslant n_1+k_1$.

自反性与反称性都易证. 传递性: 以 x, y, z 分别表示整数 $m-n, k-l, p-q$. 设 $x \leqslant y$ (即 $m+l \leqslant k+n$) 且 $y \leqslant z$(即 $k+q \leqslant l+p$), 则

$$
m+l+k+q \leqslant k+n+l+p .
$$

根据命题 5 得 $m+q \leqslant n+p$. 这即 $x \leqslant z$. 因 $(\mathbb{N}, \leqslant)$ 是全序的, 以下三者居其一:

$$
\begin{aligned}
& m+l<n+k, \text{ 此即} x<y ; \\
& m+l=n+k, \text{ 此即} x=y ; \\
& m+l>n+k, \text{ 此即} x>y .
\end{aligned}
$$

(0) 由 $(m-0)+(n-0)$ 等于 $(m+n)-0$ 知 $f(m)+f(n)=f(m+n)$.

由 $(m-0)(n-0)$ 等于 $mn-0$ 知 $f(m) f(n)=f(mn)$. 至此知 f 保持加法和乘法.

当 $n<m$ 时, $n+0<m+0$, 这表示 $n-0<m-0$, 即 $f(n)<f(m)$.

(1) 命 $x=m-n$. 当 $m \geqslant n$ 时, 有自然数 k 使 $m=n+k$. 这样 $m-n=k-0$(按前面的规定, 这是自然数). 当 $m \leqslant n$ 时, 有自然数 l 使 $n=m+l$. 这样 $m-n=0-l$(其相反数是自然数). 当 x 和 $-x$ 都是自然数时, $k-0=0-l$. 在自然数集中, $k+l=0$. 但 $k \leqslant k+l$, 因此 $k=0$ 而 $x=m-m$, 这是 $\mathbb{Z}$ 的零元.

(2) 至 (4) 易证.

(5) 前半部分源自 0 和 1 之间无其他自然数, 后半部分源自 $x-1<x<x+1$.

(6) 在 S 有下界 a 时, $\mathbb{N}$ 的非空子集 $S-a$ 有最小数 x_0-a, 而 x_0 便是 S 的最小数; 在 S 有上界 b 时, $\mathbb{N}$ 的非空子集 $b-S$ 有最小数 $b-x_1$, 而 x_1 便是 S 的最大数. □

在整数乘法下, 非零 a 整除 b 或为 b 的一个因子指有个 c 使 $b=ac$.

定理 8 (带余除法) 设整数 $n\geqslant 1$, 则诸整数 m 对应唯一整数 k 和唯一自然数 r 使 $r<n$ 且 $m=kn+r$(称 r 是余数, 它为零当且仅当 n 整除 m).

证明 命 $S=\{a\in\mathbb{Z}|an\leqslant m\}$, 它有上界: 在 $m\leqslant 0$ 时, $a\leqslant 0$. 在 $m>0$ 时, $a\leqslant m$. 命 $k=\max S$, 则 $kn\leqslant m<(k+1)n$. 令 $r=m-kn$ 即可.

当 $0\leqslant r_1<n$ 且 $k<k_1$ 时, 注意到 $kn+r<k_1n+r_1$ 得唯一性. □

在自然数乘法下, 共有两个因子者为*素数*, 例有 2, 3, 5, $\cdots$. 大于 1 的非素者为*合数*, 例有 6 和 28. 它们还是前两个*完全数*——为其真因子之和, 这被神学论者 Philo 用来解释为什么创造世界需要 6 天而月亮环绕地球在轨运行需要 28 天. 现在人们已找到 48 个完全数, 但不知*是否有无限个完全数*.

在某些问题中, 素数起着重要作用, 此因有以下结论.

命题 9 (算术基本定理) 大于 1 的整数 n 都有唯一因子分解 $p_1^{c_1}\cdots p_k^{c_k}$ 使 $p_1,\cdots,p_k$ 为依次增大的素数而 $c_1,\cdots,c_k$ 为正整数 (因此 n 有素因子).

(1) 素数 p 整除整数组 $(a_i)_{i=1}^n$ 之积 a 时必整除某个 a_i.

(2) Euclid 定理: 有无限个素数 (实为可列个).

证明 存在性: 考察 n 的所有分解 $b_1\cdots b_l$ 使诸 $b_i\geqslant 2$. 由 $2^l\leqslant n$ 知 $l<n$. 这些 l 中最大者记为 m, 相应分解 $r_1\cdots r_m$ 中诸 r_i 便是素数. 唯一性待征.

(1) 由归纳法可设 $n=2$. 当 $p=2$ 时, a_1 和 a_2 不同时为奇数; 归纳地设 $p<q$ 且 q 是素数时结论成立. 若 q 整除 a 但不整除 a_1 和 a_2, 由带余除法可设 $2\leqslant a_i<q$. 设 $a=qk$, 则 $2\leqslant k<q$. 取 k 的 (可重复的) 素因子分解 $p_1\cdots p_l$. 诸 $p_i<q$ 从而 p_i 整除 a_1 或 a_2. 于是, a_j 有因子 b_j 使 $b_1b_2=q$. 可设 $b_1=1$, 则 $q=b_2$, 矛盾.

唯一性: 设 $q_1^{d_1}\cdots q_l^{d_l}$ 也是 n 的素因子分解使 $q_1,\cdots,q_l$ 依次增大. 根据 (1) 知 p_1 整除某个 q_j, 这样 $q_j=p_1$. 同样有个 i 使 $q_1=p_i$. 现由

$$p_1\leqslant p_i=q_1\leqslant q_j=p_1$$

知 $i=j=1$. 可设 $c_1\leqslant d_1$, 则 $p_1^{d_1-c_1}$ 整除 $p_2^{c_2}\cdots p_k^{c_k}$, 故 $d_1=c_1$. 现在

$$p_2^{c_2}\cdots p_k^{c_k}=q_2^{d_2}\cdots q_l^{d_l},$$

归纳地知 $k=l$, $p_2=q_2,\cdots,p_k=q_k$ 且 $c_2=d_2,\cdots,c_k=d_k$.

(2) 当 $\mathbb{P}$ 有限时, $1+\prod(p|p\in\mathbb{P})$ 的素因子不属于 $\mathbb{P}$. 矛盾. □

广义实数

以 $\mathbb{Z}^\times$ 表示非零整数全体, $\mathbb{Z}\times\mathbb{Z}^\times$ 上有等价关系 $\sim$ 使 $(m,n)\sim(k,l)$ 表示 $ml=nk$. 它显然满足自反性与对称性, 还满足传递性: 设 $(m,n)\sim(k,l)$ 且 $(k,l)\sim(p,q)$. 这即 $ml=nk$ 且 $kq=lp$. 这两式相乘并注意到 l 非零得 $mqk=npk$. 如果 $k\neq 0$, 则 $mq=np$. 此式在 $k=0$ 时也成立, 这是因为此时 $m=0$ 且 $p=0$.

以 $\dfrac{m}{n}$ 记 (m,n) 所在等价类, 此谓一个**有理数**. 显然 $\dfrac{m}{n}=\dfrac{ml}{nl}$.

命题 10　规定有理数全体 $\mathbb{Q}$ 上加法运算和乘法运算使

$$\frac{m}{n}+\frac{k}{l}=\frac{ml+nk}{nl};\ \frac{m}{n}\frac{k}{l}=\frac{mk}{nl}.$$

它们是合理定义的. 下以 x,y,z 代表有理数.

(0) 从 $\mathbb{Z}\to\mathbb{Q}$ 的单射 $n\mapsto n/1$ 保持加法和乘法.

(1) 零元律: $x+0=x$ 且 $x0=0$, 此处 0 表示 $0/1$.

(2) 幺元律: $x1=1x=x$. 此处 1 表示 $1/1$.

(3) 结合律: $(x+y)+z=x+(y+z)$ 且 $(xy)z=x(yz)$.

(4) 交换律: $x+y=y+x$ 且 $xy=yx$.

(5) 分配律: $x(y+z)=xy+xz$.

(6) 负元律: x 对应唯一有理数 $-x$ 使 $x+(-x)=0$.

(7) 逆元律: x 非零时对应唯一有理数 x^{-1} 使 $xx^{-1}=1$.

(8) 消去律: $x+z=y+z$ 时, $x=y$.

(9) 消去律: $xz=yz$ 且 $z\neq 0$ 时, $x=y$.

提示　(1) 注意到 $\dfrac{0}{1}=\dfrac{0}{n}$, 有 $\dfrac{m}{n}+\dfrac{0}{1}=\dfrac{m}{n}$ 且 $\dfrac{m}{n}\dfrac{0}{1}=\dfrac{0}{n}$.

(2) 注意到 $\dfrac{1}{1}=\dfrac{n}{n}$, 得 $\dfrac{m}{n}\dfrac{1}{1}=\dfrac{m}{n}$.　□

将 n 与 $n/1$ 等同后, 可设 $\mathbb{Z}$ 是 $\mathbb{Q}$ 的子环.

定理 11　域 $\mathbb{Q}$ 上有个**标准序**: $m/n\leqslant k/l$ 表示 $ml^2n\leqslant kn^2l$. 它是合理定义的且使 $\mathbb{Q}$ 是个全序集, 它无最小数也无最大数.

(1) $\mathbb{Z}$ 至 $\mathbb{Q}$ 的单射 $n\mapsto n/1$ 保持标准序. 下以 x,y,z 代表有理数.

(2) 当 $x<y$ 时, x 和 y 之间有可列个有理数 z.

(3) $x<y$ 当且仅当 $x+z<y+z$. 此时若 $z>0$, 则 $xz<yz$.

(4) $x\leqslant y$ 当且仅当 $x+z\leqslant y+z$. 此时若 $z\geqslant 0$, 则 $xz\leqslant yz$.

(5) $x<y\Leftrightarrow -y<-x\Leftrightarrow x-y<0$. 此时若 $x>0$, 则 $y^{-1}<x^{-1}$.

提示　自反性是显然的. 反称性: 设 $ml^2n\leqslant kn^2l$ 且 $kn^2l\leqslant ml^2n$. 由 $ln\neq 0$ 得 $ml=nk$, 即 $m/n=k/l$. 传递性: 设 $ml^2n\leqslant kn^2l$ 且 $kq^2l\leqslant pl^2q$, 则 $ml^2q^2n\leqslant kn^2q^2l$

且 $kn^2q^2l \leqslant pn^2l^2q$, 于是 $mq^2n \leqslant pn^2q$. 这得 $m/n \leqslant p/q$.

三歧性: 因 $(\mathbb{Z}, \leqslant)$ 是全序的, $ml^2n < kn^2l$ 或 $ml^2n = kn^2l$ 或 $kn^2l > ml^2n$.

无上界性和无下界性: 可设 $n > 0$. 于是 $(m-1)/n < m/n < (m+1)/n$.

(2) 设 $x = k/l$ 且 $y = m/n$, 通分后可设 $n = l$. 于是 $m - k \geqslant 1$. 当 $p \geqslant 1$ 且 $1 \leqslant i < p$ 时, 命 $z = (pk+i)/(pn)$ 即可. 请读者证明余性质. □

由整数建立有理数的过程可用于将整环扩张为商域, 由自然数建立整数的过程可用于将交换半群演变为交换群. 后者被 Grothendieck 用于建立初步 K-理论, 这一理论相当于非交换代数拓扑, 它使人们对一些非交换现象有了深刻理解.

有理数分布于一条直线后会留下许多 "空隙". 为将其填满, Dedekind 于 1872 年在《连续性与无理数》书中用分割方法引入了实数, 其想法基于这个观察: 实数 x 将实轴分成两个区间 $(-\infty, x)$ 和 $[x, +\infty)$, 诸 $x_1 \in (-\infty, x)$ 和 $x_2 \in [x, +\infty)$ 满足 $x_1 < x_2$. 现在无理数还没建立起来, 可将 $(-\infty, x)$ 中有理数全体记为 $\sigma(x)$.

明显 x 与 $\sigma(x)$ 相互唯一确立, 此性质已应用于 1.3 节例 4 的证明.

定理 12 设 $\{A, B\}$ 是全序集 $(P, \leqslant)$ 的一个划分, 它是个 Dedekind 分割——诸 $x \in A$ 和诸 $y \in B$ 满足 $x < y$ ——当且仅当 A 是个遗传集.

提示 满足 $x < a \in A$ 的 x 不属于 B. 反之, $y \leqslant x$ 导致矛盾. □

考察有理数域 $\mathbb{Q}$ 的分割 (D, E) 使 $E = \{v \in \mathbb{Q}_+ | v^2 > 2\}$. 正有理数 s 满足 $s^2 \neq 2$, 取正整数 a 和 b 使 $s = b/a$. 对于正整数 k, 命 $r = (kb-1)/ka$ 且 $t = (kb+1)/ka$, 则 $r < s < t$. 若 $s^2 > 2$, 当 k 足够大时, $2 < r^2$. 若 $s^2 < 2$, 当 k 足够大时, $t^2 < 2$.

可见, $\mathbb{Q}$ 的上述分割中 E 无最小数且 D 无最大数. 一般偏序集 $(P, \leqslant)$ 的 Dedekind 分割 (A, B) 至多有以下四种逻辑可能性.

(1) A 有最大元且 B 有最小元. 整数环 $\mathbb{Z}$ 的分割都如此.

(2) A 有最大元但 B 无最小元. 如 $\mathbb{Q}$ 的分割 $(\{r \leqslant 0\}, \{r > 0\})$.

(3) A 无最大元但 B 有最小元. 如 $\mathbb{Q}$ 的分割 $(\{r < 0\}, \{r \geqslant 0\})$.

(4) A 无最大元且 B 无最小元. 如 $\mathbb{Q}$ 的分割 (D, E).

定理 13 全序集 X 的遗传子集 A 全体 $\mathcal{P}$ 依包含关系是个完备全序集.

(1) 无最大值的遗传子集 A 全体 $\mathcal{P}_1$ 依包含关系也是个完备全序集.

(2) 有上界的非空遗传子集 A 全体 $\mathcal{P}_2$ 依包含关系也是个完备全序集.

证明 设 B 也是 X 的遗传子集使 $A \neq B$, 可设 $B \setminus A$ 有个元素 y. 任取 $x \in A$, 由 A 的遗传性得 $x < y$. 由 B 的遗传性得 $x \in B$. 可见, $A \subset B$. 因此 $\mathcal{P}$ 是全序的.

根据 1.4 节定理 1, 要证非空 $\mathcal{L} \subseteq \mathcal{P}$ 有上确界. 命 $B_0 = \bigcup \mathcal{L}$, 它具有遗传性: 设 $X \ni x < a \in B_0$. 取 $A \in \mathcal{L}$ 使 $a \in A$, 这样 $x \in A \subseteq B_0$. 这样 B_0 属于 $\mathcal{P}$ 且是 $\mathcal{L}$ 的一个上界. 如果 B 也是 $\mathcal{L}$ 的一个上界, 诸 $A \in \mathcal{L}$ 满足 $A \subseteq B$. 这样 $B_0 \subseteq B$, 因此 $B_0 = \sup \mathcal{L}$.

(1) 上述 $\mathcal{L} \subseteq \mathcal{P}_1$ 时, B_0 的最大值存在时应属于某个 $A \in \mathcal{L}$, 矛盾. □

有理数域 $\mathbb{Q}$ 的无最大数的遗传子集称为*广义实数*, 其全体 $\overline{\mathbb{R}}$ 为*广义实轴*. 特别地, $\mathbb{Q}$ 和 $\varnothing$ 各代表广义实数*正无穷* $+\infty$ 和*负无穷* $-\infty$. 非 $\pm\infty$ 的广义实数为*实数*, 其全体为*实轴*. 广义实轴被定理 13 赋予所谓*标准序*且是完备的. 域 $\mathbb{Q}$ 至广义实轴 $\overline{\mathbb{R}}$ 有个序嵌入 $r \mapsto r^* = \{s \in \mathbb{Q} | s < r\}$(即 $r^* \subseteq s^*$ 当且仅当 $r \leqslant s$).

将 r 与 r^* 等同后, $\mathbb{Q}$ 是 $\overline{\mathbb{R}}$ 的全序子集. 非有理实数者为*无理数*.

命题 14 设 T 是个广义实数集, 其下确界 a 和上确界 b 不相等.

(1) $D = (a, b)$ 时 (下同), D 中既含有理数也含无理数. 进而

(2) $\sup(D \cap \mathbb{Q}) = \sup(D \setminus \mathbb{Q}) = b$ 且 $\inf(D \cap \mathbb{Q}) = \inf(D \setminus \mathbb{Q}) = a$.

(3) 当 b 不属于 T 时, T 中某序列 $(b_n)_{n \geqslant 1}$ 严格递增至 b.

(4) 当 a 不属于 T 时, T 中某序列 $(a_n)_{n \geqslant 1}$ 严格递减至 a.

证明 (1) 取 $r \in b \setminus a$, 则 r^* 是个有理实数使 $a < r^* < b$. 取有理数 s 使 $r^* < s^* < b$, 命 $B = \{t \in \mathbb{Q} | t > r : (t - r)^2 > (s - r)^2/2\}$ 且 $y = \mathbb{Q} \setminus B$, 则 y 是个无理数使

$$a < r^* < y < s^* < b.$$

(2) 两个上确界各记为 c 和 d, 显然 $c \leqslant b$. 如果 $c < b$, 可取有理实数 t 使 $c < t < b$, 与 c 的定义矛盾. 因此 $c = b$, 同样 $d = b$. 类似得下确界情形.

(3) 将 $\{r \in \mathbb{Q} | r < b\}$ 写成 $\{r_n | n \geqslant 1\}$, 它因 $b > -\infty$ 不空. 根据 (2) 知 $\sup\limits_{n \geqslant 1} r_n = b$. 递归地取 T 中严格递增序列 $(b_n)_{n \geqslant 1}$ 使 $b_n > r_n$, 则 $\lim\limits_{n \to \infty} b_n = b$. 仿此得 (4). □

上述命题表明有理数集与无理集数都序稠于广义实轴.

原理 15 (Dedekind 连续性) 广义实轴 (或实轴) 的分割 (A, B) 中, 要么 A 有最大值但 B 无最小值, 要么 A 无最大值但 B 有最小值.

证明 若 $\sup A < \inf B$, 取它们之间的有理数 r. 它既不在 A 中也不在 B 中, 矛盾. 因此 $\sup A = \inf B$. 这样要么 $\sup A$ 在 A 中 (则它是 A 的最大值), 要么在 B 中 (则它是 B 的最小值). □

下面从序的角度来讨论实轴的特征 (这可对比于 1.3 节习题 3).

定理 16 (Wilder) 全序集 $(T, \leqslant)$ 与实轴 $(\mathbb{R}, \leqslant)$ 序同构当且仅当

(1) T 的 Dedekind 分割 (A, B) 中要么 A 有最大元, 要么 B 有最小元.

(2) T 无最小元也无最大元且 T 有个序稠密的可列集 S. □

对于实数 x, 命 $\sigma(x) = \{r \in \mathbb{Q} | r < x\}$ 且 $\lambda(x) = \{r \in \mathbb{Q} | r > x\}$.

命题 17 (实数加法) 以 x, y, z 代表实数, 用 Minkowski 和规定

$$x + y = \sup(\sigma(x) + \sigma(y)) = \inf(\lambda(x) + \lambda(y)).$$

(1) 交换律和零元律: $x+y=y+x$ 且 $x+0=x$.

(2) 结合律: $(x+y)+z=x+(y+z)$(因此写成 $x+y+z$).

(3) 负元律: x 对应个实数 $-x$ 使 $x+(-x)=0$. 规定 $y-x=y+(-x)$.

(4) 单调性: $x\leqslant y$ 时, $x+z\leqslant y+z$(且 $-y\leqslant -x$); 它为等式时, $x=y$.

证明 以 p,q,r,s,t 代表有理数.

(1) 由 $\sigma(x)+\sigma(y)=\sigma(y)+\sigma(x)$ 得交换律. 当 $r<x$ 且 $s<0$ 时, $r+s<r$, 这得 $x+0\leqslant x$. 又有 p 使 $r<p<x$, 于是 $r-p<0$ 且 $r=p+(r-p)$, 这得 $x\leqslant x+0$.

(2) 当 $r<x+y$ 且 $s<z$ 时, 有 $p<x$ 和 $q<y$ 使 $r\leqslant p+q$. 于是 $r+s\leqslant p+(q+s)$. 这得 $(x+y)+z\leqslant x+(y+z)$. 类似得反向不等式.

(3) 命 $x'=\sup(-\lambda(x))$, 则 $\sigma(x')=\{-s|s>x\}$. 当 $r<x<s$ 时, $r-s<0$. 因此 $x+x'\leqslant 0$. 设 $t<0$. 若诸 $r<x$ 满足 $r-t\leqslant x$. 命 $t'=t/2$, 则 $r-t'<x$. 归纳地知诸自然数 n 使 $r-nt'<x$. 这样 $x=+\infty$, 矛盾. 因此有个 r 使 $r<x<r-t$. 命 $s=r-t$, 则 $t=r-s$ 且 $-s<x'$. 这样 $0\leqslant x+x'$. 从而 $x+x'=0$.

(4) 由 $\sigma(x)\subseteq\sigma(y)$ 知 $\sigma(x)+\sigma(z)\subseteq\sigma(y)+\sigma(z)$ (命 $z=-x-y$ 即可). 在等式情形, x 和 y 分别是 $x+z+(-z)$ 和 $y+z+(-z)$, 从而相等.

小 (大) 于零的实数称为负 (正) 数. 如命 $\sqrt[3]{2}=\{r|r^3<2\}$, 它是正无理数.

命题 18 (正实数乘法) 设 x,y,z 是正数, 而 p,q,r,s,t 代表正有理数. 规定

$$xy=\sup\{pq|p<x,q<y\}.$$

(1) 交换律和幺元律: $xy=yx$ 且 $x1=x$.

(2) 结合律: $(xy)z=x(yz)$(因此可写成 xyz).

(3) 倒数律: 有正数 x^{-1} 使 $xx^{-1}=1$. 规定 $y\div x=y/x=yx^{-1}$.

(4) 单调性: $x\leqslant y$ 时, $xz\leqslant yz$(且 $y^{-1}\leqslant x^{-1}$); 它为等式时, $x=y$.

证明 (1) 由 $pq=qp$ 得交换律. 当 $r<x$ 且 $s<1$ 时, $rs<r$, 从而 $x1\leqslant x$. 现设 $r<p<x$, 则 $r=p(r/p)$ 且 $r/p<1$, 这样 $x\leqslant x1$.

(2) 当 $r<xy$ 且 $s<z$ 时, 有个 $p<x$ 且有个 $q<y$ 使 $r\leqslant pq$. 因为 $rs=p((r/p)s)$ 且 $r/p<y$, 所以 $(xy)z\leqslant x(yz)$. 类似得 $x(yz)\leqslant (xy)z$.

(3) 命 $x'=\sup\{1/r|r>x\}$, 则 $s<x'$ 当且仅当 $x<1/s$. 当 $r<x$ 时, $rs<1$. 因此 $xx'\leqslant 1$. 设 $t<1$. 若所有 $r<x$ 使 $r/t\leqslant x$, 命 $t'=(t+1)/2$, 则 $r/t'<x$. 归纳地知 $r/(t')^n<x$. 这样 $x=+\infty$, 矛盾. 于是有个 $r<x$ 使 $x<r/t$. 命 $s=t/r$, 则 $s<x^{-1}$ 且 $rs=t$. 因此 $1\leqslant xx'$.

(4) 由 $\sigma(x)_+\subseteq\sigma_+(y)$ 知 $\sigma(x)_+\sigma_+(z)\subseteq\sigma_+(y)\sigma_+(z)$(命 $z=x^{-1}y^{-1}$ 即可). 在等式情形, $x=xzz^{-1}$ 且 $y=yzz^{-1}$, 因此 $x=y$. □

实数 x 都是两个正数之差: $x\geqslant 0$ 时, $x=(x+1)-1$; 否则, $x=1-(1-x)$.

命题 19 (实数乘法)　设 a_i 与 b_i 是正数使 $x=a_1-a_2$ 及 $y=b_1-b_2$, 命

$$xy=a_1b_1-a_1b_2-a_2b_1+a_2b_2,$$

它是合理定义的且满足以下性质.

(1) 交换律和幺元律: $xy=yx$ 且 $x1=x$.

(2) 结合律: $(xy)z=x(yz)$(因此可写成 xyz).

(3) 倒数律: $z\neq 0$ 时, 有实数 z^{-1} 使 $zz^{-1}=1$. 规定 $y\div x=y/x=yx^{-1}$.

(4) 分配律: $x(y+z)=xy+xz$.

(5) 单调性: $z>0$ 且 $x\leqslant y$ 时, $xz\leqslant yz$; 它为等式时 $x=y$.

(6) 单调性: $z<0$ 且 $x\leqslant y$ 时, $xz\geqslant yz$; 它为等式时 $x=y$.

提示　当 $x=a_1'-a_2'$ 且 a_1' 和 a_2' 为正数时, $a_1+a_2'=a_1'+a_2$. 于是

$$\begin{aligned}&(a_1+a_2')b_1+(a_1'+a_2)b_2=(a_1'+a_2)b_1+(a_1+a_2')b_2\\ \Rightarrow &a_1b_1-a_1b_2-a_2b_1+a_2b_2=a_1'b_1-a_1'b_2-a_2'b_1+a_2'b_2.\end{aligned}$$

可见 xy 与 x 的正负分解的选择无关, 类似知它与 y 的正负分解的选择无关.

(4) 条件同命题 17 及其证明: 当 $t<x(y+z)$ 时, 有 $r<x$ 及 $s<y+z$ 使 $t=rs$. 又有正有理数 $a<y$ 及 $b<z$ 使 $s=a+b$. 于是 $t=ra+rb$. 这样 $t<xy+xz$, 从而 $x(y+z)\leqslant xy+xz$. 这也导致 $x^{-1}(xy+xz)\leqslant y+z$. □

极限与初等函数

下面讨论广义实数网的极限性质.

命题 20　$\overline{\lim\limits_{j\uparrow\beta}}(-x_j)=-\underline{\lim\limits_{j\uparrow\beta}}x_j$ 且 $\underline{\lim\limits_{j\uparrow\beta}}(-x_j)=-\overline{\lim\limits_{j\uparrow\beta}}x_j$.

(1) 在 $0<\lim\limits_{j\uparrow\beta}x_j=x<+\infty$ 时, $\overline{\lim\limits_{j\uparrow\beta}}(x_jy_j)=x\overline{\lim\limits_{j\uparrow\beta}}y_j$ 且 $\overline{\lim\limits_{j\uparrow\beta}}z_j^{x_j}=\left(\overline{\lim\limits_{j\uparrow\beta}}z_j\right)^x$.

(2) 在 $0<\lim\limits_{j\uparrow\beta}x_j=x<+\infty$ 时, $\underline{\lim\limits_{j\uparrow\beta}}(x_jy_j)=x\underline{\lim\limits_{j\uparrow\beta}}y_j$ 且 $\underline{\lim\limits_{j\uparrow\beta}}z_j^{x_j}=\left(\underline{\lim\limits_{j\uparrow\beta}}z_j\right)^x$.

(3) 式子 $\overline{\lim\limits_{j\uparrow\beta}}(x_j+y_j)\leqslant\overline{\lim\limits_{j\uparrow\beta}}x_j+\overline{\lim\limits_{j\uparrow\beta}}y_j$ 在两边有意义时成立.

(4) 式子 $\underline{\lim\limits_{j\uparrow\beta}}(x_j+y_j)\geqslant\underline{\lim\limits_{j\uparrow\beta}}x_j+\underline{\lim\limits_{j\uparrow\beta}}y_j$ 在两边有意义时成立.

(5) 式子 $\underline{\lim\limits_{j\uparrow\beta}}(x_j+y_j)\leqslant\underline{\lim\limits_{j\uparrow\beta}}x_j+\overline{\lim\limits_{j\uparrow\beta}}y_j$ 在两边有意义时成立.

(6) 式子 $\underline{\lim\limits_{j\uparrow\beta}}x_j+\overline{\lim\limits_{j\uparrow\beta}}y_j\leqslant\overline{\lim\limits_{j\uparrow\beta}}(x_j+y_j)$ 在两边有意义时成立.

(7) x_n 都是正数时, $\underline{\lim\limits_{n\to\infty}}\dfrac{x_{n+1}}{x_n}\leqslant\underline{\lim\limits_{n\to\infty}}x_n^{\frac{1}{n}}$ 且 $\overline{\lim\limits_{n\to\infty}}x_n^{\frac{1}{n}}\leqslant\overline{\lim\limits_{n\to\infty}}\dfrac{x_{n+1}}{x_n}$.

只证 (7) 以 a_m 和 b_m 各记 $\{x_{k+1}/x_k|k \geqslant m\}$ 的下确界和上确界. 当 $n > m$ 时,

$$\frac{x_n^{\frac{1}{n}}}{x_m^{\frac{1}{n}}} = \left(\prod_{i=m}^{n-1} \frac{x_{i+1}}{x_i}\right)^{\frac{1}{n}} \begin{cases} \leqslant b_m^{\frac{n-m}{n}}, \\ \geqslant a_m^{\frac{n-m}{n}}. \end{cases}$$

先命 $n \to \infty$ 得 $a_m \leqslant \varliminf_{n\to\infty} \sqrt[n]{x_n}$ 且 $\varlimsup_{n\to\infty} \sqrt[n]{x_n} \leqslant b_m$, 再命 $m \to \infty$ 即可. □

广义实轴上端点为 a 和 b 的区间依 $a < b$ 和 $a = b$ 各有**长度** $b - a$ 和 0.

命题 21 (Cantor 区间套定理) 长度趋向零的闭区间套 $(E_n)_{n\uparrow\beta}$ 有唯一交点.

提示 所求交点是递增网 $(\min E_n)_{n\uparrow\beta}$ 和递减网 $(\max E_n)_{n\uparrow\beta}$ 的极限. □

称集族 $\mathcal{F}$ 能有限覆盖集合 X 指它被 $\mathcal{F}$ 中有限个成员覆盖.

定理 22 (Heine-Borel) 实轴中有界闭区间 $[a, b]$ 是紧集.

证明 设 $a < b$ 且开区间族 $\mathcal{F}$ 覆盖 $[a, b]$. 使 $[a, x]$ 能被 $\mathcal{F}$ 有限覆盖的 $x \in [a, b]$ 组成的集合 A 包含 a. 命 $c = \sup A$, 则 $a < c \leqslant b$ 且 c 落于某个 $(a', b') \in \mathcal{F}$. 于是有 $x \in A$ 使 $a' < x \leqslant c$. 由 $[a, c] = [a, x] \cup [x, c]$ 知 $[a, c]$ 能被 $\mathcal{F}$ 有限覆盖. 于是 $c = \max A$. 要证 $c = b$. 否则, 取个 $d \in (c, b) \cap (a', b')$. 于是 d 属于 A, 这与 c 的最大性矛盾. □

熟知紧集 X 的等价刻画是 X 的有限交的闭集族有公共交点.

定理 23 (Bolzano-Weierstrass) 广义实数列 $(x_n)_{n\geqslant 1}$ 有收敛子列. 进而, 广义实数网 $(z_i)_{i\uparrow\beta}$ 有收敛子网.

证明 根据 1.2 节例 7, 可设 x_n 和 z_i 落于 $I_0 = [-1, 1]$. 归纳地设 I_{n-1} 含有 $(x_n)_{n\geqslant 1}$ 的无限项, 将它平分为从左至右两个闭区间 A 和 B. 如果 A 含有 $(x_n)_{n\geqslant 1}$ 的无限项则命 $I_n = A$, 否则命 $I_n = B$. 这样得闭区间套 $(I_n)_{n\geqslant 0}$ 使 I_n 的长度为 2^{-n+1}, 其公共交点记为 x_0. 命 $k_1 = \min\{k|x_k \in I_1\}$, 归纳地命 $k_n = \min\{k > k_{n-1}|x_k \in I_n\}$. 这样 $(x_{k_n})_{n\geqslant 1}$ 以 x_0 为极限.

有限交的闭集族 $\overline{\{z_i|i \geqslant n\}}$ 有个公共交点 z. 对于 $(k, n) \in \gamma = \mathbb{N} \times \beta$, 有个 $i_{k,n} \geqslant n$ 使 $|z_{i_{k,n}} - z| < 2^{-k}$. 子网 $(z_j)_{j\in\gamma}$ 逼近 x. □

以上结论等价于 1.4 节命题 6. 这两个命题的证明都避免了选择公理.

命题 24 (Archimedes 原理) 设 x 与 y 是正实数, 则有正整数 n 使 $nx > y$.

证明 命 $z = y/x$, 而 $n = \lfloor z \rfloor + 1$ 即可. □

下面介绍个的结论似乎很显然易得, 它有重要应用.

命题 25 实数域有个划分 $\{(n-1, n]|n \in \mathbb{Z}\}$ 也有个划分 $\{[n, n+1)|n \in \mathbb{Z}\}$.

证明 任取实数 x. 当 x 为有理数 q/p 时, 作带余除法 $m = pn + r$. 从而 $x = n + r/n$, 于是 $n \leqslant x < n + 1$. 从而 $\lfloor x \rfloor$ 有定义, 类似知 $\lceil x \rceil$ 有定义; 当 x 为无理数时, 取有理数 x_0 使 $x_0 < x < x_0 + 1$, 则 $\lfloor x_0 \rfloor < x < \lfloor x_0 \rfloor + 1$. □

下面讨论些初等函数.

命题 26 作实轴上实值函数 $\exp: t \mapsto \sum\limits_{n\in\mathbb{N}} \frac{t^n}{n!} = \lim\limits_{n\to\infty}\left(1+\frac{t}{n}\right)^n$.

(1) $\exp(s+t) = \exp s \exp t$ 且 $\mathsf{e} = \exp 1$ 及 $d\exp t = \exp t dt$.

(2) $\exp 0 = 1$; $t > 0$ 时 $\exp t > 1$; $t < 0$ 时 $0 < \exp t < 1$.

(3) exp 是严格递增的, $\lim\limits_{t\to-\infty} \exp t = 0$ 且 $\lim\limits_{t\to+\infty} \exp t = +\infty$.

(4) 设 $\log: (0, +\infty) \to \mathbb{R}$ 是 exp 的反函数, 它是严格递增的.

(5) $d\log x = x^{-1}dx$, $\lim\limits_{x\to\infty} \log x = +\infty$ 且 $\lim\limits_{x\to 0+} \log x = -\infty$.

(6) $\log x_1 + \log x_2 = \log(x_1 x_2)$, $\log 1 = 0$ 且 $\log \mathsf{e} = 1$.

(7) 对于正实数 a 和实数 t, 命 $a^t = \exp(t\log a)$, 则 $\mathsf{e}^t = \exp t$.

(8) $a^{s+t} = a^s a^t$ 且 $da^t = a^t(\log a)dt$; $(a^s)^t = a^{st}$ 且 $(ab)^t = a^t b^t$.

(9) $\lim\limits_{x\to+\infty} \frac{\log x}{x^a} = 0$. 若 $a > 1$, $\lim\limits_{x\to+\infty} \frac{\exp x}{x^a} = +\infty$. □

可见, 对数函数 log 严格递增且严格上凸, 这得以下结论.

命题 27 设实数 $a_i \geqslant 0$ 而 $t_i > 0$ 使 $\sum\limits_{i=1}^{n} t_i = 1$, 则 $\prod\limits_{i=1}^{n} a_i^{t_i} \leqslant \sum\limits_{i=1}^{n} t_i a_i$. 这称为算术–几何加权平均不等式(它为等式当且仅当 $a_1 = \cdots = a_n$).

(1) Young 不等式: 设 $p_i > 1$ 使 $1/p_1 + 1/p_2 = 1$, 则 $a_1 a_2 \leqslant a_1^{p_1}/p_1 + a_2^{p_2}/p_2$.

(2) 算术–几何平均不等式: $(a_1 \cdots a_n)^{\frac{1}{n}} \leqslant (a_1 + \cdots + a_n)/n$. □

以上 (1) 和 (2) 作为主结论的推论实际上与主结论等价.

命题 28 作实轴上函数 $\cos: t \mapsto \sum\limits_{n\in\mathbb{N}} \frac{(-1)^n t^{2n}}{(2n)!}$ 和 $\sin: t \mapsto \sum\limits_{n\in\mathbb{N}} \frac{(-1)^n t^{2n+1}}{(2n+1)!}$.

(0) $\cos^2 t + \sin^2 t = 1$, $d\sin t = \cos t dt$ 且 $d\cos t = -\sin t dt$.

(1) $\cos(s \pm t) = \cos s \cos t \mp \sin s \sin t$ 且 $\cos 2t = 2\cos^2 t - 1$.

(2) $\sin(s \pm t) = \sin s \cos t \pm \cos s \sin t$ 且 $\sin 2t = 2\sin t \cos t$.

(3) $\cos 0 = 1$, cos 是偶函数且有最小正零点 (这记为 τ).

(4) cos 和 sin 各在区间 $(-\tau, \tau)$ 上取正值和严格递增, $\sin(\pm\tau) = \pm 1$.

(5) $\cos 2\tau = -1$, $\sin(t \pm \tau) = \pm\cos t$ 且 $\cos(t \pm \tau) = \mp \sin t$.

(6) $\sin 2\tau = 0$, $\sin(t \pm 2\tau) = -\sin t$ 且 $\cos(t \pm 2\tau) = -\cos t$.

(7) $\cos 3\tau = 0$; $\sin(t \pm 3\tau) = \mp\cos t$ 且 $\cos(t \pm 3\tau) = \pm\sin t$.

(8) $\sin 3\tau = -1$, 区间 $(\tau, 3\tau)$ 上 cos 取负值而 sin 严格递减.

(9) sin 在 $(0, 2\tau)$ 上取正值, 而 cos 在此区间上严格递减.

(10) sin 在 $(2\tau, 4\tau)$ 上取负值, 而 cos 在此区间上严格递增.

(11) $\sin 4\tau = 0$, $\sin(t \pm 4\tau) = \sin t$ 且 $\cos(t \pm 4\tau) = \cos t$.

(12) sin 和 cos 都有最小正周期 4τ. 命 $\pi = 2\tau$, 此谓圆周率.

只需证 (3) 否则, 总有 $\cos t > 0$. 归纳地用 (1) 中第二式知 $\cos t > a_n$, 其中 $a_0 = 1/\sqrt{2}$ 而 $a_n = \sqrt{(1 + a_{n-1})/2}$. 因 $(a_n)_{n\geqslant 1}$ 递增至 1, 故 $\cos t = 1$ 恒对. 根据 (0) 中第一式知 $\sin t = 0$ 恒对, 第二式表明 $\cos t = 0$ 恒对. 矛盾. □

用整数列也可表示实数与其算术, 这见于以下三个命题.

命题 29　固定整数 $p>1$. 设整数组 $(a_i)_{i\in\mathbb{Z}}$ 恒使 $0\leqslant a_i<p$, 作 p 进制数

$$(\cdots a_{-1}a_0.a_1a_2\cdots)_p:=\sum_{i\in\mathbb{Z}}\frac{a_i}{p^i}\in[0,+\infty].$$

它有限当且仅当有个 $k\in\mathbb{Z}$ 使 $i<k$ 时 $a_i=0$. 此时它可能是个

(1) p 进制有限数, 即 $\{i|a_i\neq 0\}$ 有限, 如 $(0.10101)_2=21/32$.

(2) p 进制标准数, 即 $\{i|a_i<p-1\}$ 无限, 如 $(101.111111\cdots)_3=61/2$.

(3) p 进制无限数, 即 $\{i|a_i\neq 0\}$ 无限或诸 $n\in\mathbb{Z}$ 使 $(\cdots a_{n-1}a_n)_p<x$.

(4) p 进制小数, 即 $i\leqslant 0$ 时, $a_i=0$. 此时它属于 $[0,1]$.

(5) p 进制整数, 即 $i>0$ 时, $a_i=0$. 此时它是自然数. □

除了二十进制的玛雅数字、六十进制的巴比伦楔形数字和中国天干地支, 古代世界独立开发的记数体系几乎全为十进制——可能与人有十指有关.

仿十进制, 可讨论 p 进制的加法与乘法, 请逢 p 进 1.

命题 30　设实数 x 和 y 各表示为 p 进制数 $(\cdots a_0.a_1\cdots)_p$ 和 $(\cdots b_0.b_1\cdots)_p$.

(1) 若 $x<y$, 则某 $a_n<b_n$ 且诸 $i<n$ 使 $a_i=b_i$. 反之, $x\leqslant y$; 它为等式当且仅当 $b_n=a_n+1$ 且 $i>n$ 使 $a_i=p-1$ 而 $b_i=0$(因此 x 至多表示成两个 p 进制数).

(2) 两个 p 进制数表示 x 当且仅当它是个 p 进制有限数 $(\cdots a_{n-1}a_n)_p$ 使 $a_n\neq 0$. 此时它是 p 个进制无限数 $(\cdots a_{n-1}a'_na'_{n+1}\cdots)_p$ 使 $a'_n=a_n-1$ 且 $a'_i=p-1(i>n)$.

(3) 设 $(\cdots a_0.a_1\cdots)_p$ 是标准的且 $b'_n=b_n+1<p$, 则 $a_i=b_i(i\leqslant n)$ 当且仅当

$$(\cdots b_{n-1}b_n)_p\leqslant x<(\cdots b_{n-1}b'_n)_p.$$

(4) 设 $(\cdots a_0.a_1\cdots)_p$ 是无限的且 $b'_n=b_n+1<p$, 则 $a_i=b_i(i\leqslant n)$ 当且仅当

$$(\cdots b_{n-1}b_n)_p<x\leqslant(\cdots b_{n-1}b'_n)_p.$$

证明　(1) 命 $n=\min\{k|a_k\neq b_k\}$, 它有意义且 $i<n$ 时 $a_i=b_i$. 若 $a_n>b_n$, 则

$$\begin{aligned}x-y&=\frac{a_n-b_n}{p^n}+\sum_{i>n}\frac{a_i-b_i}{p^i}\\&\geqslant\frac{1}{p^n}-\sum_{i>n}\frac{p-1}{p^i}\end{aligned}$$

即 $x\geqslant y$, 矛盾. 将 x 和 y 互换, 诸 a_i 和 b_i 互换知反之及后面充要条件成立.

(2) 只证必要性: 可设 $x=y$ 并且 $a_n\neq b_n$ 及 $i<n$ 使 $a_i=b_i$. 用 (1) 即可.

(3) 命 $u=\cdots b_{n-1}b_n$ 且 $v=\cdots b_{n-1}b'_n$, 则 $v=u+1/p^n$.

必要性: 诸 $a_i \leqslant p-1$, 且某个 $j>n$ 使 $a_j<p-1$. 结论源自下式

$$x-u=\sum_{i>n}\frac{a_i}{p_i}<\sum_{i>n}\frac{p-1}{p^i}=\frac{1}{p^n}.$$

充分性: 由 $x<v$ 结合 (1) 知有个 k 使 $a_i=b_i(i<k)$ 且 $a_k<b_k(k<n)$ 或 $a_k<b'_k(k=n)$. 由 $u\leqslant x$ 知 $k=n$. 仿此得 (4). □

显然, $x+y$ 和 xy 各是 $(\cdots c_n\cdots)_p$ 与 $(\cdots d_n\cdots)_p$ 使 $c_n=a_n+b_n$ 和 $d_n=\sum\limits_{i+j=n}a_ib_j$, 逢 p 进 1 后变成 $(\cdots c'_n\cdots)_p$ 与 $(\cdots d'_n\cdots)_p$ 使 $c'_n=c_n \mod p$ 且 $d'_n=d_n \mod p$.

计算机系统存储数据常用的二进制是个微小开关: 用 "开" 记 1, "关" 记 0. 二进制数有限小数 $(0.1)_2$ 和无限小数 $(0.011\cdots)_2$ 同为十进制数 $(0.5)_{10}$.

二进制萌芽于《易经》, 但其主创者为 18 世纪德国数理哲学大师 Leibniz.

命题 31　非负实数 x 能唯一表示成 p 进制标准数 $\cdots a_0.a_1\cdots$(下标 p 已略).

(1) x 是整数时, 诸 $i>0$ 使 $a_i=0$; $0\leqslant x<1$ 时, 诸 $i\leqslant 0$ 使 $a_i=0$.

(2) $x>0$(且 $x\leqslant 1$) 当且仅当它能唯一表成 p 进制无限 (小) 数 $\cdots b_0.b_1\cdots$.

证明　主结论源自 (1). (1) 在前者, 有 $k\in\mathbb{N}$ 使 $n<p^k$. 归纳地设结论在 $k=l$ 时成立. 在 $k=l+1$ 时, 命 $a_{-l}=\lfloor n/p^l\rfloor$, 显然有 $0\leqslant x-a_{-l}p^l<p^l$.

在后者, $0\leqslant x-\sum\limits_{i\leqslant n}\dfrac{a_i}{p^i}<\dfrac{1}{p^n}$ 当且仅当 $0\leqslant p^n\Big(x-\sum\limits_{i<n}\dfrac{a_i}{p^i}\Big)-a_n<1$. 只能唯一地命 $a_1=\lfloor px\rfloor$ 及递归地 $a_n=\lfloor p^n(x-0.a_1\cdots a_{n-1})\rfloor$.

(2) 可设 $0<x\leqslant 1$, 则 $1-x$ 有唯一 p 进标准数形式 $0.c_1c_2\cdots$. 命 $b_n=p-1-c_n$, 则 $0.b_1b_2\cdots$ 是 x 的 p 进无限数唯一形式. □

设 $(a_n)_{n\geqslant 0}$ 是个广义实数列. 约定 $1/0=+\infty$, 将形式有限连分数

$$a_0+\cfrac{1}{a_1+\cfrac{1}{a_2+\cfrac{1}{\ddots+\cfrac{1}{a_n}}}}$$

简记为 $a_0+\dfrac{1}{a_1+}\cdots\dfrac{1}{a_n+}$ 或 $[a_0;a_1,\cdots,a_n]$. 它在 $n\to\infty$ 时的形式极限

$$a_0+\cfrac{1}{a_1+\cfrac{1}{a_2+\cfrac{1}{\ddots+\cfrac{1}{a_n+\cfrac{1}{\ddots}}}}}$$

记为 $a_0 + \dfrac{1}{a_1+} \cdots \dfrac{1}{a_n+} \cdots$ 或 $[a_0; a_1, a_2, \cdots]$, 它有意义时称为一个**连分数**.

如 $[1; 1, 1, 1, \cdots]$ 是黄金比, Euler 数 $\mathrm{e} = [2; 1, 2, 1, 1, 4, 1, 1, 6, 1, 1, 8, \cdots]$.

如 $[1; 2, 2, 2, \cdots] = \sqrt{2}$, 圆周率 $\pi = [3; 7, 15, 1, 292, 1, 1, 1, 2, 1, 3, 1, \cdots]$.

命题 32 设 x 是个实数, 作实数列 $(x_n)_{n\geqslant 0}$ 和整数列 $(a_n)_{n\geqslant 0}$ 使 $x_0 = x$ 且 $a_0 = \lfloor x \rfloor$ 及递归地 $x_{n+1} = 1/(x_n - a_n)$ 且 $a_{n+1} = \lfloor x_{n+1} \rfloor$, 则 $n > 0$ 时, $a_n > 0$(暂约 $0/1 = +\infty$ 且 $\lfloor +\infty \rfloor = +\infty$ 及 $1/((+\infty) - (+\infty)) = +\infty$) 且

$$x = a_0 + \frac{1}{a_1+}\frac{1}{a_2+} \cdots \frac{1}{a_n+} \cdots .$$

(1) x 是个有限连分数当且仅当某项 $x_{n+1} = a_{n+1} = +\infty$. 此时

$$k > n \Rightarrow x_k = a_k = +\infty.$$

(2) x 是个**无限连分数**当且仅当诸 a_n 在 $n \geqslant 1$ 时为正整数. □

复数与四元数

命 $\mathbb{C} = \mathbb{R} \times \mathbb{R}$, 它自然地是 2 维实线性空间, 其元素称为**复数**. 将 (1, 0) 等同于 1 且记 $\mathrm{i} = (0, 1)$ 后, 诸复数形如 $a + b\,\mathrm{i}$. 于是复数加法表现为

$$(a + b\,\mathrm{i}) + (c + d\,\mathrm{i}) = (a + c) + (b + d)\,\mathrm{i}\,.$$

复数全体 $\mathbb{C}$ 依上述加法和下述乘积为一个环

$$(a + b\,\mathrm{i})(c + d\,\mathrm{i}) = (ac - bd) + (ad + bc)\,\mathrm{i}\,.$$

当 $z = a + b\,\mathrm{i}$ 时, 规定**共轭** $\overline{z} = a - b\,\mathrm{i}$ 和**实部** $\mathrm{re}\, z = a$ 与**虚部** $\mathrm{im}\, z = b$.

(1) 规定模 $|z| = \sqrt{a^2 + b^2}$, 则 $|\mathrm{re}\, z| \vee |\mathrm{im}\, z| \leqslant |z| \leqslant |\mathrm{re}\, z| + |\mathrm{im}\, z|$.

(2) 非零复数 z 有 (乘法) 逆元 $\overline{z}/|z|^2$(可见, $\mathbb{C}$ 是个域而 $\mathbb{R}$ 是其子域).

(3) 共轭等距性: $|\overline{z}| = |z|$; C^*-**等式** $|z|^2 = \overline{z}z$.

(4) 次加性: $|z_1 + z_2| \leqslant |z_1| + |z_2|$; 可乘性: $|z_1 z_2| = |z_1||z_2|$.

命题 33 (Hadamard 不等式) 复方阵 B 依列分块写成 $[b_1, \cdots, b_n]$ 时, $|\det B| \leqslant \prod\limits_{i=1}^{n} |b_i|$. 这相当于半正定复阵 $[a_{ij}]_{n\times n}$ 都使 $\det[a_{ij}]_{n\times n} \leqslant \prod\limits_{i=1}^{n} a_{ii}$.

证明 注意到 $B^*B = [b_i^* b_j]_{n\times n}$ 且 $b_i^* b_i = |b_i|^2$, 等价性成立. 可设 $[a_{ij}]_{n\times n}$ 正定. 归纳地设 $n = k$ 时结论成立. 在 $n = k + 1$ 时,

$$\det[a_{ij}]_{n\times n} = \det[a_{ij}]_{k\times k}(a_{nn} - [a_{nj}]_{j\leqslant k}[a_{ij}]_{k\times k}^{-1}[a_{in}]_{i\leqslant k}).$$

因 $0 \leqslant [a_{nj}]_{j\leqslant k}[a_{ij}]_{k\times k}^{-1}[a_{in}]_{i\leqslant k} < a_{nn}$, 对 $\det[a_{ij}]_{k\times k}$ 用归纳假设. □

可见, 在边长固定的平行 $2n$ 面体中矩体的 Lebesgue 测度最大.

命题 34 作整函数 $\cos : z \mapsto \sum\limits_{n\in\mathbb{N}} \dfrac{(-1)^n z^{2n}}{(2n)!}$ 和 $\sin : z \mapsto \sum\limits_{n\in\mathbb{N}} \dfrac{(-1)^n z^{2n+1}}{(2n+1)!}$ (它们有最小正周期 2π). 作整函数 $\exp : z \mapsto \sum\limits_{n\in\mathbb{N}} \dfrac{z^n}{n!} = \lim\limits_{n\to\infty}\left(1+\dfrac{z}{n}\right)^n$.

(1) $\cos z = \dfrac{\exp(\mathrm{i}\, z)+\exp(-\mathrm{i}\, z)}{2}$ 且 $\sin z = \dfrac{\exp(\mathrm{i}\, z)-\exp(-\mathrm{i}\, z)}{2\,\mathrm{i}}$.

(2) $\exp(\mathrm{i}\, z) = \cos z + \mathrm{i}\sin z$ 且 $\exp(-\mathrm{i}\, z) = \cos z - \mathrm{i}\sin z$.

(3) $\exp(w+z) = \exp w \exp z$ 且 $d\exp z = \exp z dz$.

(4) $\exp w = \exp z$ 当且仅当有个整数 k 使 $w = z + 2k\pi\,\mathrm{i}$.

(5) $\cos^2 z + \sin^2 z = 1$, $d\sin z = \cos z dz$ 且 $d\cos z = -\sin z dz$.

(7) $\cos(w\pm z) = \cos w\cos z \mp \sin w \sin z$ 且 $\cos 2z = 2\cos^2 z - 1$.

(8) $\sin(w\pm z) = \sin w\cos z \pm \cos w \sin z$ 且 $\sin 2z = 2\sin z\cos z$. □

以上 (1) 和 (2) 中四式等价且统称为`Euler`公式.

命题 35 命 $\mathbb{H} = \mathbb{R}\times\mathbb{R}\times\mathbb{R}\times\mathbb{R}$, 它是 4 维实线性空间且有个标准基

$$\{(1,0,0,0),(0,1,0,0),(0,0,1,0),(0,0,0,1)\},$$

其元素简写成 $1, \mathrm{i}, \mathrm{j}, \mathrm{k}$. `Hamilton` 规定 $\mathbb{H}$ 上乘法——双线性运算使

$$\mathrm{i}^2 = \mathrm{j}^2 = \mathrm{k}^2 = -1, \quad \mathrm{i}\,\mathrm{j} = -\mathrm{j}\,\mathrm{i} = \mathrm{k},$$

$$\mathrm{j}\,\mathrm{k} = -\mathrm{k}\,\mathrm{j} = \mathrm{i}, \quad \mathrm{k}\,\mathrm{i} = -\mathrm{i}\,\mathrm{k} = \mathrm{j}.$$

依上述乘法, $\mathbb{H}$ 是个除环 (称为四元数除环) 而 $\mathbb{R}$ 和 $\mathbb{C}$ 是其子环.

(1) 四元数 $x := a + b\,\mathrm{i} + c\,\mathrm{j} + d\,\mathrm{k}$ 与其共轭 $x^* := a - b\,\mathrm{i} - c\,\mathrm{j} - d\,\mathrm{k}$ 使

$$x^*x = xx^* = a^2+b^2+c^2+d^2, \quad (xy)^* = y^*x^*.$$

(2) 命 $|x| = \sqrt{x^*x}$, 则 $|xy| = |x||y|$ 且非零元 x 有逆元 $x^*/|x|^2$. 这因

$$(xy)^*(xy) = y^*x^*xy = y^*|x|^2y = |x|^2|y|^2.$$

(3) 完备性: $\lim\limits_{k,l\uparrow\beta}|x_k - x_l| = 0$ 当且仅当有 x 使 $\lim\limits_{k\uparrow\beta}|x_k - x| = 0$. □

将复线性空间 E 写成 $\overline{E}$, 这意指 E 依原来加法运算和数乘运算 $(a,x)\mapsto \bar{a}x$ 所成的复线性空间 (称为 E 的共轭化). 将复数或四元数环上线性空间 F 写成 $F_{\mathbb{R}}$, 这意指只将 F 视为实线性空间且称为 F 的实化. 读者可写出它们之间的维数关系.

设 X 是个实线性空间. 将 $X\times X$ 中诸元 (x,y) 形式地记为 $x+\mathrm{i}\,y$, 其全体 $X_{\mathbb{C}}$ 称为 X 的复化. 它是个复线性空间, 其线性运算如下

加法: $(x_1+\mathrm{i}\,y_1)+(x_2+\mathrm{i}\,y_2) = (x_1+x_2)+\mathrm{i}(y_1+y_2)$,

数乘: $(a+\mathrm{i}\,b)(x+\mathrm{i}\,y) = (ax-by)+\mathrm{i}(ay+bx)$.

如 $\mathbb{C}^n$ 是 $\mathbb{R}^n$ 的复化, 而 $L^p(M,\mu)$ 为 $L^p(M,\mu,\mathbb{R})$ 的复化. 进而, X 有个**四元化**

$$X_{\mathbb{H}} = \{x + \mathtt{i}\,y + \mathtt{j}\,z + \mathtt{k}\,w | (x,y,z,w) \in X^4\},$$

它是除环 $\mathbb{H}$ 上的线性空间 (确切地应称为模), 其加法和数乘如下

$$\begin{aligned}
&(x_1 + \mathtt{i}\,y_1 + \mathtt{j}\,z_1 + \mathtt{j}\,w_1) + (x_2 + \mathtt{i}\,y_2 + \mathtt{j}\,z_2 + \mathtt{k}\,w_2) \\
={}& (x_1 + x_2) + \mathtt{i}(y_1 + y_2) + \mathtt{j}(z_1 + z_2) + \mathtt{k}(w_1 + w_2), \\
&(a + \mathtt{i}\,b + \mathtt{j}\,c + \mathtt{k}\,d)(x + \mathtt{i}\,y + \mathtt{j}\,z + \mathtt{k}\,w) \\
={}& (ax - by - cz - dw) + \mathtt{i}(ay + bx + cw - dz) \\
&+ \mathtt{j}(az - bw + cx + dy) + \mathtt{k}(aw + bz - cy + dx).
\end{aligned}$$

显然, X 中向量组 $(e_\ell)_{\ell\in\alpha}$ 是个 Hamel 基当且仅当它是 $X_{\mathbb{C}}$ 的一个 Hamel 基当且仅当它是 $X_{\mathbb{H}}$ 的一个 Hamel 基 (故 $\dim_{\mathbb{H}} X_{\mathbb{H}} = \dim_{\mathbb{C}} X_{\mathbb{C}} = \dim_{\mathbb{R}} X$) 当且仅当 $\{e_\ell, \mathtt{i}\,e_\ell | \ell \in \alpha\}$ 是 $X_{\mathbb{C}}$ 的一个实 Hamel 基当且仅当 $\{e_\ell, \mathtt{i}\,e_\ell, \mathtt{j}\,e_\ell, \mathtt{k}\,e_\ell | \ell \in \alpha\}$ 是 $X_{\mathbb{H}}$ 的一个实 Hamel 基 (故 $\dim_{\mathbb{R}} X_{\mathbb{C}} = 2\dim_{\mathbb{R}} X$ 且 $\dim_{\mathbb{R}} X_{\mathbb{H}} = 4\dim_{\mathbb{R}} X$). 进而, 实线性空间之间线性算子 $A: X \to Y$ 自然地有**复化** $A_{\mathbb{C}}: X_{\mathbb{C}} \to Y_{\mathbb{C}}$ 和**四元化** $A_{\mathbb{H}}: X_{\mathbb{H}} \to Y_{\mathbb{H}}$.

(1) X 上恒等算子 I 的复化 $I_{\mathbb{C}}$ 和四元化 $I_{\mathbb{H}}$ 都是恒等算子.

(2) 当有实线性算子 B 和 D 使 $A = BD$ 时, $A_{\mathbb{C}} = B_{\mathbb{C}} D_{\mathbb{C}}$ 且 $A_{\mathbb{H}} = B_{\mathbb{H}} D_{\mathbb{H}}$.

(3) 当有实线性组合 $A = \sum\limits_{i\in\alpha} c_i A_i$ 时, $A_{\mathbb{C}} = \sum\limits_{i\in\alpha} c_i A_{\mathbb{C}}$ 和 $A_{\mathbb{H}} = \sum\limits_{i\in\alpha} c_i A_{\mathbb{H}}$.

(4) 当 A 可逆时, $A_{\mathbb{C}}$ 和 $A_{\mathbb{H}}$ 都可逆, $(A_{\mathbb{C}})^{-1} = (A^{-1})_{\mathbb{C}}$ 且 $(A_{\mathbb{H}})^{-1} = (A^{-1})_{\mathbb{H}}$.

序数与超限归纳法

称偏序集 $(P,\leqslant)$ 的子集 T 是个**前节**指有个 $b \in P$ 使 $T = \{x \in P | x < b\}$.

命题 36 设偏序集 $(X,\leqslant)$ 是个**良序集**——非空子集都有最小元, 则其子集 S 都是良序的 (约定空集良序) 且它至 S 的严格递增映射 h(存在时) 恒满足 $x \leqslant h(x)$.

(1) 良序集之间的序同构 $f: X \to Y$ 存在时是唯一的.

(2) 良序集 X 不与其诸前节 $X|^{a-}$ 的诸子集 Y 序同构.

(3) 良序集的不同前节不序同构: $a < b$ 时, $X|^{a-}$ 与 $X|^{b-}$ 不序同构.

(4) 良序集 X 的真子集 S 为遗传的当且仅当它是一个前节.

证明 否则, 命 $x_0 = \min\{x \in X | h(x) < x\}$ 及 $x_1 = h(x_0)$. 由 $x_1 < x_0$ 知 $h(x_1) < h(x_0)$, 即 $h(x_1) < x_1$, 这与 x_0 的最小性矛盾.

(1) 若 $g: X \to Y$ 也是序同构, 则复合 $g^{-1}f: X \to X$ 严格递增, 从而 $x \leqslant g^{-1}f(x)$ 恒成立. 这样 $g(x) \leqslant f(x)$. 同样, $f(x) \leqslant g(x)$. 因此 $g = f$.

(2) 任何映射 $f: X \to Y$ 满足 $f(a) < a$, 因此 f 不为序同构.

(3) 命 $Y = X|^{b-}$, 则 $Y|^{a-} = X|^{a-}$. 由 (1) 知 Y 与 $Y|^{a-}$ 不序同构.

(4) 只证必要性: 命 $a = \min(X \setminus S)$, 则 $X|^{a-} \subseteq S$. 因 a 不属于 S, 由 S 的遗传性知无 $x \in S$ 使 $x \geqslant a$. 因此 $S \subseteq X|^{a-}$. □

以下是良序集的重要性质, 请与基数的三歧性作比较.

定理 37 任何良序集 $(X, \leqslant)$ 与 $(Y, \leqslant)$ 都满足以下三者之一:

(1) X 序列构于 Y. 此时 X 对等于 Y(从而有相同基数).

(2) X 序同构于 Y 的唯一前节. 此时 Y 不序同构于 X 的任何前节.

(3) Y 序同构于 X 的唯一前节. 此时 X 不序同构于 Y 的任何前节.

证明 命 $a_0 = \min X$ 且 $b_0 = \min Y$, 则 $X|^{a_0-}$ 与 $Y|^{b_0}$ 都是空集从而序同构. 当 X 的前节 $X|^{a-}$ 至 Y 的前节 $Y|^{b-}$ 有个序同构 g 时, 根据命题 36 知 a 和 b 相互唯一确立, 记 $f(a) = b$. 当 $c < a$ 时, $g(c) < b$ 且 $g(X|^{c-}) = (Y|^{b-})|^{g(c)-} = Y|^{g(c)-}$. 故 $f(c) = g(c)$ 而 f 的定义域 A 具有遗传性 (它便是 X 或 X 的一个前节) 且 f 严格递增. 同样知 f 的值域 B 具有遗传性 (它便是 Y 或 Y 的一个前节) 且 f^{-1} 严格递增. 因为 f 为序同构, 说明 A 与 B 不同时为前节即可. 否则, 设 $A = X|^{a-}$ 且 $B = Y|^{b-}$, 则 $f(a) = b$, 与 $a \notin A$ 且 $b \notin B$ 矛盾. □

非空子类都有最小元的偏序类为*良序类*. 考察 $\{\varnothing, \{\varnothing\}\}$, *其成员都是其子集*. 具此性质者称为*传递类*. 成员都传递的类 b 上有传递关系 $\in$: 设 $\{x, y, z\} \subseteq b$ 使 $x \in y$ 且 $y \in z$, 则由 $y \subseteq z$ 知 $x \in z$. 称 b 是个*序数*指它为传递集且其上关系 $\in$ 为良序.

归纳地知自然数都是序数, 自然数集也是序数.

命题 38 设 b 是个序数, 则 $b \notin b$ 且 b 的后继 $b^+(= b \cup \{b\})$ 是序数.

(1) 序数 b 有成员 a 当且仅当 a 是序数且 $a \subset b$. 此时 $a = b|^{a-}$.

(2) 序数全体 OR 是传递类且其上有个良序 $\leqslant$ 使 $a < b$ 表示 $a \in b$.

(3) 序数全体 OR 非集合且任何序数 b 是 OR 的一前节: $\mathrm{OR}|^{b-} = b$.

(4) 序数为成员的集合 X 在 OR 中都有上确界 $\sup X$.

(5) 序数 b 满足 $\sup b \leqslant b$. 在 b 与其*后继序数* b^+ 之间无第三个序数.

(6) 序数 b 是个后继序数 a^+ 当且仅当 $\sup b < b$. 此时 $\max b = a$.

(7) 序数 b 非后继当且仅当 $a < b$ 蕴含 $a^+ < b$(称此 b 为*极限序数*).

(8) 自然数集 (作为序数记为 ω_0) 是 $\mathbb{N}$ 的上确界 (从而是极限序数).

证明 诸 $a \in b^+$ 是 b 的成员或是 b, 这都是 b^+ 的子集 (从而 b^+ 是传递集). 显然 $\leqslant$ 是 b^+ 上偏序且 b^+ 有最大成员 b. 这样 b^+ 的非空子集都有最小成员.

(1) 必要性: 作为 b 的子集, a 依 $\in$ 是良序集. 诸 $c \in a$ 是 b 的成员, 诸 $y \in c$ 也是 b 的成员. 因 $\in$ 是 b 上良序, 故 $y \in a$. 这样 $c \subseteq a$, 从而 a 是传递的. 这样 a 为序数且是 b 的前节 $\{c \in b | c \in a\}$.

充分性: 若有 $x \in a$ 和 $y \in b$ 使 $y < x$, 则 $y \in x \subseteq a$. 从而 a 是 b 的遗传真子集, 于是有 $y \in b$ 使 $a = b|^{y-}$. 由上段知 $b|^{y-} = y$, 故 $a = y$.

(2) 任取 OR 的非空子类 Z, 命 $a = \bigcap\{b|b \in Z\}$, 它是诸良序集 $b \in Z$ 的子集, 从而是良序集. 任取 $c \in a$, 则 c 是诸 b 的成员从而是诸 b 的子集, 这样 c 是 a 的子集, 从而 a 是传递的. 这样 a 是序数. 因为 $a \notin a$, 有个 b_0 使 $a \notin b_0$, 根据 (1) 知 $a = b_0$. 对其他 b, 则 $a \subset b$(即 $a < b$). 这样 a 是 Z 中最小序数. 序数 y 中成员都是序数, 从而 $y \subseteq \mathrm{OR}$. 这样 OR 是传递的.

(3) 否则, OR 是序数而得谬式 $\mathrm{OR} \in \mathrm{OR}$. 现在 $\{a \in \mathrm{OR}\,|a \in b\} = b$.

(4) 命 $b = \cup X$. 任取 $x \in b$, 则有 $a \in X$ 使 $x \in a$, 因 a 是传递的, 故 $x \subseteq a \subseteq b$. 从而 b 是传递的, 它又是良序类 OR 的子集, 从而是良序集. 这样 b 是序数且是 X 的一个上界. 如果序数 c 也是 X 的上界 (即 $a \in X$ 时 $a \subseteq c$), 则 $b \subseteq c$. 从而 b 是 X 的最小上界.

(5) 诸 $x \in b$ 使 $x < b$, 因此 $\sup b \leqslant b$. 设 $b \leqslant c \leqslant b^+$, 即 $b \subseteq c \subseteq b \cup \{b\}$. 因此 $c \setminus b \subseteq \{b\}$, 这样 $c \setminus b$ 为空集或 $\{b\}$, 从而 $c = b$ 或 $c = b^+$.

(6) 只需证充分性: 记 $a = \sup b$. 任取 $x \in b$, 则 $x < a$ 或 $x = a$. 这样 $x \in a \cup \{a\}$, 可见 $b \subseteq a^+$. 易见 $b \supseteq a^+$.

(7) 只需证充分性: 设 $a < c$, 于是 $a^+ \subseteq c$. 从而 $a + 1 \leqslant c$.

(8) 因 $\mathbb{N}$ 无最大元, 根据 (6) 知 ω_0 是后继序数且 $\sup \mathbb{N} = \omega_0$. □

良序集 $2\mathbb{N}$ 和 $3\mathbb{N}$ 都序同构于序数 ω_0, 一般地有以下命题.

定理 39 良序集 X 序同构于唯一序数 $\overline{X}$(此谓*良序集 X 的序数*).

(1) 序数 $b \leqslant \overline{X}$ 当且仅当有 X 的子集 V 使 $b = \bar{V}$.

(2) 序数 $a < \overline{X}$ 当且仅当 a 与 X 的唯一前节 $X|^{z-}$ 序同构.

(3) 上述 z 记成 x_a, 则 $X = \{x_a|a < \overline{X}\}$(故 X 的元素可被序数编号).

证明 仿定理 37, 以 OR 替换 Y 知 X 与 OR 的某前节 b 序同构. 若 $\bar{V} > \bar{X}$, 则有 $y \in V$ 及序同构 $f : X \to V|^{y-}$. 显然 $f(y) < y$, 与定理 37 矛盾. □

如 $2\mathbb{N}$ 与 $\mathbb{N}$ 序同构, 前者的序数便是 ω_0.

原理 40 (超限归纳法, Cantor) 设 A 是个良序类, 一组命题 $(P_c)_{c\in A}$ 都成立的充分条件是它满足归纳条件: 只要 $P_a(a < b)$ 成立, P_b 就成立.

证明 否则, 使 P_c 不成立的 c 中最小者 b 使 P_a 在 $a < b$ 时成立, 矛盾. □

集合 X 上有个良序当且仅当其元素可序数连续编号. 此时称 X *可良序化*.

公理 (良序定理, Zermelo) 任何集合 X 上都有个良序. □

怎样在实轴上构造一个良序? 此问题至今未解.

公理 (Hausdorff 极大原理) 偏序集的每个链必含于某个极大链. □

考察选择公理 AC、Zorn 引理 ZL、良序定理 WO、基数的三歧性 TR、Hausdorff 极大原理 HM, König 定理 KG. 它们相互等价如下.

由 1.3 节命题 9 之前知 KG⇒AC, 而 AC 已用于证明 KG.

AC⇒WO: 否则, 固定个选择函数 $f: 2^X \setminus \{\varnothing\} \to X$. 有唯一映射 $g: \mathrm{OR} \to X$ 使 $g(0) = f(X)$ 且满足递推公式 $g(b) = f(X \setminus \{g(a)|a < b\})$ 成立 (其中差集不空), 这样 OR 对等于 X 的一个子集, 与 OR 非集合矛盾.

ZL⇒WO: 命 $\mathcal{S}$ 是这样的二元组 $(A, \leqslant)$ 全体: A 是 X 的子集而 $\leqslant$ 是 A 上良序, 则 $\mathcal{S}$ 上有个偏序 $\preceq$ 使 $(A_1, \leqslant_1) \preceq (A_2, \leqslant_2)$ 表示前者是后者的遗传子集. 按 ZL 取 $\mathcal{S}$ 的一个极大元 $(A, \leqslant)$. 如果 $A \neq X$, 取 $b \in X \setminus A$. 命 $B = A \cup \{b\}$, 将 B 作成一个良序集使 $A = B|^{b-}$, 这与 A 的极大性矛盾.

WO⇒TR: 将 X 与 Y 良序化后, 用定理 37 可. 已知 ZL⇒TR(见 1.3 节).

WO⇒AC: 命 $X = \bigcup\{X_i | i \in \alpha\}$, 将其良序化后, 命 $c(i) = \min X_i$.

TR⇒WO: 设 X 是无限集. 只能与 X 的真子集对等的序数 a 全体记为 b. 显然 b 是序数. 因为 $b \notin b$, 所以 X 与 b 的子集对等. 这样 X 可良序化.

ZL⇒HM: 包含 S 的链全体 $\mathcal{C}$ 依包含关系为偏序集, 对此用 ZL.

HM⇒ZL: 显然, P 的极大链 S 必含其上界 b 且无 $c \in P$ 使 $c > b$.

WO⇒ZL: 若偏序集 $(P, \preceq)$ 满足 ZL 的条件但无极大元, 取 P 上良序 $\leqslant$. 命 $f(0) = \min(P, \leqslant)$ 及超限递归地命 $f(b) = \min(\{x \in P | a < b \Rightarrow f(a) \prec x\}, \leqslant)$, 得到严格递增映射 $f: \mathrm{OR} \to (P, \preceq)$. 故 OR 是个集合, 矛盾.

有时会用到**可列选择公理**: 可列个非空集合组成的集族有个选择函数. 如函数 $f: \mathbb{R} \to \mathbb{R}$ 在点 x_0 不连续时, 有逼近 x_0 的序列 $(x_n)_{n\geqslant 1}$ 使 $(f(x_n))_{n\geqslant 1}$ 不逼近 $f(x)$. 事实上有 $\varepsilon > 0$, 对于 $n \in \mathbb{N}$, 使 $|x - x_0| < 2^{-n}$ 且 $|f(x) - f(x_0)| \geqslant \varepsilon$ 的 x 组成个非空集合 X_n. 取 $\prod(X_n | n \geqslant 0)$ 的一个元素 $(x_n)_{n\geqslant 0}$ 即可.

某些命题会用到**相依选择公理**: 若集合 X 上二元关系 R 使诸 $a \in X$ 与某个 $b \in X$ 有关系, 则 X 中有个序列 $(x_n)_{n\geqslant 0}$ 恒使 $x_n R x_{n+1}$.

很多人觉得选择公理很直观, 良序定理反直观, Zorn 引理对于直观而言太复杂了. Jerry Bona 开玩笑说: "选择公理显然是对的, 良序定理显然是错的; 那么谁能吐槽一下 Zorn 引理?" 有必要用到选择公理的证明总是非构造性的: 即便证明给出了一个对象, 要精确说出那个对象却是不可能的. 若不能明确写出选择函数, 则选择就非常不明确. 这是某些人不喜欢选择公理的理由之一. 构造主义者辩论说涉及存在性的证明都应当是完全明确的: 构造任何存在的对象应当是可能的. 他们拒绝选择公理, 因后者断言了不能具体描述的对象的存在性.

序数运算与基数

规定序数加法使 $a + 0 = a$ 及递归地 $a + c = \sup\limits_{b<c}(a + b)^+$; 规定序数乘法使 $a0 = 0$ 及递归地 $ac = \sup\limits_{b<c}(ab + a)$; 规定序数幂使 $a^0 = 1$ 及递归地 $a^c = \sup\limits_{b<c} a^b a$.

(1) $a(b+c)=ab+ac, a^{b+c}=a^b a^c$.

(2) c 是 b 的后继时, $a+c=(a+b)^+, ac=ab+a, a^c=a^b a$.

(3) c 是极限序数时, $a+c=\sup\limits_{b<c}(a+b), ac=\sup\limits_{b<c} ab, a^c=\sup\limits_{b<c} a^b$.

(4) $(a+b)+c=a+(b+c), (ab)c=a(bc), (a^b)^c=a^{bc}$.

(5) 设 $a\geqslant 0$ 而 $b<c$, 则 $a+b<a+c$. 此因 $a+b<(a+b)^+$.

(6) 设 $a\geqslant 1$ 而 $b<c$, 则 $ab<ac$. 此因 $ab<ab+a$.

(7) 设 $a\geqslant 2$ 而 $b<c$, 则 $a^b<a^c$. 此因 $a^b<a^b a$.

(8) 设 $a\geqslant 1$, 则有唯一序数对 (p,q) 使 $0\leqslant q<a$ 且 $b=ap+q$ (此谓**带余分解**. 命 $p=\max\{e|ae\leqslant b\}$ 和 $q=\max\{d|ap+d\leqslant b\}$ 即可).

需要注意 $1+\omega_0$ 等于 ω_0 而非 ω_0+1. 当良序集 X 与 Y 的序数各为 a 和 b 时, $X\times Y$ 依反字典序的序数是 ab: 此处 $(x_1,y_1)<(x_2,y_2)$ 表示 $y_1<y_2$, 或 $y_1=y_2$ 但 $x_1<x_2$. 当 X 与 Y 互斥时, $X\uplus Y$ 的序数是 $a+b$: 其中 $z_1<z_2$ 表示

$(z_1,z_2\in X)$ 且 $z_1<z_2$, 或 $(z_1,z_2\in Y)$ 且 $z_1<z_2$, 或 $z_1\in X, z_2\in Y$.

命题 41 设 $a\geqslant 1$, 则 $d=a+d$ 当且仅当 $d\geqslant a\omega_0$.

(1) 设 $a\geqslant 2$. 对任何 b, 有 $c\geqslant b$ 使 $ac=c$.

(2) 设 $a\geqslant 2$. 对任何 b, 有 $c\geqslant b$ 使 $a^c=c$.

证明 由带余分解, $z=a(1+c)+y$. 当 $c\geqslant\omega_0$(即 $d\geqslant a\omega_0$) 时, $1+c=c$ 而 $z=d$. 当 $c<\omega_0$(即 $d<a\omega_0$) 时, $1+c>c$ 而 $z>b$.

(1) 命 $b_0=b$, 递归地命 $b_n=ab_{n-1}$, 得到递增序列 $(b_n)_{n\geqslant 1}$, 其极限记为 c. 又递增序列 $(ab_n)_{n\geqslant 1}$ 的极限 ac. 于是 $ac=c$. 仿此得 (2). □

可见, 序数分**偶序数**(形如 $\omega_0 p+2n$) 和**奇序数**(形如 $\omega_0 p+2n+1$) 使 n 是自然数. 进而, 序数的三个运算 $b\mapsto a+b, ab, a^b$ 有任意多不动点.

不同序数不序同构, 可能对等. 如 ω_0 与 ω_0+1 都是可列集. 一般地, 与序数 b 对等的最小序数 $|b|$ 称为 b 的**基数**或**初始序数**. 特别地, $\aleph_0$ 为表示基数的 ω_0.

无限序数称为**超限序数**, 例有 ω_0. 设 ω_a 在 $a<b$ 时已定义好, 超限递归地命

$$\omega_b=\sup\{z|\exists a<b:|z|\leqslant\omega_a\}.$$

定理 42 超限序数 c 是初始序数当且仅当有个序数 a 使 $c=\omega_a$.

(1) 表示基数的 ω_a 记为 $\aleph_a$, 则 $2\aleph_a=\aleph_a$ 且 $\aleph_a^2=\aleph_a$(后者是 Hessenberg等式).

(2) 当 $a\leqslant b$ 时, 从 ω_a 到 ω_b 共有 $\aleph_b^{\aleph_a}$ 个单射.

(3) 集合 ω_a 共有 $2^{\aleph_a}$ 个基数为 $\aleph_a$ 的子集 x, 而 ω_a 上共有 $2^{\aleph_a}$ 个良序.

证明 充分性: 首先 ω_0 是基数无限的初始序数. 设 $a<b$ 时, ω_a 是初始序数. 因为 $\omega_b=\min\{y|\forall a<b:\omega_a<|y|\}$, 它是初始序数.

必要性: 归纳地可知 $c \leqslant \omega_c$. 于是有最小序数 a 使 $c \leqslant \omega_a$. 当 $y < a$ 时, $\omega_y < c$. 于是 $\omega_y < |c| \leqslant \omega_a$. 这样由 ω_a 的最小性知 $\omega_a = c$.

(1) 映射 $z+n \mapsto z+2n$ 和 $z \mapsto z+2n+1$ 建立了 ω_a 至其中偶序数全体 E 与奇序数全体 O 的序同构. 由 $\omega_a = E \uplus O$ 得第一式.

第二式在 $a = 0$ 时成立. 归纳地设它在 $a < b$ 时成立. 命 $X = \omega_b \times \omega_b$ 及 $A = \{(x,y)|x \leqslant y < \omega_b\}$. 取 X 上反字典顺序使 A 为其良序子集.

当 $x, y < \omega_b$ 时, 取 $a < b$ 使 $|x| \leqslant \aleph_a$ 且 $|y| \leqslant \aleph_a$. 于是 $|x+y| \leqslant \aleph_a$ 且 $|xy| \leqslant \aleph_a$, 这样 $x+y, xy < \omega_b$. 从 X 至 A 便有满射 $f:(x,y) \mapsto (x, x+y)$. 为证它是单射, 设 $(x_1, x_1+y_1) = (x_2, x_2+y_2)$. 显然 $x_1 = x_2$, 故 $y_1 = y_2$. 于是 $|A| = \aleph_b^2$. 现在 $1 \times \omega_b \subseteq A \subseteq \bigcup\limits_{z<\omega_b} z \times z$, 以 z 替换上述 x 与 y 知 $z^2 < \omega_b$. 因此 $\overline{A} = \omega_b$ 而 $\aleph_b^2 = \aleph_b$.

(2) 根据 (1), ω_b 与 $\omega_a \times \omega_b$ 对等, 要证共有 $\aleph_b^{\aleph_a}$ 个单射 $f:\omega_a \to \omega_a \times \omega_b$. 这些至多有 $\aleph_b^{\aleph_a}$ 个. 对任意映射 $g:\omega_a \to \omega_b$, 命 $g^*(n) = (n, g(n))$, 则 $g^*:\omega_a \to \omega_a \times \omega_b$ 是单射. 这类单射共有 $\aleph_b^{\aleph_a}$ 个.

(3) 设 z 是 ω_a 的非空子集, 则 $z \times \omega_a$ 是 $\omega_a \times \omega_a$ 的基数为 $\aleph_a$ 的子集. 这类子集共有 $2^{\aleph_a}$ 个. 而 $\omega_a \times \omega_a$ 至多有 $2^{\aleph_a}$ 个基数为 $\aleph_a$ 的子集. 又知 ω_a 与 $\omega_a \times \omega_a$ 对等.

等式 $\omega_a = x \uplus (\omega_a \setminus x)$ 给出 ω_a 上一个良序 $\leqslant_x$. 由 $x \neq y$ 可得 $\leqslant_x \neq \leqslant_y$, 这类良序共有 $2^{\aleph_a}$ 个. 又 ω_a 上任何良序对应 $\omega_a \times \omega_a$ 的唯一子集, ω_a 上至多有 $2^{\aleph_a}$ 个良序. □

当 $a < b$ 时, $\omega_a < \omega_b$. 以上定理得到了所有超限初始序数 $\omega_0, \omega_1, \omega_2, \cdots$ 与所有无限基数 $\aleph_0, \aleph_1, \aleph_2, \cdots$. 从 ω_0 开始有一串基数是 $\aleph_0$ 的超限序数

$$\omega_0, \omega_0+1, \cdots, \omega_0 2, \cdots, \omega_0 3, \cdots,$$
$$\omega_0^2, \cdots, \omega_0^3, \cdots, \omega_0^{\omega_0}, \cdots, \omega_0^{\omega_0^{\omega_0}}, \cdots.$$

根据良序定理和定理 39 知有个序数 c 使 $2^{\aleph_0} = \aleph_c$, König 证明了 $c \neq \omega_0$. 因 ω_1 与 $\aleph_1$ 各是第一个不可数序数与第一个不可数基数, $\aleph_0 < \aleph_1 \leqslant \mathfrak{c}$. 故 $\aleph_0^{\aleph_0} \leqslant \aleph_1^{\aleph_0} \leqslant \mathfrak{c}^{\aleph_0}$, 即 $\aleph_1^{\aleph_0} = \mathfrak{c}$. **连续统假设**便是 $2^{\aleph_0} = \aleph_1$. 又有**广义连续统假设**: 诸序数 a 使 $2^{\aleph_a} = \aleph_{a+1}$.

与集合 X 对等的最小序数 $|X|$ 为 X 的**基数**. Hessenberg 等式就是 1.3 节命题 7.

定理 43 (Tarski)　若无限集 X 都与 $X \times X$ 对等, 则选择公理成立.

证明　使有单射 $a \to X$ 的序数 a 全体 b 是个非零序数. 可设 X 与 b 互斥, 取个双射 $f: X \uplus b \to (X \uplus b) \times (X \uplus b)$. 诸 $x \in X$ 不使 $b \times \{x\} \subseteq f(X)$(否则, b 至 X 有个单射而 b 便属于 b, 矛盾). 从 X 至 b 便有单射 $x \mapsto \min\{a \in b | f(a) \in b \times \{x\}\}$. □

这个结论在 Tarski 向*Comptes Rendus de l'Académie des Sciences Paris*投稿后被拒收, 原因是 Fréchet 认为两个熟知命题间的蕴含关系不是新结论, 而 Lebesgue 认为两个错误命题间的蕴含关系毫无意义.

基数有限的序数是自然数也是初始序数, 但无限序数算术与无限基数算术不同. 如序数运算 $\omega_0 \cdot 2 > \omega_0$ 且 $2^{\omega_0} = \omega_0$, 但基数运算 $\aleph_0 \cdot 2 = \aleph_0$ 且 $2^{\aleph_0} > \aleph_0$. 可见, 当 X 和 Y 是良序集时, 幂集 X^Y 上不必有序数为 $\overline{X}^{\overline{Y}}$ 的良序.

序数 b 的所有共尾集的序数最小者 $\operatorname{cf} b$ 称为 b 的**共尾度**.

命题 44　序数 b 的共尾度都是初始序数. 后继 $b+1$ 有共尾集 $\{b\}$ 便有共尾度 1.

(1) 序数 ω_0 和 ω_{a+1} 是**正则序数**——与其共尾度相等者.

(2) 设 p 是无限基数, 则 $p < p^{\operatorname{cf} p}$ 且 $p < \operatorname{cf} 2^p$(幂是基数算术).

(3) 序数 ω_{ω_0} 的共尾度是 ω_0(因而是**奇异序数**——与其共尾度不等者).

证明　将 $\operatorname{cf} b$ 的初始序数记为 a, 有单射 $f : a \to b$ 使 $f(a)$ 是 b 的序数为 $\operatorname{cf} b$ 的共尾集. 当 $c < a$ 时, 命 $g(c) = \sup\{f(y)|y \leqslant c\}$. 对于 $y \in \operatorname{ran} g$, 命 $h(y) = \min g^{-1}\{y\}$, 则 $h : \operatorname{ran} g \to a$ 严格递增. 某个 $g(c_0) = b$ 时, 命 $B = \{f(c)|c \leqslant c_0\}$, 它是 b 的共尾子集. 因 $|B| \leqslant |c_0| + 1$, 故 $\bar{B} \leqslant a$, 这样 $\operatorname{cf} b \leqslant a$. 诸 $g(c) < b$ 时, $\operatorname{ran} g$ 是 b 的共尾子集. 于是 $\operatorname{cf} b \leqslant a$.

(1) 命 $b = a + 1$, 设 A 是 ω_b 的共尾子集. 诸 $c \in A$ 使 $|c| \leqslant \aleph_a$ 并且 $\omega_b = \bigcup\{c|c \in A\}$, 因此 $\aleph_b \leqslant |A|\aleph_a$. 这样 $|A| = \omega_b$, 故 $\overline{A} = \omega_b$.

(2) 命 $q = \operatorname{cf} 2^p$. 设 $f : \operatorname{cf} p \to p$ 严格递增, 则 $p = \left|\bigcup\limits_{a \in \operatorname{cf} p} f(a)\right|$. 根据 König 定理得 $\sum\limits_{a \in p} |f(a)| < p^{\operatorname{cf} p}$. 如果 $p \geqslant q$, 则 $(2^p)^q = 2^p$, 矛盾.

(3) 显然, $\{\omega_n|n < \omega_0\}$ 是 ω_{ω_0} 的一个共尾子集, 其序数是 ω_0.　□

由此知可数个可数序数的上确界小于 ω_1, 这已用于证明 2.2 节命题 6.

命题 45　下标为序数的集列 $(E_i)_{i<b}$ 和 $(F_i)_{i<b}$ 恒使 $\bigcup\limits_{i<a} E_i = \biguplus\limits_{i<a} F_i (a \leqslant b)$ 当且仅当 $(F_i)_{i<b}$ 为 $(E_i)_{i<b}$ 的**首入分解**: $F_0 = E_0$ 及 $F_i = E_i \Big\backslash \bigcup\limits_{j<i} E_j$.

命题 46 (Cantor 范式定理)　非零序数 a 都对应唯一序数组 $(b_i)_{i=1}^n$ 和唯一正整数组 $(k_i)_{i=1}^n$ 使 $a \geqslant b_1 > \cdots > b_n$ 且 $a = \omega_0^{b_1} k_1 + \cdots + \omega_0^{b_n} k_n$.　□

参考文献

[1] Halmos P R. Measure Theory. New York: Springer-Verlag, 1978.

[2] 夏道行, 吴卓人, 严绍宗, 舒五昌. 实变函数论与泛函分析 (上册, 2 版). 北京: 高等教育出版社, 1983.

[3] 周民强. 实变函数. 2 版. 北京: 北京大学出版社, 1995.

[4] 严绍宗, 童裕孙. 实变函数论与泛函分析. 北京: 经济科学出版社, 1992.

[5] Л. В. Канторович, Г. П. Акилов. 泛函分析 (上册与下册). 郭宜斌, 译. 北京: 高等教育出版社, 1982.

[6] И. П. 那汤松. 实变函数论 (上册与下册). 徐瑞云译, 陈建功校. 北京: 人民教育出版社, 1958.

[7] Jech T. Set Theory, 3rd ed.. Berlin: Springer, 2003.

[8] 徐胜芝. 向量值函数的积分. 数学学报, 1998, (4): 779-790.

[9] 钱伟长. 广义变分原理. 北京: 知识出版社, 1985.

符 号 列 表

$(\mathcal{P}', \mu^*)$	$(\mathcal{P}, \mu)$ 的增补扩张
$(\mathcal{P}^*, \mu^*)$	$(\mathcal{P}, \mu)$ 的 Carathéodory 扩张
$(\nabla_v f)(x)$	$\lim\limits_{r\to 0}(f(x+rv)-f(x))/r$
(a, b)	开区间
$(a, b]$	左开右闭区间
(H_μ^+, H_μ^-)	带号测度 μ 的一个 Hahn 分解
$(X, \mathcal{S}, \mu), (X, \mu)$	测度空间
$(X, \mathfrak{B})$	Borel 空间, $\mathfrak{B} = \mathfrak{B}(X)$
$(X, \mathfrak{L}_g, \mathfrak{m}_g)$	Lebesgue-Stieltjes 测度空间
$(x_i)_{i\in\alpha}$	α-组
$(x_j)_{j\downarrow\beta}$	指标集下定向的网
$(x_j)_{j\uparrow\beta}$	指标集上定向的网
$+\infty$	正无穷
$-\infty$	负无穷
$[a*, b\bullet]$	$[a, b], (a, b], [a, b), (a, b)$ 的统一写法
$[a, b)$	左闭右开区间
$[a, b]$	闭区间
$\aleph$	连续统的基数 "阿列夫"
$\aleph_0$	可列集的基数 "阿列夫零"
$\aleph_a$	第 a 个 "阿列夫" 基数
$\overline{\mathbb{R}}$	广义实轴
$\mathbb{A}$	(实) 代数数全体
$\mathbb{C}$	复数域, 复平面
$\mathbb{C}^n$	复 n 维 Euclid 空间

符号	含义
$\mathbb{E}$	实数域 $\mathbb{R}$ 或复数域 $\mathbb{C}$
$\mathbb{G}$	Cantor(三分) 集
$\mathbb{I}$	单位区间
$\mathbb{J}$	无理数集
$\mathbb{N}$	自然数集
$\mathbb{P}$	素数全体
$\mathbb{Q}$	有理数域
$\mathbb{R}$	实数系, 实数域, 实轴
$\mathbb{R}^n$	实 n 维 Euclid 空间
$\mathbb{Z}$	整数环
$\mathbb{Z}_n$	$\{[0],[1],\cdots,[n-1]\}$
$\left(\prod\limits_{i\in\alpha} X_i\right)_0$	一族线性空间的外直和
$\bigcap\mathcal{E}$	集族 $\mathcal{E}$ 中诸成员之交
$\bigcup\mathcal{E}$	集族 $\mathcal{E}$ 中诸成员之并
$\bigodot\limits_{i\in\alpha}\mathcal{P}_i$	一些集族的族积
$\bigoplus\limits_{i\in\alpha} L_i$	一族线性集的内直和
$\bigotimes\limits_{i\in\alpha}\mathcal{S}_i$	乘积 σ-环
$\bigvee(f,X),\bigvee\limits_X f$	函数 f 在 X 上的全变差
$\bigvee_+(g,X)$	实值函数 g 于 X 的正变差
$\bigvee_-(g,X)$	实值函数 g 于 X 的负变差
$\bigvee\limits_{a*}^{b\bullet} f$	$\bigvee\limits_a^b f,\bigvee\limits_{a+}^b f,\bigvee\limits_a^{b-} f,\bigvee\limits_{a+}^{b-} f$ 的统一写法
$\mathcal{E}(X)$	X 的闭集全体
$\mathcal{E}\upharpoonright A$	集族 $\mathcal{E}$ 在集合 A 上的迹
$\mathcal{J}_1$	实轴上左开右闭有限长度区间全体
$\mathcal{J}_n$	n 维左开右闭区间全体
$\mathcal{K}(X)$	X 的紧闭集全体
$\mathcal{K}_1(X)$	X 的 $\mathtt{G}_\delta$ 型紧闭集全体
$\mathcal{O}(X)$	X 的开集全体

$\mathcal{P}\odot\mathcal{Q}$	两个集族的族积
$\mathcal{P}^*, \mathcal{P}^*_\mu$	μ^*-可测集全体
$\mathcal{S}_1\otimes\cdots\otimes\mathcal{S}_n$	乘积 σ-环
$\mathrm{cam}(X,\mathcal{S})$	可测空间上复测度全体
$\mathrm{cf}\, b$	序数 b 的共尾度
χ_A	子集 A 的特征函数
$\mathrm{cod}\, f$	映射 f 的陪定域
$\mathrm{ctm}\, X$	X 的可数子集全体
$\mathtt{D}(x,r)$	以 x 为中心以 r 为半径的闭球
δ_a	Dirac 测度
$\delta_{k,l}$	Kronecker 符号
$\mathrm{diam}\, A$	A 的直径
$\dim_{\mathbb{K}} X, \dim X$	域 $\mathbb{K}$ 上线性空间 X 的维数
$\mathrm{dom}\, g$	g 的定义域
e	Euler 数 $\lim\limits_{n\to\infty}\left(1+\dfrac{1}{n}\right)^n$
e_n	n 个分量都是 1 的向量
$\varnothing, \{\ \}$	空集
essinf	本质下确界
esssup	本质上确界
$\mathrm{ev}, \mathrm{ev}_a$	赋值映射
$\exists$	有个, 存在
exp	指数函数
$\mathtt{F}_t\, \mu$	复 Borel 测度的 Fourier 变换
$\mathtt{F}_t\, f$	函数的 Fourier 变换
$\forall$	任意, 诸
$\dfrac{d\nu}{d\mu}$	Radon-Nikodym 导数
$\mathfrak{B}(X)$	X 的 Borel 集全体
$\mathfrak{B}_0(X)$	X 的紧闭集全体生成的 σ-环

$\mathfrak{B}_1(X)$	X 的 $\mathtt{G}_\delta$ 型紧闭集全体生成的 σ-环
$\mathfrak{B}_c(M)$	紧含于 M 的 Borel 集全体
$\mathfrak{L}(X)$	X 的 Lebesgue 可测集全体
$\mathfrak{L}_n$	$\mathbb{R}^n$ 的 Lebesgue 可测集全体
$\mathtt{GL}_n(A)$	分量在 A 的 n 阶可逆阵全体
$\operatorname{gr} g$	映射或二元关系的图像
$\mathtt{H}(\mathcal{P})$	集族 $\mathcal{P}$ 生成的遗传 σ-环
$\mathtt{i}$	虚数单位
im	虚部
$\in$	属于
$\inf S, \bigwedge S$	S 的下确界
$\int\limits_X f d\mu, \int\limits_X f(x)\mu(dx)$	函数 f 在 X 上依测度/容度 μ 的积分
$\langle x \rangle$	实数 x 的小数部分
$\lceil x \rceil$	实数 x 的上整部分
$\lfloor x \rfloor$	实数 x 的下整部分
lim	极限
$\underline{\lim}$	下极限
$\overline{\lim}$	上极限
$\log x$	自然对数使 $\exp(\log x) = x$
$\mathfrak{m}$	Lebesgue 测度
$\mathtt{M}(\mathcal{P})$	集族 $\mathcal{P}$ 生成的单调类
$\mathfrak{m}_g$	g 诱导的测度/容度
$\max S$	最大元
$\vert E \vert_0$	集合 E 的计数
$\vert E \vert_n$	n 维体积或 Lebesgue 测度
$\vert f \vert$	函数绝对值
$\vert x \vert$	绝对值或向量长度
$\min S$	最小元

$\mu \perp \nu$	广义测度之间的互奇性
μ^*	测度 μ 确立的外测度
$\mu^\diamond$	$\mathbb{R}^n$ 上复 Borel 测度 μ 的对合 $E \mapsto \overline{\mu(-E)}$
$\mu^{\vee +}$	正变差测度
$\mu^{\vee -}$	负变差测度
$\mu^{\vee}$	全变差测度
$\mu_1 \otimes \cdots \otimes \mu_n$	测度 $\mu_1, \cdots, \mu_n$ 的乘积测度
$\mu_1 \times \cdots \times \mu_n$	测度 $\mu_1, \cdots, \mu_n$ 的乘积测度
$\notin$	不属于
$\nu \ll \mu$	广义测度之间的绝对连续性
$\mathtt{O}(x, r)$	以 x 为中心以 r 为半径的开球
$\omega_f(A)$	函数 f 于集合 A 的振幅
$\omega_f(x)$	函数 f 在点 x 的振幅
ω_a	第 a 个初始无限序数
OR	序数全体
$\overline{d}_E(x)$	实轴中子集 E 在点 x 的上密度
$\overline{D}f$	上导数
$\overline{P}v$	v 的上积函数全体
$\overline{X}$	良序集 X 的序数
$\mathtt{P}\, g$	$(\mathtt{P}\, g)(x) = g(-x)$
$\pi(\mathcal{P})$	集族 $\mathcal{P}$ 生成的 π-类
π	圆周率
$\prod_{i \in \alpha} (X_i, \mathcal{S}_i, \mu_i)$	乘积测度空间
ψ^n	映射 ψ 自身的 n 次迭代
$\operatorname{ran} g$	g 的值域
$\operatorname{rank} T$	线性算子 T 的秩
re	实部
$\mathtt{S}(\mathbb{R}^n)$	Schwartz 空间

$\mathbb{S}(\mathcal{P})$	集族 $\mathcal{P}$ 生成的 σ-环
$\mathbb{S}(x,r)$	以 x 为中心以 r 为半径的球面
sgn	符号函数
$\sqcup, \bigsqcup, \uplus, \biguplus, \coprod$	无交并符号
$\sup S, \bigvee S$	S 的上确界
$\tau_f(E)$	$\int\limits_E (Jf)(x)\, \mathfrak{m}(dx)$
θ_1, θ	Heaviside 函数
$\tilde{X}$	X 在等价关系 $\sim$ 下的商集
$\triangle_f(x,y)$	差商 $(f(y)-f(x))/(y-x)$
$\underline{d}_E(x)$	实轴中子集 E 在点 x 的下密度
$\underline{S}_\mu^+$	带号测度 μ 的全正集全体
$\underline{S}_\mu^-$	带号测度 μ 的全负集全体
$\underline{S}_\mu^0$	带号测度 μ 的全零集全体
$\underline{D}f(x)$	下导数
$\underline{P}v$	v 的下积函数全体
$\vee$	或者
$\wedge$	并且
ζ_f	$\zeta_f(E) = \int\limits_E f(x)\, \mathfrak{m}(dx)$
$A(m,n)$	分量在 A 的 $m \times n$ 矩阵全体
$A(n)$	分量在 A 的 n 阶矩阵全体
$a* = \min X$	a 属于 X 且 $a* = a$, 或者 a 不属于且 $a* = a+$
$a+ \leqslant b$ 和 $a \leqslant b-$	$a < b$
$A \cap B$	A 和 B 的交集
$A \cup B$	A 和 B 的并集
$A \setminus B$	(A 被 B 减后的) 差集
$A \subset B$	A 是 B 的真子集
$A \subseteq B$	A 是 B 的子集
$A \triangle B$	A 和 B 的对称差

A^b	A 在 b 的截口
A^α	幂指集
$A^c, \complement A$	A 的余集或补集
A_+	A 中广义正数全体
A_a	A 在 a 的截口
$b\bullet = \max X$	b 属于 X 且 $b\bullet = b$, 或者 b 不属于 X 且 $b\bullet = b-$
$B \supset A$	B 是 A 的真超集
$B \supseteq A$	B 是 A 的超集
$C \nsubseteq D$	C 不是 D 的子集
$d(x, G)$	点 x 到子集 G 的距离
D^+f, D_+f, D^-f, D_-f	Dini 导数
$d_E(x)$	实轴中子集 E 在点 x 的密度
$f'(x_0)$	导数
$f(A), f_\bullet(A)$	集合 A 在映射 f 下的像集
$f^b, f(\cdot, b)$	映射的截口
f^{-1}	逆射
$f^{-1}(B), f^\bullet(B)$	集合 B 在 f 下的原像集
$f^\#$	映射 f 的指示函数
$f^\ominus$	Hardy-Littlewood 极大函数
$f^\diamond$	$\mathbb{R}^n$ 上复值函数 f 的对合 $x \mapsto \overline{f(-x)}$
$f^\vee$	全变差函数
$f'_+(x)$	右导数
$f'_-(x)$	左导数
$f_a, f(a, \cdot)$	映射的截口
$g * f$	卷积
$g \circ f, gf$	复合映射
$g \overset{\text{ae}}{\heartsuit} h, g\dot{\heartsuit}h$	g 和 h 依关系 $\heartsuit$ 几乎处处相关
$g \subseteq f$	映射 f 和 g 互为对方的扩张和限制

$L(f,\mathcal{D})$	下和
$L(X,\mathcal{S})$	可测空间上复值可测函数合作
$L(X,\mu)$	测度空间上可测函数 (殆相等类) 全体
$L^p(X,\mu)$	测度空间上 p-方可积函数全体
$L^\infty(X,\mu)$	测度空间上本质有界可测者全体
$R\circ S$	复合关系
R^{-1}	逆关系
$S_1\pm S_2$	Minkowski 和差
t^+, f^+	正部
t^-, f^-	负部
$T_v f$	$x\mapsto f(x+v)$
$U(f,\mathcal{D})$	上和
$x+S$	平移
X/L	线性空间 X 在其线性集 L 下的商空间
$X\simeq Y$	X 和 Y 是对等集合或等势集合
x^+	后继 $x\cup\{x\}$
$x_1\vee\cdots\vee x_2$	$\{x_1,\cdots,x_n\}$ 的上确界
$x_1\wedge\cdots\wedge x_n$	$\{x_1,\cdots,x_n\}$ 的下确界
Y^X	从 X 至 Y 的 (单值) 映射全体
A:=E	将表达式 E 简记成 A
E=:A	将表达式 E 简记成 A
rev	对换

术 语 索 引

K

R

S

T

W

X

Y

Z

其　他

中 外 人 名

A

Ampère, André-Marie
(安培, 1775—1836)
Antiphon
(安蒂丰, 约公元前 480— 前 411)
Archimedes
(阿基米德, 公元前 287— 前 212)
Aristotle
(亚里士多德, 公元前 384— 前 322)

B

Baire, René
(贝尔, 1874—1932)
Banach, Stefan
(巴拿赫, 1892—1945)
Barrow, Isaac
(巴罗, 1630—1677)
Bell, Eric Temple
(贝尔, 1883—1960)
Bernoulli, John
(伯努利, 1667—1748)
Bernstein, Felix
(伯恩斯坦, 1878—1956)
Bolzano, Bernhard
(波尔查诺, 1781—1848)
Bona, Jerry Lloyd
(博纳, 1945—)
Borel, Émile
(博雷尔, 或波莱尔, 1871—1956)
Brouwer, Luitzen Egbertus Jan
(布劳威尔, 1881—1966)
Brunn, Karl Hermann
(布鲁恩, 1862—1939)
Буняко́вский, Ви́ктор Яковлевич
(布尼亚科夫斯基, 1804—1889)

C

Cajori, Florian
(卡约里, 1859—1930)
Cantelli, Francesco Paolo
(坎泰利, 1875—1966)
Cantor, Georg
(康托尔, 或坎托尔, 1845—1918)
Carathéodory, Constantin
(卡拉泰奥多里, 1873—1950)
Cauchy, Augustin—Louis
(柯西, 哥西, 1789—1857)
Cavalieri, Bonaventura
(卡瓦列里, 1598—1647)
Clarkson, James Andrew
(克拉克森, 1906—1970)
Cohen, Paul Joseph
(科恩, 1934—2007)

D

Darboux, Gaston
(达布, 1842—1917)
de la Vallée-Poussin
(德拉瓦莱普桑, 1866—1962)
De Morgan
(德 · 摩根, 1806—1871)
Dedekind, Richard
(戴德金, 1831—1916)
Denjoy, Arnaud
(当茹瓦, 1884—1974)

Descartes, René
(笛卡儿, 1596—1650)
Dini, Ulisse
(迪尼, 1845—1918)
Dirac
(狄拉克, 1902—1984)
Dirichlet, Peter Gustav Lejeune
(狄利克雷, 1805—1859)
du Bois-Reymond, Paul
(杜布瓦雷蒙, 1831—1889)

E

Его́ров, Дми́трий Фёдорович
(Egorov/叶戈罗夫, 1869—1931)
Euclid
(欧几里得, 公元前 330— 前 275)
Eudoxus of Cnidus
(欧多克索斯, 约公元前 408— 前 347)
Euler, Leonhard
(欧拉, 1707—1783)

F

Fatou, Pierre
(法图, 1878—1929)
Фихтенгольц, Григории Михаилович
(菲赫金戈尔兹, 1888—1959)
Fischer, Ernst Sigismund
(费舍尔, 1875—1954)
Fourier, Joseph
(傅里叶, 1768—1830)
Fraenkel, Adolf Abraham Halevi
(弗伦克尔, 1891—1965)
Fubini, Guido
(富比尼, 1879—1943)

G

Galilei, Galileo
(伽利略, 1564—1642)
Gauss, Carl Friedrich
(高斯, 1777—1855)
Gödel, Kurt Friedrich
(哥德尔, 1906—1978)
Grothendieck, Alexander
(格罗滕迪克, 1928—2014)

H

Hadamard, Jacques
(阿达马或哈达马, 1865—1963)
Hahn, Hans
(哈恩, 1879—1934)
Hamel, Georg Karl Wilhelm
(哈默尔, 1877—1954)
Hardy, Godfrey
(哈代, 1877—1947)
Harnack, Alex
(哈纳克, 1851—1888)
Hartogs, Friedrich Moritz
(哈托格斯, 1874—1943)
Hausdorff, Felix
(豪斯多夫, 1868—1942)
Heaviside, Oliver
(赫维赛德, 1850—1925)
Heine, Eduard
(海涅, 1821—1881)
Helly, Eduard
(海利, 1884—1943)
Hermite, Charles
(埃尔米特, 或爱米特, 1822—1901)
Hessenberg, Gerhard
(海森伯格, 1874—1925)
Hilbert, David
(希尔伯特, 1862—1943)
Hölder, Otto
(赫尔德, 1859—1937)

J

Jensen, Johan Ludwig William Valdemar
(琴生, 1859—1925)
Jordan, Camille
(若尔当, 或乔丹或约当, 1838—1922)

K

Kepler, Johannes
(开普勒, 1571—1630)
Korselt, Alwin Reinhold
(考塞尔特, 1864—1947)
König, Gyula
(寇尼希, 1849—1913)
Kronecker, Leopold
(克罗内克, 1823—1891)

L

Lagrange, Joseph-Louis
(拉格朗日, 1736—1813)
Lebesgue, Henri
(勒贝格, 1875—1941)
Leibniz, Gottfried, Wilhelm
(莱布尼茨, 1646—1716)
Levi, Beppo
(莱维, 1875—1961)
Liu Hui
(刘徽, 约 225—295)
Lipschitz, Rudolf Otto Sigismund
(利普希茨, 1832—1903)
Littlewood, John Edensor
(李特尔伍德, 1885—1977)
Лузин, Николáи Николáевич
(Lusin/卢津, 1883—1950)

M

Minkowski, Hermann
(闵可夫斯基, 1864—1909)

N

Newton, Sir Isaac
(牛顿, 1642—1727)
Nikodym, Otto Marcin
(尼柯迪姆, 1887—1974)

P

Peano, Giuseppe
(佩亚诺, 1858—1932)
Perron, Oskar
(佩龙, 1880—1975)
Picard, Émile
(皮卡, 1856—1941)
Plancherel, Michel
(普朗歇尔, 1885—1967)
Poincaré, Henri
(庞加莱, 1854—1912)
Pythagoras of Samos
(毕达哥拉斯, 公元前 570— 前 495)

Q

Чебышёв, Пафнýтий Львóвич
(Chebyshev/切比雪夫, 1821—1894)

R

Radon, Joseph
(拉东, 1887—1956)
Riemann, Georg Friedrich Bernhard
(黎曼, 1826—1866)
Riesz, Friedrich
(里斯, 1880—1956)
Russel, Bertrand
(罗素, 1872—1970)

S

Saks, Stanisław
(沙克斯, 1897—1942)
Schröder, Friedrich

Wilhelm Karl Ernst
(施罗德, 1841—1902)
Schwartz, Laurent Moïse
(施瓦兹, 1915—2002)
Sierpinski, Wacław Franciszek
(谢尔品斯基, 1882—1969)
Stieltjes, Thomas Jan
(斯蒂尔切斯, 1856—1894)
Stolz, Otto
(施托尔茨, 1842—1905)

T

Tarski, Alfred
(塔斯基, 1901—1983)
Tietze, Heinrich Franz Friedrich
(铁策, 1880—1964)
Tonelli, Leonida
(托内利, 1885—1946)

V

Vitali, Giuseppe
(维塔利, 1875—1932)
von Neumann, John
(冯 · 诺依曼, 1903—1957)
Volterra, Vito
(沃尔泰拉, 1860—1940)

W

Weierstrass, Karl
(魏尔斯特拉斯, 1815—1897)
Wilder, Raymond Louis
(怀尔德, 1896—1982)
Weyl, Hermann Klaus Hugo
(外尔, 1885—1955)
Wittgenstein, Ludwig Josef Johann
(维特根斯坦, 1889—1951)

Y

Young, William Henry
(杨, 1863—1942)

Z

Zeno of Elea
(芝诺, 约公元前 490— 约前 430)
Zermelo, Ernst
(策梅洛, 1871—1953)
Zorn, Max August
(佐恩, 1906—1993)
祖冲之
(Zu Chongzhi, 429—500)
祖暅
(Zu Geng, 456—536)

《大学数学科学丛书》已出版书目

1. 代数导引　万哲先　著　2004 年 8 月
2. 代数几何初步　李克正　著　2004 年 5 月
3. 线性模型引论　王松桂等　编著　2004 年 5 月
4. 抽象代数　张勤海　著　2004 年 8 月
5. 变分迭代法　曹志浩　编著　2005 年 2 月
6. 现代偏微分方程导论　陈恕行　著　2005 年 3 月
7. 抽象空间引论　胡适耕　张显文　编著　2005 年 7 月
8. 近代分析基础　陈志华　编著　2005 年 7 月
9. 抽象代数——理论、问题与方法　张广祥　著　2005 年 8 月
10. 混合有限元法基础及其应用　罗振东　著　2006 年 3 月
11. 孤子引论　陈登远　编著　2006 年 4 月
12. 矩阵不等式　王松桂等　编著　2006 年 5 月
13. 算子半群与发展方程　王明新　编著　2006 年 8 月
14. Maple 教程　何青　王丽芬　编著　2006 年 8 月
15. 有限群表示论　孟道骥　朱萍　著　2006 年 8 月
16. 遗传学中的统计方法　李照海　覃　红　张　洪　编著　2006 年 9 月
17. 广义最小二乘问题的理论和计算　魏木生　著　2006 年 9 月
18. 多元统计分析　张润楚　2006 年 9 月
19. 几何与代数导引　胡国权　编著　2006 年 10 月
20. 特殊矩阵分析及应用　黄廷祝等　编著　2007 年 6 月
21. 泛函分析新讲　定光桂　著　2007 年 8 月
22. 随机微分方程　胡适耕　黄乘明　吴付科　著　2008 年 5 月
23. 有限维半单李代数简明教程　苏育才　卢才辉　崔一敏　著　2008 年 5 月
24. 积分方程　李星　编著　2008 年 8 月
25. 代数学　游宏　刘文德　编著　2009 年 6 月
26. 代数导引（第二版）　万哲先　著　2010 年 2 月
27. 常微分方程简明教程　王玉文　史峻平　侍述军　刘　萍　编著　2010 年 9 月
28. 有限元方法的数学理论　杜其奎　陈金如　编著　2012 年 1 月
29. 近代分析基础（第二版）　陈志华　编著　2012 年 4 月
30. 线性代数核心思想及应用　王卿文　编著　2012 年 4 月
31. 一般拓扑学基础（第二版）　张德学　编著　2015 年 1 月

32. 公钥密码学的数学基础　王小云　王明强　孟宪萌　著　2013 年 1 月
33. 常微分方程　张祥　编著　2015 年 5 月
34. 巴拿赫空间几何与最佳逼近　张子厚　刘春燕　周　宇　著　2016 年 2 月
35. 实变函数论教程　杨力华　编著　2017 年 5 月
36. 现代偏微分方程导论（第二版）　陈恕行　著　2018 年 5 月
37. 测度与概率教程　任佳刚　巫　静　著　2018 年 12 月
38. 基础实分析　徐胜芝　编著　2019 年 9 月